2026 CBT필기 시험대비
국가직무능력표준(NCS)기반 출제기준 반영

**무료쿠폰
CBT
실전테스트**

콘크리트 표준시방서(시방코드 KCS) 적용

콘크리트기능사
필기+실기 3주완성

고길용 · 염창열 · 전지현 공저

❖ **2026 시험대비 SOLUTION**

- 한국산업표준(KS)규격 적용
- 필기 Pick Remember 180선
- 2025년 필기 / 실기 수록
- 필기/실기 시험 동시대비

한솔아카데미

CBT 시험대비 실전테스트

홈페이지(www.bestbook.co.kr)에서 일부 필기시험 문제를 CBT 모의 TEST로 체험하실 수 있습니다.

CBT 필기시험문제
- 2017년 제1회 시행
- 2017년 제3회 시행
- 2018년 제1회 시행
- 2018년 제3회 시행
- 2019년 제3회 시행
- 2020년 제3회 시행
- 2021년 제3회 시행
- 2022년 제3회 시행
- 2023년 제3회 시행
- 2024년 제3회 시행
- 2025년 제3회 시행

■ **무료수강 쿠폰번호안내**

회원 쿠폰번호: 0000 - 0000 - 0000   ※ 뒷표지 인증번호를 확인하세요.

■ **콘크리트기능사 CBT 필기시험문제 응시방법**

① 한솔아카데미 인터넷서점 베스트북 홈페이지(www.bestbook.co.kr) 접속 후 로그인합니다.
② [CBT모의고사] – [콘크리트기능사] 메뉴에서 쿠폰번호를 입력합니다.
③ [내가 신청한 모의고사] 메뉴에서 모의고사 응시가 가능합니다.

※ 쿠폰사용 유효기간은 2026년 10월 31일 까지 입니다.

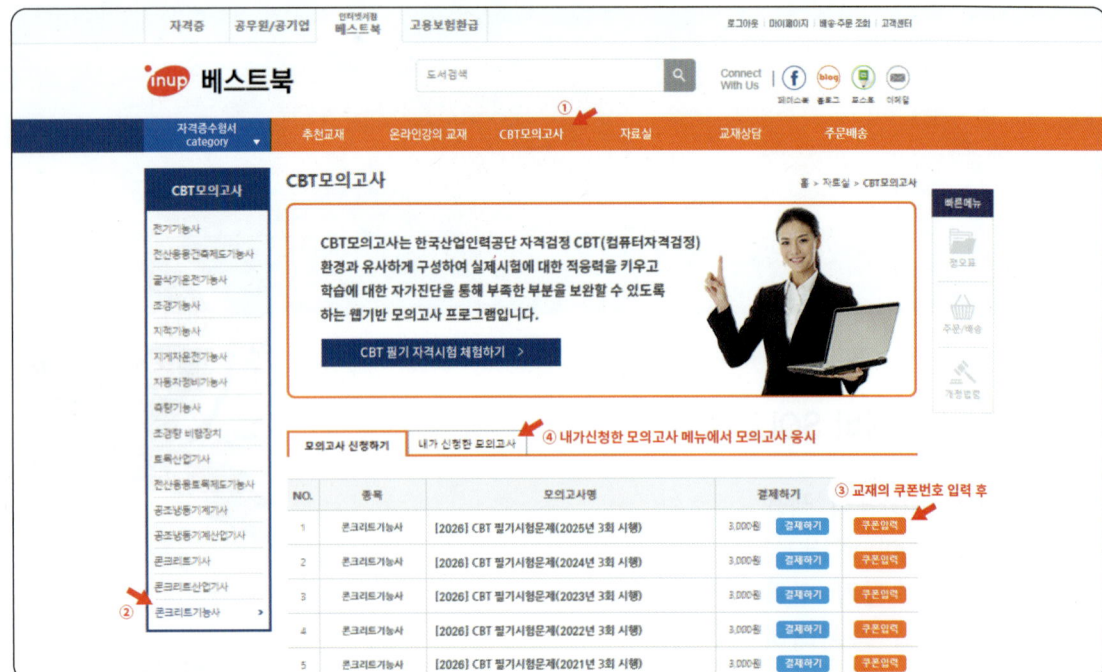

교재 인증번호 등록을 통한 학습관리 시스템

❶ Pick Remember 핵심문제 180선 무료동영상
❷ CBT 대비 실전테스트 (11회분)

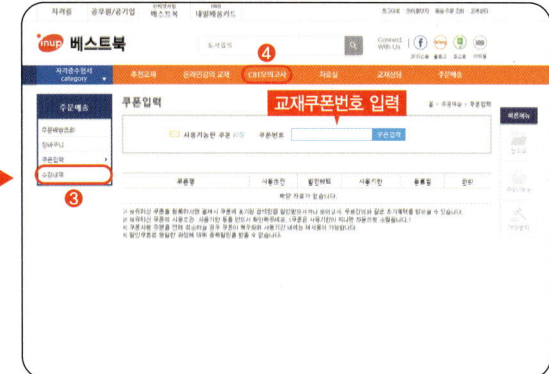

01 사이트 접속
한솔아카데미 https://www.inup.co.kr에 접속 후 회원가입 또는 아이디로 로그인을 합니다.

02 쿠폰 입력
[인터넷 서점 베스트북]-[주문배송]-[쿠폰입력]을 클릭 후 뒤표지에 있는 쿠폰번호를 등록합니다.

03 무료 동영상
[주문배송]-[수강내역]-[학습홈]을 클릭 후 무료동영상을 학습합니다.

04 CBT 실전테스트
[CBT모의고사]-[기능사/기타]-[콘크리트기능사]-[내가 신청한 모의고사]를 클릭 후 응시가 가능합니다.

■ 모바일 동영상 수강 안내

▶ 모바일 한솔아카데미에서도 회원 등록을 하시면 위의 혜택이 가능합니다.

※ 인증번호는 표지 뒷면에서 확인하시길 바랍니다.
※ QR코드를 찍을 수 있는 앱을 다운받으신 후 진행하시길 바랍니다.

머리말

Introduction

*꿈을 이루고자 하는 용기만 있다면
모든 꿈을 이룰 수 있다.*

콘크리트기능사는 기능사 라이센스(license) 중 가장 접하기 쉬운 기능사라 말해주고 싶습니다. 콘크리트 기능사 내용도 우리 일상에서 흔히 볼 수 있는 재료들입니다. 즉, 시멘트, 잔골재(모래), 굵은골재(자갈), 혼화재료(방수재) 등에 대한 내용들입니다. 어떻게 하면 콘크리트기능사를 쉽게 공부할 수 있을까 하는 관점에서 탁월한 길잡이가 되도록 기본적이고 핵심적인 내용을 체계적이고 효과적으로 학습할 수 있도록 편집하였으며, 새로운 출제 기준에 맞추어 CBT대비서로 함축성 있게 편집하려 노력하였습니다.

출제기준인 콘크리트 재료, 콘크리트 시공, 콘크리트재료시험 등 업무수행능력 평가를 위해 다음과 같이 중점을 두어 집필하였습니다.

> 1. 필기에서 실기까지 연속적으로 학습하도록 하였습니다.
> 2. CBT 시험 전까지 출제되었던 모든 문제를 분류 및 분석하였습니다.
> 3. 기출문제를 년도별, 회별로 표시하여 중요도를 알 수 있도록 하였습니다.
> 4. CBT 프로그램을 통한 반복적인 실전 TEST를 할 수 있도록 하였습니다.

이 수험서를 통하여 콘크리트 기능사에 관련된 자격증을 취득하는데 훌륭한 지침서가 되고 자신의 목표가 반드시 이룩할 수 있기를 소망합니다.

혹시 오류가 있다면 신속히 보완하여 더욱 좋은 책으로 거듭날 수 있도록 최선을 다하겠으며, 항상 조언을 부탁드립니다. 따라서 이 책을 접하는 모든 분들이 콘크리트기능사 라이센스를 취득하시길 진심으로 기원드립니다.

한 권의 책이 나올 수 있도록 최선을 다해 도와 주신 한솔아카데미 편집부 여러분, 이 책의 얼굴을 예쁘게 디자인 해주신 강수정 실장님, 묵묵히 어려움을 마다하고 편집을 하여 주신 안주현 부장님, 언제나 가교 역할을 해 주시는 최상식 이사님, 항상 큰 그림을 그려 주시는 이종권 사장님, 사랑받는 수험서로 출판될 수 있도록 아낌없이 지원해 주신 한병천 대표님께 감사드리며 한솔아카데미의 무궁한 발전을 기원합니다.

저자 드림

CBT 필기 자격시험 안내

CBT 시험이란?
(컴퓨터 이용 시험, computer based testing)

컴퓨터를 이용하여 시험 평가(testing)하는 것입니다.
2016년 5회부터 콘크리트기능사를 포함한
정기 및 상시 기능사 전 종목이 CBT를 이용하여 필기시험 평가를 합니다.
CBT시험은 수험자가 답안을 제출하면 바로 합격여부를 확인할 수 있습니다.

01 CBT 철저한 준비 (웹체험 서비스 안내)

한국산업인력공단에서 운영하는 큐넷(Q-net) 홈페이지에서는 실제 컴퓨터 자격시험 환경과 동일하게 구성하여 누구나 쉽게 CBT(컴퓨터 기반 시험)을 이용해볼 수 있도록 가상 체험 서비스를 운영합니다. (http://www.q-net.or.kr)

❶ 신분 확인절차

시험 시작 전 수험자에게 배정된 좌석에 앉아 있으면 신분 확인 절차가 진행됩니다. 시험장 감독위원이 컴퓨터에 나온 수험자 정보과 신분증이 일치하는지를 확인하는 단계입니다.

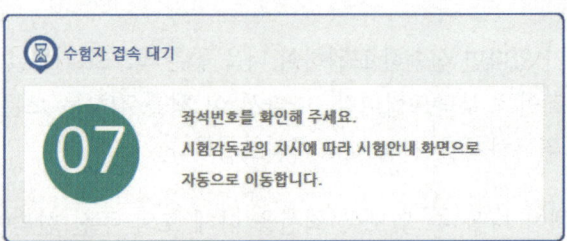

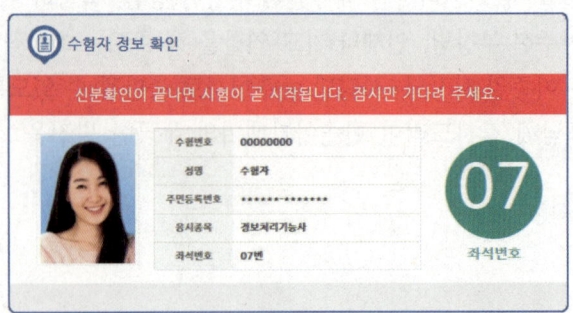

❷ 시험안내 진행

좌석배정과 신분증 확인 단계가 끝난 후 시험안내가 진행됩니다.
시험 안내사항, 유의사항, 메뉴설명, 문제풀이 연습, 시험준비완료 항목을 확인하고 실제 시험과 동일한 방식의 문제풀이 연습을 통해 CBT 시험을 준비합니다.

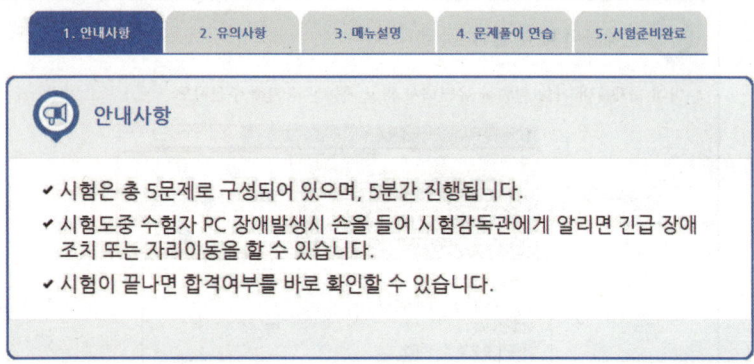

02 CBT 확인 점검 (웹체험 서비스 진행)

① CBT 시험 문제 화면의 기본 글자 크기는 150%입니다. 글자가 크거나 작을 경우 크기를 변경하실 수 있습니다.
② 화면 배치는 1단 배치가 기본 설정입니다. 더 많은 문제를 볼 수 있는 2단 배치와 한 문제씩 보기 설정이 가능합니다.

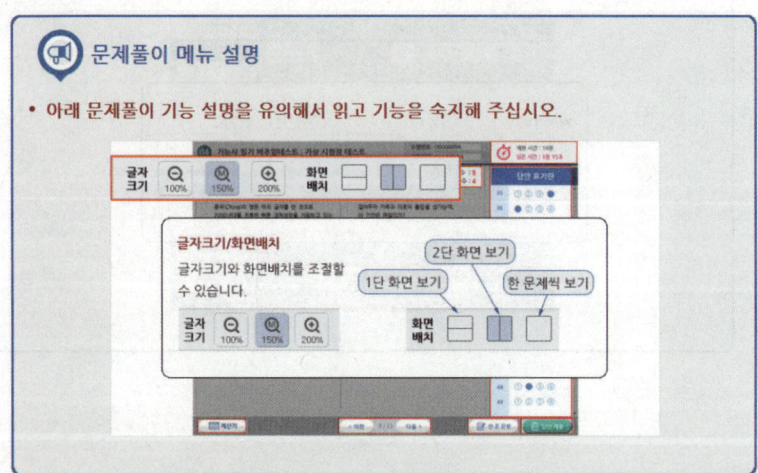

③ 답안은 문제의 보기 번호를 클릭하거나 답안표기란의 번호를 클릭하여 입력하실 수 있습니다.
④ 입력된 답안은 문제화면 또는 답안 표기란의 보기 번호를 클릭하여 변경하실 수 있습니다.

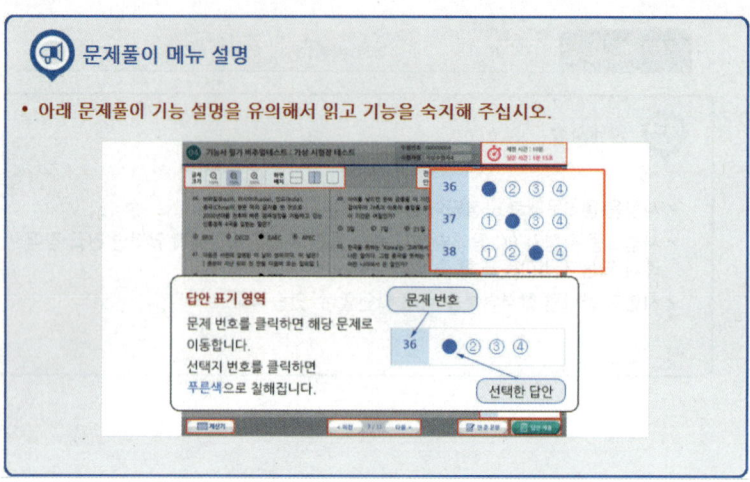

⑤ 페이지 이동은 아래의 페이지 이동 버튼(이전, 다음) 또는 답안 표기란의 문제번호를 클릭하여 이동할 수 있습니다.

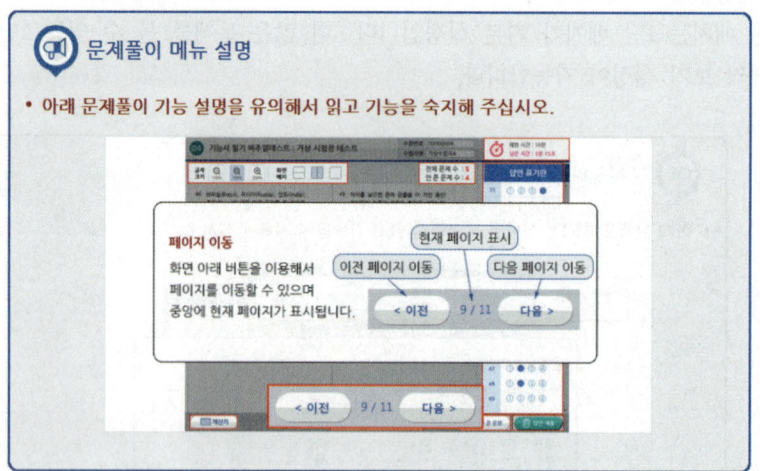

⑥ 응시종목에 계산문제가 있을 경우 좌측 하단의 계산기 기능을 이용하실 수 있습니다.

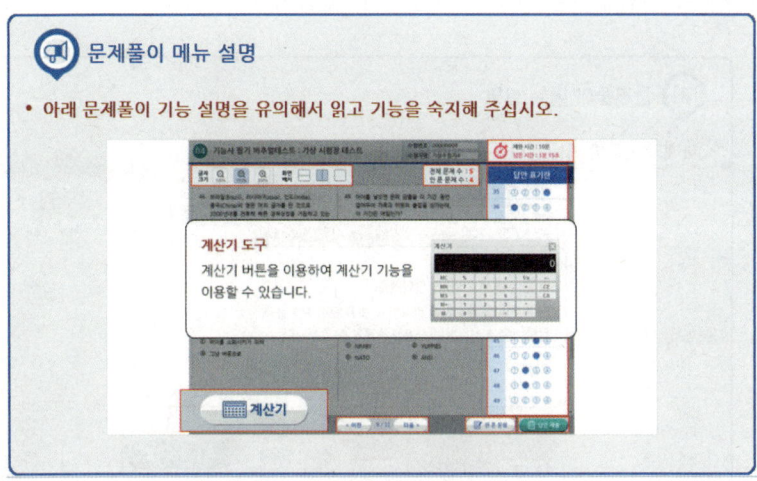

⑦ 안 푼 문제 확인은 답안 표기란 좌측에 안 푼 문제 수를 확인하시거나 답안 표기란 하단 [안 푼 문제] 버튼을 클릭하여 확인하실 수 있습니다.
⑧ 안 푼 문제 번호 보기 팝업창에 안 푼 문제 번호가 표시됩니다. 번호를 클릭하시면 해당 문제로 이동합니다.

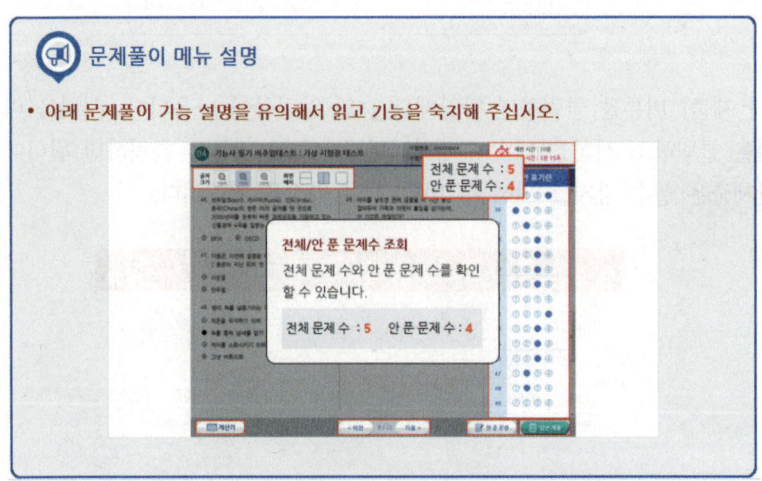

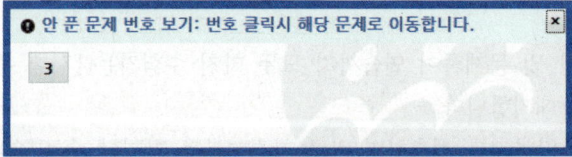

⑨ 시험 문제를 다 푸신 후 답안 제출을 하시거나 시험시간이 모두 경과되었을 경우 시험이 종료되며 시험결과를 바로 확인하실 수 있습니다.

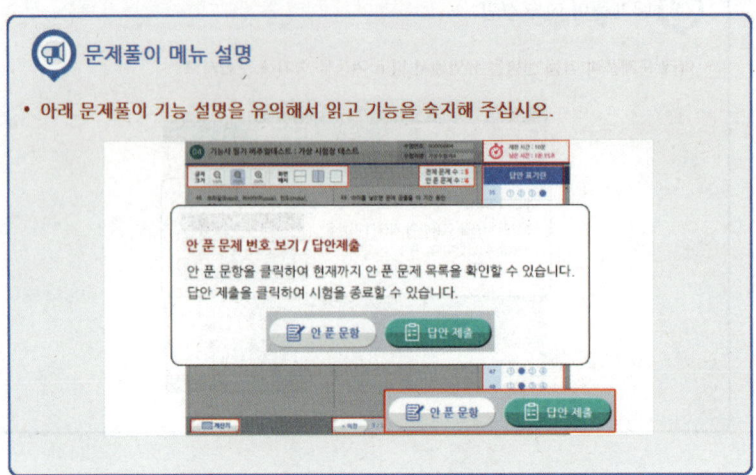

⑩ 상단 우측 [남은 시간 표시]란에서 현재 남은 시간을 확인할 수 있습니다.

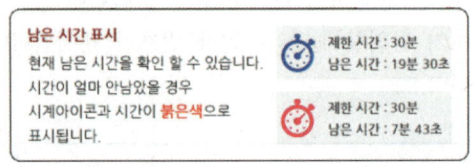

⑪ [답안 제출] 버튼을 클릭하면 답안제출 승인 알림창이 나옵니다. 시험을 마치려면 [예] 버튼을 클릭하고 시험을 계속 진행하려면 [아니오] 버튼을 클릭하면 됩니다.
⑫ 답안제출은 실수 방지를 위해 두 번의 확인 과정을 거칩니다.

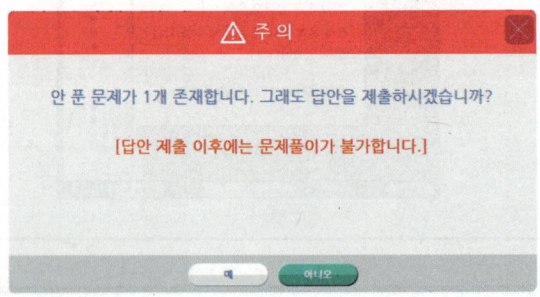

⑬ 시험 안내사항 및 문제풀이 연습까지 모두 마친 수험자는 [시험 준비 완료] 버튼을 클릭한 후 잠시 대기합니다.
⑭ 시험 시행 후 답안지를 제출하면 바로 합격여부를 확인할 수 있습니다.

출제기준

중직무분야	토목	자격종목	콘크리트기능사	적용기간	2025.1.1~2027.12.31

○ 직무내용 : 콘크리트 제품 생산 및 시공 현장에서 콘크리트 재료에 대한 시험, 콘크리트 배합, 운반, 타설 및 양생 등을 수행하는 직무이다.

필기검정방법	객관식	문제수	60	시험시간	1시간

필기과목명	주요항목	세부항목
콘크리트 재료, 콘크리트 시공, 콘크리트재료시험	1. 콘크리트 재료에 관한 지식	1. 시멘트 2. 물 3. 골재 4. 혼화재료 4. 기타 콘크리트에 필요한 재료
	2. 콘크리트 시공에 관한 지식	1. 콘크리트의 시공기계 및 기구 2. 콘크리트의 배합 3. 콘크리트의 운반 4. 콘크리트의 타설 및 다지기 5. 콘크리트의 양생 6. 특수 콘크리트의 시공법
	3. 콘크리트 재료에 관한 시험법 및 배합 설계에 관한 지식	1. 시멘트 시험 2. 골재 시험 3. 굳지 않은 콘크리트시험 4. 굳은 콘크리트시험 5. 콘크리트의 배합설계

중직무분야	토목	자격종목	콘크리트기능사	적용기간	2025.1.1~2027.12.31

○ 직무내용 : 콘크리트 제품 생산 및 시공 현장에서 콘크리트 재료에 대한 시험, 콘크리트 배합, 운반, 타설 및 양생 등을 수행하는 직무이다.
○ 수행준거 : 1. 콘크리트 재료 및 각종 콘크리트에 대한 이론적 지식을 바탕으로 각종 재료에 대한 시험을 실시하고 결과를 판정할 수 있다.
2. 콘크리트 제조에 대한 이론적 지식을 바탕으로 배합설계 및 현장배합을 실시할 수 있다.
3. 콘크리트 시공에 대한 이론적 지식을 바탕으로 일반 및 특수콘크리트의 시공과 품질관리를 할 수 있다.

실기검정방법	복합형	시험시간	필답형 : 1시간 작업형 : 1시간 30분 정도

실기과목명	주요항목	세부항목
콘크리트 시공작업	1. 일반 콘크리트 및 특수 콘크리트에 관한 시공 작업	1. 콘크리트 재료 이해하기 2. 콘크리트 관련 시험하기 3. 콘크리트 공구 및 장비 활용하기 4. 콘크리트 배합하기 5. 콘크리트 타설 및 다지기하기 6. 콘크리트 양생하기

CONTENTS

PART 1 Pick Remember CBT 필기

Chapter 01 | CBT 필기 핵심정리

✓ 01 | 콘크리트 재료에 관한 지식

01 시멘트 ·· 1-4
  1. 시멘트의 종류 1-4
  2. 시멘트의 제조 및 성분 1-4
  3. 시멘트의 일반적인 성질 1-5
  4. 포틀랜드 시멘트 1-7
  5. 혼합 시멘트 1-8
  6. 특수 시멘트 1-9
  과년도 핵심문제 ······························· 1-10

02 골재 ·· 1-14
  1. 골재의 분류 1-14
  2. 골재의 일반적 성질 1-14
  3. 골재의 함수 1-18
  4. 여러 가지 골재 1-19
  5. 골재의 저장 1-20
  과년도 핵심문제 ······························· 1-21

03 혼화재료 ······································· 1-26
  1. 혼화재료의 일반 1-26
  2. 혼화재 1-27
  3. 혼화제 1-28
  과년도 핵심문제 ······························· 1-30

04 콘크리트의 성질 ···························· 1-34
  1. 굳지 않은 콘크리트 1-34
  2. 굳은 콘크리트의 성질 1-36
  과년도 핵심문제 ······························· 1-38

05 여러 가지 콘크리트 ······················· 1-40
  1. AE 콘크리트 1-40
  2. 레디믹스트 콘크리트 1-41
  과년도 핵심문제 ······························· 1-42

✓ 02 | 콘크리트 시공에 관한 지식

01 콘크리트 계량과 비비기 및 운반 ···· 1-46
  1. 재료의 계량 1-46
  2. 콘크리트의 혼합 설비 1-46
  3. 콘크리트 비비기 1-48
  4. 다시 비비기 1-48
  5. 콘크리트의 운반 1-49
  6. 콘크리트의 운반 방법 1-50
  과년도 핵심문제 ······························· 1-52

02 콘크리트 타설 및 다지기 ··············· 1-58
  1. 콘크리트 타설 1-58
  2. 콘크리트 다지기 1-59
  과년도 핵심문제 ······························· 1-62

03 콘크리트의 양생 및 거푸집 ············ 1-66
  1. 콘크리트의 양생 1-66
  2. 거푸집 1-67
  과년도 핵심문제 ······························· 1-69

04 특수 콘크리트의 시공법 ················· 1-72
  1. 한중콘크리트 1-72
  2. 서중콘크리트 1-73
  3. 수중콘크리트 1-73
  4. 해양콘크리트 1-74
  5. 수밀콘크리트 1-75
  6. 숏크리트 1-76
  7. 프리플레이스트 콘크리트 1-77
  8. 기타 콘크리트 1-78
  과년도 핵심문제 ······························· 1-79

03 | 콘크리트 재료시험에 관한 지식

- 01 시멘트 시험 ········· 1-84
  1. 시멘트 밀도시험 1-84
  2. 시멘트 모르타르 시험 1-84
  3. 시멘트 응결시험 방법 1-85
  4. 시멘트 모르타르의 압축강도시험 1-85
  - 과년도 핵심문제 ········· 1-86
- 02 골재 시험 ········· 1-88
  1. 골재의 체가름 시험 1-88
  2. 골재의 밀도 및 흡수율 시험 1-89
  3. 잔골재의 표면수 시험 1-90
  4. 모래의 유기불순물 시험 1-91
  5. 황산 소듐을 이용한 골재의 안정성 시험 1-91
  6. 기타 골재 시험 1-92
  - 과년도 핵심문제 ········· 1-94
- 03 굳지 않은 콘크리트 시험 ········· 1-98
  1. 슬럼프시험 1-98
  2. 콘크리트의 블리딩시험 1-99
  3. 콘크리트의 공기량시험 1-100
  - 과년도 핵심문제 ········· 1-102
- 04 굳은 콘크리트 시험 ········· 1-106
  1. 강도시험용 공시체의 제작 1-106
  2. 콘크리트의 강도시험방법 1-108
  - 과년도 핵심문제 ········· 1-110
- 05 콘크리트의 배합설계 ········· 1-114
  1. 배합설계 1-114
  2. 배합강도 1-115
  3. 시방배합 설계 1-115
  4. 시방배합 방법 1-117
  5. 현장배합 방법 1-119
  - 과년도 핵심문제 ········· 1-120

Chapter 02 | CBT 대비 과년도 기출문제

2013년 제1회 시행 ········· 1-125
2013년 제2회 시행 ········· 1-138
2013년 제4회 시행 ········· 1-151
2014년 제1회 시행 ········· 1-164
2014년 제2회 시행 ········· 1-177
2014년 제4회 시행 ········· 1-190
2015년 제1회 시행 ········· 1-203
2015년 제2회 시행 ········· 1-216
2015년 제4회 시행 ········· 1-229
2016년 제1회 시행 ········· 1-242
2016년 제2회 시행 ········· 1-254

CONTENTS

Chapter 03 | CBT 대비 복원 기출문제

2019년 제1회 시행	1-273
2020년 제1회 시행	1-286
2021년 제1회 시행	1-299
2022년 제1회 시행	1-311
2023년 제1회 시행	1-324
2024년 제1회 시행	1-336
2025년 제1회 시행	1-349

【CBT 필기시험문제 실전테스트】

홈페이지(www.bestbook.co.kr)에서 일부 필기시험문제를 CBT(컴퓨터기반) 실전테스트로 체험하실 수 있습니다.

- 2017년 제1회 시행
- 2017년 제3회 시행
- 2018년 제1회 시행
- 2018년 제3회 시행
- 2019년 제3회 시행
- 2020년 제3회 시행
- 2021년 제3회 시행
- 2022년 제3회 시행
- 2023년 제3회 시행
- 2024년 제3회 시행
- 2025년 제3회 시행

PART 2 Pick Remember 필답형 및 작업형 실기

Chapter 01 | 필답형 실기 핵심이론 40선 / 핵심문제 80선

필답형 실기 핵심이론 40선	2-4
필답형 실기 핵심문제 80선	2-15

Chapter 02 | 필답형 실기 과년도 기출문제

2013년 제2회 시행	2-47	2022년 제1회 시행	2-116
2014년 제1회 시행	2-51	2022년 제2회 시행	2-120
2015년 제2회 시행	2-57	2022년 제3회 시행	2-125
2016년 제1회 시행	2-62	2023년 제1회 시행	2-130
2017년 제1회 시행	2-67	2023년 제2회 시행	2-134
2018년 제1회 시행	2-71	2023년 제3회 시행	2-140
2019년 제1회 시행	2-75	2024년 제1회 시행	2-145
2019년 제2회 시행	2-80	2024년 제2회 시행	2-150
2019년 제3회 시행	2-85	2024년 제3회 시행	2-154
2020년 제1회 시행	2-90	2025년 제1회 시행	2-158
2020년 제2회 시행	2-94	2025년 제2회 시행	2-163
2020년 제3회 시행	2-98	2025년 제3회 시행	2-167
2021년 제1회 시행	2-103		
2021년 제2회 시행	2-109		
2021년 제3회 시행	2-113		

Chapter 03 | 작업형 실기

- 수험자 유의사항
- 00 실기시험문제(공개문제) ·················· 2-175
  1. 요구사항 2-175
  2. 콘크리트기능사 작업형 실기 답안지 2-176
- 01 작업형 실기 시험 방법 ···················· 2-177
- 02 작업형 실기 작업 순서 ················ 2-179
  1. 1배치 각 재료량 산출 2-179
  2. 손비빔으로 콘크리트 시료 제작 2-180
  3. 콘크리트 강도 시험용 공시체 제작 2-183
  4. 콘크리트의 슬럼프 시험 작업순서 2-185

별책부록 Pick Remember 핵심문제 180선

1. 콘크리트 재료에 관한 지식 ············ 2
2. 콘크리트 시공에 관한 지식 ············ 21
3. 콘크리트 재료시험에 관한 지식 ······ 38

카카오톡 오픈채팅방

콘크리트기능사 시험정보를 오픈채팅방에서 공유·소통하실 수 있으며
기능사 **필기 / 실기 복원문제**를 올려주신 분께는 우수복원 회원을 선정하여 **소정의 선물**을 드립니다.

■ 참여방법

1. QR을 카메라로 촬영하여 오픈채팅방에 참여한다.
2. 오픈채팅 검색창에서 [한솔콘크리트기능사]를 검색하여 참여한다.

🔍 한솔콘크리트기능사

Pick Remember

PART 1

Pick Remember
CBT 필기

Chapter 1 CBT 필기 핵심정리
　01 콘크리트 재료에 관한 지식
　02 콘크리트 시공에 관한 지식
　03 콘크리트 재료시험에 관한 지식

Chapter 2 CBT 대비 과년도 기출문제 (13~16년)

Chapter 3 CBT 대비 복원 기출문제 (19~25년)

콘크리트기능사 필기 학습안내

❶ **신분증** 지참은 반드시 필수입니다.

❷ 문제를 학습하는 방법
- 콘크리트 기능사 연습용 답안카드를 이용하세요.
- ☑☐☐ 틀린 문제를 확인한다.
- ☑☑☐ 마킹된 문제를 확인한다.
- ☑☑☑ 마킹된 문제를 최종확인한다.

❸ 60문제 출제 : **36개 이상** 맞으면 **합격**

☑ **1단계**   핵심 요점 및 핵심 문제

- 반드시 알아야 할 내용을 정리하였습니다.
- 암기되어야 할 과년도 문제 모음입니다.
- 처음에 완벽하게 외우지 말고 2단계를 풀면서 반복하면 됩니다.

☑ **2단계**   과년도 기출문제

- 2단계는 합격을 좌우하는 중요단계입니다.
- 자신의 풀이 능력을 실전테스트 해보세요.
- 1단계 핵심요점을 오가며 2단계를 많이 반복할수록 시험에 유리합니다.

☑ **3단계**   필기복원문제 실전테스트

홈페이지(www.bestbook.co.kr)에서 일부 기출문제를 CBT (컴퓨터기반) 실전테스트로 체험하실 수 있습니다.

- CBT로 자신의 풀이 능력을 시험해 보세요.
- 교재문제는 연습용 CBT로 활용해 보세요.
- 그리고 수시로 CBT 따라하기 해보세요.

chapter 1

Pick Remember
CBT 필기 핵심정리

☑ 01 콘크리트 재료에 관한 지식
   02 콘크리트 시공에 관한 지식
   03 콘크리트 재료시험에 관한 지식

01 시멘트

01 시멘트

1 시멘트의 종류

(1) 포틀랜드 시멘트의 종류
① 보통포틀랜드 시멘트(1종)
② 중용열포틀랜드 시멘트(2종)
③ 조강포틀랜드 시멘트(3종)
④ 저열포틀랜드 시멘트(4종)
⑤ 내황산염포틀랜드 시멘트(5종)
⑥ 백색포틀랜드 시멘트

(2) 혼합 시멘트의 종류
① 고로슬래그 시멘트
② 포틀랜드포졸란 시멘트
③ 플라이애시 시멘트

(3) 특수 시멘트의 종류
① 초속경 시멘트
② 알루미나 시멘트
③ 팽창 시멘트
④ 초조강 시멘트

2 시멘트의 제조 및 성분

(1) 시멘트는 석회석과 점토를 4 : 1 비율로 조합한다.
(2) 시멘트의 응결시간을 조절시킬 목적으로 응결 지연제로 석고를 3% 정도 첨가한다.
(3) 포틀랜드 시멘트의 주성분은 석회석(산화칼슘(C_aO)), 실리카(이산화규소(SiO_2)), 알루미나(산화알루미늄(Al_2O_3)), 산화철(Fe_2O_3) 등으로 구성되어 있다.

알아두기

▪ 시멘트의 제조방법
• 건식법
• 습식법
• 반건식법

3 시멘트의 일반적인 성질

(1) 시멘트의 비중 밀도
① 시멘트의 비중은 일반적으로 3.14~3.20 정도이다.
② 시멘트의 비중은 콘크리트 단위 무게 계산, 중량계산 및 배합설계 등에 필요하다.
③ 르샤틀리에 비중병을 사용하고 정제한 광유를 사용해서 시험한다.

(2) 분말도 fineness
① 시멘트 입자의 가는 정도를 나타내는 것을 분말도라 한다.
② 분말도는 비표면적으로 나타내며, 1g의 시멘트가 가지고 있는 전체 입자의 총 표면적을 비표면적이라 한다.
③ 분말도가 큰 시멘트의 특징
- 시멘트는 입자가 가늘수록 분말도가 높다.
- 수화작용이 빠르고, 조기강도가 커진다.
- 풍화하기 쉽고, 수화열이 많아서 콘크리트에 균열이 생기며, 건조수축이 커진다.

> **시멘트의 비표면적**
> 2800cm^2/g 이상 포틀랜드 시멘트에서 규정

(3) 수화 hydration
① 시멘트와 물이 화학반응을 일으켜 수화물을 생성하는 반응을 수화라 한다.
② 시멘트의 구성 화합물들이 물과 접촉하여 각각 특유한 화학 반응을 일으켜서 다른 화합물이 되는 작용을 수화작용이라 한다.
③ 시멘트의 수화반응 또는 발열반응에서 발생열을 수화열이라 한다.

(4) 풍화 aeration
① 풍화작용 : 시멘트는 저장 중에 공기와 닿으면 수화작용을 일으킨다. 이때 생긴 수산화칼슘[$Ca(OH)_2$]이 공기 중의 이산화탄소(CO_2)와 작용하여 탄산칼슘($CaCO_3$)과 물이 생기게 되는 작용을 풍화라 한다.
② 시멘트가 풍화되면
- 비중이 작아진다.
- 응결이 늦어진다.
- 강도가 늦게 나타난다.
- 강열 감량이 커진다.
※ 시멘트의 감열감량 규격은 3% 이하로 하고 있다.

(5) 응결과 경화

① 응결 : 시멘트풀이 시간이 경과함에 따라 수화에 의하여 유동성과 점성을 상실하는 현상을 응결(setting)이라 한다.
② 경화 : 응결이 끝난 후 수화작용이 계속되면 굳어져 강도를 내는 성질을 경화라 한다.
③ 시멘트의 응결시간 시험법에는 비이카침과 길모어침법이 있다.
④ 시멘트의 응결에 영향을 미치는 요인
- 분말도가 높으면 응결이 빨라진다.
- 온도가 높을수록 응결이 빨라진다.
- 습도가 낮을수록 응결은 빨라진다.
- 시멘트가 풍화되면 응결이 늦어진다.
- 물-결합재비가 클수록 응결이 늦어진다.

오토클레이브

(6) 시멘트의 안정성 soundness

① 시멘트가 굳는 도중에 체적팽창을 일으켜 균열이 생기거나 뒤틀림 등의 변형을 일으키지 않는 성질을 안정성이라 한다.
② 시멘트의 안정성 시험은 오토클레이브(autoclave)팽창도 시험방법으로 측정한다.

(7) 시멘트의 저장

① 시멘트의 방습적인 구조로 된 사일로 또는 창고에 품종별로 구분하여 입하된 순서대로 저장해야 한다.
② 포대 시멘트가 저장 중에 지면으로부터 습기를 받지 않도록 하기 위해서 지상 0.30m(30cm) 이상 되는 마루에 쌓아 올려서 검사나 반출에 편리하도록 배치하여야 한다.
③ 시멘트 중량으로 인해 하부의 시멘트가 고결할 염려가 있으므로 시멘트를 쌓아 올리는 높이는 13포대 정도 이하로 하는 것이 바람직하다.
④ 저장기간이 길어질 우려가 있는 경우에는 7포 이상 쌓아 올리지 않는 것이 좋다.
⑤ 저장 중에 약간이라도 굳은 시멘트는 공사에 사용해서는 안된다.

4 포틀랜드 시멘트

포틀랜드 시멘트는 석회석과 점토를 주원료로 하여 만들었다.

(1) 보통 포틀랜드 시멘트
① 일반적으로 시멘트라 하면 보통 포틀랜드 시멘트를 말한다.
② 보통 포틀랜드 시멘트는 주원료인 석회석과 점토를 얻기 쉬우며, 제조 공정도 간단하고 성질이 좋다

(2) 중용열 포틀랜드 시멘트
① 수화열을 적게 하기 위하여 규산삼석회와 알루민산삼석회의 양을 제한하여 만든 것이다.
② 수화열이 적고, 건조 수축이 작으며, 장기 강도가 커서 댐과 같은 매스 콘크리트, 방사선 차폐용, 지하 구조물, 도로 포장용 등에 사용된다.
③ 서중 콘크리트 공사에도 이용되고 있다

(3) 조강 포틀랜드 시멘트
① 보통 포틀랜드 시멘트에 비하여 조기 강도가 크며, 재령 7일에서 보통 포틀랜드 시멘트의 재령 28일 강도를 낸다.
② 조기에 높은 강도를 필요로 하는 공사나 긴급 공사에 사용된다.
③ 수화열이 많으므로 한중 콘크리트에 알맞으며, 수중 공사, 해중 공사에도 사용된다.

(4) 저열 포틀랜드 시멘트
① 수화열이 적게 되도록 보통 포틀랜드 시멘트보다 규산삼석회와 알루민삼석회의 양을 아주 적게 한 것이다.
② 중용열 포틀랜드 시멘트보다 수화열이 5~10% 정도 적다.
③ 중력 콘크리트 댐과 같은 매스 콘크리트에 사용하기 위하여 만든 것이다.

(5) 내황산염 포틀랜드 시멘트
① 황산염의 화학 침식에 대한 저항성을 크게 한 시멘트로서, 알루민산삼석회의 양을 적게 한 것이다.
② 알칼리성 토질, 황산염 지하수, 공장 폐수, 해수에 접하는 콘크리트에 알맞다.

알아두기

포틀랜드 시멘트의 종류
- 보통포틀랜드 시멘트
- 중용열포틀랜드 시멘트
- 조강포틀랜드 시멘트
- 저열포틀랜드 시멘트
- 백색포틀랜드 시멘트

(6) 백색 포틀랜드 시멘트
① 원료인 점토 중에서 산화철과 마그네시아의 함유량을 제한하여 철분이 거의 없으며, 주로 건축물의 미장, 장식용 인조석 제조 등에 사용된다.
② 보통 포틀랜드 시멘트와 거의 같으며, 흰색이므로 안료를 넣어 여러 가지 색깔을 낼 수 있다.

5 혼합 시멘트

▶ 혼합시멘트의 종류
· 고로슬래그 시멘트
· 플라이애시 시멘트
· 포졸란 시멘트

혼합 시멘트는 포틀랜드 시멘트의 클링커에 고로 슬래그, 플라이 애시, 포촐라나 등을 넣어 만든 것이다.

(1) 고로 슬래그 시멘트
① 주로 댐, 하천, 항만 등의 구조물에 쓰이며, 해수, 하수, 공장 폐수와 닿는 콘크리트 공사에 알맞다.
② 고로 슬래그 시멘트 특징
 · 조기강도의 발현은 완만하지만 장기강도는 크다.
 · 포틀랜드 시멘트에 비해서 응결 시간이 느리다.
 · 보통 포틀랜드 시멘트에 비해 발열량이 적다.

(2) 플라이 애시 시멘트
① 수화열이 적어 장기강도가 크다.
② 플라이애시를 시멘트 클링커에 혼합하여 분쇄한 것이다.
③ 워커빌리티가 좋고 사용수량을 감소시킬 수 있다.
④ 해수에 대한 화학적 저항성이 크다.

(3) 포틀랜드 포촐라나 시멘트
① 포틀랜드 시멘트 클링커에 포촐라나와 석고를 알맞게 섞어 만든 것이다.
② 수밀성과 장기 강도가 크고, 황산염에 대한 저항성이 크다.
③ 주로 해수, 하수 공장 폐수 등에 접하는 콘크리트에 사용된다.

6 특수 시멘트

(1) 알루미나 시멘트

① 보크사이트와 석회석을 혼합하여 만든 것으로 재령 1일에서 보통 포틀랜드 시멘트의 재령 28일의 강도를 내는 조기강도가 제일 큰 시멘트이다.
② 발열량이 크기 때문에 긴급을 요하는 공사나 한중 공사의 시공에 적합하다.
③ 해수에 대한 화학적 저항성이 커서 해수공사에 알맞다.

(2) 팽창성 시멘트

① 시멘트 콘크리트의 큰 결점 중의 하나인 수축은 균열을 일으키는 원인이 되므로 이를 개선하기위해서 수화시에 의도적으로 팽창시키는 작용을 지니도록 제조한 시멘트
② 굳는 도중에 콘크리트에 팽창을 일으켜, 건조 수축이 일어나지 않도록 만든 것이다.
③ 무수축으로 콘크리트의 균열을 막고, 내구성과 방수성이 좋으므로 포장 콘크리트, 그라우트 모르타르 등에 사용된다.

특수 시멘트
- 알루미나 시멘트
- 팽창성 시멘트
- 초조강 시멘트

과년도 핵심문제

01 시멘트

□□□ 11③, 15④

01 시멘트의 제조 시 응결시간을 조절하기 위해 첨가하는 것은?

① 석고　　② 점토
③ 철분　　④ 광재

| 해답 | ①
응결을 지연시킬 목적으로 석고를 3% 정도 넣는다.

□□□ 01④, 03②, 06①, 08③, 15①

02 시멘트의 제조 과정에서 응결지연제로 석고를 클링커 질량의 약 몇 % 정도 넣고 분쇄하는가?

① 3%　　② 6%
③ 10%　　④ 16%

| 해답 | ①
시멘트의 응결시간을 조절하기 위하여 응결 지연제로 석고를 3% 정도 첨가한다.

□□□ 02①, 03②, 11⑤, 14③

03 시멘트와 물이 화학반응을 일으켜 수화물을 생성하는 반응을 무엇이라 하는가?

① 수화　　② 양생
③ 풍화　　④ 응결

| 해답 | ①
수화
시멘트에 물을 넣으면 화학 반응을 일으켜 수화물을 생성하는데 이러한 반응을 수화라 한다.

□□□ 11③, 15②, 16②

04 포틀랜드 시멘트 제조방법 중 옳지 않은 것은?

① 건식법　　② 반건식법
③ 습식법　　④ 수중법

| 해답 | ④
시멘트의 제조방식에는 원료의 섞기 방법에 따라 건식법, 습식법, 반건식법이 있다.

□□□ 05①, 10①, 11③, 15①

05 시멘트가 굳어 가는 도중에 부피가 팽창하는 정도를 무엇이라 하는가?

① 수화　　② 응결
③ 풍화　　④ 안정성

| 해답 | ④
시멘트가 굳는 도중에 부피 팽창을 일으켜 균열이 생기거나 뒤틀림 등의 변형을 일으키지 않는 성질

□□□ 10④, 11①④, 12②, 14①, 15①

06 다음 중 특수 시멘트에 속하는 것은?

① 보통 포틀랜드 시멘트
② 중용열 포틀랜드 시멘트
③ 알루미나 시멘트
④ 고로 시멘트

| 해답 | ③
특수 시멘트
알루미나 시멘트, 팽창성 시멘트, 초조강 시멘트

□□□ 06⑤, 16①

07 수화열이 적게 되도록 만든 것으로 건조수축이 작고 장기 강도가 큰 포틀랜드 시멘트는?

① 보통 포틀랜드 시멘트
② 조강 포틀랜드 시멘트
③ 중용열 포틀랜드 시멘트
④ 백색 포틀랜드 시멘트

| 해답 | ③
중용열 포틀랜드 시멘트
시멘트가 수화작용을 할 때 발생하는 수화열이 가장 적어 건조수축이 작은 시멘트이다.

□□□ 03②, 04②, 06①, 08②, 09②, 10②, 16②

08 시멘트의 응결에 관한 설명 중 옳지 않은 것은?

① 습도가 낮으면 응결이 빨라진다.
② 풍화되었을 경우 응결이 빨라진다.
③ 온도가 높을수록 응결이 빨라진다.
④ 분말도가 크면 응결이 빨라진다.

| 해답 | ②
시멘트가 풍화되었을 경우 응결이 지연된다.

□□□ 01③, 11⑤, 14②

09 일반적으로 가장 많이 사용되는 시멘트는?

① 보통포틀랜드 시멘트
② 조강포틀랜드 시멘트
③ 백색포틀랜드 시멘트
④ 저열포틀랜드 시멘트

| 해답 | ①
보통 포틀랜드 시멘트는 원료를 얻기 쉽고, 제조 공정도 간단하며 성질도 좋으므로 가장 많이 사용한다.

□□□ 03①, 06②, 09①, 14②

10 시멘트는 저장 중에 공기와 닿으면 수화작용을 일으킨다. 이때 생긴 수산화칼슘 $[Ca(OH)_2]$이 공기 중의 이산화탄소(CO_2)와 작용하여 탄산칼슘($CaCO_3$)과 물이 생기게 되는데 이러한 작용을 무엇이라 하는가?

① 응결작용
② 산화작용
③ 풍화작용
④ 탄화작용

| 해답 | ③
이를 시멘트의 풍화작용이라 하며, 풍화되면 비중이 작아지고 응결이 늦어진다.

□□□ 02①, 07⑤, 10①

11 다음 중 시멘트 저장 방법으로 부적당한 것은?

① 지상에서 0.30m 이상 높은 마루에 저장한다.
② 습기가 차단되도록 방습이 되는 창고에 저장한다.
③ 시멘트는 13포 이상 쌓아야 한다.
④ 시멘트는 입하순으로 사용한다.

| 해답 | ③
시멘트 중량으로 인해 하부의 시멘트가 고결할 염려가 있으므로 시멘트를 쌓아 올리는 높이는 13포대 정도 이하로 하는 것이 바람직하다.

□□□ 13③, 14③

12 시멘트의 비중은 보통 얼마 정도인가?

① 2.14~3.00
② 3.14~3.20
③ 3.50~3.67
④ 3.70~3.83

| 해답 | ②
시멘트의 비중은 일반적으로 3.14~3.20 정도이다.

□□□ 02⑤, 04②, 06①, 12①, 15④

13 알루미나 시멘트의 최대 특징으로 옳은 것은?

① 원료가 풍부하다.
② 값이 싸다.
③ 조기강도가 크다.
④ 타 시멘트와 혼합이 용이하다.

| 해답 | ③
알루미나 시멘트
초조강성으로 재령 24시간에 보통 포틀랜드 시멘트의 28일 강도를 낸다.

□□□ 06⑤, 16①

14 수화열이 적게 되도록 만든 것으로 건조 수축이 작고 장기 강도가 큰 포틀랜드 시멘트는?

① 보통 포틀랜드 시멘트
② 조강 포틀랜드 시멘트
③ 중용열 포틀랜드 시멘트
④ 백색 포틀랜드 시멘트

| 해답 | ③
중용열 포틀랜드 시멘트
시멘트가 수화작용을 할 때 발생하는 수화열이 가장 적어 건조수축이 작은 시멘트이다.

□□□ 04②, 08①, 12②, 14②, 15④

15 중용열 포틀랜드 시멘트에 대한 설명으로 틀린 것은?

① 화학적 저항성이 크다.
② 한중콘크리트 시공에 적합하다.
③ 수화열이 낮아 단면이 큰 콘크리트에 적합하다.
④ 조기 강도는 작고 장기 강도가 크다.

| 해답 | ②
수화열과 건조 수축이 적어 서중콘크리트에 적합하다.

□□□ 07⑤, 10③, 14③, 15④, 16①

16 시멘트의 분말도에 대한 설명으로 틀린 것은?

① 시멘트의 분말도가 높으면 조기강도가 작아진다.
② 시멘트의 입자가 가늘수록 분말도가 높다.
③ 분말도란 시멘트 입자의 고운 정도를 나타낸다.
④ 분말도가 높으면 시멘트의 표면적이 커서 수화작용이 빠르다.

| 해답 | ①
분말도가 높으면 조기강도는 크나 수화작용이 빨라 풍화하기 쉽고, 풍화가 크면 건조수축이 커서 균열이 발생된다.

□□□ 04②, 08①, 12②, 14②

17 중용열 포틀랜드 시멘트에 대한 설명으로 옳은 것은?

① 수화열을 크게 만든 것이다.
② 장기강도가 작다.
③ 한중 콘크리트에 적합하다.
④ 매스 콘크리트용으로 적합하다.

| 해답 | ④
• 수화열이 적어 건조수축이 적다.
• 장기 강도가 크다.
• 서중 콘크리트 공사에 이용된다.

□□□ 06②, 14②

18 보통 포틀랜드 시멘트보다 분말도를 높게 한 시멘트로서, 조기강도가 크며 재령 7일에서 보통 시멘트의 28일 강도를 내는 시멘트는 어느 것인가?

① 조강 포틀랜드 시멘트
② 중용열 포틀랜드 시멘트
③ 저열 포틀랜드 시멘트
④ 내황산염 포틀랜드 시멘트

| 해답 | ①

조강 포틀랜드 시멘트
보통 포틀랜드 시멘트에 비하여 조기 강도가 크며, 재령 7일에서 보통 포틀랜드 시멘트의 재령 28일 강도를 낸다.

□□□ 10②, 15①, 16②

19 알루미나 시멘트에 관한 설명 중 옳지 않은 것은?

① 수화열이 많아서 한중공사에 적합하다.
② 산, 염료, 해수 등의 화학 작용에 대한 저항성이 크다.
③ 보크사이트와 석회석을 섞어서 전기로, 반사로 등으로 만든다.
④ 재령 7일에서 보통 포틀랜드 시멘트의 재령 28일 강도를 낸다.

| 해답 | ④

알루미나 시멘트
재령 1일에서 보통 포틀랜드 시멘트의 재령 28일 강도를 내고 수화열이 많아서 한중 콘크리트 공사에 알맞다.

□□□ 03①, 06⑤, 07②, 10①, 11③, 12①, 14②, 15②

20 우리나라에서 시멘트의 분류를 하는데 있어서 포틀랜드 시멘트, 혼합 시멘트, 특수 시멘트 등으로 나누는데 다음 중에서 혼합 시멘트에 속하는 것은?

① 중용열포틀랜드 시멘트
② 알루미나 시멘트
③ 팽창 시멘트
④ 고로슬래그 시멘트

| 해답 | ④

혼합시멘트의 종류
• 고로슬래그 시멘트
• 플라이애시 시멘트
• 포틀랜드포졸란 시멘트

02 골재

02 골재

1 골재의 분류

(1) 잔골재
① 10mm체를 전부 통과하고, 5mm체를 거의 다 통과하며, 0.08mm 체에 거의 다 남는 골재
② 5mm체 다 통과하고, 0.08mm체에 다 남는 골재

(2) 굵은 골재
① 5mm체에 거의 다 남는 골재
② 5mm체에 다 남는 골재

(3) 비중에 의한 분류
① 경량 골재 : 비중이 2.50 이하의 골재
  • 천연 경량 골재 : 화산암, 응회암 등
  • 인공 경량 골재 : 팽창성 혈암, 팽창성 점토, 플라이 애시
② 보통 골재 : 2.50~2.65로서 일반적으로 사용되는 골재
③ 중량 골재 : 비중이 2.70 이상인 골재

2 골재의 일반적 성질

(1) 골재가 갖추어야 할 성질
① 대량생산이 가능할 것
② 마멸에 대한 저항성이 클 것
③ 물리적으로 안정되고 내구성이 클 것
④ 모양이 입방체 또는 둥근형에 가까울 것
⑤ 얇은 조각, 가늘고 긴 석편을 함유하지 않을 것
⑥ 먼지, 흙, 유기 불순물 등의 유해물을 함유하지 않을 것
⑦ 대소립(大小粒)의 입경이 적당히 혼입될 것, 즉 입도가 적당할 것

(2) 골재의 모양
① 골재 알의 모양은 둥근 것 또는 정육면체에 가까운 것이 좋다.
② 모가 난 골재는 낱알의 활동을 방해하므로 워커빌리티가 좋지 않다.
③ 골재 속에 가늘고 긴 조각이 섞여 있으면 골재의 빈틈이 커져서 시멘트와 물이 많이 들게 된다.

(3) 골재의 입도
① 골재의 굵고 작은 알이 섞여있는 정도를 골재의 입도라 한다.
② 입도가 알맞은 골재를 사용하면 다음과 같은 특징이 있다.
- 빈틈이 적어져 단위 무게가 커진다.
- 시멘트풀의 양을 줄일 수 있어 경제적이다.
- 강도, 내구성 및 수밀성 등이 좋은 콘크리트를 만들 수 있다.
- 입도곡선 : 골재의 입도는 여러 가지 크기의 체를 사용하여, 각 체에 남는 골재의 무게비(%)를 구하며 체가름 곡선으로 나타낸다.

(4) 공극률 _{빈틈률}
① 골재의 단위 부피 중 골재 사이의 빈틈 비율을 공극률(빈틈률)이라 한다.
② 공극률의 특징
- 골재의 공극률이 작으면 시멘트풀의 양이 적게 든다.
- 골재의 공극율이 작으면 수화열이 적고, 건조수축이 작아진다.
- 골재의 공극률이 작으면 콘크리트의 강도, 수밀성, 내구성, 닳음 저항성이 커진다.

$$공극률 = \left(1 - \frac{T}{d_D}\right) \times 100 = \left(1 - \frac{M}{G_s}\right) \times 100$$

여기서, M : 골재의 단위 질량
G_s : 골재의 밀도

(5) 실적률
- 실적률 $G = 100 - 공극률$
- 실적률 $G = \frac{T}{d_D} \times 100$

여기서, T : 단위 용적 질량(kg/L)
d_D : 골재의 절건밀도(kg/L)

① 골재알의 모양을 판정하는 척도로는 실적률이 사용된다.
② 실적률이 클수록 알의 모양이 좋고, 입도가 알맞아 시멘트풀이 적게 된다.

(6) 조립률

조립률(fineness modulus : F.M)은 골재의 입도를 수치적으로 나타내는 방법이다.

① 75mm, 40mm, 20mm, 10mm, 5mm, 2.5mm, 1.2mm, 0.6mm, 0.3mm, 0.15mm의 10개 체를 사용한다.

② $F.M = \dfrac{\Sigma \text{각 체에 남은 양의 누계}}{100}$

③ 일반적으로 잔골재의 조립률은 2.6 ~ 3.1, 굵은골재는 6 ~ 8이 되면 입도가 좋은 편이다.

④ 조립률은 입경이 클수록 커진다.

⑤ 잔골재의 조립률이 콘크리트 배합을 정할 때 가정한 잔골재의 조립률에 비하여 0.20 이상의 변화를 나타내었을 때는 배합을 변경해야 한다고 규정하고 있다.

⑥ 혼합 골재의 조립률

$$f_a = \dfrac{m}{m+n}f_s + \dfrac{n}{m+n}f_g$$

여기서, $m : n$; 잔골재와 굵은 골재의 중량비
f_s : 잔골재 조립률
f_g : 굵은 골재 조립률

(7) 굵은골재의 최대치수

① 굵은골재의 최대치수는 질량비로 90% 이상을 통과시키는 체 중에서 최소치수의 체눈을 호칭치수로 나타낸다.

② 굵은골재의 공칭 최대치수는 다음 값을 초과하지 않아야 한다.
- 거푸집 양 측면 사이의 최소거리의 1/5
- 슬래브 두께의 1/3
- 개별 철근, 다발철근, 긴장재 또는 덕트 사이의 최소순간격의 3/4

③ 굵은골재의 최대치수는 다음 값을 표준으로 한다.

구조물의 종류	굵은 골재의 최대치수(mm)
일반적인 경우	20 또는 25
단면이 큰 경우	40
무근 콘크리트	40 부재 최소 치수의 1/4을 초과해서는 안됨

④ 콘크리트의 종류에 따른 굵은골재의 최대치수

콘크리트의 종류		굵은 골재의 최대치수	
무근 콘크리트		• 40mm • 부재 최소 치수의 1/4 이하	
철근 콘크리트	일반적인 경우	20mm 또는 25mm	• 부재 최소 치수의 1/5 이하 • 피복 두께, 철근 순간격의 3/4 이하
	단면이 큰 경우	40mm	

(8) 골재의 밀도 비중

① 골재의 비중은 일반적으로 표면건조포화상태의 골재 알의 비중을 말한다.
② 잔골재의 밀도는 보통 2.50~2.65, 굵은골재의 밀도는 2.55~2.70이다.
③ 골재의 비중은 콘크리트 배합설계, 빈틈률, 실적률 등의 계산에 쓰인다.
④ 골재의 비중이 크면
  • 빈틈이 적다.
  • 흡수량이 적어서 내구성이 크다.
  • 조직이 치밀하므로 강도가 크다.

(9) 골재의 유해물 함유량의 한도

① 굵은골재의 유해물 함유량 한도
  점토덩어리 함유량은 0.25%, 연한 석편은 5.0% 이하이어야 한다.
② 잔골재의 유해물 함유량 한도
  점토덩어리 함유량은 1.0%, 염화물(NaCl, 환산량)은 0.04% 이하이어야 한다.

【골재의 유해물 함유량 한도(질량백분율)】

종류	최대치	
	잔골재	굵은골재
• 점토 덩어리	1.0%	0.25%
• 연한 석편	–	5.0%
0.08mm체 통과량 • 콘크리트의 표면이 마모작용을 받는 경우 • 기타의 경우	 3.0% 5.0%	1.0%

종류	최대치	
	잔골재	굵은골재
석탄, 갈탄 등으로 밀도 $2.0g/cm^2$ 의 액체에 뜨는 것 • 콘크리트의 외관이 중요한 경우 • 기타의 경우	0.5% 1.0%	0.5% 1.0%
• 염화물(NaCl, 환산량)	0.04%	−

⑩ 알칼리골재반응

① 시멘트 중의 알칼리 성분이 골재 중의 여러 가지 조암광물과 반응을 일으키는 것을 알칼리 골재 반응이라 한다.

② 콘크리트에 미치는 영향은 이상 광물을 일으켜 균열이 생기므로 콘크리트가 파괴된다.

3 골재의 함수

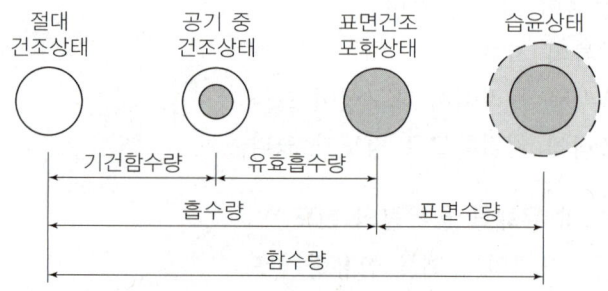

골재의 함수상태

(1) 골재의 함수상태

① 습윤상태
  • 골재입자의 내부에 물이 채워져 있고, 표면에도 물이 부착되어 있는 상태
  • 습윤상태=표면건조포화상태+표면수

② 표면건조포화상태
  • 골재 알 속의 빈틈이 물로 차 있고 표면에 물기가 없는 상태
  • 표면건조포화상태=습윤상태−표면수

③ 공기중건조상태
  골재 알 속의 일부에만 물기가 있는 상태

④ 절대건조상태

건조로에서 105±5℃(100~110℃)의 온도로 무게가 일정하게 될 때까지 완전히 건조시킨 상태를 말한다.

(2) 골재의 수량

골재의 수량에는 함수량, 흡수량, 유효 흡수량, 표면수량 등이 있다.

① 표면수량
- 골재알의 표면에 묻어 있는 수량
- 습윤상태에서 표면건조 포화상태로 되기까지 흡수된 물의 양
- 표면수량=습윤상태의 질량−표면건조포화상태의 질량
- 표면수율= $\dfrac{습윤상태 - 표면건조포화상태}{표면건조 포화상태} \times 100$

② 흡수량
- 골재알이 절대건조 상태에서 표면건조포화 상태로 되기까지 흡수한 물의 양
- 흡수량=표면건조포화상태의 무게−절대건조상태의 무게
- 흡수율= $\dfrac{표면건조 포화상태 - 노건조상태}{노건조 상태} \times 100$

③ 유효 흡수량
- 공기중 건조상태에서 표면건조 포화상태로 되기까지 흡수된 물의 양
- 유효 흡수량=표면건조 포화상태−공기중 건조상태
- 유효 흡수율(%)
  = $\dfrac{표면건조 포화상태 - 공기중 건조상태}{노건조 상태} \times 100$

④ 함수량
- 골재 알의 안팎에 품고 있는 모든 물의 양
- 함수량=습윤상태의 무게−절대건조상태의 질량
- 함수율= $\dfrac{습윤상태 - 노건조상태}{노건조 상태} \times 100$

> **골재의 흡수율(%)**
> - 잔골재 1~6%
> - 굵은골재 0.5~4%

4 여러 가지 골재

(1) 골재

① 천연 골재 : 강모래, 강자갈, 바다 모래, 바다 자갈, 산모래, 산자갈, 천연 경량 골재
② 인공 골재 : 부순돌, 인공경량골재, 중량골재

(2) 경량 골재
① 경량골재는 천연경량골재와 인공경량골재로 분류한다.
② 천연경량골재 : 화산암, 응회암, 경석, 용암 등
③ 인공 경량골재 : 팽창성 혈암, 팽창성 점토, 플라이 애시
④ 인공경량골재의 흡수율은 하천 골재보다 크며, 흡수도 장기간 걸쳐서 되므로 골재를 사전 흡수 작업을 해서 사용해야 한다.
⑤ 동결융해에 대한 내구성은 보통골재와 비교해서 상당히 약한 편이다.

(3) 중량 골재
① 원자로나 각종 시설의 방사선차폐용 콘크리트에 사용되는 밀도가 큰 골재
② 중량 골재의 종류 : 갈철광, 중정석, 자철광, 적철광

(4) 부순 골재
① 부순 골재는 모가 나 있기 때문에 부착강도가 좋다.
② 부순 잔골재의 석분은 단위수량을 증가시키는 요인이 되어 수밀성과 내구성은 저하된다.
③ 부순 골재는 모가나 있기 때문에 같은 워커빌리티를 얻기 위해서는 단위수량과 잔골재율을 증가시켜야 한다.
④ 특히 휨강도가 커지므로 부순돌을 포장 콘크리트에 사용하면 좋다.

5 골재의 저장

(1) 각종 골재는 각각 따로 따로 저장하고 먼지, 잡물 등의 혼입을 방지해야 한다.
(2) 골재는 표면수가 균등하게 되도록 적당한 방법으로 저장해야 한다.
(3) 굵은 골재를 취급할 때는 대소의 알이 분리하지 않도록 해야 한다.
(4) 골재는 빙설의 혼입이나 동결을 방지하기 위하여 적당한 시설을 갖추고 이를 저장해야 한다.
(5) 골재는 여름에는 일광의 직사를 피하기 위하여 적당한 시설을 갖추고 이를 저장해야 한다.
(6) 최대치수가 65mm 이상인 골재는 대소 2종으로 분리 보관한다.

과년도 핵심문제

02 골재

01 | 콘크리트 재료에 관한 지식

□□□ 03①, 06⑤, 08①, 10①, 11③, 12②, 13①, 14②③, 15①③, 16②

01 콘크리트에 사용되는 굵은 골재 및 잔골재를 구분하는데 기준이 되는 체의 호칭치수는?

① 5mm ② 10mm
③ 2.5mm ④ 1.2mm

| 해답 | ①
5mm체에 통과하는 골재는 잔골재, 5mm체에 남는 골재는 굵은 골재

□□□ 01③④, 02⑤, 06①, 09⑤, 10③, 11③, 15②

02 콘크리트용 골재가 갖추어야 할 성질 중 틀린 것은?

① 마멸에 대한 저항성이 클 것
② 낱알의 크기가 차이 없이 균등할 것
③ 물리적으로 안정되고 내구성이 클 것
④ 필요한 무게를 가질 것

| 해답 | ②
대소립(大小粒)의 적당히 혼입될 것, 즉 입도가 적당 할 것

□□□ 04①, 06②, 07⑤, 10⑤, 14①③, 15①②

03 잔골재의 공극률이 75%이고 밀도가 2.65 g/cm³일 때 실적률은?

① 28% ② 25%
③ 66% ④ 3%

| 해답 | ②
실적률=100－공극률=100－75=25%

□□□ 09③, 13②

04 골재의 저장 방법에 대한 설명으로 틀린 것은?

① 잔골재, 굵은 골재 및 종류와 입도가 다른 골재는 서로 섞어 균질한 골재가 되도록 하여 저장한다.
② 먼지나 잡물 등이 섞이지 않도록 한다.
③ 골재의 저장 설비에는 알맞은 배수 시설을 한다.
④ 골재는 직사광선을 막을 수 있는 적당한 시설을 갖추어야 한다.

| 해답 | ①
잔골재와 굵은 골재 및 종류와 입도가 다른 골재는 각각 구분하여 따로 따로 저장한다.

□□□ 01③, 04①, 05②, 08⑤, 12②, 14③

05 골재의 조립률(fineness modulus, FM)이란?

① 굵은골재 및 잔골재의 치수를 나타내는 것을 말한다.
② 콘크리트에서 잔골재와 굵은골재의 비를 말한다.
③ 골재의 입도를 개략적으로 나타내는 방법을 말한다.
④ 골재의 유기불순물의 양을 나타내는 시험법을 말한다.

| 해답 | ③
조립률(FM)
골재의 입도를 개략적(수치적)으로 나타내는 방법을 말한다.

□□□ 04②, 15②, 16②

06 골재의 입도에 대한 설명으로 틀린 것은?

① 굵고 잔 알이 섞여 있는 정도를 나타낸다.
② 체가름 시험을 하여 각 체에 남는 골재의 질량비(%)로 구한다.
③ 입도가 알맞은 골재를 사용하여 콘크리트를 만들 때 시멘트 풀의 양을 줄일 수 있다.
④ 입도가 알맞은 골재는 빈틈이 적어서 단위 용적 질량이 작아진다.

| 해답 | ④
입도가 알맞은 골재는 빈틈이 적어져 단위 용적 질량이 커진다.

□□□ 03②, 07②, 14③

09 빈틈률이 작은 골재를 사용한 콘크리트에 대한 설명으로 틀린 것은?

① 시멘트풀의 양이 적게 들어 수화열이 적어진다.
② 건조수축이 작아진다.
③ 콘크리트의 수밀성 및 닳음 저항성이 작아진다.
④ 콘크리트의 강도와 내구성이 커진다.

| 해답 | ③
빈틈률이 작은 골재는 실적률이 좋아 수밀성 및 마멸 저항성이 큰 콘크리트를 얻을 수 있다.

□□□ 05①, 08②, 09③, 11①, 12②, 13②, 14①

07 골재의 단위용적질량 시험에서 굵은골재의 단위용적질량 평균값이 1.64kg/L이고 밀도가 2.60kg/L이면 공극률은?

① 4.2% ② 30.9%
③ 36.9% ④ 63.1%

| 해답 | ③
$$공극률 = \left(1 - \frac{T}{d_D}\right) \times 100$$
$$= \left(1 - \frac{1.64}{2.60}\right) \times 100 = 36.9\%$$

□□□ 04⑤, 06①, 08①, 09⑤, 10②, 12①, 13②, 16①

10 조립률 3.0의 모래와 7.0의 자갈을 중량비 1 : 4로 혼합할 때의 조립률을 구하면?

① 3.2 ② 4.2
③ 5.2 ④ 6.2

| 해답 | ④
$$혼합\ 조립률\ f_a = \frac{m}{m+n}f_s + \frac{n}{m+n}f_g$$
$$= \frac{1}{1+4} \times 3.0 + \frac{4}{1+4} \times 7.0$$
$$= 6.2$$

□□□ 01③, 04①, 08①, 09①, 10③, 11③, 13②③, 14③, 15①②

08 골재의 조립률을 구하기 위한 체의 호칭 치수로 적당하지 않은 것은?

① 40mm ② 25mm
③ 5mm   ④ 2.5mm

| 해답 | ②
조립률(F.M)
75mm, 40mm, 20mm, 10mm, 5mm, 2.5mm, 1.2mm, 0.6mm, 0.3mm, 0.15mm(10개)

□□□ 02①, 10③, 15②, 16②

11 골재를 함수상태에 따라 분류할 때 골재 입자의 내부에 물이 채워져 있고, 표면에도 물이 부착되어 있는 상태는?

① 습윤상태   ② 표면건조 포화상태
③ 공기중 건조상태 ④ 절대건조상태

| 해답 | ①
습윤상태=표면건조포화상태+표면수

□□□ 02⑤, 05①, 10③, 11①③, 14②, 15②, 16②

12 굵은 골재의 최대 치수에 대한 설명으로 틀린 것은?

① 거푸집 양 측면 사이의 최소 거리의 1/5을 초과하지 않아야 한다.
② 슬래브 두께의 2/3를 초과하지 않아야 한다.
③ 일반적인 구조물인 경우 20mm 또는 25mm를 표준으로 한다.
④ 단면이 큰 구조물인 경우 40mm를 표준으로 한다.

| 해답 | ②
슬래브 두께의 1/3를 초과하지 않아야 한다.

□□□ 01④, 04②, 06①, 10②③, 11①③, 14③, 15④

13 굵은골재의 최대치수는 질량비로 몇 % 이상을 통과시키는 체 중에서 최소치수인 체의 호칭치수로 나타낸 것인가?

① 60% 이상
② 70% 이상
③ 80% 이상
④ 90% 이상

| 해답 | ④
굵은골재의 최대치수는 질량비로 90% 이상을 통과시키는 체 중에서 최소치수의 체눈을 호칭치수로 나타낸다.

□□□ 12①②, 13①, 14③

14 콘크리트용 굵은골재 유해물의 한도 중 연한 석편은 질량 백분율로 최대 몇 % 이하이어야 하는가?

① 0.25%
② 0.5%
③ 1%
④ 5%

| 해답 | ④
굵은골재의 연한 석편 함유량 최대치 : 5% 이하

□□□ 02①, 03①, 04①, 05①, 09②, 13③, 16①

15 아래의 표에서 설명하는 골재의 함수상태는?

> 골재의 표면수는 없고 골재알 속의 빈틈이 물로 차있는 상태

① 절대건조상태
② 공기 중 건조상태
③ 표면건조 포화상태
④ 습윤상태

| 해답 | ③
표면건조포화상태
골재 알 속의 빈틈이 물로 차 있고 표면에 물기가 없는 상태이다.

□□□ 03①, 08②, 13①, 15①, 16②

16 경량골재는 크게 인공경량골재와 천연경량골재로 나눌 수 있다. 다음 중 인공경량골재에 포함되지 않는 것은?

① 팽창성 혈암
② 팽창성 점토
③ 플라이 애시
④ 경석화산자갈

| 해답 | ④
경량골재의 주원료
• 천연 경량 골재 : 화산암, 응회암
• 인공 경량 골재 : 팽창성 혈암, 팽창성 점토, 플라이 애시

□□□ 04⑤, 12①, 15①, 16②

17 일반적인 잔골재의 흡수율은 대개 어느 정도인가?

① 1~6%
② 6~12%
③ 13~18%
④ 18~23%

| 해답 | ①
골재의 흡수율(%)
• 잔골재 1~6%
• 굵은골재 0.5~4%

□□□ 02⑤, 05①, 10③, 11①③, 15②, 16②

18 철근콘크리트에서 구조물의 단면이 큰 경우 굵은 골재의 최대치수는 다음 중 어느 것을 표준으로 하는가?

① 25mm ② 40mm
③ 50mm ④ 100mm

|해답| ②
철근콘크리트의 굵은골재 최대치수
• 단면이 큰 경우 : 40m
• 일반적인 경우 : 20mm 또는 25mm

□□□ 02①, 03②, 08①, 10①②

19 표면건조 포화상태의 잔골재 500g을 노건조시켰더니 480g이었다면 흡수율은 얼마인가?

① 4.00% ② 4.17%
③ 4.76% ④ 5.00%

|해답| ②

흡수율(%)
$= \dfrac{\text{표면건조 포화상태} - \text{노건조 상태}}{\text{노건조 상태}} \times 100(\%)$
$= \dfrac{500-480}{480} \times 100 = 4.17\%$

□□□ 08③, 11①, 14②

20 다음 중 천연 골재에 속하지 않는 것은?

① 강모래, 강자갈
② 산모래, 산자갈
③ 바닷모래, 바닷자갈
④ 부순모래, 슬래그

|해답| ④
천연 골재
강모래, 강자갈, 바다 모래, 바다 자갈, 산모래, 산자갈, 천연 경량 골재

□□□ 10①, 15①

21 잔골재의 조립률 시험을 한 결과 다음 표와 같은 결과를 얻었다. 이 잔골재의 조립률(F.M)은 얼마인가?

체의 호칭(mm)	체에 남는 양(%)	체의 호칭(mm)	체에 남는 양(%)
75	0	1.2	21
40	0	0.6	40
20	0	0.3	17
10	0	0.15	12
5	4	접시	0
2.5	6		

① 2.74 ② 2.84
③ 2.94 ④ 3.04

|해답| ④

체의 호칭(mm)	체에 남는 양(%)	누적잔유율(%)
75	0	0
40	0	0
20	0	0
10	0	0
5	4	4
2.5	6	10
1.2	21	31
0.6	40	71
0.3	17	88
0.15	12	100
접시	0	
계	100	304

$\text{F.M} = \dfrac{\sum \text{각 체에 남는 양의 누계}}{100}$
$= \dfrac{304}{100} = 3.04$

□□□ 03②, 06⑤, 10①, 15②, 16①

22 다음 중 중량골재에 속하는 것은?

① 팽창혈암   ② 강자갈
③ 소성 규조토   ④ 자철광

|해답| ④
중량 골재
갈철광, 중정석, 자철광, 적철광

□□□ 04③, 08⑤, 10②, 16①

23 실내에서 건조시킨 상태로 골재의 알 속의 일부에만 물기가 있는 상태를 무엇이라 하는가?

① 절대건조상태
② 표면건조 포화상태
③ 습윤상태
④ 공기 중 건조상태

|해답| ④
공기 중 건조상태
골재 알 속의 빈틈 일부가 물로 차 있는 상태이다.

□□□ 02⑤, 03②, 05①, 08②, 09⑤, 11①, 12②, 13②, 14①, 15④, 16③

24 어떤 굵은 골재의 밀도가 2.65kg/L이고, 단위질량이 1.80kg/L일 때 이 골재의 공극률은 약 얼마인가?

① 72%   ② 68%
③ 32%   ④ 28%

|해답| ③

$$공극률 = \left(1 - \frac{T}{d_D}\right) \times 100$$
$$= \left(1 - \frac{1.80}{2.65}\right) \times 100 = 32\%$$

□□□ 02⑤, 03②, 05①, 08②, 09⑤, 11①, 12②, 13②, 14①, 15④, 16①

25 어떤 골재시험 결과 단위용적질량은 1.72kg/L이고, 골재의 절건밀도가 2.65kg/L일 때 이 골재의 공극율은?

① 72.4%   ② 29.5%
③ 52.3%   ④ 35.1%

|해답| ④

$$공극률 = \left(1 - \frac{T}{d_D}\right) \times 100$$
$$= \left(1 - \frac{1.72}{2.65}\right) \times 100 = 35.1\%$$

03 혼화재료

03 혼화재료

1 혼화재료의 일반

(1) 혼화재료의 분류

① 혼화재

사용량이 시멘트 질량의 5% 정도 이상이 되어 그 자체가 콘크리트의 배합 계산에 관계 된다.

② 혼화제

사용량이 시멘트 질량의 1% 정도 이하가 되어 콘크리트 배합 계산에서 무시된다.

③ 혼화재료의 종류

혼화재	혼화제
사용량이 시멘트 중량의 5% 이상	사용량이 시멘트 질량의 1% 이하
플라이 애시, 포졸란(포촐라나) 고로 슬래그 분말, 팽창재	AE제, 감수제, 고성능 감수제, 촉진제, 급결제, 지연제, 발포제, 기포제, 방청제

(2) 혼화재료의 용도별 구분

① 혼화재
- 포졸란 작용이 있는 것 : 플라이 애시, 고르 슬래그 미분말
- 잠재수경성이 있는 것 : 고로 슬래그 미분말
- 경화과정에서 팽창을 일으키는 것 : 팽창재
- 오토클래브양생으로 고강도를 나타내는 것 : 규산질 미분말
- 착색을 시키는 것 – 착색재

② 혼화제
- 워커빌리티와 내구성을 좋게 하는 것 : AE제, 감수제, AE 감수제
- 방수효과를 나타내는 것 : 방수제
- 응결 경화시간을 조절하는 것 : 촉진제, 지연제, 급결제

- 기포작용에 의해 충정성을 개선하는 것 : 기포제, 발포제
- 염화물에 의해 철근의 부식을 억제시키는 것 : 방청제

(3) 혼화재료의 저장
① 혼화재는 날리지 않도록 그 취급에 주의해야 한다.
② 저장이 오래된 것은 시험 후 사용여부를 결정하여야 한다.
③ 혼화제는 먼지나 불순물이 혼입되지 않고 변질되지 않도록 저장한다.
④ 변질이 예상되는 혼화재는 사용하기에 앞서 시험하여 품질을 확인해야 한다.
⑤ 혼화재는 습기를 막을 수 있는 사일로 또는 창고 등에 종류별로 나누어 저장한다.

2 혼화재 混和材

(1) 플라이 애시
① 석탄을 원료로 하는 화력발전소에서 미분탄을 고온으로 연소시켰을 때 회분이 용융되어 고온의 연소가스와 더불어 굴뚝에 이르는 도중에 급격히 냉각되어 구형으로 생성되는 미세한 분말로서 전기식 또는 기계식 집진장치를 사용하여 모은 것이다.
② 플라이애시를 혼합한 콘크리트의 특징
- 콘크리트의 조기강도가 작다.
- 콘크리트의 수밀성이 좋아진다.
- 콘크리트의 건조수축이 감소된다.
- 가루 석탄재로서 실리카질 혼화재이다.
- 표면이 매끄러운 구형입자로 되어 있다.
- 콘크리트의 워커빌리티를 좋게 하고 사용수량을 감소시켜준다.

(2) 포졸란
콘크리트의 워커빌리티를 좋게 하고 수밀성과 내구성 등을 크게 할 목적으로 사용되는 혼화재
① 포졸란의 종류
- 천연산 : 화산재, 규조토, 규산백토
- 인공산 : 플라이 애시, 고로 슬래그 미분말
② 포졸란의 특징
- 콘크리트의 워커빌리티를 좋게 한다.
- 수밀성과 내구성을 크게 한다.

(3) 고로 슬래그 미분말
용광로에서 나오는 슬래그를 급냉시켜 만든 가루

(4) 팽창재
콘크리트가 경화되는 중에 부피를 늘어나게 하여 콘크리트의 건조 수축에 의한 균열을 억제하는데 사용하는 혼화재

3 혼화제 混和劑

(1) AE제 공기연행제
① 콘크리트용 계면활성제의 일종으로 미소한 독립된 공기포를 콘크리트 중에 골고루 분산시키기 위해 사용하는 재료이다.
② 콘크리트 속에 독립된 무수히 많은 미세한 공기기포를 연행시켜 워커빌리티와 동결융해에 대한 저항성을 향상시키기 위해 사용하는 혼화제이다.
③ AE제 사용의 특성
- 블리딩이 감소하고 마무리성이 좋아진다.
- 동결융해에 대한 내구성과 수밀성이 커진다.
- 콘크리트의 강도와 철근과의 부착강도가 약간 작아진다.
- 콘크리트의 워커빌리티가 좋아지고 단위 수량이 감소한다.
- AE공기는 지름이 0.025~0.25mm인 공모양의 기포이다.

(2) 지연제
① 시멘트의 응결 시간을 늦추기 위하여 사용하는 혼화제
② 지연제의 용도
- 서중 콘크리트의 시공
- 연속 콘크리트를 칠 때 작업이음이 생기지 않도록 할 경우
- 운반거리가 먼 레미콘이나 무더운 여름철 콘크리트의 시공

(3) 감수제
① 시멘트의 입자를 분산시켜 콘크리트의 필요한 반죽질기를 얻고 단위수량을 줄일 목적으로 사용하는 혼화제
② 감수제의 효과
- 단위수량을 감소시킬 수 있다.
- 압축강도를 증가시킬 수 있다.
- 워커빌리티와 내구성을 좋게 한다.
- 수밀성이 좋아지고 강도가 커진다.

알아두기

응결·경화시간을 조절하는 혼화제
- 지연제
- 촉진제
- 급결제
- 초지연제

- 단위 시멘트량의 양도 절약된다.
- 시멘트의 입자가 분산되어 유동성이 좋아진다.

(4) 촉진제
① 시멘트의 수화작용을 촉진시키기 위한 것으로 일반적으로 염화칼슘($CaCl_2$) 또는 염화칼슘이 들어 있는 감수제를 사용한다.
② 경화 촉진제
- 양생기간을 단축시켜 거푸집의 제거가 빠르다.
- 한중 콘크리트에서 저온으로 늦어지는 경화를 촉진한다.
- 수중이나 한중공사에 조기강도나 수화열을 필요로 할 때 사용한다.
- 염화칼슘을 혼합한 콘크리트는 응결이 촉진되고 콘크리트의 슬럼프가 감소된다.

(5) 기타 혼화제
① 발포제
시멘트가 응결할 때 화학적 반응에 의하여 수소가스를 발생시켜 모르타르 또는 콘크리트 속에 아주 작은 기포를 생기게 하는 혼화제로 알루미늄가루를 사용하며 프리플레이스트 콘크리트용 그라우트나 PC공 그라우트에 사용하면 부착을 좋게 하는 혼화제
② 급결제
터널 등의 숏크리트에 첨가하여 뿜어 붙인 콘크리트의 응결을 상당히 빠르게 하여 조기의 강도를 증진시키기 위해 사용되는 혼화제
③ 기포제
콘크리트 속에 많은 거품을 일으켜, 부재의 경량화나 단열성을 목적으로 사용하는 혼화제
④ 방청제
콘크리트 속의 철근이 염화물에 의해 녹스는 것을 억제하는 혼화제

03 혼화재료

과년도 핵심문제

01 | 콘크리트 재료에 관한 지식

□□□ 01③, 04⑤, 07②⑤, 11④⑤, 12①, 14①③, 15①
01 아래의 표에서 설명하는 혼화재료는?

> 석탄을 원료로 하는 화력발전소에서 미분탄을 고온으로 연소시켰을 때 회분이 용융되어 고온의 연소가스와 더불어 굴뚝에 이르는 도중에 급격히 냉각되어 구형으로 생성되는 미세한 분말로서 전기식 또는 기계식 집진장치를 사용하여 모은 것이다.

① 포졸란   ② 플라이애시
③ 실리카퓸   ④ AE제

|해답| ②

플라이 애시(fly ash)
가루 석탄을 연료로 사용하는 발전소에서 이를 연소할 때, 굴뚝을 통해 미세한 분말입자를 전기 집전기로 채취한 것

□□□ 03①, 04②, 11①, 15②, 16②
02 다음 혼화재료 중에서 사용량이 시멘트 무게의 5% 정도 이상이 되어 그 자체의 부피가 콘크리트의 배합 계산에 관계되는 혼화재료는?

① 포졸란   ② 응결촉진제
③ AE제   ④ 발포제

|해답| ①

• 혼화재 : 사용량이 시멘트 중량의 5% 이상인 경우 ; 포졸란
• 혼화화제 : AE제, 감수제, 고성능 감수제, 촉진제, 급결제, 지연제, 발포제, 기포제 등

□□□ 05②, 07⑤, 09①②, 12①, 13③
03 혼화재료의 저장에 대한 설명으로 부적당한 것은?

① 혼화제는 먼지나 불순물이 혼입되지 않고 변질되지 않도록 저장한다.
② 저장이 오래된 것은 시험 후 사용여부를 결정하여야 한다.
③ 혼화재는 날리지 않도록 그 취급에 주의해야 한다.
④ 혼화재는 습기가 약간 있는 창고내에 저장한다.

|해답| ④

혼화재는 습기를 막을 수 있는 사일로 또는 창고 등에 종류별로 나누어 저장한다.

□□□ 05①, 13①
04 혼화재료의 저장 및 사용에 대해 옳지 않은 것은?

① 혼화재는 종류별로 나누어 저장하고 저장한 순서대로 사용해야 한다.
② 변질이 예상되는 혼화재는 사용하기에 앞서 시험하여 품질을 확인해야 한다.
③ 저장기간이 오래된 혼화재는 눈으로 판단하여 사용여부를 판단한다.
④ 혼화재는 날리지 않도록 주의해서 다룬다.

|해답| ③

저장기간이 오래된 혼화재는 사용하기에 앞서 시험하여 품질을 확인해야 한다.

□□□ 01③, 04⑤, 07②⑤, 11④⑤, 14①③, 15①

05 가루 석탄을 연소시킬 때 굴뚝에서 집진기로 모은 아주 작은 입자의 재이며, 실리카질 혼화재로 입자가 둥글고 매끄럽기 때문에 콘크리트의 워커빌리티를 좋게 하고 수화열이 적으며 장기 강도를 크게 하는 것은?

① 실리카 퓸
② 고로 슬래그 미분말
③ 플라이 애시
④ AE제

| 해답 | ③
플라이 애시(fly ash)
가루 석탄을 연료로 사용하는 발전소에서 이를 연소할 때, 굴뚝을 통해 미세한 분말입자를 전기 집전기로 채취한 것

□□□ 03②, 08①, 16①

06 혼화재 중 용광로에서 나오는 슬래그를 급냉시켜 만든 가루는?

① 포졸라나(pozzolana)
② 플라이애시(fly ash)
③ 고로슬래그 미분말
④ AE제

| 해답 | ③
고로 슬래그 미분말
용광로에서 나오는 슬래그를 급랭시켜 만든 가루이다.

□□□ 03①, 04②, 11①, 15②

07 혼화재료를 분류할 때 혼화재는 사용량이 시멘트 무게의 몇 % 정도 이상이 되는 것을 혼화재라고 하는가?

① 1% 이상
② 2% 이상
③ 3% 이상
④ 5% 이상

| 해답 | ④
사용량이 시멘트 중량의 5% 이상으로 그 자체의 부피가 콘크리트의 배합계산 되는 혼화재

□□□ 01④, 06①, 08①, 13①

08 천연산의 것과 인공산의 것이 있으며 콘크리트의 워커빌리티를 좋게 하고 수밀성과 내구성 등을 크게 할 목적으로 사용되는 혼화재료는?

① 완결제
② 포졸란
③ 촉진제
④ 증량제

| 해답 | ②
■ 포졸란의 종류
 • 천연산 : 화산재, 규조토, 규산백토
 • 인공산 : 플라이 애시, 고로 슬래그
■ 포졸라나의 특징
 • 콘크리트의 워커빌리티를 좋게 한다.
 • 수밀성과 내구성을 크게 한다.

□□□ 10①, 12①, 15②

09 다음 혼화재 중 인공산인 것은?

① 플라이애시
② 화산회
③ 규조토
④ 규산백토

| 해답 | ①
포졸라나의 종류
 • 천연산 : 화산재, 규조토, 규산백토
 • 인공산 : 플라이 애시, 고로 슬래그

□□□ 11③, 15②, 16②

10 주로 잠재 수경성이 있는 혼화재는?

① 고로 슬래그 미분말
② 플라이 애시
③ 규산질 미분말
④ 팽창재

| 해답 | ①
 • 주로 감재수정성이 있는 것 : 고로 슬래그 미분말
 • 포졸란 작용이 있는 것 : 플라이 애시
 • 굳는 과정에서 팽창을 일으키는 것 : 팽창재

☐☐☐ 03①, 05②, 06①, 08⑤, 12①, 13②, 14③

11 콘크리트가 경화되는 도중에 부피가 늘어나게 하여 콘크리트의 건조수축에 의한 균열을 막는데 사용하는 혼화재는?

① AE제
② 플라이애시(fly-ash)
③ 팽창성 혼화재
④ 포졸란(Pozzolan)

| 해답 | ③
팽창재
콘크리트가 굳어가는 도중에 부피를 늘어나게 하여 콘크리트의 건조 수축에 의한 균열을 억제해 주는 혼화재이다.

☐☐☐ 03②, 10⑤, 11③, 16①

12 시멘트의 응결을 빠르게 하기 위하여 사용하는 혼화제는?

① 자연제   ② 발포제
③ 급결제   ④ 기포제

| 해답 | ③
급결제
시멘트의 응결을 상당히 빠르게 하기 위하여 사용하는 혼화제이다.

☐☐☐ 03①, 11②③, 14③

13 응결지연제를 혼입해서 사용해야 할 콘크리트는?

① 한중콘크리트   ② 서중콘크리트
③ 수중콘크리트   ④ 진공콘크리트

| 해답 | ②
응결지연제는 서중콘크리트처럼 대기의 온도가 높을 때 빠른 응결을 지연하기 위해 사용된다.

☐☐☐ 08①, 13③, 14①, 15④

14 다음 중 콘크리트에 AE제를 혼합하는 주목적으로 옳은 것은?

① 동결융해 저항성을 향상시키기 위해서
② 부피를 증대하기 위해서
③ 강도의 증대를 위해서
④ 시멘트 절약을 위해서

| 해답 | ①
AE제(공기연행제)
콘크리트 속에 독립된 무수히 많은 미세한 공기기포를 연행시켜 워커빌리티와 동결융해에 대한 저항성을 향상시키기 위해 사용하는 혼화제이다.

☐☐☐ 04②, 06②, 10②, 15②

15 콘크리트 속에 거품을 일으켜 부재의 경량화나 단열을 위해 사용되는 혼화제는?

① 감수제   ② 촉진제
③ 기포제   ④ 지연제

| 해답 | ③
기포제
콘크리트 속에 많은 거품을 일으켜, 부재의 경량화나 단열성을 목적으로 사용하는 혼화제

☐☐☐ 06⑤, 10①, 14②, 15①

16 시멘트의 수화 작용을 빠르게 하기 위해 일반적으로 염화칼슘($CaCl_2$)을 사용하는 혼화제는?

① 촉진제   ② AE제
③ 급결제   ④ 고성능 감수제

| 해답 | ①
촉진제
일반적으로 염화칼슘($CaCl_2$)를 사용하면 시멘트의 수화작용을 빠르게 촉진시킨다.

□□□ 02①, 06②, 08②, 09③, 13①, 14①

17 시멘트 입자를 분산시킴으로써 콘크리트의 소요의 워커빌리티를 얻는데 필요한 단위수량을 줄이기 위해 사용되는 혼화제는?

① 감수제   ② AE제
③ 촉진제   ④ 급결제

| 해답 | ①
감수제
시멘트의 입자를 흐트러지게 하여 단위수량을 줄이는 작용을 하여서 필요한 반죽질기를 얻는데 사용 양도 절약된다.

□□□ 03②, 05②, 06⑤, 07⑤, 10⑤, 13②, 15①

18 감수제를 사용하면 여러 가지 효과가 나타난다. 그 효과에 대한 설명으로 틀린 것은?

① 콘크리트의 워커빌리티가 좋아진다.
② 단위 시멘트의 사용량이 늘어난다.
③ 내구성이 좋아진다.
④ 강도가 커진다.

| 해답 | ②
단위 시멘트의 양이 절약된다.

□□□ 02①, 03②, 06①③, 08①, 10①, 13③, 14①, 15④, 16②

19 AE 콘크리트에서 AE제를 사용하여 이로운 점이 아닌 것은?

① 워커빌리티가 좋아진다.
② 동결융해에 대한 저항성이 커진다.
③ 동일한 물-결합재비인 경우 콘크리트의 압축강도가 증가한다.
④ 단위수량을 감소시킬 수 있다.

| 해답 | ③
콘크리트의 강도와 철근과의 부착강도가 약간 작아진다.

□□□ 03②, 05②, 06⑤, 07⑤, 10⑤, 13②, 15①

20 감수제의 사용 효과 중 옳지 않은 것은?

① 시멘트 풀의 유동성을 감소시킬 수 있다.
② 워커빌리티를 좋게 할 수 있다.
③ 단위수량을 감소시킬 수 있다.
④ 압축강도를 증가시킬 수 있다.

| 해답 | ①
시멘트의 입자가 분산되어 유동성이 좋아진다.

□□□ 02①, 08⑤, 11③

21 알루미늄 또는 아연가루를 넣어, 시멘트가 응결할 때 수소가스를 발생시켜 모르타르 또는 콘크리트 속에 아주 작은 기포를 생기게 하는 혼화제는?

① 지연제   ② 발포제
③ 팽창제   ④ AE제

| 해답 | ②
발포제는 발포에 의하여 그라우트를 팽창시켜 골재나 PS강재의 빈틈을 잘 채워지게 하여 부착을 좋게 한다.

□□□ 02①, 07②, 10①, 13②, 14①, 16①

22 시멘트의 응결 시간을 늦추기 위하여 사용하는 혼화제로서 서중 콘크리트나 레디믹스트 콘크리트에서 운반거리가 먼 경우, 또는 연속적으로 콘크리트를 칠 때 콜드조인트가 생기지 않도록 할 경우 등에 사용되는 혼화제는?

① 감수제   ② 촉진제
③ 급결제   ④ 지연제

| 해답 | ④
지연제는 서중 콘크리트나 레디믹스트 콘크리트에서 시멘트의 응결시간을 늦추기 위하여 사용하는 혼화제이다.

04 콘크리트의 성질

04 콘크리트의 성질

1 굳지 않은 콘크리트

(1) 콘크리트의 구성

보통 사용하는 콘크리트는 전체 부피의 약 70%가 골재이고, 나머지 약 30%는 시멘트풀로 구성되어 있다.

공기(5%)	물(15%)	시멘트(10%)	골재(70%)	
			잔골재	굵은 골재
	시멘트풀(30%)			
	모르타르			
	콘크리트			

① 시멘트풀
- 시멘트에 물만 넣어 반죽한 것
- 굳지 않은 콘크리트에 유동성을 준다.
- 골재 사이의 빈틈을 메워 준다.

② 모르타르
 시멘트 풀에 잔골재를 배합한 것으로 시멘트와 잔골재를 물로 반죽한 것

③ 콘크리트
 모르타르에 굵은 골재를 배합한 것으로 시멘트와 잔골재, 굵은 골재를 물로 반죽한 것

(2) 굳지 않은 콘크리트의 성질

굳지 않은 콘크리트를 나타내는 데는 다음과 같은 용어를 사용한다.
① 반죽질기(consistency) : 주로 물의 양이 많고 적음에 따르는 반죽이 되고 진 정도를 나타내는 굳지 않은 콘크리트의 성질
② 워커빌리티(workability) : 반죽 질기의 정도에 따르는 작업의 난이성 및 재료의 분리성 정도를 나타내는 굳지 않은 콘크리트의 성질

③ 성형성(plasticity) : 거푸집에서 쉽게 다져넣을 수 있고 거푸집을 제거하면 천천히 형상이 변하기는 하지만 허물어지거나 재료의 분리가 일어나는 일이 없는 정도의 굳지 않은 콘크리트의 성질
④ 피니셔빌리티(finishability) : 굵은 골재의 최대치수, 잔 골재율, 잔 골재의 입도, 반죽질기 등에 따르는 표면 마무리하기 쉬운 정도를 나타내는 굳지 않은 콘크리트의 성질

(3) 워커빌리티에 영향을 끼치는 요소

굳지 않은 콘크리트에서 가장 중요한 것은 워커빌리티가 좋은 콘크리트를 만드는 것이다.
① 시멘트 : 시멘트의 양이 많을수록, 분말도가 높을수록 워커빌리티가 좋다.
② 혼화재료 : 플라이 애시, 고로슬래그 미분말 등의 혼화재의 AE제, 감수제, AE감수제 등의 혼화제를 사용하면 워커빌리티가 좋아진다.
③ 골재 : 골재와 시멘트의 비가 작을수록, 골재 알의 모양이 둥글수록 워커빌리티가 좋아진다.
④ 물 : 워커빌리티에 영향을 끼치는 가장 중요한 것은 물이다.

(4) 워커빌리티 측정법

일반적으로 반죽 질기를 측정하여 그 결과에 따라서 워커빌리티의 정도를 판단하고 있다. 그 중에서 슬럼프 시험이 가장 널리 사용되고 있다.
① 슬럼프 시험 : 슬럼프 콘에 콘크리트를 3층으로 나누어 넣고, 각 층을 다짐대로 25번씩 다진 후, 슬럼프 콘을 빼올렸을 때 콘크리트가 무너져 내려 앉은 값을 슬럼프값이라 한다.
② 반죽질기 시험 : 포장 콘크리트와 같은 된 반죽 콘크리트의 반죽질기 측정에 주로 사용된다.
③ 켈리볼(Kelly ball) 관입 시험 : 구관입 시험이라고도 하며, 포장 콘크리트와 같이 평면으로 타설된 콘크리트의 반죽 질기를 측정하는 데 편리한 방법으로 측정한 값의 1.5~2배가 슬럼프 값에 해당한다.
④ 다짐 계수 시험 : 높은 곳에서 콘크리트를 용기 속으로 떨어뜨려서 용기에 채워진 콘크리트의 무게를 측정하는 방법으로 슬럼프가 매우 작고 진동 다짐을 실시하는 콘크리트에 유효한 시험방법이다.

> **워커빌리티 측정법**
> • 슬럼프 시험
> • 반죽질기 시험
> • 켈리볼 관입 시험
> • 다짐 계수 시험
> • 이리배런 시험
> • 리몰딩 시험

⑤ 이리배런 시험 : 무게 22kg의 이리배런 그릇을 콘크리트 반죽 위에 가볍게 놓아 그릇이 놓인 부분의 직경을 측정하여 콘크리트의 반죽 질기를 측정하는 시험이다.
⑥ 리몰딩 시험 : 슬럼프 몰드 속에 콘크리트를 채우고 원판을 콘크리트 면에 얹어 놓은 다음 흐름 시험판에 약 6mm의 상하운동을 주면 콘크리트가 유동하여 내외의 간격을 통해 내륜의 외측으로 상승한다.

(5) 블리딩 bleeding
콘크리트를 친 후 시멘트와 골재알이 가라앉으면서 물이 올라와 콘크리트의 표면에 떠오르는 현상을 블리딩이라 한다.
① 블리딩이 커지면 콘크리트 위부분의 강도가 작아지고 수밀성과 내구성이 나빠진다.
② 블리딩을 작게 하는 데는 분말도가 높은 시멘트, AE제, 포졸란 등을 사용하고 될 수 있는 대로 단위 수량을 적게 한다.
③ 블리딩을 작게 하는 방법
• 분말도가 높은 시멘트를 사용한다.
• 단위 수량을 작게 한다.
• AE제를 사용한다.
• 포졸란을 사용한다.

(6) 레이턴스 laitance
① 블리딩에 의하여 콘크리트의 표면에 떠올라 가라앉는 미세한 물질을 레이턴스라 한다.
② 레이턴스는 굳어도 강도가 거의 없으므로 콘크리트를 덧치기할 때에는 이것을 제거 후 작업을 해야 한다.

2 굳은 콘크리트의 성질

(1) 압축강도
① 콘크리트의 강도라 하면 일반적으로 압축강도를 말한다.
② 콘크리트의 압축강도는 재령 28일의 강도를 설계기준강도로 하고 있다.
③ 압축강도가 가장 중요하다.

(2) 인장강도
① 콘크리트 압축강도의 약 1/10~1/13 정도이다.

② 압축강도 시험체를 옆으로 눕혀 놓고, 압축강도시험기로 파괴하여 구한 최대하중으로 인장강도를 구하는 것으로 쪼갬인장강도라 한다.

(3) 휨강도

압축강도의 1/5 ~ 1/8이며, 휨강도는 도로 포장용 콘크리트의 품질 결정에 사용된다.

(4) 전단강도

최대 전단력을 단면적으로 나눈 값으로 압축강도의 1/4 ~ 1/6 정도이다.

(5) 기타 성질

① 크리프 : 콘크리트에 일정하게 하중을 계속 주면, 응력의 변화는 없는데도 변형이 재령과 함께 커진다. 이를 크리프(creep)라 한다.
② 탄성계수 : 콘크리트의 탄성계수는 강도와 비중의 영향을 가장 크게 받는다.
③ 부피의 변화 : 콘크리트 온도가 높으면 부치가 팽창하고, 냉각하면 수축한다.
④ 내구성 : 콘크리트의 내구성에 끼치는 영향으로는 동결과 융해, 기상 작용, 물, 산, 염 등에 화학적 침식, 물 흐름에 의한 침식 등이 있다.

과년도 핵심문제

04①, 08①, 09⑤, 10②, 14①③

01 굳지 않은 콘크리트 또는 모르타르(mortar)에 있어서 골재 및 시멘트 입자의 침강으로 물이 분리하여 상승하는 현상으로 인하여 콘크리트나 모르타르의 표면에 떠올라서 가라앉은 물질을 무엇이라고 하는가?

① 워커빌리티   ② 레이턴스
③ 피니셔빌리티 ④ 블리딩

| 해답 | ②
레이턴스
블리딩에 의하여 콘크리트의 표면에 떠올라와 가라앉는 아주 작은 물질

02①, 16①

02 블리딩(bleeding)에 대한 설명으로 옳지 않은 것은?

① 블리딩이 크면 강도, 내구성, 수밀성이 약간 증가한다.
② 블리딩이 크면 굵은 골재가 모르타르로부터 분리되는 경향이 커진다.
③ 블리딩은 콘크리트를 타설한 후 2~4시간에 거의 끝난다.
④ 블리딩이란 굳지 않은 콘크리트 또는 모르타르에서 물이 분리되어 위로 올라가는 현상이다.

| 해답 | ①
블리딩이 커지면 콘크리트 위부분의 강도가 작아지고 수밀성과 내구성이 나빠지며, 레이턴스가 커진다.

03①, 07⑤, 08②, 10⑤, 12①

03 콘크리트의 반죽질기 여하에 따르는 작업의 난이 정도 및 재료의 분리에 저항하는 정도를 나타내는 굳지 않은 콘크리트의 성질을 무엇이라 하는가?

① 워커빌리티(workability)
② 반죽질기(consistency)
③ 성형성(plasticity)
④ 피니셔빌리티(finishability)

| 해답 | ①
이러한 성질을 워커빌리티(workability)라 한다.

01④, 04②, 06①②, 08①, 09⑤, 11①, 13①②, 15②

04 워커빌리티(Workability) 판정기준이 되는 반죽질기 측정시험 방법이 아닌 것은?

① 켈리볼 관입시험   ② 리몰딩시험
③ 슈미트 해머시험   ④ 슬럼프시험

| 해답 | ③
슈미트 해머시험은 콘크리트 비파괴 시험이다.

01④, 04②, 06①②, 08①, 09⑤, 11①, 13①②, 15②

05 워커빌리티 판정기준이 되는 반죽질기 측정 시험 방법이 아닌 것은?

① 켈리볼 관입 시험 ② 리몰딩 시험
③ 슬럼프 시험   ④ 블레인 시험

| 해답 | ④
워커빌리티를 측정하는 시험법
슬럼프 시험, 플로시험, 리몰딩 시험, 켈리볼 관입 시험(구관입 시험)

□□□ 02①, 13③

06 콘크리트의 워커빌리티에 가장 큰 영향을 미치는 요소는?

① 시멘트의 종류
② 단위수량
③ 잔골재의 품질
④ 굵은 골재의 최대치수

| 해답 | ②
워커빌리티에 영향을 끼치는 가장 중요한 것은 단위수량이다.

□□□ 08③, 15④

07 시멘트와 물을 반죽한 것을 무엇이라 하는가?

① 모르타르   ② 시멘트 풀
③ 콘크리트   ④ 반죽질기

| 해답 | ②
시멘트 풀 : 시멘트에 물만 넣어 반죽한 것

□□□ 04①, 08①, 09⑤, 10②, 14①

08 굳지 않는 콘크리트 속에서 스며나오는 물이 시멘트나 기타, 다른 미립자를 표면에 운반하여 이것이 표면에 떠올라서 가라앉은 물질을 무엇이라고 하는가?

① 슬럼프(slump)
② 레이턴스(laitance)
③ 블리딩(bleeding)
④ 피니셔 빌리티(finishability)

| 해답 | ②
• 블리딩 : 콘크리트를 친후 시멘트와 골재 알이 가라 앉으면서 물이 올라와 콘크리트의 표면에 떠오르는 현상
• 레이턴스 : 블리딩에 의하여 콘크리트의 표면에 떠올라와 가라 앉은 아주 작은 물질

□□□ 08③, 15②, 16③

09 일반적으로 콘크리트를 구성하는 재료 중에서 부피가 가장 큰 것부터 작은 순으로 나열한 것은?

① 골재 > 공기 > 물 > 시멘트
② 골재 > 물 > 시멘트 > 공기
③ 물 > 시멘트 > 골재 > 공기
④ 물 > 골재 > 시멘트 > 공기

| 해답 | ②
골재(70%), 물(15%), 시멘트(10%), 공기(5%)

□□□ 02①, 08①, 13①, 15②, 16②

10 재료에 일정하중이 작용하면 시간의 경과와 함께 변형이 증가하는데 이러한 현상을 무엇이라 하는가?

① 포와송비   ② 크리프
③ 연성   ④ 취성

| 해답 | ②
크리프
재료에 오랫동안 하중이 작용하면 시간이 지남에 따라 변형이 커지는 현상을 말한다.

□□□ 01④, 03②, 04②, 07②, 11③③, 12①, 15①

11 AE콘크리트의 알맞은 공기량은 굵은골재의 최대치수에 따라 다르며, 보통 콘크리트 부피의 몇 %를 표준으로 하는가?

① 1~3%   ② 4~7%
③ 7~12%   ④ 12~17%

| 해답 | ②
AE공기량은 콘크리트 부피의 4~7% 정도일 때 워커빌리티와 내구성이 좋은 콘크리트가 된다.

05 여러 가지 콘크리트

05 여러 가지 콘크리트

1 AE 콘크리트

콘크리트에 AE제를 사용하여 AE 공기를 가지도록 만든 것을 AE 콘크리트라 한다.

(1) AE 콘크리트의 특성

보통 콘크리트에 AE제를 혼합하여 기포(직경 0.02~0.05mm 정도)를 발생시켜 콘크리트 중의 공기량을 4~7% 정도 증가시켜 공기의 연행에 의하여 워커빌리티를 크게 개선하고 내구성을 향상시키는 특성을 가지고 있다.

(2) AE콘크리트의 장점

① 워커빌리티가 좋다.
② 단위 수량이 적어진다.
③ 재료 분리를 적게 하고, 블리딩이 적어진다.
④ 수밀성이 좋아진다.
⑤ 동결 융해에 대한 저항성이 커진다.

(3) AE콘크리트의 단점

① 공기량 1% 증가에 압축 강도가 4~6% 정도 작아진다.
② 콘크리트의 무게를 이용할 경우 가벼워진다.
③ 철근과의 부착 강도가 조금 작아진다.

(4) AE콘크리트의 특징

① 워커빌리티가 좋다.
② 수밀성과 내구성이 좋아진다.
③ 단위수량, 재료분리, 블리딩이 적어진다.
④ 재료 분리를 적게하고 블리딩이 적어진다.
⑤ AE제에 의해 철근과의 부착강도가 떨어진다.
⑥ 공기량 1% 증가에 대해 압축강도가 4~6% 정도 작아진다.
⑦ AE콘크리트의 적당한 콘크리트 부피의 4~7%를 표준으로 한다.

2 레디믹스트 콘크리트 레미콘

콘크리트의 제조 설비가 잘 된 공장에서 수요자가 지정한 배합의 콘크리트를 만들어서, 현장까지 운반해 주는 굳지 않은 콘크리트를 레디믹스트 콘크리트(ready-mixed concrete)라 하며, 간단히 레미콘(remicon)이라 부른다.

(1) 이 점
① 현장에 설비가 없어도 콘크리트를 구입할 수 있다.
② 공사 진행에 차질이 없다.
③ 품질이 보증된다.

(2) 레미콘의 특징
① 균질하고 양질인 콘크리트를 얻을 수 있다.
② 콘크리트 공사의 능률이 향상되고 공사기간을 단축할 수 있다.
③ 현장에서는 콘크리트 치기와 양생에만 전념할 수 있다.
④ 콘크리트의 품질에 관한 염려가 필요 없다.
⑤ 운반시간의 제한을 받는다. 즉, 비빈 후 치기까지의 시간을 1~5시간 이내로 한다.
⑥ 콘크리트의 워커빌리티를 즉시 조절하기가 곤란하다.
⑦ 품질관리가 잘된 레미콘이라도 현장에서 슬럼프 시험을 해야 한다.

(3) 운반 방법
① 센트럴 믹스트 콘크리트(central mixed concrete) : 공장에 있는 고정 믹서에서 완전히 비빈 콘크리트를 애지테이터 트럭 또는 트럭 믹서로 운반하는 방법이다.
② 슈링크 믹스트 콘크리트(shrink mixed concrete) : 공장에 있는 고정 믹서에서 어느 정도 콘크리트를 비빈 다음 트럭 믹서에 싣고 비비면서 현장에 운반하는 방법이다.
③ 트랜싯 믹스트 콘크리트(transit mixed concrete) : 콘크리트 플랜트에서 재료를 계량하여 트럭 믹서에 싣고, 운반 중에 물을 넣어 비비는 방법이다.

과년도 핵심문제

05 여러 가지 콘크리트

□□□ 15②, 16③
01 레디믹스트 콘크리트 종류 중 콘크리트 플랜트에서 재료를 계량하여 트럭믹서에 싣고, 운반 중에 물을 넣어서 비비는 것은?

① 센트럴믹스트 콘크리트
② 슈링크믹스트 콘크리트
③ 트랜싯믹스트 콘크리트
④ 레이크믹스트 콘크리트

| 해답 | ③
트랜싯 믹스트 콘크리트
콘크리트 플랜트에서 재료를 계량하여 트럭 믹서에 싣고, 운반 중에 물을 넣어 비비는 방법

□□□ 15②, 16③
02 콘크리트 속의 공기량에 대한 설명으로 틀린 것은?

① AE제에 의하여 콘크리트 속에 생긴 공기를 AE공기라 하고, 이 밖의 공기를 갇힌 공기라 한다.
② AE콘크리트의 알맞은 공기량은 콘크리트 부피의 4~7%를 표준으로 한다.
③ AE콘크리트에서 공기량이 많아지면 압축강도가 커진다.
④ AE공기량은 시멘트의 양, 물의 양, 비비기 시간 등에 따라 달라진다.

| 해답 | ③
AE콘크리트에서 공기량이 많아지면 압축 강도가 작아진다.

□□□ 02⑤, 12②
03 AE 콘크리트의 특성에 대한 설명으로 틀린 것은?

① 워커빌리티(workability)가 좋아진다.
② 소요 단위수량이 적어진다.
③ 재료 분리가 줄어든다.
④ 공기량 1% 증가에 압축강도가 4~6% 정도 커진다.

| 해답 | ④
공기량 1% 증가에 대해 압축강도가 4~6% 정도 작아진다.

□□□ 02①, 08③, 11③
04 공장에 있는 고정 믹서에서 어느 정도 콘크리트를 비빈 다음, 트럭 믹서에 싣고 비비면서 현장에 운반하는 레디믹스트 콘크리트는?

① 벌크 믹스트 콘크리트
② 센트럴 믹스트 콘크리트
③ 트랜싯 믹스트 콘크리트
④ 슈링크 믹스트 콘크리트

| 해답 | ④
• 센트럴 믹스트 콘크리트 : 공장에 있는 고정 믹서에서 완전히 비빈 콘크리트를 현장에 운반하는 방법
• 슈링크 믹스트 콘크리트 : 공장에 있는 고정 믹서에서 어느 정도 비빈 콘크리트를 현장으로 이동하면서 비빈 콘크리트를 운반하는 방법
• 트랜싯 믹스트 콘크리트 : 콘크리트 플랜트에서 재료를 계량하여 트럭 믹서에 싣고, 운반 중에 물을 넣어 비비는 방법

과년도 핵심문제

□□□ 01④, 03②, 04②, 07②, 11③③, 12①, 15①

05 AE콘크리트의 알맞은 공기량은 굵은골재의 최대치수에 따라 다르며, 보통 콘크리트 부피의 몇 %를 표준으로 하는가?

① 1~3% ② 4~7%
③ 7~12% ④ 12~17%

| 해답 | ②

AE공기량은 콘크리트 부피의 4~7% 정도일 때 워커빌리티와 내구성이 좋은 콘크리트가 된다.

□□□ 04①, 14③

06 다음 중 AE 콘크리트의 장점에 대한 설명으로 틀린 것은?

① 워커빌리티가 좋다.
② 단위 수량이 많아진다.
③ 재료 분리를 적게 하고 블리딩이 적어진다.
④ 수밀성이 좋아진다.

| 해답 | ②

공기의 연행에 의하여 워커빌리티가 크게 개선되어 단위수량, 재료분리, 블리딩이 적어져 수밀성과 내구성이 좋아진다.

□□□ 01④, 03②, 04②, 07②, 11③③

07 일반콘크리트의 경우 AE 공기량이 어느 정도일 때 워커빌리티(workability)와 내구성이 가장 좋은 콘크리트가 되는가?

① 1~3% ② 4~7%
③ 8~10% ④ 11~14%

| 해답 | ②

AE공기량은 콘크리트 부피의 4~7% 정도일 때 워커빌리티와 내구성이 좋은 콘크리트가 된다.

□□□ 02⑤, 12②

08 AE 콘크리트의 특성에 대한 설명으로 틀린 것은?

① 워커빌리티(workability)가 좋아진다.
② 소요 단위수량이 적어진다.
③ 재료 분리가 줄어든다.
④ 공기량 1% 증가에 압축강도가 4~6% 정도 커진다.

| 해답 | ④

공기량 1% 증가에 대해 압축강도가 4~6% 정도 작아진다.

□□□ 02⑤, 04①, 13①, 15②

09 정비된 콘크리트 제조설비를 가진 공장에서 필요한 조건의 굳지 않은 콘크리트를 수시로 공급할 수 있는 것을 무엇이라 하는가?

① 프리플레이스트 콘크리트
② 프리케스트 콘크리트
③ 프리스트레스트 콘크리트
④ 레디믹스트 콘크리트

| 해답 | ④

이를 레디믹스트 콘크리트라 한다.

□□□ 01④, 16③

10 레디믹스트 콘크리트의 장점이 아닌 것은?

① 균질의 콘크리트를 얻을 수 있다.
② 공사능률이 향상되고 공기를 단축할 수 있다.
③ 콘크리트의 워커빌리티를 현장에서 즉시 조절할 수 있다.
④ 콘크리트 치기와 양생에만 전념할 수 있다.

| 해답 | ③

콘크리트의 워커빌리티를 단시간에 조절하기 곤란하다.

□□□ 15②

11 레디믹스트 콘크리트와 주문 규격이 아래의 표와 같을 때 이 콘크리트의 호칭강도는?

보통 25 – 21 – 120

① 25MPa   ② 21MPa
③ 20MPa   ④ 120MPa

| 해답 | ②
- 굵은골재최대치수 : 25mm
- 호칭강도 : 21MPa
- 슬럼프값 : 120mm

□□□ 01④, 07②, 14②, 15②

12 AE 콘크리트에서 AE제를 사용하여 이로운 점이 아닌 것은?

① 워커빌리티가 좋아진다.
② 동결융해에 대한 저항성이 커진다.
③ 동일한 물–결합재비인 경우 콘크리트의 압축강도가 증가한다.
④ 단위수량을 감소시킬 수 있다.

| 해답 | ③
공기량 1% 증가에 대해 압축강도가 4~6% 정도 작아진다.

□□□ 01③, 06②, 10⑤, 11③

13 레디믹스트 콘크리트에 관한 설명 중 옳지 않은 것은?

① 콘크리트를 치기가 쉬워 능률적이다.
② 공사비용과 공사기간이 늘어나는 단점이 있다.
③ 콘크리트의 품질을 염려할 필요가 없이 시공에만 전념할 수 있다.
④ 좋은 품질의 콘크리트를 얻기가 쉽다.

| 해답 | ②
콘크리트의 공사의 능률이 향상되고 공사 기간을 단축할 수 있다.

□□□ 06⑤, 10①

14 레디믹스트콘크리트에 관한 설명 중 옳지 않은 것은?

① 운반 중 슬럼프 및 공기량 감소에 주의해야 한다.
② 플랜트에서 재료를 계량하여 트럭믹서에 싣고 운반 중에 물을 넣어 비비는 방법을 센트럴 믹스트 콘크리트라 한다.
③ 대량 콘크리트의 연속치기로 경비를 절약할 수 있다.
④ 재료 분리 방지를 위해 애지 데이터 트럭을 이용한다.

| 해답 | ②
플랜트에서 재료를 계량하여 트럭믹서에 싣고 운반 중에 물을 넣어 비비는 방법을 트랜싯 믹스트 콘크리트라 한다.

1 chapter

Pick Remember
CBT 필기 핵심정리

01 콘크리트 재료에 관한 지식
☑ 02 콘크리트 시공에 관한 지식
03 콘크리트 재료시험에 관한 지식

01 콘크리트 계량과 비비기 및 운반

01 콘크리트 계량과 비비기 및 운반

1 재료의 계량

(1) 계량은 현장 배합에 의해 실시하는 것으로 한다.
(2) 혼화재를 녹이는데 사용하는 물이나 혼화제를 묽게 사용하는 데 사용하는 물은 단위수량의 일부로 보아야 한다.
(3) 각 재료는 1배치의 질량으로 계량하여야 한다.
  물과 혼화제 용액은 용적으로 계량해도 좋다.
(4) 연속믹서를 사용하는 경우, 각 재료는 용적으로 계량해도 좋다. 계량은 크게 영향을 끼치므로, 특히 정확하게 계량해야 한다.

【재료의 계량 오차】

재료의 종류	측정 단위	허용오차(%)
시멘트	질량	-1%, +2%
골재	질량	±3%
물	질량 또는 부피	-2%, +1%
혼화재	질량	±2%
혼화제	질량 또는 부피	±3%

2 콘크리트의 혼합 설비

(1) **콘크리트 플랜트** concrete plant

재료의 저장 및 계량 장비, 비비기 장치 등을 갖추고 연속적으로 작업을 하여 콘크리트를 만드는 설비이다.

① 콘크리트 플랜트의 특징
 • 재료 저장부, 계량 장치, 비비기 장치, 배출 장치로 되어 있다.
 • 콘크리트 플랜트는 구조에 따라 고정식과 이동식이 있다.
 • 콘크리트 플랜트에는 재료의 저장 및 계량 장치가 있다.
 • 콘크리트 플랜트에는 비비기 장치가 있다.

② 콘크리트 플랜트의 작업량

$$Q = \frac{60 \times q \times n \times E}{Cm}$$

여기서, Q : 콘크리트 플랜트의 1시간당 생산량
q : 플랜트의 1배치 용량
n : 콘크리트 믹서의 대수
E : 작업 효율
Cm : 사이클 시간(min)

(2) **배치믹서** batch mixer

콘크리트 재료를 1회분씩 비비기하는 기계를 배치믹서라 한다.

(3) **콘크리트 믹서** concrete mixer

콘크리트의 재료가 고르게 섞이도록 콘크리트를 비비는 장치로서 비비기 방식에 따라 중력식 믹서와 강제식 믹서가 있다.
① 중력식 믹서
- 비빔통 속에 날개가 달린 비빔통을 회전시켜서 내부의 재료를 비비는 믹서
- 주로 슬럼프가 큰 묽은 반죽 콘크리트의 비비기에 사용된다.
- 중력식 믹서의 종류 : 가경식 믹서, 드럼 믹서
- 가경식의 믹서의 표준 : 1분 30초(90초) 이상

▶ 중력식 믹서

② 강제식 믹서
- 비빔통 속에 달린 날개를 회전시켜서 콘크리트를 비비는 믹서
- 주로 콘크리트 플랜트에 사용된다.
- 강제식 믹서 : 팬형 믹서, 1축 믹서, 2축 믹서
- 강제식 믹서의 표준 시간 : 1분(60분) 이상

▶ 강제식 믹서

③ 콘크리트 믹서의 작업량

$$Q = \frac{60 \times q \times E}{Cm}$$

여기서, Q : 콘크리트 믹서의 1시간당 생산량
q : 콘크리트 믹서의 용량
E : 작업 효율
Cm : 사이클 시간(min)

> 알아두기

3 콘크리트 비비기

콘크리트의 재료는 반죽된 콘크리트의 품질이 고르게 될 때까지 잘 비벼야 한다. 콘크리트 비비기가 잘 되면 워커빌리티가 좋아지고 강도가 커진다.

(1) 콘크리트의 재료는 반죽된 콘크리트가 균질하게 될 때까지 충분히 비벼야 한다.
  - 비비기가 잘되면 콘크리트의 워커빌리티가 좋아지고 강도가 커진다.
  - 너무 오래 비비면 워커빌리티가 나빠지고, 재료의 분리가 생긴다.
(2) 비비기 시간은 시험에 의해 정하는 것을 원칙으로 한다.
(3) 비비기 시간에 대한 시험을 실시하지 않는 경우 최소시간 표준

믹서의 종류	비비기 시간
가경식(중력식) 믹서	1분 30초 이상
강제식 믹서	1분 이상

(4) 비비기는 미리 정해 둔 비비기 시간의 3배 이상 계속하지 않아야 한다.
(5) 비비기를 시작하기 전에 믹서 내부를 모르타르로 부착시켜야 한다.
(6) 믹서 안의 콘크리트를 전부 꺼낸 후가 아니면 믹서 안에 다음 재료를 넣지 않아야 한다.
(7) 믹서는 사용 전후에 잘 청소하여야 한다.
(8) 연속믹서를 사용할 경우, 비비기 시작 후 최초에 배출되는 콘크리트는 사용하지 않아야 한다.

4 다시 비비기

콘크리트를 비빈 뒤 어느 정도 시간이 지났을 때 다시 비비는 작업이다.

(1) 되비비기
  ① 콘크리트 또는 모르타르가 엉기기 시작하였을 때 다시 비비는 작업
  ② 되비비기를 하면 콘크리트의 수화열로 물의 일부가 없어지고, 물-결합재비가 작아진다.

(2) 거듭비비기
 ① 콘크리트 또는 모르타르가 엉기기 시작하지는 않았으나 비빈 후 상당한 시간이 지났거나 또 재료가 분리된 경우에 다시 비비는 작업
 ② 거듭비비기를 하면 콘크리트의 슬럼프, 철근과의 부착강도 등이 커진다.
 ③ 거듭비비기를 하면 초기 침하 및 경화수축이 작아진다.

5 콘크리트의 운반

비빈 콘크리트는 재료의 손실, 재료의 분리, 슬럼프의 감소가 생기지 않도록 될 수 있는 대로 운반해서 쳐야 한다.

(1) **콘크리트의 운반방법 계획**
 ① 운반거리가 단축되도록 계획하여야 한다.
 ② 재료분리, 워커빌리티 등 성상의 변화가 적은 방법을 택한다.
 ③ 구조물의 종류 및 규모, 기간 등을 고려하여 운반방법을 선정한다.
 ④ 콘크리트의 총량. 콘크리트 입수 방법 등을 고려하여 계획을 수립한다.
 ⑤ 가장 경제적으로 운반할 수 있도록 운반거리, 운반비용 및 지형을 고려한다.
 ⑥ 빠른 운반로를 결정하여 가장 경제적으로 운반할 수 있도록 운반계획을 세운다.

(2) **콘크리트의 운반시 유의 사항**
 ① 슬럼프의 감소가 생기지 않아야 한다.
 ② 재료의 손실과 분리가 생기지 않아야 한다.
 ③ 블리딩이 많이 발생하지 않도록 운반해야 한다.
 ④ 운반 및 타설할 때에는 콘크리트에 물을 첨가하지 않아야 한다.

(3) 콘크리트는 신속하게 운반하여 즉시 타설하고, 충분히 다져야 한다.

【비비기로부터 타설이 끝날 때까지의 시간】

외기 온도	시간
25℃ 이상일 때	1.5(90분)시간 미만
25℃ 미만일 때	2.0(120분)시간 미만

> 알아두기

6 콘크리트의 운반 방법

(1) 손수레

운반 거리가 50~100m 이하의 평탄한 운반로를 만들어 콘크리트의 재료 분리를 방지할 수 있는 경우에는 손수레를 사용해도 좋다.

(2) 콘크리트 펌프 concrete pump

① 수송관을 통하여 압력으로 비빈 콘크리트를 치기할 장소까지 연속적으로 보내는 기계이다.
② 콘크리트를 연속적으로 압송할 수 있으므로 콘크리트 분리의 염려가 없다.
③ 좁은 장소나 수중 콘크리트의 치기에 알맞다.
④ 굵은골재의 최대치수는 40mm 이하를 표준으로 한다.
⑤ 슬럼프값은 100~180mm 범위가 알맞다.
⑥ 콘크리트 펌프의 형식은 피스톤식 또는 스퀴즈식을 표준으로 한다.

> 🔹 **콘크리트의 현장 내 운반 장비**
> • 콘크리트 펌프
> • 콘크리트 플레이서
> • 벨트 컨베이어
> • 콘크리트 슈트

(3) 콘크리트 플레이서

① 수송관 속의 콘크리트를 압축공기에 의하여 압력으로 보내는 것이다.
② 터널 등의 좁은 곳에 콘크리트를 운반하는 데 편리하다.
③ 주로 터널의 둘레 콘크리트 치기에 사용된다.

(4) 벨트 컨베이어

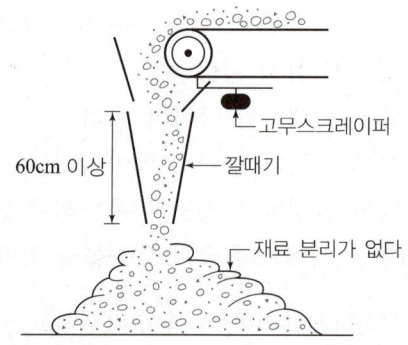

벨트 컨베이어에 의한 콘크리트 운반

① 콘크리트를 연속적으로 운반하는데 편리한 기계이다.
② 콘크리트의 재료분리를 방지하기 위하여 벨트컨베이어에 조절판 및 깔때기를 설치하여야 한다.
③ 콘크리트를 운반할 때 설치하는 깔때기의 높이는 60cm 이상 되어야 한다.

(5) **콘크리트 슈트** concrete chute

높은 곳에서 낮은 곳으로 미끄러져 내려갈 수 있게 만든 홈통이나 관 모양으로 되었다.

① 연직슈트
- 높은 곳에서 콘크리트를 내리는 경우 버킷을 사용할 수 없을 때 사용한다.
- 연직슈트의 이음부분은 콘크리트 치기 중에 빠지지 않도록 충분한 강도를 가져야 한다.
- 연직슈트를 사용하는 경우에는 깔때기 등을 이어대서 만들어 재료분리가 적게 일어나도록 해야 한다.

② 경사슈트
- 경사슈트는 재료의 분리를 일으키기 쉬우므로, 될 수 있는 대로 사용하지 않는 것이 좋다.
- 경사슈트를 사용할 경우 일반적으로 슈트의 경사는 수평 2에 대하여 연직 1정도가 적당하다.

과년도 핵심문제

01 콘크리트 계량과 비비기 및 운반

□□□ 02②, 07②, 12②, 14③, 16①②

01 콘크리트의 배합에서 골재를 계량하고자 할 때 허용오차로서 옳은 것은?

① ±1%   ② ±2%
③ ±3%   ④ ±4%

| 해답 | ③

계량오차

재료	허용오차
시멘트	−1%, +2%
골재	±3%
물	−2%, +1%
혼화재	±2%
혼화제	±3%

□□□ 06①, 08②, 12①

02 다음 중 콘크리트의 운반방법을 결정하는데 고려해야 하는 사항과 가장 거리가 먼 것은?

① 양생기간과 양생방법
② 구조물의 종류와 치수
③ 운반비용과 콘크리트량
④ 운반거리와 지형

| 해답 | ①

콘크리트 운반방법 결정시 고려사항
• 구조물의 종류 및 규모, 기간 등을 고려하여 운반방법을 선정한다.
• 가장 경제적으로 운반할 수 있도록 운반거리, 운반비용 및 지형을 고려한다.

□□□ 01③, 09①, 10③, 15②

03 콘크리트 시공장비에 대한 설명으로 틀린 것은?

① 콘크리트 펌프의 형식은 피스톤식 또는 스퀴즈식을 표준으로 한다.
② 콘크리트 플레이서 수송관의 배치는 굴곡을 적게 하고 수평 또는 상향으로 설치하여야 한다.
③ 슈트를 사용하는 경우에는 원칙적으로 경사 슈트를 사용하여야 한다.
④ 벨트 컨베이어의 경사는 콘크리트의 운반도중 재료 분리가 발생하지 않도록 결정하여야 한다.

| 해답 | ③
경사 슈트는 재료의 분리를 일으키기 쉬우므로, 될 수 있는 대로 사용하지 않는 것이 좋다.

□□□ 10①, 13②, 16①

04 콘크리트 제조 기계로서 날개가 달린 비빔통을 회전시켜서 내부의 재료를 비비는 콘크리트 믹서를 무엇이라 하는가?

① 강제식 믹서   ② 중력식 믹서
③ 강제 교반식 믹서   ④ 혼합형 믹서

| 해답 | ②
• 중력식 믹서 : 비빔통 속에 날개가 달린 비빔통을 회전시켜서 내부의 재료를 비비는 믹서
• 강제식 믹서 : 비빔통 속에 달린 날개를 회전시켜서 콘크리트를 비비는 믹서로 주로 콘크리트 플랜트에 사용

□□□ 11③, 13④, 14②

05 콘크리트를 일관 작업으로 대량 생산하는 장치로서, 재료 저장부, 계량 장치, 비비기 장치, 배출 장치로 되어 있는 것은?

① 레미콘
② 콘크리트 플랜트
③ 콘크리트 피니셔
④ 콘크리트 디스트리뷰터

| 해답 | ②

콘크리트 플랜트(concrete plant)
• 콘크리트를 일관 작업으로 대량 생산하는 장치이다.
• 재료 저장부, 계량 장치, 비비기 장치, 배출 장치로 되어 있다.

□□□ 06③, 07②, 08②, 10②, 11①, 12①, 13②④

06 용량 $0.75m^3$인 믹서 2대로 된 중력식 콘크리트 플랜트의 시간당 생산량을 구하면? (단, 작업효율(E)=0.8, 사이클 시간(Cm)=4min으로 한다.)

① $12m^3/h$ ② $14m^3/h$
③ $16m^3/h$ ④ $18m^3/h$

| 해답 | ④

$$Q = \frac{60 \times q \times n \times E}{Cm}$$
$$= \frac{60 \times 0.75 \times 2 \times 0.8}{4} = 18m^3/hr$$

□□□ 04②, 08②, 09⑤, 14①②

07 콘크리트를 제조할 때 혼화재의 계량오차 허용 한계는 얼마인가?

① ±1% ② ±2%
③ ±3% ④ ±4%

| 해답 | ②
혼화재의 계량오차 : ±2%

□□□ 04②, 12①

08 콘크리트 플랜트에서 생산된 콘크리트를 칠 때까지 재료분리가 일어나지 않도록 휘저어 섞으면서 운반하는 식의 트럭은?

① 콘크리트 플레이서
② 덤프 트럭
③ 애지테이터 트럭
④ 스크레이퍼

| 해답 | ③
애지테이터 트럭의 설명이다.

□□□ 01③, 03①, 05①, 08①, 10①, 13③

09 다음 중 배치믹서(batch mixer)에 대한 설명으로 가장 적합한 것은?

① 콘크리트 재료를 1회분씩 비비기하는 기계
② 콘크리트 재료를 1회분씩 계량하는 기계
③ 콘크리트를 혼합하면서 운반하는 트럭
④ 콘크리트를 $1m^3$씩 혼합하는 기계

| 해답 | ①
콘크리트 재료를 1회분씩 혼합하는 믹서를 배치믹서라 한다.

□□□ 01④, 02⑤, 04①②, 05①, 06⑤, 07②, 08②, 12①, 13①③, 16①

10 콘크리트의 비비기 시간은 시험에 의하여 정하는 것을 원칙으로 한다. 시험을 실시하지 않는 경우 가경식 믹서일 경우 비비기 시간은 믹서 안에 재료를 투입한 후 몇 초 이상을 표준으로 하는가?

① 30초 ② 60초
③ 90초 ④ 120초

| 해답 | ③
• 가경식(중력식) 믹서 : 1분 30초
• 강제식 믹서 : 1분 이상을 표준으로 한다.

□□□ 04②, 06①, 08①, 09⑤, 14②

11 콘크리트의 비비기에 대한 설명으로 틀린 것은?

① 비비기는 미리 정해둔 비비기 시간 이상 계속하지 않아야 한다.
② 비비기를 시작하기 전에 미리 믹서 내부를 모르타르로 부착시켜야 한다.
③ 믹서 안의 콘크리트를 전부 꺼낸 후가 아니면 믹서 안에 다음 재료를 넣지 않아야 한다.
④ 연속믹서를 사용할 경우, 비비기 시작 후 최초에 배출되는 콘크리트는 사용하지 않아야 한다.

| 해답 | ①
비비기는 미리 정해 둔 비비기시간의 3배 이상 계속해서는 안된다.

□□□ 02①, 08③, 10①, 11⑤, 14①, 16①

12 다음 중 콘크리트의 운반장비가 아닌 것은?

① 트럭믹서 ② 트럭 애지테이터
③ 덤프트럭 ④ 배치 플랜트

| 해답 | ④
콘크리트 플랜트
콘크리트 제조 설비를 말한다.

□□□ 02①, 09①⑤, 12①, 14③

13 일반 콘크리트를 콘크리트 펌프로 압송하고자 할 때 슬럼프의 범위로 가장 적합한 것은?

① 30~100mm ② 100~180mm
③ 180~200mm ④ 220~260mm

| 해답 | ②
일반 콘크리트를 펌프로 압송할 경우 굵은골재 최대치수는 40mm 이하, 슬럼프값은 100~180mm 범위가 적합하다.

□□□ 10①, 13②, 16①

14 비빔통 속에 달린 날개를 회전시켜 콘크리트를 비비는 것이며, 주로 콘크리트 플랜트에 사용되는 믹서는?

① 중력식 믹서 ② 강제식 믹서
③ 가경식 믹서 ④ 연속식 믹서

| 해답 | ②
• 중력식 믹서 : 비빔통 속에 날개가 달린 비빔통을 회전시켜서 내부의 재료를 비비는 믹서
• 강제식 믹서 : 비빔통 속에 달린 날개를 회전시켜서 콘크리트를 비비는 믹서로 주로 콘크리트 플랜트에 사용

□□□ 03②, 12①, 16①

15 콘크리트 또는 모르타르가 엉키기 시작하였을 때 다시 비비는 작업을 무엇이라 하는가?

① 되비비기 ② 거듭비비기
③ 믹서비비기 ④ 혼합비비기

| 해답 | ①
• 이런 작업을 되비비기라 한다.
• 거듭비비기 : 비빈 후 상당히 시간이 지났거나 또 재료가 분리된 경우에는 다시 비비는 작업을 말한다.

□□□ 02⑤, 04①, 13①, 15②

16 정비된 콘크리트 제조설비를 가진 공장에서 필요한 조건의 굳지 않은 콘크리트를 수시로 공급할 수 있는 것을 무엇이라 하는가?

① 프리플레이스트 콘크리트
② 프리캐스트 콘크리트
③ 프리스트레스트 콘크리트
④ 레디믹스트 콘크리트

| 해답 | ④
이를 레디믹스트 콘크리트라 한다.

☐☐☐ 04②, 12①

17 콘크리트 플랜트에서 생산된 콘크리트를 칠 때까지 재료분리가 일어나지 않도록 휘저어 섞으면서 운반하는 식의 트럭은?

① 콘크리트 플레이서
② 덤프 트럭
③ 애지테이터 트럭
④ 스크레이퍼

| 해답 | ③
애지테이터 트럭의 설명이다.

☐☐☐ 04⑤, 05①, 06①, 08①, 10③, 12②, 14③

18 수송관을 통하여 압력으로 비빈 콘크리트를 치기 할 장소까지 연속적으로 보내는 기계는?

① 콘크리트 펌프(concrete pump)
② 트럭믹서(truck mixer)
③ 콘크리트 슈트(concrete shut)
④ 콘크리트 믹서(concrete mixer)

| 해답 | ①
콘크리트 펌프
수송관을 통하여 압력으로 비빈 콘크리트를 치기할 장소까지 연속적으로 보내는 기계로 좁은 장소나 수중 콘크리트에 알맞다.

☐☐☐ 02①⑤, 03②, 04②, 05②, 07②, 08②, 13①②, 15②, 16⑤

19 높은 곳에서부터 콘크리트를 타설하는 경우 가장 적당한 운반기구는?

① 손수레
② 연직슈트
③ 벨트 콘베이어
④ 콘크리트 플레이서

| 해답 | ②
슈트
높은 곳에서 낮은 곳으로 미끄러져 내려갈 수 있게 만든 홈통이나 관 모양의 것으로서, 연직 슈트와 경사 슈트가 있다.

☐☐☐ 03①⑤, 04②, 05②, 08③, 09①③, 10①, 11③, 13②, 15①

20 수송관 속의 콘크리트를 압축공기로써 압송하며 터널 등의 좁은 곳에 콘크리트를 운반하는데 편리한 콘크리트 운반장비는?

① 운반차
② 콘크리트 플레이서
③ 슈트
④ 버킷

| 해답 | ②
콘크리트 플레이서
콘크리트를 압축공기로 압송하며 터널 등의 좁은 곳, 터널 둘레 콘크리트에 사용된다.

☐☐☐ 09①, 10⑤, 11①, 12①, 13②

21 벨트컨베이어를 사용하여 콘크리트를 운반할 때 벨트컨베이어의 끝 부분에 조절판 및 깔때기를 설치하는 이유로 가장 적당한 것은?

① 콘크리트의 건조를 방지하기 위하여
② 콘크리트의 재료분리를 방지하기 위하여
③ 콘크리트의 반죽질기 변화를 방지하기 위하여
④ 운반거리를 단축하기 위하여

| 해답 | ②
벨트컨베이어에 조절판 및 깔때기를 설치하여 재료 분리를 막아야 한다.

☐☐☐ 04②, 08②, 13①, 15②

22 콘크리트를 높은 곳에서 낮은 곳으로 미끄러져 내려 갈수 있게 만든 홈통이나 관 모양의 것으로 만들어진 것은?

① 슈트
② 콘크리트 플레이서
③ 버킷
④ 벨트 컨베이어

| 해답 | ①
슈트
높은 곳에서 낮은 곳으로 미끄러져 내려갈 수 있게 만든 홈통이나 관 모양의 것으로서, 연직 슈트와 경사 슈트가 있다.

□□□ 기 04②,08①,09⑤,11①,12②,14③

23 콘크리트의 비비기에 대한 설명으로 옳은 것은?

① 콘크리트 비비기는 오래하면 할수록 재료가 분리되지 않으며, 강도가 커진다.
② AE콘크리트 비비기는 오래하면 할수록 공기량이 증가한다.
③ 비비기는 미리 정해둔 비비기 시간 이상 계속하면 안 된다.
④ 비비기 시간에 대한 시험을 실시하지 않은 경우 그 최소 시간은 가경식 믹서인 경우 1분 30초 이상을 표준으로 한다.

| 해답 | ④
- 너무 오래 비비면 워커빌리티가 나빠지고 재료의 분리가 생긴다.
- 비비기를 너무 오래하면 공기량은 감소한다.
- 비비기는 미리 정해 둔 시간의 3배 이상 계속해서는 안된다.

□□□ 기 16①

24 콘크리트 플레이서에 대한 일반적인 설명으로 틀린 것은?

① 콘크리트 플레이서는 수송관내의 콘크리트를 압축공기로서 압송한다.
② 관으로부터의 토출할 때 콘크리트의 재료 분리가 생기는 경우에는 토출할 때 충격을 가하여 재료 분리를 방지하여야 한다.
③ 수송관의 배치는 굴곡을 적게 하여야 한다.
④ 수송거리는 공기압, 공기소비량 등에 따라 달라진다.

| 해답 | ②
관으로부터의 토출할 때 콘크리트의 재료 분리가 생기는 경우에는 재료가 분리된 콘크리트는 사용하여서는 안된다.

□□□ 기 12②,14③

25 경사슈트를 사용하여 콘크리트를 타설할 경우 슈트의 경사로서 가장 적당한 것은?

① 수평 1에 대하여 연직 1정도
② 수평 2에 대하여 연직 1정도
③ 수평 1에 대하여 연직 2정도
④ 수평 1에 대하여 연직 3정도

| 해답 | ②
경사슈트의 기울기는 수평 2에 대하여 연직 1정도로 한다.

| memo |

02 콘크리트 타설 및 다지기

02 콘크리트 타설 및 다지기

1 콘크리트 타설

(1) 콘크리트의 타설 원칙
① 타설한 콘크리트를 거푸집 안에서 횡방향으로 이동 시켜서는 안 된다.
② 한 구획 내의 콘크리트는 타설이 완료될 때까지 연속해서 타설하여야 한다.
③ 콘크리트는 그 표면이 한 구획 내에서는 거의 수평이 되도록 타설하는 것을 원칙으로 한다.

(2) 콘크리트 타설 시 위치
① 일반적으로 콘크리트를 쳐 올라가는 속도는 30분에 1~1.5m 정도로 한다.
② 치기의 1층 높이는 내부 진동기의 성능 등을 고려하여 40~50cm 이하로 한다.
③ 콘크리트를 2층 이상으로 나누어 칠 경우에는 각 층의 콘크리트가 일체가 되도록 아래층의 콘크리트가 굳기 전에 위층의 콘크리트를 쳐야 한다.
④ 콘크리트 치기에서 거푸집의 높이가 높을 경우 슈트, 버킷 호퍼 등의 배출 구와 치기 면과의 높이는 1.5m 이하로 하여야 한다.

(3) 허용 이어치기 시간간격의 표준
콜드조인트가 발생하지 않도록 이어치기 허용시간간격 등을 정하여야 한다.

【허용 이어치기 시간간격의 표준】

외기 온도	허용이어치기 시간간격
25℃ 초과	2.0시간 이내
25℃ 이하	2.5시간 이내

(4) 콘크리트 타설시 유의 점
① 콘크리트의 타설 작업을 할 때에는 철근의 배치나 매설물이 변형되지 않도록 주의해야 한다.
② 콘크리트 타설의 1층 높이는 다짐능력을 고려하여 이를 결정하여야 한다.
③ 거푸집의 높이가 높을 경우에는 재료의 분리를 방지하기 위하여 거푸집에 투입구를 두거나 연직 슈트 등을 사용해서 쳐야한다.
④ 콘크리트 타설 도중 표면에 떠올라 고인 블리딩수가 있는 경우에는 적당한 방법으로 이 물을 제거한 후가 아니면 그 위에 콘크리트를 쳐서는 안된다.
⑤ 고인물을 제거하기 위하여 콘크리트 표면에 홈을 만들어 흐르게 해서는 안된다.
⑥ 벽 또는 기둥과 같이 높은 곳을 연속해서 타설할 경우 반죽질기 및 속도를 조정해야 한다.

(5) 시공이음
① 콘크리트 타설에 있어 먼저 타설한 콘크리트와 새로 타설한 콘크리트의 사이에 생기는 이음을 시공이음이라 한다.
② 시공이음의 위치
- 시공이음은 전단력이 적은 위치에 설치한다.
- 신축이음은 양쪽 부재가 구속되지 않게 한다.
- 아치의 시공이음은 아치 축에 직각방향이 되게 한다.
- 시공이음은 부재의 압축이 작용하는 방향과 직각이 되게 한다.

2 콘크리트 다지기

콘크리트를 다지기를 한 뒤에 알맞은 시기에 다시 진동 다지기를 하면, 콘크리트는 다시 유동화되어 콘크리트의 밀도가 커지고, 강도 및 철근과의 부착력이 커지므로 침하 균열을 막을 수 있다.

(1) 콘크리트의 다지기에는 내부진동기의 사용을 원칙으로 한다.
(2) 얇은 벽 등 내부진동기의 사용이 곤란한 장소에서는 거푸집 진동기를 사용해도 좋다.

> **진동기의 종류**
> • 내부 진동기
> • 표면 진동기
> • 거푸집 진동기

(3) 콘크리트는 친 직후 바로 충분히 다져서 콘크리트가 철근 및 매설물 등의 주위와 거푸집의 구석구석까지 잘 채워져 밀실한 콘크리트가 되도록 해야 한다.

(4) 콘크리트 다짐 기계의 종류

① 내부 진동기 : 막대 모양의 진동부를 콘크리트 속에 넣어서 진동을 주는 기계이다.
② 표면 진동기 : 비교적 두께가 얇고, 넓은 콘크리트의 표면을 고르게 다듬질할 때 사용되며, 주로 도로 포장, 활주로 포장 등의 다짐에 사용된다.
③ 거푸집 진동기 : 거푸집의 외부에 진동을 주어 내부 콘크리트를 다지는 기계로서, 터널의 둘레 콘크리트나 높은 벽 등과 같이 콘크리트를 내부 진동기로 다지기 어려운 경우에 사용된다.

(5) 내부 진동기

① 진동다지기를 할 때에는 내부진동기를 아래층의 콘크리트 속으로 0.10m(10cm) 정도 찔러 넣는다.
② 내부진동기의 찔러넣는 간격은 일반적으로 0.5m(50cm) 이하로 한다.
③ 1개소당 진동시간은 다짐할 때 시멘트풀이 표면상부로 약간 부상하기 까지 한다.
④ 진동기는 콘크리트로부터 천천히 빼내어 구멍이 남지 않도록 해야 한다.
⑤ 내부진동기는 콘크리트를 횡방향으로 이동시킬 목적으로 사용하지 않아야 한다.
⑥ 거푸집 진동기는 거푸집의 적절한 위치에 단단히 설치하여야 한다.
⑦ 재진동을 할 경우에는 콘크리트에 나쁜 영향이 생기지 않도록 초결이 일어나기 전에 실시해야 한다.

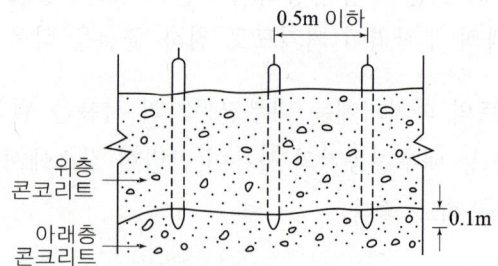

내부진동기에 의한 찔러 다지기

(6) 재진동의 효과
① 콘크리트의 강도가 증가된다.
② 침하균열의 방지 효과가 있다.
③ 철근과의 부착강도가 증가된다.
④ 콘크리트 중에 형성된 공극, 수공이 줄어든다.

02 콘크리트 타설 및 다지기

과년도 핵심문제

□□□ 02⑤, 03②, 04⑤, 09②, 13②④, 14①, 15①

01 콘크리트의 타설에 대한 설명으로 틀린 것은?

① 타설한 콘크리트를 거푸집 안에서 횡방향으로 이동시켜서는 안된다.
② 한 구획 내의 콘크리트는 타설이 완료될 때까지 연속해서 타설하여야 한다.
③ 콘크리트를 2층 이상으로 나누어 타설할 경우 상층의 콘크리트는 하층의 콘크리트가 완전히 경화된 후에 해야 한다.
④ 콘크리트는 그 표면이 한 구획 내에서는 거의 수평이 되도록 타설하는 것을 원칙으로 한다.

| 해답 | ③
콘크리트를 2층 이상으로 나누어 칠 경우 각 층의 콘크리트가 일체가 되도록 아래층의 콘크리트가 굳기 전에 위층의 콘크리트를 쳐야 한다.

□□□ 10①③, 11③, 15①

02 일반적으로 콘크리트를 타설할 때 외기 온도가 25℃를 초과할 경우 허용 이어치기 시간간격의 표준으로 옳은 것은?

① 1.0시간   ② 1.5시간
③ 2.0시간   ④ 2.5시간

| 해답 | ③
허용이어치기의 시간간격의 표준

외기 온도	허용이어치기 시간간격
25℃ 초과	2.0시간 이내
25℃ 이하	2.5시간 이내

□□□ 01③④, 03①⑤, 06①②⑤, 07②, 08②, 10②, 13②, 15②

03 콘크리트 타설에 대한 일반적인 설명으로 틀린 것은?

① 콘크리트 타설의 1층 높이는 다짐능력을 고려하여 이를 결정하여야 한다.
② 콘크리트를 쳐 올라가는 속도는 30분에 2~3m 정도로 한다.
③ 거푸집의 높이가 높을 경우, 재료의 분리를 막기 위해 연직슈트, 깔때기 등을 사용한다.
④ 콘크리트 2층 이상으로 나누어 타설할 경우, 상층과 하층이 일체가 되도록 한다.

| 해답 | ②
일반적으로 콘크리트를 쳐 올라가는 속도는 30분에 1~1.5m 정도로 한다.

□□□ 03⑤, 04⑤, 06②, 08②, 10⑤, 11③, 13②

04 다음 콘크리트 다짐기계 중에서 비교적 두께가 얇고, 넓은 콘크리트의 표면을 고르게 다듬질할 때 사용되며, 주로 도로 포장, 활주로 포장 등의 다짐에 쓰이는 것은?

① 거푸집 진동기   ② 내부 진동기
③ 롤러 진동기   ④ 표면 진동기

| 해답 | ④
표면 진동기
• 비교적 두께가 얇고, 넓은 콘크리트의 표면에 진동을 주어 다지는 기계로서 표면을 고르게 다듬질 할 때 사용된다.
• 주로 도로 포장, 활주로 포장 등의 다지기에 사용된다.

☐☐☐ 04②, 06②, 09②, 12②, 15②

05 거푸집의 외부에 진동을 주어 내부 콘크리트를 다지는 기계로서, 터널의 둘레 콘크리트나 높은 벽 등에 사용되는 것은?

① 표면 진동기
② 내부 진동기
③ 콘크리트 피니셔
④ 거푸집 진동기

| 해답 | ④

거푸집 진동기
콘크리트를 내부 진동기로 다지기 어려운 경우에 사용한다.

☐☐☐ 01③④, 03①⑤, 06①②⑤, 08②, 10②, 13②③, 14①②

06 벽이나 기둥과 같이 높이가 높은 콘크리트를 연속해서 칠 경우 치는 속도가 너무 빠르면 재료분리가 일어나기 쉬우므로 일반적으로 30분에 어느 정도가 적당한가?

① 4∼5m   ② 3∼4m
③ 2∼3m   ④ 1∼1.5m

| 해답 | ④

콘크리트를 쳐 올라가는 속도를 너무 빨리 하면 재료의 분리가 일어나기 쉬우므로, 일반적으로 30분에 1∼1.5m 정도로 한다.

☐☐☐ 02①, 03①⑤, 04②, 09③, 11③, 12②, 13①, 14②, 15①⑤

07 콘크리트 치기에서 거푸집의 높이가 높을 경우 슈트, 버킷 호퍼 등의 배출구와 치기면과의 높이는 얼마 이하로 하여야 하는가?

① 0.5m   ② 1.0m
③ 1.2m   ④ 1.5m

| 해답 | ④

연직 슈트, 깔때기 등을 사용하며, 이 때 슈트, 깔때기 등의 배출구와 치기 면과의 높이는 1.5m 이하로 한다.

☐☐☐ 16①

08 콘크리트 타설에 대한 일반적인 설명으로 옳은 것은?

① 비비기에서 타설까지 3시간 이상 필요하다.
② 터파기 안의 물은 그대로 사용해도 무방하다.
③ 콘크리트는 가급적 나누어서 일정시간이 지난 다음 타설한다.
④ 위층의 콘크리트는 아래층 콘크리트가 굳기 전에 타설하여야 한다.

| 해답 | ④

- 비비기에서 타설까지 1.5∼2시간 이내에서 완료해야 한다.
- 터파기 안의 고인물은 이 물을 제거한 후에 콘크리트를 타설한다.
- 한 구획 내의 콘크리트는 타설이 완료될 때까지 연속해서 타설하여야 한다.

☐☐☐ 03⑤, 15①

09 콘크리트 타설에 있어 먼저 타설한 콘크리트와 새로 타설한 콘크리트의 사이에 이음이 생기는데 이 이음을 무엇이라 하는가?

① 공사 이음   ② 시공 이음
③ 치기 이음   ④ 압축 이음

| 해답 | ②

이를 시공이음이라 하며, 될 수 있는 대로 전단력이 작은 곳에 만든다.

☐☐☐ 04①②, 07②, 11③, 14①③, 15②④

10 일반적인 콘크리트 타설 후 다지기에서 내부 진동기를 사용할 때 내부 진동기를 찔러 넣는 간격의 표준으로 옳은 것은?

① 0.50m 이하   ② 0.80m 이하
③ 1.00m 이하   ④ 1.30m 이하

| 해답 | ①

내부진동기는 간격 0.5m 이하로 아래층으로 깊이 0.10m 정도 찔러 넣어야 한다.

□□□ 10①, 12①, 16①

11 콘크리트 내부진동에 의한 다짐 작업에 대한 설명으로 틀린 것은?

① 내부진동기는 진동효과를 극대화하기 위하여 내부에 비스듬히 찔러 넣는 것이 좋다.
② 내부진동기의 삽입간격은 일반적으로 0.5m 이하로 하는 것이 좋다.
③ 내부진동기를 빼낼 때 구멍이 생기지 않도록 한다.
④ 내부진동기를 아래층 콘크리트 속으로 0.1m 정도 들어가게 한다.

| 해답 | ①
내부 진동기는 연직으로 찔러 넣어야 한다.

□□□ 07②, 14①

12 콘크리트가 된 반죽이면 진동기를 써서 다져야 한다. 가장 많이 사용되는 진동기는?

① 내부 진동기
② 거푸집 진동기
③ 평면식 진동기
④ 공기식 진동기

| 해답 | ①
- 내부진동기 : 된 반죽인 경우에 바이브로(Vibrator)를 이용해 다짐
- 외부진동기 : 거푸집진동기, 표면진동기, 진동대

| memo |

03 콘크리트의 양생 및 거푸집

알아두기

03 콘크리트의 양생 및 거푸집

1 콘크리트의 양생

콘크리트를 친 다음 콘크리트가 수화 작용에 의하여 충분한 강도를 내고 균열이 생기지 않도록 하기 위하여 일정한 기간 동안 콘크리트에 충분한 온도와 습도를 주고, 해로운 작용을 받지 않도록 하는 작업을 양생이라 한다.

(1) 콘크리트를 양생하는 목적
① 건조수축에 의한 균열을 줄이기 위하여
② 하중, 진동 등으로부터 보호하기 위하여
③ 수화작용에 의해 충분한 강도를 내기 위하여

(2) 습윤양생
타설한 콘크리트의 수분 증발을 막기 위해서 콘크리트의 표면에 양생용 매트, 가마니 등을 물에 적셔서 덮거나 살수하는 등의 조치를 하는 양생방법
① 습윤 양생의 종류
 • 수중 양생 : 콘크리트를 물 속에 담그는 양생
 • 습포 양생 : 콘크리트의 표면을 물에 적신 가마니, 마포 등으로 덮는 양생
 • 습사 양생 : 콘크리트 표면에 젖은 모래를 뿌리는 양생
 • 피막 양생 : 콘크리트 표면에 막을 만드는 양생
② 습윤양생기간의 표준

일평균 기온	보통 포틀랜드 시멘트	고로슬래그시멘트(2종), 플라이애시 시멘트(2종)	조강 포틀랜드 시멘트
15℃ 이상	5일	7일	3일
10℃ 이상	7일	9일	4일
5℃ 이상	9일	12일	5일

(3) 막양생

일반적으로 가마니, 마포 등을 적시거나 살수하는 등의 습윤양생이 곤란한 경우에 사용하는 것으로 콘크리트의 막을 만드는 양생제를 뿌려 물의 증발을 막는 양생 방법

(4) 촉진양생

콘크리트의 경화나 강도발현을 촉진하기 위해 실시하는 양생으로 촉진 양생의 종류는 다음과 같다.

① 증기양생 : 한중콘크리트처럼 짧은 시간 내에 조기의 소요강도를 얻기 위하여 고온의 증기로 시멘트의 수화 반응을 촉진시키는 방법

② 고압증기양생(Autoclave curing)
   일명 고온고압양생이라고 하며, 증기압 7~15기압, 온도 180℃ 정도의 고온, 고압으로 양생하는 방법

③ 전기양생 : 전기 전항선을 콘크리트의 주위에 배치하고 캔버스 등으로 싸서 콘크리트 주위의 공기를 덥게 하여 양생하는 방법

> **촉진 양생의 종류**
> - 증기양생
> - 온수양생
> - 전기양생
> - 적외선양생
> - 고주파양생
> - 오토클레이브 양생

> **온도제어양생**
> 기온이 상당히 낮은 경우에 온도 응력에 의한 균열을 막기 위하여 실시하는 양생법

2 거푸집

(1) 거푸집 떼어내기 방법

① 거푸집 안쪽에 박리제를 발라서 콘크리트와 부착을 방지한다.
② 거푸집은 콘크리트가 충분한 강도를 가질 때까지 제거해서는 안 된다.
③ 보의 양측면의 거푸집은 보의 밑판의 거푸집보다 먼저 떼어낸다.
④ 연직부재 거푸집을 수평부재 거푸집보다 먼저 떼어낸다.
⑤ 거푸집은 콘크리트가 자중 및 시공 중에 가해지는 하중에 충분히 견딜만한 강도를 가질 때까지 해체해서는 안된다.
⑥ 거푸집을 떼어내는 순서는 비교적 하중을 받지 않는 부분을 먼저 떼어낸다.

(2) 콘크리트의 압축강도를 시험할 경우 거푸집 널의 해체시기

부재		콘크리트의 압축강도(f_{cu})
기초, 보, 기둥, 벽 등의 측면		5MPa
슬래브, 보의 밑면, 아치 내면	단층구조	설계기준강도의 2/3배 이상 또한 최소 14MPa 이상
	다층구조	설계기준강도 이상 또한 최소 14MPa 이상

> 더 알아두기

(3) 콘크리트의 압축 강도를 시험하지 않을 경우 거푸집 널의 해체 시기 (기초, 보, 기둥 및 벽의 측면)

시멘트의 종류 평균기온	조강 포틀랜드 시멘트	보통 포틀랜드 시멘트 고로 슬래그 시멘트(1종) 포틀랜드 포졸란 시멘트(1종) 플라이 애시 시멘트(1종)	고로 슬래그 시멘트(2종) 포틀랜드 포졸란 시멘트(2종) 플라이 애시 시멘트(2종)
20℃ 이상	2일	4일	5일
20℃ 미만 10℃ 이상	3일	6일	8일

과년도 핵심문제

03 콘크리트의 양생 및 거푸집

□□□ 09②, 12①, 16①

01 콘크리트를 타설한 다음 일정 기간 동안 콘크리트에 충분한 온도와 습도를 유지시켜 주는 것을 무엇이라 하는가?

① 콘크리트 진동   ② 콘크리트 다짐
③ 콘크리트 양생   ④ 콘크리트 시공

| 해답 | ③

콘크리트를 친 다음 충분한 강도를 내고 균열이 생기지 않도록 일정한 기간 동안 콘크리트에 충분한 온도와 습도를 주는 것을 콘크리트 양생이라 한다.

□□□ 03②, 04①⑤, 06①, 08①, 09②, 10②, 15②

02 콘크리트를 타설한 후 일정 기간까지 굳기에 필요한 온도, 습도를 주고, 해로운 작용을 받지 않도록 해야 한다. 이러한 작업을 무엇이라 하는가?

① 배합   ② 양생
③ 다지기 ④ 시공이음

| 해답 | ②

이러한 작업을 콘크리트 양생이라 한다.

□□□ 08③, 12②, 15②, 16②

03 다음 중 촉진양생에 포함되지 않는 것은?

① 증기양생   ② 오토클레이브양생
③ 막양생   ④ 고주파 양생

| 해답 | ③

촉진 양생의 종류
증기양생, 전기양생, 오토클레이브 양생, 고주파 양생

□□□ 04②, 15④

04 콘크리트를 양생하는 목적에 해당하지 않는 것은?

① 수분의 증발을 촉진시키려고
② 건조수축에 의한 균열을 줄이려고
③ 하중, 진동 등으로부터 보호하기 위하여
④ 수화작용에 의해 충분한 강도를 내기 위하여

| 해답 | ①

콘크리트 양생은 수화 작용에 의하여 충분한 강도를 내고, 하중 및 진동으로부터 보호하여 균열이 생기지 않도록 하기 위해서다.

□□□ 03①, 04②, 15②

05 콘크리트의 양생에 대한 설명으로 틀린 것은?

① 기온이 상당히 낮은 경우에는 일정한 기간 동안 열을 주거나 보온에 의해 온도제어를 한다.
② 콘크리트 양생기간 중에는 진동, 충격의 작용을 무시해도 된다.
③ 촉진 양생을 할 때는 콘크리트에 나쁜 영향이 없도록 해야 한다.
④ 콘크리트의 수분 증발을 막기 위해서는 콘크리트의 표면에 매트, 가마니 등을 물에 적셔서 덮는 등의 습윤상태로 보호해야 한다.

| 해답 | ②

콘크리트는 양생 기간 중에 예상되는 진동, 충격, 하중 등의 해로운 작용으로부터 보호해야 한다.

□□□ 01③, 04①⑤, 06①⑤, 10③, 11①, 13④, 14②⑤

06 콘크리트의 표면을 물에 적신 가마니, 마포 등으로 덮거나 살수하는 양생방법을 무엇이라 하는가?

① 습윤양생 ② 습사양생
③ 증기양생 ④ 수중양생

| 해답 | ①
습윤양생
물을 뿌리거나 가마니, 마포, 모래 등을 적셔서 콘크리트 표면을 덮고 살수하여 양생하는 방법

□□□ 11③, 14③

07 콘크리트의 조기강도를 얻기 위한 양생으로 한중 콘크리트 등에 사용되는 양생법은?

① 수중양생 ② 습사양생
③ 피막양생 ④ 증기양생

| 해답 | ④
증기양생
한중콘크리트처럼 짧은 시간 내에 조기의 소요강도를 얻기 위하여 고온의 증기로 시멘트의 수화 반응을 촉진시키는 방법

□□□ 05①, 08①, 15①

08 일반적으로 가마니, 마포 등을 적시거나 살수하는 등의 습윤양생이 곤란한 경우에 사용하는 것으로 콘크리트의 막을 만드는 양생제를 살포하여 증발을 막는 양생 방법은?

① 막양생 ② 촉진양생
③ 증기양생 ④ 온도제어양생

| 해답 | ①
막양생
습윤양생이 곤란한 경우 콘크리트 표면에 막이 되는 양생제인 아스팔트 유제나 비닐 유제 등을 발라서 물의 증발을 방지하는 방법이다.

□□□ 03⑤, 06⑤, 08①, 11①, 15④

09 콘크리트 습윤양생 방법의 종류가 아닌 것은?

① 수중양생 ② 습포양생
③ 습사양생 ④ 촉진양생

| 해답 | ④
습윤 양생의 종류
수중 양생, 습포 양생, 습사 양생, 피막 양생

□□□ 06⑤, 09①②, 10⑤, 12②, 13④, 15④

10 일명 고온고압양생이라고 하며, 증기압 7~15기압, 온도 180℃ 정도의 고온, 고압으로 양생하는 방법은?

① 오토클레이브 양생
② 상압증기양생
③ 전기양생
④ 가압양생

| 해답 | ①
고압 증기 양생(Autoclave curing)은 양생온도 180℃ 정도, 증기압 0.8MPa(7~15기압)정도의 고온고압 상태에서 양생하는 방법이다.

□□□ 07②, 10②③, 15①

11 콘크리트의 압축강도를 시험할 경우 기둥의 측면 거푸집널의 해체시기로 옳은 것은?

① 콘크리트의 압축강도가 5MPa 이상
② 콘크리트의 압축강도가 4MPa 이상
③ 콘크리트의 압축강도가 3MPa 이상
④ 콘크리트의 압축강도가 2MPa 이상

| 해답 | ①
콘크리트의 압축강도를 시험할 경우
• 기초, 보, 기둥 등의 측면 : 5MPa
• 슬래브 및 보의 밑면, 아치 내면 : 14MPa 이상

□□□ 11③, 12②, 15②

12 슬래브 및 보의 밑면의 경우 콘크리트 압축 강도가 몇 MPa 이상일 때 거푸집을 해체할 수 있는가? (단, 콘크리트의 설계 기준 강도는 21MPa 이다)

① 7MPa 이상　　② 14MPa 이상
③ 18MPa 이상　④ 21MPa 이상

| 해답 | ②

슬래브 및 보의 밑면, 아치 내면의 압축강도
$\frac{2}{3}f_{cu} = \frac{2}{3} \times 21 = 14\text{MPa} \geq 14\text{MPa}$

□□□ 07②, 10②, 11③, 14③, 15②

13 일평균기온이 15℃ 이상이고 조강포틀랜드 시멘트를 사용한 콘크리트에 대한 습윤양생 기간의 표준은?

① 1일　　② 3일
③ 5일　　④ 7일

| 해답 | ②

습윤양생(일평균 기온이 15℃ 이상일 때)
• 보통 포틀랜드 시멘트 : 5일
• 조강 포틀랜드 시멘트 : 3일

□□□ 07②, 10②, 11③, 14③, 15②

14 일평균 기온이 15℃ 이상이고, 보통포틀랜드 시멘트를 사용한 콘크리트의 습윤양생 기간의 표준은 몇 일인가?

① 5일　　② 7일
③ 8일　　④ 12일

| 해답 | ①

습윤양생(일평균 기온이 15℃ 이상일 때)
• 보통 포틀랜드 시멘트 : 5일
• 조강 포틀랜드 시멘트 : 3일

□□□ 02⑤, 05①, 08①, 09①⑤, 11③, 13①, 16①

15 콘크리트 공사에서 거푸집 떼어내기에 관한 설명으로 틀린 것은?

① 거푸집은 콘크리트가 자중 및 시공 중에 가해지는 하중에 충분히 견딜만한 강도를 가질 때까지 해체해서는 안된다.
② 거푸집을 떼어내는 순서는 비교적 하중을 받지 않는 부분을 먼저 떼어낸다.
③ 연직 부재의 거푸집은 수평부재의 거푸집보다 먼저 떼어낸다.
④ 보의 밑판의 거푸집은 보의 양측면의 거푸집보다 먼저 떼어낸다.

| 해답 | ④

보의 양측면의 거푸집은 보의 밑판의 거푸집보다 먼저 떼어낸다.

□□□ 02⑤, 03①, 07②, 13④, 14①, 16①

16 콘크리트 표면에 아스팔트유제나 비닐유제 등으로 불투수층을 만들어 수분의 증발을 막는 양생방법을 무엇이라 하는가?

① 증기양생　　② 전기양생
③ 습윤양생　　④ 피복양생

| 해답 | ④

피복양생 : 콘크리트 표면에 불투수성 재료를 바르거나 뿜어 붙이는 양생법

04 특수 콘크리트의 시공법

04 특수 콘크리트의 시공법

1 한중콘크리트

하루의 평균기온이 4℃ 이하가 예상되는 조건일 때는 콘크리트가 동결할 염려가 있으므로 한중콘크리트로 시공해야 한다.

(1) 재료
① 시멘트는 포틀랜드 시멘트를 사용하는 것을 표준으로 한다.
② 재료를 가열할 경우, 물 또는 골재를 가열하는 것으로 하며, 시멘트는 어떠한 경우라도 직접 가열할 수 없다.

(2) 배합
① 한중콘크리트에는 공기연행콘크리트를 사용하는 것을 원칙으로 한다.
② 단위수량은 초기동해를 적게 하기 위하여 소요의 워커빌리티를 유지할 수 있는 범위 내에서 되도록 적게 정하여야 한다.
③ 물-결합재비는 원칙적으로 60% 이하로 하여야 한다.

(3) 시공
① 타설할 때의 콘크리트 온도는 구조물의 단면 치수, 기상 조건 등을 고려하여 5~20℃의 범위에서 정하여야 한다.
② 기상 조건이 가혹한 경우나 부재 두께가 얇을 경우에는 칠 때의 콘크리트의 최저온도는 10℃ 정도를 확보하여야 한다.
③ 콘크리트 타설이 종료된 초기 동해를 받지 않도록 초기양생을 실시하여야 한다.
④ 한중콘크리트는 소요의 압축강도가 얻어질 때까지 콘크리트 온도를 5℃ 이상으로 유지하여야 한다.
⑤ 소요 압축강도에 도달한 후 2일간은 구조물의 어느 부분이라도 0℃ 이상이 되도록 유지하여야 한다.

2 서중콘크리트

하루 평균기온이 25℃를 초과하는 것이 예상되는 경우 서중 콘크리트로 시공하여야 한다.

(1) 재료
① 콘크리트의 배합은 소요의 강도 및 워커빌리티를 얻을 수 있는 범위내에서 단위수량 및 단위 시멘트량을 적게 하여야 한다.
② 일반적으로 기온 10℃의 상승에 대하여 단위수량은 2~5% 증가하므로 소요의 압축강도를 확보하기 위해서는 단위수량에 비례하여 단위시멘트량의 증가를 검토하여야 한다.

(2) 시공
① 콘크리트를 타설할 때의 콘크리트 온도는 35℃ 이하이어야 한다.
② 비빈 콘크리트는 가열하거나 건조해 져서 슬럼프가 저하하지 않도록 빨리 운송하여 타설하여야 한다.
③ 콘크리트를 타설하기 전에는 지반, 거푸집 등 콘크리트로부터 물을 흡수할 우려가 있는 부분을 습윤상태로 유지하여야 한다.
④ 콘크리트는 비빈 후 즉시 타설하여야 한다. 지연형 감수제를 사용하는 등의 일반적인 대책을 강구한 경우라도 1.5시간 이내에 타설하여야 한다.

3 수중콘크리트

담수 중이나 안정액 중 혹은 해수 중에 타설되는 콘크리트를 수중콘크리트라 한다.

(1) 배합
① 일반 수중 콘크리트는 수중에서 시공할 때의 강도가 표준공시체 강도의 0.6~0.8배가 되도록 배합강도를 설정하여야 한다.
② 강제식 믹서의 경우 비비기 시간은 90~180초를 표준으로 한다.
③ 수중콘크리트의 물-결합재비 및 단위 시멘트량

종류	수중콘크리트
물-결합재비	50% 이하
단위 시멘트량	370kg/m^3

④ 일반 콘크리트의 슬럼프의 표준

종류	수중콘크리트
트레미	130~180mm
콘크리트 펌프	130~180mm
밑열림 상자, 밑열림 포대	100~150mm

(2) 수중 콘크리트 타설의 원칙

① 물막이를 설치하여 정수 중에 타설하여야 한다. 완전히 물막이를 할 수 없는 경우에도 유속은 50mm/s 이하로 하여야 한다.
② 콘크리트를 수중에 낙하시키면 재료 분리가 일어나고 시멘트가 유실되기 때문에 콘크리트는 수중에 낙하시키지 않아야 한다.
③ 한 구획의 콘크리트 타설을 완료한 후 레이턴스를 모두 제거하고 다시 타설하여야 한다.
④ 수중 콘크리트를 시공할 때 시멘트가 물에 씻겨서 흘러나오지 않도록 트레미나 콘크리트 펌프를 사용해서 타설하여야 한다.
⑤ 콘크리트 펌프의 안지름은 0.10~0.15m 정도가 좋으며, 수송관 1개로 타설할 수 있는 면적은 $5m^2$ 정도로 하여야 한다.

4 해양콘크리트

(1) 일반사항

① 해양콘크리트 구조물에 쓰이는 콘크리트의 설계기준강도는 30MPa 이상으로 한다.
② 최대 물-결합재비

구분	일반 현장 시공의 경우
해중	50%
해상 대기중	45%
물보라 지역, 간만대 지역	40%

③ 최소 단위 결합재량(kg/m^3)

굵은골재의 최대치수(mm)	20	25	40
물보라 지역, 간만대 및 해상 대기중	340	330	300
해중	310	300	280

(2) 시공
① 단위 시멘트량은 280~330kg/m³로 한다.
② 해양콘크리트의 최대 물-결합재비는 45~50%이다.
③ 콘크리트는 바닷물에 대한 내구성, 수밀성, 강도가 작아야 한다.
④ 콘크리트는 재령5일이 될 때까지 바닷물에 씻기지 않도록 보호해야 한다.
⑤ 해양구조물에서는 성능 저하를 방지하기 위하여 시공이음을 만들지 말아야 한다.

5 수밀콘크리트

수밀성이 큰 콘크리트 또는 투수성이 큰 콘크리트

(1) 배합
① 물-결합재비는 50% 이하를 표준으로 한다.
② 단위수량을 되도록 적게 한다.
③ 단위굵은골재량을 되도록 크게 한다.
④ AE제를 사용하는 것을 원칙으로 한다.
⑤ 어떠한 공기연행제를 사용하더라도 공기량은 4% 이하가 되게 한다.
⑥ 콘크리트의 소요 슬럼프는 되도록 적게 하여 180mm를 넘지 않도록 한다.

(2) 시공
① 콘크리트는 가능한 연속으로 타설하여 콜드조인트가 발생하지 않도록 하여야 한다.
② 수밀콘크리트는 충분한 습윤양생을 하여야 한다.
③ 연속 타설 시간 간격

외기온도	타설시간
외기온도 25℃ 넘었을 때	1.5시간
외기온도 25℃ 이하일 때	2.0시간

6 숏크리트 shotcrete

펌프 등을 이용하여 노즐 위치까지 호스 속으로 운반한 콘크리트를 압축공기에 의해 시공면에 뿜어서 만든 콘크리트를 뿜어붙이기 콘크리트라 한다.

(1) 숏크리트의 적용 목적
① 비탈면의 보호
② 댐, 교량의 보수
③ 터널이나 구조물의 라이닝

(2) 숏크리트의 특징
① 수축균열이 생기기 쉽다.
② 공사기간이 짧아진다.

(3) 재료
① 혼화제는 급결제를 사용한다.
② 시멘트는 보통 포틀랜드시멘트를 사용한다.
③ 노즐의 막힘현상이나 반발량을 최소화 할 수 있는 굵은골재의 최대치수 10~15mm의 것을 사용한다.

(4) 시공
① 숏크리트 작업시 주의할 사항
 • 리바운드된 재료가 다시 혼입되지 않게 한다.
 • 뿜어붙이는 거리와 뿜는 압력을 일정하게 유지한다.
 • 노즐은 항상 뿜어붙일 면에 90° 직각으로 분사한다.
 • 급결제를 첨가한 후에 바로 뿜어 붙이기 작업을 실시하여야 한다.
② 숏크리트는 대기 온도가 10℃ 이상일 때 뿜어붙이기를 실시한다.
③ 숏크리트는 타설되는 대기 온도가 35℃ 이상되면 뿜어붙이기를 실시할 수 없다.
④ 숏크리트 배치 후 뿜어붙이기 시간

건식 숏크리트	45분 이내
습식 숏크리트	60분 이내

⑤ 뿜어 붙이기 콘크리트 공법의 종류

습식 공법	건식 공법
• 품질 관리가 양호하다. • 압송거리가 짧다. • 분진 발생이 적다. • 튀김(rebound)량이 적다.	• 작업원의 숙련도에 품질에 좌우된다. • 장거리 압송기 가능하다. • 분진 발생이 많다. • 튀김량이 많다.

7 프리플레이스트 콘크리트

특정한 입도를 가진 골재를 먼저 거푸집 안에 다져 넣고, 그 빈틈 사이에 유동성이 좋고, 재료 분리가 적은 모르타르를 펌프로 압력을 가하여 주입시켜 만든 콘크리트를 프리플레이스트 콘크리트(preplaced concrete)라 한다.

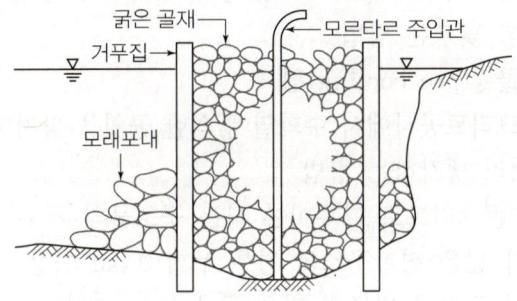

(1) 일반사항

① 골재의 조립률은 1.4~2.2범위로 한다.
② 프리플레이스트 콘크리트의 강도는 원칙적으로 재령 28일 또는 재령 91일의 압축강도를 기준으로 한다.
③ 연직주입관의 수평 간격은 2m 정도를 표준으로 한다.
④ 프리플레이스트 콘크리트는 이음을 피하여야 한다.
⑤ 굵은골재의 최소치수
  • 최소치수는 15mm 이상
  • 부재단면 최소치수의 1/4 이하
  • 철근콘크리트의 경우 철근 순간격의 2/3 이하로 한다.

(2) 프리플레이스트 콘크리트의 특징
① 수중콘크리트에 적합하다.
② 블리딩 및 레이턴스가 적다.
③ 경화수축이 적고 수밀성, 내구성이 크다.
④ 조기강도는 보통 콘크리트보다 작으나 장기 강도는 크다.

8 기타 콘크리트

(1) 매스콘크리트 mass concrete

부재 혹은 구조물의 치수가 커서 시멘트의 수화열에 의한 온도 상승 및 강하를 고려하여 설계 시공해야 하는 콘크리트를 매스 콘크리트라 한다.

① 파이프쿨링(pipe cooling)
  매스콘크리트에서 파이프를 통해 냉각수나 찬 공기를 순환시켜 온도를 낮추는 방법
② 프리쿨링(pre cooling)법
  댐콘크리트공사에서 수화열에 의한 균열을 방지하기 위해 재료를 미리 냉각하는 방법
③ 매스 콘크리트로 다루어야 하는 구조물의 치수
  • 넓이가 넓은 평판구조의 경우 두께 0.8m 이상
  • 하단이 구속된 벽조의 경우 두께 0.5m 이상

(2) 포장콘크리트

■ 포장용 콘크리트의 배합기준

항목	기준
설계기준휨호칭강도(f_{ck})	4.5MPa 이상
단위 수량	150kg/m³
굵은골재의 최대치수	40mm 이하
슬럼프	40mm 이하
공기량	4~6%

과년도 핵심문제

04 특수 콘크리트의 시공법

□□□ 06②, 16①
01 일평균 기온이 4℃ 이하가 예상될 때 시공하는 특수 콘크리트는?

① 서중 콘크리트 ② 한중 콘크리트
③ 수중 콘크리트 ④ 해양 콘크리트

| 해답 | ②

콘크리트를 칠 때, 하루 평균 기온이 4℃ 이하로 될 때에는 한중 콘크리트로 시공해야 한다.

□□□ 05①②, 06①, 08①⑤, 10⑤, 13②, 14①③
02 한중콘크리트에 있어서 양생 중 콘크리트의 온도는 최저 몇 ℃ 이상으로 유지하는 것을 표준으로 하는가?

① 5℃   ② 10℃
③ 15℃ ④ 20℃

| 해답 | ①

하루의 평균기온이 4℃ 이하가 예상되는 조건일 때는 콘크리트가 동결할 염려가 있으므로 온도는 최저 몇 5℃ 이상 유지해야 한다.

□□□ 06②, 16①
03 일평균 기온이 4℃ 이하가 예상될 때 시공하는 특수 콘크리트는?

① 서중 콘크리트 ② 한중 콘크리트
③ 수중 콘크리트 ④ 해양 콘크리트

| 해답 | ②

콘크리트를 칠 때, 하루 평균 기온이 4℃ 이하로 될 때에는 한중 콘크리트로 시공해야 한다.

□□□ 04②, 11③, 15①
04 한중콘크리트를 타설할 때 콘크리트 온도의 범위로 가장 적합한 것은?

① −4~0℃   ② 0~5℃
③ 5~20℃   ④ 20~30℃

| 해답 | ③

한중 콘크리트의 콘크리트 타설시 온도는 기상조건 등을 고려하여 5~20℃ 범위에서 정한다.

□□□ 01③, 04②, 12①②, 13①②, 14②
05 한중 콘크리트 시공 시 동결 온도를 낮추기 위한 방법으로 옳지 않은 것은?

① 시멘트를 가열한다.
② 물을 가열한다.
③ 골재를 가열한다.
④ 적당한 보온장치를 한다.

| 해답 | ①

온도가 높은 시멘트와 물을 접촉시키면 급결하여 콘크리트에 나쁜 영향을 줄 우려가 있으므로 시멘트를 직접 가열해서는 안된다.

□□□ 10①, 14①
06 하루 평균기온이 25℃를 초과하는 것이 예상되는 경우 적용해야 하는 것은?

① 한중 콘크리트 ② 서중 콘크리트
③ 수중 콘크리트 ④ 해양 콘크리트

| 해답 | ②

하루 평균기온이 25℃를 초과하는 것이 예상되는 경우 서중콘크리트로서 시공한다.

□□□ 02①, 05①, 06⑤, 10①, 11③, 13③, 14③, 15④

07 서중콘크리트에 대한 설명으로 틀린 것은?

① 하루 평균기온이 20℃를 초과하는 것이 예상되는 경우 서중 콘크리트로 시공하여야 한다.
② 콘크리트를 타설할 때의 콘크리트 온도는 35℃ 이하이어야 한다.
③ 콘크리트는 비빈 후 1.5시간 이내에 타설하여야 한다.
④ 콘크리트의 배합은 단위 수량을 적게 하고 단위 시멘트량이 많아지지 않도록 적절한 조치를 하여야 한다.

|해답| ①
하루 평균기온이 25℃를 초과하는 것이 예상되는 경우 서중콘크리트로서 시공한다.

□□□ 01④, 03①, 11③, 12②, 14③, 15②, 16①

08 일반 수중 콘크리트의 물−결합재비(W/C)는 몇 % 이하인가?

① 50%   ② 55%
③ 60%   ④ 65%

|해답| ①
• 물−결합재비 : 50% 이하
• 단위시멘트량 : 370kg/m³ 이상

□□□ 06①, 07②, 09②⑤, 11③, 14①, 15①

09 수밀 콘크리트의 물−결합재비는 얼마 이하를 표준으로 하는가?

① 40%   ② 45%
③ 50%   ④ 60%

|해답| ③
물−결합재비는 50% 이하를 표준으로 한다.

□□□ 04①, 05①, 13②, 14②, 16①

10 서중콘크리트의 타설에 대한 아래 표의 설명에서 ( )에 적합한 수치는?

> 콘크리트는 비빈 후 즉시 타설하여야 하며, KS F 2560의 지연형 감수제를 사용하는 등의 일반적인 대책을 강구한 경우라도 ( ) 시간 이내에 타설하여야 한다.

① 0.5   ② 1.0
③ 1.5   ④ 2.0

|해답| ③
콘크리트를 비벼서 쳐넣을 때까지의 시간은 1.5시간(90분)을 넘어서는 안된다.

□□□ 12①②, 13②

11 수중 콘크리트를 타설할 때는 물을 정지시킨 정수 중에서 타설하는 것이 좋으나, 완전히 물막이를 할 수 없는 경우 최대 유속이 1초간 몇 mm 이하로 하여야 하는가?

① 50mm/s 이하   ② 10mm/s 이하
③ 150mm/s 이하   ④ 200mm/s 이하

|해답| ①
수중의 물의 속도가 50mm/sec 이내일 때에 한하여 시공한다.

□□□ 03⑤, 09①, 13①, 15①

12 일반적인 수중콘크리트의 단위시멘트량 표준은 얼마 이상 인가?

① 370kg/m³   ② 300kg/m³
③ 250kg/m³   ④ 200kg/m³

|해답| ①
• 단위 시멘트의 양은 370kg/m³ 이상
• 물−결합재비는 50% 이하

□□□ 01④, 03②, 06⑤, 08③, 09①, 12②, 14③, 16②

13 일반 수중콘크리트에 대한 설명으로 틀린 것은?

① 물-결합재비는 50% 이하이어야 한다.
② 단위 시멘트량은 370kg/m³ 이상으로 한다.
③ 콘크리트를 흐르는 물 속에서 타설할 경우 유속이 50m/min 이하이어야 한다.
④ 콘크리트를 트레미(tremie)나 콘크리트 펌프를 사용해서 타설한다.

| 해답 | ③
정수중에 칠 수 없을 경우에도 유속은 50mm/s 이하로 하여야한다.

□□□ 02⑤, 04①, 16①

14 특수 콘크리트의 시공법 중에서 수중 콘크리트를 타설할 때 사용되는 것이 아닌 것은?

① 벨트 컨베이어   ② 트레미
③ 콘크리트 펌프   ④ 밑열림 상자

| 해답 | ①
벨트 컨베이어
콘크리트를 연속적으로 운반하는 데 편리하다.

□□□ 01③, 05①, 06①, 08②, 09⑤, 13①, 14③

15 특정한 입도를 가진 골재를 거푸집 안에 미리 다져 넣고, 그 빈틈 사이에 유동성이 좋고, 재료 분리가 적은 모르타르를 펌프로 압력을 가하여 주입시켜 만든 콘크리트는?

① 수밀 콘크리트
② 프리플레이스트 콘크리트
③ 한중 콘크리트
④ 서중 콘크리트

| 해답 | ②
프리플레이스트 콘크리트
미리 거푸집 안에 굵은 골재를 채우고, 그 틈 사이에 특수 모르타르를 주입하는 콘크리트

□□□ 03②, 08③, 12①, 14②, 16②

16 펌프 등을 이용하여 노즐 위치까지 호스 속으로 운반한 콘크리트를 압축공기에 의해 시공면에 뿜어서 만든 콘크리트를 무엇이라 하는가?

① 숏크리트
② 프리플레이스트 콘크리트
③ 프리스트레스트 콘크리트
④ 레진 콘크리트

| 해답 | ①
숏크리트
모르타르를 압축 공기에 의해 뿜어 붙여서 만든 콘크리트로 비탈면의 보호, 교량의 보수 등에 쓰인다.

□□□ 03②, 04⑤, 06⑤, 15④

17 다음 중에서 뿜어붙이기 콘크리트의 시공에 적합하지 않은 것은?

① 콘크리트 표면공사
② 콘크리트 보수공사
③ 터널(tunnul)공사
④ 수중 콘크리트 공사

| 해답 | ④
뿜어 붙이기콘크리트의 용도
터널이나 구조물의 라이닝, 비탈면의 보호, 댐, 교량의 보수, 보강 공사 등에 쓰인다.

□□□ 03②, 04①, 15④

18 포장용 콘크리트의 배합기준 중 굵은 골재의 최대치수는 몇 mm 이하이어야 하는가?

① 25mm   ② 40mm
③ 100mm   ④ 150mm

| 해답 | ②
포장 콘크리트
굵은 골재의 최대치수는 40mm 이하로 한다.

Pick Remember

□□□ 05②, 08①, 11③, 16①

19 숏크리트에 대한 설명으로 틀린 것은?

① 시멘트 건(gun)에 의해 압축공기로 모르타르를 뿜어 붙이는 것이다.
② 수축균열이 생기기 쉽다.
③ 공사기간이 길어진다.
④ 건식공법의 경우 시공 중 분진이 많이 발생한다.

| 해답 | ③
거푸집이 필요 없고, 급속시공이 가능하기 때문에 공사기간이 짧아진다.

□□□ 13②, 16①

20 프리플레이스트 콘크리트에서 골재의 빈틈 사이에 모르타르를 주입할 때 연직 주입관의 수평 간격은 몇 m를 표준으로 하는가?

① 1m ② 2m
③ 3m ④ 4m

| 해답 | ②
연직 주입관의 수평 간격은 2m 정도를 표준으로 한다.

□□□ 04⑤, 12②, 14①

21 다음 중 프리플레이스트 콘크리트의 특징이 아닌 것은?

① 장기 강도가 크다.
② 수중콘크리트에 적합하다.
③ 블리딩 및 레이턴스가 적다.
④ 조기강도가 보통 콘크리트보다 크다.

| 해답 | ④
조기강도는 보통 콘크리트보다 작으나 장기 강도는 크다.

□□□ 11③, 14①

22 프리플레이스트 콘크리트에서 굵은골재의 최소 치수는 몇 mm 이상이어야 하는가?

① 15mm ② 25mm
③ 40mm ④ 60mm

| 해답 | ①
• 굵은골재의 최소치수는 15mm 이상
• 굵은골재의 최대치수는 부재단면 최소치수의 1/4 이하

□□□ 04⑤, 11⑤, 13③

23 매우 된 반죽의 빈배합 콘크리트를 불도저로 깔고 진동롤러로 다져서 시공하는 콘크리트는?

① 매스콘크리트
② 프리플레이스트 콘크리트
③ 강섬유콘크리트
④ 진동롤러다짐콘크리트

| 해답 | ④
롤러 다짐 콘크리트
매우 된 반죽, 빈 배합 콘크리트를 덤프 트럭으로 현장에 운반해서 불도저 등으로 깔고, 진동 롤러로 다져서 만든 것이다.

1 chapter

Pick Remember
CBT 필기 | 핵심정리

01 콘크리트 재료에 관한 지식
02 콘크리트 시공에 관한 지식
✓ 03 콘크리트 재료시험에 관한 지식

01 시멘트 시험

01 시멘트 시험

1 시멘트 밀도시험

(1) 장치와 시험방법

① 르샤틀리에 플라스크 : 표준 르샤틀리에 플라스크를 사용한다.
② 광유 : 온도 (20±1)℃에서 밀도 약 $0.73 Mg/m^3$ 이하인 완전히 탈수된 등유나 나프타를 사용한다.
③ 정밀도 및 편차 : 동일 시험자가 동일 재료에 대하여 2회 측정한 결과가 $±0.03 Mg/m^3$ 이내이어야 한다.
④ 비중병을 실온으로 일정하게 되어 있는 물중탕에 넣어 광유의 온도차가 0.2℃ 되었을 때의 눈금을 읽어 기록한다.
⑤ 일정한 양의 시멘트 약 64g을 0.05g까지 달아 광유와 동일한 온도에서 조금씩 넣는다.

$$시멘트\ 밀도(Mg/m^3) = \frac{시멘트의\ 질량(g)}{르샤틀리에\ 플라스크의\ 눈금차(mL)}$$

(2) 일반사항

① 시멘트의 비중은 보통 3.14~3.16 정도이다.
② 시멘트의 밀도는 풍화, 소성불충분, 혼화재료의 첨가 등에 따라 작은 값을 나타낸다.
③ 시멘트 밀도 시험의 목적
 • 시멘트의 품질을 판정할 수 있다.
 • 시멘트의 종류를 어느 정도 알 수 있다.
 • 콘크리트의 배합을 설계할 때 시멘트의 절대 용적을 구할 수 있다.

2 시멘트 모르타르 시험

시멘트의 강도를 알기 위해서는 시멘트 모르타르 강도시험을 한다.
(1) 시멘트 모르타 압축강도 시험 : 시멘트와 표준 모래를 섞어 무게비가 1 : 2.45가 되게 한다.

알아두기

르샤틀리에 플라스크

시멘트의 밀도 단위
• g/m^3
• Mg/m^3

(2) 시멘트 모르타르 인장강도 시험 : 시멘트와 표준 모래를 섞어 무게비가 1 : 2.7가 되게 한다.

(3) 모르타르 압축강도 = $\dfrac{최대\ 하중}{시험체의\ 단면적}$

(4) 흐름값(%)
= $\dfrac{시험\ 후\ 퍼진\ 모르타르의\ 평균\ 지름 - 흐름\ 몰드의\ 밑\ 지름}{흐름\ 몰드의\ 밑\ 지름} \times 100$

> **모르타르의 제작방법**
> (KS L ISO 679)
> 시멘트와 표준사 1 : 3

3 시멘트 응결시험 방법

(1) 비이카(Vicat) 침에 의한 방법 : 수경성 시멘트의 응결시간 측정 시험 방법(폐기됨)
(2) 길모어(Gillmore) 침에 의한 방법 : 시멘트의 응결 시간 측정 시험 방법

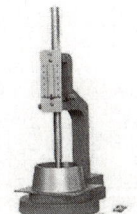
비카 침 시험 장치

길모어 침 시험 장치

4 시멘트 모르타르의 압축강도시험

(1) 공시체는 질량으로 시멘트 1에 대해서 물/시멘트 비 0.5 및 표준사 3의 비율로 모르타르를 성형한다.

(2) 모르타르의 제작 방법
① 질량에 의한 비율로 시멘트와 표준사를 1 : 3의 비율로 배합하며 혼합수의 양은 1/2 분량으로 한다.
② 시멘트 모르타르 강도 시험에서 ISO규격에 따른 표준사를 사용하는 이유 : 모래알의 차이에 의한 영향을 없애고 시험조건을 일정하게 하기 위함이다.
③ 공시체의 형상과 치수는 40×40×160mm의 각주로 한다.
④ 수조의 온도(20±1)℃를 유지한다.

과년도 핵심문제

01 시멘트 시험

□□□ 12②, 13③, 16①

01 시멘트 밀도 시험에 사용되는 기구가 아닌 것은?

① 저울
② 르샤틀리에 비중병
③ 블레인 공기투과장치
④ 항온수조

| 해답 | ③
블레인 공기투과장치 : 시멘트의 분말도 시험

□□□ 12②, 13③, 15②

02 시멘트 밀도시험에 사용되는 기구는?

① 르샤틀리에 플라스크
② 로스앤젤레스 시험기
③ 피크노미터
④ 건조로

| 해답 | ①
시멘트 비중시험은 르샤틀리에 플라스크를 사용한다.

□□□ 13①, 15①, 16①

03 시멘트의 강도시험(KS L ISO 679)에서 모르타르를 조제할 때 시멘트와 표준모래의 질량에 의한 비율로 옳은 것은?

① 1 : 2
② 1 : 2.5
③ 1 : 3
④ 1 : 3.5

| 해답 | ③
모르타르 제작방법
질량에 의한 비율로 시멘트와 표준사를 1 : 3의 비율로 한다.

□□□ 01③, 07②, 13①, 14①, 15②

04 시멘트의 밀도 시험 결과가 아래 표와 같을 때 밀도값은?

처음 광유의 눈금 읽음(mL)	0.4
시료 질량(g)	64.0
시료와 광유의 눈금 읽음(mL)	20.4

① 3.20
② 3.14
③ 0.32
④ 0.23

| 해답 | ①
$$시멘트밀도 = \frac{시멘트의 질량(g)}{르샤틀리에 플라스크의 눈금차(mL)}$$
$$= \frac{64.0}{20.4 - 0.4}$$
$$= 3.20(g/m^3) = 3.20(Mg/m^3)$$

□□□ 08③, 12③, 14③

05 시멘트 모르타르 강도 시험에 표준모래를 사용하는 이유로서 가장 적합한 것은?

① 경제적인 모르타르를 제조하여 시험하기 위함이다.
② 표준모래는 양생이 쉽고 온도에 영향을 적게 받기 때문이다.
③ 표준모래는 품질이 좋고 강도가 크기 때문이다.
④ 모래알의 차이에 의한 영향을 없애고 시험 조건을 일정하게 하기 위함이다.

| 해답 | ④
모래알의 차이에 따른 영향을 없애고, 시험 조건을 일정하게 하기 위하여 표준 모래를 사용한다.

과년도 핵심문제

□□□ 15①

06 시멘트의 밀도시험의 정밀도 및 편차에 대한 아래 표의 설명에서 ( )안에 적당한 것은?

> 동일 시험자가 동일 재료에 대하여 2회 측정한 결과가 ( ) 이내이어야 한다.

① $\pm 0.01 \text{Mg/m}^3$ ② $\pm 0.02 \text{Mg/m}^3$
③ $\pm 0.03 \text{Mg/m}^3$ ④ $\pm 0.04 \text{Mg/m}^3$

| 해답 | ③
동일 시험자가 동일 재료에 대하여 2회 측정한 결과가 $\pm 0.03 \text{Mg/m}^3$ 이내이어야 한다.

□□□ 10③, 15④

07 시멘트 밀도 시험의 목적이 아닌 것은?

① 시멘트 종류를 어느 정도 추정할 수 있다.
② 시멘트 품질을 판정할 수 있다.
③ 시멘트 입자 사이의 공기량을 알 수 있다.
④ 콘크리트 배합 설계를 할 때 시멘트의 절대 용적을 구할 수 있다.

| 해답 | ③
시멘트 밀도 시험의 목적
• 시멘트의 품질을 판정할 수 있다.
• 시멘트의 종류를 어느 정도 알 수 있다.
• 콘크리트의 배합을 설계할 때 시멘트의 절대 용적을 구할 수 있다.

□□□ 15②

08 다음 중 시멘트의 응결 시간 시험 방법으로 옳은 것은?

① 슬럼프 시험
② 길모어 침에 의한 시험
③ 슈미트 해머에 의한 시험
④ 표준 반죽 질기 시험

| 해답 | ②
시멘트의 응결시간시험 방법
• 길모어 침에 의한 응결시간 시험
• 비카 침에 의한 응결시간 시험(폐기됨)

02 골재 시험

02 골재 시험

1 골재의 체가름 시험

골재의 체가름 시험은 골재의 입도분포, 조립률(F.M), 굵은골재의 최대치수 등을 알기 위해 실시하는 시험이다.

(1) 시험기구

① 저울 : 시료 질량의 0.1% 이하의 눈금량 또는 감량을 가진 것으로 한다.
② 건조기 : 배기구가 있는 것으로 (105±5℃)로 유지할 수 있는 것으로 한다.

(2) 시료

① 시료의 질량 : 분취한 시료를 (105±5℃)에서 24시간, 일정 질량이 될 때까지 건조시킨다.
② 체가름 시험 시료 표준량

골재의 종류	골재알의 크기	시료의 최소량
잔골재	1.18mm체를 95%(질량비) 이상 통과하는 것	100g
	1.18mm체에 5%(질량비) 이상 남는 것	500g
굵은 골재	최대 치수 9.5mm 정도의 것	2kg
	최대 치수 13.2mm 정도의 것	2.6kg
	최대 치수 16mm 정도의 것	3kg
	최대 치수 19mm 정도의 것	4kg
	최대 치수 26.5mm 정도의 것	5kg
	최대 치수 37.5mm 정도의 것	8kg

(3) 시험방법

① 1분 동안에 각 체에 남는 시료의 양이 1% 이상 그 체를 통과하지 않을 때까지 체가름 작업을 계속한다.
② 체눈에 막힌 알갱이는 파쇄되지 않도록 주의하면서 되밀어 체에 남은 시료로 간주한다. 어떤 골재에서나 손으로 밀어서 무리하게 체를 통과시켜서는 안된다.

2 골재의 밀도 및 흡수율 시험

(1) 골재 밀도시험

① 잔골재 밀도 시험용 기구
　저울, 플라스크, 원추형 몰드, 다짐봉, 피펫, 건조기

② 굵은골재 밀도 시험용 기구
　저울, 철망태, 물탱크, 흡수천, 건조기, 체

③ 잔골재 밀도 시험방법
- 원뿔형 몰드에 시료를 넣은 후 다짐대로 25번 다진다.
- 잔골재 밀도 시험을 위해 표면건조 포화상태의 시료 500g을 0.1g까지 정확하게 단다.
- 표면건조 포화상태의 시료 질량을 측정한 후 플라스크에 넣고 물을 용량의 90%까지 채운다.
- 공기를 제거하기 위하여 시료와 물이 들어있는 플라스크를 편평한 면에 굴린다.
- 정밀도는 2회 시험한 시험값의 차이가 $0.01g/cm^3$ 이하, 흡수율의 경우 0.05% 이하이어야 한다.

▶ 원추형 몰드

(2) 골재의 밀도 및 흡수율 계산

밀도의 종류	잔골재의 밀도	굵은골재의 골재
표면건조포화상태의 밀도	$d_s = \dfrac{m}{B+m-C} \times \rho_w$	$D_s = \dfrac{B}{B-C} \times \rho_w$
절대건조상태의 밀도	$d_d = \dfrac{A}{B+m-C} \times \rho_w$	$D_d = \dfrac{A}{B-C} \times \rho_w$
겉보기 밀도(진밀도)	$d_A = \dfrac{A}{B+A-C} \times \rho_w$	$D_A = \dfrac{A}{A-C} \times \rho_w$
흡수율	$Q = \dfrac{m-A}{A} \times 100$	$Q = \dfrac{B-A}{A} \times 100$

여기서, [잔골재 시험]
　m : 표면건조포화상태의 질량(g)
　A : 공기 중에서의 시료의 노 건조 질량(g)
　B : 물을 검정선까지 채운 플라스크의 질량(g)
　C : 시료와 물을 검정선까지 채운 플라스크의 질량(g)
　ρ_w : 시험온도에서 물의 밀도(g/cm^3)

여기서, [굵은골재 시험]
　　　B : 표면건조 포화 상태의 질량(kg)
　　　C : 시료의 수중 질량(kg)
　　　A : 절대건조상태의 질량(kg)
　　　ρ_w : 시험온도에서 물의 밀도(g/cm^3)

3 잔골재의 표면수 시험

(1) 시료
① 시료는 대표적인 것을 400g을 채취하고, 채취한 시료는 가능한 함수율의 변화가 없도록 주의하여 2분하고 각각을 1회의 시험의 시료로 한다.
② 동일한 시료에 대하여 계속 두 번 시행하였을 때 시험값은 평균값과의 차이가 0.3% 이하이어야 한다.
③ 시료의 양이 많을수록 정확한 결과가 얻어진다.
④ 2회째의 시험에 사용하는 시료는 특히 시험을 할 때까지의 사이에 함수량이 변화하지 않도록 주의한다.

(2) 표면수 시험 방법
시험방법은 질량법과 용적법이 있다.
① 질량법

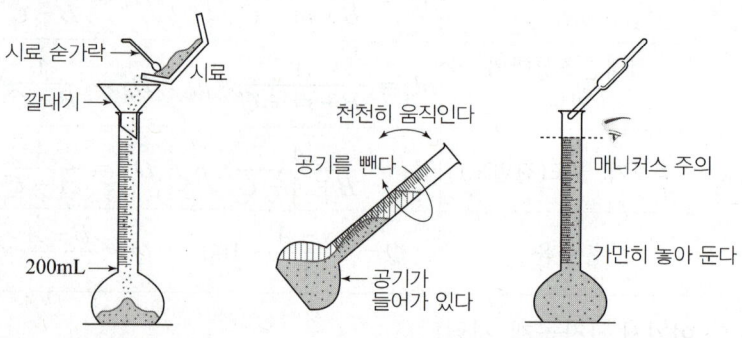

- 시료의 질량은 0.1g까지 측정한다.
- 플라스크의 표시선까지 물을 채우고 질량을 측정한다.
- 물을 일정량 비우고 시료를 넣고 흔들어서 공기를 제거한다.
- 플라스크 표시선까지 물을 채운 상태에서 질량을 측정한다.

② 용적법
- 부피에 의한 측정법

4 모래의 유기불순물 시험

(1) 시험용 기구
① 기계 및 기구 : 시험용 유리병, 메스실린더, 피펫
② 유리병 : 병은 고무마개를 가지고 눈금이 있는 용량 400mL의 무색 투명 유리병이 2개 있어야 하며, 그 중 1개는 130mL 또는 200mL의 눈금이 있어야 한다.

(2) 시약과 식별용 표준색 용액
① 수산화나트륨 용액(3%) : 물 97에 수산화나트륨 3의 질량비로 용해시킨 것이다.
② 식별용 표준색 용액 : 10%의 알코올 용액으로 2%의 탄닌산 용액을 만들고, 그 2.5mL를 3%의 수산화나트륨 용액 97.5mL에 가하여 유리병에 넣어 마개를 닫고 잘 흔든다. 이것을 표준액 용액으로 한다.
③ 시험의 결과 24시간 정치한 잔골재 상부의 용액색이 표준용액보다 연할 경우 이 모래는 콘크리트용으로 사용할 수 있다.

(3) 시료
대표적인 것을 취하고 공기 중 건조상태로 건조시켜서 4분법 또는 시료 분취기를 사용하여 약 450g을 채취한다.

5 황산 소듐을 이용한 골재의 안정성 시험

황산 소듐의 결정압에 의한 파괴 작용에 대한 저항성을 기준으로 하는 골재의 안정성 시험에 대한 규정이다. 다만 인공 경량 골재는 제외한다.

(1) 시험용 용액
① 시험용액은 황산 소듐 포화 용액으로 한다.
② 25~30℃의 깨끗한 물 1L에 황산 소듐을 첨가한 뒤 잘 저어 섞으면서 녹이고, 20℃가 될 때까지 식힌다.
③ 용액은 48시간 이상 (20±1)℃의 온도 유지한 후 시험에 사용한다.
④ 시험에 사용하는 경우에는 용기의 바닥에 결정이 생기지 않아야 한다.

【물 1L에 대한 황산 소듐의 종류별 첨가량】

황산 소듐	황산 소듐의 종류별 첨가량	물
황산나트륨 Na_2SO_4	250g	1L
황산나트륨 결정 $Na_2SO_4 \cdot 10H_2O$	750g	1L

⑤ 염화바륨($BaCl_2$)

시약용 용액의 골재에 대한 잔류 유무를 조사하기 위한 염화바륨 용액의 농도는 (5~10)%로 한다.

(2) 시험방법

① 잔골재 : 대표적인 것 약 2kg을 채취한다.
② 시료가 든 철 망태를 황산나트륨 용액 속에 16~18시간 동안 담가둔다.
③ 용액의 온도는 (20±1.0)℃로 유지한다. 시료를 용액에 첨지하는 시간은 (16~18)시간으로 한다.
④ 손실무게비의 한도

시험 용액	손실 무게비(%)	
	잔 골재	굵은 골재
황산 나트륨	10 이하	12 이하

6 기타 골재 시험

(1) 로스앤젤레스의 마모시험

로스앤젤레스 시험기에 의한 마모시험은 철구를 사용하여 굵은골재의 마모에 대한 저항을 측정하는 것이다.

① 굵은골재의 마모시험에 사용되는 기계·기구는 로스앤젤레스 시험기

• 안지름 (710±5)mm, 안쪽길이 (510±5)mm의 양끝이 닫힌 강재 원통에 부착한 수평 회전축은 베아링에 부착한 것으로 한다.
• 원통의 내부에는 길이가 원통의 길이와 같고 나비 (89±2)mm의 뗄 수 있는 선반을 원통의 반지름 방향으로 (89±2)mm만큼 튀어 나와 부착한다.
• 선반에서 재료 투입구까지의 거리는 회전 방향으로 원통의 바깥 둘레를 따라 1,270mm 이상 떨어져 있는 것으로 한다.

② 시료를 시험기에서 꺼내어 1.7mm체로 체가름 한다.

로스앤젤레스 시험기

③ 시험기에 매분 30~33회의 회전수로 A, B, C, D의 입도인 경우는 500번 회전시키고, E, F, G의 입도인 경우는 1000번 회전시킨다.

$$\text{마모 감량 } R = \frac{m_1 - m_2}{m_1} \times 100$$

여기서, m_1 : 시험 전의 시료의 질량
m_2 : 시험 후 1.7mm체에 남은 시료의 질량

【사용 철구의 수 및 전체의 무게】

입도 구분	철구의 수	철구의 전질량(g)	시료의 전질량(g)
A	12	5000±25	5000±10
B	11	4580±25	5000±10
C	8	3330±25	5000±10
D	6	2500±25	5000±10
E	12	5000±25	10000±100
F	12	5000±25	10000±75
G	12	5000±25	10000±50
H	10	4160±25	5600±10

(2) 골재의 단위 용적 질량 시험

골재의 단위 용적 질량 시험 방법 중 충격을 이용하는 방법에서 용기의 한쪽을 약 5cm 가량 들어올렸다 떨어뜨리고, 반대쪽을 5cm 정도 들어 올렸다 떨어뜨려 한쪽을 25번씩 모두 50번 떨어 뜨려 다진다.

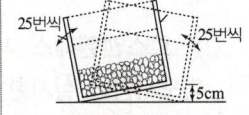
▶ 충격을 이용하는 방법

(3) 골재중의 점토 덩어리 시험

■ 골재의 유해물 함유량의 한도(질량백분율)

종 류	최대치
잔골재의 점토 덩어리	1%
굵은 골재의 점토 덩어리	0.25%

(4) 골재에 포함된 잔입자 시험

골재를 씻는 물을 붓는데 필요한 체는 0.08mm체 위에 1.2mm체를 얹은 한 벌로 된 체에 붓는다.

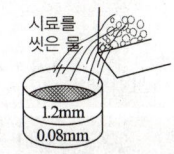
▶ 잔입자 시험

(5) 굵은골재의 연석량 시험

굵은골재의 연석 함유량의 한도는 최대값을 5%(질량비)로 한다.

03 | 콘크리트 재료시험에 관한 지식

 02 골재 시험

과년도 핵심문제

□□□ 06⑤, 09①, 10③, 11③, 14②

01 1.18mm 체에 5%(질량비) 이상 남는 잔골재에 대해 체가름 시험을 실시하고자 할 때 시험을 위한 최소의 시료량은?

① 100g ② 300g
③ 500g ④ 1000g

| 해답 | ③

잔골재 체가름 시험 시료의 표준량

골재알의 크기	시료의 최소량
1.18mm체를 95%(질량비) 이상 통과하는 것	100g
1.18mm체를 5%(질량비) 이상 남는 것	500g

□□□ 11③, 15②

02 로스앤젤레스 시험기에 의한 굵은골재의 마모시험을 실시한 결과가 아래의 표와 같을 때 마모감량은?

- 시험 전의 시료의 질량 : 5000g
- 시험 후 1.7mm의 망체에 남은 시료의 질량 : 4525g

① 8.5% ② 9.5%
③ 10.5% ④ 11.5%

| 해답 | ②

$$\text{마모감량} = \frac{m_1 - m_2}{m_1} \times 100$$
$$= \frac{5000 - 4525}{5000} \times 100 = 9.5\%$$

□□□ 04⑤, 06②, 10⑤, 14②

03 잔골재의 밀도 및 흡수율 시험을 하면서 시료와 물이 들어있는 플라스크를 편평한 면에 굴리는 이유로 가장 적합한 것은?

① 먼지를 제거하기 위하여
② 온도차에 의한 물의 단위무게를 고려하기 위하여
③ 공기를 제거하기 위하여
④ 플라스크 용량 검정을 위하여

| 해답 | ③

플라스크를 편평한 면에 굴리어 뒤흔들어서 공기를 제거한다.

□□□ 01④, 02⑤, 03①, 04②, 05②, 06①, 07②, 08③, 09①, 10②, 11③, 12②, 13③, 14②, 15②

04 잔골재 밀도시험에 표면 건조포화상태 시료 500g을 사용하여 아래 표와 같은 결과를 얻었다. 표면건조포화 상태의 밀도는?

- 검정선까지 물을 채운 플라스크의 질량 : 760g
- 시료를 넣고 검정선까지 물을 채운 플라스크의 질량 : 1060g
- 시험 온도에서의 물의 밀도 : 1g/cm³

① 2.50g/cm³ ② 2.55g/cm³
③ 2.60g/cm³ ④ 2.65g/cm³

| 해답 | ①

$$d_s = \frac{m}{B + m - C} \times \rho_w$$
$$= \frac{500}{760 + 500 - 1060} \times 1 = 2.50 \text{g/cm}^3$$

□□□ 03②, 08①, 14②, 15④

05 잔골재 밀도 및 흡수율 시험에서 사용되는 기구가 아닌 것은?

① 원추형 몰드 ② 플라스크
③ 르샤틀리에 비중병 ④ 피펫

| 해답 | ③
르샤틀리에 비중병
시멘트 비중 시험에 사용되는 비중병이다.

□□□ 02①, 03②, 08①⑤, 09②, 10①②

06 습윤상태에 있어서 중량 120g의 모래를 건조시켜 표면건조포화상태에서 105gf, 공기건조상태에 100g, 노건조상태에서 97g의 무게가 되었을 때 흡수율은?

① 14.3% ② 5.5%
③ 8.2% ④ 23.7%

| 해답 | ③

흡수율(%)
$= \dfrac{표면건조\ 포화상태 - 노건조상태}{노건조\ 상태} \times 100$
$= \dfrac{105-97}{97} \times 100 = 8.2\%$

□□□ 08③, 11①, 15①, 16①

07 기상 작용에 대한 골재의 내구성 정도를 알기 위한 시험은?

① 콘크리트용 골재의 공극 시험
② 황산 소듐을 이용한 골재의 안정성 시험
③ 굵은 골재의 닳음 시험
④ 골재에 포함된 잔입자 시험

| 해답 | ②
황산 소듐을 이용한 골재의 안정성 시험
골재의 내구성을 알기 위해서 황산나트륨 포화용액으로 골재의 부서짐 작용에 대한 저항성을 시험하는 것이다.

□□□ 01④, 03①, 04②, 05②, 06①, 07②, 09①, 10②, 15②, 15④

08 어떤 굵은골재의 표면건조 포화상태 시료질량이 4000g이고, 물속에서의 시료질량이 2445g일 때 표면건조포화상태의 밀도는 얼마인가?(단, 시험온도에서의 물의 밀도는 1g/cm³이다.)

① 1.64g/cm³ ② 1.98g/cm³
③ 2.38g/cm³ ④ 2.57g/cm³

| 해답 | ④

$D_s = \dfrac{표건\ 상태\ 질량}{표건\ 상태질량 - 수중질량} \times 물의\ 밀도$
$= \dfrac{4000}{4000-2445} \times 1 = 2.57\,g/cm^3$

□□□ 05②, 08③, 13③

09 잔골재의 밀도 및 흡수율 시험을 1회 수행하기 위한 표면건조 포화상태의 시료량은 최소 몇 g 이상이 필요한가?

① 100g ② 500g
③ 1500g ④ 5000g

| 해답 | ②
잔골재의 밀도 및 흡수량 시험을 위해서 표면건조 포화상태의 시료 500g을 0.1g까지 정확하게 단다.

□□□ 05①, 09①, 13①

10 잔골재의 밀도 및 흡수율 시험에서 시료의 질량을 측정한 후 플라스크에 넣고 물을 용량의 몇 %까지 채우는가?

① 70% ② 80%
③ 90% ④ 100%

| 해답 | ③
시료를 곧 플라스크에 넣고, 용량의 90%까지 물을 채운다.

□□□ 01④, 05②, 07②, 08③, 09①, 11③, 13③, 15④

11 표면건조포화상태 시료의 질량이 4000g이고, 물속에서 철망태와 시료의 질량이 3070g이며 물속에서 철망태의 질량이 580g, 절대건조상태 시료의 질량이 3930g일 때 이 굵은골재의 절대건조상태의 밀도는? (단, 시험온도에서의 물의 밀도는 $1g/cm^3$이다.)

① $2.30g/cm^3$ ② $2.40g/cm^3$
③ $2.50g/cm^3$ ④ $2.60g/cm^3$

| 해답 | ④

$$D_d = \frac{절대건조상태의\ 질량}{표건상태의\ 질량 - 수중질량} \times 물의\ 밀도$$
$$= \frac{A}{B-C} \times \rho$$
$$= \frac{3930}{4000-(3070-580)} \times 1$$
$$= 2.60 g/cm^3$$

□□□ 10①, 12②, 15②

12 잔골재 표면수 측정시험은 동일한 시료에 대하여 계속 두 번 시행하였을 때 시험값은 평균값과의 차이가 몇 % 이하이어야 하는가?

① 0.3%   ② 1.0%
③ 3.0%   ④ 5.0%

| 해답 | ①

시험은 같은 시료에 대하여 계속 두 번 시험 하였을 때의 차가 0.3% 이하이어야 한다.

□□□ 03②③, 06⑤, 08①, 11①③, 14②, 15①②③

13 잔골재의 밀도 및 흡수율시험에 사용되는 시험기구로 옳지 않은 것은?

① 저울   ② 플라스크
③ 원심분리기   ④ 원뿔형 몰드

| 해답 | ③

원심분리기 : 함수당량 시험에 사용된다.

□□□ 05①, 08②, 13①, 14①

14 굵은골재의 밀도 및 흡수율 시험 결과 값이 아래와 같다면 흡수율은 몇 %인가?

노건조 시료의 질량	240g
표면 시료의 질량	246g
자연 상태 시료의 질량	258g
수중에서 시료의 질량	154g
시험 온도에서의 물의 밀도(ρ_w)	$1g/cm^3$

① 1.50   ② 2.50
③ 4.50   ④ 7.50

| 해답 | ②

$$흡수율 = \frac{표면건조\ 포화상태 - 노건조상태}{노건조\ 상태} \times 100$$
$$= \frac{246-240}{240} \times 100 = 2.50\%$$

□□□ 02⑤, 03⑤, 06②, 09①②, 11③, 12①②, 13①, 15④, 16①

15 골재의 마모시험에서 시료를 시험기에서 꺼내 몇 mm로 체가름을 하는가?

① 1.7mm   ② 3.4mm
③ 1.25mm   ④ 2.5mm

| 해답 | ①

시료를 시험기에서 꺼내어 1.7mm체로 체가름한다.

□□□ 04⑤, 06②, 14①

16 잔골재의 밀도 시험에서 원뿔형 몰드에 시료를 넣은 후 다짐대로 몇 번 다지는가?

① 20번   ② 25번
③ 30번   ④ 35번

| 해답 | ②

다짐대로 시료의 표면을 가볍게 25번 다진다.

□□□ 02⑤, 04①, 06⑤, 09②, 14③, 15④

17 콘크리트용 잔골재에 포함되어 있는 유기 불순물 시험에 사용되는 시약으로 옳은 것은?

① 무수황산나트륨 용액
② 염화칼슘 용액
③ 실리카 겔
④ 수산화나트륨 용액

| 해답 | ④

표준색 용액 만들기
물 291g에 수산화나트륨 9g을 섞어서 3%의 수산화나트륨 용액을 만든다.

□□□ 05①, 09①, 10③, 13②, 16①

18 황산 소듐을 이용한 골재의 안정성 시험에 사용되는 시험용 용액은?

① 가성소다   ② 황산나트륨
③ 염화칼슘   ④ 탄닌산

| 해답 | ②

황산 소듐을 이용한 골재의 안정성 시험
골재의 내구성을 알기 위해서 황산나트륨 포화 용액으로 인한 골재의 부서짐 작용에 대한 저항성을 시험하는 것이다.

□□□ 04①, 14③, 15④

19 황산 소듐을 이용한 골재의 안정성 시험 (KS F 2507)에서 잔골재의 손실질량 백분율은 몇 % 이하를 표준으로 하는가? (단, 일반적인 경우)

① 5%   ② 10%
③ 20%   ④ 25%

| 해답 | ②

손실 무게비의 한도(5회실시)

잔골재	굵은골재
10 이하	12 이하

□□□ 03②, 08①, 10①, 11①

20 콘크리트용 잔골재의 유해물 함유량의 허용한도 중 점토덩어리의 허용 최대값은 질량 백분율로 몇 % 인가?

① 1%   ② 2%
③ 4%   ④ 5%

| 해답 | ①

• 잔골재의 점토덩어리의 유해물 함유량 최대치 : 1.0%
• 굵은 골재의 점토덩어리의 유해물 함유량 최대치 : 0.25%

□□□ 01③, 11①

21 황산 소듐을 이용한 골재의 안정성 시험용 황산나트륨 포화 용액을 만들 때 25~30℃의 깨끗한 물 1L에 황산나트륨(Na_2SO_4) 약 얼마를 넣는가?

① 1000g   ② 500g
③ 250g   ④ 150g

| 해답 | ③

25~30℃의 깨끗한 물 1L에 황산나트륨 ($NaSO_4$)을 양 250g을 녹이고 약 20℃가 될 때까지 식힌다.

□□□ 04②, 06①, 12②, 13②, 15④, 16①

22 골재의 단위용적 질량시험 방법 중 충격에 의한 경우는 용기에 시료를 3층으로 나누어 채우고 각 층 마다 용기의 한 쪽을 몇 cm 정도 들어올려서 낙하시켜야 하는가?

① 5cm   ② 10cm
③ 15cm   ④ 20cm

| 해답 | ①

용기의 한쪽을 약 5cm 가량 들어올렸다 떨어뜨리고, 반대쪽을 5cm 정도 들어 올렸다 떨어뜨려 한쪽을 25번씩 모두 50번 떨어 뜨려 다진다.

03 굳지 않은 콘크리트 시험

03 굳지 않은 콘크리트 시험

1 슬럼프시험

콘크리트의 슬럼프 시험은 굳지 않은 콘크리트의 반죽질기를 측정하는 것으로, 워커빌리티를 판단하는 하나의 수단으로 사용된다.

(1) 기계 및 기구

① 슬럼프 콘 : 윗면의 안지름 100mm, 밑면의 안지름 200mm, 높이 300mm의 금속제
② 다짐대 : 지름 16mm, 길이 600mm인 둥근강

(2) 슬럼프시험 순서

① 시료를 슬럼프 콘 부피의 약1/3(깊이 약 70mm)되게 넣고 다짐대로 전체 면에 걸쳐 25번 고르게 다진다.
② 시료를 슬럼프 콘 부피의 2/3(깊이 약 160mm)까지 넣고 다짐대로 25번 다진다. 이때, 다짐대가 콘크리트 속으로 들어가는 깊이는 약 90mm로 한다.
③ 마지막으로, 슬럼프 콘에 시료를 넘칠 정도로 넣고 다짐대로 25번 고르게 다진다.(3층 25회 다짐)
④ 시료의 표면을 슬럼프 콘의 윗면에 맞추어 편평하게 된다.
⑤ 슬럼프 콘을 위로 가만히 빼어 올린다.
⑥ 슬럼프는 5mm 단위로 표시한다.

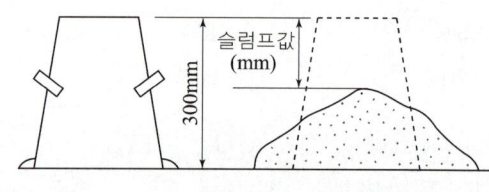

시험체 만들기 　　　　슬럼프 시험

▶ 알아두기

▶ 슬럼프의 시험기구
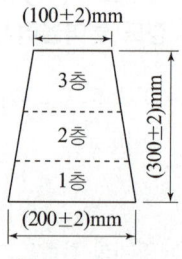

(3) 유의 사항

① 슬럼프시험은 콘크리트 속에 크기가 40mm 이상인 굵은골재가 많이 포함되어 있으면 이 방법을 적용할 수 없다.
② 시료를 슬럼프 콘에 넣고 다질 때, 같은 구멍을 다지는 것은 다짐 횟수에 넣지 않는다.
③ 슬럼프 콘에 시료를 채우기 시작하고 나서 슬럼프콘을 들어올리기를 종료할 때까지의 시간은 3분 이내로 한다.
④ 슬럼프 콘을 벗기는 작업은 2~5(3.5±1.5)초 이내로 끝내야 한다.

2 콘크리트의 블리딩시험

블리딩 시험을 통해서 콘크리트의 재료 분리의 경향을 판정할 수 있다.

(1) 시험용 기구

① 용기의 치수 : 안지름 25cm, 안높이 28.5cm
② 메스실린더는 10mL, 50mL 또는 100mL의 것으로 한다.
③ 다짐봉 : 그 끝은 반구모양으로 한 지름 16mm, 길이 50~60cm의 강 또는 금속제 원형봉으로 한다.

(2) 시험방법

① 블리딩시험의 적용법위 : 굵은골재의 최대치수가 50mm 이하인 경우에 적용한다.
② 3층 25회 다짐 실시
③ 시험 중에는 실온(콘크리트 온도) 20±3℃로 한다.
④ 혼합된 콘크리트를 3층으로 나누어 용기에 넣고 각 층의 위면을 고른 후 25회씩 다지고 콘크리트 표면에 큰 기포가 보이지 않을 때까지 용기의 바깥을 10~15회 두들긴다.
⑤ 콘크리트의 표면이 용기의 가장자리에서 (30±3)mm 낮아지도록 고른다. 콘크리트의 표면은 최소 작업에서 평활한 면이 되도록 흙손으로 고른다.
⑥ 기록한 처음 시각에서 60분 동안 10분마다, 콘크리트 표면에 스며나온 물을 빨아낸다. 그 후는 블리딩이 정지할 때까지 30분마다 물을 빨아낸다.
⑦ 일반적으로 블리딩은 콘크리트를 친 후 처음 15~30분에 대부분 생기며, 2~4시간에 거의 끝난다.

(3) 블리딩량

$$B_q = \frac{V}{A}$$

여기서, B_q : 블리딩량(m^3/m^2)
  V : 마지막까지 누계한 블리딩에 따른 물의 용적(m^3)
  A : 콘크리트 윗면의 면적(m^2)

(4) 블리딩률(%)

$$B_r = \frac{B}{W_s} \times 100, \quad W_s = \frac{W}{C} \times S$$

여기서, B_r : 블리딩률(%)
  B : 최종까지 누계한 블리딩에 따른 물의 질량
  W_s : 시료중의 물의 질량(kg)
  C : 콘크리트의 단위용적질량(kg/m^3)
  W : 콘크리트의 단위수량(kg/m^3)
  S : 시료의 질량(kg)

3 콘크리트의 공기량시험

(1) 공기량 시험법의 종류

▶ 공기량 시험기

① 공기실 압력법 : 워싱턴형 공기량 측정기를 사용하며, 보일(Boyle)의 법칙에 의하여 공기실에 일정한 압력을 콘크리트에 주었을 때 공기량으로 인하여 법칙에 저하하는 것으로부터 공기량을 구하는 것이다.
② 무게(질량)법 : 공기량이 전혀 없는 것으로 하여 시방배합에서 계산한 콘크리트의 단위무게와 실제로 측정한 단위무게와의 차이로 공기량을 구하는 것이다.
③ 부피법 : 콘크리트 속의 공기량을 물로 치환하여 치환한 물의 부피로부터 공기량을 구하는 것이다.

【용기의 최소 용량】

굵은 골재의 최대 치수	그릇의 최소 치수
50mm 이하	6L
80mm 이하	12L

(2) 공기량 계산

$$A(\%) = A_1 - G$$

여기서 A : 콘크리트의 공기량(콘크리트 부피에 대한 비(%))
  A_1 : 겉보기 공기량(콘크리트 부피에 대한 비(%))
  G : 골재의 수정 계수(콘크리트 부피에 대한 비(%))

(3) 유의 사항
① 장치의 검정은 규격에 맞추어 정기적으로 실시해야 한다.
② 용기의 뚜껑을 죌 때에는 반드시 대각선상으로 조금씩 죈다.
③ 압력계는 고장이 나기 쉬우므로 주의하여야 한다.
④ 압력계를 읽을 때에는 항상 압력계를 손가락으로 가볍게 두들긴 다음에 읽어야 한다.

03 굳지 않은 콘크리트 시험

과년도 핵심문제

□□□ 02⑤, 03⑤, 08①②, 10①, 15④

01 콘크리트 슬럼프 시험의 목적을 가장 적절하게 설명한 것은?

① 블리딩양을 측정하기 위한 시험이다.
② 반죽질기를 측정하기 위한 시험이다.
③ 공기량을 알기 위한 시험이다.
④ 피니셔빌리티를 측정하기 위한 시험이다.

|해답| ②
콘크리트 슬럼프 시험은 콘크리트의 반죽질기를 측정하는 수단으로 사용된다.

□□□ 04②, 06②, 11①, 12②, 13③, 15①

02 슬럼프 시험에서 콘을 연직으로 들어 올린 후에 콘크리트가 내려앉은 길이를 몇 mm의 정밀도로 측정하여야하는가?

① 1mm ② 5mm
③ 10mm ④ 20mm

|해답| ②
콘크리트가 내려앉은 길이를 5mm의 정밀도로 측정한다.

□□□ 02⑤, 09③, 11③, 14③

03 슬럼프 시험에서 시료를 슬럼프 콘에 몇 층으로 나누고 각 층을 몇 회씩 다지는가?

① 2층 25회 ② 3층 25회
③ 2층 15회 ④ 3층 15회

|해답| ②
슬럼프 콘에 3층으로 나누어 넣고 각층을 25회 다짐대 다진다.

□□□ 05①, 08②, 12①, 14①, 15②

04 슬럼프콘의 규격으로 옳은 것은?

① 윗면의 안지름이 150mm, 밑면의 안지름이 300mm, 높이 300mm
② 윗면의 안지름이 150mm, 밑면의 안지름이 200mm, 높이 300mm
③ 윗면의 안지름이 100mm, 밑면의 안지름이 300mm, 높이 300mm
④ 윗면의 안지름이 100mm, 밑면의 안지름이 200mm, 높이 300mm

|해답| ④
슬럼프 콘
윗면의 안지름 100mm, 밑면의 안지름 200mm, 높이 300mm의 금속제

□□□ 01④, 02①, 05②, 10③, 11①③, 14①

05 콘크리트 슬럼프 시험에 대한 설명으로 옳지 않은 것은?

① 슬럼프 값은 5mm의 정밀도로 측정한다.
② 슬럼프 콘에 시료를 채우고 벗길 때 까지의 전 작업시간은 3분 이내로 한다.
③ 슬럼프 콘을 벗기는 작업은 20~30초의 시간이 필요하다.
④ 굵은 골재의 최대치수가 40mm를 넘는 콘크리트의 경우에는 40mm를 넘는 굵은 골재를 제거한다.

|해답| ③
슬럼프콘을 벗기는 작업은 높이 300mm에서 2~5(3.5±1.5)초 이내로 끝내야 한다.

□□□ 11③, 15②, 16①

06 콘크리트 슬럼프 시험에 대한 설명으로 아래 괄호에 공통으로 들어갈 숫자는?

> 굵은 골재 최대 치수가 ( )mm를 넘는 콘크리트의 경우 ( )mm를 넘는 굵은 골재를 제거한 후 시험한다.

① 40 ② 30
③ 25 ④ 20

| 해답 | ①
콘크리트안에 40mm가 넘는 굵은 골재를 약간 포함하고 있다면, 40mm가 넘는 굵은 골재는 제거한다.

□□□ 03②, 03⑤, 06①, 14③

07 콘크리트의 슬럼프 시험에 사용하는 다짐대의 지름은 몇 mm 인가?

① 10mm ② 13mm
③ 16mm ④ 19mm

| 해답 | ③
다짐대
지름 16mm, 길이 600mm의 둥근강이다.

□□□ 09②, 10②, 14②

08 슬럼프 시험에서 슬럼프 콘에 콘크리트를 채우기 시작하고 나서 슬럼프 콘의 들어 올리기를 종료할 때까지의 시간은 몇 분 이내로 하여야 하는가?

① 3분 ② 6분
③ 8분 ④ 10분

| 해답 | ①
슬럼프 콘에 시료를 채우고 벗길 때 까지의 전작업 시간은 3분 이내로 한다.

□□□ 01③④, 04⑤, 08②, 10③, 11①, 12①②, 14①③, 15①

09 콘크리트의 블리딩 시험에 대한 아래표의 설명에서 ( )에 들어갈 시간(분)으로 옳은 것은?

> 기록한 처음 시각에서 60분 동안 (a)분마다, 콘크리트 표면에 스며나온 물을 빨아낸다. 그 후는 블리딩이 정지할 때까지 (b)분마다 물을 빨아낸다.

① $a=40$분, $b=10$분
② $a=10$분, $b=30$분
③ $a=30$분, $b=10$분
④ $a=10$분, $b=60$분

| 해답 | ②
처음 60분 동안은 10분 간격으로 그 후는 블리딩이 정지할 때까지 30분 간격으로 표면에 떠오른 블리딩 물을 빨아낸다.

□□□ 05②, 06⑤, 12①, 14①

10 콘크리트의 블리딩 시험을 통하여 판정할 수 있는 것은?

① 재료분리의 경향 ② 응결, 경화의 시간
③ 워커빌리티의 상태 ④ 시멘트의 비중

| 해답 | ①
블리딩 시험을 통해서 콘크리트의 재료 분리의 경향을 판정할 수 있다.

□□□ 01④, 02①, 10③, 11①③, 14②

11 콘크리트의 슬럼프 시험에서 슬럼프 콘을 벗기는 시간으로 적당한 것은?

① 1초 ② 2~5초
③ 3~5초 ④ 5~10초

| 해답 | ②
슬럼프 콘을 벗기는 작업은 2~5초 이내이다.

□□□ 07②, 08②, 09②, 13②, 14②③, 15①

12 굳지 않은 콘크리트의 블리딩(bleeding) 시험을 할 때의 시험 중 온도는 어느 정도로 유지하여야 하는가?

① 15±3℃ ② 20±3℃
③ 27±3℃ ④ 35±3℃

| 해답 | ②
시험하는 동안 20±3℃로 항온이 유지된 실험실에서 행한다.

□□□ 01③④, 04⑤, 08②, 10③, 11①③, 12②, 14①③, 15①, 15④

13 콘크리트의 블리딩 시험에 있어서 표면에 올라온 물의 수집을 처음 60분간은 10분 간격으로 하고 그 후 블리딩이 정지할 때 까지는 몇 분 간격으로 하는가?

① 15분 ② 20분
③ 30분 ④ 60분

| 해답 | ③
처음 60분 동안은 10분 간격으로, 그 후는 블리딩이 멈출 때까지 30분 간격으로 표면에 생긴 불리딩 물을 피펫으로 빨아낸다.

□□□ 01④, 03①⑤, 04①, 06①②, 13①②

14 안지름 25cm, 높이 28cm의 용기를 사용하여 블리딩 시험을 한 결과 피벳으로 빨아낸 물의 양이 508cm³였다. 블리딩량(cm³/cm²)을 구하면?

① 0.009 ② 9.58
③ 1.03   ④ 5.08

| 해답 | ③
블리딩량
$$B_q = \frac{V}{A} = \frac{508}{\frac{\pi \times 25^2}{4}} = 1.03\,cm^3/cm^2$$
$$= 1.03(cm^3/cm^2) = 0.0103(m^3/m^2)$$

□□□ 03②, 13③

15 콘크리트의 블리딩 시험에서 시료의 블리딩 물의 총량이 300g이고 시료에 함유된 물의 총 질량이 150kg일 때 블리딩률은 몇 %인가?

① 0.2% ② 0.8%
③ 1.2% ④ 4.5%

| 해답 | ①
블리딩률
$$B_r = \frac{B}{W_s} \times 100$$
$$= \frac{300}{150 \times 10^3} \times 100 = 0.2\%$$

□□□ 02⑤, 05②, 06①, 08①, 09①③, 10①⑤, 13②, 15①, 16①

16 압력법에 의한 굳지 않은 콘크리트의 공기 함유량 시험을 실시한 결과 콘크리트의 겉보기 공기량이 5.5%이고, 골재 수정계수가 0.5%이었다면, 이 콘크리트의 공기량은?

① 11% ② 6%
③ 5%   ④ 4.5%

| 해답 | ③
$$A = A_1 - G$$
$$= 5.5 - 0.5 = 5.0\%$$

□□□ 05①, 08②, 10②, 14②

17 워싱턴형 공기량 측정기를 사용하여 콘크리트의 공기량을 측정하고자 한다. 콘크리트의 공기량은 어떻게 표시되는가?

① 콘크리트 부피에 대한 백분율
② 측정기의 무게에 대한 백분율
③ 골재량에 대한 백분율
④ 용기의 무게와 골재량에 대한 백분율

| 해답 | ①
콘크리트의 공기량
콘크리트의 부피에 대한 백분율(%)

□□□ 01③, 02①⑤, 03②⑤, 05①, 06①, 07②, 08①②, 09③, 13③, 15②

18 다음 중 공기량 측정법이 아닌 것은?

① 공기실 압력법　② 무게법
③ 길모아침법　　④ 부피법

| 해답 | ③
공기량 측정법
무게(질량)법, 부피법, 공기실 압력법

□□□ 03①, 08⑤, 12②, 15②

19 굳지 않은 콘크리트의 공기 함유량 시험에서 보일(Boyle)의 법칙을 이용한 시험법은?

① 밀도법　　　② 용적법
③ 질량법　　　④ 공기실 압력법

| 해답 | ④
공기실 압력법
워싱턴형 공기량 측정기를 사용하며 보일의 법칙을 이용한 시험법이다.

04 굳은 콘크리트 시험

알아두기

압축강도 공시체

04 굳은 콘크리트 시험

1 강도시험용 공시체의 제작

(1) 압축강도시험용 공시체의 크기
① 공시체 지름의 표준은 100mm, 125mm, 150mm이다.
② 굵은골재의 최대치수가 40mm를 넘는 경우는 40mm를 입자를 제거한 시료를 사용하여
  • 굵은골재의 최대치수가 40mm 이하인 경우 : ϕ150mm×300mm
  • 굵은골재의 최대치수가 25mm 이하인 경우 : ϕ100mm×200mm
③ 공시체는 지름의 2배의 높이를 가진 원기둥으로 한다. 그 지름은 굵은골재의 최대치수의 3배 이상, 100mm 이상으로 한다.
④ 콘크리트의 압축강도는 동일한 조건의 3개 이상의 공시체의 평균값으로 나타난다.

(2) 압축강도시험용 공시체의 제작
① 몰드의 이음매에 그리스를 엷게 바르고 조립하여 탈형을 쉽게 하고 이음새를 콘크리트가 새는 것을 방지해야 한다.
② 다짐봉 : 앞 굽을 반구모양으로 한 지름 16mm, 길이 약 500~600mm의 환형강으로 한다.
③ 콘크리트는 2층 이상으로 거의 동일한 두께로 나눠서 채운다.
④ 각 층은 적어도 $1000mm^2$에 1회의 비율로 다지도록 하고 바로 아래층까지 다짐봉이 다지도록 한다.
  • 몰드 ϕ100mm의 경우 8회 다짐, 몰드 ϕ150mm의 경우 18회 다짐
⑤ 공시체의 캐핑
  • 된 반죽 콘크리트에서는 2~6시간 이후, 묽은 반죽 콘크리트에서는 6~24시간 이후로 한다. 된 반죽의 시멘트풀(W/C=27~30%)로 시험체의 표면을 캐핑한다.

- 캐핑층의 압축강도는 콘크리트의 예상되는 강도보다 작아서는 안된다.
- 캐핑층의 두께는 공시체 지름의 2%를 넘어서는 안된다.

⑥ 공시체의 모양 치수의 허용차
- 공시체의 정밀도는 지름에서 0.5% 이내, 높이에서 5% 이내로 한다.
- 공시체의 재하면의 평면도는 지름의 0.05% 이내로 한다.
- 재하면의 모선 사이의 각도는 90°±0.5°로 한다.

(3) 휨강도 시험을 위한 공시체
① 공시체는 단면이 직사각형인 각주로 한다.
② 공시체 한 변의 길이는 굵은골재 최대치수의 4배 이상이며, 100mm 이상으로 한다.
③ 공시체의 길이는 단면의 한 변의 길이의 3배보다 80mm 이상 긴 것으로 한다.

(4) 쪼갬인장강도 시험용 공시체
① 시험체의 지름은 골재의 최대치수의 4배 이상이어야 하며, 또한 150mm 이상으로 한다.
② 공시체의 길이는 공시체의 지름의 1배 이상, 2배 이하로 한다.

(5) 몰드의 제거 및 양생
① 몰드를 떼는 시기는 콘크리트 채우기가 끝나고 나서 16시간 이상 3일 이내로 한다. 그 동안 충격, 진동 및 수분의 증발을 막아야 한다.
② 공시체의 양생온도는 (20±2)℃[(18~22)℃]로 한다.
③ 공시체는 몰드를 뗀 후 강도시험을 할 때까지 습윤상태에서 양생을 하여야 한다.
④ 공시체를 습윤상태로 유지하려면 수중 또는 상대습도 95% 이상의 장소에 두면 된다.

2 콘크리트의 강도시험방법

(1) 콘크리트의 압축강도시험방법

① 공시체의 검사 : 지름을 0.1mm, 높이를 1mm까지 측정한다.
② 하중을 가하는 속도는 압축응력도의 증가율이 매초 (0.6±0.2) MPa이 되도록 한다.
③ 압축강도 계산

$$f_c = \frac{P}{A} = \frac{P}{\frac{\pi d^2}{4}}$$

여기서, f_c : 콘크리트의 압축강도(MPa)
P : 시험기에 나타난 최대하중(N)
A : 공시체의 단면적(mm²)

(2) 콘크리트의 인장강도시험방법

① 상하 가압판의 압축면은 연마 가공을 하고 평면도는 0.02mm 이내로 한다.
② 공시체의 하중을 가하는 방향에서 지름을 2개소 이상에서 0.1mm까지 측정하고, 그 평균값을 공시체의 지름으로 한다.
③ 공시체가 쪼개진 면에서의 길이를 2개소 이상에서 0.1mm까지 측정하여 그 평균 값을 공시체의 길이로 한다.
④ 하중을 가하는 속도는 인장응력의 증가율이 매초 (0.06±0.04) MPa이 되도록 한다.

$$\text{인장강도 } f_{sp} = \frac{2P}{\pi dl}$$

여기서, f_{sp} : 인장강도(MPa)
P : 시험기에 나타내는 최대하중(N)
d : 공시체의 지름(mm)
l : 공시체의 길이(mm)

(3) 콘크리트의 휨강도시험방법

4점 재하시험에 따른 경화 콘크리트 공시체의 휨강도 시험방법에 대하여 규정
① 지간은 공시체 높이의 3배로 한다.
② 공시체에 하중을 가하는 속도는 가장자리 응력도의 증가율이 매초(0.06±0.040)MPa이 되도록 조정하여야 한다.
③ 파괴면의 나비는 3곳에서 0.1mm까지 측정한다.
④ 파괴면의 높이는 2곳에서 0.1mm까지 측정한다.

▶ 알아두기

▷ 압축강도 시험기

▷ 인장시험용 가압판

▷ 휨강도 시험 장치

⑤ 공시체가 인장쪽 표면 지간 방향 중심선의 4점 사이에서 파괴되었을 때는 휨강도를 다음 식으로 산출한다.

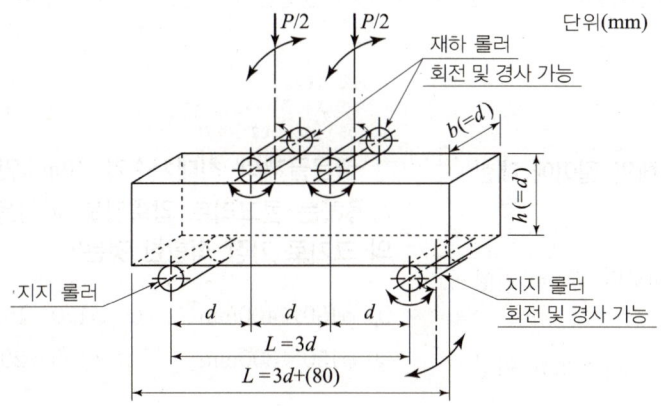

$$\text{휨강도 } f_b = \frac{Pl}{bh^2}$$

여기서, f_b : 콘크리트 휨강도(MPa)
　　　　P : 시험기가 나타내는 최대하중(N)
　　　　l : 지간(mm)
　　　　b : 파괴단면의 나비(mm)
　　　　h : 파괴단면의 높이(mm)

⑥ 시험 결과를 무효 : 공시체가 인장쪽 표면의 지간 방향 중심선의 4점의 바깥쪽에서 파괴된 경우는 그 시험 결과를 무효로 한다.

04 굳은 콘크리트 시험

과년도 핵심문제

03 | 콘크리트 재료시험에 관한 지식

□□□ 01④, 04①, 03①, 06⑤, 08③, 09②, 14①

01 휨강도 시험을 위한 공시체의 길이에 대한 설명으로 옳은 것은?

① 단면의 한 변의 길이의 2배보다 50mm 이상 긴 것으로 한다.
② 단면의 한 변의 길이의 2배보다 80mm 이상 긴 것으로 한다.
③ 단면의 한 변의 길이의 3배보다 50mm 이상 긴 것으로 한다.
④ 단면의 한 변의 길이의 3배보다 80mm 이상 긴 것으로 한다.

| 해답 | ④
시험체의 길이는 단면 한 변의 길이의 3배보다 80mm 이상 긴 것으로 한다.

□□□ 12①, 16①

02 콘크리트 쪼갬 인장 강도 시험에서 공시체에 하중을 가하는 속도로 옳은 것은?

① 인장응력도의 증가율이 매초 (0.06±0.04)MPa이 되도록 한다.
② 인장응력도의 증가율이 매초 (0.6±0.04)MPa이 되도록 한다.
③ 인장응력도의 증가율이 매초 (0.6±0.04)MPa이 되도록 한다.
④ 인장응력도의 증가율이 매초 (0.06±0.4)MPa이 되도록 한다.

| 해답 | ①
• 압축강도시험 : 매초 (0.6±0.2)MPa
• 인장강도 시험 : 매초 (0.06±0.04)MPa
• 휨강도 시험 : 매초 (0.06±0.04)MPa

□□□ 05①, 08⑤, 09①, 14①

03 굵은골재의 최대치수가 40mm인 경우에 사용하는 콘크리트 압축강도 시험용 공시체의 크기로 가장 적합한 것은?

① $\phi 150 \times 400$mm
② $\phi 150 \times 150$mm
③ $\phi 150 \times 300$mm
④ $\phi 100 \times 200$mm

| 해답 | ③
• 굵은골재의 최대치수가 40mm 이하인 경우 : $\phi 150$mm × 300mm
• 굵은골재의 최대치수가 25mm 이하인 경우 : $\phi 100$mm × 200mmm

□□□ 01③, 02①, 03②, 04②, 06⑤, 08②, 09②, 10①, 11③, 15②, 16①

04 콘크리트의 압축강도 시험에 필요한 공시체의 지름은 굵은골재 최대치수의 몇 배 이상이어야 하는가?

① 1.5배
② 2배
③ 2.5배
④ 3배

| 해답 | ④
시험체의 지름은 굵은 골재 최대치수의 3배 이상이며, 또한 100mm 이상이여야 한다.

□□□ 01④④, 05②, 11②, 12①

05 콘크리트 압축강도 시험용 공시체의 양생은 어떤 양생방법으로 하는가?

① 습윤양생
② 건조양생
③ 피막양생
④ 가압양생

| 해답 | ①
시험체는 양생이 끝난 뒤, 즉시 습윤 상태에서 시험하여야 한다.

□□□ 01④, 06⑤, 14①

06 콘크리트 쪼갬인장강도 시험방법에 대한 설명으로 틀린 것은?

① 시험시 공시체 상태는 습윤상태이어야 한다.
② 시험 시 하중을 가하는 속도는 인장 응력도의 증가율이 매초 (0.06±0.04)MPa이 되도록 한다.
③ 공시체의 지름은 150mm 이상으로 한다.
④ 공시체의 지름은 굵은골재 최대치수의 2배 이상으로 한다.

| 해답 | ④
시험체의 지름은 골재의 최대치수의 4배 이상이어야 한다.

□□□ 08②, 10②⑤, 13①

07 콘크리트 압축강도 시험을 위한 공시체를 제작할 때 콘크리트를 채우고 나서 캐핑을 실시하는 시기로서 가장 적합한 것은? (단, 된 반죽 콘크리트의 경우)

① 1~2시간 이후   ② 2~6시간 이후
③ 6~12시간 이후   ④ 12~24시간 이후

| 해답 | ②
몰드 제작시 2~6시간이 지나서 된 반죽의 시멘트풀(물-결합재비=27~30%)로 시험체의 표면을 캐핑해야 한다.

□□□ 03⑤, 08①③, 09①②, 10③⑤, 11③, 14①, 16①

08 콘크리트 압축강도 시험용 공시체의 제작에 있어서 공시체의 양생온도로 가장 적합한 것은?

① 13~17℃   ② 18~22℃
③ 23~27℃   ④ 28~32℃

| 해답 | ②
시험체를 20±2℃(18~22℃)에서 습윤 상태로 양생한다.

□□□ 02⑤, 03⑤, 04①, 05②, 06②, 08③, 09①⑤, 10①, 12①②, 15④

09 된 반죽콘크리트의 압축강도 시험 공시체 제작을 할 때 시멘트풀로 캐핑을 하고자 한다. 이때 사용하는 시멘트풀의 물-결합재비로 가장 적합한 것은?

① 20~23%   ② 27~30%
③ 33~36%   ④ 40~43%

| 해답 | ②
몰드 제작 후 2~6시간 지나서 된 반죽의 시멘트풀(w/c=27~30%)로 시험체의 표면을 캐핑한다.

□□□ 04①, 06①, 14③

10 콘크리트의 압축강도를 시험하기 전에 공시체의 지름을 최소 몇 mm까지 측정하여야 하는가?

① 0.5mm   ② 0.25mm
③ 0.1mm   ④ 0.01mm

| 해답 | ③
시험체의 지름을 0.1mm, 높이를 1mm까지 측정한다.

□□□ 08②, 10⑤, 15②

11 콘크리트 인장강도 시험을 할 때 시험체의 상태에 대한 설명으로 옳은 것은?

① 완전히 건조상태에서 실시하여야 한다.
② 양생이 끝난 뒤 건조상태에서 실시하여야한다.
③ 양생이 끝난 직후의 습윤 상태에서 시험하여야한다.
④ 양생이 끝난 후에는 아무 때나 실시하여도 상관없다.

| 해답 | ③
시험체는 양생이 끝난 뒤, 즉시 습윤 상태에서 시험하여야 한다.

□□□ 03⑤, 04⑤, 06⑤, 08②, 09②③, 10②, 11③, 12①②, 13②, 14①③

12 규격 150mm×150mm×530mm인 콘크리트 공시체에 지간길이 450mm인 4점 재하법에 따른 휨강도 시험을 실시한 결과, 공시체가 지간의 중앙에서 파괴되면서 시험기에 나타난 최대하중은 36kN이었다 이 공시체의 휨강도는?

① 4.8MPa ② 4.2MPa
③ 3.6MPa ④ 3.050MPa

| 해답 | ①

$$f_b = \frac{Pl}{bh^2}$$
$$= \frac{36 \times 10^3 \times 450}{150 \times 150^2} = 4.8\,\text{N/mm}^2$$
$$= 4.8\,\text{MPa}$$

□□□ 02①, 05②, 10①, 15②

13 다음 중 휨강도 시험용 공시체의 치수로 적당한 것은?

① 200×200×450mm
② 200×200×500mm
③ 150×150×450mm
④ 150×150×530mm

| 해답 | ④
100×100×380mm의 각주형
150×150×530mm의 각주형

□□□ 01④, 05①, 06②⑤, 14①③

14 콘크리트의 인장 강도 시험에 사용하는 시험체의 지름은 굵은골재 최대치수의 몇 배 이상이고 또한 몇 mm 이상이어야 하는가?

① 1배, 50mm   ② 2배, 100mm
③ 4배, 150mm ④ 6배, 200mm

| 해답 | ③
시험체의 지름은 골재의 최대치수의 4배 이상, 150mm 이상으로 한다.

□□□ 04②, 06⑤, 10③, 13②③, 14③

15 콘크리트 휨강도 시험에서 100×100×380mm의 몰드를 사용하여 공시체를 제작할 때 콘크리트 채우기에서 각 층의 다짐 횟수는?

① 38회   ② 58회
③ 76회   ④ 96회

| 해답 | ①

몰드 속의 콘크리트를 다짐대로 윗면적 약 1000mm²에 대하여 1회 비율로 다짐한다.
∴ $\frac{100 \times 380}{1000} = 38$회

□□□ 03⑤, 08①③, 09①②, 10③⑤, 11③, 14①, 15④

16 콘크리트 강도 시험에 사용되는 공시체의 양생 방법으로 가장 적합한 것은?

① 15±2℃에서 습윤 양생
② 15±2℃에서 공기 중 양생
③ 20±2℃에서 습윤 양생
④ 20±2℃에서 공기 중 양생

| 해답 | ③

시험체를 20±2℃(18~22℃)에서 습윤상태로 양생한다.

□□□ 01③,03②,04①②,06⑤,07⑤,08②,09①②,10①,11③,13②③,14①,15①

17 ϕ150×300mm인 시험체를 쪼갬인장강도 시험을 실시하여 150kN에서 파괴되었다. 이 콘크리트 쪼갬인장강도는 약 얼마인가?

① 6.7MPa   ② 3.3MPa
③ 2.1MPa   ④ 1.1MPa

| 해답 | ③

$$f_t = \frac{2P}{\pi dl}$$
$$= \frac{2 \times 150 \times 10^3}{\pi \times 150 \times 300} = 2.1\,\text{N/mm}^2$$
$$= 2.1\,\text{MPa}$$

□□□ 03①, 08③, 11③, 15②

18 콘크리트의 인장강도에 대한 설명으로 틀린 것은?

① 인장강도는 압축강도에 비해 매우 작다.
② 인장강도는 철근 콘크리트의 부재 설계에서는 일반적으로 무시해도 된다.
③ 인장강도는 도로포장이나 수조 등에선 중요하다.
④ 인장강도는 압축강도와 달리 물-결합재비에 비례한다.

| 해답 | ④
콘크리트 인장강도는 물-결합재비에 비례하지 않는다.

□□□ 02⑤, 05①, 08①②, 09②③, 10②③, 11③, 13①③, 14②, 15②, 16①

19 지름 100mm, 높이 200mm인 콘크리트 공시체로 압축강도 시험을 실시한 결과 공시체 파괴시 최대하중이 231kN이었다. 이 공시체의 압축강도는?

① 29.4MPa   ② 27.4MPa
③ 25.4MPa   ④ 23.4MPa

| 해답 | ③
$$f_c = \frac{P}{A} = \frac{231 \times 1000}{\frac{\pi \times 100^2}{4}}$$
$$= 29.4 \text{N/mm}^2 = 29.4 \text{ MPa}$$

□□□ 04②, 06⑤, 10③, 13③

20 콘크리트 휨강도 시험체를 만들 때 150×150×530mm일 때 몇 층으로 몇 회씩 다지는가?

① 3층 30회   ② 3층 75회
③ 2층 60회   ④ 2층 80회

| 해답 | ④
콘크리트를 2층으로 몰드의 1/2씩 채우고 콘크리트를 다짐대로 윗면적 약 1000mm²에 대하여 1회 비율로 다짐한다.
$$\therefore \frac{150 \times 530}{1000} = 80회$$

05 콘크리트의 배합설계

05 콘크리트의 배합설계

1 배합설계

콘크리트의 배합은 소요의 강도, 내구성, 수밀성, 균열저항성, 철근 또는 강재를 보호하는 성능 및 작업에 적합한 워커빌리티를 갖는 범위 내에서 단위수량이 될 수 있는 대로 적게 되도록 해야 한다.

(1) 배합설계 용어

① 물-결합재비(W/B)
  콘크리트 또는 모르타르에서 골재가 표면 건조포화상태에 있을 때, 시멘트 풀 속에 있는 물과 시멘트의 질량비를 물-결합재비, 이 역수를 결합재-물(B/W)비라 한다.

② 설계기준강도(f_{ck})
  콘크리트 부재의 설계에서 기준으로 한 압축강도를 말하며, 일반적으로 재령 28일의 압축강도를 기준으로 한다.

③ 배합강도(f_{cr})
  콘크리트 배합을 정하는 경우에 목표로 하는 압축강도를 말하며, 일반적으로 재령 28일의 압축강도를 기준으로 한다.

④ 단위량(kg/m³)
  콘크리트 1m³를 만드는데 사용되는 각 재료량을 말한다.

⑤ 시방배합
  시방서 또는 책임 기술자가 지시한 배합으로서, 이 때 골재는 표면 건조 포화상태에 있고, 잔골재는 5mm 체를 통과하고 굵은 골재는 5mm체에 다 남는 것으로 한다.

⑥ 현장배합
  현장에서 사용하는 골재의 함수 상태와 잔골재는 속의 5mm체에 남는 양, 굵은 골재 속의 5mm체를 통과하는 양을 고려하여 시방배합을 현장의 골재상태에 따라 수정한다.

알아두기

호칭강도
f_{cn}

품질기준강도
f_{cq}

(2) 배합의 표시법

배합은 중량으로 표시하는 것을 원칙으로 하고 시방배합에서는 콘크리트 1m³당의 재료의 단위량을 표시하는 것으로 한다.

【배합표】

굵은골재의 최대치수 (mm)	슬럼프 (mm)	W/B (%)	잔골재율 S/a(%)	단위량(kg/m³)				
				물 (W)	시멘트 (C)	잔골재 (S)	굵은 골재(G)	혼화재

2 배합강도

(1) $f_{ck} \leq$ 35MPa인 경우

$f_{cr} = f_{ck} + 1.34s\,(\text{MPa})$
$f_{cr} = (f_{ck} - 3.5) + 2.33s\,(\text{MPa})$

] 둘 중 큰 값을 사용한다.

(2) $f_{ck} >$ 35MPa인 경우

$f_{cr} = f_{ck} + 1.34s\,(\text{MPa})$
$f_{cr} = 0.9f_{ck} + 2.33s\,(\text{MPa})$

] 둘 중 큰 값을 사용한다.

여기서, f_{cr} : 콘크리트의 배합강도
$f_{ck}(f_{cn})$: 콘크리트의 설계기준강도
s : 콘크리트 압축 강도의 표준 편차(MPa)

(3) 콘크리트 압축강도의 시험 횟수가 14회 이하이거나 표준편차를 알지 못하는 경우 콘크리트의 배합강도는 다음과 같이 결정한다.

【압축강도의 시험회수가 14회 이하이거나 기록이 없는 경우】

설계기준 강도 f_{ck}(MPa)	배합강도 f_{cr}(MPa)
21MPa 미만	$f_{ck} + 7$
21MPa 이상 35MPa 이하	$f_{ck} + 8.5$
35MPa 초과	$1.1f_{ck} + 5.0$

3 시방배합 설계

(1) 물-결합재비

① 물-결합재비(W/B)는 소요의 강도, 내구성, 수밀성 및 균열저항성 등을 고려하여 정한다.
② 압축강도와 물-결합재비와의 관계는 시험에 의하여 정하는 것을 원칙으로 한다. 이때 공시체는 재령 28일을 표준으로 한다.

> 알아두기

③ 제빙화학제가 사용되는 콘크리트의 물-결합재비는 45% 이하로 하여야 한다.
④ 특별히 콘크리트의 수밀성을 기준으로 물-결합재비를 정할 경우, 그 값은 50% 이하로 하여야 한다.
⑤ 콘크리트의 중성화 저항성을 고려하여야 하는 경우 물-결합재비는 55% 이하로 하여야 한다.

(2) 단위 수량
① 단위수량은 작업이 가능한 범위 내에서 될 수 있는 대로 적게 한다.
② 단위수량은 굵은 골재의 최대치수, 골재의 입도와 입형, 혼화재료의 종류, 콘크리트의 공기량 등에 따라 다르므로 사용되는 재료에 관해서 시험을 실시하여 정한다.
③ AE제, 감수제, AE감수제 고성능 AE감수제 등을 사용하여 단위수량을 감소시켜야 한다.

(3) 단위 결합재량
① 단위 결합재량은 단위수량과 물-결합재비로부터 산출한다.
② 단위 결합재량 소요의 강도, 내구성, 수밀성 등을 갖는 콘크리트를 얻도록 시험에 의하여 정한다.
③ 일반적으로 단위 결합재량은 300kg 이상으로 한다.

(4) 슬럼프
① 콘크리트의 슬럼프는 운반, 치기, 다짐 등의 작업에 알맞은 범위 내에서 될 수 있는 대로 작은 값으로 정해야 한다.
② 물-결합재비(W/C)의 증가 없이 슬럼프값을 크게 하는 방법
- AE제를 사용하면 공기량을 증가시킨다.
- 잔골재율을 증가 시킨다.
- 감수제를 첨가한다.
- 분말도가 큰 시멘트를 사용한다.

【슬럼프값의 표준】

콘크리트의 종류		슬럼프값(mm)
철근 콘크리트	일반적인 경우	80~150
	단면이 큰 경우	60~120
무근 콘크리트	일반적인 경우	50~150
	단면이 큰 경우	50~100

(5) 잔골재율

잔골재율(sand percentage)은 콘크리트 속의 골재 전체 용적에 대한 잔골재 전체 용적의 중량 백분율이다.

$$\text{잔골재율 } S/a = \frac{S}{S+G} \times 100$$

여기서, S : 잔골재의 절대부피
G : 굵은 골재의 절대부피

(6) AE 콘크리트의 공기량

① 공기량은 굵은 골재 최대치수 등에 따라 콘크리트 용적의 4~7%를 표준으로 한다.
② 공기량이 1% 커지면 압축강도가 4~6% 정도 작아진다.
③ 콘크리트의 강도는 공기량이 증가할수록 작아진다.

> 알아두기
>
> 잔골재율
>
>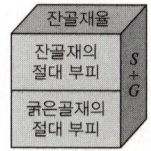

4 시방배합 방법

시방배합에서 잔골재는 5mm체를 전부 통과하는 것을 말하고 굵은 골재는 전부 남는 것을 말하며 잔골재와 굵은 골재는 표면건조 포화상태라야 한다.

(1) 배합설계 보정

【배합설계 참고표】

굵은 골재의 최대 치수 (mm)	단위 굵은 골재 용적 (%)	AE제를 사용하지 않는 콘크리트			AE 콘크리트				
		갇힌 공기 (%)	잔골 재율 s/a (%)	단위 수량 W (kg)	공기량 (%)	양질의 AE제를 사용한 경우		양질의 AE감수제를 사용한 경우	
						잔골 재율 S/a(%)	단위수량 W(kg)	잔골 재율 S/a(%)	단위수량 W(kg)
15	58	2.5	49	190	7.0	47	180	48	170
20	62	2.0	45	185	6.0	44	175	45	165
25	67	1.5	41	175	5.0	42	170	43	160
40	72	1.2	36	165	4.5	39	165	40	155

주 : 1) 이 표의 값은 골재로서 보통 입도의 모래(조립률 2.80 정도) 및 자갈을 사용한 물−결합재비 55% 정도. 슬럼프 약 80mm의 콘크리트에 대한 것이다.
2) 사용재료 또는 콘크리트의 품질이 위의 1)의 조건과 다를 경우에 위 표의 값을 아래표와 같이 보정해야 한다.

알아두기

【잔골재율(S/a)과 물(W)의 보정표】

구 분	S/a의 보정(%)
모래의 조립률이 0.1 만큼 클(작을) 때마다.	0.5 만큼 크게(작게)한다.
슬럼프값이 1cm 만큼 클(작을) 때마다.	보정하지 않는다.
공기량이 1% 만큼 클(작을) 때마다.	0.5~1.0 만큼 작게(크게)한다.
물-결합재비가 0.05 만큼 클(작을) 때마다.	1 만큼 크게(작게)한다.
s/a가 1% 만큼 클(작을) 때마다.	보정하지 않는다.
부순돌을 사용할 경우	3~5 만큼 크게 한다.
부순모래를 사용할 경우	2~3 만큼 크게 한다.

주 : 단위 굵은골재용적에 의하는 경우에는 모래의 조립률이 0.1 만큼 커질(작아질) 때마다 단위 굵은 골재 용적을 1% 만큼 작게(크게)한다.

(2) 재료량 결정

① 단위 시멘트량 $C = \dfrac{\text{단위 수량}}{\text{물-결합재비}} = \dfrac{W}{W/B}$

② 단위 골재량의 절대 부피(m^3)

$$V_a = 1 - \left(\dfrac{\text{단위 수량}}{1000} + \dfrac{\text{단위 시멘트량}}{\text{시멘트 밀도} \times 1000} + \dfrac{\text{공기량}}{100} + \dfrac{\text{단위 혼화재량}}{\text{혼화재의 밀도} \times 1000} \right)$$

③ 단위 잔골재량의 절대 부피(m^3) = 단위 골재량의 절대 부피 × 잔골재율(S/a)

④ 단위 잔골재량(kg/m^3) = 단위 잔골재량의 절대부피 × 잔골재의 밀도 × 1000

⑤ 단위 굵은 골재량의 절대부피(m^3) = 단위 골재량의 절대부피 - 단위 잔골재량의 절대 부피

⑥ 단위 굵은골재량(kg/m^3) = 단위 굵은골재의 절대부피 × 굵은골재의 밀도 × 1000

5 현장배합 방법

현장 골재의 입도와 표면수의 상태에 따라 시방배합을 현장배합으로 수정하며 혼화제를 희석시킨 희석수량을 고려해야 한다.

(1) 입도에 대한 보정

현장골재에서 잔골재속에 들어 있는 굵은 골재량(5mm체에 남는 양)과 굵은 골재속에 들어 있는 잔 골재량(5mm체 통과량)에 따라 입도를 보정한다.

$$잔골재량\ X = \frac{100S - b(S+G)}{100 - (a+b)}$$

$$굵은\ 골재량\ Y = \frac{100G - a(S+G)}{100 - (a+b)}$$

여기서, S : 시방 배합의 단위 잔골재량(kg)
  G : 시방 배합의 단위 굵은 골재량(kg)
  a : 잔골재에서 5mm(No.4)에 남는 굵은 골재량(%)
  b : 굵은 골재에서 5mm(No.4)체를 통과하는 잔골재량(%)

(2) 표면수에 대한 보정

골재의 함수 상태에 따라 시방배합의 물 양과 골재량을 보정한다.

$$S' = X\left(1 + \frac{c}{100}\right)$$

$$G' = Y\left(1 + \frac{d}{100}\right)$$

$$W' = W - \left(\frac{c}{100}X' + \frac{d}{100}Y'\right)$$

여기서, S' : 보정된 단위 잔골재량(kg/m³)
  G' : 보정된 단위 굵은골재량(kg/m³)
  W' : 보정된 단위수량(kg/m³)
  c : 현장 잔골재의 표면수량(%)
  d : 현장 굵은골재의 표면수량(%)
  W : 시방배합의 단위수량(kg/m³)

05 콘크리트의 배합설계

과년도 핵심문제

03 | 콘크리트 재료시험에 관한 지식

□□□ 01③, 06②, 08②, 14①

01 콘크리트 1m³를 만드는데 필요한 재료의 양을 무엇이라고 하는가?

① 시방배합　　② 현장배합
③ 배합강도　　④ 단위량

| 해답 | ④
단위량(kg/m³)
콘크리트 1m³를 만드는데 사용되는 각 재료량

□□□ 10③, 12②

02 설계기준 압축강도(f_{ck})가 40MPa이고, 콘크리트 압축강도의 시험기록이 없는 경우 콘크리트의 배합강도(f_{cr})는?

① 47MPa　　② 48MPa
③ 49MPa　　④ 52MPa

| 해답 | ③
$f_{cr} = 1.1 f_{ck} + 5 = 1.1 \times 40 + 5 = 49 \text{MPa}$

□□□ 07⑤, 10②⑤, 15④, 16①

03 콘크리트의 시방 배합에서 기준으로 하는 골재의 함수상태로 옳은 것은?

① 절대 건조 상태
② 공기 중 건조 상태
③ 표면 건조 포화 상태
④ 습윤 상태

| 해답 | ③
시방배합은 골재의 표면 건조 포화상태에 있는 것을 기준으로 한다.

□□□ 13①②

04 콘크리트의 설계기준 압축강도(f_{ck})가 25MPa일 때 이 콘크리트의 배합강도는? (단, 압축강도시험의 기록이 없는 현장인 경우)

① 25MPa　　② 32MPa
③ 33.5MPa　　④ 35MPa

| 해답 | ③
$f_{cr} = f_{ck} + 8.5 = 25 + 8.5 = 33.5 \text{MPa}$

□□□ 03⑤, 09①, 14②

05 일반콘크리트에서 수밀성을 기준으로 물-결합재비를 정할 경우 그 값은 얼마를 기준으로 하는가?

① 30% 이하　　② 45% 이하
③ 50% 이하　　④ 60% 이하

| 해답 | ③
콘크리트의 수밀성을 기준으로 물-결합재비를 정할 경우 그 값은 50% 이하로 한다.

□□□ 01④, 03⑤, 05①, 06②, 08①, 09③, 12②, 14③, 16①

06 물-결합재비가 50%이고 단위수량이 180kg/m³일 때 단위 시멘트량은 얼마인가?

① 90kg/m³　　② 180kg/m³
③ 270kg/m³　　④ 360kg/m³

| 해답 | ④
단위 시멘트량 $C = \dfrac{\text{단위수량}}{\text{물-결합재비}}$
$= \dfrac{180}{0.50} = 360 \text{ kg/m}^3$

□□□ 11③, 15②④

07 30회 이상의 시험실적으로부터 구한 압축강도의 표준편차가 3.5MPa이고, 콘크리트 설계기준압축강도가 30MPa인 경우 배합강도는?

① 31.4MPa ② 32.5MPa
③ 33.6MPa ④ 34.7MPa

| 해답 | ④

$f_{ck} \leq 35\text{MPa}$인 경우(두 값 중 큰 값)
- $f_{cr} = f_{ck} + 1.34s = 30 + 1.34 \times 3.5$
  $= 34.7 \text{ MPa}$
- $f_{cr} = (f_{ck} - 3.5) + 2.33s$
  $= (30 - 3.5) + 2.33 \times 3.5 = 34.7 \text{ MPa}$
∴ 배합강도 $f_{cr} = 34.7 \text{ MPa}$

□□□ 04⑤, 07②, 13②

08 갇힌 공기량 2%, 단위 수량 180kg, 단위 시멘트량 315kg인 콘크리트의 단위 골재량의 절대부피는 얼마인가? (단, 시멘트의 비중은 3.15g/cm^3 임)

① 650L ② 680L
③ 700L ④ 730L

| 해답 | ③

단위수량의 절대용적
$V_c = \dfrac{315}{0.00315 \times 1000} = 100\text{L}$
공기량 $= 1000 \times 0.02 = 20\text{L}$
∴ 골재의 절대용적
$= 1000 - (180 + 100 + 20) = 700\text{L}$

□□□ 03②, 04①, 05②, 13③, 14①

09 다음 중 콘크리트의 배합을 결정하는 방법이 아닌 것은?

① 계산에 의한 방법
② 배합표에 의한 방법
③ 시험 배합에 의한 방법
④ 재하 시험에 의한 방법

| 해답 | ④

콘크리트의 배합을 결정하는 방법
- 계산에 의한 방법
- 배합표에 의한 방법
- 시험 배합에 의한 방법

□□□ 08②, 15②, 16②

10 콘크리트 배합의 표시방법에 대한 일반적인 설명으로 옳은 것은?

① 배합은 밀도로 표시하는 것을 원칙으로 한다.
② 배합은 부피로 표시하는 것을 원칙으로 한다.
③ 배합은 질량으로 표시하는 것을 원칙으로 한다.
④ 배합은 비중으로 표시하는 것을 원칙으로 한다.

| 해답 | ③

콘크리트의 배합은 질량으로 표시하는 것을 원칙으로 한다.

□□□ 03③, 04①③, 06①, 08⑤, 09③, 10②③, 11③ 13④, 16①

11 단위 잔골재의 절대 부피가 256L이고, 단위 굵은 골재의 절대 부피가 399L일 경우 잔골재율은?

① 26% ② 34%
③ 40% ④ 42%

| 해답 | ③

잔골재율
$S/a = \dfrac{\text{단위 잔골재의 절대부피}}{\text{단위 골재량의 절대부피}} \times 100$
∴ $S/a = \dfrac{S}{S+G} \times 100$
$= \dfrac{256}{256+399} \times 100 = 39.08\%$
$=$ 약 40%

□□□ 15②④

12 콘크리트의 시방배합으로 각 재료의 양과 현장골재의 상태가 아래와 같을 때 현장배합에서 굵은골재의 양은 얼마로 하여야 하는가? (단, 현장골재는 표면건조 포화상태임)

【시방배합】
- 시멘트 : 300kg/m³
- 물 : 160kg/m³
- 잔골재 : 666kg/m³
- 굵은골재 : 1178kg/m³

【현장배합】
- 5mm체에 남은 잔골재량 : 0%
- 5mm체를 통과한 굵은골재량 : 5%

① 1116kg/m³ ② 1178kg/m³
③ 1240kg/m³ ④ 1258kg/m³

|해답| ③

입도에 의한 조정
a : 잔골재 중 5mm체에 남은 양 : 0%
b : 굵은 골재 중 5mm체를 통과한 양 : 5%
∴ 굵은골재
$$Y = \frac{100G - a(S+G)}{100 - (a+b)}$$
$$= \frac{100 \times 1178 - 0(666 + 1178)}{100 - (0+5)}$$
$$= 1240 \text{ kg/m}^3$$

□□□ 01③,03⑤,05①②,06①②,07②,08①,10⑤,12①②,13①③,15①

13 잔골재의 절대 부피가 0.279m³이고 잔골재 밀도가 2.64g/cm³일 때 단위 잔골재량은 약 얼마인가?

① 106kg ② 573kg
③ 737kg ④ 946kg

|해답| ③

단위 잔골재량 = 단위 잔 골재의 절대 부피
　　　　　　× 잔 골재의 밀도 × 1000
　　　　= 0.279 × 2.64 × 1000
　　　　= 737kg/m³

□□□ 03①, 04②, 05②, 08②, 11③, 13①③

14 콘크리트 배합설계시 사용 시멘트량이 280kg/m³이고 물-결합재비가 46% 이상일 때 사용수량은 약 얼마인가?

① 89kg/m³ ② 129kg/m³
③ 151kg/m³ ④ 609kg/m³

|해답| ②

단위 수량
$$W = \text{단위 시멘트량} \times W/C = 280 \times \frac{46}{100}$$
$$= 129 \text{ kg/m}^3$$

□□□ 03⑤, 05②, 08①

15 시방배합표에서 단위수량이 167kg/m³, 단위 시멘트량이 314kg/m³, 갇힌 공기량이 1.3% 일때 단위 골재량의 절대 체적은 얼마인가? (단 시멘트의 비중은 3.14임)

① 0.66m³ ② 0.69m³
③ 0.72m³ ④ 0.75m³

|해답| ③

단위 골재량의 절대 부피
$$= 1 - \left(\frac{\text{단위 수량}}{1000} + \frac{\text{단위 시멘트량}}{\text{시멘트 밀도} \times 1000} + \frac{\text{공기량}}{100}\right)$$
$$= 1 - \left(\frac{167}{1000} + \frac{314}{3.14 \times 1000} + \frac{1.3}{100}\right) = 0.72 \text{m}^3$$

2 chapter

CBT 대비
과년도 기출문제

01 2013년 제1회
02 2013년 제2회
03 2013년 제4회
04 2014년 제1회
05 2014년 제2회
06 2014년 제4회
07 2015년 제1회
08 2015년 제2회
09 2015년 제4회
10 2016년 제1회
11 2016년 제2회

국가기술자격 CBT 필기시험문제

2013년도 기능사 제1회 필기시험

종 목	시험시간	배 점	테스트 결과(개수)		
콘크리트기능사	1시간	60	1회	2회	3회

□□□ 13①

01 조립률이 3.0인 잔골재 2kg과 조립률이 7.0인 3kg의 굵은골재를 혼합한 경우 조립률은?

① 4.2
② 4.6
③ 5.0
④ 5.4

해설

01 혼합 조립률
$$f_a = \frac{m}{m+n}f_s + \frac{n}{m+n}f_g$$
$$= \frac{2}{2+3}\times 3 + \frac{3}{2+3}\times 7 = 5.4$$

□□□ 03①, 08②, 13①, 16②

02 다음 중 경량골재의 주 원료가 아닌 것은?

① 팽창성 혈암
② 팽창성 점토
③ 플라이애시
④ 철분계 팽창재

02 경량골재의 주원료
- 천연 경량 골재 : 화산암, 응회암
- 인공 경량 골재 : 팽창성 혈암, 팽창성 점토, 플라이 애시

□□□ 13①

03 포틀랜드 시멘트 제조 시 클링커를 만든 다음 석고를 3% 첨가하는 이유로 가장 적합한 것은?

① 강도를 작게 하기 위하여
② 강도를 크게 하기 위하여
③ 응결을 촉진시키기 위하여
④ 응결을 지연시키기 위하여

03 석고
굳는 속도를 늦추기 위하여 응결 지연제로 석고를 3% 정도 첨가한다.

□□□ 13①

04 고로 슬래그 시멘트에 대한 설명으로 틀린 것은?

① 보통 포틀랜드 시멘트에 비하여 수화열이 적고 장기 강도가 작다.
② 건조수축은 약간 큰 편이다.
③ 내화학약품성이 좋으므로 해수, 공장폐수, 하수 등에 접하는 콘크리트에 적당하다.
④ 콘크리트의 블리딩이 적어진다.

04 고로 슬래그 시멘트
보통 포틀랜드 시멘트에 비하여 수화열이 적고 장기 강도가 크다.

정답 01 ④ 02 ④ 03 ④ 04 ①

해 설

□□□ 13①

05 AE제를 사용한 콘크리트의 장점에 대한 설명으로 틀린 것은?

① 알칼리 골재반응이 적다.
② 단위수량이 적게 된다.
③ 수밀성 및 동결융해에 대한 저항성이 작아진다.
④ 워커빌리티가 좋고 블리딩이 적어진다.

05
동결융해에 대한 내구성과 수밀성이 커진다.

□□□ 01③④, 03①, 05②, 06②⑤, 08①, 13①

06 분말도가 높은 시멘트에 대한 설명으로 옳은 것은?

① 풍화하기 쉽다.
② 수화작용이 늦다.
③ 조기 강도가 작다.
④ 발열이 작아 균열 발생이 적다.

06 분말도가 높은 시멘트의 성질
• 풍화하기 쉽다.
• 수화열이 많아서 균열이 생긴다.
• 수화작용이 빨라서 조기 강도가 크다.
• 건조수축이 커서 균열이 생기기 쉽다.

□□□ 13①

07 급속공사나 한중콘크리트 공사에 주로 쓰이는 시멘트는?

① 중용열 포틀랜드 시멘트
② 실리카 시멘트
③ 플라이애시 시멘트
④ 조강 포틀랜드 시멘트

07 조강포틀랜드 시멘트
• 조기에 높은 강도를 필요로 하는 공사나 급속 공사에 사용된다.
• 수화열이 많으므로 한중 콘크리트에 알맞다.

□□□ 13①

08 골재의 실적률이 80%이고 함수비가 76%일 때 공극률은 얼마인가?

① 24%
② 20%
③ 10%
④ 4%

08
공극률=100−실적률(%)
=100−80=20%

□□□ 13①

09 아래의 〈보기〉는 혼화재료를 설명한 것이다. A, B의 내용이 알맞게 짝지어진 것은?

【보 기】

사용량이 시멘트 무게의 (A)정도 이상이 되어 그 자체의 부피가 콘크리트 배합계산에 관계되는 것을 혼화재라 하고, 사용량이 (B)정도 이하의 것으로서 콘크리트 배합 계산에서 무시되는 것을 혼화제라 한다.

① A : 5%, B : 1%
② A : 4%, B : 2%
③ A : 2%, B : 4%
④ A : 1%, B : 5%

09
• 혼화재 : 사용량이 비교적 많아서 그 자체의 부피가 시멘트 중량의 5% 이상의 것이다.
• 혼화제 : 사용량이 1% 정도 이하의 것으로 콘크리트 배합 계산에서 무시된다.

정답 05 ③ 06 ① 07 ④ 08 ② 09 ①

□□□ 13①
10 다음 중 혼화제가 아닌 것은?

① 급결제 ② 지연제
③ 팽창재 ④ AE제

10 혼화제
AE제, 감수제, 고성능 감수제, 촉진제, 급결제, 지연제, 발포제, 기포제 등이 있다.

□□□ 13①, 14③
11 콘크리트용 굵은골재 유해물의 한도 중 연한 석편은 질량 백분율로 최대 몇 % 이하이어야 하는가?

① 0.25% ② 0.5%
③ 2.5% ④ 5%

11
굵은골재의 연한 석편 함유량 최대치 : 5% 이하

□□□ 13①
12 혼화재료인 플라이애시의 특성에 대한 설명 중 틀린 것은?

① 가루 석탄재로서 실리카질 혼화재이다.
② 입자가 둥글고 매끄럽다.
③ 콘크리트에 넣으면 워커빌리티가 좋아진다.
④ 플라이애시를 사용한 콘크리트는 반죽시에 사용수량을 증가시켜야 한다.

12
표면이 매끄러운 구형입자로 되어 있어 콘크리트의 워커빌리티를 좋게 하고 사용 수량을 감소시켜준다.

□□□ 13①
13 경량골재에 대한 설명으로 틀린 것은?

① 경량골재는 천연경량골재와 인공경량골재로 나눌 수 있다.
② 인공경량골재는 흡수량이 크지 않으므로, 콘크리트 제조 전에 골재를 흡수시키는 작업을 하지 않는 것을 원칙으로 한다.
③ 천연경량골재에는 경석, 화산자갈, 응회암, 용암 등이 있다.
④ 동결융해에 대한 내구성은 보통골재와 비교해서 상당히 약한 편이다.

13 경량골재
인공경량골재의 흡수율은 일반적으로 하천 골재보다 크며, 흡수도 장기간 걸쳐서 되므로 골재를 사전 흡수 작업을 해서 사용해야 한다.

□□□ 03②, 10②, 13①
14 시멘트 중의 알칼리 성분이 골재 중의 여러 가지 조암광물과 반응을 일으키는 것을 알칼리 골재 반응이라 하는데 이것이 콘크리트에 미치는 영향은?

① 수화열을 증가시킨다. ② 내구성을 증가시킨다.
③ 균열을 발생시킨다. ④ 수밀성을 좋게 한다.

14 알칼리 골재반응
콘크리트에 이상 광물을 일으켜 균열이 생기므로 콘크리트가 파괴된다.

정답 10 ③ 11 ④ 12 ④ 13 ② 14 ③

□□□ 13①, 16②

15 굵은 골재의 최대 치수가 클수록 콘크리트에 미치는 영향을 설명한 것으로 가장 적합한 것은?

① 재료분리가 일어나기 쉽고 시공이 어렵다.
② 시멘트 풀의 양이 많아져서 경제적이다.
③ 콘크리트의 마모 저항성이 커진다.
④ 골재의 입도가 커져서 골재 손실이 발생한다.

해설

15 굵은골재의 최대치수가 클수록
- 단위수량 및 단위시멘트량이 감소하여 유리하다.
- 굵은골재의 최대치수가 클수록 재료분리가 일어나기 쉽다.
- 시멘트 풀의 양이 적어져서 경제적이다.

□□□ 02①, 06②, 08②, 13①, 14①②

16 시멘트 입자를 분산시킴으로써 콘크리트의 소요의 워커빌리티를 얻는데 필요한 단위수량을 줄이기 위해 사용되는 혼화제는?

① 감수제
② AE제
③ 촉진제
④ 급결제

16 감수제
시멘트의 입자를 흐트러지게 하여 단위수량을 줄이는 작용을 하여서 필요한 반죽질기를 얻는데 사용

□□□ 03⑤, 06⑤, 08①, 10①, 11③, 12②, 13①, 14②

17 잔골재와 굵은 골재를 구분하는 기준이 되는 체로 옳은 것은?

① 5mm체
② 2.5mm체
③ 10mm체
④ 1.2mm체

17 골재의 구분
- 5mm체에 통과하는 골재는 잔골재
- 5mm체에 남는 골재는 굵은골재

□□□ 13①

18 재료에 일정 하중이 작용하면 시간의 경과와 함께 변형이 증가하는데 이러한 현상을 무엇이라 하는가?

① 포와송비
② 크리프
③ 연성
④ 취성

18 크리프
재료에 오랫동안 하중이 작용하면 시간이 지남에 따라 변형이 커지는 현상을 말한다.

□□□ 13①

19 혼화재료의 저장 및 사용에 대해 옳지 않은 것은?

① 혼화재는 종류별로 나누어 저장하고 저장한 순서대로 사용해야 한다.
② 변질이 예상되는 혼화재는 사용하기에 앞서 시험하여 품질을 확인해야 한다.
③ 저장기간이 오래된 혼화재는 눈으로 판단하여 사용여부를 판단한다.
④ 혼화재는 날리지 않도록 주의해서 다룬다.

19
저장기간이 오래된 혼화재는 사용하기에 앞서 시험하여 품질을 확인해야 한다.

정답 15 ① 16 ① 17 ① 18 ② 19 ③

□□□ 13①
20 천연산의 것과 인공산의 것이 있으며 콘크리트의 워커빌리티를 좋게 하고 수밀성과 내구성 등을 크게 할 목적으로 사용되는 혼화재료는?

① 완결제
② 포졸란
③ 촉진제
④ 증량제

20 포졸란
- 천연산의 것과 인공산의 것이 있다.
- 콘크리트의 워커빌리티를 좋게 하고, 수밀성과 내구성을 크게 한다.

□□□ 01③, 05①, 06①, 08②, 09⑤, 13①, 14③
21 특정한 입도를 가진 굵은 골재를 거푸집에 채워 넣고, 그 공극 속에 특수한 모르타르를 적당한 압력으로 주입하여 제조하는 콘크리트를 무엇이라 하는가?

① 레디믹스트 콘크리트
② 프리스트레스트 콘크리트
③ 레진 콘크리트
④ 프리플레이스트 콘크리트

21 프리플레이스트 콘크리트
미리 거푸집 안에 굵은 골재를 채우고, 그 틈사이에 특수 모르타르를 주입하는 콘크리트

□□□ 13①
22 콘크리트의 표면에 아스팔트유제나 비닐유제 등으로 불투수층을 만들어 수분의 증발을 막는 양생방법을 무엇이라 하는가?

① 증기양생
② 전기양생
③ 습윤양생
④ 피복양생

22 습윤 양생의 종류
- 수중 양생 : 콘크리트를 물 속에 담그는 양생
- 습포 양생 : 콘크리트의 표면을 물에 적신 가마니, 마포 등으로 덮는 양생
- 습사 양생 : 콘크리트 표면에 젖은 모래를 뿌리는 양생
- 피복 양생 : 콘크리트 표면에 막을 만드는 양생

□□□ 02①, 03①⑤, 04②, 09③, 11③, 12②, 13①, 14②③
23 콘크리트 칠 때 슈트, 버킷, 호퍼 등의 배출구로부터 치기면까지의 높이는 최대 얼마 이하를 원칙으로 하는가?

① 0.5m
② 1.0m
③ 1.5m
④ 2.0m

23
연직 슈트, 깔때기 등을 사용하며, 이 때 슈트, 깔때기 등의 배출구와 치기 면과의 높이는 1.5m 이하로 한다.

□□□ 13①
24 비빈 콘크리트를 수송관을 통해 압력으로 치기 할 장소까지 연속적으로 보내는 기계는?

① 콘크리트 펌프
② 콘크리트 믹서
③ 트럭믹서
④ 콘크리트 플랜트

24
콘크리트 펌프는 수송관을 통하여 압력으로 비빈 콘크리트를 치기할 장소까지 연속적으로 보내는 기계로서 좁은 장소나 수중 콘크리트의 치기에 알맞다.

정답 20 ② 21 ④ 22 ④ 23 ③ 24 ①

□□□ 13①

25 콘크리트의 재료는 시방 배합을 현장 배합으로 고친 다음, 현장 배합표에 따라 각 재료의 양을 질량으로 계량한다. 이 때 계량할 재료가 아닌 것은?

① 거푸집
② 시멘트
③ 잔 골재
④ 굵은 골재

해 설

25 시방배합을 현장배합으로 변경 잔골재, 굵은 골재는 질량으로, 수량은 용적으로 부피로 계량한다.

□□□ 03⑤, 09①, 13①, 15①

26 일반 수중콘크리트의 단위시멘트량의 표준으로 옳은 것은?

① 300kg/m³ 이상
② 320kg/m³ 이상
③ 350kg/m³ 이상
④ 370kg/m³ 이상

26 수중 콘크리트

단위 시멘트량	370kg/m³ 이상
물-결합재비	50% 이하

□□□ 13①

27 콘크리트 재료를 계량할 때 플라이애시의 계량에 대한 허용오차로 옳은 것은?

① ±1%
② ±2%
③ ±3%
④ ±4%

27 계량오차

재료	허용오차
시멘트	-1%, +2%
골재	±3%
물	-2%, +1%
혼화재	±2%
혼화제	±3%

플라이 애시는 혼화재
∴ 혼화재 : ±2%

□□□ 13①

28 콘크리트의 배합에서 단위 골재량의 절대부피를 구하는데 관계가 없는 것은?

① 공기량
② 단위수량
③ 잔골재율
④ 시멘트의 비중

28 단위 골재량의 절대 부피(m³)

$$V_a = 1 - \left(\frac{단위\ 수량}{1000} + \frac{단위\ 시멘트량}{시멘트\ 비중 \times 1000} + \frac{공기량}{100} + \frac{단위\ 혼화재량}{혼화재의\ 밀도 \times 1000} \right)$$

□□□ 02⑤, 05①, 08①, 09①⑤, 11③, 13①, 16①

29 콘크리트 공사에서 거푸집 떼어내기에 관한 설명으로 틀린 것은?

① 거푸집은 콘크리트가 자중 및 시공 중에 가해지는 하중에 충분히 견딜만한 강도를 가질 때까지 해체해서는 안된다.
② 거푸집을 떼어내는 순서는 비교적 하중을 받지 않는 부분을 먼저 떼어낸다.
③ 연직 부재의 거푸집은 수평부재의 거푸집보다 먼저 떼어낸다.
④ 보의 밑판의 거푸집은 보의 양측면의 거푸집보다 먼저 떼어낸다.

29
보의 양측면의 거푸집은 보의 밑판의 거푸집보다 먼저 떼어낸다.

정답 25 ① 26 ④ 27 ② 28 ③ 29 ④

30
비교적 두께가 얇고, 넓은 콘크리트의 표면에 진동을 주어 고르게 다지는 기계로서, 주로 도로 포장, 활주로 포장 등의 표면 다지기에 사용되는 것은?

① 거푸집 진동기 ② 내부 진동기
③ 콘크리트 피니셔 ④ 표면 진동기

해설 30 표면 진동기
- 비교적 두께가 얇고, 넓은 콘크리트의 표면에 진동을 주어 표면을 고르게 다듬질 할 때 사용된다.
- 주로 도로 포장, 활주로 포장 등의 다지기에 사용된다.

31
콘크리트 타설 후 침하 균열이 발생되었을 때, 다짐(tamping)은 언제 하는 것이 효과가 가장 크게 되는가?

① 발생 직후 ② 발생 2~3시간 경과 후
③ 발생 1일 후 ④ 발생 7일 후

해설 31
콘크리트가 굳기 전에 침하균열이 발생한 경우에는 즉시 다짐이나 재진동을 실시하여 균열을 제거하여야 한다.

32
일반적인 경량골재 콘크리트란 콘크리트의 기건 단위 질량이 얼마 정도인 것을 말하는가?

① 500~1000kg/m³ ② 1440~1840kg/m³
③ 2100~2700kg/m³ ④ 2800~3500kg/m³

해설 32 경량골재 콘크리트
- 기건 단위 질량 1400kg/m³~18400kg/m³ (14~18kN/m³)
- 절건 단위 질량 800kg/m³~2000kg/m³ (8~20kN/m³)
- 설계기준압축강도 15MPa 이상, 24MPa 이하

33
보통 포틀랜드 시멘트를 사용하고, 일평균 기온이 15℃ 이상일 때 습윤양생기간의 표준으로 옳은 것은?

① 1일 ② 5일
③ 10일 ④ 15일

해설 33 습윤양생기간(15℃ 이상)

보통 시멘트	5일
조강 시멘트	3일

34
콘크리트 비비기에 대한 설명으로 틀린 것은?

① 연속믹서를 사용할 경우 비비기 시작 후 최초에 배출되는 콘크리트는 사용할 수 있다.
② 미리 정해 둔 비비기 시간의 3배 이상 계속하지 않아야 한다.
③ 반죽된 콘크리트가 균질하게 될 때까지 충분히 비벼야 한다.
④ 배치믹서를 사용하는 경우 비비기를 시작하기 전에 미리 믹서 내부를 모르타르로 부착시켜야 한다.

해설 34
연속믹서를 사용할 경우 비비기 시작 후 최초에 배출되는 콘크리트는 사용하지 않아야 한다.

정답 30 ④ 31 ① 32 ② 33 ② 34 ①

해 설

35 콘크리트 슬럼프값이 몇 mm 이하인 경우 덤프트럭을 사용하여 콘크리트를 운반할 수 있는가?

① 25mm   ② 50mm
③ 75mm   ④ 100mm

35
콘크리트 슬럼프값이 25mm 이하인 경우 덤프트럭을 사용한다.

36 콘크리트의 제조 설비가 잘 된 공장에서 수요자가 지정한 배합의 콘크리트를 만들어서 현장까지 운반해 주는 굳지 않은 콘크리트는?

① 레디믹스트콘크리트   ② 한중콘크리트
③ 서중콘크리트   ④ 프리플레이스트콘크리트

36
레디믹스트 콘크리트라 하며 간단히 레미콘(remicon)이라 부른다.

37 골재의 내구성을 알기 위한 안정성 시험에 사용하는 시험용 용액은?

① 황산나트륨   ② 수산화나트륨
③ 염화나트륨   ④ 규산나트륨

37
황산 소듐을 이용한 골재의 안정성 시험은 골재의 내구성을 판단하기 위해서 황산나트륨 포와 용액으로 인한 골재의 부서짐 작용에 대한 저항성을 시험하는 것이다.

38 한중콘크리트에 대한 설명으로 틀린 것은?

① 하루의 평균기온이 4℃ 이하가 예상되는 조건일 때는 한중콘크리트로 시공하여야 한다.
② 양생 중에는 콘크리트의 온도를 5℃ 이상으로 유지하여야 한다.
③ 재료를 가열하여 사용할 경우, 시멘트를 직접 가열하여야 한다.
④ 공기연행 콘크리트를 사용하는 것을 원칙으로 한다.

38
온도가 높은 시멘트와 물을 접촉시키면 급결하여 콘크리트에 나쁜 영향을 줄 우려가 있으므로 시멘트를 직접 가열해서는 안된다.

39 콘크리트 시공 장비에 대한 설명으로 틀린 것은?

① 콘크리트 펌프의 형식은 피스톤식 또는 스퀴즈식을 표준으로 한다.
② 콘크리트 플레이서 수송관의 배치는 굴곡을 적게 하고 수평 또는 상향으로 설치하여야 한다.
③ 슈트를 사용하는 경우에는 원칙적으로 경사슈트를 사용하여야 한다.
④ 벨트 컨베이어의 경사는 콘크리트의 운반도중 재료 분리가 발생하지 않도록 결정하여야 한다.

39 경사 슈트
재료의 분리를 일으키기 쉬우므로 될 수 있는 대로 사용하지 않는다.

정답 35 ① 36 ① 37 ① 38 ③ 39 ③

□□□ 02⑤, 04②, 08②, 12①, 13①③

40 일반적으로 콘크리트 비비기 시간에 대한 시험을 실시하지 않고 강제식 믹서를 사용할 때 최소 비비기 시간은 몇 초 이상인가?

① 30초 ② 60초
③ 90초 ④ 120초

해 설

40 믹서 비비기

가경식	1분 30초 이상
강제식 믹서	1분(60초) 이상

□□□ 13①

41 수중콘크리트 타설의 원칙에 대한 설명으로 틀린 것은?

① 콘크리트는 물을 정지시킨 정수 중에서 타설하여야 한다.
② 콘크리트 트레미(tremie)나 콘크리트 펌프를 사용해서 타설하여야 한다.
③ 콘크리트는 물속으로 직접 낙하시킨다.
④ 완전한 물막이가 어려울 경우 유속을 1초당 50mm 이하로 하여야 한다.

41 수중콘크리트
콘크리트는 수중에 낙하시켜서는 안된다.

□□□ 13①

42 콘크리트 압축강도 시험용 공시체 제작시 몰드 내부에 그리스를 발라주는 가장 주된 이유는?

① 탈형을 쉽게 하고 이음새로 콘크리트가 새는 것을 방지한다.
② 편심하중을 방지하고 경제적인 공시체 제작을 위해
③ 공시체 속의 공기를 제거하고 강도를 높이기 위해
④ 몰드에 콘크리트를 채울 때 골재 분리를 막기 위해

42
몰드의 이음매에 그리스를 엷게 바르고 조립하는 것은 탈형을 쉽게 하고 이음새를 콘크리트가 새는 것을 방지하기 위해서다.

□□□ 13①, 15①

43 시멘트의 강도시험(KS L ISO 679)에서 모르타르를 조제할 때 시멘트와 표준모래의 질량에 의한 비율로 옳은 것은?

① 1 : 2 ② 1 : 2.5
③ 1 : 3 ④ 1 : 3.5

43 모르타르 제작방법
질량에 의한 비율로 시멘트와 표준사를 1 : 3의 비율로 한다.

□□□ 13①

44 콘크리트의 설계기준 압축강도(f_{ck})가 25MPa일 때 이 콘크리트의 배합강도는? (단, 압축강도시험의 기록이 없는 현장인 경우)

① 25MPa ② 32MPa
③ 33.5MPa ④ 35MPa

44 배합강도
$f_{cr} = f_{ck} + 8.5 = 25 + 8.5 = 33.5 \text{MPa}$

정답 40 ② 41 ③ 42 ① 43 ③ 44 ③

45
콘크리트의 블리딩 시험을 위하여 안지름 25cm인 용기에 콘크리트를 채운 후 블리딩된 물을 수집한 결과 395cm³이었다. 블리딩량은 몇 cm³/cm²인가?

① 0.6
② 0.8
③ 1.2
④ 1.6

해설 45 블리딩량
$$\frac{V}{A} = \frac{395}{\frac{\pi \times 25^2}{4}} = 0.8 \text{cm}^3/\text{cm}^2$$

46
골재의 체가름 시험에 사용하는 저울은 어느 정도의 정밀도를 가진 것이 필요한가?

① 최소측정 값이 1g인 정밀도를 가진 것
② 최소측정 값이 0.1g인 정밀도를 가진 것
③ 시료질량의 1% 이상인 눈금량 또는 감량을 가진 것
④ 시료질량의 0.1% 이하의 눈금량 또는 감량을 가진 것

해설 46 저울은 시료 질량의 0.1% 이하의 눈금량 또는 감량을 가진 것으로 한다.

47
콘크리트 압축강도 시험을 위한 공시체를 제작할 때 콘크리트를 채우고 나서 캐핑을 실시하는 시기로서 가장 적합한 것은? (단, 된 반죽 콘크리트의 경우)

① 1~2시간 이후
② 2~6시간 이후
③ 6~12시간 이후
④ 12~24시간 이후

해설 47 몰드 제작시 2~6시간이 지나서 된 반죽의 시멘트풀(물-결합재비=27~30%)로 시험체의 표면을 캐핑해야 한다.

48
콘크리트 배합설계에서 물-결합재비가 50%, 단위시멘트량이 354kg/m³일 때 단위수량은?

① 157kg/m³
② 167kg/m³
③ 177kg/m³
④ 187kg/m³

해설 48 단위수량
= 단위 시멘트량 × W/C
= $354 \times \frac{50}{100} = 177 \text{kg/m}^3$

49
표면 건조 포화 상태인 굵은 골재의 질량이 4000g이고, 이 시료의 절대 건조 상태일 때의 질량이 3940g이었다면, 흡수율은?

① 1.25%
② 1.32%
③ 1.45%
④ 1.52%

해설 49 흡수율 = $\frac{\text{표건상태} - \text{노건상태}}{\text{노건상태}} \times 100$
= $\frac{4000 - 3940}{3940} \times 100 = 1.52\%$

정답 45 ② 46 ④ 47 ② 48 ③ 49 ④

☐☐☐ 02⑤, 05②, 06①, 07②, 08①, 09①③, 10①⑤, 13①②, 15①

50 콘크리트의 공기량 시험 결과 겉보기 공기량 $A_1(\%) = 6.70$, 골재의 수정계수 $G(\%) = 1.23$일 때 콘크리트의 공기량 $A(\%)$은?

① 4.58% ② 5.47%
③ 7.93% ④ 8.24%

50 공기량
$A = A_1 - G$
$= 6.70 - 1.23 = 5.47\%$

☐☐☐ 13①, 16②

51 잔골재의 표면수 시험에 대한 설명으로 틀린 것은?

① 시험방법으로 질량법과 용적법이 있다.
② 시료의 양이 많을수록 정확한 결과가 얻어진다.
③ 시료는 200g을 채취하고, 채취한 시료는 가능한 함수율의 변화가 없도록 주의하여 2분하고 각각을 1회의 시험의 시료로 한다.
④ 2회째의 시험에 사용하는 시료는 특히 시험을 할 때까지의 사이에 함수량이 변화하지 않도록 주의한다.

51
시료는 대표적인 것을 400g을 채취하고, 채취한 시료는 가능한 함수율의 변화가 없도록 주의하여 2분하고 각각을 1회의 시험의 시료로 한다.

☐☐☐ 01③, 07②, 13①, 14①

52 시멘트 밀도시험 결과 시멘트의 질량은 64g, 처음 광유 눈금을 읽은 값은 0.4mL, 시료를 넣은 후 광유 눈금을 읽은 값은 20.9mL였다. 이 시멘트의 밀도는 얼마인가?

① 3.09g/cm³ ② 3.12g/cm³
③ 3.15g/cm³ ④ 3.18g/cm³

52 시멘트 밀도
$= \dfrac{\text{시멘트의 질량(g)}}{\text{르샤틀리에 플라스크의 눈금 차(mL)}}$
$= \dfrac{64}{20.9 - 0.4} = 3.12 \text{g/cm}^3$
$= 3.12 \text{Mg/m}^3$

☐☐☐ 13①

53 콘크리트의 인장 강도를 측정하기 위하여 현재 세계 각국에서 직접 인장 시험 방법 대신 쪼갬 인장 시험 방법을 표준으로 규격화하는 이유로 가장 적당한 것은?

① 시험체의 모양, 시험 장치 등에 어려움이 없이 간단하게 측정할 수 있기 때문에
② 정확한 측정값을 얻을 수 있기 때문에
③ 압축 강도에 비해 인장 강도가 크기 때문에
④ 건조 수축이나 온도 변화에 따른 균열의 경감을 측정할 수 있기 때문에

53
시험체의 모양, 시험 장치 등에 어려움이 없이 간단하게 측정할 수 있기 때문에 쪼갬인장시험 방법을 규격화하고 있다.

정답 50 ② 51 ③ 52 ② 53 ①

□□□ 13①

54 콘크리트의 슬럼프 시험에 대한 설명으로 틀린 것은?

① 콘크리트 슬럼프 시험은 반죽 질기를 측정하는 것이다.
② 콘크리트 슬럼프 시험은 워커빌리티를 판단하는 수단으로 사용된다.
③ 슬럼프 콘에 시료를 채우고 벗길 때까지의 전 작업 시간은 3분 이내로 한다.
④ 시료를 슬럼프 콘에 넣고 다짐대로 3층으로 15회씩 다진다.

해 설

54
시료를 슬럼프 콘에 넣고 다짐대로 3층으로 각층 25회씩 다진다.

□□□ 01④, 04②, 06①②, 08①, 09⑤, 11①, 13①②, 15②

55 워커빌리티(Workability) 판정기준이 되는 반죽질기 측정시험 방법이 아닌 것은?

① 켈리볼 관입시험　　② 리몰딩시험
③ 슈미트 해머시험　　④ 슬럼프시험

55
슈미트 해머시험은 콘크리트 비파괴 시험이다.

□□□ 13①

56 콘크리트 압축강도 시험에서 몰드 지름 150mm인 공시체의 파괴하중이 441.786kN 일 때 압축강도는 약 얼마인가?

① 22MPa　　② 25MPa
③ 28MPa　　④ 32MPa

56 압축강도
$$f_c = \frac{P}{A}$$
$$= \frac{441.786 \times 1000}{\frac{\pi \times 150^2}{4}} = 25\,\text{MPa}$$

□□□ 13①

57 굵은 골재 마모시험(KS F 2508)에서 골재를 시험기에 넣고 회전시킨 뒤 몇 mm체를 통과하는 것을 마모감량으로 하는가?

① 0.6mm　　② 1.0mm
③ 1.5mm　　④ 1.7mm

57 마모시험
시료를 시험기에서 꺼내어 1.7mm체로 체가름 한다.

□□□ 01③, 06①, 10⑤, 13①, 15①

58 콘크리트의 배합설계에서 골재의 절대 부피가 0.95m³이고, 잔골재율이 39%, 잔골재의 표건밀도가 2.60g/cm³일 때 단위 잔골재량은?

① 852kg　　② 916kg
③ 954kg　　④ 963kg

58 단위 잔골재량
= 단위 골재의 절대체적×S/a
　×잔골재밀도×1000
= 0.95×0.39×2.60×1000
= 963kg

정답　54 ④　55 ③　56 ②　57 ④　58 ④

59 굵은 골재의 마모시험에 사용되는 기계·기구로 옳은 것은?

① 로스앤젤레스 시험기
② 비카트 침
③ 침입도계
④ 비비 미터

60 잔골재의 밀도 및 흡수율 시험에서 시료의 질량을 측정한 후 플라스크에 넣고 물을 용량의 몇 %까지 채우는가?

① 70%
② 80%
③ 90%
④ 100%

해설

59 굵은 골재의 마모시험
로스앤젤레스 시험기를 사용하여 마모에 대한 저항성을 측정하는 시험이다.

60
시료를 곧 플라스크에 넣고, 용량의 90%까지 물을 채운다.

정답 59 ① 60 ③

국가기술자격 CBT 필기시험문제

2013년도 기능사 제2회 필기시험

종 목	시험시간	배 점	테스트 결과(개수)		
콘크리트기능사	1시간	60	1회	2회	3회

□□□ 09④, 13②
01 골재의 저장 방법에 대한 설명으로 틀린 것은?

① 잔골재, 굵은 골재 및 종류와 입도가 다른 골재는 서로 섞어 균질한 골재가 되도록 하여 저장한다.
② 먼지나 잡물 등이 섞이지 않도록 한다.
③ 골재의 저장 설비에는 알맞은 배수 시설을 한다.
④ 골재는 직사광선을 막을 수 있는 적당한 시설을 갖추어야 한다.

□□□ 03①, 05②, 06①, 08⑤, 13②, 14③
02 콘크리트가 경화되는 중에 부피를 늘어나게 하여 콘크리트의 건조수축에 의한 균열을 억제하는데 사용하는 혼화재료는?

① 포졸란 ② 팽창재
③ AE제 ④ 경화촉진제

□□□ 13②
03 골재의 함수상태 네 가지 중 습기가 없는 실내에서 자연건조시킨 것으로서 골재알 속의 빈틈 일부가 물로 차있는 상태는?

① 습윤상태 ② 절대건조상태
③ 표면건조 포화상태 ④ 공기 중 건조 상태

□□□ 13②
04 시멘트의 응결속도에 영향을 주는 요소에 대한 설명으로 틀린 것은?

① 분말도가 크면 응결은 빨라진다.
② 석고의 첨가량이 많을수록 응결은 지연된다.
③ 온도가 낮을수록 응결은 빨라진다.
④ 풍화된 시멘트는 일반적으로 응결이 지연된다.

해 설

01
잔골재와 굵은 골재 및 종류와 입도가 다른 골재는 각각 구분하여 따로 따로 저장 한다.

02 팽창재
콘크리트가 굳어가는 도중에 부피를 늘어나게 하여 콘크리트의 건조 수축에 의한 균열을 억제해 주는 혼화재이다.

03
• 표면건조포화상태 : 골재 알 속의 빈틈이 물로 차 있고 표면에 물기가 없는 상태이다.
• 공기 중 건조상태 : 골재 알 속의 빈틈 일부가 물로 차 있는 상태이다.

04
온도가 높을수록 응결 시간이 단축된다.

정답 01 ① 02 ② 03 ④ 04 ③

☐☐☐ 03②, 04②, 06①, 08②, 09②, 11③, 13②, 14①

05 풍화된 시멘트에 대한 설명으로 틀린 것은?

① 경화가 늦어진다.
② 강도가 감소된다.
③ 응결이 늦어진다.
④ 밀도가 커진다.

05 시멘트가 풍화되면
- 강열감량이 증가
- 밀도와 강도가 저하
- 응결과 경화도 늦어진다.

☐☐☐ 13②, 14②

06 다음은 혼화재를 사용목적에 따라 분류한 것이다. 옳게 짝지어진 것은?

① 팽창을 일으키는 것 – 착색재
② 포졸란 작용이 있는 것 – 폴리머
③ 오토클레이브 양생으로 고강도를 내는 것 – 규산질 미분말
④ 주로 잠재수경성이 있는 것 – 중량재

06
- 팽창을 일으키는 것 : 팽창재
- 착색을 시키는 것 : 착색재
- 포졸란 작용이 있는 것 : 플라이 애시
- 주로 잠재수경성이 있는 것 : 고로슬래그 미분말

☐☐☐ 13②

07 주로 원자로 등에서 방사선 차폐 콘크리트를 만드는데 사용되는 골재는?

① 중량골재
② 경량골재
③ 보통골재
④ 부순골재

07 중량 골재
- 중량 골재는 중정석, 적철광, 갈철광, 자철광 등이 있다.
- 원자로 등에서 방사선 차폐용 콘크리트를 만드는 데 사용한다.
- 차폐용 콘크리트는 비중이 큰 골재로서 실적률이 크고, 입도가 좋은 것을 사용한다.

☐☐☐ 13②

08 콘크리트 비비기에 대한 설명으로 옳은 것은?

① 비비기를 시작하기 전에 미리 믹서 내부를 모르타르로 부착시켜야 한다.
② 비비기 최소시간은 가경식 믹서일 경우 3분 이상으로 한다.
③ 비비기는 오래 할수록 콘크리트 강도가 좋아진다.
④ 콘크리트 비비기가 잘되면 워커빌리티가 좋아지고 강도는 작아진다.

08
- 콘크리트 비비기는 오래하면 할수록 재료가 분리되어 워커빌리티가 나빠지며, 강도가 저하된다.
- 비비기 최소시간은 가경식 믹서인 경우 1분 30초 이상을 표준으로 한다.

☐☐☐ 11⑤, 13②

09 굵은골재의 최대치수는 질량비로 몇 % 이상 통과시킨 체 중에서 체눈의 크기가 가장 작은 체눈의 호칭값인가?

① 80%
② 85%
③ 90%
④ 95%

09
굵은 골재의 최대치수는 질량비로 90% 이상을 통과시키는 체 중에서 최소 치수의 체눈을 호칭치수로 나타낸다.

정답 05 ④ 06 ③ 07 ① 08 ① 09 ③

□□□ 02①, 07②, 10①, 12②, 13②, 14①, 16①

10 서중 콘크리트의 시공이나 레디믹스트 콘크리트에서 운반 거리가 먼 경우, 또는 연속 콘크리트를 칠 때 작업 이음이 생기지 않도록 할 경우에 사용하면 효과가 있는 혼화제는?

① 분산제
② 지연제
③ 증진제
④ 응결경화 촉진제

10 지연제
서중 콘크리트나 레디믹스트 콘크리트에서 시멘트의 응결시간을 늦추기 위하여 사용하는 혼화제이다.

□□□ 12②, 13②

11 시멘트는 저장 중에 공기와 접촉하면 공기 중의 수분 및 이산화탄소를 흡수하여 가벼운 수화반응을 일으키는데 이러한 반응을 무엇이라고 하는가?

① 응결
② 경화
③ 풍화
④ 균열

11 풍화
시멘트는 저장 중에 공기와 닿으면 수화작용을 일으킨다. 이때 생긴 수산화칼슘이 공기 중의 이산화탄소와 작용하여 탄산칼슘과 물이 생기게 되는 현상

□□□ 13②

12 골재의 빈틈이 적을 경우 콘크리트에 미치는 영향을 옳게 설명한 것은?

① 혼합수량이 증가한다.
② 투수성 및 흡수성이 증가한다.
③ 내구성이 큰 콘크리트를 얻을 수 있다.
④ 콘크리트의 강도가 커지고 건조수축도 커진다.

12 골재의 빈틈이 적은 경우
• 사용 수량이 줄어들어 콘크리트의 강도가 커진다.
• 투수성 및 흡수성이 감소한다.
• 콘크리트의 강도가 커지고 건조수축이 작아진다.

□□□ 13②

13 플라이 애시를 혼합한 콘크리트의 특징으로 틀린 것은?

① 콘크리트의 워커빌리티가 좋아진다.
② 콘크리트의 조기강도가 증가한다.
③ 콘크리트의 수밀성이 좋아진다.
④ 콘크리트의 건조수축이 감소된다.

13
플라이 애시를 혼합한 콘크리트의 압축강도는 초기재령에서는 보통 콘크리트보다 낮지만 재령이 길어짐에 따라 포졸란 반응에 의해 강도 증진효과가 크다.

□□□ 03①, 06⑤, 13②

14 다음 중 혼합시멘트에 속하는 것은?

① 중용열 포틀랜드 시멘트
② 알루미나 시멘트
③ 초속경 시멘트
④ 고로 슬래그 시멘트

14 혼합시멘트의 종류
• 고로 슬래그 시멘트
• 플라이 애시 시멘트
• 포틀랜드 포졸란 시멘트

정답   10 ② 11 ③ 12 ③ 13 ② 14 ④

□□□ 13②

15 시멘트 분말도가 높을 때 나타나는 효과가 아닌 것은?

① 풍화가 늦다.　　② 발열량이 높다.
③ 조기강도가 크다.　　④ 수화작용이 빠르다.

15 시멘트 분말도
분말도가 높으면 수화작용이 빨라 풍화하기 쉽다.

□□□ 13②, 14①

16 혼화재에 속하지 않는 것은?

① 플라이 애시　　② 팽창재
③ 고로 슬래그 미분말　　④ AE감수제

16
• 혼화재 : 플라이 애시, 팽창재, 고로 슬래그 미분말
• 혼화제 : 촉진제, AE제, AE감수제

□□□ 13②

17 골재의 흡수량의 계산식으로 옳은 것은?

- 절대건조 상태의 무게 : A
- 공기 중 건조 상태의 무게 : B
- 표면건조포화 상태의 무게 : C
- 습윤 상태의 무게 : D

① A-B　　② D-A
③ C-A　　④ B-A

17 흡수량
표면건조포화상태의 무게 - 절대건조 상태의 무게

□□□ 13②

18 골재의 단위 용적 질량이 1.6kg/L이고 밀도가 2.60kg/L일 때 이 골재의 실적률은?

① 61.5%　　② 53.9%
③ 38.5%　　④ 16.3%

18 골재의 실적률
$$G = \frac{T}{d_D} \times 100$$
$$= \frac{1.6}{2.60} \times 100 = 61.5\%$$

□□□ 01③④, 03①⑤, 06①②⑤, 08②, 10②, 13②, 14①

19 벽이나 기둥과 같이 높이가 높은 콘크리트를 연속해서 칠 경우 치는 속도가 너무 빠르면 재료분리가 일어나기 쉬우므로 일반적으로 30분에 어느 정도가 적당한가?

① 4~5m　　② 3~4m
③ 2~3m　　④ 1~1.5m

19
콘크리트를 쳐 올라가는 속도를 너무 빨리 하면 재료의 분리가 일어나기 쉬우므로, 일반적으로 30분에 1~1.5m 정도로 한다.

정답 15 ① 16 ④ 17 ③ 18 ① 19 ④

□□□ 13②, 14①
20 골재의 습윤상태에서 표면건조포화상태의 수분을 뺀 물의 양은?

① 함수량
② 흡수량
③ 표면수량
④ 유효흡수량

20 표면수량
- 습윤상태에서 표면건조 포화상태로 되기까지 흡수된 물의 양
- 표면수량=습윤상태 질량−표면건조포화상태 질량

□□□ 13②
21 해양 콘크리트 구조물에 쓰이는 콘크리트의 설계기준강도는 몇 MPa 이상으로 하여야 하는가?

① 10MPa
② 20MPa
③ 30MPa
④ 40MPa

21 해양 콘크리트 구조물에 쓰이는 콘크리트의 설계기준강도는 30MPa 이상으로 한다.

□□□ 01③, 04②, 12②, 13①②, 14②
22 한중 콘크리트 시공 시 콘크리트의 동결 온도를 낮추기 위해 사용하는 방법으로 가장 적합하지 않은 것은?

① 물을 가열하고 사용
② 잔골재를 가열하고 사용
③ 시멘트를 가열하고 사용
④ 굵은 골재를 가열하고 사용

22 온도가 높은 시멘트와 물을 접촉시키면 급결하여 콘크리트에 나쁜 영향을 줄 우려가 있으므로 시멘트를 직접 가열해서는 안된다.

□□□ 13②
23 콘크리트용 잔골재의 유해물 함유량의 한도(질량백분율)중 점토덩어리 함유량의 최대값은 몇 % 이하이어야 하는가?

① 0.25
② 1
③ 3
④ 5

23 점토덩어리 함유량 최대값

잔골재	1%
굵은골재	0.25%

□□□ 13②
24 숏크리트 작업에서 주의할 사항으로 옳지 않은 것은?

① 리바운드된 재료가 다시 혼입되지 않게 한다.
② 숏크리트는 빠르게 운반하고, 급결제를 첨가한 후에 바로 뿜어 붙이기 작업을 실시하여야 한다.
③ 노즐은 항상 뿜어붙일 면에 45° 경사지게 유지한다.
④ 뿜어붙이는 거리와 뿜는 압력을 일정하게 유지한다.

24 노즐각도는 시공면에 직각으로 한다.

정답 20 ③ 21 ③ 22 ③ 23 ② 24 ③

해 설

☐☐☐ 13②

25 AE제를 사용한 콘크리트의 특성에 대한 설명으로 옳지 않은 것은?

① 워커빌리티가 증가한다. ② 단위수량이 증가한다.
③ 블리딩이 감소된다. ④ 동결융해 저항성이 커진다.

25
콘크리트의 워커빌리티가 좋아지고 단위 수량이 줄어든다.

☐☐☐ 11③, 13②, 16①

26 콘크리트 재료를 계량할 때 혼화재의 계량 허용오차로 옳은 것은?

① ±1% ② ±2%
③ ±3% ④ ±4%

26 계량오차

재료	허용오차
시멘트	−1%, +2%
골재	±3%
물	−2%, +1%
혼화재	±2%
혼화제	±3%

☐☐☐ 13②

27 콘크리트의 양생법 중 막양생에 대한 설명으로 옳은 것은?

① 거푸집판에 물을 뿌리는 방법
② 가마니 또는 포대 등에 물을 적셔서 덮는 방법
③ 비닐로 덮는 방법
④ 양생제를 뿌려 물의 증발을 막는 방법

27 막양생
콘크리트 표면에 충분한 양의 막양생제를 적절한 시기에 균일하게 살포하여야 한다.

☐☐☐ 10①, 13②, 16①

28 비빔통 속에 달린 날개를 회전시켜 콘크리트를 비비는 것이며, 주로 콘크리트 플랜트에 사용되는 믹서는?

① 중력식 믹서 ② 강제식 믹서
③ 가경식 믹서 ④ 연속식 믹서

28 콘크리트 믹서
• 중력식 믹서 : 비빔통 속에 날개가 달린 비빔통을 회전시켜서 내부의 재료를 비비는 믹서로 슬럼프가 큰 묽은 반죽 콘크리트에 사용
• 강제식 믹서 : 비빔통 속에 달린 날개를 회전시켜서 콘크리트를 비비는 믹서로 주로 콘크리트 플랜트에 사용

☐☐☐ 13②

29 콘크리트 타설에 대한 설명으로 틀린 것은?

① 콘크리트 치기 도중 발생한 블리딩수가 있을 경우 표면에 도랑을 만들어 물을 흐르게 한다.
② 거푸집의 높이가 높을 경우 거푸집에 투입구를 설치하거나 연직슈트를 타설면 가까이 내려서 타설한다.
③ 콘크리트를 2층 이상으로 나누어 타설할 경우, 상층의 콘크리트는 하층의 콘크리트가 굳기 전에 타설해야 한다.
④ 콘크리트는 그 표면이 한 구획 내에서는 거의 수평이 되도록 타설하는 것을 원칙으로 한다.

29
콘크리트 타설 도중 표면에 떠올라 고인 블리딩수가 있을 경우에는 적당한 방법으로 이 물을 제거한 후가 아니면 그 위에 콘크리트를 쳐서는 안되며, 고인 물을 제거하기 위하여 콘크리트 표면에 홈을 만들어 흐르게 해서는 안된다.

정답 25 ② 26 ② 27 ④ 28 ② 29 ①

□□□ 11①, 13②

30 벨트컨베이어를 사용하여 콘크리트를 운반할 때 벨트컨베이어의 끝 부분에 조절판 및 깔때기를 설치하는 이유로 가장 적당한 것은?

① 콘크리트의 건조를 방지하기 위하여
② 콘크리트의 운반거리를 단축하기 위하여
③ 콘크리트의 반죽질기 변화를 방지하기 위하여
④ 콘크리트의 재료분리를 방지하기 위하여

30
벨트컨베이어에 조절판 및 깔때기를 설치하여 재료 분리를 막아야 한다.

□□□ 03②, 04⑤, 06②⑤, 08②, 09⑤, 11①, 13②, 14①

31 외기 온도가 25℃ 이상일 경우 콘크리트의 비비기로부터 치기가 끝날 때까지의 시간은 얼마를 넘지 않아야 하는가?

① 50분 ② 90분
③ 120분 ④ 150분

31 콘크리트의 타설 완료 시간

외기 온도	타설 완료시간
25℃ 이상	1.5시간 이내
25℃ 미만	2시간 이내

□□□ 13②

32 내부 진동기의 사용 방법으로 옳지 않은 것은?

① 진동기는 연직으로 찔러 넣는다.
② 진동기 삽입간격은 0.5m 이하로 한다.
③ 진동기를 빨리 빼내어 구멍이 남지 않게 한다.
④ 진동기를 하층의 콘크리트 속으로 0.1m 정도 찔러 넣는다.

32
내부 진동기를 빼낼 때에는 구멍이 생기지 않도록 천천히 빼낸다.

□□□ 11④, 13②, 14①

33 조강 포틀랜드 시멘트의 경우 습윤 상태의 보호기간은 며칠 이상을 표준으로 하는가? (단, 일평균 기온이 15℃ 이상일 때)

① 3일 ② 4일
③ 5일 ④ 7일

33 습윤양생기간(15℃ 이상)

보통 시멘트	5일
조강 시멘트	3일

□□□ 13②

34 수중 콘크리트의 타설은 물을 정지시킨 정수 중에서 타설하는 것을 원칙으로 하나, 완전히 물막이를 할 수 없는 경우 물의 속도가 얼마 이내에서 시공해야 하는가?

① 50mm/sec ② 100mm/sec
③ 150mm/sec ④ 200mm/sec

34 수중 콘크리트
수중의 물의 속도가 50mm/sec 이내일 때에 한하여 시공한다.

정답 30 ④ 31 ② 32 ③ 33 ① 34 ①

□□□ 05①②, 06①, 08①⑤, 10⑤, 13②, 14①

35 한중 콘크리트로 양생중인 콘크리트는 온도를 최소 몇 ℃ 이상으로 유지하는 것을 표준으로 하는가?

① 0℃
② 4℃
③ 5℃
④ 20℃

35 한중콘크리트
소요 압축강도가 얻어질 때까지 콘크리트의 온도를 5℃ 이상 유지해야 한다.

□□□ 04②, 08②, 13②, 16②

36 콘크리트를 높은 곳에서 낮은 곳으로 미끄러져 내려 갈수 있게 만든 홈통이나 관 모양의 것으로 만들어진 것은?

① 슈트
② 콘크리트 플레이서
③ 버킷
④ 벨트 컨베이어

36 슈트
높은 곳에서 낮은 곳으로 미끄러져 내려갈 수 있게 만든 홈통이나 관 모양의 것으로서, 연직 슈트와 경사 슈트가 있다.

□□□ 13②, 16①

37 프리플레이스트 콘크리트에 있어서 연직 주입관의 수평간격은 얼마 정도를 표준으로 하는가?

① 1m
② 2m
③ 3m
④ 4m

37
연직 주입관의 수평 간격은 2m 정도를 표준으로 한다.

□□□ 03①⑤, 04②, 05②, 08③, 09①③, 10①, 11③, 13②, 15①

38 수송관 속의 콘크리트를 압축공기로써 압송하며 터널 등의 좁은 곳에 콘크리트를 운반하는데 편리한 콘크리트 운반장비는?

① 운반차
② 콘크리트 플레이서
③ 슈트
④ 버킷

38 콘크리트 플레이서
콘크리트를 압축공기로 압송하며 터널 등의 좁은 곳, 터널 둘레 콘크리트에 사용된다.

□□□ 13②

39 콘크리트의 슬럼프 시험 방법에 대한 설명으로 틀린 것은?

① 슬럼프 콘을 벗기는 작업은 높이 300mm에서 2~5초 정도로 끝내야 한다.
② 슬럼프 콘에 콘크리트를 채우기 시작하고 나서 슬럼프 콘의 들어올리기를 종료할 때까지의 시간은 3분 이내로 한다.
③ 3층으로 나누어 각 층을 25회씩 다지고 난 후에는 콘크리트가 슬럼프 콘보다 낮아졌어도 다시 콘크리트를 추가하여 넣어서는 안 된다.
④ 콘크리트가 내려앉은 길이를 5mm 단위로 측정한다.

39 슬럼프 시험 방법
3층으로 나누어 각 층을 25회씩 다지고 난 후에 콘크리트가 슬럼프 콘보다 낮아졌으면 다시 콘크리트를 추가하여 넣은 후 시험을 한다.

정답 35 ③ 36 ① 37 ② 38 ② 39 ③

해설

□□□ 13②

40 다음 콘크리트 다짐기계 중에서 비교적 두께가 얇고, 넓은 콘크리트의 표면을 고르게 다듬질할 때 사용되며, 주로 도로 포장, 활주로 포장 등의 다짐에 쓰이는 것은?

① 거푸집 진동기
② 내부 진동기
③ 롤러 진동기
④ 표면 진동기

40 표면 진동기
- 비교적 두께가 얇고, 넓은 콘크리트의 표면에 진동을 주어 다지는 기계로서 표면을 고르게 다듬질 할 때 사용된다.
- 주로 도로 포장, 활주로 포장 등의 다지기에 사용된다.

□□□ 13②

41 용량(q)이 $0.75m^3$인 믹서기 4대로 구성된 콘크리트 플랜트의 단위시간당 생산량(Q)은 몇 m^3/h인가?(단, 작업 효율(E)=0.8, 사이클 시간(Cm)=4분이다.)

① $9m^3/h$
② $18m^3/h$
③ $36m^3/h$
④ $72m^3/h$

41
$$Q = \frac{60 \times q \times n \times E}{Cm}$$
$$= \frac{60 \times 0.75 \times 4 \times 0.8}{4} = 36\,m^3/hr$$

□□□ 13②

42 안지름 25cm, 높이 28cm의 용기를 사용하여 블리딩 시험을 한 결과 피벳으로 빨아낸 물의 양이 $508cm^3$였다. 블리딩량(cm^3/cm^2)을 구하면?

① 0.009
② 9.58
③ 1.03
④ 5.08

42 블리딩량
$$\frac{V}{A} = \frac{508}{\frac{\pi \times 25^2}{4}}$$
$$= 1.03\,cm^3/cm^2$$
$$= 0.0103\,m^3/m^2$$

□□□ 10①, 13②

43 지름 150mm, 높이 300mm인 공시체를 사용하여 콘크리트 쪼갬 인장강도시험을 하니 시험기에 나타난 최대하중이 147.9kN이었다. 이 공시체의 인장강도는?

① 1.5MPa
② 1.7MPa
③ 1.9MPa
④ 2.1MPa

43 인장강도
$$f_t = \frac{2P}{\pi dl}$$
$$= \frac{2 \times 147.9 \times 1000}{\pi \times 150 \times 300}$$
$$= 2.1\,MPa$$

□□□ 13②

44 블레인 공기투과장치에 의한 비표면적 시험은 무엇을 알기 위한 시험인가?

① 시멘트의 분말도
② 시멘트의 팽창도
③ 시멘트의 인장강도
④ 시멘트의 표준주도

44
블레인 공기 투과 장치에 의한 시멘트 분말도의 시험은 시멘트의 분말로 만든 베드에 공기를 투과시켜 그 투과 속도로써 비표면적을 측정하는 것이다.

정답 40 ④ 41 ③ 42 ③ 43 ④ 44 ①

□□□ 13②

45 콘크리트 압축강도 시험 기록이 없는 현장에서 설계기준압축강도가 22MPa인 경우 배합강도는?

① 29MPa
② 30.5MPa
③ 32MPa
④ 33.5MPa

해설

45
$f_{cr} = f_{ck} + 8.5$
$= 22 + 8.5 = 30.5\,\text{MPa}$

□□□ 04⑤, 06①, 08①, 09⑤, 10②, 13②, 16①

46 잔골재의 조립률이 2.5이고 굵은골재의 조립률이 7.5일 때에 잔골재와 굵은골재를 질량비 2 : 3으로 혼합한 골재의 조립률은?

① 3.5
② 4.5
③ 5.5
④ 6.5

46 혼합 조립률
$f_a = \dfrac{m}{m+n}f_s + \dfrac{n}{m+n}f_g$
$= \dfrac{2}{2+3} \times 2.5 + \dfrac{3}{2+3} \times 7.5 = 5.5$

□□□ 05①, 08②, 09⑤, 11①, 12②, 13②, 14①

47 단위 용적질량이 1.69kg/L, 밀도가 2.60kg/L인 굵은골재의 공극률은 얼마인가?

① 25%
② 30%
③ 35%
④ 40%

47
공극률 $= \left(1 - \dfrac{T}{d_D}\right) \times 100$
$= \left(1 - \dfrac{1.69}{2.60}\right) \times 100 = 35\%$

□□□ 03⑤, 04⑤, 06⑤, 08②, 09②③, 10②, 12②, 13②③, 14⑤

48 150mm×150mm×530mm인 콘크리트 공시체로 지간길이가 450mm인 단순보의 3등분점 하중장치로 휨강도 시험을 실시한 결과 시험기에 나타난 최대 하중이 34.5kN일 때 공시체가 지간의 중앙에서 파괴되었다. 이 공시체의 휨강도는?

① 4.6MPa
② 4.2MPa
③ 3.8MPa
④ 3.4MPa

48 휨강도
$f_b = \dfrac{Pl}{bh^2}$
$= \dfrac{34.5 \times 10^3 \times 450}{150 \times 150^2}$
$= 4.6\,\text{N/mm}^2 = 4.6\,\text{MPa}$

□□□ 13②

49 갇힌 공기량 2%, 단위 수량 180kg, 단위 시멘트량 315kg인 콘크리트의 단위 골재량의 절대부피는 얼마인가? (단, 시멘트의 비중은 3.15g/cm³임)

① 650L
② 680L
③ 700L
④ 730L

49 골재의 절대용적
- 단위수량 절대용적 $= 180\,\text{L}$
- $V_c = \dfrac{315}{0.00315 \times 1000} = 100\,\text{L}$
- 공기량 $= 1000 \times 0.02 = 20\,\text{L}$
∴ 골재의 절대용적
$= 1000 - (180 + 100 + 20) = 700\,\text{L}$

정답 45 ② 46 ③ 47 ③ 48 ① 49 ③

□□□ 02⑤, 05②, 06①, 07②, 08①, 09①③, 10①⑤, 13①②, 15①

50 압력법에 의한 공기량 시험에서 겉보기 공기량이 6.75%이고, 골재의 수정계수가 1.25인 경우 이 콘크리트의 공기량은?

① 4.25% ② 5.5%
③ 8.0% ④ 9.25%

해 설

50 공기량
$A(\%) = A_1 - G$
$= 6.75 - 1.25 = 5.5\%$

□□□ 13②

51 콘크리트용 모래에 포함되어 있는 유기불순물 시험에 대한 설명으로 옳은 것은?

① 사용하는 수산화나트륨 용액은 물 50에 수산화나트륨 50의 질량비로 용해시킨 것이다.
② 시료는 대표적인 것을 취하고 절대건조상태로 건조시켜 4분법을 사용하여 약 5kg을 준비한다.
③ 시험에 사용할 유리병은 노란색으로 된 유리병을 사용하여야 한다.
④ 시험의 결과 24시간 정치한 잔골재 상부의 용액색이 표준용액보다 연할 경우 이 모래는 콘크리트용으로 사용할 수 있다.

51
• 수산화나트륨 용액 : 물 97에 수산화나트륨 3의 질량비로 용해시킨 것이다.
• 시료 : 시료는 대표적인 것을 취하고 공기 중 건조상태로 건조시켜서 4분법 또는 시료 분취기를 사용하여 약 450g을 채취한다.
• 유리병 : 병은 고무마개를 가지고 눈금이 있는 용량 400mL의 무색 투명 유리병이 2개 있어야 한다.

□□□ 04②, 06⑤, 10③, 13②③, 14③, 22③

52 콘크리트 휨강도 시험에서 100×100×380mm의 몰드를 사용하여 공시체를 제작할 때 콘크리트 채우기에서 각 층의 다짐 횟수는?

① 38회 ② 58회
③ 76회 ④ 96회

52
몰드 속의 콘크리트를 다짐대로 윗면적 약 1000mm² 에 대하여 1회 비율로 다짐한다.
∴ $\frac{100 \times 380}{1000} = 38$회

□□□ 13②

53 골재의 조립률을 구하기 위한 체의 호칭지수로 적당하지 않은 것은?

① 40mm ② 25mm
③ 5mm ④ 2.5mm

53 조립률(F.M)
75mm, 40mm, 20mm, 10mm, 5mm, 2.5mm, 1.2mm, 0.6mm, 0.3mm, 0.15mm(10개)

□□□ 13②

54 골재의 단위 용적 질량 시험 방법 중 충격을 이용하는 방법에서 용기를 떨어뜨리는 높이로 가장 적당한 것은?

① 20cm ② 15cm
③ 10cm ④ 5cm

54 충격에 의한 경우
각 층마다 용기의 한 쪽을 약 5cm 들어 올려서 바닥을 두드리듯이 낙하시킨다.

  50 ② 51 ④ 52 ① 53 ② 54 ④

55 로스앤젤레스 시험기를 사용하는 골재의 시험법은 무엇인가?

① 마모시험 ② 안정성시험
③ 밀도시험 ④ 단위용적질량시험

해설 55
로스앤젤레스 시험기에 의한 마모시험은 철구를 사용하여 굵은 골재의 마모에 대한 저항을 측정하는 것이다.

56 아래의 그림 및 표의 설명은 어떤 시험에 대한 내용인가?

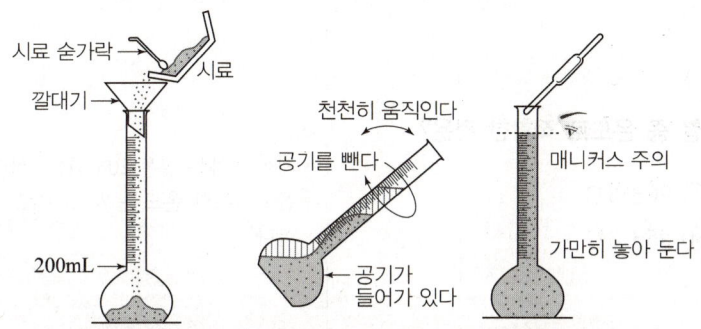

1) 시료의 질량은 0.1g까지 측정한다.
2) 플라스크의 표시선까지 물을 채우고 질량을 측정한다.
3) 물을 일정량 비우고 시료를 넣고 흔들어서 공기를 제거한다.
4) 플라스크 표시선까지 물을 채운 상태에서 질량을 측정한다.

① 잔골재의 밀도 시험 ② 잔골재의 표면수 시험
③ 콘크리트 슬럼프 시험 ④ 콘크리트 인장강도 시험

해설 56
잔골재의 표면수 시험방법이다.

57 굳지 않은 콘크리트의 워커빌리티를 측정하는 시험법이 아닌 것은?

① 슬럼프 시험 ② 플로(flow) 시험
③ 공기 함유량 시험 ④ 구관입 시험

해설 57
공기 함유량 시험은 공기량 측정 시험이다.

58 황산 소듐을 이용한 골재의 안정성 시험에 사용되는 시험용 용액은?

① 황산나트륨 ② 가성소다
③ 염화칼슘 ④ 탄닌산

해설 58
시료가 든 철망태를 황산나트륨 용액 속에 16~18시간 동안 담가 둔다.

정답 55 ① 56 ② 57 ③ 58 ①

□□□ 13②

59 콘크리트의 압축강도 시험을 위한 공시체에 대한 설명으로 옳지 않은 것은?

① 공시체는 지름의 2배 높이를 가진 원기둥형으로 한다.
② 몰드에 콘크리트를 채울 때 콘크리트는 2층 이상의 거의 동일한 두께로 나눠서 채운다.
③ 캐핑층의 두께는 공시체 지름의 2%를 넘어서는 안된다.
④ 공시체의 지름은 골재의 최대치수의 4배 이하로 한다.

□□□ 13②, 19②

60 콘크리트의 블리딩 시험에서 시험 중 온도로 적합한 것은?

① 17±3℃
② 20±3℃
③ 23±3℃
④ 25±3℃

해 설

59 시험체의 지름
굵은 골재 최대치수의 3배 이상이며, 또한 10cm 이상이여야 한다.

60
• 시험 중에는 실온 20±3℃로 한다.
• 콘크리트의 온도는 20±3℃로 한다.

정답 59 ④ 60 ②

국가기술자격 CBT 필기시험문제

2013년도 기능사 제4회 필기시험

종 목	시험시간	배 점	테스트 결과(개수)		
콘크리트기능사	1시간	60	1회	2회	3회

해 설

□□□ 13④

01 토목재료로서 갖추어야할 일반적 성질 중 틀린 것은?

① 사용 환경에 안전하고 내구성이 있어야 한다.
② 생산량이 적어야 한다.
③ 사용목적에 알맞은 공학적 성질을 가져야 한다.
④ 운반 다루기 및 가공하기 쉬워야 한다.

01
대량생산이 가능해야 한다.

□□□ 13④

02 부순 굵은 골재를 사용한 콘크리트에 대한 설명으로 틀린 것은?

① 소요 단위수량이 많아진다.
② 강자갈을 사용한 콘크리트와 비교하여 수밀성이 약간 저하된다.
③ 강자갈을 사용한 콘크리트와 비교하여 압축강도가 현저히 작아진다.
④ 석분이 골재 표면에 부착되어 있기 때문에 세척 후 사용하여야 한다.

02
부순 굵은 골재는 시멘트와 부착이 좋기 때문에 강자갈을 사용한 콘크리트와 거의 동등 이상의 강도를 발현한다.

□□□ 03②, 05②, 06⑤, 07⑤, 10⑤, 13④, 15①

03 감수제의 성질을 잘못 설명한 것은?

① 시멘트의 입자를 흐트러지게 하는 분산제이다.
② 워커빌리티가 좋아지므로 단위수량을 줄일 수 있다.
③ 내구성 및 수밀성이 좋아진다.
④ 단위 시멘트량이 커지는 단점이 있다.

03
단위시멘트의 양도 절약된다.

□□□ 08①, 13④, 14②

04 혼화제로서 워커빌리티를 좋게 하고, 동결융해에 대한 저항성과 수밀성을 크게 하는 혼화재료는?

① AE제
② 기포제
③ 유동화제
④ 촉진제

04 AE제(공기연행제)
콘크리트 속에 독립된 무수히 많은 미세한 공기기포를 연행시켜 워커빌리티와 동결융해에 대한 저항성을 향상시키기 위해 사용하는 혼화제이다.

정답 01 ② 02 ③ 03 ④ 04 ①

	해 설

□□□ 13④
05 콘크리트의 워커빌리티에 가장 큰 영향을 미치는 요소는?

① 시멘트의 종류   ② 단위수량
③ 잔골재의 품질   ④ 굵은 골재의 최대치수

05
워커빌리티에 영향을 끼치는 가장 중요한 것은 단위수량이다.

□□□ 13④, 15②, 16②
06 혼화재료에 대한 설명 중 옳은 것은?

① 포졸란을 사용하면 콘크리트의 장기강도 및 수밀성이 커진다.
② 감수제는 시멘트의 입자를 분산시켜 시멘트풀의 유동성을 감소시킨다.
③ 지연제는 시멘트 입자 표면에 흡착되어 조기 수화작용을 촉진시킨다.
④ 촉진제는 일반적으로 시멘트 중량에 대해서 4%이상을 사용해야 한다.

06
- 시멘트의 입자가 분산되어 유동성이 좋아진다.
- 지연제는 시멘트의 응결 시간을 늦추기 위하여 사용하는 혼화제로 수화작용을 늦추어 준다.
- 촉진제는 일반적으로 시멘트 중량에 대해서 4% 이하를 사용해야 한다.

□□□ 13④
07 혼화재료의 저장에 대한 설명으로 부적당한 것은?

① 혼화제는 먼지나 불순물이 혼입되지 않고 변질되지 않도록 저항한다.
② 저장이 오래된 것은 시험 후 사용여부를 결정하여야 한다.
③ 혼화재는 날리지 않도록 그 취급에 주의해야 한다.
④ 혼화재는 습기가 약간 있는 창고내에 저장한다.

07
혼화재는 습기를 막을 수 있는 사일로 또는 창고 등에 종류별로 나누어 저장한다.

□□□ 13④
08 콘크리트용 골재가 갖추어야하는 성질 중 틀린 것은?

① 알맞은 입도를 가질 것
② 깨끗하고 강하며, 내구적일 것
③ 연한 석편, 가느다란 석편을 함유할 것
④ 먼지, 흙, 유기 불순물 등의 유해물을 함유하지 않을 것

08
연한 석편, 가느다란 석편을 함유하지 않을 것

□□□ 13④
09 AE 콘크리트의 성질에 관한 설명으로 틀린 것은?

① 워커빌리티가 좋다.   ② 소요 단위수량이 적어진다.
③ 블리딩이 적어진다.   ④ 철근과의 부착강도가 커진다.

09 AE제 사용의 특성
콘크리트의 강도와 철근과의 부착강도가 약간 작아진다.

정답 05 ② 06 ① 07 ④ 08 ③ 09 ④

□□□ 04⑤, 13④
10 보통 굵은 골재의 흡수율(%)은 일반적으로 얼마 정도인가?

① 0.5 ~ 4% ② 4 ~ 7.5%
③ 7.5 ~ 10% ④ 10 ~ 12.5%

해설

10 골재의 흡수율(%)
• 잔골재 1 ~ 6%
• 굵은골재 0.5 ~ 4%

□□□ 03①, 06②, 10①, 13④, 14①
11 조기 강도가 커서 긴급 공사나 한중 콘크리트에 알맞은 시멘트는?

① 중용열 포틀랜드 시멘트 ② 알루미나 시멘트
③ 고로 슬래그 시멘트 ④ 팽창 시멘트

11
• 재령 28일 강도를 내므로 긴급공사에 사용된다.
• 수화열이 많아서 한중 콘크리트 공사에 알맞다.
• 해수, 열류 등의 작용에 대한 저항이 커서 해수공사에 알맞다.

□□□ 12②, 13④
12 굵은 골재의 최대치수에 대한 설명으로 옳은 것은?

① 콘크리트에서 굵은 골재의 최대치수가 크면 소요 단위수량은 증가한다.
② 콘크리트에서 굵은 골재의 최대치수가 크면 소요 단위시맨트량은 증가한다.
③ 굵은 골재의 최대치수가 크면 재료분리가 감소한다.
④ 굵은 골재의 최대치수가 크면 시멘트 풀의 양이 적어지므로 경제적이다.

12
• 굵은골재의 최대치수가 클수록 단위수량 및 단위시멘트량이 감소하여 유리하다.
• 굵은골재의 최대치수가 클수록 재료분리가 일어나가 쉽다.

□□□ 13④
13 고로 슬래그 시멘트에 관한 설명 중 옳은 것은?

① 응결시간이 짧고 경화할 때 발열이 크다.
② 단면이 큰 콘크리트 공사에는 부적합하다.
③ 해수, 폐수, 하수가 접하는 부분에 적합하다.
④ 긴급공사나 한중 콘크리트에 적합하다.

13 고로 슬래그 시멘트 특징
• 포틀랜드 시멘트에 비해서 응결 시간이 느리고 조기강도가 작다.
• 수화열이 적고 장기 강도가 크다.
• 댐, 하천, 항만 등의 구조물에 쓰인다.
• 해수, 하수, 공장 폐수와 닿는 콘크리트 공사에 알맞다.

□□□ 13④
14 골재의 조립률(F.M)과 관계있는 것은?

① 마모에 대한 저항성
② 콘크리트의 경제적인 배합결정
③ 알칼리 골재 반응
④ 골재의 함유 불순물

14
골재의 조립률은 콘크리트의 경제적인 배합결정을 위해서 필요하다.

정답 10 ① 11 ② 12 ④ 13 ③ 14 ②

□□□ 13④

15 수화열이 적고, 건조수축이 작으며, 댐이나 방사선차폐용, 매시브한 콘크리트 등 단면이 큰 콘크리트 공사에 적합한 시멘트는?

① 보통 포틀랜드 시멘트
② 조강 포틀랜드 시멘트
③ 중용열 포틀랜드 시멘트
④ 내황산염 포틀랜드 시멘트

□□□ 09④, 13④

16 시멘트의 응결에 관한 설명 중 옳지 않은 것은?

① 습도가 낮으면 응결이 빨라진다.
② 풍화되었을 경우 응결이 빨라진다.
③ 온도가 높을수록 응결이 빨라진다.
④ 분말도가 크면 응결이 빨라진다.

□□□ 13④

17 굵은 골재의 정의로 가장 적합한 것은?

① 2.5mm체에 거의 다 남는 골재
② 5mm체에 거의 다 남는 골재
③ 10mm체에 거의 다 남는 골재
④ 25mm체에 거의 다 남는 골재

□□□ 13④, 14③

18 일반적인 포틀랜드 시멘트의 비중은?

① 2.50～2.65
② 2.65～2.80
③ 2.80～3.10
④ 3.10～3.20

□□□ 13④

19 다음 중 배치믹서(batch mixer)에 대한 설명으로 가장 적합한 것은?

① 콘크리트 재료를 1회분씩 비비기하는 기계
② 콘크리트 재료를 1회분씩 계량하는 기계
③ 콘크리트를 혼합하면서 운반하는 트럭
④ 콘크리트를 1m³씩 혼합하는 기계

해 설

15 중용열 포틀랜드 시멘트
수화열과 건조 수축이 적어 장기 강도가 커서 댐과 같은 매스 콘크리트, 방사선 차폐용, 지하 구조물에 이용된다.

16
시멘트가 풍화되면 응결이 늦어진다.

17 골재의 정의
- 굵은 골재 : 5mm체를 거의 다 통과하고 남는 골재
- 잔 골재 : 5mm체를 다 통과하고 0.08mm체에 다 남는 골재

18 시멘트의 비중
일반적으로 3.14～3.20 정도이다.

19
콘크리트 재료를 1회분씩 혼합하는 믹서를 배치믹서라 한다.

정답 15 ③ 16 ② 17 ② 18 ④ 19 ①

□□□ 13④

20 다음은 굵은 골재의 비중 시험 결과이다. 절대 건조 상태의 밀도는?

- 공기 중의 절대건조 시료의 무게(g) [A] : 3939.3(g)
- 공기 중의 표면 건조 포화상태의 무게(g) [B] : 4000(g)
- 물속에서 시료의 무게(g) [C] : 2492(g)
- 시험온도에서의 물의 밀도는 1g/cm³이다.

① 2.59g/cm³   ② 2.61g/cm³
③ 2.63g/cm³   ④ 2.65g/cm³

해설

20 절대 건조 상태의 밀도

$$D_s = \frac{B}{B-C} \times \rho$$
$$= \frac{4000}{4000-2492} \times 1 = 2.65 \text{g/cm}^3$$

□□□ 13④

21 콘크리트를 운반할 때 고려하여야 할 중요 사항과 가장 관계가 먼 것은?

① 운반 시간 단축   ② 슬럼프 감소 방지
③ 거푸집의 청결상태   ④ 재료분리 방지

21 콘크리트를 운반할 때 가능한 운반거리를 짧게 하여 운반시간을 단축하고 슬럼프 감소와 재료 분리를 방지해야 한다.

□□□ 13④

22 골재의 크고 작은 알이 섞여 있는 정도를 무엇이라 하는가?

① 골재의 평형   ② 골재의 조립률
③ 골재의 입도   ④ 골재의 비중

22 골재의 굵고 잔 알이 섞여있는 정도를 골재의 입도라 한다.

□□□ 01③④, 03①⑤, 06①②⑤, 08②, 10②, 13②④, 14①

23 콘크리트 치기에서 벽이나 기둥과 같이 높이가 높은 콘크리트를 연속해서 칠 경우에는 일반적으로 30분에 어느 정도로 하는가?

① 1~1.5m   ② 1.5~2m
③ 2~3.5m   ④ 3.5~4m

23 콘크리트를 쳐 올라가는 속도를 너무 빨리 하면 재료의 분리가 일어나기 쉬우므로, 일반적으로 30분에 1~1.5m 정도로 한다.

□□□ 13④

24 보통 포틀랜드 시멘트를 사용한 콘크리트포장 도로의 차량을 위한 최소 양생 기간은?

① 7일   ② 14일
③ 21일   ④ 28일

24 포장용 콘크리트의 양생기간

보통 시멘트	14일
조강 시멘트	7일
중용열 시멘트	21일

정답 20 ④ 21 ③ 22 ③ 23 ① 24 ②

□□□ 03⑤, 10①, 13④

25 서중 콘크리트를 타설할 때의 온도는 몇 ℃ 이하로 하는가?

① 5℃   ② 15℃
③ 25℃   ④ 35℃

25 서중콘크리트
- 콘크리트를 칠 때의 최대 온도는 35℃ 이하이어야 한다.
- 하루 평균기온이 25℃를 초과하는 것이 예상되는 경우 시공한다.

□□□ 13④

26 용량(q)이 0.75m³인 믹서 2대로 된 중력식 콘크리트 플랜트의 시간당 생산량(Q)은 얼마인가? (단, 작업효율(E)=0.8, 사이클 시간 (C_m = 4min)

① 6m³/h   ② 12m³/h
③ 18m³/h   ④ 24m³/h

26
$$Q = \frac{60 \times q \times n \times E}{C_m}$$
$$= \frac{60 \times 0.75 \times 2 \times 0.8}{4} = 18\,\text{m}^3/\text{hr}$$

□□□ 11⑤, 13④, 14②

27 콘크리트를 일관 작업으로 대량 생산하는 장치로서, 재료 저장부, 계량 장치, 비비기 장치, 배출 장치로 되어 있는 것은?

① 레미콘   ② 콘크리트 플랜트
③ 콘크리트 피니셔   ④ 콘크리트 디스트리뷰터

27 콘크리트 플랜트
- 콘크리트를 일관 작업으로 대량 생산하는 장치이다.
- 재료 저장부, 계량 장치, 비비기 장치, 배출 장치로 되어 있다.

□□□ 13④

28 그림은 콘크리트 포장의 어떤 시공을 나타낸 것인가?

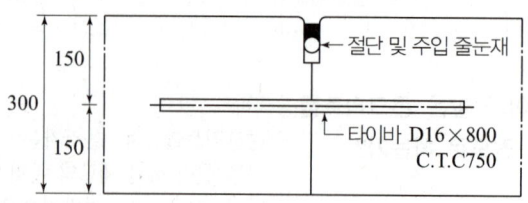

① 콘크리트 기층 깔기   ② 세로줄눈 설치
③ 콘크리트 철망 깔기   ④ 가로줄눈 설치

28 세로줄눈
- 세로줄눈은 보통 1차로씩 시공하는 경우에는 맞댄 줄눈으로 한다.
- 2차로 한 번에 시공하는 경우에는 홈줄눈으로 한다.

□□□ 04①, 05①, 13④, 14③

29 서중 콘크리트를 타설할 때 시간은 얼마 이내로 하여야 하는가?

① 60분 이내   ② 90분 이내
③ 120분 이내   ④ 150분 이내

29
콘크리트를 비벼서 쳐넣을 때까지의 시간은 1.5시간(90분)을 넘어서는 안된다.

정답 25 ④ 26 ③ 27 ② 28 ② 29 ②

30 다음 중 손수레를 사용하여 굳지 않은 콘크리트를 운반할 수 있는 경우에 대한 설명으로 옳은 것은?

① 운반거리가 1km 이하가 되는 평탄한 운반로를 만들어 재료 분리를 방지할 수 있는 경우
② 운반거리가 500m 이하가 되는 10% 이내의 하향 경사의 운반로를 만들어 운반을 인력으로 할 수 있는 경우
③ 운반거리가 100m 이하가 되는 평탄한 운반로를 만들어 재료 분리를 방지할 수 있는 경우
④ 운반거리가 500m 이하가 되는 10% 이내의 상향 경사의 운반로를 만들어 운반을 인력으로 할 수 있는 경우

해설

30 손수레
운반거리가 100m 이하가 되는 평탄한 운반로를 만들어 재료 분리를 방지할 수 있는 경우에 운반할 수 있다.

31 콘크리트 치기에 대한 설명으로 옳지 않은 것은?

① 철근의 배치가 흐트러지지 않도록 주의해야 한다.
② 거푸집 안에 투입한 후 이동시킬 필요가 없도록 해야 한다.
③ 2층 이상으로 쳐 넣은 경우 아래층이 굳은 다음 윗 층을 쳐야 한다.
④ 높은 곳을 연속해서 쳐야 할 경우 반죽질기 및 속도를 조정해야 한다.

31
콘크리트를 2층 이상으로 나누어 치기 할 경우, 하층의 콘크리트가 경화 전에 상층의 콘크리트를 쳐야 한다.

32 콘크리트 시공의 작업순서를 바르게 나타낸 것은 어느 것인가?

① 계량→운반→비비기→치기→양생
② 계량→비비기→치기→운반→양생
③ 계량→운반→치기→비비기→양생
④ 계량→비비기→운반→치기→양생

32 콘크리트 시공의 작업순서
계량→비비기→운반→치기→양생

33 콘크리트 휨 강도 시험에서 하중을 가하는 속도는 가장자리 응력도의 증가율이 매초 얼마가 되도록 조정하여야 하는가?

① $0.02±0.04$MPa(N/mm^2)
② $0.06±0.04$MPa(N/mm^2)
③ $0.10±0.04$MPa(N/mm^2)
④ $0.14±0.04$MPa(N/mm^2)

33
공시체에 하중을 가하는 속도는 가장자리 응력도의 증가율이 매초 $(0.06±0.040)$MPa이 되도록 조정하여야 한다.

정답 30 ③ 31 ③ 32 ④ 33 ②

□□□ 13④

34 물─결합재비가 44%, 단위시멘트량이 250kg/m³일 때 단위수량을 구한 값으로 옳은 것은?

① 105kg/m³   ② 110kg/m³
③ 115kg/m³   ④ 120kg/m³

34 단위수량
W = 단위 시멘트량 × W/C
$= 250 \times \dfrac{44}{100} = 110$ kg/m³

□□□ 02①, 09①⑤, 13④

35 굵은골재의 최대치수 40mm, 슬럼프의 범위 100~180mm인 경우 콘크리트의 운반 방법으로 가장 알맞은 것은?

① 콘크리트 플레이서   ② 버킷
③ 콘크리트 펌프   ④ 운반차

35 콘크리트 펌프
보통 콘크리트를 펌프로 압송할 경우 굵은 골재 최대 치수는 40mm 이하를 표준으로 하며, 슬럼프값은 100~180mm 범위가 알맞다.

□□□ 02⑤, 04②, 08②, 12①, 13①④

36 콘크리트 비비기에서 강제식 믹서를 사용할 경우 비비기 시간은 얼마 이상을 표준으로 하는가?

① 1분   ② 1분30초
③ 2분   ④ 2분30초

36 믹서 비비기

가경식	1분 30초 이상
강제식 믹서	1분 이상

□□□ 12②, 13④

37 잔골재의 절대부피가 0.279m³이고 잔골재 밀도가 2.64g/cm³일 때 단위 잔골재량은 얼마인가?

① 106kg   ② 573kg
③ 737kg   ④ 946kg

37 단위 잔골재량
= 단위 잔 골재의 절대 부피
 × 잔 골재의 밀도 × 1000
= 0.279 × 2.64 × 1000
= 737kg/m³

□□□ 13④

38 잔골재의 유기불순물 영향 시험을 위한 모르타르 강도 시험 방법은?

① 압축강도 시험   ② 플로우(flow) 시험
③ 인장강도 시험   ④ 슬럼프 시험

38
잔골재의 유기불순물 영향 시험을 위한 모르타르 압축강도 시험을 한다.

□□□ 13④

39 비카 침 장치와 길모어 침 장치는 무슨 시험을 하기 위한 것인가?

① 시멘트의 응결시간 시험   ② 시멘트의 흐름 시험
③ 시멘트의 수화열 시험   ④ 시멘트의 팽창도 시험

39 응결시간 측정법
• 비이카침(Vicat needle)법
• 길모어침(Gilmore needle)법

정답 34 ② 35 ③ 36 ① 37 ③ 38 ①
39 ①

40 한중 콘크리트에 관한 다음 설명 중 옳지 않은 것은?

① 타설할 때의 온도는 5~20℃의 범위에서 정한다.
② 공기연행 콘크리트를 사용하는 것을 원칙으로 하고 물-결합재비는 60% 이하로 한다.
③ 하루의 평균기온이 4℃ 이하가 되는 기상조건에서는 한중 콘크리트로서 시공한다.
④ 동결 또는 빙설이 혼입되어 있는 골재와 시멘트는 직접가열하여 쓴다.

해설

40
어떠한 경우라도 시멘트를 가열하여 사용하여서는 안된다.

41 콘크리트의 다지기에 대한 설명으로 옳은 것은?

① 내부 진동기의 찔러 넣은 간격은 일반적으로 1m 이하로 한다.
② 내부 진동기는 진동기 끝이 거푸집 표면까지 닿도록 깊숙이 찔러 넣어야 한다.
③ 내부 진동기는 얇은 벽 등 작업이 어려운 곳에서 사용하기 편리하다.
④ 콘크리트의 다지기는 내부 진동기를 사용하는 것이 원칙이다.

41 내부 진동기
- 내부 진동기의 찔러 넣는 간격은 일반적으로 0.5m 이하로 한다.
- 찔러 넣는 깊이는 아래층 콘크리트 속으로 0.1m 이상 들어가게 한다.
- 얇은 벽 등 내부 진동기의 사용이 곤란한 장소에서는 거푸집 진동기를 사용한다.

42 잔골재의 절대부피가 0.324m³이고 골재의 절대부피는 0.684m³일 때 잔골재율을 구하면?

① 16.0%
② 17.1%
③ 24.5%
④ 47.4%

42 잔골재율(S/a)
$$= \frac{\text{단위 잔골재의 절대부피}}{\text{단위 골재량의 절대부피}} \times 100$$
$$\therefore S/a = \frac{S}{S+G} \times 100$$
$$= \frac{0.324}{0.684} \times 100 = 47.4\%$$

43 일명 고온고압양생이라고 하며, 증기압 7~15기압, 온도 180℃정도의 고온, 고압의 증기 솥 속에서 양생하는 방법은?

① 오토클레이브양생
② 상압증기양생
③ 전기양생
④ 가압양생

43 오토클레이브 양생
170~185℃, 7~15기압, 기압의 고온, 고압으로 처리하는 방법이다.

44 골재의 조립률을 구하는데 필요하지 않는 체는?

① 0.075mm체
② 0.15mm체
③ 0.3mm체
④ 40mm체

44 조립률(F.M)
75mm, 40mm, 20mm, 10mm, 5mm, 2.5mm, 1.2mm, 0.6mm, 0.3mm, 0.15mm(10개)

정답 40 ④ 41 ④ 42 ④ 43 ① 44 ①

□□□ 13④

45 일반 콘크리트의 슬럼프 시험에 대한 설명으로 틀린 것은?

① 콘크리트안에 40mm가 넘는 굵은 골재를 약간 포함하고 있다면, 40mm가 넘는 굵은 골재는 제거한다.
② 콘크리트가 슬럼프콘의 중심축에 대하여 치우치거나 무너져서 모양이 불균형하게 된 경우는 다른 시료에 의해 재시험을 한다.
③ 콘에 시료를 채울 때 시료를 거의 같은 양의 3층으로 나눠서 채우며, 그 각 층은 다짐봉으로 고르게 한 후 25회 똑같이 다진다.
④ 슬럼프 콘을 벗길 때는 좌우로 가볍게 흔들어 준다.

45 슬럼프 콘(cone)을 벗길 때는 위로 가만히 빼어 올린다.

□□□ 13④

46 황산 소듐을 이용한 골재의 안정성 시험을 하기 위한 시험용액에 사용되는 시약은 어느 것인가?

① 탄닌산　　　② 염화칼슘
③ 황산나트륨　④ 수산화나트륨

46 황산 소듐을 이용한 골재의 안정성 시험
• 골재의 내구성을 알기 위해서 황산 나트륨 포화 용액으로 인한 골재의 부서짐 작용에 대한 저항성을 시험하는 것이다.
• 25~30℃의 깨끗한 물 1L에 황산나트륨을 750g의 비율로 넣어 시험 용액을 만든다.

□□□ 13④

47 골재의 함수상태에서 골재 알의 표면에는 물기가 없고 알속의 빈틈만 물로 차 있는 상태는?

① 습윤상태　　② 공기 중 건조상태
③ 절대건조상태　④ 표면건조 포화상태

47 표면건조포화상태의 골재이다.

□□□ 03②, 04①, 05②, 13④, 14①

48 콘크리트의 배합 설계 방법 중 적절하지 못한 것은?

① 배합표에 의한 방법　② 단위수량에 의한 방법
③ 계산에 의한 방법　　④ 시험배합에 의한 방법

48 콘크리트의 배합을 결정하는 방법
• 계산에 의한 방법
• 배합표에 의한 방법
• 시험 배합에 의한 방법

□□□ 04②, 06②, 11①, 12②, 13④, 15①

49 슬럼프 시험에서 콘을 들어 올린 후 콘크리트가 내려앉은 길이를 몇 mm 정밀도로 측정하여야 하는가?

① 0.5mm　　② 5mm
③ 10mm　　④ 50mm

49 콘크리트가 내려앉은 길이를 5mm의 정밀도로 측정한다.

정답 45 ④　46 ③　47 ④　48 ②　49 ②

50 콘크리트의 압축강도시험에서 최대하중이 2800N일 때, 압축강도를 구하면? (단, 공시체는 $\phi 150 \times 300$cm)

① 0.573MPa ② 0.445MPa
③ 0.217MPa ④ 0.158MPa

50 압축강도
$$f_c = \frac{P}{A}$$
$$= \frac{2800}{\frac{\pi \times 150^2}{4}} = 0.158 \text{MPa}$$

51 지름이 150mm, 길이가 300mm인 공시체를 사용하여 인장강도 시험을 하였다. 파괴시의 강도가 180kN이었다면 콘크리트의 인장강도는?

① 1.02MPa ② 1.85MPa
③ 2.55MPa ④ 3.34MPa

51 인장강도
$$f_t = \frac{2P}{\pi dl}$$
$$= \frac{2 \times 180 \times 10^3}{\pi \times 150 \times 300}$$
$$= 2.55 \text{N/mm}^2 = 2.55 \text{MPa}$$

52 콘크리트 휨강도 시험체를 만들 때 $150 \times 150 \times 530$mm일 때 몇 층으로 몇 회씩 다지는가?

① 3층 30회 ② 3층 75회
③ 2층 60회 ④ 2층 80회

52
콘크리트를 2층으로 몰드의 1/2씩 채우고 콘크리트를 다짐대로 윗면적 약 1000mm²에 대하여 1회 비율로 다짐한다.
∴ $\frac{150 \times 530}{1000} = 80$회

53 잔골재 표면수 시험에 대한 설명으로 옳지 않은 것은?

① 시험방법 중 질량법이 있다.
② 시험의 정밀도는 각 시험값과 평균값의 차가 3% 이하이어야 한다.
③ 시험방법 중 용적법이 있다.
④ 시험은 동시에 채취한 시료에 대하여 2회 실시하고 결과는 그 평균값으로 나타낸다.

53
시험은 같은 시료에 대하여 계속 두 번 시험하였을 때의 차가 0.3% 이하이어야 한다.

54 콘크리트의 블리딩 시험에서 시료의 블리딩 물의 총량이 300g이고 시료에 함유된 물의 총 질량이 150kg일 때 블리딩률은 몇 %인가?

① 0.2% ② 0.8%
③ 1.2% ④ 4.5%

54 블리딩률
$$B_r = \frac{B}{W_s} \times 100$$
$$= \frac{300}{150 \times 1000} \times 100 = 0.2\%$$

정답 50 ④ 51 ③ 52 ④ 53 ② 54 ①

□□□ 13④

55 굳지 않은 콘크리트의 공기량 측정법이 아닌 것은?

① 공기실 압력법 ② 부피법
③ 계산법 ④ 무게법

55 공기량 측정법
무게법, 부피법, 공기실 압력법

□□□ 13④, 19②

56 콘크리트의 압축강도 시험을 위한 공시체 모양은 원기둥형으로 하며, 공시체 높이는 지름의 몇 배로 하는가?

① 1.5배 ② 2배
③ 2.5배 ④ 3배

56
공시체는 지름의 2배 높이를 가진 원기둥형으로 한다.

□□□ 13④

57 시멘트 비중시험에 사용되는 기구는?

① 르샤틀리에 비중병 ② 데시케이터
③ 피크노미터 ④ 건조로

57
시멘트 비중시험은 르샤틀리에 플라스크를 사용한다.

□□□ 13④

58 잔골재의 밀도 및 흡수율 시험을 1회 수행하기 위한 표면건조 포화상태의 시료량은 최소 몇 g 이상이 필요한가?

① 100g ② 500g
③ 1500g ④ 5000g

58
잔골재의 밀도 및 흡수량 시험을 위해서 표면건조 포화상태의 시료 500g을 0.1g까지 정확하게 단다.

□□□ 13④, 17①

59 콘크리트의 쪼갬 인장강도를 구하는 식으로 옳은 것은?

단, T : 쪼갬 인장강도(N/mm²)
P : 시험기에 나타난 최대하중(N)
l : 공시체의 길이(mm)
d : 공시체의 지름(mm)

① $T = \dfrac{2P}{Al}$ ② $T = \dfrac{\pi l d}{2P}$
③ $T = \dfrac{P}{\pi l}$ ④ $T = \dfrac{2P}{\pi d l}$

59 쪼갬 인장강도
$T = \dfrac{2P}{\pi d l}$

정답 55 ③ 56 ② 57 ① 58 ② 59 ④

□□□ 13④

60 콘크리트 표면을 물에 적신 가마니, 마포 등으로 덮는 양생방법은 어느 것인가?

① 습포양생 ② 수중양생
③ 습사양행 ④ 피막양생

해 설

60 습윤 양생의 종류
- 수중 양생 : 콘크리트를 물 속에 담그는 양생
- 습포 양생 : 콘크리트의 표면을 물에 적신 가마니, 마포 등으로 덮는 양생
- 습사 양생 : 콘크리트 표면에 젖은 모래를 뿌리는 양생
- 피막 양생 : 콘크리트 표면에 막을 만드는 양생

정답 60 ①

국가기술자격 CBT 필기시험문제

2014년도 기능사 제1회 필기시험

종 목	시험시간	배 점	테스트 결과(개수)		
콘크리트기능사	1시간	60	1회	2회	3회

☐☐☐ 07⑤, 10⑤, 14①

01 골재의 공극률이 30%일 때 골재의 실적률은?

① 0.3% ② 0.7%
③ 30%   ④ 70%

해 설

01
실적률
=100−공극률(%)
=100−30=70%

☐☐☐ 14①

02 잔골재 A의 조립률은 3.26이고 잔골재 B의 조립률은 2.44이다. 이 골재의 조립률이 적당하지 않아 조립률이 2.8이 되는 잔골재 C를 만들고자 할 때 잔골재 A와 B의 혼합비로 옳은 것은?

　　A　　 B　　　　　　　A　　 B
① 0.75 : 0.25　　　② 0.36 : 0.64
③ 0.44 : 0.56　　　④ 0.32 : 0.68

해설

A+B=100 ·················· (1)

$\frac{3.26A+2.44B}{A+B}=2.8$ ·················· (2)

(2)에서 3.26A+2.44B=2.8A+2.8B
∴ 0.46A−0.36B=0 ·················· (3)
(1)×0.36+(3)
0.82A=36 ·················· (4)
(3)+(4)에서 A=43.90%, B=56.15
∴ A : B=44% : 56%=0.44 : 0.56

☐☐☐ 01③, 03①, 12②, 14①

03 골재의 저장에 관한 사항 중 틀린 것은?

① 골재는 직사광선을 피해야 한다.
② 동결을 방지하도록 적당한 시설을 갖춘 곳에 저장한다.
③ 불순물이 섞여 들어가서는 안 된다.
④ 여러 종류의 골재를 한 장소에 같이 저장하고 입도에 맞게 혼합하여 사용한다.

03
잔골재 및 굵은 골재에 있어 종류와 밀도가 다른 골재는 각각 구분하여 따로따로 저장한다.

정답 01 ④ 02 ③ 03 ④

□□□ 03①, 06②, 10①, 13③, 14①

04 알루미나 시멘트의 특징으로 틀린 것은?

① 발열량이 적다.
② 초조강성을 갖는다.
③ 해수에 대한 화학적 저항성이 크다.
④ 내화학성 콘크리트용 시멘트로 적합하다.

04
발열량이 크기 때문에 긴급을 요하는 공사나 한중 공사의 시공에 적합하다.

□□□ 01③④, 05②, 03①, 06②⑤, 08①, 13①, 10②, 14①

05 분말도가 큰 시멘트의 성질에 대한 설명으로 틀린 것은?

① 물과 혼합시 접촉 표면적이 커서 수화작용이 빠르다.
② 풍화하기 쉽고 건조수축이 커져서 균열이 발생하기 쉽다.
③ 블리딩이 적고 워커블한 콘크리트가 얻어진다.
④ 색이 어둡게 되며 비중이 커진다.

05
분말도가 큰 시멘트는 비중이 작고 풍화하기 쉽다.

□□□ 11③, 14①

06 콘크리트용 골재로 사용할 굵은 골재의 안정성은 황산나트륨으로 5회 시험을 하여 평가하는데, 그 손실질량은 몇 % 이하를 표준으로 하는가?

① 8%   ② 10%
③ 12%   ④ 14%

06 손실 무게비의 한도

손실 질량비 (황산나트륨 시험용액)	
잔 골재	굵은 골재
10% 이하	12% 이하

□□□ 11③, 14①

07 프리플레이스트 콘크리트에 사용하는 굵은 골재의 최소 치수는 몇 mm 이상으로 하는가?

① 5mm   ② 8mm
③ 10mm   ④ 15mm

07
• 굵은 골재의 최소치수는 15mm 이상
• 굵은골재의 최대치수는 부재단면 최소치수의 1/4 이하

□□□ 14①

08 다음 혼화재료 중 콘크리트의 워커빌리티를 개선하는 효과가 없는 것은?

① 응결경화촉진제   ② AE제
③ 플라이애시   ④ 유동화제

08 응결경화촉진제
응결, 경화시간을 조절하는 것으로 촉진제, 지연제, 급결제

정답 04 ① 05 ④ 06 ③ 07 ④ 08 ①

□□□ 10④, 11③, 14①
09 굵은 골재의 최대치수에 대한 설명으로 틀린 것은?

① 개별 철근, 다발철근, 긴장재 또는 덕트 사이 최소 순간격의 3/4을 초과하지 않아야 한다.
② 단면이 큰 구조물인 경우 굵은 골재의 최대치수는 40mm를 표준으로 한다.
③ 거푸집 양 측면 사이의 최소 거리의 1/5을 초과하지 않아야 한다.
④ 슬래브 두께의 1/4을 초과하지 않아야 한다.

09
슬래브 두께의 1/3을 초과하지 않아야 한다.

□□□ 02①, 06②, 08②, 13①, 14①
10 시멘트의 입자를 분산시켜 콘크리트의 필요한 반죽질기를 얻고 단위수량을 줄일 목적으로 사용하는 혼화제는?

① 감수제　　② 경화촉진제
③ AE제　　　④ 수포제

10 감수제
시멘트 입자를 분산시켜 필요한 반죽질기를 얻기 위해 단위수량을 감소시킬 목적으로 사용한다.

□□□ 14①
11 콘크리트 제조용 굵은 골재의 설명으로 틀린 것은?

① 굵은 골재는 5mm 체에 거의 다 남는 골재를 말한다.
② 내구성이 크고 구형이어야 한다.
③ 소량의 유기물이 포함되어야 한다.
④ 강도가 크고 입도가 고르게 섞여서 표준입도 범위에 들어야 한다.

11
깨끗하고 유해한 물질을 포함하지 않아야 한다.

□□□ 03②, 04②, 06①, 08②, 09②, 11③, 13②, 14①
12 풍화된 시멘트의 성질에 대한 설명으로 틀린 것은?

① 비중이 떨어진다.　　② 강열감량이 감소된다.
③ 응결이 지연된다.　　④ 강도의 발현이 저하된다.

12
• 강열감량은 시멘트 풍화의 정도를 판단하기 위하여 많이 사용된다.
• 시멘트가 풍화되면 강열감량이 증가되어 강도가 저하된다.

□□□ 01③, 14①
13 프리플레이스트 콘크리트용 그라우트, 프리스트레스트 콘크리트 등에 사용되며 골재나 PS강재의 빈틈을 잘 채워지게 하여 부착을 좋게 하는 혼화제는?

① 급결제　　② 지연제
③ 발포제　　④ AE제

13 발포제
프리플레이스트 콘크리트용 그라우트, PSC 등에 사용하면 모르타르나 시멘트풀을 팽창시켜 굵은골재의 공극이나 PC강재의 주위에 충분히 잘 채워 부착을 좋게 한다.

정답　09 ④　10 ①　11 ③　12 ② 13 ③

□□□ 02①, 07②, 10①, 13②, 14④

14 시멘트의 응결 시간을 늦추기 위하여 사용하는 혼화제로서 서중 콘크리트나 레디믹스트 콘크리트에서 운반거리가 먼 경우, 또는 연속적으로 콘크리트를 칠 때 콜드조인트가 생기지 않도록 할 경우 등에 사용되는 혼화제는?

① 감수제　　　　　② 촉진제
③ 급결제　　　　　④ 지연제

14 지연제
서중 콘크리트나 레디믹스트 콘크리트에서 시멘트의 응결시간을 늦추기 위하여 사용하는 혼화제이다.

□□□ 13②, 14①

15 골재의 표면수량에 대한 설명으로 틀린 것은?

① 함수량에서 흡수량을 뺀 값
② 콘크리트의 배합에 영향을 주므로 표면수량을 측정하여 현장배합의 보정에 적용한다.
③ 골재알의 표면에 묻어 있는 물의 양
④ 공기 중 건조상태에서 표면건조 포화상태로 되기까지 흡수된 물의 양

15 골재의 표면수량
• 습윤상태에서 표면건조 포화상태로 되기까지 흡수된 물의 양
• 표면수량=습윤상태 질량−표면건조포화상태 질량

□□□ 10④, 11①④, 12②, 14④

16 다음 중 특수시멘트에 속하는 것은?

① 내황산염포틀랜드시멘트　　② 백색포틀랜드시멘트
③ 실리카시멘트　　　　　　　④ 팽창시멘트

16
• 특수 시멘트 : 알루미나, 팽창, 초조강, 초속경 시멘트
• 포틀랜드 시멘트 : 보통, 중용열, 조강, 저열, 내황산염, 백색 포틀랜드 시멘트

□□□ 14②

17 콘크리트 시공에서 시멘트 사용량을 절약하려면 골재로서 다음 중 어느 것에 가장 유의해야 하는가?

① 시멘트풀과의 부착성　　② 골재 입도
③ 골재 중량　　　　　　　④ 골재 밀도

17
적당한 입도를 가진 골재를 사용하면 단위수량이 적어지며, 적은 단위 시멘트량으로 소요의 작업성을 가진 콘크리트를 만들 수 있다.

□□□ 13②, 14④

18 혼화재료는 혼화제와 혼화재로 나눌 수 있다. 다음 중 혼화재에 속하지 않는 것은?

① 플라이애시　　　　② 고로 슬래그 미준말
③ 팽창제　　　　　　④ 촉진제

18
• 혼화재 : 플라이 애시, 팽창재, 고로 슬래그 미분말
• 혼화제 : 촉진제, AE제

정답 14 ④　15 ④　16 ④　17 ②　18 ④

□□□ 08①, 13③, 14①
19 다음 중 콘크리트에 AE제를 혼합하는 주목적으로 옳은 것은?

① 동결융해 저항성을 향상시키기 위해서
② 부피를 증대하기 위해서
③ 강도의 증대를 위해서
④ 시멘트 절약을 위해서

해 설

19 AE제(공기연행제)
콘크리트 속에 독립된 무수히 많은 미세한 공기기포를 연행시켜 워커빌리티와 동결융해에 대한 저항성을 향상시키기 위해 사용하는 혼화제이다.

□□□ 01③, 04⑤, 07②⑤, 11④⑤, 14①
20 아래의 표에서 설명하는 혼화재료는?

| 화력발전소에서 미분탄을 보일러 내에서 완전히 연소했을 때 그 폐가스 중에 함유된 용융상태의 미세한 분말입자를 전기집진기로 모은 것 |

① 실리카 품
② 플라이애시
③ 고로 슬래그
④ AE제

20 플라이 애시
가루 석탄을 연료로 사용하는 발전소에서 이를 연소할 때, 굴뚝을 통해 미세한 분말입자를 전기 집전기로 채취한 것

□□□ 07②, 14①
21 콘크리트가 된 반죽이면 진동기를 써서 다져야 한다. 가장 많이 사용되는 진동기는?

① 내부 진동기
② 거푸집 진동기
③ 평면식 진동기
④ 공기식 진동기

21
• 내부진동기 : 된 반죽인 경우에 바이브로(Vibrator)를 이용해 다짐
• 외부진동기 : 거푸집진동기, 표면진동기, 진동대

□□□ 05①②, 06①, 08①⑤, 10⑤, 13②, 14①
22 한중콘크리트를 타설할 때 콘크리트 온도는 구조물의 단면치수, 기상조건 등을 고려하여 최소 몇 도 이상으로 정하여야 하는가? (단, 일반적인 경우)

① 5℃ 이상
② 10℃ 이상
③ 15℃ 이상
④ 20℃ 이상

22 한중콘크리트
소요 압축강도가 얻어질 때까지 콘크리트의 온도를 5℃ 이상으로 유지하여야 한다.

□□□ 06①, 07②, 09②⑤, 14①
23 수밀콘크리트의 물-결합재비(W/C)는 얼마 이하를 표준으로 하는가?

① 40%
② 50%
③ 60%
④ 65%

23 수밀콘크리트
물-결합재비는 50% 이하를 표준으로 한다.

정답 19 ① 20 ② 21 ① 22 ① 23 ②

□□□ 04①, 08②, 13②, 14①

24 콘크리트 타설에 대한 설명으로 틀린 것은?

① 한 구획 내의 콘크리트는 타설을 마칠 때까지 연속해서 쳐야 한다.
② 콘크리트 치기의 1층 높이는 다짐 능력을 고려하여 결정한다.
③ 콘크리트를 2층 이상으로 칠 경우 위 층의 콘크리트는 아래층의 콘크리트가 굳은 후에 쳐야 한다.
④ 거푸집의 높이가 높은 경우 거푸집에 투입구를 만들거나 연직 슈트 또는 펌프 수송관의 배출구를 치기면 가까운 곳까지 내려서 쳐야 한다.

24
콘크리트를 2층 이상으로 나누어 칠 경우에는, 각 층의 콘크리트가 일체가 되도록 아래층의 콘크리트가 굳기 전에 위층의 콘크리트를 쳐야 한다.

□□□ 14①

25 콘크리트를 양생할 때 유해 작용으로 볼 수 없는 것은?

① 진동 ② 하중
③ 습도 ④ 충격

25
콘크리트를 타설한 후 소요기간까지 경화에 필요한 온도, 습도조건을 유지하며 유해한 작용을 받지 않도록 충분히 양생하여야 한다.

□□□ 11④, 13②, 14①

26 일평균기온이 15℃ 이상이고 조강포틀랜드 시멘트를 사용한 콘크리트에 대한 습윤양생기간의 표준은?

① 1일 ② 3일
③ 5일 ④ 7일

26 습윤양생기간(15℃ 이상)

보통 시멘트	5일
조강 시멘트	3일

□□□ 04⑤, 12②, 14①

27 다음 중 프리플레이스트 콘크리트의 특징이 아닌 것은?

① 장기 강도가 크다.
② 수중콘크리트에 적합하다.
③ 블리딩 및 레이턴스가 적다.
④ 조기강도가 보통 콘크리트보다 크다.

27
조기강도는 보통 콘크리트보다 작으나 장기 강도는 크다.

□□□ 03②, 04⑤, 06②⑤, 08②, 09⑤, 11①, 13②, 14①

28 외기 온도가 25℃ 미만일 때 콘크리트는 비비기로부터 타설이 끝날 때까지의 시간은 원칙적으로 몇 시간 이내로 하는가?

① 1시간 ② 2시간
③ 3시간 ④ 4시간

28 콘크리트의 타설 완료 시간

외기 온도	완료시간
25℃ 이상	1.5시간 이내
25℃ 미만	2시간 이내

정답 24 ③ 25 ③ 26 ② 27 ④ 28 ②

□□□ 01③④, 03①⑤, 06①②⑤, 08②, 10②, 13②③, 14①

29 벽이나 기둥과 같이 높이가 높은 콘크리트를 연속해서 타설할 경우에는 콘크리트를 쳐 올라가는 속도를 너무 빨리하면 재료의 분리가 일어나기 쉬우므로 치기 속도를 제한하고 있는데 일반적으로 30분에 쳐 올라가는 속도는 얼마 정도인가?

① 0.5~1.0m
② 1.0~1.5m
③ 1.5~2.0m
④ 2.0~2.5m

29 콘크리트를 쳐 올라가는 속도를 너무 빨리 하면 재료의 분리가 일어나기 쉬우므로, 일반적으로 30분에 1~1.5m 정도로 한다.

□□□ 01③, 06②, 08②, 14①

30 콘크리트 1m³를 만드는데 필요한 재료의 양을 무엇이라고 하는가?

① 시방배합
② 현장배합
③ 배합강도
④ 단위량

30 단위량(kg/m³)
콘크리트 1m³를 만드는데 사용되는 각 재료량

□□□ 03②, 04①, 05②, 13③, 14①

31 다음 중 콘크리트의 배합을 결정하는 방법이 아닌 것은?

① 계산에 의한 방법
② 배합표에 의한 방법
③ 시험 배합에 의한 방법
④ 재하 시험에 의한 방법

31 콘크리트의 배합을 결정하는 방법
· 계산에 의한 방법
· 배합표에 의한 방법
· 시험 배합에 의한 방법

□□□ 14①

32 다음은 한중 콘크리트를 시공할 때 주의할 사항이다. 옳지 않은 것은?

① 물-결합재비를 크게 한다.
② 양생 중에는 콘크리트의 온도를 5℃ 이상으로 유지해야 한다.
③ 콘크리트를 쳐 넣은 뒤 초기에 얼어붙지 않도록 잘 보호한다.
④ 콘크리트를 쳐 넣은 뒤에는 특히 바람을 막아야 한다.

32 한중 콘크리트
물-결합재비는 원칙적으로 60% 이하로 한다.

□□□ 04①, 08①, 09⑤, 10②, 14①

33 굳지 않는 콘크리트 속에서 스며나오는 물이 시멘트나 기타, 다른 미립자를 표면에 운반하여 이것이 표면에 떠올라서 가라앉은 물질을 무엇이라고 하는가?

① 슬럼프(slump)
② 레이턴스(laitance)
③ 블리딩(bleeding)
④ 피니셔 빌리티(finishability)

33
· 블리딩 : 콘크리트를 친후 시멘트와 골재 알이 가라앉으면서 물이 올라와 콘크리트의 표면에 떠오르는 현상을 말한다.
· 레이턴스 : 블리딩에 의하여 콘크리트의 표면에 떠올라 가라앉는 아주 작은 물질

정답 29 ② 30 ④ 31 ④ 32 ① 33 ②

□□□ 10①, 14①

34 하루 평균기온이 25℃를 초과하는 것이 예상되는 경우 적용해야 하는 것은?

① 한중 콘크리트　　② 서중 콘크리트
③ 수중 콘크리트　　④ 해양 콘크리트

34
하루 평균기온이 25℃를 초과하는 것이 예상되는 경우 서중콘크리트로서 시공한다.

□□□ 14①

35 콘크리트 운반 계획에 대한 설명으로 옳지 않은 것은?

① 콘크리트의 총량. 콘크리트 입수 방법 등을 고려하여 계획을 수립한다.
② 재료분리, 워커빌리티 등 성상의 변화가 적은 방법을 택한다.
③ 운반거리가 단축되도록 계획하여야 한다.
④ 운반방법은 한 가지 방법으로만 계속해서 실시해야 한다.

35
빠른 운반로를 결정하여 가장 경제적으로 운반할 수 있도록 운반계획을 세운다.

□□□ 04①②, 07②, 11③, 14①

36 콘크리트 치기의 진동 다지기에 있어서 내부 진동기로 똑바로 찔러 넣어 진동기의 끝이 아래층 콘크리트 속으로 어느 정도 들어가야 하는가?

① 10cm　　② 20cm
③ 30cm　　④ 40cm

36
진동다짐을 할 때에는 진동기를 아래층의 콘크리트 속에 10cm(0.1m) 정도 찔러 넣어야 한다.

□□□ 14①

37 콘크리트 믹서는 중력식 믹서와 강제식 믹서로 나눌 수 있다. 다음 중 중력식 믹서에 속하는 것은?

① 팬형 믹서　　② 1축 믹서
③ 2축 믹서　　④ 가경식 믹서

37 콘크리트 믹서의 종류
• 중력식 믹서 : 가경식 믹서, 드럼 믹서
• 강제식 믹서 : 팬형 믹서, 1축 믹서, 2축 믹서

□□□ 14①

38 콘크리트용 모래에 포함되어 있는 유기불순물 시험에 필요한 기계 및 기구가 아닌 것은?

① 로스앤젤레스 마모시험기　　② 시험용 유리병
③ 메스실린더　　④ 피펫

38
로스앤젤레스 마모시험기 : 굵은 골재의 닳음 시험기

정답　34 ②　35 ④　36 ①　37 ④　38 ①

☐☐☐ 02①, 08③, 14①
39 다음 중 콘크리트 운반기구가 아닌 것은?

① 콘크리트 펌프
② 콘크리트 플레이서
③ 버킷
④ 배치 플랜트

39 배치 플랜트
대량의 콘크리트를 제조하는 설비

☐☐☐ 02⑤, 03①, 06②, 07②, 14①
40 콘크리트 표면에 불투수성 재료를 바르거나 뿜어 붙이는 양생법은?

① 습윤 양생
② 가압 양생
③ 피막 양생
④ 증기 양생

40 피막 양생
콘크리트의 표면에 아스팔트 유제나 비닐유제 등으로 불투수층을 만들어 수분의 증발을 막는 양생 방법

☐☐☐ 04②, 08②, 09⑤, 14①
41 콘크리트 배합에서 골재의 1회분 계량 허용오차는?

① ±1%
② ±2%
③ ±3%
④ ±4%

41 계량오차

재료	허용오차
시멘트	−1%, +2%
골재	±3%
물	−2%, +1%
혼화재	±2%
혼화제	±3%

☐☐☐ 14①
42 골재의 체가름시험에 사용하는 시료에 대한 설명으로 틀린 것은?

① 잔골재로서 1.18mm체를 95%(질량비) 이상 통과하는 시료의 최소 건조 질량은 100g으로 한다.
② 굵은 골재로서 최대치수 10mm 정도인 시료의 최소 건조 질량은 2kg으로 한다.
③ 시험하려고 하는 로트를 대표하도록 골재를 채취하여 사분법 또는 시료분취기에 의해 거의 소정량이 되도록 축분한다.
④ 분취한 시료를 표면건조 포화상태가 되도록 한 후 시험을 실시한다.

42
골재의 체가름 시험에 사용되는 시료는 건조기에 넣고 105±5℃에서 일정 무게가 될 때까지 건조한다.

☐☐☐ 01④, 02①, 05②, 10③, 11①③, 14①
43 콘크리트 슬럼프 시험에 대한 설명으로 옳지 않은 것은?

① 슬럼프 값은 5mm의 정밀도로 측정한다.
② 슬럼프 콘에 시료를 채우고 벗길 때 까지의 전 작업시간은 3분 이내로 한다.
③ 슬럼프 콘을 벗기는 작업은 20~30초의 시간이 필요하다.
④ 굵은 골재의 최대치수가 40mm를 넘는 콘크리트의 경우에는 40mm를 넘는 굵은 골재를 제거한다.

43
슬럼프콘을 벗기는 작업은 높이 300mm에서 2~5초 이내로 끝내야 한다.

정답 39 ④ 40 ③ 41 ③ 42 ④ 43 ③

□□□ 01③, 08②, 09①②③, 14①

44 단위 골재량의 절대부피가 0.75m³인 콘크리트에서 절대잔골재율이 38%이고 잔골재의 표면밀도 2.6g/cm³, 굵은골재의 표건밀도가 2.65g/cm³라면 단위 굵은 골재량은 몇 kg인가?

① 945
② 1012
③ 1134
④ 1232

44 단위 굵은골재량
= 단위 골재의 절대체적 × $\left(1 - \dfrac{S}{a}\right)$
  × 굵은골재 밀도 × 1000
= 0.75 × (1 − 0.38) × 2.65 × 1000
= 1232kg/m³

□□□ 14①

45 다음 중에서 아직 굳지 않은 콘크리트의 반죽질기를 구하는 시험은?

① 강열감량시험
② 블레인(Blaine)공기투과장치
③ 슬럼프 시험
④ 블리딩 시험(Bleeding Test)

45 슬럼프 시험
굳지 않은 콘크리트의 반죽질기를 측정하는 시험으로, 워커빌리티를 판단하는 하나의 수단으로 사용된다.

□□□ 01④, 03①, 04①, 06⑤, 08③, 09②, 14①

46 휨강도 시험을 위한 공시체의 길이에 대한 설명으로 옳은 것은?

① 단면의 한 변의 길이의 2배보다 50mm 이상 긴 것으로 한다.
② 단면의 한 변의 길이의 2배보다 80mm 이상 긴 것으로 한다.
③ 단면의 한 변의 길이의 3배보다 50mm 이상 긴 것으로 한다.
④ 단면의 한 변의 길이의 3배보다 80mm 이상 긴 것으로 한다.

46 휨강도시험 공시체
시험체의 길이는 단면 한 변의 길이의 3배보다 80mm 이상 긴 것으로 한다.

□□□ 05②, 14①

47 다음 중 콘크리트용 모래에 포함된 유기불순물 시험에 사용하는 시약이 아닌 것은?

① 탄닌산
② 알콜
③ 황산마그네슘
④ 수산화나트륨

47 모래에 포함된 유기불순물 시험
10%의 알코올 용액으로 2% 탄닌산 용액을 만들고, 그 2.5mL를 3%의 수산화나트륨 용액 97.5mL에 가하여 유리병에 넣어 마개를 닫고 잘 흔든다.

□□□ 01④, 11①, 14①

48 콘크리트의 블리딩 시험에 있어서 표면에 올라온 물의 수집을 처음 60분간은 10분 간격으로 하고 그 후 블리딩이 정지할 때 까지는 몇 분 간격으로 하는가?

① 15분
② 20분
③ 30분
④ 60분

48 블리딩 시험
처음 60분 동안은 10분 간격으로 그 후는 블리딩이 정지할 때까지 30분 간격으로 표면에 떠오른 블리딩 물을 빨아낸다.

정답 44 ④ 45 ③ 46 ④ 47 ③ 48 ③

☐☐☐ 05①, 08⑤, 09①, 14①

49 굵은골재의 최대치수가 40mm인 경우에 사용하는 콘크리트 압축강도 시험용 공시체의 크기로 가장 적합한 것은?

① $\phi 150 \times 400mm$
② $\phi 150 \times 150mm$
③ $\phi 150 \times 300mm$
④ $\phi 100 \times 200mm$

49
- 굵은골재의 최대치수가 50mm 이하인 경우 : $\phi 150mm \times 300mm$
- 굵은골재의 최대치수가 25mm 이하인 경우 : $\phi 100mm \times 200mmm$

☐☐☐ 05①, 08②, 13①, 14①

50 굵은 골재의 밀도 및 흡수율 시험 결과 값이 아래와 같다면 흡수율은 몇 %인가?

노건조 시료의 질량	240g
표면 시료의 질량	246g
자연 상태 시료의 질량	258g
수중에서 시료의 질량	154g
시험 온도에서의 물의 밀도(ρ_w)	1g/cm³

① 1.50
② 2.50
③ 4.50
④ 7.50

50 흡수율
$= \dfrac{\text{표건상태} - \text{노건상태}}{\text{노건상태}} \times 100$
$= \dfrac{246-240}{240} \times 100 = 2.50\%$

☐☐☐ 14①

51 굵은골재 10000g을 칭량하여 4개의 체를 개별적으로 통과량을 조사하여 다음 결과를 얻었다. 이 골재의 굵은골재 최대치수는?

체	20mm	25mm	40mm	75mm
통과량	8500g	9100g	9500g	10000g

① 20mm
② 25mm
③ 40mm
④ 75mm

51
- 굵은골재의 최대치수는 무게로 90% 이상을 통과시키는 체 중에서 최소치수의 체눈을 호칭치수로 나타낸다.
- 통과량 $= \dfrac{8500}{10000} \times 100 = 85\%$
- 통과량 $= \dfrac{9100}{10000} \times 100 = 91\%$
∴ 25mm체

☐☐☐ 01④, 06⑤, 14①

52 콘크리트 쪼갬인장강도 시험방법에 대한 설명으로 틀린 것은?

① 시험시 공시체 상태는 습윤상태이어야 한다.
② 시험 시 하중을 가하는 속도는 인장 응력도의 증가율이 매초 (0.06±0.04)MPa이 되도록 한다.
③ 공시체의 지름은 150mm 이상으로 한다.
④ 공시체의 지름은 굵은골재 최대치수의 2배 이상으로 한다.

52
시험체의 지름은 골재의 최대치수의 4배 이상이어야 한다.

정답 49 ③ 50 ② 51 ② 52 ④

□□□ 05②, 14①
53 콘크리트의 블리딩 시험을 통하여 판정할 수 있는 것은?

① 재료분리의 경향   ② 응결, 경화의 시간
③ 워커빌리티의 상태   ④ 시멘트의 비중

해설

53
블리딩 시험을 통해서 콘크리트의 재료 분리의 경향을 판정할 수 있다.

□□□ 05①, 08②, 09⑤, 11①, 12②, 13②, 14①, 15②
54 골재의 단위용적질량 시험에서 굵은골재의 단위용적질량 평균값이 1.64kg/L이고 밀도가 2.60kg/L이면 공극률은?

① 4.2%   ② 30.9%
③ 36.9%   ④ 63.1%

54 공극률
$$= \left(1 - \frac{T}{d_D}\right) \times 100$$
$$= \left(1 - \frac{1.64}{2.60}\right) \times 100 = 36.9\%$$

□□□ 04⑤, 06②, 14①
55 잔골재의 밀도 시험에서 원뿔형 몰드에 시료를 넣은 후 다짐대로 몇 번 다지는가?

① 20번   ② 25번
③ 30번   ④ 35번

55
다짐대로 시료의 표면을 가볍게 25번 다진다.

□□□ 03⑤, 04⑤, 06⑤, 08②, 09②③, 10②, 12②, 13②, 14①, 15①
56 150mm×150mm×530mm크기의 콘크리트 시험체를 450mm지간이 되도록 고정한 후 4점 재하시험으로 휨강도를 측정하였다. 35kN의 최대하중에서 중앙부분이 파괴되었다면 휨강도는 얼마인가?

① 4.7MPa   ② 5.3MPa
③ 5.6MPa   ④ 5.9MPa

56 휨강도
$$f_b = \frac{Pl}{bh^2}$$
$$= \frac{35 \times 10^3 \times 450}{150 \times 150^2}$$
$$= 4.7 \text{N/mm}^2 = 4.7 \text{MPa}$$

□□□ 01③, 07②, 13①, 14①, 22③
57 시멘트의 비중 시험 결과가 아래 표와 같을 때 비중값은?

처음 광유의 눈금 읽음(mL)	0.4
시료 질량(g)	64.0
시료와 광유의 눈금 읽음(mL)	20.4

① 3.20   ② 3.14
③ 0.32   ④ 0.23

57 시멘트 비중
$$= \frac{\text{시멘트의 무게(g)}}{\text{비중병의 눈금차(mL)}}$$
$$= \frac{64.0}{20.4 - 0.4} = 3.20$$

정답 53 ① 54 ③ 55 ② 56 ① 57 ①

□□□ 05①, 08②, 14①

58 슬럼프 콘(Slump Cone)의 크기를 올바르게 나타낸 것은?
(단, 윗면 안지름×밑면의 안지름×높이, 단위는mm)

① 100×100×200
② 100×200×300
③ 150×150×300
④ 200×200×300

□□□ 03⑤, 08①③, 09①②, 10③⑤, 11③, 14①

59 콘크리트 압축강도 시험용 공시체를 제작할 때 공시체의 표준 양생온도로 적당한 것은?

① 18±2℃
② 20±2℃
③ 25±2℃
④ 30±2℃

□□□ 01③, 03②, 04①②, 06⑤, 07⑤, 08②, 09①②, 10①, 13②③, 14①

60 지름이 150mm, 길이가 300mm인 콘크리트 공시체로 쪼갬인장강도시험을 실시한 결과, 공시체 파괴시 시험기에 나타난 최대하중이 162.6kN이었다. 이 공시체의 쪼갬인장강도는?

① 2.1MPa
② 2.3MPa
③ 2.5MPa
④ 2.7MPa

해 설

58 슬럼프 콘의 크기

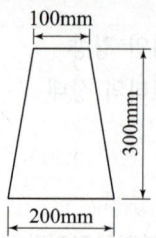

59
시험체를 20±2℃(18~22℃)에서 습윤상태로 양생한다.

60 쪼갬인장강도
$$f_t = \frac{2P}{\pi dl}$$
$$= \frac{2 \times 162.6 \times 10^3}{\pi \times 150 \times 300}$$
$$= 2.3 \, \text{N/mm}^2 = 2.3 \, \text{MPa}$$

정답 58 ② 59 ② 60 ②

국가기술자격 CBT 필기시험문제

2014년도 기능사 제2회 필기시험

종 목	시험시간	배 점	테스트 결과(개수)		
콘크리트기능사	1시간	60	1회	2회	3회

□□□ 08③, 11①, 14②
01 다음 중 천연 골재에 속하지 않는 것은?

① 강모래, 강자갈
② 산모래, 산자갈
③ 바닷모래, 바닷자갈
④ 부순모래, 슬래그

□□□ 05②, 09②, 12②, 14②
02 포졸란(Pozzolan)의 종류에 해당하지 않는 것은?

① 포졸리스
② 규산백토
③ 고로슬래그
④ 규조토

□□□ 06⑤, 10①, 14②
03 시멘트의 수화작용을 촉진시키기 위한 것으로 일반적으로 염화칼슘($CaCl_2$)을 사용하는 혼화제는?

① 감수제
② 기포제
③ 촉진제
④ AE제

□□□ 02①, 06②, 08②, 13①, 14②
04 시멘트의 입자를 흐트러지게 하여 콘크리트의 필요한 반죽질기를 얻는데 사용하는 단위수량을 줄이는 작용을 하는 혼화제는?

① 감수제
② 촉진제
③ 급결제
④ 지연제

□□□ 08③, 10③, 14②
05 혼화재 중 입자가 둥글고 매끄러워 콘크리트의 워커빌리티를 좋게 하고, 수밀성과 내구성을 향상시키는 혼화재는?

① 폴리머
② 플라이애시
③ 염화칼슘
④ 팽창제

해 설

01 천연 골재
강모래, 강자갈, 바다 모래, 바다 자갈, 산모래, 산자갈, 천연 경량 골재

02 포졸란의 종류
• 천연산 : 화산재, 규조토, 규산백토
• 인공산 : 플라이 애시, 고로 슬래그

03 촉진제
일반적으로 염화칼슘($CaCl_2$)를 사용하면 시멘트의 수화작용을 빠르게 촉진시킨다.

04 감수제
시멘트의 입자를 흐트러지게 하여 단위수량을 줄이는 작용을 하여서 필요한 반죽질기를 얻는데 사용

05 플라이애시
표면이 매끄러운 둥근입자로 되어 있어 콘크리트의 워커빌리티를 좋게 하고 사용 수량을 감소시켜줘 수밀성과 내구성을 향상시킨다.

정답 01 ④ 02 ① 03 ③ 04 ① 05 ②

□□□ 14②

06 아래의 표에서 설명하는 것은?

> 골재알의 표면에 묻어 있는 수량을 말하며, 골재가 가진 물의 전량에서 골재알 속에 흡수되어 있는 수량을 뺀 나머지 수량으로서, 일반적으로 표면건조 포화상태에 대한 시료 질량의 백분율로 나타낸다.

① 흡수율
② 유효흡수율
③ 함수율
④ 표면수율

06
- 표면수량=습윤상태−표면건조포화상태
- 표면수율 = $\dfrac{\text{습윤상태}-\text{표면건조포화상태}}{\text{표면건조 포화상태}} \times 100$

□□□ 05①, 06⑤, 14②

07 골재의 입도에 대한 설명으로 틀린 것은?

① 골재의 입도란 골재의 크고 작은 입자의 혼합된 정도를 말한다.
② 입자의 크기가 균일한 경우 워커빌리티가 좋은 콘크리트를 얻는다.
③ 골재의 크고 작은 입자가 적당히 혼합되어 있을 경우 수밀성이 양호한 콘크리트를 얻을 수 있다.
④ 골재의 체가름시험에 의해 입도곡선, 조립률 또는 굵은골재의 최대치수를 얻을 수 있다.

07
골재의 입도는 대소립(大小粒)의 입자가 적당히 섞여있어야 워커빌리티가 좋은 콘크리트를 얻을 수 있다.

□□□ 12②, 14②, 19②

08 콘크리트에서 부순돌을 굵은골재로 사용했을 때의 설명으로 틀린 것은?

① 일반골재를 사용한 콘크리트와 동일한 워커빌리티의 콘크리트를 얻기 위해 단위수량이 많아진다.
② 일반골재를 사용한 콘크리트와 동일한 워커빌리티의 콘크리트를 얻기 위해 잔골재율이 작아진다.
③ 일반골재를 사용한 콘크리트 보다 시멘트 페이스트와의 부착이 좋다.
④ 포장 콘크리트에 사용하면 좋다.

08 부순돌
모가 나 있기 때문에 같은 워커빌리티를 얻기 위해서는 단위수량이 증가하며 잔골재율을 증가시켜야 한다.

□□□ 13②, 14②, 22③

09 다음 중 오토클레이브 양생에 의하여 고강도를 나타내는 혼화재는?

① 규산질 미분말
② AE제
③ 플리머
④ 기포제

09
오토클레이브 양생으로 고강도를 내는 것 : 규산질 미분말

정답 06 ④ 07 ② 08 ② 09 ①

해 설

□□□ 12②, 14②

10 중용열 포틀랜드 시멘트에 대한 설명으로 옳은 것은?

① 수화열을 크게 만든 것이다.
② 장기강도가 작다.
③ 한중 콘크리트에 적합하다.
④ 매스 콘크리트용으로 적합하다.

10
- 수화열이 적어 건조수축이 적다.
- 장기 강도가 크다.
- 서중 콘크리트 공사에 이용된다.

□□□ 11③, 14②

11 일반적으로 잔골재의 표건밀도는 어느 정도의 범위를 가지는가?

① $2.0g/cm^3$ 이하
② $2.50 \sim 2.65g/cm^3$
③ $2.75 \sim 2.90g/cm^3$
④ $3.10 \sim 3.15g/cm^3$

11
- 잔골재의 밀도는 보통 $2.50 \sim 2.65g/cm^3$
- 굵은골재의 밀도는 $2.55 \sim 2.70g/cm^3$

□□□ 03①, 06⑤, 08①, 10①, 11③, 12②, 13①, 14②

12 잔골재와 굵은 골재를 구분하는 체는?

① 2.5mm체
② 5mm체
③ 10mm체
④ 13mm체

12 골재의 구분
- 5mm체에 통과하는 골재는 잔골재
- 5mm체에 남는 골재는 굵은골재

□□□ 14②

13 워커빌리티와 내구성을 좋게 하는 혼화제가 아닌 것은?

① AE제
② AE감수제
③ 팽창재
④ 감수제

13
워커빌리티와 내구성을 좋게 하는 혼화제 : AE제, AE감수제, 감수제
∴ 팽창재는 혼화재이다.

□□□ 06③, 07③, 08①, 10①, 11③, 14②

14 시멘트의 종류 중 혼합 시멘트에 속하는 것은?

① 조강 포틀랜드 시멘트
② 알루미나 시멘트
③ 고로 슬래그 시멘트
④ 팽창 시멘트

14 혼합시멘트
- 고로 슬래그 시멘트
- 플라이애시 시멘트
- 포틀랜드 포졸란 시멘트

□□□ 14②

15 시멘트의 성분 중 가장 많이 함유하고 있는 물질은?

① 석회
② 실리카
③ 산화철
④ 알루미나

15
시멘트는 석회석과 점토를 4 : 1 비율로 조합한다.

정답 10 ④ 11 ② 12 ② 13 ③ 14 ③ 15 ①

□□□ 14②

16 잔골재에 함유되어 있는 유해물 함유량의 한도 중 염화물(NaCl 환산량)의 최대값으로 옳은 것은? (단, 질량 백분율)

① 1.0%   ② 0.5%
③ 0.2%   ④ 0.04%

16
잔골재의 염화물 함유량 한도(질량 백분율) : 0.04%

□□□ 11③, 14②

17 굵은골재의 최대치수에 대한 설명으로 틀린 것은?

① 거푸집 양 측면 사이의 최소 거리의 1/5을 초과하지 않아야 한다.
② 일반적인 구조물인 경우 20mm 또는 25mm를 표준으로 한다.
③ 슬래브 두께의 2/3을 초과하지 않아야 한다.
④ 단면이 큰 구조물인 경우 40mm를 표준으로 한다.

17
슬래브 두께의 1/3을 초과하지 않아야 한다.

□□□ 11①, 14②

18 매스콘크리트에서 파이프를 통해 냉각수나 찬 공기를 순환시켜 온도를 낮추는 방법을 무엇이라 하는가?

① 파이프 쿨링방법   ② 프리쿨링 방법
③ 플레이서 방법   ④ 온도 제어 방법

18
이를 파이프 쿨링(파이프 냉각 ; pipe cooling)방법이라 한다.

□□□ 04①, 05①, 13②, 14②

19 서중 콘크리트로 시공을 할 경우 콘크리트를 비벼서 쳐넣을 때까지의 시간에 대한 설명으로 옳은 것은?

① 50분을 넘어서는 안된다.   ② 90분을 넘어서는 안된다.
③ 150분을 넘어서는 안된다.   ④ 200분을 넘어서는 안된다.

19 서중 콘크리트
콘크리트를 비벼서 쳐넣을 때까지의 시간은 1.5시간(90분)을 넘어서는 안된다.

□□□ 11③, 14②, 22③

20 다음 중 콘크리트 펌프에 관한 설명으로 틀린 것은?

① 일반적으로 지름 100~150mm의 수송관을 사용한다.
② 일반 콘크리트를 펌프로 압송할 경우, 굵은 골재의 최대 치수 40mm 이하를 표준으로 한다.
③ 일반 콘크리트를 펌프로 압송할 경우, 슬럼프는 130~180mm의 범위가 적절하다.
④ 수송관의 배치는 굴곡을 많이 하고, 하향으로 해서 압송 중에 콘크리트가 막히지 않도록 해야 한다.

20 콘크리트 펌프
수송관은 될 수 있는 대로 꺾이지 않도록 하고, 수평 또는 상향으로 해서 압송 중에 콘크리트가 막히지 않도록 해야 한다.

정답 16 ④ 17 ③ 18 ① 19 ② 20 ④

☐☐☐ 07②, 10②, 14②

21 철근 콘크리트 구조물에 있어서 확대기초, 기둥, 벽 등의 측면 거푸집을 떼어 내어도 좋은 시기의 콘크리트 압축강도는 얼마인가?

① 3.5MPa 이상
② 5MPa 이상
③ 14MPa 이상
④ 28MPa 이상

21 콘크리트의 압축강도를 시험할 경우 확대기초, 보 옆, 기둥, 벽 등의 측벽 : 5MPa 이상

☐☐☐ 07②, 10②, 13①, 14②

22 일 평균기온이 15℃ 이상일 때, 보통 포틀랜드 시멘트를 사용한 일반 콘크리트의 표준 습윤양생기간의 표준은?

① 2일
② 3일
③ 4일
④ 5일

22 습윤양생기간(15℃ 이상)

보통 시멘트	5일
조강 시멘트	3일

☐☐☐ 11③, 13①, 14②, 19②

23 프리플레이스트 콘크리트에서 굵은골재 최소치수는 몇 mm 이상이어야 하는가?

① 10mm
② 15mm
③ 25mm
④ 40mm

23 프리플레이스트 콘크리트에서 굵은 골재 최소치수 15mm 이상

☐☐☐ 02①, 03①⑤, 04②, 09③, 11③, 12③, 13①, 14②③

24 콘크리트의 타설에서 거푸집의 높이가 높을 경우 재료분리를 방지하기 위하여 슈트 출구의 깔대기 하단에서부터 콘크리트 타설면까지의 높이는 얼마 이하로 하는 것이 원칙인가?

① 60cm 이하
② 80cm 이하
③ 1m 이하
④ 1.5m 이하

24 연직슈트, 펌프배관, 깔때기 등을 사용할 때 배출구와 치기면과의 높이는 1.5m 이하로 한다.

☐☐☐ 14②

25 콘크리트 재료의 계량에 대한 설명으로 틀린 것은?

① 계량은 현장 배합에 의해 실시하는 것으로 한다.
② 각 재료는 1배치씩 질량으로 계량하여야 한다.
③ 1배치량은 콘크리트의 종류, 비비기 설비의 성능, 운반방법, 공사의 종류, 콘크리트 타설량 등을 고려하여 정하여야 한다.
④ 혼화제를 녹이는 데 사용하는 물이나 혼화제를 묽게 하는 데 사용하는 물은 단위 수량의 일부로 보아서는 안된다.

25 혼화제를 녹이는 데 사용하는 물이나 혼화제를 묽게 하는 데 사용하는 물은 단위 수량의 일부로 보아야한다.

정답 21 ② 22 ④ 23 ② 24 ④ 25 ④

□□□ 04②, 06①, 08①, 09⑤, 14②
26 콘크리트의 비비기에 대한 설명으로 틀린 것은?

① 비비기는 미리 정해둔 비비기 시간 이상 계속하지 않아야 한다.
② 비비기를 시작하기 전에 미리 믹서 내부를 모르타르로 부착시켜야 한다.
③ 믹서 안의 콘크리트를 전부 꺼낸 후가 아니면 믹서 안에 다음 재료를 넣지 않아야 한다.
④ 연속믹서를 사용할 경우, 비비기 시작 후 최초에 배출되는 콘크리트는 사용하지 않아야 한다.

26 비비기는 미리 정해 둔 비비시간의 3배 이상 계속해서는 안된다.

□□□ 10①③, 14②
27 가경식 믹서의 콘크리트 비비기 시간은 믹서 안에 재료를 투입한 후 얼마 이상을 표준으로 하는가?

① 1분 이상
② 1분 30초 이상
③ 2분 이상
④ 2분 30초 이상

27 믹서 비비기

| 가경식 | 1분 30초 이상 |
| 강제식 믹서 | 1분 이상 |

□□□ 03⑤, 09①, 14②
28 일반콘크리트에서 수밀성을 기준으로 물-결합재비를 정할 경우 그 값은 얼마를 기준으로 하는가?

① 30% 이하
② 45% 이하
③ 50% 이하
④ 60% 이하

28 콘크리트의 수밀성을 기준으로 물-결합재비를 정할 경우 그 값은 50% 이하로 한다.

□□□ 04②, 08②, 09⑤, 14①②
29 콘크리트를 제조할 때 혼화재의 계량오차 허용 한계는 얼마인가?

① ±1%
② ±2%
③ ±3%
④ ±4%

29 계량오차

재료	허용오차
시멘트	-1%, +2%
골재	±3%
물	-2%, +1%
혼화재	±2%
혼화제	±3%

□□□ 04①, 10③, 12②, 14②
30 일반적인 콘크리트 다지기에서 내부진동기를 사용하는 경우 삽입 간격으로 가장 적당한 것은?

① 1m 이하
② 0.7m 이하
③ 0.5m 이하
④ 0.3m 이하

30 내부진동기의 찔러넣는 간격은 일반적으로 0.5m 이하로 한다.

정답 26 ① 27 ② 28 ③ 29 ② 30 ③

□□□ 01④, 07②, 14②
31 AE 콘크리트의 특성에 대한 설명으로 틀린 것은?

① 워커빌리티(workability)가 좋아진다.
② 소요 단위수량이 적어진다.
③ 재료 분리가 줄어든다.
④ 공기량 1% 증가에 압축강도가 4~6% 정도 커진다.

해설

31
공기량 1% 증가에 압축 강도가 4~6% 정도 작아진다.

□□□ 06③⑤, 14②
32 보통 포틀랜드 시멘트보다 분말도를 높게 한 시멘트로서, 조기강도가 크며 재령 7일에서 보통 시멘트의 28일 강도를 내는 시멘트는 어느 것인가?

① 조강 포틀랜드 시멘트
② 중용열 포틀랜드 시멘트
③ 저열 포틀랜드 시멘트
④ 내황산염 포틀랜드 시멘트

32 조강 포틀랜드 시멘트
보통 포틀랜드 시멘트에 비하여 조기 강도가 크며, 재령 7일에서 보통 포틀랜드 시멘트의 재령 28일 강도를 낸다.

□□□ 03①, 06②, 14②
33 시멘트는 저장 중에 공기와 닿으면 수화작용을 일으킨다. 이때 생긴 수산화칼슘[$Ca(OH)_2$]이 공기 중의 이산화탄소(CO_2)와 작용하여 탄산칼슘($CaCO_3$)과 물이 생기게 되는데 이러한 작용을 무엇이라 하는가?

① 응결작용
② 산화작용
③ 풍화작용
④ 탄화작용

33
이를 시멘트의 풍화작용이라 한다.

□□□ 01③, 04②, 12②, 13①②, 14②
34 한중 콘크리트 시공시 동결 온도를 낮추기 위한 방법으로 옳지 않은 것은?

① 시멘트를 가열한다.
② 물을 가열한다.
③ 골재를 가열한다.
④ 적당한 보온장치를 한다.

34
온도가 높은 시멘트와 물을 접촉시키면 급결하여 콘크리트에 나쁜 영향을 줄 우려가 있으므로 시멘트를 직접 가열해서는 안된다.

□□□ 01③, 04①⑤, 06⑤, 10③, 11①, 13④, 14②
35 콘크리트 표면을 물에 적신 가마니, 마포 등으로 덮는 양생방법은?

① 증기양생
② 오토클레이브양생
③ 피막양생
④ 습윤양생

35 습윤양생
물을 뿌리거나 가마니, 마포, 모래 등을 적셔서 콘크리트 표면을 덮고 살수하여 양생하는 방법

정답 31 ④ 32 ① 33 ③ 34 ① 35 ④

□□□ 12②, 14②
36 콘크리트의 타설에 대한 설명으로 틀린 것은?

① 한 구획 내의 콘크리트는 타설이 완료될 때까지 연속해서 타설하여야 한다.
② 콘크리트 타설의 1층 높이는 다짐능력을 고려하여 이를 결정하여야 한다.
③ 시공이음은 될 수 있는대로 인장력이 큰 위치에 설치한다.
④ 시공이음은 부재 압축력의 작용 방향과 직각이 되도록 한다.

해 설

36
시공이음은 될 수 있는 대로 전단력이 작은 위치에 설치한다.

□□□ 03②, 08③, 14②
37 모르타르 또는 콘크리트를 압축공기에 의해 뿜어 붙여서 만든 콘크리트로 비탈면의 보호, 교량의 보수 등에 쓰이는 콘크리트는?

① 진공 콘크리트　　② 프리플레이스트 콘크리트
③ 숏크리트　　　　④ 수밀 콘크리트

37 숏크리트
모르타르를 압축 공기에 의해 뿜어 붙여서 만든 콘크리트로 비탈면의 보호, 교량의 보수 등에 쓰인다.

□□□ 14②, 19②
38 콘크리트 트레미(tremie)가 주로 사용되는 경우는?

① 수중 콘크리트　　② 서중 콘크리트
③ 수밀 콘크리트　　④ 프리플레이스트 콘크리트

38 수중 콘크리트 치기
- 트레미
- 밑열림 포대
- 밑열림 상자
- 콘크리트 펌프

□□□ 01③④, 03①⑤, 06①②⑤, 08②, 10②, 13②③, 14①②
39 벽이나 기둥과 같이 높이가 높은 콘크리트를 연속해서 타설할 경우에는 콘크리트를 쳐올라가는 속도를 너무 빨리하면 재료 분리가 일어나기 쉬우므로 일반적으로 30분에 얼마 정도로 하는 것이 좋은가?

① 0.5~1.0m　　② 1.0~1.5m
③ 1.5~2.0m　　④ 2.0~3.0m

39
콘크리트를 쳐 올라가는 속도를 너무 빨리 하면 재료의 분리가 일어나기 쉬우므로, 일반적으로 30분에 1~1.5m 정도로 한다.

□□□ 10③, 11③, 14②
40 콘크리트의 슬럼프 시험에서 슬럼프 콘을 벗기는 시간은 몇 초 이내로 하여야 하는가?

① 2~5초　　② 5~6초
③ 8~9초　　④ 10~12초

40
슬럼프 콘을 벗기는 작업은 2~5 (3.5±1.5)초 이내이다.

정답　36 ③　37 ③　38 ①　39 ②　40 ①

□□□ 11⑤, 13④, 14②
41 콘크리트 제조용 기계에 해당하는 것은?

① 콘크리트 펌프   ② 콘크리트 피니셔
③ 콘크리트 플랜트   ④ 콘크리트 플레이서

41 콘크리트 플랜트
콘크리트를 일관 작업으로 대량 생산하는 장치

□□□ 03⑤, 04⑤, 06⑤, 08②, 09②③, 10②, 12②, 13②, 14①②
42 규격 150mm×150mm×530mm인 콘크리트 공시체로 지간길이 450mm인 단순보의 4점 재하법에 따른 휨강도 시험을 실시한 결과 시험기에 나타난 최대 하중이 40kN일 때 공시체가 지간의 중앙에서 파괴되었다면 휨강도는?

① 4.2MPa   ② 5.3MPa
③ 5.8MPa   ④ 6.4MPa

42 휨강도
$$f_b = \frac{Pl}{bh^2} = \frac{40 \times 10^3 \times 450}{150 \times 150^2}$$
$$= 5.3 \text{N/mm}^2 = 5.3 \text{MPa}$$

□□□ 03②, 08①, 14②
43 잔골재의 밀도시험에 사용하지 않는 기계 기구는?

① 르샤틀리에 밀도병   ② 시료분취기
③ 저울   ④ 원추형 몰드

43 르샤틀리에 비중(밀도)병
시멘트 비중 시험에 사용되는 비중병이다.

□□□ 14②
44 콘크리트 압축강도에 관한 설명으로 틀린 것은?

① 재령에 따라 증가한다.
② 습윤상태에서 양생하면 장기 강도가 적어진다.
③ 양생온도가 4~40℃ 정도의 범위에서는 온도가 높을수록 압축강도가 커진다.
④ 공시체의 높이와 지름의 비가 작을수록 압축강도가 커진다.

44
습윤상태에서 양생하면 장기 강도가 커진다.

□□□ 04⑤, 06②, 10⑤, 14②
45 잔골재의 밀도 및 흡수율 시험을 하면서 시료와 물이 들어있는 플라스크를 편평한 면에 굴리는 이유로 가장 적합한 것은?

① 먼지를 제거하기 위하여
② 온도차에 의한 물의 단위무게를 고려하기 위하여
③ 공기를 제거하기 위하여
④ 플라스크 용량 검정을 위하여

45
플라스크를 편평한 면에 굴리어 뒤흔들어서 공기를 제거한다.

정답 41 ③ 42 ② 43 ① 44 ② 45 ③

□□□ 08①, 14②

46 콘크리트의 압축강도를 판정하기 위해 사용하는 비파괴시험기는?

① 슈미트해머
② 길모어 장치
③ 로스엔젤레스 시험기
④ 블레인 공기 투과장치

46 슈미트 해머
구조물을 파괴하지 않고 콘크리트 압축강도를 추정할 수 있는 비파괴 시험

□□□ 02⑤, 05①, 08①②, 13③, 14②

47 지름 100mm, 높이 200mm인 콘크리트 공시체로 압축강도 시험을 실시한 결과 공시체 파괴시 최대하중이 189kN이었다. 이 공시체의 압축강도는?

① 21.1MPa
② 22.1MPa
③ 23.1MPa
④ 24.1MPa

47 압축강도
$$f_c = \frac{P}{A} = \frac{189 \times 1000}{\frac{\pi \times 100^2}{4}} = 24.1 \text{N/mm}^2 = 24.1 \text{MPa}$$

□□□ 14②

48 콘크리트 휨강도 시험에 대한 설명으로 잘못 나타낸 것은?

① 공시체의 몰드를 떼어내는 시기는 콘크리트 채우기가 끝나고 나서 16시간 이상 3일 이내로 한다.
② 공시체의 한 변의 길이는 굵은 골재 최대 치수의 4배 이상으로 한다.
③ 공시체가 인장쪽 표면의 지간 방향 중심선의 3등분점의 바깥쪽에서 파괴된 경우는 그 시험 결과를 무효로 한다.
④ 일반적으로 할렬강도 시험을 원칙으로 한다.

48 할렬인장강도시험
콘크리트용 압축강도용 원주형 시험체를 옆으로 뉘어 놓고, 위아래 방향으로 압력을 가해서 파괴된 때의 하중으로 계산하는 간접시험 방법이다.

□□□ 06①, 14②

49 골재의 체가름 시험에 사용되는 시료는 건조기에 넣고 몇 ℃에서 일정무게가 될 때까지 건조하는가?

① 20±3℃
② 60±3℃
③ 90±5℃
④ 105±5℃

49
시료를 건조기 안에 넣고 105±5℃의 온도로 무게가 일정하게 될 때까지 건조 시킨다.

□□□ 11④, 14②

50 잔골재 밀도시험(KS F 2504)에서 시험값의 정밀도에 대한 설명으로 옳은 것은?

① 2회 시험한 시험값의 차이가 0.01g/cm^3 이하이어야 한다.
② 2회 시험한 시험값의 차이가 0.1g/cm^3 이하이어야 한다.
③ 시험값은 평균과의 차이가 0.01g/cm^3 이하이어야 한다.
④ 시험값은 평균과의 차이가 0.1g/cm^3 이하이어야 한다.

50 시험값은 평균값과의 차이

밀도	0.01g/cm^3 이하
흡수율	0.05% 이하

정답 46 ① 47 ④ 48 ④ 49 ④ 50 ③

| | 해 설 |

51 콘크리트용 모래에 포함되어 있는 유기불순물 시험에 필요한 식별용 표준액 용액을 제조하는 경우에 대한 아래표의 내용 중 ( )에 적합한 것은?

> 식별용 표준액 용액은 10%의 알코올 용액으로 ( )의 탄닌산 용액을 만들고, 그 2.5mL를 3%의 수산화나트륨 용액 97.5mL에 가하여 유리병에 넣어 마개를 닫고 잘 흔든다. 이것을 표준액 용액으로 한다.

① 1%   ② 2%
③ 3%   ④ 5%

51 유기불순물 시험
- 식별용 표준색용액은 2%의 탄닌산 용액과 3%의 수산화나트륨 용액을 섞어 만든다.
- 모래를 3%의 수산화나트륨 용액에 깨끗이 씻고, 씻은 물에 페놀프탈레인 알콜 용액을 몇 방울 떨어뜨린다.

52 콘크리트 표면에 떠올라서 가라앉은 미세한 물질을 무엇이라 하는가?

① 블리딩   ② 레이턴스
③ 성형성   ④ 워커빌리티

52
- 블리딩 : 콘크리트를 친후 시멘트와 골재 알이 가라앉으면서 물이 올라와 콘크리트의 표면에 떠오르는 현상을 말한다.
- 레이턴스 : 블리딩에 의하여 콘크리트의 표면에 떠올라와 가라앉는 아주 작은 물질

53 시멘트 밀도시험에서 처음 광유 읽음이 0.2mL, 시료의 무게 64g, 시료와 광유의 눈금 읽음 20.8mL일 때 밀도(Mg/m³)값은?

① 3.09   ② 3.11
③ 3.14   ④ 3.21

53 시멘트 비중

$$= \frac{\text{시멘트의 질량(g)}}{\text{비중병의 눈금차(mL)}}$$

$$= \frac{64.0}{20.8 - 0.2}$$

$$= 3.11 \text{Mg/m}^3 = 3.11 \text{g/cm}^3$$

54 콘크리트용 모래에 포함되어 있는 유기불순물 시험에 사용하는 모래시료에 대한 설명으로 옳은 것은?

① 시료는 대표적인 것을 취하고 표면건조 포화상태로 건조시켜서 4분법 또는 시료 분취기를 사용하여 약 200g을 채취한다.
② 시료는 대표적인 것을 취하고 표면건조 포화상태로 건조시켜서 4분법 또는 시료 분취기를 사용하여 약 450g을 채취한다.
③ 시료는 대표적인 것을 취하고 공기 중 건조상태로 건조시켜서 4분법 또는 시료 분취기를 사용하여 약 200g을 채취한다.
④ 시료는 대표적인 것을 취하고 공기 중 건조상태로 건조시켜서 4분법 또는 시료 분취기를 사용하여 약 450g을 채취한다.

54 유기불순물시험의 시료
시료는 대표적인 것을 취하고 공기 중 건조상태로 건조시켜서 4분법 또는 시료 분취기를 사용하여 약 450g을 채취한다.

정답 51 ② 52 ② 53 ② 54 ④

□□□ 06⑤, 09①, 10③, 14②

55 1.18mm 체에 5%(질량비) 이상 남는 잔골재에 대해 체가름 시험을 실시하고자 할 때 시험을 위한 최소의 시료량은?

① 100g
② 300g
③ 500g
④ 1000g

□□□ 09②, 14②, 20②

56 콘크리트의 블리딩 시험을 하는 동안 시험실 온도는 몇 ℃를 유지해야 하는가?

① 10±3℃
② 15±2℃
③ 20±3℃
④ 25±2℃

□□□ 14②

57 콘크리트 압축강도 시험용 공시체의 표준 지름이 아닌 것은?

① 100mm
② 125mm
③ 150mm
④ 175mm

□□□ 09②, 10②, 14②

58 슬럼프 시험에서 슬럼프 콘에 콘크리트를 채우기 시작하고 나서 슬럼프 콘의 들어올리기를 종료할 때까지의 시간은 몇 분 이내로 하여야 하는가?

① 3분
② 6분
③ 8분
④ 10분

□□□ 10②, 12②, 14②

59 잔골재의 밀도 시험에서 물을 플라스크의 검정선까지 채운 다음 질량을 측정 하였더니 719.3g이었다. 표면 건조 포화 상태인 잔골재 500g을 플라스크에 넣은 후 물을 검정선까지 채우고 잰 질량이 1020.5g이었다면 이 잔골재의 표면 건조 포화 상태의 밀도는? (단, 시험온도에서의 물의 밀도는 0.999g/cm³이다.)

① 2.51g/cm³
② 2.56g/cm³
③ 2.61g/cm³
④ 2.65g/cm³

해 설

55 잔골재 체가름 시험 시료의 표준량

골재알의 크기	시료의 최소량
1.18mm체를 95%(질량비) 이상 통과하는 것	100g
1.18mm체를 5%(질량비) 이상 남는 것	500g

56
시험하는 동안 20±3℃로 항온이 유지된 실험실에서 행한다.

57 압축강도 공시체
압축강도 공시체의 지름의 표준은 100mm, 125mm, 150mm이다.

58 슬럼프 시험
슬럼프 콘에 시료를 채우고 벗길 때까지의 전작업 시간은 3분 이내로 한다.

59 잔골재의 표건밀도
$$d_s = \frac{m}{B+m-C} \times \rho_w$$
$$= \frac{500}{719.3+500-1020.5} \times 0.999$$
$$= 2.51 \text{g/cm}^3$$

정답 55 ③ 56 ③ 57 ④ 58 ① 59 ①

☐☐☐ 05①, 08②, 10②, 14②

60 워싱턴형 공기량 측정기를 사용하여 콘크리트의 공기량을 측정하고자 한다. 콘크리트의 공기량은 어떻게 표시되는가?

① 콘크리트 부피에 대한 백분율
② 측정기의 무게에 대한 백분율
③ 골재량에 대한 백분율
④ 용기의 무게와 골재량에 대한 백분율

60 콘크리트의 공기량
콘크리트의 부피에 대한 백분율(%)

정답 60 ①

국가기술자격 CBT 필기시험문제

2014년도 기능사 제4회 필기시험

종 목	시험시간	배 점	테스트 결과(개수)		
콘크리트기능사	1시간	60	1회	2회	3회

□□□ 01③, 04①, 05②, 08⑤, 12②, 14④

01 골재의 조립률(fineness modulus, F.M)이란?

① 굵은골재 및 잔골재의 치수를 나타내는 것을 말한다.
② 콘크리트에서 잔골재와 굵은골재의 비를 말한다.
③ 골재의 입도를 개략적으로 나타내는 방법을 말한다.
④ 골재의 유기불순물의 양을 나타내는 시험법을 말한다.

해 설

01 조립률(F.M)
골재의 입도를 개략적(수치적)으로 나타내는 방법을 말한다.

□□□ 14④

02 골재로써 필요한 성질을 설명한 것으로 틀린 것은?

① 깨끗하고 유해물의 유해량을 포함하지 않을 것
② 물리적으로 안정하고 내구성이 클 것
③ 모양이 편평하고 모난 것이 많을 것
④ 소요의 중량을 가질 것

02
• 모양이 둥글고 구형에 가까운 것이 좋다.
• 가늘고 길거나, 편평하거나 얇으면 부스러지기 쉽고 불안정하다.

□□□ 03①, 05②, 06①, 08⑤, 13②, 14④

03 콘크리트가 경화되는 도중에 부피가 늘어나게 하여 콘크리트의 건조수축에 의한 균열을 막는데 사용하는 혼화재는?

① AE제
② 플라이애시(fly-ash)
③ 팽창성 혼화재
④ 포졸란(Pozzolan)

03 팽창재
콘크리트가 굳어가는 도중에 부피를 늘어나게 하여 콘크리트의 건조수축에 의한 균열을 억제해 주는 혼화재이다.

□□□ 09③, 14④

04 부순 골재에 대한 설명 중 옳은 것은?

① 부순 잔골재의 석분은 콘크리트 경화 및 내구성에 도움이 된다.
② 부순 굵은 골재는 시멘트풀과의 부착이 좋다.
③ 부순 굵은 골재는 콘크리트를 비빌 때 소요 단위수량이 적어진다.
④ 부순 굵은 골재를 사용한 콘크리트는 수밀성은 향상되나 휨강도는 감소된다.

04
• 부순골재는 모가 나 있기 때문에 부착강도가 좋다.
• 부순잔골재의 석분은 단위수량을 증가시키는 요인이 되어 수밀성과 내구성은 저하된다.

정답 01 ③ 02 ③ 03 ③ 04 ②

□□□ 14④
05 분말도가 높은 시멘트에 관한 설명으로 옳은 것은?

① 콘크리트에 균열이 생기기 쉽다.
② 수화열 발생이 적다.
③ 시멘트 풍화속도가 느리다.
④ 콘크리트의 수화작용 속도가 느리다.

05
분말도가 높으면 조기강도는 크나 수화작용이 빨라 풍화하기 쉽고, 풍화가 크면 건조수축이 커서 균열이 발생된다.

□□□ 04①, 14④
06 다음 중 AE 콘크리트의 장점에 대한 설명으로 틀린 것은?

① 워커빌리티가 좋다.
② 단위 수량이 많아진다.
③ 재료 분리를 적게 하고 블리딩이 적어진다.
④ 수밀성이 좋아진다.

06
공기의 연행에 의하여 워커빌리티가 크게 개선되어 단위수량, 재료분리, 블리딩이 적어져 수밀성과 내구성이 좋아진다.

□□□ 14④
07 다음 중 잔골재에 대한 설명으로 옳은 것은?

① 잔골재의 표건밀도는 $3.05 \sim 3.25 \text{g/cm}^3$ 정도이다.
② 밀도가 작은 골재는 강도와 내구성이 크다.
③ 잔골재의 흡수량은 골재 알 속의 빈틈이 많고 적음을 나타낸다.
④ 잔골재의 흡수량은 일반적으로 10% 이상이다.

07
- 잔골재의 표건밀도는 보통 $2.50 \sim 2.65 \text{g/cm}^3$
- 밀도가 큰 골재가 강도와 내구성이 크다.
- 골재의 흡수량 : 잔골재 1~6%, 굵은골재 0.5~4%

□□□ 02①, 14④
08 골재알 속의 빈틈이 물로 차 있고 골재 알의 표면에 표면수가 있는 상태를 무엇이라 하는가?

① 절대 건조 상태
② 공기 중 건조 상태
③ 표면 건조 포화 상태
④ 습윤 상태

08
이런 상태를 습윤상태라 한다.

□□□ 03②, 14④
09 시멘트와 물이 화학반응을 일으켜 수화물을 생성하는 반응을 무엇이라 하는가?

① 수화
② 양생
③ 풍화
④ 응결

09 수화
시멘트에 물을 넣으면 화학 반응을 일으켜 수화물을 생성하는데 이러한 반응을 수화라 한다.

정답 05 ① 06 ② 07 ③ 08 ④ 09 ①

□□□ 14④

10 응결지연제(retarder)를 혼입해서 사용해야 할 콘크리트는?

① 한중콘크리트　　② 서중콘크리트
③ 수중콘크리트　　④ 진공콘크리트

10 응결지연제
서중콘크리트처럼 대기의 온도가 높을 때 빠른 응결을 지연하기 위해 사용된다.

□□□ 01③, 11⑤, 14④

11 일반적으로 가장 많이 사용되는 시멘트는?

① 보통포틀랜드 시멘트　　② 조강포틀랜드 시멘트
③ 백색포틀랜드 시멘트　　④ 저열포틀랜드 시멘트

11 보통 포틀랜드 시멘트
원료를 얻기 쉽고, 제조 공정도 간단하며 성질도 좋으므로 가장 많이 사용한다.

□□□ 13③, 14④

12 시멘트의 비중은 보통 얼마 정도인가?

① 2.14~3.00　　② 3.14~3.20
③ 3.50~3.67　　④ 3.70~3.83

12 시멘트의 비중
일반적으로 3.14~3.20 정도이다.

□□□ 04①, 06②, 07⑤, 10⑤, 14①④

13 공극률이 25%인 골재의 실적률은?

① 12.5%　　② 25%
③ 50%　　④ 75%

13 실적률
=100-공극률(%)
=100-25=75%

□□□ 03②, 07②, 14④

14 빈틈률이 작은 골재를 사용한 콘크리트에 대한 설명으로 틀린 것은?

① 시멘트풀의 양이 적게 들어 수화열이 적어진다.
② 건조 수축이 작아진다.
③ 콘크리트의 수밀성 및 닳음 저항성이 작아진다.
④ 콘크리트의 강도와 내구성이 커진다.

14
빈틈률이 작은 골재는 실적률이 좋아 수밀성 및 마멸 저항성이 큰 콘크리트를 얻을 수 있다.

□□□ 14④, 15①

15 다음 중 포졸란 작용이 있는 혼화재가 아닌 것은?

① 플라이애시　　② 화산재
③ 규조토　　④ 폴리머

15 포졸란 작용이 있는 혼화재
플라이애시, 규조토, 화산재, 규산백토, 실리카퓸

정답 10 ② 11 ① 12 ② 13 ④ 14 ③ 15 ④

□□□ 01③, 04⑤, 07②, 07⑤, 11④⑤, 14①④

16 아래의 표에서 설명하는 혼화재료는?

> 석탄을 원료로 하는 화력발전소에서 미분탄을 고온으로 연소시켰을 때 회분이 용융되어 고온의 연소가스와 더불어 굴뚝에 이르는 도중에 급격히 냉각되어 구형으로 생성되는 미세한 분말로서 전기식 또는 기계식 집진장치를 사용하여 모은 것이다.

① 포졸란 ② 플라이애시
③ 실리카퓸 ④ AE제

해 설

16 플라이 애시
가루 석탄을 연료로 사용하는 발전소에서 이를 연소할 때, 굴뚝을 통해 미세한 분말입자를 전기 집전기로 채취한 것

□□□ 14④

17 굵은골재의 최대치수에 대한 설명으로 옳은 것은?

① 부피비로 90% 이상을 통과시키는 체 중에서 최소 치수인 체의 호칭치수로 나타낸 굵은 골재의 치수
② 질량비로 90% 이상을 통과시키는 체 중에서 최소 치수인 체의 호칭치수로 나타낸 굵은골재의 치수
③ 질량비로 95% 이상을 통과시키는 체 중에서 최소 치수인 체의 호칭치수로 나타낸 굵은 골재의 치수
④ 부피비로 95% 이상을 통과시키는 체 중에서 최소 치수인 체의 호칭치수로 나타낸 굵은 골재의 치수

17 굵은골재의 최대치수
질량비로 90% 이상을 통과시키는 체 중에서 최소치수의 체눈을 호칭 치수로 나타낸다.

□□□ 13①, 14④

18 굵은골재의 유해물 함유량 한도 중 연한 석편은 최대 몇 % 이하이어야 하는가?

① 1.0% ② 3.5%
③ 5.0% ④ 9.5%

18
굵은골재의 연한 석편 함유량 최대치 : 5% 이하

□□□ 14④

19 아래의 표에서 설명하는 혼화제는?

> 콘크리트용 계면활성제의 일종으로 미소한 독립된 공기포를 콘크리트 중에 골고루 분산시키기 위해 사용하는 재료이다.

① 촉진제 ② 지연제
③ 발포제 ④ AE제

19 AE제
콘크리트 속에 작고 많은 독립된 기포를 고르게 생기게 하기 위하여 사용하는 혼화제

정답 16 ② 17 ② 18 ③ 19 ④

□□□ 05①, 08⑤, 14④

20 콘크리트의 혼화 재료 중 혼화재를 가장 바르게 설명한 것은?

① 사용량이 시멘트 무게의 5% 정도 이상이 되어 그 자체가 콘크리트의 배합 계산에 관계 되는 것
② 사용량이 시멘트 무게의 1% 정도 이상이 되어 그 자체가 콘크리트의 배합 계산에 관계 되는 것
③ 사용량이 시멘트 부피의 10% 정도 이상이 되어 그 자체가 콘크리트의 배합 계산에 관계 되는 것
④ 사용량이 시멘트 무게의 1% 정도 이하가 되어 그 자체가 콘크리트의 배합 계산에서 무시 되는 것

20
사용량이 시멘트 중량의 5% 이상으로 그 자체의 부피가 콘크리트의 배합계산 되는 혼화재

□□□ 03②, 04⑤, 06②⑤, 08②, 09⑤, 11①, 13②, 14①④

21 외기온도가 25℃ 미만인 경우 콘크리트 비비기에서부터 타설이 끝날 때까지의 시간은 원칙적으로 얼마 이내라야 하는가?

① 30분
② 1시간
③ 1시간 30분
④ 2시간

21 콘크리트의 타설 완료 시간

외기 온도	완료시간
25℃ 이상	1.5시간 이내
25℃ 미만	2시간 이내

□□□ 04①, 08①, 09⑤, 10②, 14①④

22 굳지 않은 콘크리트 또는 모르타르(mortar)에 있어서 골재 및 시멘트 입자의 침강으로 물이 분리하여 상승하는 현상으로 인하여 콘크리트나 모르타르의 표면에 떠올라서 가라앉은 물질을 무엇이라고 하는가?

① 워커빌리티
② 레이턴스
③ 피니셔빌리티
④ 블리딩

22 레이턴스
블리딩에 의하여 콘크리트의 표면에 떠올라와 가라앉는 아주 작은 물질

□□□ 04②, 08①, 09⑤, 11①, 12②, 14④

23 콘크리트의 비비기에 대한 설명으로 옳은 것은?

① 콘크리트 비비기는 오래하면 할수록 재료가 분리되지 않으며, 강도가 커진다.
② AE콘크리트 비비기는 오래하면 할수록 공기량이 증가한다.
③ 비비기는 미리 정해둔 비비기 시간 이상 계속하면 안 된다.
④ 비비기 시간에 대한 시험을 실시하지 않은 경우 그 최소 시간은 가경식 믹서인 경우 1분 30초 이상을 표준으로 한다.

23
• 너무 오래 비비면 워커빌리티가 나빠지고 재료의 분리가 생긴다.
• 비비기를 너무 오래하면 공기량은 감소한다.
• 비비기는 미리 정해 둔 시간의 3배 이상 계속해서는 안된다.

정답 20 ① 21 ④ 22 ② 23 ④

□□□ 14④
24 콘크리트의 조기강도를 얻기 위한 양생으로 한중콘크리트 등에 사용되는 양생법은?

① 수중 양생
② 습사 양생
③ 피막 양생
④ 증기 양생

해 설

24 증기양생
한중콘크리트처럼 짧은 시간 내에 조기의 소요강도를 얻기 위하여 고온의 증기로 시멘트의 수화 반응을 촉진시키는 방법

□□□ 05①②, 06①, 08①⑤, 10⑤, 13②, 14①④
25 한중콘크리트에 있어서 양생 중 콘크리트의 온도는 최저 몇 ℃ 이상으로 유지하는 것을 표준으로 하는가?

① 5℃
② 10℃
③ 15℃
④ 20℃

25
하루의 평균기온이 4℃ 이하가 예상되는 조건일 때는 콘크리트가 동결할 염려가 있으므로 온도는 최저 몇 5℃ 이상 유지해야 한다.

□□□ 06①, 10③, 14④
26 수송관을 통하여 압력으로 비빈 콘크리트를 치기 할 장소까지 연속적으로 보내는 기계는?

① 콘크리트 펌프(concrete pump)
② 트럭믹서(truck mixer)
③ 콘크리트 슈트(concrete chute)
④ 콘크리트 믹서(concrete mixer)

26 콘크리트 펌프
- 수송관을 통하여 압력으로 비빈 콘크리트를 치기할 장소까지 연속적으로 보내는 기계로 좁은 장소나 수중 콘크리트에 알맞다.
- 콘크리트 펌프의 형식 2가지 피스톤식과 스퀴즈식

□□□ 14④
27 콘크리트의 계량에 대한 설명으로 옳은 것은?

① 각 재료는 1배치씩 용적으로 계량하여야 한다.
② 계량은 현장 배합에 의해 실시하는 것으로 한다.
③ 시멘트의 계량 허용오차는 ±2%이다.
④ 1배치량은 5cm³으로 하여야 한다.

27
- 각 재료는 1배치씩 질량으로 계량하여야 한다.
- 시멘트의 계량 허용오차는 ±1% 이다.
- 1배치량은 콘크리트의 종류, 운반 방법 등을 고려하여 정한다.

□□□ 02①, 09①, 14②
28 콘크리트 펌프로 콘크리트를 압송할 경우 적절한 슬럼프 값의 범위는?

① 20~80mm
② 50~100mm
③ 100~180mm
④ 150~200mm

28
보통 콘크리트를 펌프로 압송할 경우 굵은 골재 최대 치수는 40mm 이하를 표준으로 하며, 슬럼프값은 100~180mm 범위가 알맞다.

정답 24 ④ 25 ① 26 ① 27 ② 28 ③

□□□ 14④

29 콘크리트 포장용 기계로 표면 다듬질과 연속 포장이 가능한 장비는?

① 콘크리트 펌프
② 벨트컨베이어
③ 콘크리트 슬립 폼 페이버
④ 콘크리트 배쳐 플랜트

29 콘크리트 슬립 폼 페이버
콘크리트를 펴서 깔아 다짐기와 측판으로 다져서 표면을 다듬질하면서 연속적으로 포장하는 주행장치

□□□ 01③, 04①⑤, 06①⑤, 10③, 11①, 13④, 14②④

30 콘크리트의 표면을 물에 적신 가마니, 마포 등으로 덮거나 살수하는 양생방법을 무엇이라 하는가?

① 습윤양생
② 습사양생
③ 증기양생
④ 수중양생

30 습윤양생
물을 뿌리거나 가마니, 마포, 모래 등을 적셔서 콘크리트 표면을 덮고 살수하여 양생하는 방법

□□□ 02①, 05①, 06⑤, 10①, 11③, 13③, 14④

31 하루 평균기온이 몇 ℃를 초과하는 것이 예상되는 경우 서중 콘크리트로 시공하여야 하는가?

① 4℃
② 15℃
③ 20℃
④ 25℃

31
하루 평균기온이 25℃를 초과하는 것이 예상되는 경우 서중콘크리트로서 시공한다.

□□□ 12②, 14④

32 일반 수중콘크리트에 대한 설명으로 틀린 것은?

① 수중콘크리트는 정수 중에서 타설하는 것이 좋다.
② 콘크리트는 수중에 낙하시키지 않아야 한다.
③ 단위 시멘트량은 300kg/m³ 이하로 하여야 한다.
④ 한 구획의 콘크리트 타설을 완료한 후 레이턴스를 모두 제거하고 다시 타설하여야 한다.

32 수중 콘크리트

단위시멘트량	370kg/m³ 이상
물-결합재비	50% 이하

□□□ 12②, 14④

33 경사슈트를 사용하여 콘크리트를 타설할 경우 슈트의 경사로서 가장 적당한 것은?

① 수평 1에 대하여 연직 1 정도
② 수평 2에 대하여 연직 1 정도
③ 수평 1에 대하여 연직 2 정도
④ 수평 1에 대하여 연직 3 정도

33 경사슈트의 기울기
수평2에 대하여 연직 1 정도로 한다.

정답 29 ③ 30 ① 31 ④ 32 ③ 33 ②

□□□ 07②, 10②, 11③, 14④

34 일평균 기온이 15℃ 이상이고, 보통포틀랜드 시멘트를 사용한 콘크리트의 경우 습윤양생기간의 표준으로 옳은 것은?

① 3일　　　　　② 5일
③ 7일　　　　　④ 9일

34 습윤양생기간(15℃ 이상)

보통 시멘트	5일
조강 시멘트	3일

□□□ 01③, 05①, 06①, 08②, 09⑤, 13①, 14④

35 특정한 입도를 가진 골재를 거푸집 안에 미리 다져 넣고, 그 빈틈 사이에 유동성이 좋고, 재료 분리가 적은 모르타르를 펌프로 압력을 가하여 주입시켜 만든 콘크리트는?

① 수밀 콘크리트　　　② 프리플레이스트 콘크리트
③ 한중 콘크리트　　　④ 서중 콘크리트

35 프리플레이스트 콘크리트
미리 거푸집 안에 굵은 골재를 채우고, 그 틈사이에 특수 모르타르를 주입하는 콘크리트

□□□ 14④

36 매우 된 반죽의 빈배합 콘크리트를 불도저로 깔고 진동롤러로 다져서 시공하는 콘크리트는?

① 매스 콘크리트　　　② 프리플레이스트 콘크리트
③ 강섬유 콘크리트　　④ 진동 롤러 다짐 콘크리트

36 진동 롤러 다짐 콘크리트
매우 된반죽(슬럼프 0)인 콘크리트를 불저로 깔고 진동롤러로 다짐한 콘크리트

□□□ 04①②, 07②, 11③, 14①④

37 콘크리트의 다짐작업에 내부진동기를 사용할 때 내부진동기의 삽입간격으로 가장 적당한 것은?

① 0.1m 이하　　　② 0.5m 이하
③ 1m 이하　　　　④ 1.5m 이하

37 내부진동기
간격 0.5m 이하로 아래층으로 깊이 0.10m 정도 찔러 넣어야 한다로 한다.

□□□ 14④

38 콘크리트 압축강도 시험을 위한 공시체를 제조할 때 공시체 모양 치수의 허용차로 옳지 않은 것은?

① 공시체의 정밀도는 높이에서 5% 이내로 한다.
② 공시체의 정밀도는 지름에서 10% 이내로 한다.
③ 재하면과 모선 사이의 각도는 90°±0.5°로 한다.
④ 공시체의 재하면의 평면도는 지름의 0.05% 이내로 한다.

38 공시체 치수의 허용차
- 공시체의 정밀도는 지름에서 0.5% 이내, 높이에서 5% 이내로 한다.
- 공시체의 재하면의 평면도는 지름의 0.05% 이내로 한다.
- 재하면의 모선 사이의 각도는 90°±0.5°로 한다.

정답　34 ②　35 ②　36 ④　37 ②　38 ②

□□□ 14④
39 잔골재의 체가름 시험에서 체눈에 막힌 알갱이의 조치사항으로 옳은 것은?

① 체눈에 막힌 알갱이는 파쇄되지 않도록 주의하면서 빼내고 체를 통과한 시료로 간주한다.
② 체눈에 막힌 알갱이는 파쇄되지 않도록 주의하면서 빼내고 전체 시료량에서 제외시킨다.
③ 체눈에 막힌 알갱이는 파쇄되지 않도록 주의하면서 되밀어 체에 남은 시료로 간주한다.
④ 체눈에 막힌 알갱이는 손으로 힘껏 밀어서 체를 통과시켜야 한다.

□□□ 02①, 07②, 12②, 14④
40 콘크리트의 계량에서 골재의 계량 허용오차로 옳은 것은?

① ±1% ② ±2%
③ ±3% ④ ±4%

□□□ 01③④, 03①⑤, 06①②⑤, 08②, 10②, 13②③, 14①②④
41 높이가 높은 콘크리트를 연속해서 타설할 경우 타설 및 다질 때 재료분리가 될 수 있는 대로 적도록 하기 위해서 타설속도는 일반적으로 30분에 얼마 정도로 하여야 하는가?

① 1.0~1.5m ② 2.0~2.5m
③ 3.0~3.5m ④ 4.0~4.5m

□□□ 02①, 03①⑤, 04②, 09③, 11③, 12②, 13①, 14②④
42 거푸집의 높이가 높은 콘크리트 타설에서 슈트, 펌프배관 등의 배출구와 타설면까지의 높이는 어느 정도 이하이어야 하는가?

① 1.5m ② 2.0m
③ 2.5m ④ 3.0m

□□□ 03②⑤, 06①, 14④
43 콘크리트의 슬럼프 시험에 사용하는 다짐대의 지름은 몇 mm인가?

① 10mm ② 13mm
③ 16mm ④ 19mm

해 설

39
체눈에 막힌 알갱이는 파쇄되지 않도록 주의하면서 되밀어 체에 남은 시료로 간주한다. 어떤 골재에서나 손으로 밀어서 무리하게 체를 통과시켜서는 안된다.

40 계량오차

재료	허용오차
시멘트	-1%, +2%
골재	±3%
물	-2%, +1%
혼화재	±2%
혼화제	±3%

41
콘크리트를 쳐 올라가는 속도를 너무 빨리 하면 재료의 분리가 일어나기 쉬우므로, 일반적으로 30분에 1~1.5m 정도로 한다.

42
연직슈트, 펌프배관, 깔때기 등을 사용할 때 배출구와 치기면과의 높이는 1.5m 이하로 한다.

43 다짐대
지름 16mm, 길이 600mm의 둥근 강이다.

정답 39 ③ 40 ③ 41 ① 42 ① 43 ③

□□□ 04②, 06⑤, 10③, 13②③, 14④

44 콘크리트 휨 강도시험에서 150×150×530mm인 시험체에 콘크리트를 1/2정도 채운 후 다짐봉으로 몇 번 다지는가?

① 65번　　② 80번
③ 83번　　④ 92번

44
몰드 속의 콘크리트를 다짐대로 윗면적 약 1000mm² 에 대하여 1회 비율로 다진다.
∴ $\frac{150 \times 530}{1000} = 79.5 = 80$ 번

□□□ 01④, 06⑤, 14①④

45 콘크리트의 인장 강도 시험에 사용하는 시험체의 지름은 굵은 골재 최대치수의 몇 배 이상이고 또한 몇 mm 이상이어야 하는가?

① 1배, 50mm　　② 2배, 100mm
③ 4배, 150mm　　④ 6배, 200mm

45
시험체의 지름은 골재의 최대치수의 4배 이상, 150mm 이상으로 한다.

□□□ 12②, 14④

46 아래의 그림은 잔골재의 밀도 및 흡수율 시험에서 잔골재를 원뿔형 몰드에 넣어 다지고 난 후 빼 올렸을 때의 형태를 나타낸 것이다. 함수량이 많은 순서로 나열하면?

　A　　　　B　　　　C

① A>C>B　　② C>A>B
③ B>A>C　　④ A>B>C

46 함수량의 대소

A형태	습윤상태
B형태	표면건조포화상태
C형태	공기 중 건조상태

∴ A > B > C

□□□ 01④, 03⑤, 05①, 06②, 08①, 09③, 12②, 14④

47 물-결합재비가 50%이며, 단위수량이 160kg인 경우 단위 시멘트량은?

① 260kg　　② 280kg
③ 300kg　　④ 320kg

47 단위 시멘트량
$C = \frac{단위수량}{물-결합재비}$
$= \frac{160}{0.50} = 320$ kg/m³

□□□ 04⑤, 08②, 11①, 12②, 14④

48 블리딩 시험에서 처음 60분 동안은 몇 분 간격으로 표면에 생긴 블리딩의 물을 빨아내는가?

① 10분 간격으로　　② 15분 간격으로
③ 25분 간격으로　　④ 30분 간격으로

48 블리딩 시험
처음 60분 동안은 10분간격으로, 그 후는 블리딩이 멈출 때까지 30분 간격으로 표면에 생긴 블리딩 물을 피펫으로 빨아낸다.

정답　44 ②　45 ③　46 ④　47 ④　48 ①

□□□ 08③, 12③, 14④

49 시멘트 모르타르 강도 시험에 표준모래를 사용하는 이유로서 가장 적합한 것은?

① 경제적인 모르타르를 제조하여 시험하기 위함이다.
② 표준모래는 양생이 쉽고 온도에 영향을 적게 받기 때문이다.
③ 표준모래는 품질이 좋고 강도가 크기 때문이다.
④ 모래알의 차이에 의한 영향을 없애고 시험조건을 일정하게 하기 위함이다.

49
모래알의 차이에 따른 영향을 없애고, 시험조건을 일정하게 하기 위하여 표준 모래를 사용한다.

□□□ 03①, 06⑤, 08①, 10①, 11③, 12②, 13①, 14②④

50 다음 중 잔골재와 굵은골재를 분류하는 기준이 되는 체는?

① 2.5mm ② 5mm
③ 8mm   ④ 10mm

50 골재의 분류
- 5mm체에 통과하는 골재는 잔골재
- 5mm체에 남는 골재는 굵은골재

□□□ 01③, 04①, 08①, 09①, 10③, 11③, 13②③, 14④

51 다음 중 골재의 조립률 측정을 위해 필요한 체가 아닌 것은?

① 50mm   ② 40mm
③ 20mm   ④ 10mm

51 조립률(F.M)
75mm, 40mm, 20mm, 10mm, 5mm, 2.5mm, 1.2mm, 0.6mm, 0.3mm, 0.15mm(10개)

□□□ 14④

52 단위 골재량의 절대 부피가 690l이고, 잔골재율이 40%인 경우 단위 굵은골재량의 절대 부피는 얼마인가?

① 314l ② 364l
③ 414l ④ 464l

52
$V_g = V \times (1 - S/a)$
$= 690 \times (1 - 0.40) = 414 l$

□□□ 10①, 14④

53 굵은 골재의 마모시험에 관한 설명으로 옳지 않은 것은?

① 로스앤젤레스 시험기를 사용한다.
② 마모에 대한 저항성을 측정하는 시험이다.
③ 일반 콘크리트용 굵은 골재의 마모율 한도는 40% 이하이다.
④ 시료를 시험기에서 꺼내서 3mm의 망체로 친다. 이때, 습식으로 쳐도 된다.

53 마모시험
시료를 시험기에서 꺼내어 1.7mm 체로 체가름 한다.

정답 49 ④ 50 ② 51 ① 52 ③ 53 ④

□□□ 07②, 08②, 09②, 13②, 14②④

54 굳지 않은 콘크리트의 블리딩(bleeding) 시험을 할 때의 시험 중 온도는 어느 정도로 유지하여야 하는가?

① 15±3℃ ② 20±3℃
③ 27±3℃ ④ 35±3℃

54
시험하는 동안 20±3℃로 항온이 유지된 실험실에서 행한다.

□□□ 04①, 14④

55 황산나트륨에 의한 잔골재 안정성 시험을 5회 실시했을 경우 손실 질량비는 몇 % 이하가 되어야 하는가?

① 10% ② 7%
③ 5%   ④ 3%

55 손실 무게비의 한도(5회실시)

잔골재	굵은골재
10 이하	12 이하

□□□ 04①, 06①, 14④

56 콘크리트의 압축강도를 시험하기 전에 공시체의 지름을 최소 몇 mm까지 측정하여야 하는가?

① 0.5mm   ② 0.25mm
③ 0.1mm   ④ 0.01mm

56
시험체의 지름은 0.1mm, 높이를 1mm까지 측정한다.

□□□ 02⑤, 04①, 06⑤, 09②, 14③

57 콘크리트용 잔골재에 포함되어 있는 유기불순물 시험에 사용되는 시약은?

① 무수황산나트륨 용액 ② 염화칼슘 용액
③ 실리카 겔 용액   ④ 수산화나트륨 용액

57 표준색 용액 만들기
물 291g에 수산화나트륨 9g을 섞어서 3%의 수산화나트륨 용액을 만든다.

□□□ 03⑤, 04⑤, 06⑤, 08②, 09②③, 10②, 12②, 13②, 14①④

58 콘크리트 휨 강도 시험에서 공시체가 지간의 4점 재하법에 따라 파괴되었을 경우 휨강도는 몇 MPa인가? (단, 지간길이 : 450mm, 파괴단면의 나비: 150mm, 파괴단면의 높이: 150mm, 시험기에 나타난 최대 하중: 30100N)

① 2MPa ② 4MPa
③ 6MPa ④ 8MPa

58 휨강도
$$f_b = \frac{Pl}{bh^2}$$
$$= \frac{30100 \times 450}{150 \times 150^2}$$
$$= 4.0 \text{N/mm}^2 = 4.0 \text{MPa}$$

정답 54 ② 55 ① 56 ③ 57 ④ 58 ②

02⑤, 09③, 14④

59 슬럼프 시험에서 시료를 슬럼프 콘에 몇 층으로 나누고 각 층을 몇 회씩 다지는가?

① 2층 25회 ② 3층 25회
③ 2층 15회 ④ 3층 15회

해설

59
슬럼프 콘에 3층으로 나누어 넣고 각층을 25회 다짐대 다진다.

10③, 11③, 14④

60 1.18mm체를 95%(질량비) 이상 통과하는 잔골재 시료로 골재의 체가름 시험을 하고자 할 때 준비하여야 할 시료의 최소 건조 질량은?

① 100g ② 300g
③ 500g ④ 1000g

60 잔골재 체가름 시험 시료의 표준량

골재알의 크기	시료의 최소량
1.18mm체를 95%(질량비) 이상 통과하는 것	100g
1.18mm체를 5%(질량비) 이상 남는 것	500g

정답 59 ② 60 ①

국가기술자격 CBT 필기시험문제

2015년도 기능사 제1회 필기시험

종 목	시험시간	배 점	테스트 결과(개수)		
콘크리트기능사	1시간	60	1회	2회	3회

해 설

□□□ 15①
01 수화열이 많아 한중콘크리트에 알맞으며, 조기강도가 필요한 공사나 긴급공사에 사용되는 시멘트는?

① 조강 포틀랜드 시멘트
② 중용열 포틀랜드 시멘트
③ 저열 포틀랜드 시멘트
④ 백색 포틀랜드 시멘트

01 조강 포틀랜드 시멘트
수화열이 많으므로 한중 콘크리트에 알맞으며, 수중 공사, 해중 공사에도 사용된다.

□□□ 14③, 15①
02 다음 혼화재 중 포졸란 작용이 있는 혼화재가 아닌 것은?

① 플라이애시
② 폴리머
③ 화산재
④ 규조토

02 포졸란 작용이 있는 혼화재
플라이애시, 규조토, 화산재, 규산백토, 실리카퓸

□□□ 01④, 03②, 04②, 07②, 11③, 15①
03 AE 콘크리트의 알맞은 공기량은 굵은 골재의 최대 치수에 따라 다르며, 보통 콘크리트 부피의 몇 %를 표준으로 하는가?

① 1~3%
② 4~7%
③ 7~12%
④ 12~17%

03
AE콘크리트의 적당한 공기량은 굵은 골재의 최대치수에 따라 다르나 콘크리트 부피의 4~7%를 표준으로 한다.

□□□ 05①, 08②⑤, 10⑤, 14③, 15①
04 콘크리트의 혼화제에 대한 설명으로 가장 적합한 것은?

① 사용량이 시멘트 질량의 5% 정도 이상이 되어 그 자체의 부피가 콘크리트의 배합계산에 관계된다.
② 사용량의 콘크리트 질량의 1% 정도 이상이 되어 그 자체의 부피가 콘크리트의 배합계산에 관계된다.
③ 사용량이 콘크리트 질량의 5% 정도 이하의 것으로서 그 자체의 부피는 콘크리트의 배합계산에서 무시된다.
④ 사용량이 시멘트 질량의 1% 정도 이하의 것으로서 그 자체의 부피는 콘크리트의 배합계산에서 무시된다.

04
• 혼화제 : 사용량이 시멘트 질량의 1% 정도 이하가 되어 콘크리트 배합 계산에서 무시된다.
• 혼화재 : 사용량이 시멘트 질량의 5% 정도 이상이 되어 그 자체가 콘크리트의 배합계산에 관계 된다.

정답 01 ① 02 ② 03 ② 04 ④

□□□ 12②, 15①

05 무근 콘크리트에 사용하는 굵은골재의 최대치수의 표준으로 옳은 것은?

① 부재 최소 치수의 1/2 이하
② 부재 최소 치수의 1/4 이하
③ 부재 최소 치수의 3/4 이하
④ 부재 최소 치수의 1/5 이하

05 무근콘크리트의 굵은골재의 최대 치수
- 40mm
- 부재 최소 치수의 1/4 이하

□□□ 10④, 11①④, 12②, 14①, 15①

06 다음 중 특수 시멘트에 속하는 것은?

① 백색 포틀랜드 시멘트
② 플라이 애시 시멘트
③ 내황산염 포틀랜드 시멘트
④ 팽창 시멘트

06 특수 시멘트
- 알루미나 시멘트
- 팽창성 시멘트
- 초조강 시멘트

□□□ 08③, 11①, 15①

07 기상작용에 대한 골재의 내구성을 알기위한 시험은 다음 중 어느 것인가?

① 골재의 밀도 시험
② 골재의 빈틈율 시험
③ 황산 소듐을 이용한 골재의 안정성 시험
④ 골재에 포함된 유기불순물 시험

07 황산 소듐을 이용한 골재의 안정성 시험
골재의 내구성을 알기 위해서 황산 나트륨 포화용액으로 골재의 부서짐 작용에 대한 저항성을 시험하는 것이다.

□□□ 01③, 04⑤, 07②⑤, 11④⑤, 14①③, 15①

08 가루 석탄을 연소시킬 때 굴뚝에서 집진기로 모은 아주 작은 입자의 재이며, 실리카질 혼화재로 입자가 둥글고 매끄럽기 때문에 콘크리트의 워커빌리티를 좋게 하고 수화열이 적으며 장기 강도를 크게 하는 것은?

① 실리카 품
② 고로 슬래그 미분말
③ 플라이 애시
④ AE제

08 플라이 애시
가루 석탄을 연료로 사용하는 발전소에서 이를 연소할 때, 굴뚝을 통해 미세한 분말입자를 전기 집전기로 채취한 것

□□□ 04②, 07②, 09①②, 15①

09 1g의 시멘트가 가지고 있는 전체 입자의 표면적의 합계를 무엇이라 하는가?

① 단위표면적
② 총표면적
③ 비표면적
④ 표면적

09 비표면적
분말도는 비표면적으로 나타내며, 1g의 시멘트가 가지고 있는 전체 입자의 총 표면적을 비표면적(cm^2/g) 이라 한다.

 05 ② 06 ④ 07 ③ 08 ③ 09 ③

□□□ 03②, 06⑤, 10①, 15①
10 중량 골재에 속하지 않는 것은?

① 중정석　　　　　　② 화산암
③ 자철광　　　　　　④ 갈철광

해　설

10 중량 골재
갈철광, 중정석, 자철광, 적철광

□□□ 04①, 06②, 07⑤, 10⑤, 14①③, 15①, 19②, 21③
11 골재의 공극률이 17%인 경우 실적률은 얼마인가?

① 3.4%　　　　　　② 83%
③ 96.6%　　　　　　④ 99.8%

11 실적률
=100−공극률(%)
=100−17=83%

□□□ 15①
12 경량골재 콘크리트에 대한 설명으로 틀린 것은?

① 골재의 전부 또는 일부를 인공경량골재를 써서 만든 콘크리트를 말한다.
② 운반과 치기가 쉽다.
③ 건조수축이 작다.
④ 강도와 탄성계수가 작다.

12 경량골재 콘크리트
• 건조수축과 수중팽창이 크다.
• 다공질이어서 흡수성과 투수성이 크다.

□□□ 01④, 03②, 06①, 08③, 15①
13 시멘트의 제조 과정에서 응결지연제로 석고를 클링커 질량의 약 몇 % 정도 넣고 분쇄하는가?

① 3%　　　　　　② 6%
③ 10%　　　　　　④ 16%

13 석고
시멘트의 응결시간을 조절하기 위하여 응결 지연제로 석고를 3% 정도 첨가한다.

□□□ 05①, 10①, 15①
14 내부진동기를 사용하여 콘크리트를 다지기할 때 그 방법에 대한 설명으로 틀린 것은?

① 내부 진동기는 철근에 닿지 않도록 하며 수직으로 찔러 넣는다.
② 내부 진동기를 빼낼 때에는 구멍이 생기지 않도록 천천히 빼낸다.
③ 내부 진동기를 찔러 넣는 간격은 일반적으로 0.5m 이내로 한다.
④ 내부 진동기를 찔러 넣는 깊이는 아래층 콘크리트 속으로 0.3m 이상 들어가게 넣는다.

14
내부 진동기를 찔러 넣는 깊이는 아래층 콘크리트 속으로 0.1m 이상 들어가게 넣는다.

정답 10 ② 11 ② 12 ③ 13 ① 14 ④

□□□ 01②③, 03①, 05②, 06②③, 08①, 10②, 13①, 15①

15 분말도가 높은 시멘트의 성질에 대한 설명으로 틀린 것은?

① 수화작용이 빠르다.　　② 조기강도가 커진다.
③ 건조수축이 작아진다.　④ 풍화하기 쉽다.

15
분말도가 높을수록 건조수축이 커서 균열이 생기기 쉽다.

□□□ 15①

16 콘크리트에 사용하는 잔골재의 흡수율은 몇 % 이하이어야 하는가?

① 3% 이하　　② 5% 이하
③ 8% 이하　　④ 10% 이하

16
잔골재의 흡수율은 3% 이하의 값을 표준으로 한다.

□□□ 05①, 10①, 11③, 15①

17 시멘트가 굳어 가는 도중에 부피가 팽창하는 정도를 무엇이라 하는가?

① 수화　　② 응결
③ 풍화　　④ 안정성

17
시멘트가 굳는 도중에 부피 팽창을 일으켜 균열이 생기거나 뒤틀림 등의 변형을 일으키지 않는 성질

□□□ 03①, 06⑤, 08①, 10①, 11③, 12②, 13①, 14②③, 15①

18 잔골재와 굵은골재를 구별할 때 사용하는 체는?

① 25mm 체　　② 15mm 체
③ 10mm 체　　④ 5mm 체

18 골재의 구별
• 5mm체에 통과하는 골재는 잔골재
• 5mm체에 남는 골재는 굵은골재

□□□ 15①

19 믹서를 트럭에 실은 것으로 콘크리트를 운반하는 기계는 무엇인가?

① 로울러　　② 덤프트럭
③ 콘크리트 펌프　④ 트럭 믹서

19 트럭 믹서
믹서를 트럭에 실은 것으로 플랜트에서 재료를 공급받아 비비면서 주행하는 레디믹스트 콘크리트 운반용 트럭이다.

□□□ 03②, 05②, 06⑤, 07⑤, 10⑤, 15①

20 감수제의 사용 효과 중 옳지 않은 것은?

① 시멘트 풀의 유동성을 감소시킬 수 있다.
② 워커빌리티를 좋게 할 수 있다.
③ 단위수량을 감소시킬 수 있다.
④ 압축강도를 증가시킬 수 있다.

20
시멘트의 입자가 분산되어 유동성이 좋아진다.

정답 15 ③　16 ①　17 ④　18 ④　19 ④
20 ①

□□□ 06⑤, 10①, 14②, 15①

21 시멘트의 수화 작용을 빠르게 하기 위해 일반적으로 염화칼슘($CaCl_2$)을 사용하는 혼화제는?

① 촉진제 ② AE제
③ 급결제 ④ 고성능 감수제

21 촉진제
일반적으로 염화칼슘($CaCl_2$)를 사용하면 시멘트의 수화작용을 빠르게 촉진시킨다.

□□□ 15①

22 골재의 흡수율 실험에서 절대건조 상태가 되기 위해 건조로 온도의 범위는 몇 ℃가 적당한가?

① 90~100℃ ② 100~110℃
③ 110~120℃ ④ 120~130℃

22
시료를 105±5℃(100~110℃)의 온도로 무게가 일정하게 될 때까지 건조시킨다.

□□□ 05①, 08①, 15①

23 한중 콘크리트로의 시공은 일평균 기온이 몇 ℃ 이하일 때 하는지 그 기준으로 옳은 것은?

① -5℃ 이하 ② 0℃ 이하
③ 4℃ 이하 ④ 10℃ 이하

23
하루의 평균기온이 4℃ 이하가 예상되는 조건일 때는 콘크리트가 동결할 염려가 있으므로 온도는 최저 몇 5℃ 이상 유지해야 한다.

□□□ 15①

24 콘크리트 운반 기계·기구에 대한 설명으로 틀린 것은?

① 버킷은 콘크리트를 담고 부릴 때 사용한다.
② 애지테이터 트럭은 운반 거리가 긴 경우에 사용한다.
③ 콘크리트 플레이서는 수송관을 통해 압축 공기로 콘크리트를 압송한다.
④ 연직 슈트는 경사 슈트보다 재료분리를 일으키기 쉽다.

24 경사슈트
재료의 분리를 일으키기 쉬우므로 될 수 있는 대로 사용하지 않는 것이 좋다.

□□□ 05①, 08①, 15①

25 일반적으로 가마니, 마포 등을 적시거나 살수하는 등의 습윤양생이 곤란한 경우에 사용하는 것으로 콘크리트의 막을 만드는 양생제를 살포하여 증발을 막는 양생 방법은?

① 막양생 ② 촉진양생
③ 증기양생 ④ 온도제어양생

25 막양생
습윤양생이 곤란한 경우 콘크리트 표면에 막이 되는 양생제인 아스팔트 유제나 비닐 유제 등을 발라서 물의 증발을 방지하는 방법이다.

정답 21 ① 22 ② 23 ③ 24 ④ 25 ①

□□□ 13②, 15①

26 도로나 활주로 포장 공사의 표면 다짐에 사용되는 기계는?

① 내부 진동기
② 표면 진동기
③ 외부 진동기
④ 거푸집 진동기

□□□ 10①, 15①

27 콘크리트 재료 배합시 재료의 계량 오차가 가장 적게 생기도록 해야 하는 것은?

① 물
② 혼화재
③ 잔골재
④ 굵은 골재

□□□ 06①, 07②, 09②⑤, 14①, 15①

28 수밀콘크리트의 물-결합재비는 몇 % 이하를 표준으로 하는가?

① 30% 이하
② 40% 이하
③ 50% 이하
④ 60% 이하

□□□ 15①

29 플랜트에서 재료를 계량하여 트럭 믹서에 싣고 운반 중에 물을 넣어 비비는 레디믹스트 콘크리트는?

① 콘크리트 플레이서
② 슈링크 믹스트콘크리트
③ 센트럴 믹스트콘크리트
④ 트랜싯 믹스트콘크리트

□□□ 03⑤, 15①, 19②

30 콘크리트 타설에 있어 먼저 타설한 콘크리트와 새로 타설한 콘크리트의 사이에 이음이 생기는데 이 이음을 무엇이라 하는가?

① 공사 이음
② 시공 이음
③ 치기 이음
④ 압축 이음

□□□ 07②, 08②, 09②, 13②, 14②, 15①

31 콘크리트의 블리딩 시험에서 시험 중 온도로 가장 적당한 것은?

① 15±3℃
② 20±3℃
③ 25±2℃
④ 30±2℃

해 설

26
주로 도로 포장, 활주로 포장처럼 두께가 얇고, 넓은 콘크리트의 표면에 진동을 주어 다지는 기계이다.

27 계량오차

재료	허용오차
시멘트	−1%, +2%
골재	±3%
물	−2%, +1%
혼화재	±2%
혼화제	±3%

28
물-결합재비는 50% 이하를 표준으로 한다.

29 레디믹스트 콘크리트
- 센트럴 믹스트 콘크리트 : 완전히 비벼진 콘크리트를 운반 중에 교반하면서 현장까지 운반하는 방법
- 슈링크 믹스트 콘크리트 : 어느 정도 콘크리트를 비빈 후 운반하면서 혼합하여 콘크리트를 공급하는 방법
- 트랜싯 믹스트 콘크리트 : 재료를 싣고 운반하면서 교반 혼합하여 공사 현장에 도착하여 완전한 콘크리트를 공급하는 방법

30
- 이를 시공이음이라 한다.
- 될 수 있는 대로 전단력이 작은 곳에 만든다.

31
- 시험하는 동안 온도 20±3℃로 유지해야 한다.
- 콘크리트의 온도는 20±2℃로 한다.

정답 26 ② 27 ① 28 ③ 29 ④ 30 ② 31 ②

☐☐☐ 02①, 03⑤, 04②, 09③, 11③, 12②, 13①, 14②, 15①

32 콘크리트를 타설할 때 슈트 배출구에서 타설면까지의 높이는 몇 m 이하를 원칙으로 하는가?

① 0.8m
② 1.0m
③ 1.5m
④ 1.8m

32
연직 슈트, 깔때기 등을 사용하며, 이 때 슈트, 깔때기 등의 배출구와 치기 면과의 높이는 1.5m 이하로 한다.

☐☐☐ 07②, 10②, 15①

33 콘크리트의 압축강도를 시험할 경우 기둥의 측면 거푸집널의 해체시기로 옳은 것은?

① 콘크리트의 압축강도가 5MPa 이상
② 콘크리트의 압축강도가 4MPa 이상
③ 콘크리트의 압축강도가 3MPa 이상
④ 콘크리트의 압축강도가 2MPa 이상

33 콘크리트의 압축강도를 시험할 경우
- 기초, 보, 기둥, 벽 등의 측벽 : 5MPa
- 슬래브 및 보의 밑면, 아치 내면 : $\frac{2}{3}f_{cu}$ 이상, 또는 최소 14MPa 이상

☐☐☐ 04②, 11③, 15①

34 한중콘크리트를 타설할 때 콘크리트 온도의 범위로 가장 적합한 것은?

① -4~0℃
② 0~5℃
③ 5~20℃
④ 20~30℃

34 한중 콘크리트
콘크리트 타설시 온도는 기상 조건 등을 고려하여 5~20℃ 범위에서 정한다.

☐☐☐ 03⑤, 09①, 13①, 15①

35 일반적인 수중콘크리트의 단위시멘트량 표준은 얼마 이상인가?

① 370kg/m³
② 300kg/m³
③ 250kg/m³
④ 200kg/m³

35 수중 콘크리트

단위 시멘트량	370kg/m³ 이상
물-결합재비	50% 이하

☐☐☐ 04②, 08①, 09⑤, 11①, 14②, 15①

36 콘크리트의 비비기에 대한 아래표의 설명에서 ( )에 들어갈 수치로 옳은 것은?

> 비비기 시간은 시험에 의해 정하는 것을 원칙으로 한다. 비비기는 미리 정해둔 비비기 시간의 ( )배 이상 계속하지 않는다.

① 2
② 3
③ 4
④ 5

36
비비기는 미리 정해 둔 시간의 3배 이상 계속해서는 안된다.

정답 32 ③ 33 ① 34 ③ 35 ① 36 ②

□□□ 02⑤, 03②, 04⑤, 09②, 13④, 15①

37 콘크리트의 타설에 대한 설명으로 틀린 것은?

① 타설한 콘크리트를 거푸집 안에서 횡방향으로 이동시켜서는 안된다.
② 한 구획 내의 콘크리트는 타설이 완료될 때까지 연속해서 타설하여야 한다.
③ 콘크리트를 2층 이상으로 나누어 타설할 경우 상층의 콘크리트는 하층의 콘크리트가 완전히 경화된 후에 해야 한다.
④ 콘크리트는 그 표면이 한 구획 내에서는 거의 수평이 되도록 타설하는 것을 원칙으로 한다.

37
콘크리트를 2층 이상으로 나누어 칠 경우 각층의 콘크리트가 일체가 되도록 아래층의 콘크리트가 굳기 전에 위층의 콘크리트를 쳐야 한다.

□□□ 15①

38 슬럼프 시험은 슬럼프 콘에 콘크리트를 3층으로 나누어 넣고, 지름(㉠)의 다짐대로 각 층을 (㉡)번씩 다진 후 슬럼프 값을 측정하는 시험이다. ( )안에 적절한 값을 순서대로 나열한 것은?

① ㉠= 12mm, ㉡= 15
② ㉠= 12mm, ㉡= 25
③ ㉠= 16mm, ㉡= 15
④ ㉠= 16mm, ㉡= 25

38
콘에 시료를 채울 때 시료를 거의 같은 양의 3층으로 나눠서 채우며, 각 층은 지름 16mm의 다짐봉으로 25회씩 똑같이 다진다.

□□□ 15①

39 터널의 콘크리트 라이닝(concrete lining)에 사용되는 이동식 강재 거푸집은?

① 슬립폼(slip form)
② C.I.P(cast in placed pile)
③ 콘크리트 플레이서(concrete placer)
④ 터널 지보(支保)재

39 슬립폼
콘크리트 면의 윗부분으로 이동하면서 콘크리트 타설을 여러 번 되풀이하여 구조물을 완성하는 이동식 강재 거푸집

□□□ 01③④, 04⑤, 08②, 10③, 11①, 12②, 14①③, 15①

40 콘크리트의 블리딩 시험에 대한 아래표의 설명에서 ( )에 들어갈 시간(분)으로 옳은 것은?

기록한 처음 시각에서 60분 동안 (a)분마다, 콘크리트 표면에 스며나온 물을 빨아낸다. 그 후는 블리딩이 정지할 때까지 (b)분마다 물을 빨아낸다.

① a = 40분, b = 10분
② a = 10분, b = 30분
③ a = 30분, b = 10분
④ a = 10분, b = 60분

40 블리딩 시험
처음 60분 동안은 10분 간격으로 그 후는 블리딩이 정지할 때까지 30분 간격으로 표면에 떠오른 블리딩 물을 빨아낸다.

정답 37 ③ 38 ④ 39 ① 40 ②

□□□ 03①⑤, 04②, 05②, 08③, 09①③, 10①, 11③, 13②, 15①

41 콘크리트 치는 기계 중에서 압축공기를 이용하여 터널의 둘레 콘크리트 치기에 사용하는 기계는?

① 벨트 컨베이어
② 콘크리트 플레이서
③ 트럭 믹서
④ 콘크리트 믹서

41 콘크리트 플레이서
- 수송관 속의 콘크리트를 압축공기에 의하여 압력으로 보내는 것이다.
- 터널 등의 좁은 곳에 콘크리트를 운반하는 데 편리하다.
- 주로 터널의 둘레 콘크리트 치기에 사용된다.

□□□ 01③, 05①, 06①, 08②, 09⑤, 13①, 14③, 15①

42 미리 거푸집 안에 굵은 골재를 채우고 그 틈 사이에 특수 모르타르를 주입하는 콘크리트는?

① 진공 콘크리트
② 프리플레이스트 콘크리트
③ 레디믹스트 콘크리트
④ 프리스트레스트 콘크리트

42 프리플레이스트 콘크리트
미리 거푸집 안에 굵은 골재를 채우고, 그 틈사이에 특수 모르타르를 주입하는 콘크리트

□□□ 10①③, 11③, 15①

43 일반적으로 콘크리트를 타설할 때 외기 온도가 25℃를 초과할 경우 허용 이어치기 시간간격의 표준으로 옳은 것은?

① 1.0시간
② 1.5시간
③ 2.0시간
④ 2.5시간

43 허용이어치기의 시간간격의 표준

외기 온도	완료시간
25℃ 초과	2.0시간 이내
25℃ 이하	2.5시간 이내

□□□ 13①, 15①

44 시멘트의 강도시험(KS L ISO 679)에서 모르타르를 제조할 때 시멘트와 표준모래의 질량비로 옳은 것은?

① 1 : 3
② 1 : 3.5
③ 1 : 2.5
④ 1 : 2

44 모르타르 제작방법
질량에 의한 비율로 시멘트와 표준사를 1 : 3의 비율로 한다.

□□□ 15①

45 시멘트의 비중시험의 정밀도 및 편차에 대한 아래 표의 설명에서 ( ) 안에 적당한 것은?

> 동일 시험자가 동일 재료에 대하여 2회 측정한 결과가 ( ) 이내이어야 한다.

① ±0.01
② ±0.02
③ ±0.03
④ ±0.04

45
동일 시험자가 동일 재료에 대하여 2회 측정한 결과가 ±0.03 이내이어야 한다.

정답 41 ② 42 ② 43 ③ 44 ① 45 ③

□□□ 01③, 06①, 10⑤, 13①, 15①

46 골재의 절대 부피가 0.75m³인 콘크리트에서 잔골재율이 35%이고 잔골재 밀도가 2.60g/cm³이면 단위 잔골재량은 얼마인가?

① 595kg   ② 643kg
③ 683kg   ④ 726kg

46 단위 잔골재량
= 단위 골재의 절대체적×S/a
　×잔골재밀도×1000
= 0.75×0.35×2.60×1000
= 682.5kg

□□□ 01③, 03②, 04①②, 06⑤, 07⑤, 08②, 09①②, 10①, 13②③, 14①, 15①, 16②, 22③

47 $\phi 150\times 300$mm인 시험체를 쪼갬인장강도시험을 실시하여 150kN에서 파괴되었다. 이 콘크리트의 쪼갬인장강도는 약 얼마인가?

① 6.7MPa   ② 3.3MPa
③ 2.1MPa   ④ 1.1MPa

47 쪼갬인장강도
$$f_t = \frac{2P}{\pi dl}$$
$$= \frac{2\times 150\times 10^3}{\pi\times 150\times 300}$$
$$= 2.1\,\text{N/mm}^2 = 2.1\,\text{MPa}$$

□□□ 02⑤, 05②, 06①, 07②, 08①, 09①③, 10①⑤, 13①②, 15①, 16①, 22③

48 콘크리트의 겉보기 공기량이 7%이고 골재의 수정계수가 1.2%일 때 콘크리트의 공기량은 얼마인가?

① 4.6%   ② 5.8%
③ 8.2%   ④ 9.4%

48 공기량
$A = A_1 - G$
　= 7 - 1.2 = 5.8%

□□□ 15①, 21③

49 시멘트 비중시험에서 광유의 눈금을 읽는 옳은 방법은?

① 가
② 나
③ 다
④ 라

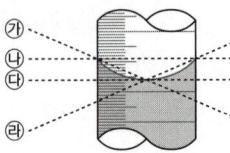

49
광유 표면의 눈금을 읽을 때 곡면이 있는 가장 밑면 ㉰의 눈금을 읽는다.

□□□ 11④, 14②, 15①

50 굵은 골재의 밀도 및 흡수율시험(KS F 2503)의 정밀도에 대한 아래 표의 설명에서 (　)에 알맞은 수치는?

시험값은 평균값과의 차이가 밀도의 경우 0.01g/cm³ 이하, 흡수율의 경우는 (　)% 이하이어야 한다.

① 0.03   ② 0.07
③ 0.1   ④ 0.3

50 시험값은 평균값과의 차이
• 밀도는 0.01g/cm³ 이하
• 흡수율은 0.03% 이하

정답　46 ③　47 ③　48 ②　49 ③　50 ①

51 콘크리트용 모래에 포함되어 있는 유기 불순물 시험에 사용하는 식별용 표준색 용액의 제조방법으로 옳은 것은?

① 10%의 수산화나트륨 용액으로 2% 탄닌산 용액을 만들고, 그 2.5mL를 3%의 알코올 용액 97.5mL에 가하여 유리병에 넣어 마개를 닫고 잘 흔든다.
② 10%의 알코올 용액으로 2% 탄닌산 용액을 만들고, 그 2.5mL를 3%의 수산화나트륨 용액 97.5mL에 가하여 유리병에 넣어 마개를 닫고 잘 흔든다.
③ 3%의 알코올 용액으로 10% 탄닌산 용액을 만들고, 그 2.5mL를 2%의 황산나트륨 용액 97.5mL에 가하여 유리병에 넣어 마개를 닫고 잘 흔든다.
④ 3%의 황산나트륨 용액으로 10% 탄닌산 용액을 만들고, 그 2.5mL를 2%의 알코올 용액 97.5mL에 가하여 유리병에 넣어 마개를 닫고 잘 흔든다.

해설

51 유기 불순물 시험
10%의 알코올 용액으로 2% 탄닌산 용액을 만들고, 그 2.5mL를 3%의 수산화나트륨 용액 97.5mL에 가하여 유리병에 넣어 마개를 닫고 잘 흔든다.

52 잔골재의 밀도 및 흡수율 시험을 실시하는데 없어도 되는 기구는?

① 저울　　② 다짐대
③ 철망태　　④ 원뿔형 몰드

52
철망태는 굵은골재밀도시험에 필요한 기구이다.

53 잔골재의 조립률 시험을 한 결과 다음 표와 같은 결과를 얻었다. 이 잔골재의 조립률(FM)은 얼마인가?

체의 호칭(mm)	체에 남는 양(%)
10	0
5	4
2.5	6
1.2	21
0.6	40
0.3	17
0.15	12
접시	0

① 2.74　　② 2.84
③ 2.94　　④ 3.04

53

체의 호칭 (mm)	체에 남는 양 (%)	체에 남는 양 누계(%)
10	0	0
5	4	4
2.5	6	10
1.2	21	31
0.6	40	71
0.3	17	88
0.15	12	100
접시	0	
합계	100	304

$$\therefore F.M = \frac{\Sigma \text{각 체에 남는 양의 누계}}{100}$$

$$= \frac{304}{100} = 3.04$$

정답 51 ② 52 ③ 53 ④

□□□ 04②, 06②, 11①, 12②, 13③, 15①

54 슬럼프 시험에서 슬럼프 값은 콘크리트가 내려 앉은 길이를 어느 정도의 정밀도로 측정하는가?

① 5mm ② 10mm
③ 20mm ④ 30mm

해설

54
콘크리트가 내려앉은 길이를 5mm의 정밀도로 측정한다.

□□□ 01③, 04①, 08①, 09①, 10③, 11③, 13②③, 14③, 15①

55 굵은 골재의 체가름 시험에서 조립률을 계산하는데 적용되는 체가 아닌 것은?

① 40mm ② 25mm
③ 20mm ④ 10mm

55 조립률(F.M)
75mm, 40mm, 20mm, 10mm, 5mm, 2.5mm, 1.2mm, 0.6mm, 0.3mm, 0.15mm(10개)

□□□ 01④, 03①, 04①, 06⑤, 08③, 09②, 14①, 15①

56 콘크리트 휨강도 시험용 공시체의 한 변의 길이는 콘크리트에 사용될 굵은 골재 최대치수의 몇 배 이상이며, 또한 몇 mm 이상이어야 하는가?

① 2배, 50mm ② 3배, 80mm
③ 4배, 100mm ④ 5배, 150mm

56 휨강도 시험용 공시체
시험체의 길이는 단면 한 변의 길이는 4배 이상이며 100mm 이상으로 한다.

□□□ 05②, 15①

57 공기량 측정방법 중 공기가 전혀 없는 것으로 하여 시방배합에서 계산한 콘크리트의 이론 단위 무게와 실제로 측정한 단위 무게와의 차이로 공기량을 구하는 방법은?

① 공기실 압력법 ② 질량법
③ 부피법 ④ 워싱턴형 공기량 측정법

57
• 질량방법에 대한 설명이다.
• 공기실 압력법 : 굳지 않은 콘크리트의 압력법에 의한 공기량 측정기구

□□□ 15①

58 콘크리트의 압축강도시험에서 하중을 가하는 속도는 공시체에 충격을 주지 않도록 똑같은 속도로 하중을 가하여야 한다. 이 때 하중을 가하는 속도는 압축응력도의 증가율이 얼마나 되도록 하여야 하는가?

① 매초(0.6±0.2)MPa이 되도록 한다.
② 매초(1±0.4)MPa이 되도록 한다.
③ 매초(1.6±0.4)MPa이 되도록 한다.
④ 매초(2±0.4)MPa이 되도록 한다.

58
• 압축강도시험 : 매초(0.6±0.2)MPa
• 인장강도 시험 : 매초(0.06±0.04)MPa
• 휨강도 시험 : 매초(0.06±0.04)MPa

정답 54 ① 55 ② 56 ③ 57 ② 58 ①

□□□ 03②, 15①
59 다음 중 골재의 실적률을 계산하기 위해 필요한 것이 아닌 것은?

① 골재의 단위용적질량 ② 골재의 조립률
③ 골재의 빈틈률 ④ 골재의 밀도

□□□ 04⑤, 15①
60 다음 중 콘크리트의 압축강도 시험에 필요하지 않은 시험기구는?

① 몰드 ② 메스실린더
③ 캘리퍼스 ④ 다짐대

해 설

59
- 실적률
  =100−골재의 빈틈률
- 빈틈률
  $= \left(1 - \dfrac{골재의\ 단위용적질량}{골재의\ 밀도}\right) \times 100$

60
- 몰드 : $\phi 100 \times 200\,mm$, $\phi 150 \times 300\,mm$
- 캘리퍼스 : 몰드 지름 측정
- 다짐대 : 지름 16mm 다짐대로 각 층을 8회 또는 18회씩 다짐

정답 59 ② 60 ②

국가기술자격 CBT 필기시험문제

2015년도 기능사 제2회 필기시험

종 목	시험시간	배 점	테스트 결과(개수)		
콘크리트기능사	1시간	60	1회	2회	3회

해 설

☐☐☐ 15②

01 포졸란을 사용한 콘크리트의 특징으로 틀린 것은?

① 조기강도는 크나, 장기강도가 작아진다.
② 워커빌리티가 좋아진다.
③ 블리딩이 감소한다.
④ 수밀성 및 화학저항성이 크다.

01 포졸란 콘크리트
조기강도의 증진은 느리나 장기강도가 크고 특히 인장강도가 현저하게 증가한다.

☐☐☐ 15②

02 골재의 내구성을 알기 위해 실시하는 안정성 시험에 대한 설명으로 옳은 것은?

① 로스앤젤레스 마모시험기로 골재의 마모정도를 측정한다.
② 골재 단위 부피 중 골재 사이의 빈틈 비율을 측정한다.
③ 황산나트륨 용액에 대한 골재의 저항성을 측정한다.
④ 골재의 입도를 수치적으로 나타내는 조립률을 측정한다.

02 황산 소듐을 이용한 골재의 안정성 시험
황산나트륨 포화용액으로 인한 골재의 부서짐 작용에 대한 저항성을 시험한다.

☐☐☐ 08③, 15②

03 일반적으로 콘크리트를 구성하는 재료 중에서 부피가 가장 큰 것부터 작은 순으로 나열한 것은?

① 골재> 공기> 물> 시멘트
② 골재> 물> 시멘트> 공기
③ 물> 시멘트> 골재> 공기
④ 물> 골재> 시멘트> 공기

03
골재(70%), 물(15%), 시멘트(10%), 공기(5%)

☐☐☐ 15②

04 AE감수제를 사용한 콘크리트의 특징으로 틀린 것은?

① 동결융해에 대한 저항성이 증대된다.
② 굳지 않은 콘크리트의 워커빌리티를 개선하고 재료의 분리를 방지한다.
③ 건조수축을 감소시킨다.
④ 수밀성이 감소하고 투수성이 증가한다.

04
AE감수제를 사용한 콘크리트는 현행공기량에 의해 재료분리와 블리딩이 적고, 수밀성이 개선된다.

정답 01 ① 02 ③ 03 ② 04 ④

04①, 15②

05 시멘트의 응결에 영향을 미치는 요인에 대한 설명으로 틀린 것은?

① 분말도가 높으면 응결이 빨라진다.
② 온도가 높을수록 응결이 빨라진다.
③ 수량이 많으면 응결은 빨라진다.
④ 습도가 낮을수록 응결은 빨라진다.

05
물의 양이 많으면 응결이 늦어진다.

15②

06 원자로나 각종 시설의 방사선차폐용 콘크리트에 사용되는 중정석, 갈철광, 자철광 등과 같이 밀도가 큰 골재를 무엇이라 하는가?

① 경량골재　　② 중량골재
③ 부순골재　　④ 순환골재

06
원자로 등에서 방사선 차폐용 콘크리트를 만드는 데 사용한다.

15②

07 시멘트의 저장방법에 대한 설명으로 틀린 것은?

① 장기간 저장할 때에는 12포 이상 쌓아 올리지 않아야 한다.
② 시멘트는 창고에 품종별로 나누어 저장하여야 한다.
③ 현장 목조창고의 경우 시멘트는 바닥에서 0.3m정도 떨어진 마루위에 저장하면 좋다.
④ 3개월 이상 장기간 저장한 시멘트는 사용하기에 앞서 재시험을 실시하여 그 품질을 확인한다.

07
저장기간이 길어질 우려가 있는 경우에는 7포 이상 쌓아 올리지 않도록 하여야 한다.

04①, 06②, 07⑤, 10⑤, 14①③, 15①②

08 잔골재의 실적률이 75%이고 밀도가 2.65g/cm³일 때 공극률은?

① 28%　　② 25%
③ 66%　　④ 3%

08 실적률
=100−공극률(%)
=100−75=25%

04⑤, 06①, 08②, 09⑤, 10②, 13②, 15②, 16①

09 조립률이 3.0, 7.0인 모래와 자갈을 질량비 1:1.5의 비율로 혼합할 때의 조립률은?

① 2.5　　② 4.5
③ 5.4　　④ 7.4

09 혼합 조립률
$$f_a = \frac{m}{m+n}f_s + \frac{n}{m+n}f_g$$
$$= \frac{1}{1+1.5} \times 3.0 + \frac{1.5}{1+1.5} \times 7.0$$
$$= 5.4$$

정답　05 ③　06 ②　07 ①　08 ②　09 ③

□□□ 10①, 12①, 15②
10 다음 혼화재 중 인공산인 것은?

① 플라이애시 ② 화산회
③ 규조토 ④ 규산백토

10 포졸란의 종류
- 천연산 : 화산재, 규조토, 규산백토
- 인공산 : 플라이 애시, 고로 슬래그

□□□ 03①, 06⑤, 07②, 10①, 11③, 14②, 15②
11 혼합 시멘트의 종류에 포함되지 않는 것은?

① 고로 슬래그 시멘트 ② 팽창성 수경시멘트
③ 플라이 애시 시멘트 ④ 포틀랜드 포졸란 시멘트

11 혼합시멘트의 종류
- 고로 슬래그 시멘트
- 플라이 애시 시멘트
- 포틀랜드 포졸란 시멘트

□□□ 15②
12 콘크리트 속의 공기량에 대한 설명으로 틀린 것은?

① AE제에 의하여 콘크리트 속에 생긴 공기를 AE공기라 하고 이 밖의 공기를 갇힌 공기라 한다.
② AE콘크리트의 알맞은 공기량은 콘크리트 부피의 4~7%를 표준으로 한다.
③ AE콘크리트에서 공기량이 많아지면 압축강도가 커진다.
④ AE공기량은 시멘트의 양, 물의 양, 비비기 시간 등에 따라 달라진다.

12
공기량 1% 증가에 대해 압축강도가 4~6% 정도 작아진다.

□□□ 04②, 07②, 09①②, 15①, 15②
13 1g의 시멘트가 가지고 있는 전체입자의 표면적의 합계를 무엇이라 하는가?

① 비표면적 ② 총 표면적
③ 단위표면적 ④ 표면적

13 분말도
비표면적으로 나타내며, 1g의 시멘트가 가지고 있는 전체 입자의 총 표면적을 비표면적(cm^2/g)이라 한다.

□□□ 01④, 03①, 05②, 15②
14 분말도가 높은 시멘트에 관한 설명으로 틀린 것은?

① 풍화하기 쉽다.
② 수화작용이 빠르다.
③ 발열량이 커서 균열의 발생이 쉽다.
④ 조기강도가 작다.

14
분말도가 높은 시멘트는 수화작용이 빨라서 조기강도가 커진다.

정답 10 ① 11 ② 12 ③ 13 ① 14 ④

15 혼화재료는 혼화제와 혼화재로 분류할 수 있다. 이 때 혼화재에 대한 설명으로 옳은 것은?

① 사용량이 비교적 많아서(통상 시멘트 질량의 5% 정도 이상) 그 자체의 부피가 콘크리트 등의 비비기 용적에 계산되는 것
② 사용량이 비교적 적어서(통상 시멘트 질량의 1% 정도 이하) 그 자체의 부피가 콘크리트 등의 비비기 용적에 계산되지 않는 것
③ 분말가루의 형태로 존재하는 것
④ 액체의 형태로 존재하는 것

15
사용량이 시멘트 중량의 5% 이상으로 그 자체의 부피가 콘크리트의 배합계산 되는 혼화재

16 습윤상태의 모래 200g을 노건조 시킨 결과 185g이 되었다. 이때 함수량은?

① 7.54% ② 8.11%
③ 9.45% ④ 10.87%

16 함수량
$= \dfrac{습윤 - 절건}{절건} \times 100$
$= \dfrac{200 - 185}{185} \times 100$
$= 8.11\%$

17 골재알이 절대건조상태에서 표면건조포화상태로 되기까지 흡수한 물의 양은 무엇인가?

① 함수량 ② 표면수량
③ 포화도 ④ 흡수량

17
• 흡수량 = 표면건조상태 − 절대건조상태
• 함수량 = 습윤상태 − 절대건조상태

18 콘크리트 속에 거품을 일으켜 부재의 경량화나 단열을 위해 사용되는 혼화제는?

① 감수제 ② 촉진제
③ 기포제 ④ 지연제

18 기포제
콘크리트 속에 많은 거품을 일으켜, 부재의 경량화나 단열성을 목적으로 사용하는 혼화제

19 철근콘크리트에서 구조물의 단면이 큰 경우 굵은 골재의 최대치수는 다음 중 어느 것을 표준으로 하는가?

① 25mm ② 40mm
③ 50mm ④ 100mm

19 철근콘크리트의 굵은골재최대치수
• 일반적인 경우 : 25mm
• 단면이 큰 경우 : 40m

정답 15 ① 16 ② 17 ④ 18 ③ 19 ②

□□□ 01④, 03②, 06⑤, 08③, 09①, 11③, 12②, 13②, 14③, 15②, 16②

20 수중 콘크리트의 타설에 대한 설명으로 옳지 않은 것은?

① 콘크리트를 수중에 낙하 시키지 말아야 한다.
② 수중의 물의 속도가 300mm/sec 이내일 때에 한하여 시공한다.
③ 콘크리트 면을 가능한 한 수평하게 유지하면서 소정의 높이 또는 수면상에 이를 때 까지 연속해서 타설해야 한다.
④ 한 구획의 콘크리트 타설을 완료한 후 레이턴스를 모두 제거하고 다시 타설 하여야 한다.

20
수중의 물의 속도가 50mm/sec 이내일 때에 한하여 시공한다.

□□□ 03②, 08②, 09②, 10②, 15②

21 시멘트가 풍화했을 때의 현상으로 잘못된 것은?

① 비중이 작아진다.
② 응결이 늦어진다.
③ 강도의 발현이 저하된다.
④ 강열감량이 작아진다.

21
강열 감량이 커진다.

□□□ 08③, 12②, 15②, 16②

22 다음 중 촉진양생방법에 속하지 않는 것은?

① 오토클레이브양생
② 막양생
③ 증기양생
④ 고주파 양생

22 촉진 양생의 종류
증기양생, 전기양생, 오토클레이브양생, 고주파 양생

□□□ 03②, 04①, 15②

23 벨트컨베이어(belt conveyer)로 콘크리트를 운반할 때 설치하는 깔때기의 높이(A)는 몇 cm 이상되어야 하는가?

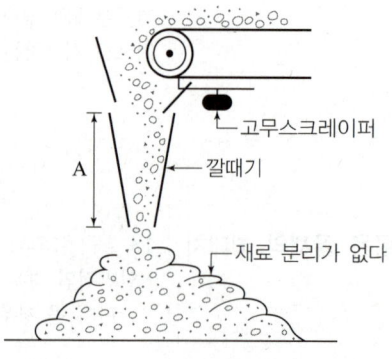

① 20cm
② 60cm
③ 100cm
④ 150cm

23
깔대기의 높이는 최소 60cm 이상이어야 한다.

정답 20 ② 21 ④ 22 ② 23 ②

□□□ 03⑤, 04②, 05②, 08③, 09①②③, 10①, 11③, 13②, 15①②

24 수송관 속의 콘크리트를 압축공기의 압력으로 보내는 것으로써, 주로 터널의 둘레 콘크리트에 사용 되는 것은?

① 콘크리트 배치믹서
② 콘크리트 플레이서
③ 콘크리트 피니셔
④ 콘크리트 슬립 폼 페이버

24 콘크리트 플레이서
콘크리트 펌프와 같이 터널의 좁은 곳, 둘레 콘크리트에 사용하는 데 편리하다.

□□□ 15②

25 레디믹스트 콘크리트 종류 중 콘크리트 플랜트에서 재료를 개량하여 트럭믹서에 싣고, 운반 중에 물을 넣어서 비비는 것은?

① 센트럴믹스트 콘크리트
② 슈링크믹스트 콘크리트
③ 트렌싯믹스트 콘크리트
④ 레이크믹스트 콘크리트

25 트랜싯 믹스트 콘크리트
콘크리트 플랜트에서 재료를 계량하여 트럭 믹서에 싣고, 운반 중에 물을 넣어 비비는 방법

□□□ 09②, 10①③, 11①, 14②, 15②

26 가경식 믹서를 사용하여 콘크리트 비비기를 할 경우 비비기 시간의 표준으로 옳은 것은?

① 30초 이상
② 1분 이상
③ 1분 30초 이상
④ 2분 이상

26 믹서 비비기

가경식	1분 30초 이상
강제식 믹서	1분 이상

□□□ 15②

27 콘크리트의 공기량에 영향을 끼치는 요인에 대한 설명으로 틀린 것은?

① 단위 잔골재량이 많을수록 공기량은 줄어든다.
② AE제의 사용량이 많을수록 공기량은 많아진다.
③ 콘크리트 배합이 부배합일수록 공기량은 줄어든다.
④ 콘크리트의 온도가 높을수록 공기량은 줄어든다.

27
AE제(공기연행제)를 사용하면 공기량도 증가하고 잔골재율도 증가한다.

□□□ 04①②, 07②, 11③, 14①, 15②

28 내부진동기를 사용하여 진동다짐을 할 때 진동기를 아래층의 콘크리트 속에 어느 정도 들어가게 하는가?

① 10cm
② 20cm
③ 30cm
④ 40cm

28
진동다짐을 할 때에는 진동기를 아래층의 콘크리트 속에 10cm (0.1m) 정도 찔러 넣어야 한다.

정답 24 ② 25 ③ 26 ③ 27 ① 28 ①

□□□ 15②

29 프리스트레스트 콘크리트에 대한 설명으로 틀린 것은?

① PS강재가 원상태로 되돌아가려는 힘으로 콘크리트에 압축응력이 생기게 된다.
② 프리텐션 방식의 경우 프리스트레싱 할 때의 콘크리트 압축강도는 30MPa 이상이어야 한다.
③ 프리텐션 방식은 PS강재와 쉬스(sheath)와의 간격을 특수 모르타르로 채운 것이다.
④ PS강재에는 PS강선, PS스트랜드, PS강봉 등이 있다.

29
포스트텐션 방식은 PS강재와 쉬스(sheath)와의 간격을 특수 모르타르로 채운 것이다.

□□□ 03①, 04②, 15②

30 콘크리트의 양생에 대한 설명으로 틀린 것은?

① 기온이 상당히 낮은 경우에는 일정한 기간동안 열을 주거나 보온에 의해 온도제어를 한다.
② 콘크리트 양생기간 중에는 진동, 충격의 작용을 무시해도 된다.
③ 촉진 양생을 할 때는 콘크리트에 나쁜 영향이 없도록 해야 한다.
④ 콘크리트의 수분 증발을 막기 위해서는 콘크리트의 표면에 매트, 가마니 등을 물에 적셔서 덮는 등의 습윤상태로 보호해야 한다.

30
콘크리트는 양생 기간 중에 예상되는 진동, 충격, 하중 등의 해로운 작용으로부터 보호해야 한다.

□□□ 08①, 09②, 15②

31 레디믹스트 콘크리트의 장점이 아닌 것은?

① 균질의 콘크리트를 얻을 수 있다.
② 공사능률이 향상 되고 공기를 단축할 수 있다.
③ 콘크리트의 워커빌리티를 현장에서 즉시 조절할 수 있다.
④ 콘크리트 치기와 양생에만 전념할 수 있다.

31
콘크리트의 워커빌리티를 즉시 조절하기가 곤란하다.

□□□ 05①, 08①, 10①③, 15②

32 콘크리트의 휨강도 시험에 대한 설명으로 틀린 것은?

① 3등분점 재하법에 따라 시험한다.
② 시험체 한 변의 길이는 굵은 골재 최대치수의 4배 이상으로 한다.
③ 시험체 길이는 단면의 한 변의 길이의 2배 보다 150mm 이상 더 커야 한다.
④ 공시체의 양생온도는 20±2℃ 로 한다.

32
시험체 길이는 단면의 한 변의 길이의 3배 보다 80mm 이상 더 커야 한다.

정답 29 ③ 30 ② 31 ③ 32 ③

□□□ 07②, 10②, 11③, 14③, 15②

33 일평균 기온이 15℃ 이상이고, 보통포틀랜드 시멘트를 사용한 콘크리트의 습윤양생기간의 표준은 몇 일인가?

① 5일 ② 7일
③ 8일 ④ 12일

33 습윤양생기간(15℃ 이상)

보통 시멘트	5일
조강 시멘트	3일

□□□ 06③, 07②, 10②, 11①, 15②

34 싣기 용량(q) 7m³, 사이클 시간(C_m) 1시간 20분, 작업효율(E) 0.9인 트럭 믹서의 1시간당 운반량은 몇 m³인가?

① 3.6m³ ② 4.7m³
③ 5.2m³ ④ 6.3m³

34 운반량

$$Q = \frac{60 \times q \times E}{C_m}$$

$$= \frac{60 \times 7 \times 0.9}{80}$$

$$= 4.73 \, m^3/hr$$

□□□ 04①②, 07②, 11③, 14①③, 15②④

35 일반적인 콘크리트 타설 후 다지기에서 내부 진동기를 사용할 때 내부 진동기를 찔러 넣는 간격의 표준으로 옳은 것은?

① 0.50m 이하 ② 0.80m 이하
③ 1.00m 이하 ④ 1.30m 이하

35 내부진동기는 간격 0.5m 이하로 아래층으로 깊이 0.10m 정도 찔러 넣어야 한다.

□□□ 01④, 03①, 11③, 12②, 14③, 15②, 16①

36 일반 수중 콘크리트의 물-결합재비(W/C)는 몇 % 이하인가?

① 50% ② 55%
③ 60% ④ 65%

36 수중 콘크리트

단위 시멘트량	370kg/m³ 이상
물-결합재비	50% 이하

□□□ 09①, 15②

37 슈트를 사용하여 콘크리트를 운반하는 경우에 대한 설명으로 잘못된 것은?

① 슈트를 사용하는 경우에는 원칙적으로 경사슈트를 사용 하여야 한다.
② 경사슈트를 사용할 경우 일반적으로 슈트의 경사는 수평 2에 대하여 연직 1정도가 적당하다.
③ 연직슈트를 사용할 경우에는 콘크리트가 한 장소에 모이지 않도록 콘크리트의 투입구의 간격, 투입순서 등에 대하여 콘크리트 타설 전에 검토해 두어야 한다.
④ 연직슈트를 사용할 경우 추가 슈트 설치를 생략하기 위해 한 개의 슈트로 넓은 장소에 공급하는 일이 있어서는 안된다.

37 경사 슈트
재료의 분리를 일으키기 쉬우므로, 될 수 있는 대로 사용하지 않는 것이 좋다.

정답 33 ① 34 ② 35 ① 36 ① 37 ①

□□□ 02①, 03⑤, 05①, 06⑤, 10①, 15②

38 서중 콘크리트에서 콘크리트를 쳐 넣을 때의 콘크리트 온도는 최대 몇 ℃ 이하이어야 하는가?

① 15℃ ② 20℃
③ 25℃ ④ 35℃

38
콘크리트를 칠 때의 최대 온도는 35℃ 이하여야 한다.

□□□ 03②, 08③, 14②, 15②, 16②

39 비탈면의 보호, 보강을 위하여 콘크리트를 압축공기로 시공면에 뿜어 붙인 것을 무엇이라 하는가?

① AE콘크리트 ② 숏크리트
③ 폴리머 콘크리트 ④ 프리플레이스트 콘크리트

39 숏크리트
모르타르를 압축 공기에 의해 뿜어 붙여서 만든 콘크리트로 비탈면의 보호, 교량의 보수 등에 쓰인다.

□□□ 01③, 07②, 13①, 14①②, 15②

40 시멘트 비중시험 결과 시멘트의 질량은 64g, 처음 광유 눈금을 읽은 값은 0.4mL, 시료를 넣은 후 광유 눈금을 읽은 값은 20.9mL였다. 이 시멘트의 비중은 얼마인가?

① 3.09 ② 3.12
③ 3.15 ④ 3.18

40 시멘트 비중
$= \dfrac{\text{시멘트의 무게(g)}}{\text{비중병의 눈금차(mL)}}$
$= \dfrac{64.0}{20.9 - 0.4} = 3.12$

□□□ 04②, 05②, 06①, 07②, 09①, 10②, 15②

41 어떤 굵은골재의 표면건조 포화상태 시료질량이 4000g이고, 물속에서의 시료질량이 2445g일 때 표면건조포화상태의 밀도는 얼마인가? (단, 시험온도에서의 물의 밀도는 1g/cm³이다.)

① 1.64g/cm³ ② 1.98g/cm³
③ 2.38g/cm³ ④ 2.57g/cm³

41 표건 밀도
$D_s = \dfrac{\text{표건 중량}}{\text{표건 중량} - \text{수중중량}} \times \rho_w$
$= \dfrac{B}{B-C} \times \rho$
$= \dfrac{4000}{4000 - 2445} \times 1 = 2.57 \text{g/cm}^3$

□□□ 15②, 16①

42 콘크리트 슬럼프 시험에 대한 설명으로 아래 괄호에 공통으로 들어갈 숫자는?

굵은 골재 최대 치수가 ( )mm를 넘는 콘크리트의 경우 ( )mm를 넘는 굵은 골재를 제거한 후 시험한다.

① 40 ② 30
③ 25 ④ 20

42
콘크리트 안에 40mm가 넘는 굵은 골재를 약간 포함하고 있다면, 40mm가 넘는 굵은 골재는 제거한다.

38 ④ 39 ② 40 ② 41 ④ 42 ①

☐☐☐ 02②, 07②, 12②, 14③, 15②

43 콘크리트 제작을 위하여 재료를 계량할 경우 골재 계량의 허용오차로 옳은 것은?

① ±1%   ② ±2%
③ ±3%   ④ ±4%

43 계량오차

재료	허용오차
시멘트	−1%, +2%
골재	±3%
물	−2%, +1%
혼화재	±2%
혼화제	±3%

☐☐☐ 04②, 15②

44 거푸집의 외부에 진동을 주어 내부 콘크리트를 다지는 기계로서, 터널의 둘레 콘크리트나 높은 벽 등에 사용되는 것은?

① 표면 진동기   ② 내부 진동기
③ 콘크리트 피니셔   ④ 거푸집 진동기

44 거푸집 진동기
콘크리트를 내부 진동기로 다지기 어려운 경우에 사용한다.

☐☐☐ 12②, 13③, 15②

45 시멘트 비중시험에 사용되는 기구는?

① 르샤틀리에 플라스크   ② 로스앤젤레스 시험기
③ 피크노미터   ④ 건조로

45
시멘트 비중시험은 르샤틀리에 플라스크를 사용한다.

☐☐☐ 08②, 10⑤, 15②

46 콘크리트 인장 강도 시험을 할 때 시험체의 상태에 대한 설명으로 옳은 것은?

① 완전히 건조상태에서 실시하여야 한다.
② 양생이 끝난 뒤 건조상태에서 실시하여야 한다.
③ 양생이 끝난 직후의 습윤 상태에서 시험하여야 한다.
④ 양생이 끝난 후에는 아무 때나 실시하여도 상관없다.

46
시험체는 양생이 끝난 뒤, 즉시 습윤 상태에서 시험하여야 한다.

☐☐☐ 06①, 15②

47 콘크리트의 블리딩시험에 대한 설명으로 틀린 것은?

① 시험하는 동안 26+2℃의 온도를 유지한다.
② 콘크리트를 용기에 3층으로 넣고, 각 층을 다짐대로 25번씩 다진다.
③ 용기에 채워 넣을 때 콘크리트의 표면이 용기의 가장자리에서 30±0.3cm 낮아지도록 고른다.
④ 콘크리트의 재료 분리 정도를 알기 위한 시험이다.

47
시험하는 동안 온도 20±3℃로 유지해야 한다.

정답 43 ③ 44 ④ 45 ① 46 ③ 47 ①

□□□ 10①, 12②, 15②

48 잔골재 표면수 측정시험은 동일한 시료에 대하여 계속 두 번 시행하였을 때 시험값은 평균값과의 차이가 몇 % 이하이어야 하는가?

① 0.3% ② 1.0%
③ 3.0% ④ 5.0%

48
시험은 같은 시료에 대하여 계속 두 번 시험하였을 때의 차가 0.3% 이하이어야 한다.

□□□ 03⑤, 04⑤, 06⑤, 08②, 09②③, 10②, 12②, 13②, 14①③, 15②④

49 콘크리트의 휨강도 시험 결과 공시체가 지간의 4점 재하법에 따라 파괴되었을 때 휨강도는 약 얼마인가? (단, 150×150×530mm의 공시체를 사용하였으며, 지간 450mm, 최대하중이 25kN이다.)

① 2.75MPa ② 3.03MPa
③ 3.33MPa ④ 4.73MPa

49 휨강도
$$f_b = \frac{Pl}{bh^2}$$
$$= \frac{25 \times 10^3 \times 450}{150 \times 150^2}$$
$$= 3.33\,\text{N/mm}^2 = 3.33\,\text{MPa}$$

□□□ 15②

50 골재 체가름 시험에 대한 내용으로 옳은 것은?

① 골재 체가름 시험은 골재의 입도분포를 구하기 위해서 실시한다.
② 골재 체가름 시험 중 체에 낀 골재알은 가볍게 눌러 통과시킨다.
③ 골재 체가름 시험 중 체에 낀 골재알은 체를 통과한 시료로 간주한다.
④ 체를 1분간 진동시켜 각 체를 통과하는 것이 전 시료 질량의 3% 이하로 될 때까지 작업을 계속한다.

50
• 체눈에 막힌 알갱이는 파쇄되지 않도록 주의하면서 되밀어 체에 남은 시료로 간주한다.
• 1분 동안에 각 체에 남는 시료의 양이 1% 이상 그 체를 통과하지 않을 때까지 체가름 작업을 계속한다.

□□□ 15②④

51 콘크리트의 시방배합으로 각 재료의 양과 현장골재의 상태가 아래와 같을 때 현장배합에서 굵은골재의 양은 얼마로 하여야 하는가? (단, 현장골재는 표면건조 포화상태임)

【시방배합】
• 시멘트 : 300kg/m³   • 물 : 160kg/m³
• 잔골재 : 666kg/m³   • 굵은골재 : 1178kg/m³

【현장배합】
• 5mm체에 남은 잔골재량 : 0%
• 5mm체를 통과한 굵은골재량 : 5%

① 1116kg/m³ ② 1178kg/m³
③ 1240kg/m³ ④ 1258kg/m³

51
■ 입도에 의한 조정
a : 잔골재 중 5mm체에 남은 양 : 0%
b : 굵은 골재 중 5mm체를 통과한 양 : 5%
∴ 굵은골재 $Y = \dfrac{100G - a(S+G)}{100 - (a+b)}$
$= \dfrac{100 \times 1178 - 0(666+1178)}{100 - (0+5)}$
$= 1240\,\text{kg/m}^3$

정답 48 ① 49 ③ 50 ① 51 ③

□□□ 11③, 15②

52 로스앤젤레스 시험기에 의한 굵은골재의 마모시험을 실시한 결과가 아래의 표와 같을 때 마모감량은?

> • 시험 전의 시료의 질량 : 5000g
> • 시험 후 1.7mm의 망체에 남은 시료의 질량 : 4525g

① 8.5%   ② 9.5%
③ 10.5% ④ 11.5%

해설 마모감량
$$R = \frac{(\text{시험 전의 시험의 질량}) - (\text{시험 후 1.7mm체 남는 시료의 질량})}{(\text{시험전의 시료의 질량})} \times 100$$
$$= \frac{5000 - 4525}{5000} \times 100 = 9.5\%$$

□□□ 15②

53 습윤상태인 굵은 골재의 질량이 4200g이고, 이 시료의 표면건조포화상태일 때의 질량이 4000g이었다면 표면수율은?

① 1%   ② 2.5%
③ 4.7% ④ 5%

53 표면수율
$$= \frac{\text{습윤상태} - \text{표건상태}}{\text{표면상태}} \times 100$$
$$= \frac{4200 - 4000}{4000} \times 100 = 5\%$$

□□□ 03①, 15②

54 콘크리트의 인장강도에 대한 설명으로 틀린 것은?

① 인장강도는 압축강도에 비해 매우 작다.
② 인장강도는 철근 콘크리트의 부재 설계에서는 일반적으로 무시해도 된다.
③ 인장강도는 도로포장이나 수조 등에선 중요하다.
④ 인장강도는 압축강도와 달리 물-결합재비에 비례한다.

54 콘크리트 인장강도는 물-결합재비에 비례하지 않는다.

□□□ 02⑤, 05①, 08①②, 09②③, 10②③, 11③, 13①③, 14②, 15②, 16①

55 지름 100mm, 높이 200mm인 콘크리트 공시체로 압축강도 시험을 실시한 결과 공시체 파괴시 최대하중이 231kN이었다. 이 공시체의 압축강도는?

① 29.4MPa ② 27.4MPa
③ 25.4MPa ④ 23.4MPa

55 압축강도
$$f_c = \frac{P}{A}$$
$$= \frac{231 \times 1000}{\frac{\pi \times 100^2}{4}}$$
$$= 29.4 \text{N/mm}^2 = 29.4 \text{MPa}$$

정답 52 ② 53 ④ 54 ④ 55 ①

□□□ 03①, 04①, 05①, 08①, 15②

56 슬럼프(slump)시험시 각 층의 다짐횟수는 몇 회로 하는가?

① 15회 ② 25회
③ 35회 ④ 45회

56
시료를 슬럼프 콘 부피의 1/3되게 넣고 각 25회씩 다진다.

□□□ 14②, 15②

57 콘크리트용 모래에 포함되어 있는 유기불순물 시험에 사용하는 시료에 대한 설명으로 옳은 것은?

① 시료는 대표적인 것을 취하고 절대 건조상태로 건조시켜서 4분법 또는 시료 분취기를 사용하여 약 1kg을 채취한다.
② 시료는 대표적인 것을 취하고 습윤상태로 4분법 또는 시료 분취기를 사용하여 약 450g을 채취한다.
③ 시료는 대표적인 것을 취하고 공기 중 건조상태로 건조시켜서 4분법 또는 시료 분취기를 사용하여 약 450g을 채취한다.
④ 시료는 대표적인 것을 취하고 표면건조 포화상태로 건조시켜서 4분법 또는 시료 분취기를 사용하여 약 1kg을 채취한다.

57 유기불순물시험의 시료
시료는 대표적인 것을 취하고 공기 중 건조상태로 건조시켜서 4분법 또는 시료 분취기를 사용하여 약 450g을 채취한다.

□□□ 03①, 08⑤, 12②, 15②

58 굳지 않은 콘크리트의 공기 함유량 시험에서 보일(Boyle)의 법칙을 이용한 시험법은?

① 밀도법 ② 용적법
③ 질량법 ④ 공기실 압력법

58 공기실 압력법
워싱턴형 공기량 측정기를 사용하며 보일의 법칙을 이용한 시험법이다.

□□□ 03②③, 06⑤, 08①, 11①③, 14②, 15①②③

59 잔골재의 밀도 및 흡수율시험에 사용되는 시험기구로 옳지 않은 것은?

① 저울 ② 플라스크
③ 원심분리기 ④ 원뿔형 몰드

59 원심분리기
함수당량 시험에 사용된다.

□□□ 15②

60 다음 중 시멘트의 응결 시간 시험 방법으로 옳은 것은?

① 슬럼프 시험 ② 길모어 침에 의한 시험
③ 슈미트 해머에 의한 시험 ④ 표준 반죽 질기 시험

60 시멘트의 응결시간시험 방법
• 길모어 침에 의한 응결시간 시험
• 비카 침에 의한 응결시간 시험

정답 56 ② 57 ③ 58 ④ 59 ③ 60 ②

국가기술자격 CBT 필기시험문제

2015년도 기능사 제4회 필기시험

종 목	시험시간	배 점	테스트 결과(개수)		
콘크리트기능사	1시간	60	1회	2회	3회

해 설

□□□ 04②, 08①, 12①, 14②, 15④
01 중용열 포틀랜드 시멘트에 대한 설명으로 틀린 것은?

① 화학적 저항성이 크다.
② 한중콘크리트 시공에 적합하다.
③ 수화열이 낮아 단면이 큰 콘크리트에 적합하다.
④ 조기 강도는 작고 장기 강도가 크다.

01 수화열과 건조 수축이 적어 서중 콘크리트에 적합하다.

□□□ 01④, 04②, 06①, 10②, 11①, 14③, 15④
02 굵은 골재의 최대치수는 질량비로 몇 % 이상을 통과시키는 체 중에서 최소치수인 체의 호칭치수로 나타낸 것인가?

① 60% 이상 ② 70% 이상
③ 80% 이상 ④ 90% 이상

02 굵은골재의 최대치수
질량비로 90% 이상을 통과시키는 체 중에서 최소치수의 체눈을 호칭치수로 나타낸다.

□□□ 04①, 09①, 15④
03 고로 슬래그 시멘트에 관한 설명으로 옳은 것은?

① 보통 포틀랜드 시멘트에 비해 응결이 빠르다.
② 보통 포틀랜드 시멘트에 비해 발열량이 많아 균열발생이 크다.
③ 보통 포틀랜드 시멘트에 비해 해수 및 화학작용에 대한 저항성이 크다.
④ 보통 포틀랜드 시멘트에 비해 조기강도가 크다.

03 고로 슬래그 시멘트
해수, 공장폐수 등에 접하는 콘크리트 공사에 적합하다.

□□□ 08①, 13③, 14①, 15④
04 콘크리트에 AE제를 혼합하는 주된 목적으로 옳은 것은?

① 콘크리트의 강도를 높인다.
② 콘크리트의 단위 중량을 높인다.
③ 철근과의 부착강도를 증가시킨다.
④ 동결융해에 대한 저항성을 높인다.

04 AE제(공기연행제)
콘크리트 속에 독립된 무수히 많은 미세한 공기기포를 연행시켜 워커빌리티와 동결융해에 대한 저항성을 향상시키기 위해 사용하는 혼화제이다.

정답 01 ② 02 ④ 03 ③ 04 ④

□□□ 04①, 15④

05 골재의 수분함량상태를 나타내는 용어 중 가장 많은 양의 수분을 나타내는 것은?

① 유효흡수량
② 표면수량
③ 흡수량
④ 함수량

05
함수량=습윤상태-절대 건조 상태

□□□ 02⑤, 03②, 05①, 08②, 09⑤, 11①, 12②, 13②, 14①, 15④

06 어떤 굵은 골재의 밀도가 2.65kg/L이고, 단위용적질량이 1.80kg/L일 때 이 골재의 공극률은 약 얼마인가?

① 72%
② 68%
③ 32%
④ 28%

06 공극률
$= \left(1 - \dfrac{T}{d_D}\right) \times 100$
$= \left(1 - \dfrac{1.80}{2.65}\right) \times 100 = 32\%$

□□□ 04①, 08②, 15④

07 시멘트의 분말도에 대한 설명으로 가장 적합한 것은?

① 시멘트 입자의 가는 정도를 나타내는 것
② 여러 가지 크기의 입자들이 어떤 비율로 섞여 있는가를 나타내는 것
③ 시멘트가 굳어 가는 도중에 부피가 팽창하는 정도를 나타내는 것
④ 시멘트의 강도를 나타내는 것

07
시멘트 입자의 가는 정도를 나타내는 것을 분말도라 한다.

□□□ 03②, 04⑤, 06⑤, 11③, 15④

08 감수제를 사용하면 여러 가지 효과가 나타난다. 그 효과에 대한 설명으로 틀린 것은?

① 콘크리트의 워커빌리티가 좋아진다.
② 단위 시멘트의 사용량이 늘어난다.
③ 내구성이 좋아진다.
④ 강도가 커진다.

08
단위수량을 감소시킬 수 있어 절약된다.

□□□ 02⑤, 04②, 06①, 15④

09 알루미나 시멘트의 최대 특징으로 옳은 것은?

① 원료가 풍부하다.
② 값이 싸다.
③ 조기강도가 크다.
④ 타 시멘트와 혼합이 용이하다.

09 알루미나 시멘트
초조강성으로 재령 24시간에 보통 포틀랜드 시멘트의 28일 강도를 낸다.

정답 05 ④ 06 ③ 07 ① 08 ② 09 ③

해 설

□□□ 09①, 10⑤, 15④

10 일반적인 콘크리트용 굵은 골재의 절대건조 밀도는 몇 g/cm³ 이상의 값을 표준으로 하는가?

① 2.50g/cm³   ② 2.65g/cm³
③ 2.70g/cm³   ④ 2.85g/cm³

10
잔골재 및 굵은 골재의 절대건조 상태의 밀도는 2.50g/cm³ 이상의 표준값이다.

□□□ 15④

11 콘크리트가 경화되는 중에 부피를 늘어나게 하여 콘크리트의 건조 수축에 의한 균열을 억제하는데 사용하는 혼화재료는?

① 포졸란   ② AE제
③ 팽창제   ④ 경화촉진제

11 팽창제
콘크리트가 경화 중에 부피를 늘어나게 하여 구조물의 균열 및 변형을 방지할 목적으로 사용된다.

□□□ 03②, 04①, 15④

12 포장용 콘크리트의 배합기준 중 굵은 골재의 최대치수는 몇 mm 이하이어야 하는가?

① 25mm   ② 40mm
③ 100mm   ④ 150mm

12 포장 콘크리트
굵은 골재의 최대치수는 40mm 이하로 한다.

□□□ 15④

13 다음의 혼화재료 중 사용량이 비교적 많아서 콘크리트의 배합계산에 포함되는 것은?

① 실리카 퓸   ② AE제
③ 촉진제   ④ 감수제

13
사용량이 시멘트 질량의 5% 정도인 혼화재 : 실리카 퓸

□□□ 01③, 04⑤, 07②⑤, 11④⑤, 14①③, 15①④

14 아래의 표에서 설명하고 있는 혼화재료는?

> 화력발전소에서 미분탄을 보일러 내에서 완전히 연소했을 때 그 폐가스 중에 함유된 용융상태의 실리카질 미분입자를 전기집진기로 모은 것

① 고로 슬래그 분말   ② 급결제
③ 팽창제   ④ 플라이 애시

14 플라이 애시
가루 석탄을 연료로 사용하는 발전소에서 이를 연소할 때, 굴뚝을 통해 미세한 분말입자를 전기 집전기로 채취한 것

정답 10 ①   11 ③   12 ②   13 ①   14 ④

□□□ 08③, 15④

15 시멘트와 물을 반죽한 것을 무엇이라 하는가?

① 모르타르　　② 시멘트 풀
③ 콘크리트　　④ 반죽질기

해설

15 시멘트 풀
시멘트에 물만 넣어 반죽한 것

□□□ 15④

16 골재의 조립률을 구할 때 사용하는 표준체 중 그 호칭 치수가 가장 큰 것은?

① 65mm　　② 75mm
③ 90mm　　④ 100mm

16 조립률(F.M)
75mm, 40mm, 20mm, 10mm, 5mm, 2.5mm, 1.2mm, 0.6mm, 0.3mm, 0.15mm(10개)

□□□ 15④

17 골재의 절대건조상태에 대한 설명으로 옳은 것은?

① 골재를 90±5℃의 온도에서 무게가 일정하게 될 때까지 건조시킨 것
② 골재를 105±5℃의 온도에서 무게가 일정하게 될 때까지 건조시킨 것
③ 골재를 115±5℃의 온도에서 무게가 일정하게 될 때까지 건조시킨 것
④ 골재를 125±5℃의 온도에서 무게가 일정하게 될 때까지 건조시킨 것

17
골재를 건조기에서 105±5℃(100~110℃)의 온도로 무게가 일정하게 될 때까지 건조시킨 것

□□□ 07⑤, 10③, 15④

18 시멘트의 분말도가 높을 때 나타나는 현상이 아닌 것은?

① 풍화하기 쉽다.
② 건조수축이 커진다.
③ 수화작용이 늦어 강도가 늦게 나타난다.
④ 수화열이 많아 콘크리트에 균열이 생긴다.

18
분말도가 높으면 조기강도는 크나 수화작용이 빨라 풍화하기 쉽고, 풍화가 크면 건조수축이 커서 균열이 발생된다.

□□□ 01④, 03②, 06⑤, 08③, 09①, 12②, 14③, 15②④

19 일반 수중 콘크리트 타설에 대한 설명으로 틀린 것은?

① 콘크리트는 수중에 낙하시키지 않아야 한다.
② 타설할 때 완전히 물막이를 할 수 없는 경우에도 유속은 500mm/s 이하로 하여야 한다.
③ 콘크리트면을 가능한 한 수평하게 유지하면서 소정의 높이 또는 수면 상에 이를 때까지 연속해서 타설하여야 한다.
④ 트레미나 콘크리트 펌프를 사용해서 타설하는 것이 좋다.

19
정수 중에 칠 수 없을 경우에도 유속은 1초에 50mm/s 이하로 하여야 한다.

정답 15 ② 16 ② 17 ② 18 ③ 19 ②

□□□ 07⑤, 13①, 15④

20 시멘트의 제조시 응결시간을 조절하기 위해 첨가하는 것은?

① 석고
② 점토
③ 철분
④ 광재

해설

20
응결을 지연시킬 목적으로 석고를 3% 정도 넣는다.

□□□ 03①, 06⑤, 08①, 10①, 11③, 12②, 13①, 14②③, 15④

21 시방배합에서 잔골재와 굵은 골재를 구별하는 표준체는?

① 5mm체
② 10mm체
③ 2.5mm체
④ 1.2mm체

21 골재의 구분
• 5mm체에 통과하는 골재는 잔골재
• 5mm체에 남는 골재는 굵은골재

□□□ 03⑤, 06⑤, 08①, 11①, 15④

22 콘크리트 습윤양생 방법의 종류가 아닌 것은?

① 수중양생
② 습포양생
③ 습사양생
④ 촉진양생

22 습윤 양생의 종류
수중 양생, 습포 양생, 습사 양생, 피막 양생

□□□ 01④, 04①, 05①, 06⑤, 07②, 08③, 09②, 10①③, 11①, 14②, 15④

23 콘크리트 비비기 시간에 대한 시험을 실시하지 않은 경우 그 최소 시간의 표준으로 옳은 것은? (단, 가경식 믹서를 사용하는 경우)

① 30초 이상
② 1분 이상
③ 1분 30초 이상
④ 2분 이상

23 믹서 비비기

| 가경식 | 1분 30초 이상 |
| 강제식 믹서 | 1분 이상 |

□□□ 07⑤, 10②⑤, 15④

24 콘크리트 시방배합에 사용되는 골재의 함수비는 다음 중 어느 것을 기준으로 하는가?

① 절대 건조상태
② 공기 중 건조상태
③ 표면건조 포화상태
④ 습윤상태

24
시방배합에서 골재량은 표면 건조 포화상태에 있는 것을 기준으로 한다.

□□□ 06⑤, 09①②, 10⑤, 13④, 15④

25 일명 고온고압양생이라고 하며, 증기압 7~15기압, 온도 180℃ 정도의 고온, 고압으로 양생하는 방법은?

① 오토클레이브 양생
② 상압증기양생
③ 전기양생
④ 기압양생

25 오토클레이브 양생
170~185℃, 7~15기압, 기압의 고온, 고압으로 처리하는 방법이다.

정답 20 ① 21 ① 22 ④ 23 ③ 24 ③ 25 ①

□□□ 01③④, 03①⑤, 06①②⑤, 08②, 10②, 13②③, 14①②, 15④

26 벽이나 기둥과 같이 높이가 높은 콘크리트를 연속해서 칠 경우 치는 속도가 너무 빠르면 재료분리가 일어나기 쉬우므로 일반적으로 30분에 어느 정도가 적당한가?

① 4~5m
② 3~4m
③ 2~3m
④ 1~1.5m

26
콘크리트를 쳐 올라가는 속도를 너무 빨리 하면 재료의 분리가 일어나기 쉬우므로, 일반적으로 30분에 1~1.5m 정도로 한다.

□□□ 02①, 05①, 06⑤, 10①, 11③, 13③, 14③, 15④

27 서중콘크리트에 대한 설명으로 틀린 것은?

① 하루 평균기온이 20℃를 초과하는 것이 예상되는 경우 서중 콘크리트로 시공하여야 한다.
② 콘크리트를 타설할 때의 콘크리트 온도는 35℃ 이하이어야 한다.
③ 콘크리트는 비빈 후 1.5시간 이내에 타설하여야 한다.
④ 콘크리트의 배합은 단위 수량을 적게 하고 단위 시멘트량이 많아지지 않도록 적절한 조치를 하여야 한다.

27
하루 평균기온이 25℃를 초과하는 것이 예상되는 경우 서중콘크리트로서 시공한다.

□□□ 03②, 04⑤, 06⑤, 15④

28 다음 중에서 뿜어붙이기 콘크리트의 시공에 적합하지 않은 것은?

① 콘크리트 표면공사
② 콘크리트 보수공사
③ 터널(tunnul)공사
④ 수중 콘크리트 공사

28 뿜어 붙이기콘크리트의 용도
터널이나 구조물의 라이닝, 비탈면의 보호, 댐, 교량의 보수, 보강 공사 등에 쓰인다.

□□□ 04②, 15④

29 콘크리트를 양생하는 목적에 해당하지 않는 것은?

① 수분의 증발을 촉진시키려고
② 건조수축에 의한 균열을 줄이려고
③ 하중, 진동 등으로부터 보호하기 위하여
④ 수화작용에 의해 충분한 강도를 내기 위하여

29
콘크리트 양생은 수화 작용에 의하여 충분한 강도를 내고, 하중 및 진동으로부터 보호하여 균열이 생기지 않도록 하기 위해서다.

□□□ 03②⑤, 04⑤, 06②⑤, 08①②, 10①, 11③, 15④

30 일반 콘크리트 시방배합표에 표시되지 않는 것은?

① 굵은골재 최소치수
② 슬럼프
③ 잔골재율
④ 단위 시멘트량

30
굵은 골재의 최소치수가 아닌 굵은 골재의 최대치수가 표시법에 포함된다.

정답 26 ④ 27 ① 28 ④ 29 ① 30 ①

31 콘크리트플레이서에 대한 설명으로 틀린 것은?

① 수송관의 배치는 굴곡을 적게 하고, 하향경사로 설치 운용하여야 한다.
② 관에서 배출 시에 콘크리트의 재료 분리가 생기는 경우에는 관 끝에 달아맨 삼베 등에 닿도록 배출시키거나 해서 배출충격을 완화시켜야 한다.
③ 소송관내의 콘크리트를 압축공기로서 압송하는 것으로 터널 등의 좁은 곳에 콘크리트를 운반하는데 편리하다.
④ 콘크리트 플레이서의 수송거리는 공기압, 공기소비량 등에 따라 다르다.

해 설

31
수송관의 배치는 꺾이지 않도록 하고, 수평 또는 위로 배치한다.

32 그림과 같이 거푸집에 골재를 먼저 채워 넣고 모르타르(mortar)를 나중에 주입하는 콘크리트 시공법은?

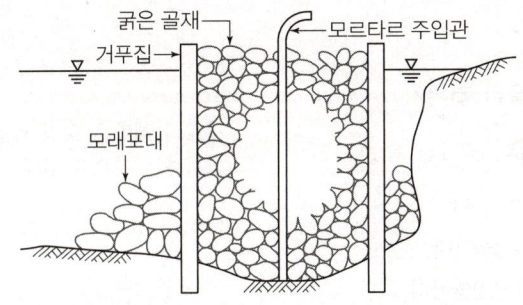

① 숏크리트(shotcrete)
② 시멘트 풀(cement paste)
③ 매스 콘크리트(mass concrete)
④ 프리플레이스트 콘크리트(preplaced concrete)

32 프리플레이스트 콘크리트
미리 거푸집 안에 굵은 골재를 채우고, 그 틈사이에 특수 모르타르를 주입하는 콘크리트

33 콘크리트 플랜트에 대한 일반적인 설명으로 틀린 것은?

① 콘크리트 플랜트는 구조에 따라 고정식과 이동식이 있다.
② 콘크리트 플랜트에는 재료의 저장 및 계량 장치가 있다.
③ 콘크리트 플랜트에는 비비기 장치가 있다.
④ 콘크리트 플랜트는 비연속적으로 작업하여 콘크리트를 만드는 설비이다.

33 콘크리트 플랜트
재료의 저장 및 계량 장비, 비비기 장치 등을 갖추고 연속적으로 작업을 하여 콘크리트를 만드는 설비이다.

정답 31 ① 32 ④ 33 ④

해 설

□□□ 15④
34 해양 콘크리트에 대한 설명으로 틀린 것은?

① 콘크리트는 될 수 있는 대로 시공 이음을 만들지 말아야 한다.
② 콘크리트는 바닷물에 대한 내구성, 수밀성, 강도가 작아야 한다.
③ 재령 5일이 될 때까지 콘크리트가 바닷물에 씻기지 않도록 해야 한다.
④ 항만, 해안 또는 해양에 위치하여 해수 또는 바닷바람의 작용을 받는 구조물에 쓰이는 콘크리트를 해양 콘크리트라 한다.

34
콘크리트는 바닷물의 작용에 대한 내구성, 수밀성, 강도가 커야 한다.

□□□ 15④
35 콘크리트를 시공할 때 이음에 대한 설명으로 옳지 않은 것은?

① 시공이음은 전단력이 적은 위치에 설치한다.
② 신축이음은 양쪽 부재가 구속되지 않게 한다.
③ 아치의 시공이음은 아치 축에 평행이 되게 한다.
④ 시공이음은 부재의 압축이 작용하는 방향과 직각이 되게 한다.

35
아치의 시공이음은 아치축에 직각 방향이 되도록 설치하여야 한다.

□□□ 14③, 15④
36 콘크리트 재료의 계량에 대한 설명으로 틀린 것은?

① 재료의 계량은 시방 배합에 의해 실시하는 것으로 한다.
② 각 재료는 1 배치씩 질량으로 계량하여야 한다.
③ 골재의 1회 계량분에 대한 계량오차는 ±3%이다.
④ 혼화재의 1회 계량분에 대한 계량오차는 ±2%이다.

36
재료의 계량은 현장 배합에 의해 실시하는 것으로 한다.

□□□ 02①, 03①⑤, 04②, 09③, 11③, 12②, 13①, 14②, 15①②④
37 콘크리트 타설 시 버킷, 호퍼 등의 배출구로부터 콘크리트의 타설면까지의 높이는 얼마 이내를 원칙으로 하는가?

① 1.0m 이내   ② 1.5m 이내
③ 2.0m 이내   ④ 2.5m 이내

37
연직 슈트, 깔때기 등을 사용하며, 이 때 슈트, 깔때기 등의 배출구와 치기 면과의 높이는 1.5m 이하로 한다.

□□□ 15④
38 내부 진동기를 사용하여 콘크리트 다지기를 실시 할 때 내부 진동기를 찔러 넣는 간격의 표준으로 옳은 것은?

① 0.30m 이하   ② 0.50m 이하
③ 0.80m 이하   ④ 1.00m 이하

38
내부진동기는 간격 0.5m 이하로 아래층으로 깊이 0.10m 정도 찔러 넣어야 한다로 한다.

정답 34 ② 35 ③ 36 ① 37 ② 38 ②

□□□ 01④, 05②, 07②, 09①, 13③, 15④

39 표면 건조 포화 상태 시료의 질량이 4000g이고, 물속에서 철망태와 시료의 질량이 3070g이며 물속에서 철망태의 질량이 580g, 절대 건조 상태 시료의 질량이 3930g일 때 이 굵은 골재의 절대 건조 상태의 밀도는? (단, 시험온도에서의 물의 밀도는 1g/cm³이다.)

① 2.30g/cm^3
② 2.40g/cm^3
③ 2.50g/cm^3
④ 2.60g/cm^3

해설

39 굵은 골재의 절건 밀도
$$D_d = \frac{A}{B-C} \times \rho_w$$
$$= \frac{3930}{4000-(3070-580)} \times 1$$
$$= 2.60\text{g/cm}^3$$

□□□ 15④

40 콘크리트의 쪼갬인장강도 시험에 사용할 공시체는 시험직전에 공시체의 지름을 측정하여 그 평균값을 지름으로 하는데 이때 몇 mm까지의 정밀도로 측정하여야 하는가?

① 0.1mm
② 0.5mm
③ 1mm
④ 2mm

40 공시체의 하중을 가하는 방향에서의 지름을 2개소 이상에서 0.1mm 측정하여 측정하고, 그 평균값을 공시체의 지름으로 한다.

□□□ 02⑤, 03⑤, 06②, 09①②, 11③, 12②, 13①, 15④

41 골재 마모시험 방법 중 로스엔젤레스 마모시험기에 의해 마모시험을 할 경우 잔량 및 통과량을 결정하는 체는?

① 5mm체
② 2.5mm체
③ 1.7mm체
④ 1.2mm체

41 시료를 시험기에서 꺼내어 1.7mm체로 체가름 한다.

□□□ 01③, 03②, 04①②, 06⑤, 07⑤, 08②, 09①②, 10①, 13②③, 14①, 15①②④

42 지름 151mm, 길이 300mm인 원주형 콘크리트 공시체를 쪼갬인장강도 시험을 한 결과 최대하중이 200kN이었다. 이 콘크리트의 인장강도는?

① 2.54MPa
② 2.81MPa
③ 25.4MPa
④ 28.1MPa

42 인장강도
$$f_t = \frac{2P}{\pi dl}$$
$$= \frac{2 \times 200 \times 10^3}{\pi \times 151 \times 300}$$
$$= 2.81\text{N/mm}^2 = 2.81\text{ MPa}$$

□□□ 14②, 15④

43 콘크리트 압축강도 시험에 사용되는 시험체 지름의 표준이 아닌 것은?

① 100mm
② 125mm
③ 150mm
④ 200mm

43 압축강도 공시체의 지름의 표준은 100mm, 125mm, 150mm이다.

정답 39 ④ 40 ① 41 ③ 42 ② 43 ④

□□□ 03⑤, 04⑤, 12②, 15④

44 콘크리트 또는 모르타르가 엉기기 시작하지는 않았으나, 비빈 후 상당히 시간이 지났거나 또 재료가 분리된 경우에 다시 비비는 작업을 무엇이라 하는가?

① 되 비비기
② 거듭 비비기
③ 믹서 비비기
④ 혼합 비비기

44
- 이를 거듭 비비기라 한다.
- 되비비기 : 콘크리트 또는 모르타르가 엉기기 시작하였을 때 다시 비비는 작업

□□□ 01④, 03⑤, 05①, 06②, 08①, 09③, 12②, 14③, 15④

45 콘크리트 배합설계에서 물-결합재비가 48%, 잔골재율이 35%, 단위수량이 170kg/m³을 얻었다면 단위시멘트량은 약 얼마인가?

① 485kg/m³
② 413kg/m³
③ 354kg/m³
④ 327kg/m³

45 단위 시멘트량
$$C = \frac{\text{단위수량}}{\text{물}-\text{결합재비}}$$
$$= \frac{170}{0.48} = 354.17\,\text{kg/m}^3$$

□□□ 02⑤, 03⑤, 08①②, 10①, 12②, 15④

46 콘크리트 슬럼프 시험의 목적을 가장 적절하게 설명한 것은?

① 블리딩양을 측정하기 위한 시험이다.
② 반죽질기를 측정하기 위한 시험이다.
③ 공기량을 알기 위한 시험이다.
④ 피니셔빌리티를 측정하기 위한 시험이다.

46
콘크리트 슬럼프 시험은 콘크리트의 반죽질기를 측정하는 수단으로 사용된다.

□□□ 15④

47 시방배합으로 잔골재 600kg/m³, 굵은 골재 1250kg/m³일 때 현장배합으로 고친 잔골재량은? (단, 5mm체에 남는 잔골재량 3%, 5mm체를 통과하는 굵은 골재량 2%이며 표면수량에 대한 조정은 무시한다.)

① 593kg/m³
② 600kg/m³
③ 607kg/m³
④ 627kg/m³

47 입도에 의한 조정
a : 잔골재 중 5mm체에 남은 양 : 3%
b : 굵은 골재 중 5mm체를 통과한 양 : 2%
$$\therefore \text{잔골재량}\ X = \frac{100S - b(S+G)}{100-(a+b)}$$
$$= \frac{100 \times 600 - 2(600+1250)}{100-(3+2)}$$
$$= 593\,\text{kg/m}^3$$

□□□ 04②, 06①, 12②, 13②, 15④

48 골재의 단위용적 질량시험 방법 중 충격에 의한 경우는 용기에 시료를 3층으로 나누어 채우고 각 층 마다 용기의 한 쪽을 몇 cm 정도 들어올려서 낙하시켜야 하는가?

① 5cm
② 10cm
③ 15cm
④ 20cm

48
용기의 한쪽을 약 5cm 가량 들어 올렸다 떨어뜨리고, 반대쪽을 5cm 정도 들어 올렸다 떨어뜨려 한쪽을 25번씩 모두 50번 떨어 뜨려 다진다.

정답 44 ② 45 ③ 46 ② 47 ① 48 ①

□□□ 15④

49 콘크리트의 블리딩 시험에서 콘크리트를 채워 넣을 때에 대한 아래 표의 설명에서 ( )에 적합한 수치는?

> 콘크리트의 표면이 용기의 가장자리에서 ( )cm 낮아지도록 고른다. 콘크리트의 표면은 최소 작업에서 평활한 면이 되도록 흙손으로 고른다.

① 3±0.3cm
② 5±0.5cm
③ 7±0.7cm
④ 10±1cm

해 설

49
콘크리트의 표면이 용기의 가장자리에서 3±0.3cm 낮아지도록 고른다.

□□□ 03②, 08①, 14②, 15④

50 잔골재 밀도 및 흡수율 시험에서 사용되는 기구가 아닌 것은?

① 원추형 몰드
② 플라스크
③ 르샤틀리에 비중병
④ 피펫

50 르샤틀리에 비중병
시멘트 비중 시험에 사용되는 비중병이다.

□□□ 09①③, 11③, 15④

51 콘크리트 배합설계에서 단위 굵은골재의 절대용적이 0.45m³, 굵은 골재 밀도가 2.64g/cm³일 때 단위 굵은 골재량은 몇 kg인가?

① 315.0kg
② 831.6kg
③ 1188.0kg
④ 1848.0kg

51 단위 굵은골재량
$= 단위 골재의 절대체적 \times \left(1 - \dfrac{S}{a}\right)$
$\quad \times 굵은골재 \ 비중 \times 1000$
$= 0.45 \times 2.64 \times 1000$
$= 1188 \text{kg/m}^3$

□□□ 02⑤, 04④, 06⑤, 09②, 14③, 15④

52 콘크리트용 잔골재에 포함되어 있는 유기 불순물 시험에 사용되는 시약으로 옳은 것은?

① 무수황산나트륨 용액
② 염화칼슘 용액
③ 실리카 겔
④ 수산화나트륨 용액

52 표준색 용액 만들기
물 291g에 수산화나트륨 9g을 섞어서 3%의 수산화나트륨 용액을 만든다.

□□□ 04①, 14③, 15④

53 황산 소듐을 이용한 골재의 안정성 시험(KS F 2507)에서 잔골재의 손실질량 백분율은 몇 % 이하를 표준으로 하는가? (단, 일반적인 경우)

① 5%
② 10%
③ 20%
④ 25%

53 손실 질량비의 한도(5회실시)

잔골재	굵은골재
10 이하	12 이하

정답 49 ① 50 ③ 51 ③ 52 ④ 53 ②

03⑤, 04⑤, 06⑤, 08②, 09②③, 10②, 12②, 13②, 14①③, 15④

54 4등분점 재하 장치로 콘크리트 휨 강도를 시험한 결과 4점 사이에서 파괴되었으며, 최대 하중이 30kN이고, 파괴 단면의 나비와 높이는 각각 150mm일 때 휨 강도는 몇 MPa인가? (단, 지간의 길이가 450mm이다.)

① 1MPa
② 2MPa
③ 4MPa
④ 6MPa

54 휨 강도
$$f_b = \frac{Pl}{bh^2}$$
$$= \frac{30 \times 10^3 \times 450}{150 \times 150^2}$$
$$= 4\,\text{N/mm}^2 = 4\,\text{MPa}$$

02⑤, 03⑤, 04①, 05②, 06②, 15④

55 콘크리트 압축 강도 시험용 공시체를 캐핑하기 위해 사용하는 시멘트 풀의 물-시멘트 비 범위는 어느 정도인가?

① 22~25%
② 27~30%
③ 32~35%
④ 37~40%

55
몰드 제작 후 2~4시간이 지나서 된 반죽의 시멘트풀(물-결합재비=27~30%)로 시험체의 표면을 캐핑해야 한다.

03⑤, 08①③, 09①②, 10③⑤, 11③, 14①, 15⑤

56 콘크리트 강도 시험에 사용되는 공시체의 양생 방법으로 가장 적합한 것은?

① 15±2℃에서 습윤 양생
② 15±2℃에서 공기 중 양생
③ 20±2℃에서 습윤 양생
④ 20±2℃에서 공기 중 양생

56
시험체를 20±2℃(18~22℃)에서 습윤상태로 양생한다.

11③, 15②④

57 30회 이상의 시험실적으로부터 구한 압축강도의 표준편차가 3.5MPa이고, 콘크리트 설계기준압축강도가 30MPa인 경우 배합강도는?

① 31.4MPa
② 32.5MPa
③ 33.6MPa
④ 34.7MPa

57
$f_{ck} \leq 35\,\text{MPa}$인 경우(큰 값)
- $f_{cr} = f_{ck} + 1.34s = 30 + 1.34 \times 3.5$
  $= 34.7\,\text{MPa}$
- $f_{cr} = (f_{ck} - 3.5) + 2.33s$
  $= (30 - 3.5) + 2.33 \times 3.5$
  $= 34.7\,\text{MPa}$
∴ 배합강도 $f_{cr} = 34.7\,\text{MPa}$

10③, 15④

58 시멘트 밀도 시험의 목적이 아닌 것은?

① 시멘트 종류를 어느 정도 추정할 수 있다.
② 시멘트 품질을 판정할 수 있다.
③ 시멘트 입자 사이의 공기량을 알 수 있다.
④ 콘크리트 배합 설계를 할 때 시멘트의 절대 용적을 구할 수 있다.

58 시멘트의 밀도를 알면
- 시멘트의 종류를 알 수 있다.
- 시멘트의 품질을 알 수 있다.
- 콘크리트의 배합을 설계할 때 시멘트의 절대 용적을 구할 수 있다.

정답 54 ③ 55 ② 56 ③ 57 ④ 58 ③

□□□ 05①, 08③, 09①②, 10⑤, 11①, 13②, 15①④
59 황산 소듐을 이용한 골재의 안정성 시험에 사용되는 시험용 용액은?

① 염화칼슘 ② 황산나트륨
③ 가성소다 ④ 탄닌산

□□□ 01③④, 04⑤, 08②, 10③, 11①, 12②, 14①③, 15①④
60 블리딩(bleeding) 시험에서 물을 피펫으로 빨아낼 때 처음 60분 동안은 몇 분 간격으로 표면의 물을 빨아내는가?

① 10분 ② 20분
③ 30분 ④ 60분

해 설

59 황산 소듐을 이용한 골재의 안정성 시험
골재의 내구성을 알기 위해서 황산 나트륨 포화 용액으로 인한 골재의 부서짐 작용에 대한 저항성을 시험하는 것이다.

60 블리딩시험
처음 60분 동안은 10분 간격으로, 그 후는 블리딩이 멈출 때까지 30분 간격으로 표면에 생긴 블리딩 물을 피펫으로 빨아낸다.

정답 59 ② 60 ①

국가기술자격 CBT 필기시험문제

2016년도 기능사 제1회 필기시험

종 목	시험시간	배 점	테스트 결과(개수)		
콘크리트기능사	1시간	60	1회	2회	3회

☐☐☐ 02①, 03①, 04①, 05①, 09②, 16①

01 아래의 표에서 설명하는 골재의 함수상태는?

> 골재의 표면수는 없고 골재알 속의 빈틈이 물로 차있는 상태

① 절대건조상태
② 공기 중 건조상태
③ 표면건조 포화상태
④ 습윤상태

☐☐☐ 16①

02 잔골재의 유해물 함유량의 허용한도 중 점토덩어리의 허용한도로서 옳은 것은?

① 1.0%
② 1.2%
③ 1.5%
④ 2.0%

☐☐☐ 09③, 16①

03 AE제에 대한 설명으로 옳은 것은?

① 콘크리트의 워커빌리티가 개선되고 단위수량을 줄일 수 있다.
② AE제에 의한 연행 공기는 지름이 0.5mm 이상이 대부분이며 골고루 분산된다.
③ 동결융해의 기상작용에 대한 저항성이 적어진다.
④ 기포분산의 효과로 인해 블리딩을 증가시키는 단점이 있다.

☐☐☐ 03⑤, 16①

04 혼화재료 중 일반적으로 사용량이 비교적 많은 혼화재로만 짝지어진 것은?

① AE제, 염화칼슘
② AE제, 플라이 애시
③ 고로슬래그 미분말, 염화칼슘
④ 고로슬래그 미분말, 플라이 애시

해 설

01 표면건조 포화상태
골재 알 속의 빈틈이 물로 차 있고 표면에 물기가 없는 상태이다.

02 잔골재의 유해물 함유량의 한도 (중량백분율)
점토 덩어리(최대치) : 1.0%

03 AE제 사용의 특성
• 동결융해 저항성이 크다.
• 콘크리트의 워커빌리티와 마무리성이 좋아진다.
• 기상 작용에 대한 내구성과 수밀성이 커진다.
• 블리딩을 감소하고 단위 수량을 줄일 수 있다.
• AE공기는 지름이 0.025~0.25mm인 공모양의 기포이다.

04
• 혼화재 : 플라이 애시, 고로 슬래그 미분말
• 혼화제 : AE제, 촉진제(염화칼슘)

정답 01 ③ 02 ① 03 ① 04 ④

☐☐☐ 02②, 07②, 12②, 14③, 15②, 16①

05 콘크리트를 배합할 때 골재의 1회 계량분에 대한 최대 허용 오차는?

① 1%   ② 2%
③ 3%   ④ 4%

해 설

05 계량오차

재료	허용오차
시멘트	-1%, +2%
골재	±3%
물	-2%, +1%
혼화재	±2%
혼화제	±3%

☐☐☐ 03②, 08①, 16①

06 혼화재 중 용광로에서 나오는 슬래그를 급냉시켜 만든 가루는?

① 포촐라나(pozzolana)   ② 플라이애시(fly ash)
③ 고로슬래그 미분말   ④ AE제

06 고로 슬래그 미분말
용광로에서 나오는 슬래그를 급랭시켜 만든 가루이다.

☐☐☐ 16①

07 알루미늄 또는 아연가루를 넣어, 시멘트가 응결할 때 수소가스를 발생시켜 모르타르 또는 콘크리트 속에 아주 작은 기포를 생기게 하는 혼화제는?

① 지연제   ② 발포제
③ 팽창재   ④ AE제

07 발포제
발포에 의하여 그라우트를 팽창시켜 골재나 PS강재의 빈틈을 잘 채워지게 하여 부착을 좋게 한다.

☐☐☐ 16①

08 부순 굵은 골재를 사용한 콘크리트의 설명으로 옳지 않은 것은?

① 잔골재율이 작아진다.   ② 시멘트의 부착강도가 커진다.
③ 단위수량이 많아진다.   ④ 압축강도가 커진다.

08
잔골재율이 커진다.

☐☐☐ 07⑤, 10②⑤, 15④, 16①

09 콘크리트의 시방 배합에서 기준으로 하는 골재의 함수상태로 옳은 것은?

① 절대 건조 상태   ② 공기 중 건조 상태
③ 표면 건조 포화 상태   ④ 습윤 상태

09
시방배합은 골재의 표면 건조 포화 상태에 있는 것을 기준으로 한다.

☐☐☐ 03②, 06⑤, 10①, 15①, 16①

10 다음 중 중량골재에 속하는 것은?

① 팽창혈암   ② 강자갈
③ 소성 규조토   ④ 자철광

10 중량 골재
갈철광, 중정석, 자철광, 적철광

정답 05 ③ 06 ③ 07 ② 08 ① 09 ③
      10 ④

□□□ 06③, 07③, 08①, 10①, 11③, 14②, 16①

11 다음 중 혼합 시멘트가 아닌 것은?

① 고로 슬래그 시멘트   ② 플라이 애시 시멘트
③ 포틀랜드 포졸란 시멘트   ④ 알루미나 시멘트

11 혼합시멘트
고로 슬래그, 플라이애시, 포틀랜드 포촐라나 시멘트

□□□ 02⑤, 16①

12 포졸란의 성질에 대한 설명으로 틀린 것은?

① 수화열을 크게 한다.   ② 워커빌리티를 좋게 한다.
③ 수밀성을 크게 한다.   ④ 내구성을 좋게 한다.

12 포졸란
수화열이 적으므로 매스 콘크리트에 적합하다.

□□□ 06⑤, 16①

13 수화열이 적게 되도록 만든 것으로 건조 수축이 작고 장기 강도가 큰 포틀랜드 시멘트는?

① 보통 포틀랜드 시멘트   ② 조강 포틀랜드 시멘트
③ 중용열 포틀랜드 시멘트   ④ 백색 포틀랜드 시멘트

13 중용열 포틀랜드 시멘트
시멘트가 수화작용을 할 때 발생하는 수화열이 가장 적어 건조수축이 작은 시멘트이다.

□□□ 07⑤, 10③, 14③, 15④, 16①

14 시멘트의 분말도에 대한 설명으로 틀린 것은?

① 시멘트의 분말도가 높으면 조기강도가 작아진다.
② 시멘트의 입자가 가늘수록 분말도가 높다.
③ 분말도란 시멘트 입자의 고운 정도를 나타낸다.
④ 분말도가 높으면 시멘트의 표면적이 커서 수화작용이 빠르다.

14
분말도가 높으면 조기강도는 크나 수화작용이 빨라 풍화하기 쉽고, 풍화가 크면 건조수축이 커서 균열이 발생된다.

□□□ 05①, 08⑤, 14③, 16①

15 혼화재와 혼화제의 분류에서 혼화재에 대한 설명으로 알맞은 것은?

① 사용량이 비교적 많으나 그 자체의 부피가 콘크리트 등의 비비기 용적에 계산되지 않는 것
② 사용량이 비교적 많으나 그 자체의 부피가 콘크리트 등의 비비기 용적에 계산되는 것
③ 사용량이 비교적 적으나 그 자체의 부피가 콘크리트 등의 비비기 용적에 계산되는 것
④ 사용량이 비교적 적어서 그 자체의 부피가 콘크리트 등의 비비기 용적에 계산되지 않는 것

15
혼화재 : ②, 혼화제 : ④

정답 11 ④ 12 ① 13 ③ 14 ① 15 ②

□□□ 02⑤, 03②, 05①, 08②, 09⑤, 11①, 12②, 13②, 14①, 15④, 16①
16 어떤 골재시험 결과 단위용적질량은 1.72kg/L이고, 밀도가 2.65kg/L일 때 이 골재의 공극율은?

① 72.4%
② 29.5%
③ 52.3%
④ 35.1%

해 설

16 공극률
$$= \left(1 - \frac{T}{d_D}\right) \times 100$$
$$= \left(1 - \frac{1.72}{2.65}\right) \times 100 = 35.1\%$$

□□□ 02⑤, 05①, 08①, 09①⑤, 11③, 13①, 16①
17 콘크리트 시공에서 거푸집 떼어내기 방법으로 옳지 않은 것은?

① 거푸집 안쪽에 박리제를 발라서 콘크리트와 부착을 방지한다.
② 거푸집은 콘크리트가 충분한 강도를 가질 때까지 제거해서는 안 된다.
③ 수평부재 거푸집을 연직부재 거푸집보다 먼저 떼어낸다.
④ 보(beam) 양측 면의 거푸집을 바닥판보다 먼저 떼어낸다.

17
연직부재의 거푸집을 수평부재의 거푸집보다 먼저 떼어낸다.

□□□ 16①
18 콘크리트 타설에 대한 일반적인 설명으로 옳은 것은?

① 비비기에서 타설까지 3시간 이상 필요하다.
② 터파기 안의 물은 그대로 사용해도 무방하다.
③ 콘크리트는 가급적 나누어서 일정시간이 지난 다음 타설한다.
④ 위층의 콘크리트는 아래층 콘크리트가 굳기 전에 타설하여야 한다.

18
• 비비기에서 타설까지 1.5~2시간 이내에서 완료해야 한다.
• 터파기 안의 고인물은 이 물을 제거한 후에 콘크리트를 타설한다.
• 한 구획 내의 콘크리트는 타설이 완료될 때까지 연속해서 타설하여야 한다.

□□□ 05②, 08①, 11⑤, 16①
19 숏크리트에 대한 설명으로 틀린 것은?

① 시멘트 건(gun)에 의해 압축공기로 모르타르를 뿜어 붙이는 것이다.
② 수축균열이 생기기 쉽다.
③ 공사기간이 길어진다.
④ 건식공법의 경우 시공 중 분진이 많이 발생한다.

19
거푸집이 필요 없고, 급속시공이 가능하기 때문에 공사기간이 짧아진다.

□□□ 03②, 10⑤, 16①
20 터널 등의 숏크리트에 첨가하여 뿜어 붙인 콘크리트의 응결 및 조기의 강도를 증진시키기 위해 사용되는 혼화제는?

① AE제
② 지연제
③ 발포제
④ 급결제

20 급결제
시멘트의 응결을 상당히 빠르게 하기 위하여 사용하는 혼화제이다.

정답 16 ④ 17 ③ 18 ④ 19 ③ 20 ④

□□□ 11③, 14②, 16①
21 보통 잔골재의 일반적인 밀도로 옳은 것은?

① $2.40 \sim 2.55 \text{g/cm}^3$
② $2.50 \sim 2.65 \text{g/cm}^3$
③ $2.60 \sim 2.85 \text{g/cm}^3$
④ $2.80 \sim 2.95 \text{g/cm}^3$

해설

21
- 잔골재의 밀도는 보통 $2.50 \sim 2.65 \text{g/cm}^3$
- 굵은골재의 밀도는 $2.55 \sim 2.70 \text{g/cm}^3$

□□□ 02①, 07②, 10①, 13②, 14①, 16①
22 운반거리가 먼 레미콘이나 무더운 여름철 콘크리트의 시공에 사용하는 혼화제는?

① 기포제
② 지연제
③ 방수제
④ 경화촉진제

22 지연제
서중 콘크리트나 레디믹스트 콘크리트에서 시멘트의 응결시간을 늦추기 위하여 사용하는 혼화제이다.

□□□ 04⑤, 06①, 08①, 09⑤, 10②, 13②, 16①, 22③
23 조립률 3.0의 모래와 7.0의 자갈을 중량비 1 : 4로 혼합할 때의 조립률을 구하면?

① 3.2
② 4.2
③ 5.2
④ 6.2

23 혼합 조립률
$$f_a = \frac{m}{m+n}f_s + \frac{n}{m+n}f_g$$
$$= \frac{1}{1+4} \times 3.0 + \frac{4}{1+4} \times 7.0 = 6.2$$

□□□ 09②, 16①
24 콘크리트를 타설한 다음 일정 기간 동안 콘크리트에 충분한 온도와 습도를 유지시켜 주는 것을 무엇이라 하는가?

① 콘크리트 진동
② 콘크리트 다짐
③ 콘크리트 양생
④ 콘크리트 시공

24
콘크리트를 친 다음 충분한 강도를 내고 균열이 생기지 않도록 일정한 기간 동안 콘크리트에 충분한 온도와 습도를 주는 것을 콘크리트 양생이라 한다.

□□□ 04①, 05①, 13②, 14②, 16①
25 서중콘크리트의 타설에 대한 아래 표의 설명에서 ( )에 적합한 수치는?

> 콘크리트는 비빈 후 즉시 타설하여야 하며, KS F 2560의 지연형 감수제를 사용하는 등의 일반적인 대책을 강구한 경우라도 ( ) 시간 이내에 타설하여야 한다.

① 0.5
② 1.0
③ 1.5
④ 2.0

25
콘크리트를 비벼서 쳐넣을 때까지의 시간은 1.5시간(90분)을 넘어서는 안된다.

정답 21 ② 22 ② 23 ④ 24 ③ 25 ③

□□□ 10①, 11⑤, 16①

26 다음 중 콘크리트의 운반장비가 아닌 것은?

① 트럭믹서 ② 트럭 애지테이터
③ 덤프트럭 ④ 배치 플랜트

□□□ 01④, 05②, 08②, 16①

27 콘크리트의 시방배합을 현장배합으로 수정할 때 필요한 사항이 아닌 것은?

① 시멘트 비중 ② 골재의 표면 수량
③ 잔골재의 5mm체 잔류율 ④ 굵은골재의 5mm체 통과율

□□□ 13②, 16①

28 프리플레이스트 콘크리트에서 골재의 빈틈 사이에 모르타르를 주입할 때 연직 주입관의 수평 간격은 몇 m를 표준으로 하는가?

① 1m ② 2m
③ 3m ④ 4m

□□□ 01④, 03①, 11③, 12②, 14③, 16①

29 일반 수중 콘크리트의 물−결합재비의 표준은 몇 % 이하인가?

① 20% ② 30%
③ 40% ④ 50%

□□□ 02①⑤, 03②, 04②, 05②, 07②, 08②, 13①②, 15②, 16①

30 높은 곳에서부터 콘크리트를 타설하는 경우 가장 적당한 운반기구는?

① 손수레 ② 연직슈트
③ 벨트 콘베이어 ④ 콘크리트 플레이서

□□□ 06②, 16①

31 일평균 기온이 4℃ 이하가 예상될 때 시공하는 특수 콘크리트는?

① 서중 콘크리트 ② 한중 콘크리트
③ 수중 콘크리트 ④ 해양 콘크리트

해 설

26 콘크리트 플랜트
콘크리트 제조 설비를 말한다.

27 시방배합의 수정
• 입도 조정 : 잔골재와 굵은 골재
• 표면수 조정 : 단위 수량 수정

28
연직 주입관의 수평 간격은 2m 정도를 표준으로 한다.

29 수중 콘크리트
• 물−결합재비 : 50% 이하
• 단위시멘트량 : 370kg/m³ 이상

30 슈트
높은 곳에서 낮은 곳으로 미끄러져 내려갈 수 있게 만든 홈통이나 관 모양의 것으로서, 연직 슈트와 경사 슈트가 있다.

31
콘크리트를 칠 때, 하루 평균 기온이 4℃ 이하로 될 때에는 한중 콘크리트로 시공해야 한다.

정답 26 ④ 27 ① 28 ② 29 ④ 30 ②
31 ②

□□□ 03②, 16①

32 콘크리트 또는 모르타르가 엉키기 시작하였을 때 다시 비비는 작업을 무엇이라 하는가?

① 되비비기
② 거듭비비기
③ 믹서비비기
④ 혼합비비기

해설 32
- 이런 작업을 되비비기라 한다.
- 거듭비비기 : 비빈 후 상당히 시간이 지났거나 또 재료가 분리된 경우에는 다시 비비는 작업을 말한다.

□□□ 10①, 13②, 16①, 22③

33 콘크리트 제조 기계로서 날개가 달린 비빔통을 회전시켜서 내부의 재료를 비비는 콘크리트 믹서를 무엇이라 하는가?

① 강제식 믹서
② 중력식 믹서
③ 강제 교반식 믹서
④ 혼합형 믹서

해설 33 콘크리트 믹서
- 중력식 믹서 : 비빔통 속에 날개가 달린 비빔통을 회전시켜서 내부의 재료를 비비는 믹서로 슬럼프가 큰 묽은 반죽 콘크리트에 사용
- 강제식 믹서 : 비빔통 속에 달린 날개를 회전시켜서 콘크리트를 비비는 믹서로 주로 콘크리트 플랜트에 사용

□□□ 02①, 03①⑤, 04②, 09③, 11③, 12②, 13①, 14②, 16①

34 거푸집의 높이가 높을 경우 재료의 분리를 방지하기 위하여 슈트, 펌프배관 등의 배출구와 타설면까지의 높이는 원칙적으로 얼마로 하여야 하는가?

① 1.0m 이하
② 1.0m 이상
③ 1.5m 이하
④ 1.5m 이상

해설 34
연직 슈트, 깔때기 등을 사용하며, 이 때 슈트, 깔때기 등의 배출구와 치기 면과의 높이는 1.5m 이하로 한다.

□□□ 10①, 16①

35 콘크리트 내부진동에 의한 다짐 작업에 대한 설명으로 틀린 것은?

① 내부진동기는 진동효과를 극대화하기 위하여 내부에 비스듬히 찔러 넣는 것이 좋다.
② 내부진동기의 삽입간격은 일반적으로 0.5m 이하로 하는 것이 좋다.
③ 내부진동기를 빼낼 때 구멍이 생기지 않도록 한다.
④ 내부진동기를 아래층 콘크리트 속으로 0.1m 정도 들어가게 한다.

해설 35
내부 진동기는 연직으로 찔러 넣어야 한다.

□□□ 02⑤, 07②, 16①

36 콘크리트 표면에 아스팔트유제나 비닐유제 등으로 불투수층을 만들어 수분의 증발을 막는 양생방법을 무엇이라 하는가?

① 증기양생
② 전기양생
③ 습윤양생
④ 피복양생

해설 36
이러한 양생방법을 피복양생이라 한다.

정답 32 ① 33 ② 34 ③ 35 ① 36 ④

해 설

37 특수 콘크리트의 시공법 중에서 수중 콘크리트를 타설할 때 사용되는 것이 아닌 것은?

① 벨트 컨베이어 ② 트레미
③ 콘크리트 펌프 ④ 밑열림 상자

37 벨트 컨베이어
콘크리트를 연속적으로 운반하는데 편리하다.

38 콘크리트를 제조하기 위해 재료를 계량할 경우 혼화재의 계량 허용오차로 옳은 것은?

① ±1% ② ±2%
③ ±3% ④ ±4%

38 계량오차

재료	허용오차
시멘트	−1%, +2%
골재	±3%
물	−2%, +1%
혼화재	±2%
혼화제	±3%

39 콘크리트의 배합에서 재료의 계량에 대한 설명으로 틀린 것은?

① 계량은 현장 배합에 의해 실시하는 것으로 한다.
② 혼화제를 녹이는 데 사용하는 물은 단위 수량의 일부로 보아야 한다.
③ 시멘트의 1회 계량분에 대한 허용오차는 ±3%이다.
④ 각 재료는 1배치씩 질량으로 계량하는 것을 원칙으로 한다.

39 시멘트의 허용오차
−1%, +2%

40 콘크리트 플레이서에 대한 일반적인 설명으로 틀린 것은?

① 콘크리트 플레이서는 수송관내의 콘크리트를 압축공기로서 압송한다.
② 관으로부터의 토출할 때 콘크리트의 재료 분리가 생기는 경우에는 토출할 때 충격을 가하여 재료 분리를 방지하여야 한다.
③ 수송관의 배치는 굴곡을 적게 하여야 한다.
④ 수송거리는 공기압, 공기소비량 등에 따라 달라진다.

40
관으로부터의 토출할 때 콘크리트의 재료 분리가 생기는 경우에는 재료가 분리된 콘크리트는 시용하여서는 안된다.

41 실내에서 건조시킨 상태로 골재의 알 속의 일부에만 물기가 있는 상태를 무엇이라 하는가?

① 절대건조상태 ② 표면건조 포화상태
③ 습윤상태 ④ 공기 중 건조상태

41 공기 중 건조상태
골재 알 속의 빈틈 일부가 물로 차 있는 상태이다.

정답 37 ① 38 ② 39 ③ 40 ② 41 ④

□□□ 03③, 04①③, 06①, 08⑤, 09③, 10②③, 11③, 13④, 16①, 19②

42 단위 잔골재의 절대 부피가 256L이고, 단위 굵은 골재의 절대 부피가 399L일 경우 잔골재율은?

① 26% ② 34%
③ 40% ④ 42%

해설

42 잔골재율(S/a)
$= \dfrac{\text{단위 잔골재의 절대부피}}{\text{단위 골재량의 절대부피}} \times 100$

$\therefore S/a = \dfrac{S}{S+G} \times 100$

$= \dfrac{256}{256+399} \times 100 = 39\%$

□□□ 16①

43 잔골재의 표면수 시험 방법으로 옳은 것은?

① 다짐법, 밀도법 ② 밀도법, 용적법
③ 용적법, 질량법 ④ 질량법, 입도법

43
잔골재의 표면수 시험방법 : 질량법, 용적법

□□□ 12②, 13③, 16①

44 시멘트 비중 시험에 사용되는 기구가 아닌 것은?

① 저울 ② 르샤틀리에 비중병
③ 블레인 공기투과장치 ④ 항온수조

44 블레인 공기투과장치
시멘트의 분말도 시험

□□□ 13①, 15①, 16①

45 시멘트의 강도시험(KS L ISO 679)에서 모르타르를 조제할 때 시멘트와 표준모래의 질량에 의한 비율로 옳은 것은?

① 1 : 2 ② 1 : 2.5
③ 1 : 3 ④ 1 : 3.5

45 모르타르 제작방법
질량에 의한 비율로 시멘트와 표준사를 1 : 3의 비율로 한다.

□□□ 13②, 16①

46 콘크리트용 모래에 포함되어 있는 유기불순물 시험에 대한 설명으로 옳은 것은?

① 사용하는 수산화나트륨 용액은 물 50에 수산화나트륨 50의 질량비로 용해시킨 것이다.
② 시료는 대표적인 것을 취하고 절대건조상태로 건조시켜 4분법을 사용하여 약 5kg을 준비한다.
③ 시험에 사용할 유리병은 노란색으로 된 유리병을 사용하여야 한다.
④ 시험의 결과 24시간 정치한 잔골재 상부의 용액색이 표준용액보다 연할 경우 이 모래는 콘크리트용으로 사용할 수 있다.

46
• 수산화나트륨 용액 : 물 97에 수산화나트륨 3의 질량비로 용해시킨 것이다.
• 시료 : 시료는 대표적인 것을 취하고 공기 중 건조상태로 건조시켜서 4분법 또는 시료 분취기를 사용하여 약 450g을 채취한다.
• 유리병 : 병은 고무마개를 가지고 눈금이 있는 용량 400mL의 무색 투명 유리병이 2개 있어야 한다.

정답 42 ③ 43 ③ 44 ③ 45 ③ 46 ④

해 설

47 콘크리트 쪼갬 인장 강도 시험에서 공시체에 하중을 가하는 속도로 옳은 것은?

① 인장응력도의 증가율이 매초 (0.06±0.04)MPa이 되도록 한다.
② 인장응력도의 증가율이 매초 (0.6±0.04)MPa이 되도록 한다.
③ 인장응력도의 증가율이 매초 (0.6±0.04)MPa이 되도록 한다.
④ 인장응력도의 증가율이 매초 (0.06±0.4)MPa이 되도록 한다.

47 하중을 가하는 속도
- 압축강도시험: 매초(0.6±0.2)MPa
- 쪼갬 인장강도 시험: 매초(0.06±0.04)MPa
- 휨강도 시험: 매초(0.06±0.04)MPa

48 골재의 입도, 조립률, 굵은골재의 최대치수 등을 알기 위해 실시하는 시험은?

① 공기량시험
② 체가름시험
③ 슬럼프시험
④ 안정성시험

48 골재의 체가름시험을 하여 골재의 입도, 조립률(F.M), 굵은골재의 최대치수를 구할 수 있다.

49 콘크리트 압축강도 시험용 공시체의 제작에 있어서 공시체의 양생온도로 가장 적합한 것은?

① 13~17℃
② 18~22℃
③ 23~27℃
④ 28~32℃

49 시험체를 20±2℃(18~22℃)에서 습윤 상태로 양생한다.

50 콘크리트 압축강도 시험용 공시체의 지름은 굵은 골재 최대 치수의 몇 배 이상으로 하여야 하는가?

① 1.5
② 2.0
③ 2.5
④ 3.0

50 시험체의 지름은 굵은 골재 최대치수의 3배 이상이며, 또한 100mm 이상이여야 한다.

51 기상 작용에 대한 골재의 내구성 정도를 알기 위한 시험은?

① 콘크리트용 골재의 공극 시험
② 황산 소듐을 이용한 골재의 안정성 시험
③ 굵은 골재의 닳음 시험
④ 골재에 포함된 잔입자 시험

51 황산 소듐을 이용한 골재의 안정성 시험
골재의 내구성을 알기 위해서 황산 나트륨 포화용액으로 골재의 부서짐 작용에 대한 저항성을 시험하는 것이다.

정답 47 ① 48 ② 49 ② 50 ④ 51 ②

□□□ 04②, 06①, 12②, 13②, 15④, 16①

52 골재의 단위 용적 질량 시험 방법 중 충격을 이용하는 방법에서 용기를 떨어뜨리는 높이로 가장 적당한 것은?

① 20cm
② 15cm
③ 10cm
④ 5cm

해설

52
용기의 한쪽을 약 5cm 가량 들어 올렸다 떨어뜨리고, 반대쪽을 5cm 정도 들어 올렸다 떨어뜨려 한쪽을 25번씩 모두 50번 떨어 뜨려 다진다.

□□□ 02⑤, 03⑤, 06②, 09①②, 11③, 12②, 13①, 15④, 16①

53 골재의 마모시험에서 시료를 시험기에서 꺼내 몇 mm로 체가름을 하는가?

① 1.7mm
② 3.4mm
③ 1.25mm
④ 2.5mm

53
시료를 시험기에서 꺼내어 1.7mm 체로 체가름 한다.

□□□ 02⑤, 05①, 08①②, 13③, 14②, 16①

54 지름이 150mm, 높이가 300mm인 콘크리트 공시체로 콘크리트의 압축강도 시험을 한 결과 494550N의 하중에서 파괴되었다. 이 시험체의 압축강도는?

① 22MPa
② 24MPa
③ 26MPa
④ 28MPa

54 압축강도

$$f_c = \frac{P}{A}$$

$$= \frac{494550}{\frac{\pi \times 150^2}{4}}$$

$$= 28\text{N/mm}^2 = 28\text{MPa}$$

□□□ 01④, 03⑤, 05①, 06②, 08①, 09③, 12②, 14③, 16①

55 물-결합재비가 50%이고 단위수량이 180kg/m³일 때 단위 시멘트량은 얼마인가?

① 90kg/m³
② 180kg/m³
③ 270kg/m³
④ 360kg/m³

55 단위 시멘트량

$$C = \frac{\text{단위수량}}{\text{물-결합재비}}$$

$$= \frac{180}{0.50} = 360 \text{ kg/m}^3$$

□□□ 16①

56 콘크리트 슬럼프 시험에 대한 설명으로 아래 괄호에 공통으로 들어갈 숫자는?

> 굵은 골재 최대 치수가 ( )mm를 넘는 콘크리트의 경우 ( )mm를 넘는 굵은 골재를 제거한 후 시험한다.

① 40
② 30
③ 25
④ 20

56
콘크리트 안에 40mm가 넘는 굵은 골재를 약간 포함하고 있다면, 40mm가 넘는 굵은 골재는 제거한다.

정답 52 ④ 53 ① 54 ④ 55 ④ 56 ①

□□□ 16①

57 콘크리트 쪼갬 인장 강도 시험에서 공시체의 길이는 공시체가 쪼개진 면의 2곳 이상을 측정하여 평균값을 사용하는데 이 때 정밀도는 몇 mm인가?

① 0.1mm
② 0.5mm
③ 1mm
④ 2mm

해 설

57
공시체가 쪼개진 면의 2곳 이상에서 0.1mm까지 측정하여 그 평균값을 공시체의 길이로 사용한다.

□□□ 05①, 09①, 10③, 13②, 16①

58 황산 소듐을 이용한 골재의 안정성 시험에 사용되는 시험용 용액은?

① 가성소다
② 황산나트륨
③ 염화칼슘
④ 탄닌산

58 황산 소듐을 이용한 골재의 안정성 시험
골재의 내구성을 알기 위해서 황산나트륨 포화 용액으로 인한 골재의 부서짐 작용에 대한 저항성을 시험하는 것이다.

□□□ 02⑤, 05②, 06①, 07②, 08①, 09①③, 10①⑤, 13①②, 15①, 16①

59 압력법에 의한 굳지 않는 콘크리트의 공기함유량 시험을 실시한 결과 콘크리트의 겉보기 공기량이 5.5%이고, 골재 수정계수가 0.5%이었다면, 이 콘크리트의 공기량은?

① 11%
② 6%
③ 5%
④ 4.5%

59 공기량
$A = A_1 - G$
$= 5.5 - 0.5 = 5.0\%$

□□□ 02①, 16①

60 블리딩(bleeding)에 대한 설명으로 옳지 않은 것은?

① 블리딩이 크면 강도, 내구성, 수밀성이 약간 증가한다.
② 블리딩이 크면 굵은 골재가 모르타르로부터 분리되는 경향이 커진다.
③ 블리딩은 콘크리트를 타설한 후 2~4시간에 거의 끝난다.
④ 블리딩이란 굳지 않은 콘크리트 또는 모르타르에서 물이 분리되어 위로 올라가는 현상이다.

60
블리딩이 커지면 콘크리트 위부분의 강도가 작아지고 수밀성과 내구성이 나빠지며, 레이턴스가 커진다.

정답 57 ① 58 ② 59 ③ 60 ①

국가기술자격 CBT 필기시험문제

2016년도 기능사 제2회 필기시험

종 목	시험시간	배 점	테스트 결과(개수)		
콘크리트기능사	1시간	60	1회	2회	3회

해 설

□□□ 04⑤, 16②
01 일반적인 잔골재의 흡수율은 대게 어느 정도인가?

① 1~6%   ② 6~12%
③ 13~18%   ④ 18~23%

01 골재의 흡수율(%)
- 잔골재 1~6%
- 굵은골재 0.5~4%

□□□ 10②, 16②
02 알루미나 시멘트에 관한 설명 중 옳지 않은 것은?

① 수화열이 많아서 화학작용에 대한 저항성이 크다.
② 산, 염료, 해수 등의 화학 작용에 대한 저항성이 크다.
③ 보크사이트와 석회석을 섞어서 전기로, 반사로 등으로 만든다.
④ 재령 7일에서 보통 포틀랜드 시멘트의 재령 28일 강도를 낸다.

02 알루미나 시멘트
재령 1일에서 보통 포틀랜드 시멘트의 재령 28일 강도를 내고 수화열이 많아서 한중 콘크리트 공사에 알맞다.

□□□ 10③, 16②
03 골재의 공극률에 대한 설명으로 틀린 것은?

① 골재의 단위용적 중의 공극의 비율을 백분율로 나타낸 것을 공극률이라 한다.
② 골재의 공극률이 작으면 시멘트풀의 양이 적게 든다.
③ 골재의 공극률이 작으면 콘크리트의 건조수축이 늘어나 균열발생의 위험성이 증대한다.
④ 골재의 공극률이 작으면 콘크리트의 밀도, 내구성이 증대된다.

03
골재의 공극율이 작으면 시멘트풀의 양이 적게 들어 수화열이 적고, 건조수축이 작아진다.

□□□ 01③④, 02⑤, 06①, 09⑤, 10⑤, 11③, 16②
04 콘크리트용 골재가 갖추어야 할 성질 중 틀린 것은?

① 마멸에 대한 저항성이 클 것
② 낱알의 크기가 차이 없이 균등할 것
③ 물리적으로 안정되고 내구성이 클 것
④ 필요한 무게를 가질 것

04
대소립(大小粒)의 적당히 혼입될 것, 즉 입도가 적당할 것

정답 01 ① 02 ④ 03 ③ 04 ②

03①, 08②, 13①, 16②

05 경량골재는 크게 인공경량골재와 천연경량골재로 나눌 수 있다. 다음 중 인공경량골재에 포함되지 않는 것은?

① 팽창성 혈암
② 팽창성 점토
③ 플라이 애시
④ 철분계 팽창제

해설

05 경량골재의 주원료
- 천연 경량 골재 : 화산암, 응회암
- 인공 경량 골재 : 팽창성 혈암, 팽창성 점토, 플라이 애시

04②, 03①, 04②, 11①, 16②

06 다음 혼화재료 중에서 사용량이 시멘트 무게의 5% 정도 이상이 되어 그 자체의 부피가 콘크리트의 배합 계산에 관계되는 혼화재료는?

① 포졸란
② 응결촉진제
③ AE제
④ 발포제

06
- 혼화재 : 사용량이 비교적 많아서 시멘트 중량의 5% 이상인 경우 ; 포졸란
- 혼화화제 : AE제, 감수제, 고성능 감수제, 촉진제, 급결제, 지연제, 발포제, 기포제 등

07⑤, 09①, 10⑤, 16②

07 시멘트의 분말도에 관한 설명 중 틀린 것은?

① 시멘트의 입자가 가늘수록 분말도가 높다.
② 시멘트 입자의 가는 정도를 나타내는 것을 분말도라 한다.
③ 시멘트의 분말도가 높으면 조기강도가 커진다.
④ 시멘트의 분말도가 높으면 균열이 없고 풍화가 생기지 않는다.

07
입자가 가늘수록 분말도가 높으며, 분말도가 높을수록 풍화하기 쉽고, 건조수축이 커진다.

16②

08 골재의 입도에 대한 설명으로 틀린 것은?

① 굵은 잔 알이 섞여있는 정도를 나타낸다.
② 체가름 시험을 하여 각 체에 남는 골재의 질량비(%)로 구한다.
③ 입도가 알맞은 골재를 사용하여 콘크리트를 만들 때 시멘트 풀의 양을 줄일 수 있다.
④ 입도가 알맞은 골재는 빈틈이 적어서 단위 용적 질량이 작아진다.

08
입도가 알맞은 골재는 빈틈이 적어서 단위 용적 질량이 커진다.

10③, 16②

09 골재를 함수상태에 따라 분류할 때 골재입자의 내부에 물이 채워져 있고, 표면에도 물이 부착되어 있는 상태는?

① 습윤상태
② 표면건조 포화상태
③ 공기중 건조상태
④ 절대 건조상태

09
습윤상태
=표면건조 포화상태+표면수

정답 05 ④ 06 ① 07 ④ 08 ④ 09 ①

□□□ 09⑤, 13④, 16②
10 시멘트의 응결에 관한 설명 중 옳지 않은 것은?

① 습도가 낮으면 응결이 빨라진다.
② 풍화되었을 경우 응결이 빨라진다.
③ 온도가 높을수록 응결이 빨라진다.
④ 분말도가 높으면 응결이 빨라진다.

해설 10
시멘트가 풍화되면 응결이 늦어진다.

□□□ 13②, 16②
11 플라이 애시를 혼합한 콘크리트의 특징으로 틀린 것은?

① 콘크리트의 워커빌리티가 좋아진다.
② 콘크리트의 조기강도가 증가한다.
③ 콘크리트의 수밀성이 좋아진다.
④ 콘크리트의 건조수축이 감소된다.

해설 11
플라이 애시를 혼합한 콘크리트의 압축강도는 초기재령에서는 보통 콘크리트보다 낮지만 재령이 길어짐에 따라 포졸란 반응에 의해 강도 증진효과가 크다.

□□□ 01④, 07②, 14②, 16②
12 AE 콘크리트에서 AE제를 사용하여 이로운 점이 아닌 것은?

① 워커빌리티가 좋아진다.
② 동결융해에 대한 저항성이 커진다.
③ 동일한 물-결합재비인 경우 콘크리트의 압축강도가 증가한다.
④ 단위수량을 감소시킬 수 있다.

해설 12
공기량 1% 증가에 대해 압축강도가 4~6% 정도 작아진다.

□□□ 02①, 08①, 13①, 16②
13 재료에 일정 하중이 작용하면 시간의 경과와 함께 변형이 증가하는데 이러한 현상을 무엇이라 하는가?

① 포와송비   ② 크리프
③ 연성   ④ 취성

해설 13 크리프
재료에 오랫동안 하중이 작용하면 시간이 지남에 따라 변형이 커지는 현상을 말한다.

□□□ 03①⑤, 04①, 06②⑤, 08①, 10①, 11③, 12②, 13①, 14②③, 16②
14 콘크리트에 사용되는 굵은골재 및 잔골재를 구분하는데 기준이 되는 체의 호칭수는?

① 5mm   ② 10mm
③ 2.5mm   ④ 1.2mm

해설 14 골재의 구분
• 5mm체에 통과하는 골재는 잔골재
• 5mm체에 남는 골재는 굵은골재

정답 10 ② 11 ② 12 ③ 13 ② 14 ①

해 설

15 주로 잠재 수경성이 있는 혼화재는?

① 고로 슬래그 미분말
② 플라이 애시
③ 규산질 미분말
④ 팽창재

15
- 주로 잠재 수경성이 있는 것 : 고로 슬래그 미분말
- 포졸란 작용이 있는 것 : 플라이 애시
- 굳는 과정에서 팽창을 일으키는 것 : 팽창재

16 포틀랜드 시멘트 제조방법 중 옳지 않은 것은?

① 건식법
② 반건식법
③ 습식법
④ 수중법

16
시멘트의 제조방식에는 원료의 섞기 방법에 따라 건식법, 습식법, 반건식법이 있다.

17 시멘트의 분말도에 관한 설명으로 옳은 것은?

① 분말도가 높을수록 조기강도가 작다.
② 분말도 시험방법은 오토클레이브 시험법과 침수법이 있다.
③ 분말도가 높을수록 수축률이 커지기 쉽고 콘크리트에 균열이 발생할 가능성이 많다.
④ 분말도가 높은 시멘트는 수화작용이 느리며 풍화하기 쉽다.

17
- 분말도가 높으면 조기강도가 크다.
- 분말도는 블레인 공기투과장치를 사용해서 구한다.
- 분말도가 높으면 수화작용이 빨라 풍화하기 쉽다.
- 분말도가 높을수록 건조수축이 커서 균열이 생기기 쉽다.

18 굵은 골재의 최대 치수가 클수록 콘크리트에 미치는 영향을 설명한 것으로 가장 적합한 것은?

① 소요 품질의 콘크리트를 얻기 위한 단위수량이 많아진다.
② 시멘트 풀의 양이 많아져서 비경제적이다.
③ 재료분리가 일어나기 쉽고 시공이 어렵다.
④ 골재의 입도가 커져서 골재 손실이 발생한다.

18 굵은골재의 최대치수가 클수록
- 단위수량 및 단위시멘트량이 감소하여 유리하다.
- 굵은골재의 최대치수가 클수록 재료분리가 일어나가 쉽다.
- 시멘트 풀의 양이 적어져서 경제적이다.

19 콘크리트 배합의 표시방법에 대한 일반적인 설명으로 옳은 것은?

① 배합은 밀도로 표시하는 것을 원칙으로 한다.
② 배합은 부피로 표시하는 것을 원칙으로 한다.
③ 배합은 질량으로 표시하는 것을 원칙으로 한다.
④ 배합은 비중으로 표시하는 것을 원칙으로 한다.

19
콘크리트의 배합은 질량으로 표시하는 것을 원칙으로 한다.

정답 15 ① 16 ④ 17 ③ 18 ③ 19 ③

□□□ 08③, 12②, 16②

20 콘크리트의 경화나 강도발현을 촉진하기 위해 실시하는 촉진양생의 종류에 속하지 않는 것은?

① 습윤양생
② 증기양생
③ 오토클레이브양생
④ 고주파 양생

해설

20 촉진 양생의 종류
증기양생, 전기양생, 오토클레이브 양생, 고주파양생

□□□ 16②

21 콘크리트 펌프로 콘크리트를 수송할 때 일반적으로 슬럼프 120mm 정도의 콘크리트로서 90°의 굴곡을 갖는 곡관은 수평거리 m에 해당하는가?

① 15m
② 12m
③ 10m
④ 6m

21 일반적으로 슬럼프 120mm정도의 콘크리트로서 90°의 굴곡을 갖는 곡관은 수평거리 6m에 해당된다.

□□□ 10①, 11⑤, 16②

22 콘크리트의 운반기구 중 가장 적합지 않은 기계 및 기구는?

① 버킷
② 트럭 믹서
③ 콘크리트 플랜트
④ 벨트 컨베이어

22 콘크리트 플랜트
콘크리트 제조 설비이다.

□□□ 16②

23 정비된 콘크리트 제조설비를 가진 공장에서 필요한 조건의 굳지 않은 콘크리트를 수시로 공급할 수 있는 것을 무엇이라 하는가?

① 프리플레이스트 콘크리트
② 프리케스트 콘크리트
③ 프리스트레스트 콘크리트
④ 레디믹스트 콘크리트

23 이를 레디믹스트 콘크리트라 한다.

□□□ 03②, 16②

24 콘크리트 비비기에 대한 설명으로 틀린 것은?

① 반죽된 콘크리트가 균질하게 될 때까지 충분히 비빈다.
② 가경식 믹서는 90초 이상 비비는 것을 표준으로 한다.
③ 미리 정해 둔 비비기 시간의 3배 이상 계속해서는 안된다.
④ 비벼놓은 굳기 시작한 콘크리트는 되비벼서 사용한다.

24 비벼 놓아 굳기 시작한 콘크리트는 되비벼서 사용하지 않는 것을 원칙으로 한다.

정답 20 ① 21 ④ 22 ③ 23 ④ 24 ④

□□□ 05①, 11①, 16②

25 단면이 큰 철근콘크리트 구조물에 사용되는 굵은골재 최대치수의 표준은 얼마인가?

① 100mm ② 40mm
③ 25mm   ④ 10mm

해설

25 철근콘크리트의 굵은골재 최대치수
- 일반적인 경우 : 40mm
- 단면이 큰 경우 : 40m

□□□ 16②, 21③

26 시멘트의 경화촉진제에 대한 설명 중 옳지 않은 것은?

① 수중이나 한중공사에 조기강도나 수화열을 필요로 할 때 사용한다.
② 촉진제로는 염화칼슘이 사용된다.
③ 황산염의 작용을 받는 경우에 염화칼슘은 시멘트량의 4% 이상을 사용해야 한다.
④ 염화칼슘을 혼합한 콘크리트는 응결이 촉진되고 콘크리트의 슬럼프가 감소된다.

26
- 염화칼슘은 황산염에 대해 저항성이 작아진다.
- 황산염의 작용을 받는 경우는 염화칼슘은 시멘트량의 3% 이하를 사용해야 한다.

□□□ 02①, 07②, 12②, 14③, 16②

27 콘크리트의 배합에서 골재를 계량하고자 할 때 허용오차로서 옳은 것은?

① ±1%   ② ±2%
③ ±3%   ④ ±4%

27 계량오차

재료	허용오차
시멘트	-1%, +2%
골재	±3%
물	-2%, +1%
혼화재	±2%
혼화제	±3%

□□□ 03①⑤, 04②, 05②, 08③, 09①③, 10①, 11③, 13②, 15①, 16②

28 수송관 속의 콘크리트를 압축공기에 의하여 압력으로 보내는 것으로 주로 터널의 둘레 치기에 사용되는 시공장비는?

① 버킷   ② 벨트 컨베이어
③ 슈트   ④ 콘크리트 플레이서

28 콘크리트 플레이서
콘크리트 펌프와 같이 터널 등의 좁은 곳에 콘크리트를 운반하는데 편리하다.

□□□ 03②, 04①⑤, 06①, 08①, 09②, 10②, 16②

29 콘크리트를 타설한 후 일정 기간까지 굳기에 필요한 온도, 습도를 주고, 해로운 작용을 받지 않도록 해야 한다. 이러한 작업을 무엇이라 하는가?

① 배합   ② 양생
③ 다지기   ④ 시공이음

29
이러한 작업을 콘크리트 양생이라 한다.

정답 25 ② 26 ③ 27 ③ 28 ④ 29 ②

□□□ 16②

30 터널 내에 콘크리트 라이닝(concrete lining)설치로 발생하는 현상으로 볼 수 없는 것은?

① 터널 내 콘크리트의 벽면이 불안정해 질 수 있다.
② 외부지반의 수압에 대하여 터널의 안정성을 유지한다.
③ 지하수가 터널 안으로 흘러나오는 것을 막는다.
④ 지반을 안정시키고 암반이 떨어지는 것을 막는다.

해설

30 콘크리트 라이닝을 터널이 불안정해지는 것을 방지하고 외부 지반의 수압 등에 대하여 터널의 안정성을 유지시킨다.

□□□ 11③, 12②, 16②

31 슬래브 및 보의 밑면의 경우 콘크리트 압축 강도가 몇 MPa 이상일 때 거푸집을 해체할 수 있는가? (단, 콘크리트의 설계 기준 강도는 21MPa이다)

① 7MPa 이상
② 14MPa 이상
③ 18MPa 이상
④ 21MPa 이상

31 슬래브 및 보의 밑면, 아치 내면의 압축강도
$\frac{2}{3}f_{cu} = \frac{2}{3} \times 21 = 14\text{MPa} \geq 14\text{MPa}$

□□□ 04②, 08②, 13①, 16②

32 콘크리트를 높은 곳에서 낮은 곳으로 미끄러져 내려 갈수 있게 만든 홈통이나 관 모양의 것으로 만들어진 것은?

① 슈트
② 콘크리트 플레이서
③ 버킷
④ 벨트 컨베이어

32 슈트

높은 곳에서 낮은 곳으로 미끄러져 내려갈 수 있게 만든 홈통이나 관 모양의 것으로서, 연직 슈트와 경사 슈트가 있다.

□□□ 03②, 08③, 14②, 16②

33 특수 콘크리트의 시공법 중에서 터널이나 구조물의 라이닝, 비탈면의 보호, 댐, 교량의 보수 등에 사용되며, 콘크리트를 압축공기에 의해 붙여서 만드는 콘크리트 시공 방법은?

① 숏크리트
② 매스 콘크리트
③ 진공 콘크리트
④ 프리플레이스트 콘크리트

33 숏크리트

모르타르를 압축 공기에 의해 뿜어 붙여서 만든 콘크리트로 비탈면의 보호, 교량의 보수 등에 쓰인다.

□□□ 03②, 04⑤, 06⑤, 08②, 09⑤, 10③, 11①, 12②, 13②, 16②

34 외기온도가 25℃ 미만일 때 일반 콘크리트의 비비기부터 치기가 끝날 때 까지의 시간은 최대 얼마 이내로 해야 하는가?

① 1시간
② 1시간 30분
③ 2시간
④ 2시간 30분

34 콘크리트의 타설 완료 시간

외기 온도	완료시간
25℃ 이상	1.5시간 이내
25℃ 미만	2시간 이내

정답 30 ① 31 ② 32 ① 33 ① 34 ③

□□□ 16②

35 댐콘크리트공사에서 수화열에 의한 균열을 방지하기 위해 재료를 미리 냉각하는 방법을 무엇이라 하는가?

① 벤트공법
② 프리쿨링법
③ 프리시네공법
④ 전기냉각법

35
- 프리쿨링(pre cooling)법 : 미리 재료를 냉각시키는 방법
- 파이프쿨링(pipe cooling) : 파이프를 통해 냉각수나 찬 공기를 순환시켜 온도를 낮추는 방법

□□□ 16②, 20②

36 레디믹스트 콘크리트와 주문 규격이 아래의 표와 같을 때 이 콘크리트의 호칭강도는?

보통 25-21-120

① 25MPa
② 21MPa
③ 20MPa
④ 120MPa

36
- 굵은골재최대치수 : 25mm
- 호칭강도 : 21MPa
- 슬럼프값 : 120mm

□□□ 02①, 03①⑤, 04②, 09③, 11③, 12②, 13①, 14②, 15①, 16②

37 콘크리트 치기에서 거푸집의 높이가 높을 경우 슈트, 버킷 호퍼 등의 배출구와 치기 면과의 높이는 얼마 이하로 하여야 하는가?

① 0.5m
② 1.0m
③ 1.2m
④ 1.5m

37
연직 슈트, 깔때기 등을 사용하며, 이 때 슈트, 깔때기 등의 배출구와 치기 면과의 높이는 1.5m 이하로 한다.

□□□ 02①, 05②, 10①, 16②

38 다음 중 휨강도 시험용 공시체의 치수로 적당한 것은?

① 200×200×450mm
② 200×200×500mm
③ 150×150×450mm
④ 150×150×530mm

38
- 100×100×380mm의 각주형
- 150×150×530mm의 각주형

□□□ 13①, 16②

39 잔골재의 표면수 시험에 대한 설명으로 틀린 것은?

① 시험방법으로 질량법과 용적법이 있다.
② 시료의 양이 많을수록 정확한 결과가 얻어진다.
③ 시료는 200g을 채취하고, 채취한 시료는 가능한 함수율의 변화가 없도록 주의하여 2분하고 각각을 1회의 시험의 시료로 한다.
④ 2회째의 시험에 사용하는 시료는 특히 시험을 할 때까지의 사이에 함수량이 변화하지 않도록 주의한다.

39
시료는 1000g을 채취하고, 채취한 시료는 가능한 함수율의 변화가 없도록 주의하여 2분하고 각각을 1회의 시험의 시료로 한다.

정답 35 ② 36 ② 37 ④ 38 ④ 39 ③

□□□ 01③④, 03①⑤, 06①②⑤, 08②, 10②, 13②③, 14①②③, 16②

40 콘크리트 타설에 대한 일반적인 설명으로 틀린 것은?

① 콘크리트 타설의 1층 높이는 다짐능력을 고려하여 이를 결정하여야 한다.
② 콘크리트를 쳐 올라가는 속도는 30분에 2~3m 정도로 한다.
③ 거푸집의 높이가 높을 경우, 재료의 분리를 막기 위해 연직슈트, 깔때기 등을 사용한다.
④ 콘크리트 2층 이상으로 나누어 타설할 경우, 상층과 하층이 일체가 되도록 한다.

해설

40 일반적으로 콘크리트를 쳐 올라가는 속도는 30분에 1~1.5m 정도로 한다.

□□□ 15①, 16②

41 모래에 포함되어 있는 유기 불순물 시험에 사용하는 표준색 용액을 제조하는 방법으로 옳은 것은?

① 3%의 수산화나트륨 용액과 2% 탄닌산 용액으로 표준색 용액을 만든다.
② 2%의 수산화나트륨 용액과 3% 탄닌산 용액으로 표준색 용액을 만든다.
③ 10%의 알코올 용액과 3%의 탄닌산 용액으로 표준색용액을 만든다.
④ 5%의 알코올 용액과 5%의 탄닌산 용액으로 표준색용액의 5mL를 2%의 알코올 용액 97.5mL에 가하여 유리병에 넣어 마개를 닫고 잘 흔든다.

41 유기 불순물 시험
10%의 알코올 용액으로 2% 탄닌산 용액을 만들고, 그 2.5mL를 3%의 수산화나트륨 97.5mL에 가하여 유리병에 넣어 마개를 닫고 잘 흔든다.

□□□ 11④, 14②, 16②

42 잔골재의 밀도 및 흡수율(KS F 2504) 시험에서 밀도 시험의 정밀도는 2회 실시하여 각각 구한 값과 평균값의 차이 몇 g/cm^3 이하이어야 하는가?

① $0.01g/cm^3$
② $0.05g/cm^3$
③ $0.1g/cm^3$
④ $0.5g/cm^3$

42 시험값의 평균치의 차이
• 밀도의 경우 $0.01g/cm^3$
• 흡수율의 경우 0.05% 이하

□□□ 01③, 04①, 08①, 09①, 10③, 11③, 13②③, 14③, 15①, 16②

43 골재의 조립률을 구하기 위한 체의 호칭치수로 적당하지 않은 것은?

① 40mm
② 25mm
③ 5mm
④ 2.5mm

43 조립률(F.M)
75mm, 40mm, 20mm, 10mm, 5mm, 2.5mm, 1.2mm, 0.6mm, 0.3mm, 0.15mm(10개)

40 ② 41 ① 42 ① 43 ②

□□□ 16②
44 서중콘크리트에 대한 설명으로 옳은 것은?

① 하루 평균기온이 25℃를 초과하는 것이 예상되는 경우 서중 콘크리트로 시공하여야 한다.
② 월 평균기온이 25℃를 초과하는 것이 예상되는 경우 서중 콘크리트로 시공하여야 한다.
③ 하루 평균기온이 35℃를 초과하는 것이 예상되는 경우 서중 콘크리트로 시공하여야 한다.
④ 월 평균기온이 35℃를 초과하는 것이 예상되는 경우 서중 콘크리트로 시공하여야 한다.

□□□ 01④, 03②, 06⑤, 08③, 09①, 12②, 14③, 16②
45 일반 수중콘크리트에 대한 설명으로 틀린 것은?

① 물-결합재비는 50% 이하이어야 한다.
② 단위 시멘트량은 370kg/m³ 이상으로 한다.
③ 콘크리트를 흐르는 물 속에서 타설할 경우 유속이 50m/min 이하이어야 한다.
④ 콘크리트를 트레미(tremie)나 콘크리트 펌프를 사용해서 타설한다.

□□□ 05①, 08②, 14①, 16②
46 슬럼프 콘(Slump Cone)의 크기를 올바르게 나타낸 것은?
(단, 윗면 안지름×밑면의 안지름×높이, 단위는 mm)

① 100×100×200   ② 100×200×300
③ 150×150×300   ④ 200×200×300

□□□ 01③, 07②, 13①, 14①, 16②
47 시멘트의 비중 시험 결과가 아래 표와 같을 때 비중값은?

처음 광유의 눈금 읽음(mL)	0.4
시료 질량(g)	64.0
시료와 광유의 눈금 읽음(mL)	20.4

① 3.20   ② 3.14
③ 0.32   ④ 0.23

해 설

44 서중 콘크리트
• 하루 평균기온이 25℃를 초과하는 것이 예상될 때
• 콘크리트를 칠 때의 최대온도는 35℃ 이하여야 한다.

45
정수 중에 칠 수 없을 경우에도 유속은 1초에 50mm 이하로 하여야한다.

46 슬럼프 콘의 크기

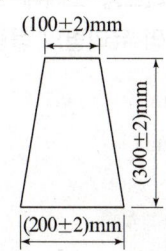

윗면 안지름 (100±2)mm, 밑면의 안지름 (200±2)mm, 높이 (300±2)mm의 금속제

47 시멘트 비중
$$= \frac{\text{시멘트의 무게(g)}}{\text{비중병의 눈금 차(mL)}}$$
$$= \frac{64.0}{20.4-0.4} = 3.20$$

정답 44 ① 45 ③ 46 ② 47 ①

□□□ 01④, 02⑤, 03①, 04②, 05④, 06①, 07②, 08③, 09①, 10②, 11③, 12②, 13③, 14②, 16②

48 잔골재 밀도 시험의 결과가 아래의 표와 같을 때 이 잔골재의 표면건조 포화상태의 밀도는?

> • 검정된 용량을 나타낸 눈금까지 물을 채운 플라스크의 질량(g) : 711.2
> • 표면건조 포화상태 시료의 질량(g) : 500
> • 시료와 물로 검정된 용량을 나타낸 눈금까지 채운 플라스크의 질량(g) : 1019.8
> • 시험온도에서 물의 밀도(g/cm³) : 1

① $2.046g/cm^3$
② $2.357g/cm^3$
③ $2.586g/cm^3$
④ $2.612g/cm^3$

해설

48 잔골재의 표건밀도

$$d_s = \frac{m}{B+m-C} \times \rho_w$$

$$= \frac{500}{711.2+500-1019.8} \times 1$$

$$= 2.612 g/cm^3$$

□□□ 01④, 04②, 06①②, 08①, 09⑤, 11④, 13①②, 15②, 16②

49 워커빌리티 판정기준이 되는 반죽질기 측정 시험 방법이 아닌 것은?

① 켈리볼 관입 시험
② 리몰딩 시험
③ 슬럼프 시험
④ 블레인 시험

49 워커빌리티를 측정하는 시험법
슬럼프 시험, 플로시험, 구관입시험, 리몰딩 시험, 켈리볼 관입 시험

□□□ 16②

50 콘크리트용 모래에 포함되어 있는 유기 불순물시험에서 사용하는 무색 투명 유리병의 용량으로 가장 적합한 것은?

① 400mL
② 600mL
③ 800mL
④ 1000mL

50 시험용 유리병
고무마개를 가지고 눈금이 있는 용량 400mL의 무색 투명 유리병이 2개 있어야 한다.

□□□ 16②

51 잔골재의 밀도 및 흡수율 시험에 사용하는 시료에 대한 설명으로 옳은 것은?

① 습윤상태의 잔골재를 400g 이상 채취하고, 그 질량을 0.01g까지 측정하여, 이것을 1회 시험량으로 한다.
② 절대건조상태의 잔골재를 1kg 이상 채취하고, 그 질량을 0.1g까지 측정하여 이것을 1회 시험량으로 한다.
③ 공기중 건조상태의 잔골재를 100g 이상 채취하고, 그 질량을 0.1g 까지 측정하여, 이것을 1회 시험량으로 한다.
④ 표면건조 포화상태의 잔골재를 500g 이상 채취하고, 그 질량을 0.1g까지 측정하여, 이것을 1회 시험량으로 한다.

51 잔골재의 밀도 및 흡수량 시험을 위해서 표면건조 포화상태의 시료 500g을 0.1g까지 정확하게 단다.

정답 48 ④ 49 ④ 50 ① 51 ④

□□□ 01③, 03②, 04①②, 06⑤, 07⑤, 08②, 09①②, 10①, 13②③, 14①, 15①, 16②

52 φ150×300mm의 공시체로 콘크리트의 인장강도시험을 하였다. 파괴시 최대하중이 210kN이였다면 인장강도는?

① 2.43MPa
② 2.97M5a
③ 3.28MPa
④ 3.84MPa

52 인장강도

$$f_t = \frac{2P}{\pi dl}$$
$$= \frac{2 \times 210 \times 10^3}{\pi \times 150 \times 300}$$
$$= 2.97\,N/mm^2 = 2.97\,MPa$$

□□□ 16②

53 길모어 장치는 무슨 시험을 하기 위한 것인가?

① 시멘트의 흐름시험
② 시멘트의 수화열 시험
③ 시멘트의 팽창도 시험
④ 시멘트의 응결시간 시험

53
• 시멘트의 응결시험 : 길모어 장치, 비카침 장치(폐지됨)
• 시멘트의 팽창도 시험 : 오토클레이브

□□□ 02⑤, 03②, 05①, 08②, 09⑤, 11①, 12②, 13②, 14①, 16②

54 단위 용적질량이 1.69kg/L, 밀도가 2.60kg/L인 굵은 골재의 공극률은 얼마인가?

① 25%
② 30%
③ 35%
④ 40%

54 공극률

$$= \left(1 - \frac{T}{d_D}\right) \times 100$$
$$= \left(1 - \frac{1.69}{2.60}\right) \times 100 = 35\%$$

□□□ 16②

55 압력법에 의한 콘크리트 공기량 시험의 주의사항으로 틀린 것은?

① 골재의 수정계수는 생략해도 좋다.
② 그릇의 뚜껑을 죌 때는 반드시 대각선상으로 조금씩 죈다.
③ 압력계를 읽을 때는 항상 압력계를 손가락으로 가볍게 두들긴 다음에 읽어야 한다.
④ 장치의 검정은 규격에 맞추어 정기적으로 실시해야 한다.

55
콘크리트의 공기량=겉보기 공기량 −골재의 수정 계수
∴ 골재의 수정계수(G)는 생략해서는 안된다.

□□□ 05①, 08①, 10①, 16②

56 콘크리트의 휨강도에 관한 설명으로 옳지 않은 것은?

① 시험방법은 4등분점 재하법을 사용한다.
② 몰드에 콘크리트를 채울 때 3층 이상으로 나누어 채운다.
③ 몰드를 떼어낸 공시체는 습윤상태에서 강도시험을 할 때까지 양생하여야 한다.
④ 공시체 인장쪽 표면의 지간 방향 중심선의 4점의 바깥쪽에서 파괴된 경우는 그 시험결과를 무효로 한다.

56
콘크리트를 2층으로 몰드의 1/2씩 채우고 콘크리트를 다짐대로 윗면적 약 1000mm²에 대하여 1회 비율로 다짐한다.

정답 52 ② 53 ④ 54 ③ 55 ① 56 ②

01③, 02①, 03②, 04②, 06⑤, 08②, 09②, 10①, 16②

57 콘크리트 압축강도 시험에 사용되는 공시체의 지름은 굵은 골재 최대 치수의 최소 몇 배 이상이어야 하는가?

① 2배　　　　　　　② 3배
③ 4배　　　　　　　④ 5배

해　설

57
시험체의 지름은 굵은 골재 최대 치수의 3배 이상이며, 또한 100mm 이상이여야 한다.

01③, 02①⑤, 03②⑤, 05①, 06①, 07②, 08①②, 09③, 13③, 16②

58 다음 중 공기량 측정법이 아닌 것은?

① 공기실 압력법　　② 무게법
③ 길모아침법　　　　④ 부피법

58 공기량 측정법
무게법, 부피법, 공기실 압력법

16②

59 콘크리트의 압축강도시험에서 하중을 가하는 속도에 대한 아래표의 설명 중 (　) 안에 적당한 값은?

> 공시체에 충격을 주지 않도록 똑같은 속도로 하중을 가한다. 하중을 가하는 속도는 압축응력도의 증가율이 매초 (　)MPa이 되도록 한다.

① 0.6±0.04　　　　② 0.6±0.2
③ 0.06±0.04　　　④ 0.4±0.06

59
- 압축강도시험 :
  매초(0.6±0.2)MPa
- 인장강도 시험 :
  매초(0.06±0.04)MPa
- 휨강도 시험 :
  매초(0.06±0.04)MPa

11③, 16②

60 설계기준 압축강도가 28MPa이고, 30회 이상의 압축강도 시험실적으로부터 구한 표준편차가 5MPa인 경우 콘크리트의 배합강도는?

① 34.7MPa　　　　② 35.05MPa
③ 36.15MPa　　　　④ 38MPa

60 배합강도
$f_{ck} \leq 35\text{MPa}$인 경우(큰 값)
- $f_{cr} = f_{ck} + 1.34s = 28 + 1.34 \times 5$
  $= 34.7\text{MPa}$
- $f_{cr} = (f_{ck} - 3.5) + 2.33s$
  $= (28 - 3.5) + 2.33 \times 5$
  $= 36.15\text{MPa}$
- ∴ 배합강도 $f_{cr} = 36.15\text{MPa}$

정답 57 ②　58 ③　59 ②　60 ③

chapter 3

CBT 대비
복원 기출문제

01 2019년 제1회
02 2020년 제1회
03 2021년 제1회
04 2022년 제1회
05 2023년 제1회
06 2024년 제1회
07 2025년 제1회

【CBT 필기복원문제 실전테스트】

홈페이지(www.bestbook.co.kr)에서 일부 기출문제를
CBT(컴퓨터기반) 실전테스트로 체험하실 수 있습니다.

- 2017년 제1회
- 2017년 제3회
- 2018년 제1회
- 2018년 제3회
- 2019년 제3회
- 2020년 제3회
- 2021년 제3회
- 2022년 제3회
- 2023년 제3회
- 2024년 제3회
- 2025년 제3회

문크리트기능사 연습용 답안카드

콘크리트기능사 연습용 답안카드

국가기술자격 CBT 필기시험문제

2019년도 기능사 제1회 필기시험

종 목	시험시간	배 점	테스트 결과(개수)		
콘크리트기능사	1시간	60	1회	2회	3회

□□□ 02①, 10①, 13③, 19①

01 워커빌리티에 대한 설명이다. 잘못된 것은?

① 포졸란, 플라이 애시 등의 혼화재를 사용하면 워커빌리티가 좋아진다.
② 워커빌리티에 가장 중요한 요소는 시멘트이다.
③ 시간이 지날수록, 온도가 높아질수록 워커빌리티는 나빠진다.
④ 워커빌리티는 반죽질기에 좌우되는 일이 많다.

해 설

01
워커빌리티에 영향을 끼치는 가장 중요한 것은 단위수량이다.

□□□ 10①, 13②, 16①, 19①

02 비빔통 속에 달린 날개를 회전시켜 콘크리트를 비비는 것이며, 주로 콘크리트 플랜트에 사용되는 믹서는?

① 중력식 믹서
② 강제식 믹서
③ 가경식 믹서
④ 연속식 믹서

02
- 중력식 믹서 : 비빔통 속에 날개가 달린 비빔통을 회전시켜서 내부의 재료를 비비는 믹서
- 강제식 믹서 : 비빔통 속에 달린 날개를 회전시켜서 콘크리트를 비비는 믹서

□□□ 03①, 04②, 05②, 08②, 10②, 11③, 13③, 19①

03 콘크리트 배합 설계 시 사용 시멘트량이 280kg/m³이고 물-결합재비가 46%일 때 사용수량은 약 얼마인가?

① 89kg/m³
② 129kg/m³
③ 151kg/m³
④ 609kg/m³

03
단위 수량 = 단위 시멘트량 × W/C
$= 280 \times \frac{46}{100} = 129 \text{kg/m}^3$

□□□ 01③, 04②, 12②, 13①②, 14②, 19①

04 한중콘크리트에 대한 설명으로 틀린 것은?

① 하루의 평균기온이 4℃ 이하가 예상되는 조건일 때는 한중콘크리트로 시공하여야 한다.
② 양생 중에는 콘크리트의 온도를 5℃ 이상으로 유지하여야 한다.
③ 재료를 가열하여 사용할 경우, 시멘트를 직접 가열하여야 한다.
④ 공기연행 콘크리트를 사용하는 것을 원칙으로 한다.

04
온도가 높은 시멘트와 물을 접촉시키면 급결하여 콘크리트에 나쁜 영향을 줄 우려가 있으므로 시멘트를 직접 가열해서는 안된다.

정답 01 ② 02 ② 03 ② 04 ③

□□□ 09①, 10③, 15④, 19①

05 일반 콘크리트에 사용할 굵은골재의 절대건조 상태의 밀도는 얼마 이상의 값을 표준으로 하는가?

① $2.20g/cm^3$
② $2.50g/cm^3$
③ $3.20g/cm^3$
④ $4.00g/cm^3$

05
잔골재 및 굵은 골재의 절대건조 상태의 밀도는 $2.50g/cm^3$ 이상의 표준값이다.

□□□ 02①, 03②, 08①, 10①②, 19①

06 표면건조 포화상태의 잔골재 500g을 노건조시켰더니 480g이었다면 흡수율은 얼마인가?

① 4.00%
② 4.17%
③ 4.76%
④ 5.00%

06
$$흡수율 = \frac{표건상태 - 노건상태}{노건상태} \times 100$$
$$= \frac{500-480}{480} \times 100 = 4.17\%$$

□□□ 01③, 03②, 04①②, 06⑤, 07⑤, 08②, 09①②, 10①⑤, 11③, 13②③, 14①, 15①, 19①

07 지름이 100mm, 길이가 200mm인 콘크리트 공시체로 쪼갬인장강도 시험을 실시한 결과, 공시체 파괴시 시험기에 나타난 최대하중이 72.3kN이었다. 이 공시체의 인장강도는?

① 2.1MPa
② 2.3MPa
③ 2.5MPa
④ 2.7MPa

07 인장강도
$$f_t = \frac{2P}{\pi dl} = \frac{2 \times 72.3 \times 1000}{\pi \times 100 \times 200} = 2.3 MPa$$

□□□ 03②, 05②, 06⑤, 07⑤, 10⑤, 13②, 15①, 19①

08 감수제를 사용하면 여러 가지 효과가 나탄 그 효과에 대한 설명으로 틀린 것은?

① 콘크리트의 워커빌리티가 좋아진다.
② 단위 시멘트의 사용량이 늘어난다.
③ 내구성이 좋아진다.
④ 강도가 커진다.

08
단위 시멘트의 양이 절약된다.

□□□ 03①, 06⑤, 07②, 10①, 11③, 12①, 14②, 15②, 19①

09 우리나라에서 시멘트의 분류를 하는데 있어서 포틀랜드 시멘트, 혼합 시멘트, 특수 시멘트 등으로 나누는데 다음 중에서 혼합시멘트에 속하는 것은?

① 중용열포틀랜드 시멘트
② 알루미나 시멘트
③ 팽창 시멘트
④ 고로슬래그 시멘트

09 혼합시멘트의 종류
고로슬래그 시멘트, 플라이애시 시멘트, 포틀랜드포졸란 시멘트

정답 05 ② 06 ② 07 ② 08 ② 09 ④

□□□ 10①, 15①, 19①

10 잔골재의 조립률 시험을 한 결과 다음 표와 같은 결과를 얻었다. 이 잔골재의 조립률(F.M)은 얼마인가?

체의 호칭(mm)	체에 남는양(%)	체의 호칭(mm)	체에 남는 양(%)
75	0	1.2	21
40	0	0.6	40
20	0	0.3	17
10	0	0.15	12
5	4	접시	0
2.5	6		

① 2.74
② 2.84
③ 2.94
④ 3.04

해설

체의 호칭(mm)	체에 남는양(%)	누적 잔유율(%)
75	0	0
40	0	0
20	0	0
10	0	0
5	4	4
2.5	6	10
1.2	21	31
0.6	40	71
0.3	17	88
0.15	12	100
접시	0	
계	100	304

$$F.M = \frac{\Sigma 각\ 체에\ 남는\ 양의\ 누계}{100} = \frac{304}{100} = 3.04$$

□□□ 01③④, 03①⑤, 06①②⑤, 07②, 08②, 10②, 13②, 15②, 19①

11 콘크리트 타설에 대한 일반적인 설명으로 틀린 것은?

① 콘크리트 타설의 1층 높이는 다짐능력을 고려하여 이를 결정하여야 한다.
② 콘크리트를 쳐 올라가는 속도는 30분에 2~3m 정도로 한다.
③ 거푸집의 높이가 높을 경우, 재료의 분리를 막기 위해 연직슈트, 깔때기 등을 사용한다.
④ 콘크리트 2층 이상으로 나누어 타설할 경우, 상층과 하층이 일체가 되도록 한다.

11
일반적으로 콘크리트를 쳐 올라가는 속도는 30분에 1~1.5m 정도로 한다.

정답 10 ④ 11 ②

□□□ 13②, 14②, 19①

12 다음은 혼화재를 사용목적에 따라 분류한 것이다. 옳게 짝지어진 것은?

① 팽창을 일으키는 것 – 착색재
② 포졸라 작용이 있는 것 – 폴리머
③ 오토클레이브 양생으로 고강도를 내는 것 – 규산질 미분말
④ 주로 잠재수경성이 있는 것 – 중량재

해 설

12
- 팽창을 일으키는 것 – 팽창재
- 착색을 시키는 것 – 착색재
- 포졸라 작용이 있는 것 – 플라이 애시
- 주로 잠재수경성이 있는 것 – 고로 슬래그 미분말

□□□ 07②, 10②, 11③, 14③, 15②, 19①

13 일평균 기온이 15℃ 이상이고, 보통포틀랜드 시멘트를 사용한 콘크리트의 습윤양생 기간의 표준은 몇 일인가?

① 5일   ② 7일
③ 8일   ④ 12일

13 습윤양생(일평균 기온이 15℃ 이상일 때)
- 보통포틀랜드 시멘트 : 5일
- 조강 포플랜드 시멘트 : 3일

□□□ 10②, 12①, 19①

14 압축강도의 시험횟수가 14회 이하인 현장에서 설계기준압축강도가 20MPa인 경우 배합강도는?

① 25MPa   ② 27MPa
③ 28.5MPa ④ 30MPa

14 배합강도
21MPa 미만일 때
$f_{cr} = f_{ck} + 7 = 20 + 7 = 27\text{MPa}$

□□□ 01③, 02①, 04①, 08⑤, 10②, 11①, 19①

15 알루미늄 또는 아연가루를 넣어, 시멘트가 응결할 때 수소가스를 발생시켜 모르타르 또는 콘크리트 속에 아주 작은 기포를 생기게 하는 혼화제는?

① 지연제   ② 발포제
③ 팽창제   ④ AE제

15
발포제는 발포에 의하여 그라우트를 팽창시켜 골재나 PS강재의 빈틈을 잘 채워지게 하여 부착을 좋게 한다.

□□□ 10①③, 11①③, 15①, 19①

16 콘크리트는 신속하게 운반하여 즉시 치고 충분히 다져야 하는데, 비비기로 부터 치기가 끝날 때까지 몇 시간을 넘어서는 안되는가? (단, 외기온도가 25℃ 미만일 때)

① 30분   ② 1시간
③ 2시간   ④ 4시간

16 콘크리트의 타설 완료 시간

외기 온도	타설 완료시간
25℃ 이상일 때	1.5시간 이내
25℃ 미만일 때	2시간 이내

정답 12 ③ 13 ① 14 ② 15 ② 16 ③

□□□ 11①, 14①, 19①
17 다음 중 워커빌리티(workability)를 판정하는 시험방법은?

① 압축강도시험 ② 슬럼프시험
③ 블리딩시험 ④ 단위무게시험

17
워커빌리티를 판정하는 시험으로 가장 대표적인 방법이 슬럼프 시험방법이다.

□□□ 11②③, 13④, 14②, 19①
18 콘크리트를 일관 작업으로 대량생산하는 장치로서 재료저장부, 계량장치, 비비기 장치, 배출장치로 되어 있는 것은?

① 레미콘 ② 콘크리트플랜트
③ 콘크리트피니셔 ④ 콘크리트 디스트리뷰터

18
콘크리트플랜트는 재료의 저장 및 계량장치, 비비기 장치 등을 갖추고 연속적으로 작업을 하여 콘크리트를 만드는 설비이다.

□□□ 12①②, 13①, 14③, 19①
19 굵은골재의 연한석편 함유량의 한도는 최대값을 몇 %(질량백분율)로 규정하고 있는가?

① 3% ② 5%
③ 10% ④ 13%

19
굵은골재의 연한 석편 함유량 최대치 : 5% 이하

□□□ 10②, 12②, 19①
20 다음 중 특수 콘크리트에 대한 설명으로 옳은 것은?

① 일평균기온이 4℃ 이하에서 콘크리트를 사용하는 것을 서중콘크리트라 한다.
② 압축 공기에 의해 모르타르 또는 콘크리트를 뿜어 시공 하는 것을 프리플레이스트 콘크리트라 한다.
③ 구조물의 치수가 커서 시멘트의 수화열에 대한 고려를 하여 시공하는 것을 매스콘크리트라 한다.
④ 서중콘크리트를 치고자 할 때는 조강 또는 초조강 포틀랜드 시멘트를 사용하면 좋다.

20
• 일평균기온이 4℃ 이하에서 콘크리트를 사용하는 것을 한중콘크리트라 한다.
• 압축 공기에 의해 모르타르 또는 콘크리트를 뿜어 시공하는 것을 뿜어 붙이기 콘크리트라 한다.
• 서중콘크리트를 치고자 할 때는 중용열 포틀랜드 시멘트나 혼합 시멘트는 수화열이 적어 사용하면 좋다.

□□□ 03②, 10⑤, 16①, 19①
21 터널 등의 숏크리트에 첨가하여 뿜어 붙인 콘크리트의 응결 및 조기의 강도를 증진시키기 위해 사용되는 혼화제는?

① AE제 ② 지연제
③ 발포제 ④ 급결제

21 급결제
시멘트의 응결을 상당히 빠르게 하기 위하여 사용하는 혼화제이다.

정답 17 ② 18 ② 19 ② 20 ③ 21 ④

□□□ 11③, 19①
22 콘크리트 재료가 고르게 섞이도록 콘크리트를 비비는 장치는?

① 콘크리트 믹서　　　② 트럭
③ 콘크리트 펌프　　　④ 콘크리트 플레이서

22
콘크리트 믹서는 콘크리트의 재료가 고르게 섞이도록 콘크리트를 비비는 장치이다.

□□□ 12①②, 13②, 19①
23 수중 콘크리트를 타설할 때는 물을 정지시킨 정수 중에서 타설하는 것이 좋으나, 완전히 물막이를 할 수 없는 경우 최대 유속이 1초간 몇 mm 이하로 하여야 하는가?

① 50mm/s 이하　　　② 10mm/s 이하
③ 150mm/s 이하　　　④ 200mm/s 이하

23
수중의 물의 속도가 50mm/sec 이내일 때에 한하여 시공한다.

□□□ 01③④, 02⑤, 06①, 09⑤, 10③, 11③④, 13③, 15②, 19①
24 콘크리트용 골재가 갖추어야하는 성질 중 틀린 것은?

① 알맞은 입도를 가질 것
② 깨끗하고 강하며, 내구적일 것
③ 연한 석편, 가느다란 석편을 함유할 것
④ 먼지, 흙, 유기 불순물 등의 유해물을 함유하지 않을 것

24
연한 석편, 가느다란 석편을 함유하지 않을 것

□□□ 08②, 10⑤, 13②, 15②, 19①
25 콘크리트의 압축강도 시험을 위한 공시체에 대한 설명으로 옳지 않은 것은?

① 공시체는 지름의 2배 높이를 가진 원기둥형으로 한다.
② 몰드에 콘크리트를 채울 때 콘크리트는 2층 이상의 거의 동일한 두께로 나눠서 채운다.
③ 캐핑층의 두께는 공시체 지름의 2%를 넘어서는 안된다.
④ 공시체의 지름은 골재의 최대치수의 4배 이하로 한다.

25
시험체의 지름은 굵은 골재 최대치수의 3배 이상이며, 또한 100mm 이상이여야 한다.

□□□ 11③, 16②, 19①
26 주로 잠재 수경성이 있는 혼화재는?

① 고로 슬래그 미분말　　② 플라이 애시
③ 규산질 미분말　　　　④ 팽창재

26
- 주로 잠재 수경성이 있는 것 : 고로 슬래그 미분말
- 포졸란 작용이 있는 것 : 플라이 애시
- 굳는 과정에서 팽창을 일으키는 것 : 팽창재

정답 22 ① 23 ① 24 ③ 25 ④ 26 ①

27 다음 중 특수 시멘트에 속하는 것은?

① 백색 포틀랜드 시멘트
② 플라이 애시 시멘트
③ 내황산염 포틀랜드 시멘트
④ 팽창 시멘트

해설 27
- 특수 시멘트 : 알루미나, 팽창, 초조강, 초속경 시멘트
- 포틀랜드 시멘트 : 보통, 중용열, 조강, 저열, 내황산염, 백색 포틀랜드 시멘트

28 아래의 표에서 설명하는 것은?

> 골재알의 표면에 묻어 있는 수량을 말하며, 골재가 가진 물의 전량에서 골재알 속에 흡수되어 있는 수량을 뺀 나머지 수량으로서, 일반적으로 표면건조 포화상태에 대한 시료 질량의 백분율로 나타낸다.

① 흡수율
② 유효흡수율
③ 함수율
④ 표면수율

해설 28
- 표면수량 = 습윤상태 − 표면건조포화상태
- 표면수율 = $\dfrac{습윤상태 - 표면건조 포화상태}{표면건조 포화상태} \times 100$

29 골재의 단위용적 질량시험 방법 중 충격에 의한 경우는 용기에 시료를 3층으로 나누어 채우고 각 층 마다 용기의 한 쪽을 몇 cm 정도 들어 올려서 낙하시켜야 하는가?

① 5cm
② 10cm
③ 15cm
④ 20cm

해설 29
용기의 한쪽을 약 5cm 가량 들어 올렸다 떨어뜨리고, 반대쪽을 5cm 정도 들어 올렸다 떨어뜨려 한쪽을 25번씩 모두 50번 떨어 뜨려 다진다.

30 일반적인 콘크리트 타설 후 다지기에서 내부 진동기를 사용할 때 내부 진동기를 찔러 넣는 간격의 표준으로 옳은 것은?

① 0.50m 이하
② 0.80m 이하
③ 1.00m 이하
④ 1.30m 이하

해설 30
내부진동기는 간격 0.5m 이하로 아래층으로 깊이 0.10m 정도 찔러 넣어야 한다로 한다.

31 콘크리트용 잔골재에 포함되어 있는 유기불순물 시험에 사용되는 시약은?

① 무수황산나트륨 용액
② 염화칼슘 용액
③ 실리카 겔 용액
④ 수산화나트륨 용액

해설 31 표준색 용액 만들기
물 291g에 수산화나트륨 9g을 섞어서 3%의 수산화나트륨 용액을 만든다.

정답 27 ④ 28 ④ 29 ① 30 ① 31 ④

□□□ 03①, 06⑤, 08①, 10①, 11③, 12②⑤, 13①, 14②③, 15①③, 16②, 19①

32 콘크리트용 굵은 골재와 잔골재를 구분하는 체의 호칭크기로 옳은 것은?

① 2.5mm체 ② 5mm체
③ 10mm체 ④ 13mm체

32
5mm체에 통과하는 골재는 잔골재, 5mm체에 남는 골재는 굵은골재

□□□ 03⑤, 04⑤, 06②, 08②, 10⑤, 11③, 13②, 19①

33 콘크리트의 다지기에 대한 설명으로 옳은 것은?

① 내부 진동기의 찔러 넣은 간격은 일반적으로 1m 이하로 한다.
② 내부 진동기는 진동기 끝이 거푸집 표면까지 닿도록 깊숙이 찔러 넣어야 한다.
③ 내부 진동기는 얇은 벽 등 작업이 어려운 곳에서 사용하기 편리하다.
④ 콘크리트의 다지기는 내부 진동기를 사용하는 것이 원칙이다.

33 내부 진동기
• 내부 진동기의 찔러 넣는 간격은 일반적으로 0.5m 이하로 한다.
• 찔러 넣는 깊이는 아래층 콘크리트 속으로 0.1m 이상 들어가게 한다.
• 얇은 벽 등 내부 진동기의 사용이 곤란한 장소에서는 거푸집 진동기를 사용한다.

□□□ 04①②, 07②, 11②③, 14①③, 15②④, 19①

34 골재의 조립률측정을 위해 사용되는 체가 아닌 것은?

① 40mm ② 30mm
③ 20mm ④ 10mm

34 조립률(F.M)
75mm, 40mm, 20mm, 10mm, 5mm, 2.5mm, 1.2mm, 0.6mm, 0.3mm, 0.15mm(총 10개)

□□□ 02⑤, 03⑤, 06②, 09①②, 11③, 12①②, 13①, 15④, 16①, 19①

35 굵은 골재 마모시험(KS F 2508)에서 골재를 시험기에 넣고 회전시킨 뒤 몇 mm체를 통과하는 것을 마모감량으로 하는가?

① 0.6mm ② 1.0mm
③ 1.5mm ④ 1.7mm

35
시료를 시험기에서 꺼내어 1.7mm체로 체가름한다.

□□□ 04⑤, 08①, 15②, 19①

36 시멘트의 저장방법에 대한 설명으로 틀린 것은?

① 장기간 저장할 때에는 12포 이상 쌓아 올리지 않아야 한다.
② 시멘트는 창고에 품종별로 나누어 저장하여야 한다.
③ 현장 목조창고의 경우 시멘트는 바닥에서 0.3m 정도 떨어진 마루 위에 저장하면 좋다.
④ 3개월 이상 장기간 저장한 시멘트는 사용하기에 앞서 재시험을 실시하여 그 품질을 확인한다.

36
저장기간이 길어질 우려가 있는 경우에는 7포 이상 쌓아 올리지 않도록 하여야 한다.

정답 32 ② 33 ④ 34 ② 35 ④ 36 ①

□□□ 13②, 16①, 19①

37 프리플레이스트 콘크리트에 있어서 연직 주입관의 수평간격은 얼마 정도를 표준으로 하는가?

① 1m ② 2m
③ 3m ④ 4m

해 설

37
연직 주입관의 수평 간격은 2m 정도를 표준으로 한다.

□□□ 02①, 05①, 06⑤, 10①, 11③, 13③, 14③, 15④, 16②, 19①

38 서중콘크리트에 대한 설명으로 옳은 것은?

① 하루 평균기온이 25℃를 초과하는 것이 예상되는 경우 서중 콘크리트로 시공하여야 한다.
② 월 평균기온이 25℃를 초과하는 것이 예상되는 경우 서중 콘크리트로 시공하여야 한다.
③ 하루 평균기온이 35℃를 초과하는 것이 예상되는 경우 서중 콘크리트로 시공하여야 한다.
④ 월 평균기온이 35℃를 초과하는 것이 예상되는 경우 서중 콘크리트로 시공하여야 한다.

38 서중 콘크리트
• 하루 평균기온이 25℃를 초과하는 것이 예상될 때
• 콘크리트를 칠 때의 최대온도는 35℃ 이하이어야 한다.

□□□ 10①, 12②, 15②, 19①

39 잔골재 표면수 측정시험은 동일한 시료에 대하여 계속 두 번 시행하였을 때 시험값은 평균값과의 차이가 몇 % 이하이어야 하는가?

① 0.3% ② 1.0%
③ 3.0% ④ 5.0%

39
시험은 같은 시료에 대하여 계속 두 번 시험하였을 때의 차가 0.3% 이하이어야 한다.

□□□ 01③, 02①⑤, 03②⑤, 05①, 06①, 07②, 08①②, 09③, 13③, 15②, 19①

40 굳지 않은 콘크리트의 공기량 측정법이 아닌 것은?

① 공기실 압력법 ② 부피법
③ 계산법 ④ 무게법

40 공기량 측정법
무게법, 부피법, 공기실 압력법

□□□ 03⑤, 04⑤, 06⑤, 08②, 09②③, 10②, 12②, 13②, 14①, 15①, 19①

41 150mm×150mm×530mm크기의 콘크리트 시험체를 450mm지간이 되도록 고정한 후 4점 재하법에 따라 휨강도를 측정하였다. 35kN의 최대하중에서 중앙부분이 파괴되었다면 휨강도는 얼마인가?

① 4.7MPa ② 5.3MPa
③ 5.6MPa ④ 5.9MPa

41
$f_b = \dfrac{Pl}{bh^2}$

$= \dfrac{35 \times 10^3 \times 450}{150 \times 150^2} = 4.7 \text{N/mm}^2$

$= 4.7 \text{MPa}$

정답 37 ② 38 ① 39 ① 40 ③ 41 ①

□□□ 11③, 14①, 19①

42 콘크리트용 골재로 사용할 굵은골재의 안정성은 황산나트륨으로 5회 시험을 하여 평가하는데, 그 손실질량은 몇 % 이하를 표준으로 하는가?

① 8%
② 10%
③ 12%
④ 14%

해설

42 손실 질량비의 한도

손실 질량비 (황산나트륨 시험용액)	
잔골재	굵은골재
10% 이하	12% 이하

□□□ 14②, 19①

43 콘크리트 압축강도 시험용 공시체의 표준 지름이 아닌 것은?

① 100mm
② 125mm
③ 150mm
④ 175mm

43
압축강도 공시체의 지름의 표준은 100mm, 125mm, 150mm이다.

□□□ 04①, 14③, 19①

44 다음 중 AE 콘크리트의 장점에 대한 설명으로 틀린 것은?

① 워커빌리티가 좋다.
② 단위 수량이 많아진다.
③ 재료 분리를 적게 하고 블리딩이 적어진다.
④ 수밀성이 좋아진다.

44
공기의 연행에 의하여 워커빌리티가 크게 개선되어 단위수량, 재료분리, 블리딩이 적어져 수밀성과 내구성이 좋아진다.

□□□ 04①, 08②, 15④, 19①

45 시멘트의 분말도에 대한 설명으로 가장 적합한 것은?

① 시멘트 입자의 가는 정도를 나타내는 것
② 여러 가지 크기의 입자들이 어떤 비율로 섞여 있는가를 나타내는 것
③ 시멘트가 굳어 가는 도중에 부피가 팽창하는 정도를 나타내는 것
④ 시멘트의 강도를 나타내는 것

45
시멘트 입자의 가는 정도를 나타내는 것을 분말도라 한다.

□□□ 15①, 19①

46 터널의 콘크리트 라이닝(concrete lining)에 사용되는 이동식 강재 거푸집은?

① 슬립폼(slip form)
② C.I.P(cast in placed pile)
③ 콘크리트 플레이서(concrete placer)
④ 터널 지보(支保)재

46 슬립폼
콘크리트 면의 윗부분으로 이동하면서 콘크리트 타설을 여러 번 되풀이하여 구조물을 완성하는 이동식 강재 거푸집

정답 42 ③ 43 ④ 44 ② 45 ① 46 ①

□□□ 04②, 07②, 09①②, 15①, 19①
47 1g의 시멘트가 가지고 있는 전체 입자의 표면적의 합계를 무엇이라 하는가?

① 단위표면적　　② 총표면적
③ 비표면적　　　④ 표면적

47
분말도는 비표면적으로 나타내며, 1g의 시멘트가 가지고 있는 전체 입자의 총 표면적을 비표면적(cm^2/g)이라 한다.

□□□ 03②, 08③, 14②, 19①
48 모르타르 또는 콘크리트를 압축공기에 의해 뿜어 붙여서 만든 콘크리트로 비탈면의 보호, 교량의 보수 등에 쓰이는 콘크리트는?

① 진공 콘크리트　　② 프리플레이스트 콘크리트
③ 숏크리트　　　　④ 수밀 콘크리트

48 숏크리트
모르타르를 압축 공기에 의해 뿜어 붙여서 만든 콘크리트로 비탈면의 보호, 교량의 보수 등에 쓰인다.

□□□ 16①, 19①
49 잔골재의 유해물 함유량의 허용한도 중 점토덩어리의 허용한도로서 옳은 것은?

① 1.0%　　② 1.2%
③ 1.5%　　④ 2.0%

49 잔골재의 유해물 함유량의 한도 (중량백분율)
점토 덩어리(최대치) : 1.0%

□□□ 16②, 19①
50 압력법에 의한 콘크리트 공기량 시험의 주의사항으로 틀린 것은?

① 골재의 수정계수는 생략해도 좋다.
② 그릇의 뚜껑을 죌 때는 반드시 대각선상으로 조금씩 죈다.
③ 압력계를 읽을 때는 항상 압력계를 손가락으로 가볍게 두들긴 다음에 읽어야 한다.
④ 장치의 검정은 규격에 맞추어 정기적으로 실시해야 한다.

50
콘크리트의 공기량=겉보기 공기량 －골재의 수정 계수
∴ 골재의 수정계수(G)는 생략해서는 안된다.

□□□ 01④, 03①, 04①, 06⑤, 08③, 09②, 14①, 15①, 19①
51 콘크리트 휨강도 시험용 공시체의 한 변의 길이는 콘크리트에 사용될 굵은 골재 최대치수의 몇 배 이상이며, 또한 몇 mm 이상이어야 하는가?

① 2배, 50mm　　② 3배, 80mm
③ 4배, 100mm　　④ 5배, 150mm

51
• 시험체의 길이는 단면 한 변의 길이의 3배보다 80mm 더 커야 한다.
• 시험체의 한 변의 길이는 굵은 골재 최대치수의 4배 이상이며, 100mm 이상으로 한다.

정답　47 ③　48 ③　49 ①　50 ①　51 ③

☐☐☐ 02①, 07②, 12②, 14③, 15②, 19①

52 콘크리트 제작을 위하여 재료를 계량할 경우 골재 계량의 허용오차로 옳은 것은?

① ±1% ② ±2%
③ ±3% ④ ±4%

해 설

52 계량오차

재료	허용오차
시멘트	-1%, +2%
골재	±3%
물	-2%, +1%
혼화재	±2%
혼화제	±3%

☐☐☐ 04①②, 07②, 11③, 14①③, 19①

53 콘크리트의 다짐작업에 내부진동기를 사용할 때 내부진동기의 삽입 간격으로 가장 적당한 것은?

① 0.1m 이하 ② 0.5m 이하
③ 1m 이하   ④ 1.5m 이하

53 내부진동기는 간격 0.5m 이하로 아래층으로 깊이 0.10m 정도 찔러 넣어야 한다.

☐☐☐ 02⑤, 05①, 08①②, 09②③, 10②③, 11③, 13①③, 14②, 15②, 16①, 19①

54 지름 100mm, 높이 200mm인 콘크리트 공시체로 압축강도 시험을 실시한 결과 공시체 파괴시 최대하중이 231kN이었다. 이 공시체의 압축강도는?

① 29.4MPa ② 27.4MPa
③ 25.4MPa ④ 23.4MPa

54
$$f_c = \frac{P}{A} = \frac{231 \times 1000}{\frac{\pi \times 100^2}{4}}$$
$$= 29.4 \text{N/mm}^2 = 29.4 \text{ MPa}$$

☐☐☐ 03②⑤, 04⑤, 06②⑤, 08①②, 10①, 11③, 15④, 19①

55 일반 콘크리트 시방배합표에 표시되지 않는 것은?

① 굵은골재 최소치수 ② 슬럼프
③ 잔골재율   ④ 단위 시멘트량

55 굵은 골재의 최소치수가 아닌 굵은 골재의 최대치수가 표시법에 포함된다.

☐☐☐ 05①, 08③, 09①②, 10⑤, 11①, 13②, 15①④, 19①

56 황산 소듐을 이용한 골재의 안정성 시험에 사용되는 시험용 용액은?

① 염화칼슘   ② 황산나트륨
③ 가성소다   ④ 탄닌산

56 황산 소듐을 이용한 골재의 안정성 시험
골재의 내구성을 알기 위해서 황산나트륨 포화 용액으로 인한 골재의 부서짐 작용에 대한 저항성을 시험하는 것이다.

☐☐☐ 01④, 03⑤, 05①, 06②, 08①, 09③, 12②, 14③, 16①, 19①

57 물-결합재비가 50%이고 단위수량이 180kg/m³일 때 단위 시멘트량은 얼마인가?

① 90kg/m³   ② 180kg/m³
③ 270kg/m³ ④ 360kg/m³

57
$C = \dfrac{\text{단위수량}}{\text{물-결합재비}}$
$= \dfrac{180}{0.50} = 360 \text{ kg/m}^3$

정답 52 ③ 53 ② 54 ① 55 ① 56 ②
57 ④

□□□ 02①, 03①⑤, 04②, 09③, 11③, 12②, 13①, 14②, 16①, 19①

58 거푸집의 높이가 높을 경우 재료의 분리를 방지하기 위하여 슈트, 펌프배관 등의 배출구와 타설면까지의 높이는 원칙적으로 얼마로 하여야 하는가?

① 1.0m 이하
② 1.0m 이상
③ 1.5m 이하
④ 1.5m 이상

해 설

58
연직 슈트, 깔때기 등을 사용하며, 이 때 슈트, 깔때기 등의 배출구와 치기 면과의 높이는 1.5m 이하로 한다.

□□□ 03②, 04①, 11②, 15④, 19①

59 포장용 콘크리트의 배합기준 중 굵은 골재의 최대 치수는 몇 mm 이하이어야 하는가?

① 25mm
② 40mm
③ 100mm
④ 150mm

59 포장용 콘크리트의 배합기준

항목	기준
설계기준 휨 호칭강도	4.5MPa
단위수량	150kg/m³ 이하
굵은골재의 최대 치수	40mm 이하
슬럼프	40mm 이하

□□□ 06⑤, 09①, 10③, 11③, 14②, 19①

60 1.18mm체를 95%(질량비) 이상 통과하는 잔골재 시료로 골재의 체가름 시험을 하고자 할 때 준비하여야 할 시료의 최소 건조 질량은?

① 100g
② 500g
③ 1000g
④ 2000g

60 잔골재 체가름 시험 시료의 표준량

골재알의 크기	시료의 최소량
1.18mm체를 95%(질량비) 이상 통과하는 것	100g
1.18mm체를 5%(질량비) 이상 남는 것	500g

정답 58 ③ 59 ② 60 ①

국가기술자격 CBT 필기시험문제

2020년도 기능사 제1회 필기시험

종 목	시험시간	배 점	테스트 결과(개수)		
콘크리트기능사	1시간	60	1회	2회	3회

□□□ 12②, 14②, 17④, 20①

01 부순 굵은골재를 사용한 콘크리트에 대한 설명으로 틀린 것은?

① 소요 단위수량이 많아진다.
② 강자갈을 사용한 콘크리트와 비교하여 수밀성은 약산 저하 된다.
③ 강자갈을 사용한 콘크리트와 비교하여 압축 강도가 현저히 작아진다.
④ 포장용 콘크리트에는 일반적으로 부순 굵은 골재를 사용하는 것이 유리 하다.

해설

01
부순 굵은 골재는 시멘트와 부착이 좋기 때문에 강자갈을 사용한 콘크리트와 거의 동등 이상의 강도를 발현한다.

□□□ 02①, 03②, 06①③, 08①, 10①, 13③, 14①, 15④, 16②, 20①

02 AE 콘크리트에서 AE제를 사용하여 이로운 점이 아닌 것은?

① 워커빌리티가 좋아진다.
② 동결융해에 대한 저항성이 커진다.
③ 동일한 물-결합재비인 경우 콘크리트의 압축강도가 증가한다.
④ 단위수량을 감소시킬 수 있다.

02
콘크리트의 강도와 철근과의 부착 강도가 약간 작아진다.

□□□ 05①, 10①, 11③, 15①, 20①

03 아래의 표에서 설명하는 시멘트의 성질은?

> 시멘트가 굳는 도중에 체적팽창을 일으켜 균열이 생기거나 뒤틀림 등의 변형을 일으키지 않는 성질

① 응결
② 풍화
③ 비표면적
④ 안정성

03 시멘트의 안정성
시멘트가 굳어 가는 도중에 부피가 팽창하는 정도

□□□ 03②, 04②, 06①, 08②, 09②, 11③, 13②, 14①, 20①

04 풍화된 시멘트의 성질에 대한 설명으로 틀린 것은?

① 비중이 떨어진다.
② 강열감량이 감소된다.
③ 응결이 지연된다.
④ 강도의 발현이 저하된다.

04
• 강열감량은 시멘트 풍화의 정도를 판단하기 위하여 많이 사용된다.
• 시멘트가 풍화되면 강열감량이 증가되어 강도가 저하된다.

정답 01 ③ 02 ③ 03 ④ 04 ②

□□□ 10①, 17④, 20①

05 콘크리트 휨강도 시험용 공시체를 만들 때 다짐봉을 사용하여 몰드 안의 콘크리트를 다지고자 한다. 매층별 다짐횟수로 적합한 것은?

① 25회
② 50회
③ 위면적 700mm²당 1회
④ 윗면적 1000mm²당 1회

05
몰드 속의 콘크리트를 다짐대로 윗면적 약 1000mm²에 대하여 1회 비율로 다진다.

□□□ 02⑤, 05①, 08①, 09①⑤, 11③, 13①, 16①, 20①

06 콘크리트 시공에서 거푸집 떼어내기 방법으로 옳지 않은 것은?

① 거푸집 안쪽에 박리제를 발라서 콘크리트와 부착을 방지한다.
② 거푸집은 콘크리트가 충분한 강도를 가질때까지 제거해서는 안 된다.
③ 수평부재 거푸집을 연직부재 거푸집보다 먼저 떼어낸다.
④ 보(beam) 양측 면의 거푸집을 바닥판보다 먼저 떼어낸다.

06
연직부재의 거푸집을 수평부재의 거푸집보다 먼저 떼어낸다.

□□□ 09①, 10⑤, 11①, 12①, 13②, 20①

07 벨트컨베이어를 사용하여 콘크리트를 운반할 때 벨트컨베이어의 끝 부분에 조절판 및 깔때기를 설치하여야 하는 이유로 가장 적당한 것은?

① 콘크리트의 건조를 방지하기 위하여
② 콘크리트의 반죽질기 변화를 방지하기 위하여
③ 콘크리트의 재료분리를 방지하기 위하여
④ 운반거리를 단축하기 위하여

07
벨트컨베이어에 조절판 및 깔때기를 설치하여 재료 분리를 막아야 한다.

□□□ 04②, 08①, 11⑤, 12②, 14②, 15④, 20①

08 조기 강도가 작고 장기 강도가 큰 시멘트로 체적 변화가 적고 균열 발생이 적어 댐 공사, 단면이 큰 구조물 공사에 적합한 것은?

① 보통 포틀랜드 시멘트
② 조강 포틀랜드 시멘트
③ 백색 포틀랜드 시멘트
④ 중용열 포틀랜드 시멘트

08 중용열 포틀랜드 시멘트
수화열이 적고, 건조수축이 작으며, 장기 강도가 커서 댐과 같은 매스 콘크리트, 방사선 차폐용, 지하 구조물, 도로 포장용 등으로 쓰인다.

□□□ 09⑤, 10⑤, 20①

09 습윤양생을 할 때 보통 포틀랜드 시멘트를 사용한 경우 콘크리트를 치고 나서 습윤상태로 보호해야 할 최소 일수는? (단, 일평균 기온이 15℃ 이상인 경우)

① 2시간
② 1일간
③ 3일간
④ 5일간

09 습윤양생기간의 표준

일평균기온	15℃ 이상
보통시멘트	5일
조강시멘트	3일

정답 05 ④ 06 ③ 07 ③ 08 ④ 09 ④

□□□ 04②, 06①, 11③, 12②, 13②, 15④, 16①, 20①

10 골재의 단위용적 질량시험 방법 중 충격에 의한 경우는 용기에 시료를 3층으로 나누어 채우고 각 층 마다 용기의 한 쪽을 몇 cm 정도 들어 올려서 낙하시켜야하는가?

① 20cm
② 15cm
③ 10cm
④ 5cm

해설

10
용기의 한쪽을 약 5cm 가량 들어 올렸다 떨어뜨리고, 반대쪽을 5cm 정도 들어 올렸다 낙하시킨다.

□□□ 05①, 10③, 11①③, 15②, 16②, 20①

11 굵은골재의 최대치수에 대한 설명 중 틀린 것은?

① 무근 콘크리트의 굵은 골재 최대치수는 40mm이고, 이때 부재 최소 치수의 1/4을 초과해서는 안 된다.
② 철근 콘크리트의 굵은 골재 최대치수는 거푸집 양 측면 사이의 최소 거리의 1/5을 초과하지 않아야 한다.
③ 일반적인 철근콘크리트 구조물인 경우 굵은 골재 최대치수는 15mm를 표준으로 한다.
④ 단면이 큰 철근콘크리트 구조물인 경우 굵은 골재 최대치수는 40mm를 표준으로 한다.

11 철근콘크리트의 굵은골재 최대치수
• 일반적인 경우 : 25mm
• 단면이 큰 경우 : 40m

□□□ 05①, 09②, 12①, 20①

12 시멘트 저장 방법에 대한 다음 설명 중 옳지 않은 것은?

① 방습적인 창고에 저장하고 입하 순서대로 사용한다.
② 포대 시멘트는 지상 0.30m 이상의 마루에 쌓아야 한다.
③ 통풍이 잘 되도록 저장한다.
④ 품종별로 구분하여 저장한다.

12
통풍이 잘되면 풍화하기 쉬우므로 통풍이 되지 않아야 한다.

□□□ 02①, 04⑤, 08①, 10②, 20①

13 콘크리트의 인장강도는 압축강도의 어느 정도인가?

① 약 1/10
② 약 1/20
③ 약 1/30
④ 약 1/25

13
인장강도는 압축강도의 1/10 정도이다.

□□□ 11⑤, 13④, 14②, 20①

14 콘크리트 제조용 기계에 해당하는 것은?

① 콘크리트 펌프
② 콘크피트 피니셔
③ 콘크리트 플랜트
④ 콘크피트 플레이서

14 콘크리트 플랜트
콘크리트를 일관 작업으로 대량 생산하는 장치

정답 10 ④ 11 ③ 12 ③ 13 ① 14 ③

□□□ 10⑤, 13②, 20①

15 굵은골재의 마모시험에 사용되는 기계·기구로 옳은 것은?

① 비카트 침
② 로스앤젤레스 시험기
③ 침입도계
④ 비비 미터

해 설

15
굵은 골재의 마모시험은 로스앤젤레스 시험기를 사용하여 마모에 대한 저항성을 측정하는 시험이다.

□□□ 03②, 10⑤, 20①

16 시멘트의 응결을 빠르게 하기 위하여 사용하는 혼화제는?

① 지연제
② 발포제
③ 급결제
④ 기포제

16 급결제
시멘트의 응결을 상당히 빠르게 하기 위하여 사용하는 혼화제이다.

□□□ 04②, 06②, 11①, 12②, 13③, 15①, 20①

17 슬럼프 시험에서 콘을 연직으로 들어 올린 후에 콘크리트가 내려앉은 길이를 몇 mm의 정밀도로 측정하여야하는가?

① 1mm
② 5mm
③ 10mm
④ 20mm

17 슬럼프 시험
콘크리트가 내려앉은 길이를 5mm의 정밀도로 측정한다.

□□□ 01③, 03②, 04①②, 06⑤, 07⑤, 08②, 09①②, 10①, 11②, 13②③, 14①, 15①②, 20①

18 콘크리트의 인장강도시험을 하여 아래와 같은 결과를 얻었다. 이 공시체의 쪼갬인장강도는 얼마인가?

- 시험기에 나타난 최대 하중 : 167.4kN
- 공시체의 길이 : 300mm
- 공시체의 지름 : 150mm

① 1.7MPa
② 2.0MPa
③ 2.4MPa
④ 2.7MPa

18 쪼갬인장강도
$$f_t = \frac{2P}{\pi dl} = \frac{2 \times 167.4 \times 10^3}{\pi \times 150 \times 300}$$
$$= 2.4 \text{N/mm}^2 = 2.4 \text{MPa}$$

□□□ 03②, 04⑤, 06②⑤, 08②, 09⑤, 11①③, 12②, 13②, 14①③, 20①

19 콘크리트는 신속하게 운반하여 즉시 타설하고, 충분히 다져야 한다. 비비기로부터 타설이 끝날 때까지의 시간은 원칙적으로 얼마 이하로 하여야 하는가? (단, 외기온도가 25℃ 이상인 경우)

① 30분 이내
② 1시간30분 이내
③ 2시간 이내
④ 2시간30분 이내

19 콘크리트의 타설 완료 시간

외기 온도	타설 완료
25℃ 이상	1.5시간 이내
25℃ 미만	2시간 이내

정답 15 ② 16 ③ 17 ② 18 ③ 19 ②

□□□ 01④, 02①⑤, 03①⑤, 07②, 09①, 11②, 20①

20 콘크리트펌프로 콘크리트를 압송할 경우 굵은 골재의 최대 치수는 얼마를 표준으로 하는가?

① 200mm 이하
② 30mm 이하
③ 40mm 이하
④ 50mm 이하

20 콘크리트펌프를 압송할 때 굵은 골재의 최대 치수는 40mm 이하를 표준으로 하고 있다.

□□□ 09②, 12①, 16①, 20①

21 콘크리트를 타설한 다음 일정 기간 동안 콘크리트에 충분한 온도와 습도를 유지시켜 주는 것을 무엇이라 하는가?

① 콘크리트 진동
② 콘크리트 다짐
③ 콘크리트 양생
④ 콘크리트 시공

21 콘크리트를 친 다음 충분한 강도를 내고 균열이 생기지 않도록 일정한 기간 동안 콘크리트에 충분한 온도와 습도를 주는 것을 콘크리트 양생이라 한다.

□□□ 02⑤, 12⑤, 20①

22 철근 콘크리트를 만드는데 필요한 배합수로 적합하지 않은 것은?

① 지하수
② 바닷물
③ 수돗물
④ 하천수

22 바닷물은 무근 콘크리트에 크게 해롭지 않지만, 철근 콘크리트나 프리스트레스트 콘크리트가 부식되므로 사용해서는 안된다.

□□□ 04⑤, 12①, 15①, 16③, 20①

23 일반적인 잔골재의 흡수율은 대개 어느 정도인가?

① 1~6%
② 6~12%
③ 13~18%
④ 18~23%

23 골재의 흡수율(%)
• 잔골재 1~6%
• 굵은골재 0.5~4%

□□□ 01④, 03⑤, 05①, 06②, 08①, 09③, 12②, 14③, 16①, 20①

24 물-결합재비가 66%, 단위수량이 176kg/m³일 때 단위 시멘트량은 얼마인가?

① 266.7kg/m³
② 279.8kg/m³
③ 285.4kg/m³
④ 293.1kg/m³

24
$$C = \frac{단위수량}{물-결합재비} = \frac{176}{0.66} = 266.7 \text{ kg/m}^3$$

□□□ 04①②, 07②, 11③, 14①③, 15②④, 20①

25 일반적인 콘크리트 타설 후 다지기에서 내부 진동기를 사용할 때 내부 진동기를 찔러 넣는 간격의 표준으로 옳은 것은?

① 0.50m 이하
② 0.80m 이하
③ 1.00m 이하
④ 1.30m 이하

25 내부진동기는 간격 0.50m 이하로 아래층으로 깊이 0.10m 정도 찔러 넣어야 한다로 한다.

정답 20 ③ 21 ③ 22 ② 23 ① 24 ① 25 ①

해 설

□□□ 01④, 03①, 04①, 06⑤, 08③, 09②, 14①, 20①

26 휨강도 시험을 위한 공시체의 길이에 대한 설명으로 옳은 것은?

① 단면의 한 변의 길이의 2배보다 50mm 이상 긴 것으로 한다.
② 단면의 한 변의 길이의 2배보다 80mm 이상 긴 것으로 한다.
③ 단면의 한 변의 길이의 3배보다 50mm 이상 긴 것으로 한다.
④ 단면의 한 변의 길이의 3배보다 80mm 이상 긴 것으로 한다.

26
시험체의 길이는 단면 한 변의 길이의 3배보다 80mm 이상 긴 것으로 한다.

□□□ 07②, 10②, 15①, 20①

27 콘크리트의 압축강도를 시험할 경우 기둥의 측면 거푸집널의 해체 시기로 옳은 것은?

① 콘크리트의 압축강도가 5MPa 이상
② 콘크리트의 압축강도가 4MPa 이상
③ 콘크리트의 압축강도가 3MPa 이상
④ 콘크리트의 압축강도가 2MPa 이상

27 콘크리트의 압축강도를 시험할 경우
• 기초, 보, 기둥, 벽 등의 측면 : 5MPa
• 슬래브 및 보의 밑면, 아치 내면 : $\frac{2}{3}f_{cu}$ 이상, 또는 최소 14MPa 이상

□□□ 02⑤, 04①, 13①, 15②, 20①

28 정비된 콘크리트 제조설비를 가진 공장에서 필요한 조건의 굳지 않은 콘크리트를 수시로 공급할 수 있는 것을 무엇이라 하는가?

① 프리플레이스트 콘크리트
② 프리케스트 콘크리트
③ 프리스트레스트 콘크리트
④ 레디믹스트 콘크리트

28
이를 레디믹스트 콘크리트라 한다.

□□□ 11③, 13①, 15④, 20①

29 포틀랜드 시멘트 제조 시 클링커를 만든 다음 석고를 3% 첨가하는 이유로 가장 적합한 것은?

① 강도를 작게 하기 위하여
② 강도를 크게 하기 위하여
③ 응결을 촉진시키기 위하여
④ 응결을 지연시키기 위하여

29
굳는 속도를 늦추기 위하여 응결지연제로 석고를 3% 정도 첨가한다.

□□□ 01③, 07②, 13①, 14①②, 20①

30 시멘트 비중시험에서 처음 광유 읽음이 0.2mL, 시료의 무게 64g, 시료와 광유의 눈금 읽음 20.8mL 일 때 비중값은?

① 3.09
② 3.11
③ 3.14
④ 3.21

30
시멘트비중 = $\frac{\text{시멘트의 무게(g)}}{\text{비중병의 눈금 차(mL)}}$
 = $\frac{64.0}{20.8-0.2}$ = 3.11

정답 26 ④ 27 ① 28 ④ 29 ④ 30 ②

□□□ 03⑤,04⑤,06⑤,08②,09②③,10②,12①②,13②,14①③,20①

31 150mm×150mm×530mm인 콘크리트 공시체로 지간길이가 450mm인 단순보의 4점 재하법에 따라 휨강도 시험을 실시한 결과 시험기에 나타난 최대하중이 34.5kN일 때 공시체가 지간의 중앙에서 파괴되었다. 이 공시체의 휨강도는?

① 4.6MPa
② 4.2MPa
③ 3.8MPa
④ 3.4MPa

해설

31
$$f_b = \frac{Pl}{bh^2}$$
$$= \frac{34.5 \times 10^3 \times 450}{150 \times 150^2}$$
$$= 4.6\,\mathrm{N/mm^2} = 4.6\,\mathrm{MPa}$$

□□□ 04①, 08①, 09⑤, 10②, 14①, 20①

32 굳지 않는 콘크리트 속에서 스며나오는 물이 시멘트나 기타, 다른 미립자를 표면에 운반하여 이것이 표면에 떠올라서 가라앉은 물질을 무엇이라고 하는가?

① 슬럼프(slump)
② 레이턴스(laitance)
③ 블리딩(bleeding)
④ 피니셔 빌리티(finishability)

32
• 블리딩 : 콘크리트를 친후 시멘트와 골재 알이 가라앉으면서 물이 올라와 콘크리트의 표면에 떠오르는 현상을 말한다.
• 레이턴스 : 블리딩에 의하여 콘크리트의 표면에 떠올라와 가라앉는 아주 작은 물질

□□□ 05②, 08①, 11③, 16①, 20①

33 숏크리트에 대한 설명으로 틀린 것은?

① 시멘트 건에 의해 압축공기로 모르타르를 뿜어 붙이는 것이다.
② 수축균열이 생기기 쉽다.
③ 공사기간이 길어진다.
④ 건식공법의 경우 시공 중 분진이 많이 발생한다.

33
거푸집이 필요 없고, 급속시공이 가능하기 때문에 공사기간이 짧아진다.

□□□ 05①②, 06①, 08①⑤, 10⑤, 13②, 14①, 20①

34 한중 콘크리트로 양생중인 콘크리트는 온도를 최소 몇 ℃ 이상으로 유지하는 것을 표준으로 하는가?

① 0℃
② 4℃
③ 5℃
④ 20℃

34
• 하루의 평균기온이 4℃ 이하가 예상되는 조건일 때는 콘크리트가 동결할 염려가 있으므로 한중콘크리트로 시공하여야 한다.
• 소요 압축강도가 얻어질 때까지 콘크리트의 온도를 5℃ 이상유지 해야 한다.

□□□ 13④, 20①

35 콘크리트 시공의 작업순서를 바르게 나타낸 것은 어느 것인가?

① 계량→운반→비비기→치기→양생
② 계량→비비기→치기→운반→양생
③ 계량→운반→치기→비비기→양생
④ 계량→비비기→운반→치기→양생

35 콘크리트 시공의 작업순서
계량 → 비비기 → 운반 → 치기 → 양생

정답 31 ① 32 ② 33 ③ 34 ③ 35 ④

□□□ 01③, 04①, 08①, 09①, 10③, 11③, 13②③, 14③, 15①, 20①

36 굵은 골재의 체가름 시험에서 조립률을 계산하는데 적용되는 체가 아닌 것은?

① 40mm
② 25mm
③ 20mm
④ 10mm

36 조립률(F.M)
75mm, 40mm, 20mm, 10mm, 5mm, 2.5mm, 1.2mm, 0.6mm, 0.3mm, 0.15mm(10개)

□□□ 05①, 08②, 09⑤, 11①, 12②, 13②, 14①, 20①

37 골재의 단위용적질량 시험에서 굵은골재의 단위용적질량이 1.64kg/L이고 골재의 절건 밀도가 2.60kg/L이면 공극률은?

① 4.2%
② 30.9%
③ 36.9%
④ 63.1%

37
$$공극률 = \left(1 - \frac{T}{d_D}\right) \times 100$$
$$= \left(1 - \frac{1.64}{2.60}\right) \times 100 = 36.9\%$$

□□□ 06⑤, 10①, 14②, 20①

38 시멘트의 수화작용을 촉진시키기 위한 것으로 일반적으로 염화칼슘($CaCl_2$)을 사용하는 혼화제는?

① 감수제
② 기포제
③ 촉진제
④ AE제

38 촉진제
일반적으로 염화칼슘($CaCl_2$)를 사용하면 시멘트의 수화작용을 빠르게 촉진시킨다.

□□□ 01③, 03①, 12②, 14①, 20①

39 골재의 저장에 관한 사항 중 틀린 것은?

① 골재는 직사광선을 피해야 한다.
② 동결을 방지하도록 적당한 시설을 갖춘 곳에 저장한다.
③ 불순물이 섞여 들어가서는 안 된다.
④ 여러 종류의 골재를 한 장소에 같이 저장하고 입도에 맞게 혼합하여 사용한다.

39
잔골재 및 굵은 골재에 있어 종류와 밀도가 다른 골재는 각각 구분하여 따로따로 저장한다.

□□□ 08③, 12③, 14③, 20①

40 시멘트 모르타르 강도 시험에 표준모래를 사용하는 이유로서 가장 적합한 것은?

① 경제적인 모르타르를 제조하여 시험하기 위함이다.
② 표준모래는 양생이 쉽고 온도에 영향을 적게 받기 때문이다.
③ 표준모래는 품질이 좋고 강도가 크기 때문이다.
④ 모래알의 차이에 의한 영향을 없애고 시험조건을 일정하게 하기 위함이다.

40
모래알의 차이에 따른 영향을 없애고, 시험조건을 일정하게 하기 위하여 표준 모래를 사용한다.

정답 36 ② 37 ③ 38 ③ 39 ④ 40 ④

| | 해 설 |

□□□ 03①, 08①, 12①, 20①

41 콘크리트 배합설계시 기준이 되는 골재의 상태는?

① 절대 건조상태   ② 공기중 건조상태
③ 표면건조포화상태   ④ 습윤상태

41 콘크리트 배합설계시 표면건조포화상태의 골재를 기준으로 한다.

□□□ 04①, 09①, 15④, 20①

42 고로 슬래그 시멘트에 관한 설명으로 옳은 것은?

① 보통 포틀랜드 시멘트에 비해 응결이 빠르다.
② 보통 포틀랜드 시멘트에 비해 발열량이 많아 균열발생이 크다.
③ 보통 포틀랜드 시멘트에 비해 해수 및 화학작용에 대한 저항성이 크다.
④ 보통 포틀랜드 시멘트에 비해 조기강도가 크다.

42 고로 슬래그 시멘트
해수, 공장폐수 등에 접하는 콘크리트 공사에 적합하다.

□□□ 08③, 15②, 20①

43 일반적으로 콘크리트를 구성하는 재료 중에서 부피가 가장 큰 것부터 작은 순으로 나열한 것은?

① 골재 > 공기 > 물 > 시멘트
② 골재 > 물 > 시멘트 > 공기
③ 물 > 시멘트 > 골재 > 공기
④ 물 > 골재 > 시멘트 > 공기

43
골재(70%), 물(15%), 시멘트(10%), 공기(5%)

□□□ 03①, 05②, 06①, 08⑤, 13②, 14③, 20①

44 콘크리트가 경화되는 도중에 부피가 늘어나게 하여 콘크리트의 건조수축에 의한 균열을 막는데 사용하는 혼화재는?

① AE제   ② 플라이애시(fly-ash)
③ 팽창성 혼화재   ④ 포졸란(Pozzolan)

44 팽창재
콘크리트가 굳어가는 도중에 부피를 늘어나게 하여 콘크리트의 건조수축에 의한 균열을 억제해 주는 혼화재이다.

□□□ 01③④, 03①⑤, 06①②⑤, 08②, 10②, 13②③, 14①②③, 19①, 20①

45 높이가 높은 콘크리트를 연속해서 타설할 경우 타설 및 다질 때 재료분리가 될 수 있는 대로 적도록 하기 위해서 타설속도는 일반적으로 30분에 얼마 정도로 하여야 하는가?

① 1.0~1.5m   ② 2.0~2.5m
③ 3.0~3.5m   ④ 4.0~4.5m

45
콘크리트를 쳐 올라가는 속도를 너무 빨리 하면 재료의 분리가 일어나기 쉬우므로, 일반적으로 30분에 1~1.5m 정도로 한다.

정답 41 ③ 42 ③ 43 ② 44 ③ 45 ①

02①, 03②, 08①⑤, 10①②, 16③, 20①

46 표면건조 포화상태의 잔골재 500g을 노건조시켰더니 480g이었다면 흡수율은 얼마인가?

① 4.00%   ② 4.17%
③ 4.76%   ④ 5.00%

[해설] 흡수율 = $\dfrac{\text{표면건조 포화상태} - \text{노건조상태}}{\text{노건조 상태}} \times 100$

$= \dfrac{500-480}{480} \times 100 = 4.17\%$

12②, 14③, 20③

47 일반 수중콘크리트에 대한 설명으로 틀린 것은?

① 수중콘크리트는 정수 중에서 타설하는 것이 좋다.
② 콘크리트는 수중에 낙하시키지 않아야 한다.
③ 단위 시멘트량은 300kg/m³ 이하로 하여야 한다.
④ 한 구획의 콘크리트 타설을 완료한 후 레이턴스를 모두 제거하고 다시 타설하여야 한다.

47 단위시멘트량 370kg/m³ 이상, 물-결합재비 : 50% 이하

01④, 03②, 04②, 11③, 07②, 15①, 20④

48 AE콘크리트의 알맞은 공기량은 굵은 골재의 최대 치수에 따라 다르며, 보통 콘크리트 부피의 몇 %를 표준으로 하는가?

① 1~3%   ② 4~7%
③ 7~12% ④ 12~17%

48 AE콘크리트의 적당한 공기량은 굵은 골재의 최대치수에 따라 다르나 콘크리트 부피의 4~7%를 표준으로 한다.

04②, 05②, 06①, 07②, 09①, 10②, 15②, 20①

49 어떤 굵은골재의 표면건조 포화상태 시료질량이 4000g이고, 물속에서의 시료질량이 2445g일 때 표면건조포화상태의 밀도는 얼마인가? (단, 시험온도에서의 물의 밀도는 1g/cm³이다.)

① 1.64g/cm³   ② 1.98g/cm³
③ 2.38g/cm³   ④ 2.57g/cm³

[해설] $D_s = \dfrac{\text{표건 상태 중량}}{\text{표건 상태 무게} - \text{수중 무게}} \times \text{물의 밀도}$

$= \dfrac{B}{B-C} \times \rho$

$= \dfrac{4000}{4000-2445} \times 1 = 2.57\,\text{g/cm}^3$

정답 46 ② 47 ③ 48 ② 49 ④

□□□ 02①, 03⑤, 05①, 06⑤, 10①, 15②, 20①

50 서중 콘크리트에서 콘크리트를 쳐 넣을 때의 콘크리트 온도는 최대 몇 ℃ 이하이어야 하는가?

① 15℃ ② 20℃
③ 25℃ ④ 35℃

해설 50 콘크리트를 칠 때의 최대 온도는 35℃ 이하이어야 한다.

□□□ 08③, 10③, 14②, 20③

51 혼화재 중 입자가 둥글고 매끄러워 콘크리트의 워커빌리티를 좋게 하고, 수밀성과 내구성을 향상시키는 혼화재는?

① 플리머 ② 플라이애시
③ 염화칼슘 ④ 팽창제

해설 51 플라이애시
표면이 매끄러운 둥근입자로 되어 있어 콘크리트의 워커빌리티를 좋게 하고 사용 수량을 감소시켜줘 수밀성과 내구성을 향상시킨다.

□□□ 11③, 14①, 20①

52 프리플레이스트 콘크리트에서 굵은 골재의 최소 치수는 몇 mm 이상이어야 하는가?

① 15mm ② 25mm
③ 40mm ④ 60mm

해설 52
- 굵은 골재의 최소치수는 15mm 이상
- 굵은골재의 최대치수는 부재단면 최소치수의 1/4 이하

□□□ 03②, 16①, 20①

53 콘크리트 또는 모르타르가 엉키기 시작하였을 때 다시 비비는 작업을 무엇이라 하는가?

① 되비비기 ② 거듭비비기
③ 믹서비비기 ④ 혼합비비기

해설 53
- 이런 작업을 되비비기라 한다.
- 거듭비비기 : 비빈 후 상당히 시간이 지났거나 또 재료가 분리된 경우에는 다시 비비는 작업을 말한다.

□□□ 04②, 08②, 09⑤, 14①, 20①

54 콘크리트 배합에서 골재의 1회분 계량 허용오차는?

① ±1% ② ±2%
③ ±3% ④ ±4%

해설 계량오차

재료	허용오차
시멘트	−1%, +2%
골재	±3%
물	−2%, +1%
혼화재	±2%
혼화제	±3%

정답 50 ④ 51 ② 52 ① 53 ① 54 ③

□□□ 15④, 20①

55 그림과 같이 거푸집에 골재를 먼저 채워 넣고 모르타르(mortar)를 나중에 주입하는 콘크리트 시공법은?

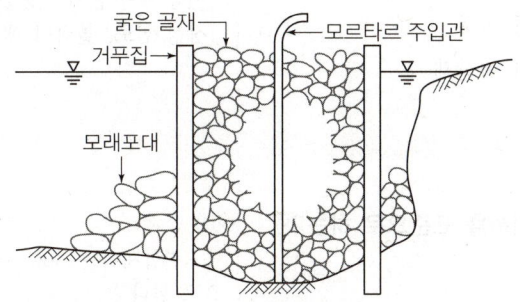

① 숏크리트(shotcrete)
② 시멘트 풀(cement paste)
③ 매스 콘크리트(mass concrete)
④ 프리플레이스트 콘크리트(preplaced concrete)

55 프리플레이스트 콘크리트
미리 거푸집 안에 굵은 골재를 채우고, 그 틈 사이에 특수 모르타르를 주입하는 콘크리트

□□□ 01③, 02①, 03②, 04②, 06⑤, 08②, 09②, 10①, 16②, 20①

56 콘크리트 압축강도 시험에 사용되는 공시체의 지름은 굵은 골재 최대 치수의 최소 몇 배 이상이어야 하는가?

① 2배　　② 3배
③ 4배　　④ 5배

56
시험체의 지름은 굵은 골재 최대 치수의 3배 이상이며, 또한 100mm 이상이여야 한다.

□□□ 11③, 16②, 20①

57 설계기준 압축강도가 28MPa이고, 30회 이상의 압축강도 시험실적으로부터 구한 표준편차가 5MPa인 경우 콘크리트의 배합강도는?

① 34.7MPa　　② 35.05MPa
③ 36.15MPa　　④ 38MPa

57
$f_{ck} \leq 35\,\text{MPa}$인 경우(큰 값).
- $f_{cr} = f_{ck} + 1.34s$
  $= 28 + 1.34 \times 5 = 34.7\,\text{MPa}$
- $f_{cr} = (f_{ck} - 3.5) + 2.33s$
  $= (28 - 3.5) + 2.33 \times 5$
  $= 36.15\,\text{MPa}$
∴ 배합강도 $f_{cr} = 36.15\,\text{MPa}$

□□□ 02⑤, 04①, 06⑤, 09②, 14③, 15④, 20①

58 콘크리트용 잔골재에 포함되어 있는 유기 불순물 시험에 사용되는 시약으로 옳은 것은?

① 무수황산나트륨 용액　　② 염화칼슘 용액
③ 실리카 겔　　④ 수산화나트륨 용액

58 표준색 용액 만들기
물 291g에 수산화나트륨 9g을 섞어서 3%의 수산화나트륨 용액을 만든다.

정답　55 ④　56 ②　57 ③　58 ④

☐☐☐ 03①, 08②, 13①, 16②, 20①

59 경량골재는 크게 인공경량골재와 천연경량골재로 나눌 수 있다. 다음 중 인공경량골재에 포함되지 않는 것은?

① 팽창성 혈암
② 팽창성 점토
③ 플라이 애시
④ 철분계 팽창제

☐☐☐ 06①, 07②, 09②⑤, 11③, 14①, 15①, 20①

60 수밀 콘크리트의 물-결합재비는 얼마 이하를 표준으로 하는가?

① 40%
② 45%
③ 50%
④ 60%

해 설

59 경량골재의 주원료
- 천연 경량 골재 : 화산암, 응회암
- 인공 경량 골재 : 팽창성 혈암, 팽창성 점토, 플라이 애시

60 물-결합재비는 50% 이하를 표준으로 한다.

정답 59 ④ 60 ③

국가기술자격 CBT 필기시험문제

2021년도 기능사 제1회 필기시험

종 목	시험시간	배 점	테스트 결과(개수)		
콘크리트기능사	1시간	60	1회	2회	3회

☐☐☐ 02①, 03①, 04①, 05①, 09②, 16①, 21①

01 골재의 표면수는 없고 골재 알속의 빈틈이 물로 차 있는 상태는?

① 절대건조상태
② 기건상태
③ 습윤상태
④ 표면건조 포화상태

해 설

01
- 표면건조포화상태 : 골재 알 속의 빈틈이 물로 차 있고 표면에 물기가 없는 상태이다.
- 공기 중 건조상태 : 골재 알 속의 빈틈 일부가 물로 차 있는 상태이다.

☐☐☐ 12①②, 13①, 14③, 16①, 21①

02 콘크리트용 굵은 골재 유해물의 한도 중 연한 석편은 질량 백분율로 최대 몇 % 이하이어야 하는가?

① 0.25%
② 0.5%
③ 1%
④ 5%

02
굵은골재의 연한 석편 함유량 최대치 : 5% 이하

☐☐☐ 07②, 09⑤, 12②, 21①

03 다음의 혼화재료 중에서 사용량이 소량으로서 배합계산에서 그 양을 무시할 수 있는 것은?

① AE제
② 팽창재
③ 플라이애시
④ 고로 슬래그 미분말

03 사용량이 1% 정도 이하의 혼화제 AE제, 감수제, 고성능 감수제, 촉진제, 급결제, 지연제, 발포제, 기포제

☐☐☐ 02①, 04①, 08⑤, 10①, 11③, 16①, 21①

04 알루미늄 또는 아연가루를 넣어, 시멘트가 응결할 때 수소가스를 발생시켜 모르타르 또는 콘크리트 속에 아주 작은 기포를 생기게 하는 혼화제는?

① 지연제
② 발포제
③ 팽창재
④ AE제

04 발포제
발포에 의하여 그라우트를 팽창시켜 골재나 PS강재의 빈틈을 잘 채워지게 하여 부착을 좋게 한다.

☐☐☐ 03②, 06⑤, 10①, 15①, 16①, 21①

05 다음 중 중량골재에 속하는 것은?

① 팽창혈암
② 강자갈
③ 소성 규조토
④ 자철광

05 중량 골재
갈철광, 중정석, 자철광, 적철광

정답 01 ④ 02 ④ 03 ① 04 ② 05

□□□ 11③, 15②, 21①

06 주로 잠재 수경성이 있는 혼화재는?

① 고로 슬래그 미분말
② 플라이 애시
③ 규산질 미분말
④ 팽창재

06
- 주로 잠재 수경성이 있는 것 : 고로 슬래그 미분말
- 포졸란 작용이 있는 것 : 플라이 애시
- 굳는 과정에서 팽창을 일으키는 것 : 팽창재

□□□ 07⑤, 10②⑤, 15④, 16①, 21①

07 콘크리트의 시방 배합에서 기준으로 하는 골재의 함수상태로 옳은 것은?

① 절대 건조 상태
② 공기 중 건조 상태
③ 표면 건조 포화 상태
④ 습윤 상태

07
시방배합은 골재의 표면 건조 포화 상태에 있는 것을 기준으로 한다.

□□□ 02⑤, 12①, 15②, 16①, 21①

08 포졸란을 사용한 콘크리트의 특징으로 틀린 것은?

① 워커빌리티가 좋아진다.
② 조기강도는 크나, 장기강도가 작아진다.
③ 블리딩이 감소한다.
④ 수밀성 및 화학저항성이 크다.

08
조기강도의 증진은 느리나 장기강도가 크고 특히 인장강도가 현저하게 증가한다.

□□□ 04②, 08①, 12②, 14②, 21①

09 중용열 포틀랜드 시멘트에 대한 설명으로 옳은 것은?

① 수화열을 크게 만든 것이다.
② 장기강도가 작다.
③ 한중 콘크리트에 적합하다.
④ 매스 콘크리트용으로 적합하다.

09
- 수화열이 적어 건조수축이 적다.
- 장기 강도가 크다.
- 서중 콘크리트 공사에 이용된다.

□□□ 02⑤, 05①, 08①, 09①⑤, 11③, 13①, 16①, 21①

10 콘크리트 공사에서 거푸집 떼어내기에 관한 설명으로 틀린 것은?

① 거푸집은 콘크리트가 자중 및 시공 중에 가해지는 하중에 충분히 견딜만한 강도를 가질 때까지 해체해서는 안된다.
② 거푸집을 떼어내는 순서는 비교적 하중을 받지 않는 부분을 먼저 떼어낸다.
③ 연직 부재의 거푸집은 수평부재의 거푸집보다 먼저 떼어낸다.
④ 보의 밑판의 거푸집은 보의 양측면의 거푸집보다 먼저 떼어낸다.

10
보의 양측면의 거푸집은 보의 밑판의 거푸집보다 먼저 떼어낸다.

정답 06 ① 07 ③ 08 ② 09 ④ 10 ④

□□□ 09③, 12②, 14②, 16①, 21①

11 부순 골재에 대한 설명 중 옳은 것은?

① 부순 잔골재의 석분은 콘크리트 경화 및 내구성에 도움이 된다.
② 부순 굵은 골재는 시멘트풀과의 부착이 좋다.
③ 부순 굵은 골재는 콘크리트 비빌 때 소요 단위수량이 적어진다.
④ 부순 굵은 골재를 사용한 콘크리트는 수밀성은 향상되나 휨강도는 감소된다.

11 부순골재
- 부순돌 콘크리트는 단위 수량이 많아지고 잔 골재율이 커진다.
- 표면 조직이 거칠기 때문에 시멘트 풀과의 부착력이 좋아서 압축강도가 커진다.

□□□ 07⑤, 10③, 14③, 15④, 16①, 21①

12 시멘트의 분말도에 대한 설명으로 틀린 것은?

① 시멘트의 분말도가 높으면 조기강도가 작아진다.
② 시멘트의 입자가 가늘수록 분말도가 높다.
③ 분말도란 시멘트 입자의 고운 정도를 나타낸다.
④ 분말도가 높으면 시멘트의 표면적이 커서 수화작용이 빠르다.

12
분말도가 높으면 조기강도는 크나 수화작용이 빨라 풍화하기 쉽고, 풍화가 크면 건조수축이 커서 균열이 발생된다.

□□□ 05①, 08②, 09⑤, 11①, 12②, 13②, 14①, 15④, 16①, 21①

13 골재의 단위용적질량 시험에서 굵은골재의 단위용적질량 평균값이 1.64kg/L이고 밀도가 2.60kg/L이면 공극률은?

① 4.2% ② 30.9%
③ 36.9% ④ 63.1%

13
$$공극률 = \left(1 - \frac{T}{d_D}\right) \times 100$$
$$= \left(1 - \frac{1.64}{2.60}\right) \times 100 = 36.9\%$$

□□□ 08①, 13③, 14①, 21①

14 다음 중 콘크리트에 AE제를 혼합하는 주목적으로 옳은 것은?

① 동결융해 저항성을 향상시키기 위해서
② 부피를 증대하기 위해서
③ 강도의 증대를 위해서
④ 시멘트 절약을 위해서

14 AE제(공기연행제)
콘크리트 속에 독립된 무수히 많은 미세한 공기기포를 연행시켜 워커빌리티와 동결융해 대한 저항성을 향상시키기 위해 사용하는 혼화제이다.

□□□ 06③, 07③, 08①, 10①, 11③, 14②, 16①, 21①

15 다음 중 혼합 시멘트가 아닌 것은?

① 고로 슬래그 시멘트 ② 플라이 애시 시멘트
③ 포틀랜드 포졸란 시멘트 ④ 알루미나 시멘트

15 혼합시멘트
고로 슬래그, 플라이애시, 포틀랜드 포졸란 시멘트

정답 11 ② 12 ① 13 ③ 14 ① 15 ④

□□□ 03②, 10⑤, 16①, 21①

16 시멘트의 응결을 빠르게 하기 위하여 사용하는 혼화제는?

① 자연제 ② 발포제
③ 급결제 ④ 기포제

16 급결제
터널 등의 숏크리트에 첨가하여 뿜어 붙인 콘크리트의 응결 및 조기의 강도를 증진시키기 위해 사용

□□□ 16①, 21①

17 콘크리트 타설에 대한 일반적인 설명으로 옳은 것은?

① 비비기에서 타설까지 3시간 이상 필요하다.
② 터파기 안의 물은 그대로 사용해도 무방하다.
③ 콘크리트는 가급적 나누어서 일정시간이 지난 다음 타설한다.
④ 위층의 콘크리트는 아래층 콘크리트가 굳기 전에 타설하여야 한다.

17
- 비비기에서 타설까지 1.5~2시간 이내에서 완료해야 한다.
- 터파기 안의 고인물은 이 물을 제거한 후에 콘크리트를 타설한다.
- 한 구획 내의 콘크리트는 타설이 완료될 때까지 연속해서 타설하여야 한다.

□□□ 04⑤, 06①, 08①, 09⑤, 10②, 13②, 16①, 21①

18 잔골재의 조립률이 2.8 이고 굵은 골재의 조립률이 7.24일 때 무게비 1 : 1.5로 섞으면 혼합 골재의 조립률은?

① 5.02 ② 5.46
③ 5.64 ④ 10.14

18 혼합 조립률
$$f_a = \frac{m}{m+n}f_s + \frac{n}{m+n}f_g$$
$$= \frac{1}{1+1.5} \times 2.8 + \frac{1.5}{1+1.5} \times 7.24$$
$$= 5.46$$

□□□ 01④, 03②, 06⑤, 08③, 09①, 12②, 14③, 16②, 21①

19 일반 수중콘크리트에 대한 설명으로 틀린 것은?

① 물-결합재비는 50% 이하이어야 한다.
② 단위 시멘트량은 370kg/m³ 이상으로 한다.
③ 콘크리트를 흐르는 물 속에서 타설할 경우 유속이 50m/min 이하이어야 한다.
④ 콘크리트를 트레미(tremie)나 콘크리트 펌프를 사용해서 타설한다.

19
정수중에 칠 수 없을 경우에도 유속은 1초에 50mm 이하로 하여야 한다.

□□□ 05②, 08①, 11⑤, 16①, 21①

20 숏크리트에 대한 설명으로 틀린 것은?

① 시멘트 건(gun)에 의해 압축공기로 모르타르를 뿜어 붙이는 것이다.
② 수축균열이 생기기 쉽다.
③ 공사기간이 길어진다.
④ 건식공법의 경우 시공 중 분진이 많이 발생한다.

20
거푸집이 필요 없고, 급속시공이 가능하기 때문에 공사기간이 짧아진다.

정답 16 ③ 17 ④ 18 ② 19 ③ 20 ③

□□□ 10①, 12①, 15②, 16③, 21①

21 다음 혼화재 중 인공산인 것은?

① 플라이애시 ② 화산회
③ 규조토 ④ 규산백토

해설

21 포촐라나의 종류
- 천연산 : 화산재, 규조토, 규산백토
- 인공산 : 플라이 애시, 고로 슬래그

□□□ 06①, 08②, 12①, 21①

22 다음 중 콘크리트의 운반방법을 결정하는데 고려해야 하는 사항과 가장 거리가 먼 것은?

① 양생기간과 양생방법 ② 구조물의 종류와 치수
③ 운반비용과 콘크리트량 ④ 운반거리와 지형

22 콘크리트 운반방법 결정시 고려사항
- 구조물의 종류 및 규모, 기간 등을 고려하여 운반방법을 선정한다.
- 가장 경제적으로 운반할 수 있도록 운반거리, 운반비용 및 지형을 고려한다.

□□□ 11③, 14②, 16①, 21①

23 보통 잔골재의 일반적인 밀도로 옳은 것은?

① $2.40 \sim 2.55 g/cm^3$ ② $2.50 \sim 2.65 g/cm^3$
③ $2.60 \sim 2.85 g/cm^3$ ④ $2.80 \sim 2.95 g/cm^3$

23
- 잔골재의 밀도는 보통 $2.50 \sim 2.65 g/cm^3$
- 굵은골재의 밀도는 $2.55 \sim 2.70 g/cm^3$

□□□ 11③, 14③, 21①

24 응결지연제(retader)를 혼입해서 사용해야 할 콘크리트는?

① 한중콘크리트 ② 서중콘크리트
③ 수중콘크리트 ④ 진공콘크리트

24 응결지연제
서중콘크리트처럼 대기의 온도가 높을 때 빠른 응결을 지연하기 위해 사용된다.

□□□ 01④, 05②, 08②, 16①, 21①

25 콘크리트의 시방배합을 현장배합으로 수정할 때 필요한 사항이 아닌 것은?

① 시멘트 비중 ② 골재의 표면 수량
③ 잔골재의 5mm체 잔류율 ④ 굵은골재의 5mm체 통과율

25 시방배합의 수정
- 입도 조정 : 잔골재와 굵은 골재
- 표면수 조정 : 단위 수량 수정

□□□ 01③, 04①⑤, 06①⑤, 10③, 11①, 13④, 14②③, 21①

26 콘크리트의 표면을 물에 적신 가마니, 마포 등으로 덮거나 살수하는 양생방법을 무엇이라 하는가?

① 습윤양생 ② 습사양생
③ 증기양생 ④ 수중양생

26 습윤양생
물을 뿌리거나 가마니, 마포, 모래 등을 적셔서 콘크리트 표면을 덮고 살수하여 양생하는 방법

정답 21 ① 22 ① 23 ② 24 ② 25 ①
26 ①

□□□ 11③, 14①, 21①

27 프리플레이스트 콘크리트에서 굵은골재의 최소 치수는 몇 mm 이상이어야 하는가?

① 15mm
② 25mm
③ 40mm
④ 60mm

27
• 굵은 골재의 최소치수는 15mm 이상
• 굵은골재의 최대치수는 부재단면 최소치수의 1/4 이하

□□□ 02②, 07②, 12③, 14③, 15②, 16①, 21①

28 콘크리트를 배합할 때 골재의 1회 계량분에 대한 최대 허용 오차는?

① ±1%
② ±2%
③ ±3%
④ ±4%

28 계량오차

재료	허용오차
시멘트	−1%, +2%
골재	±3%
물	−2%, +1%
혼화재	±2%
혼화제	±3%

□□□ 09①, 10⑤, 11①, 12①, 13②, 21①

29 벨트컨베이어를 사용하여 콘크리트를 운반할 때 벨트컨베이어의 끝 부분에 조절판 및 깔때기를 설치하는 이유로 가장 적당한 것은?

① 콘크리트의 건조를 방지하기 위하여
② 콘크리트의 재료분리를 방지하기 위하여
③ 콘크리트의 반죽질기 변화를 방지하기 위하여
④ 운반거리를 단축하기 위하여

29
벨트컨베이어에 조절판 및 깔때기를 설치하여 재료 분리를 막아야 한다.

□□□ 05①②, 06①, 08①⑤, 10⑤, 13②, 14①③, 21①

30 한중콘크리트에 있어서 양생 중 콘크리트의 온도는 최저 몇 ℃ 이상으로 유지하는 것을 표준으로 하는가?

① 5℃
② 10℃
③ 15℃
④ 20℃

30
하루의 평균기온이 4℃ 이하가 예상되는 조건일 때는 콘크리트가 동결할 염려가 있으므로 온도는 최저 5℃ 이상 유지해야 한다.

□□□ 04①, 05①, 13②, 14②, 16①, 21①

31 서중콘크리트의 타설에 대한 아래 표의 설명에서 ( )에 적합한 수치는?

> 콘크리트는 비빈 후 즉시 타설하여야 하며, KS F 2560의 지연형 감수제를 사용하는 등의 일반적인 대책을 강구한 경우라도 ( ) 시간 이내에 타설하여야 한다.

① 0.5
② 1.0
③ 1.5
④ 2.0

31
콘크리트를 비벼서 쳐넣을 때까지의 시간은 1.5시간(90분)을 넘어서는 안된다.

정답 27 ① 28 ③ 29 ② 30 ① 31 ③

□□□ 16①, 21①

32 특수 콘크리트의 시공법 중에서 수중 콘크리트를 타설할 때 사용되는 것이 아닌 것은?

① 벨트 컨베이어
② 트레미
③ 콘크리트 펌프
④ 밑열림 상자

해설

32 벨트 컨베이어
콘크리트를 연속적으로 운반하는 데 편리하다.

□□□ 11③, 13②, 16①, 21①

33 콘크리트를 제조하기 위해 재료를 계량할 경우 혼화재의 계량 허용 오차로 옳은 것은?

① ±1%
② ±2%
③ ±3%
④ ±4%

33 계량오차

재료	허용오차
시멘트	−1%, +2%
골재	±3%
물	−2%, +1%
혼화재	±2%
혼화제	±3%

□□□ 14②, 21①

34 콘크리트 재료의 계량에 대한 설명으로 틀린 것은?

① 계량은 현장 배합에 의해 실시하는 것으로 한다.
② 각 재료는 1배치씩 질량으로 계량하여야 한다.
③ 1배치량은 콘크리트의 종류, 비비기 설비의 성능, 운반방법, 공사의 종류, 콘크리트 타설량 등을 고려하여 정하여야 한다.
④ 혼화제를 녹이는 데 사용하는 물이나 혼화제를 묽게 하는 데 사용하는 물은 단위 수량의 일부로 보아서는 안된다.

34
혼화제를 녹이는 데 사용하는 물이나 혼화제를 묽게 하는 데 사용하는 물은 단위 수량의 일부로 보아야 한다.

□□□ 16①, 21①

35 잔골재의 표면수 시험 방법으로 옳은 것은?

① 다짐법, 밀도법
② 밀도법, 용적법
③ 용적법, 질량법
④ 질량법, 입도법

35
잔골재의 표면수 시험방법 : 질량법, 용적법

□□□ 10①, 16①, 21①

36 콘크리트 내부진동에 의한 다짐 작업에 대한 설명으로 틀린 것은?

① 내부진동기는 진동효과를 극대화하기 위하여 내부에 비스듬히 찔러 넣는 것이 좋다.
② 내부진동기의 삽입간격은 일반적으로 0.5m 이하로 하는 것이 좋다.
③ 내부진동기를 빼낼 때 구멍이 생기지 않도록 한다.
④ 내부진동기를 아래층 콘크리트 속으로 0.1m 정도 들어가게 한다.

36
내부 진동기는 연직으로 찔러 넣어야 한다.

정답 32 ① 33 ② 34 ④ 35 ③ 36 ①

□□□ 02⑤, 03①, 07②, 13④, 14①, 16①, 21①

37 콘크리트 표면에 아스팔트유제나 비닐유제 등으로 불투수층을 만들어 수분의 증발을 막는 양생방법을 무엇이라 하는가?

① 증기양생 ② 전기양생
③ 습윤양생 ④ 피복양생

37 피복양생
콘크리트 표면에 불투수성 재료를 바르거나 뿜어 붙이는 양생법

□□□ 03②, 12①, 16①, 21①

38 콘크리트 또는 모르타르가 엉키기 시작하였을 때 다시 비비는 작업을 무엇이라 하는가?

① 되비비기 ② 거듭비비기
③ 믹서비비기 ④ 혼합비비기

38
- 이런 작업을 되비비기라 한다.
- 거듭비비기 : 비빈 후 상당히 시간이 지났거나 또 재료가 분리된 경우에는 다시 비비는 작업을 말한다.

□□□ 02①, 03①⑤, 04②, 09③, 11③, 12②, 13①, 14②, 15①②, 16①, 21①

39 콘크리트 치기에서 거푸집의 높이가 높을 경우 슈트, 버킷 호퍼 등의 배출구와 치기 면과의 높이는 얼마 이하로 하여야 하는가?

① 0.5m ② 1.0m
③ 1.2m ④ 1.5m

39
연직 슈트, 깔때기 등을 사용하며, 이 때 슈트, 깔때기 등의 배출구와 치기 면과의 높이는 1.5m 이하로 한다.

□□□ 04②, 12①, 21①

40 콘크리트 플랜트에서 생산된 콘크리트를 칠 때까지 재료분리가 일어나지 않도록 휘저어 섞으면서 운반하는 식의 트럭은?

① 콘크리트 플레이서 ② 덤프 트럭
③ 애지테이터 트럭 ④ 스크레이퍼

40
애지테이터 트럭의 설명이다.

□□□ 12②, 13③, 15②, 16①, 21①

41 시멘트 비중 시험에 사용되는 기구가 아닌 것은?

① 저울 ② 르샤틀리에 비중병
③ 블레인 공기투과장치 ④ 항온수조

41
블레인 공기투과장치 : 시멘트의 분말도 시험

□□□ 03⑤, 08①③, 09①②, 10③⑤, 11③, 14①, 16①, 21①

42 콘크리트 압축강도 시험용 공시체를 제작할 때 공시체의 표준 양생 온도로 적당한 것은?

① 18±2℃ ② 20±2℃
③ 25±2℃ ④ 30±2℃

42
시험체를 20±2℃(18~22℃)에서 습윤상태로 양생한다.

정답 37 ④ 38 ① 39 ④ 40 ③ 41 ③ 42 ②

□□□ 04⑤, 07⑤, 08⑤, 10②, 16①, 21①

43 골재의 함수상태 네 가지 중 습기가 없는 실내에서 자연건조시킨 것으로서 골재알 속의 빈틈 일부가 물로 차있는 상태는?

① 습윤상태
② 절대건조상태
③ 표면건조 포화상태
④ 공기 중 건조 상태

43
- 표면건조포화상태 : 골재 알 속의 빈틈이 물로 차 있고 표면에 물기가 없는 상태이다.
- 공기 중 건조상태 : 골재 알 속의 빈틈 일부가 물로 차 있는 상태이다.

□□□ 15④, 16①, 21①

44 콘크리트의 쪼갬인장강도 시험에 사용할 공시체는 시험직전에 공시체의 지름을 측정하여 그 평균값을 지름으로 하는데 이때 몇 mm까지의 정밀도로 측정하여야 하는가?

① 0.1mm
② 0.5mm
③ 1mm
④ 2mm

44
공시체의 하중을 가하는 방향에서의 지름을 2개소 이상에서 0.1mm 측정하여 측정하고, 그 평균값을 공시체의 지름으로 한다.

□□□ 08③, 11①, 15①, 16①, 21①

45 기상 작용에 대한 골재의 내구성 정도를 알기 위한 시험은?

① 콘크리트용 골재의 공극 시험
② 황산 소듐을 이용한 골재의 안정성 시험
③ 굵은 골재의 닳음 시험
④ 골재에 포함된 잔입자 시험

45 황산 소듐을 이용한 골재의 안정성 시험
골재의 내구성을 알기 위해서 황산 나트륨 포화용액으로 골재의 부서짐 작용에 대한 저항성을 시험하는 것이다.

□□□ 10①, 13②, 16①, 21①

46 콘크리트 제조 기계로서 날개가 달린 비빔통을 회전시켜서 내부의 재료를 비비는 콘크리트 믹서를 무엇이라 하는가?

① 강제식 믹서
② 중력식 믹서
③ 강제 교반식 믹서
④ 혼합형 믹서

46
- 중력식 믹서 : 비빔통 속에 날개가 달린 비빔통을 회전시켜서 내부의 재료를 비비는 믹서
- 강제식 믹서 : 비빔통 속에 달린 날개를 회전시켜서 콘크리트를 비비는 믹서로 주로 콘크리트 플랜트에 사용

□□□ 01③, 02①, 03②, 04②, 06⑤, 08②, 09②, 10①, 15②, 16①, 21①

47 콘크리트의 압축강도 시험을 위한 공시체에 대한 설명으로 옳지 않은 것은?

① 공시체는 지름의 2배 높이를 가진 원기둥형으로 한다.
② 몰드에 콘크리트를 채울 때 콘크리트는 2층 이상의 거의 동일한 두께로 나눠서 채운다.
③ 캐핑층의 두께는 공시체 지름의 2%를 넘어서는 안된다.
④ 공시체의 지름은 골재의 최대치수의 4배 이하로 한다.

47
시험체의 지름은 굵은 골재 최대치수의 3배 이상이며, 또한 100mm 이상이여야 한다.

정답 43 ④ 44 ① 45 ② 46 ② 47 ④

☐☐☐ 04①, 06①, 08⑤, 10②, 13④, 16①, 21①

48 잔골재의 절대부피가 $0.324m^3$이고 골재의 절대부피는 $0.684m^3$일 때 잔 골재율을 구하면?

① 16% ② 17.1%
③ 24.5% ④ 47.4%

해설

48 잔골재율(S/a)

$$S/a = \frac{단위\ 잔골재의\ 절대부피}{단위골재량의\ 절대부피} \times 100$$

$$= \frac{S}{S+G} \times 100$$

$$= \frac{0.324}{0.684} \times 100 = 47.37\%$$

☐☐☐ 13②, 14②, 15②, 16①, 21①

49 콘크리트용 모래에 포함되어 있는 유기불순물 시험에 대한 설명으로 옳은 것은?

① 사용하는 수산화나트륨 용액은 물 50에 수산화나트륨 50의 질량비로 용해시킨 것이다.
② 시료는 대표적인 것을 취하고 절대건조상태로 건조시켜 4분법을 사용하여 약 5kg을 준비한다.
③ 시험에 사용할 유리병은 노란색으로 된 유리병을 사용하여야 한다.
④ 시험의 결과 24시간 정치한 잔골재 상부의 용액색이 표준용액보다 연할 경우 이 모래는 콘크리트용으로 사용할 수 있다.

49
• 수산화나트륨 용액 : 물 97에 수산화나트륨 3의 질량비로 용해시킨 것이다.
• 시료 : 시료는 대표적인 것을 취하고 공기 중 건조상태로 건조시켜서 4분법 또는 시료 분취기를 사용하여 약 450g을 채취한다.
• 유리병 : 병은 고무마개를 가지고 눈금이 있는 용량 400mL의 무색 투명 유리병이 2개 있어야 한다.

☐☐☐ 13①, 15①, 16①, 21①

50 시멘트의 강도시험(KS L ISO 679)에서 모르타르를 조제할 때 시멘트와 표준모래의 질량에 의한 비율로 옳은 것은?

① 1 : 2 ② 1 : 2.5
③ 1 : 3 ④ 1 : 3.5

50 모르타르 제작방법
질량에 의한 비율로 시멘트와 표준사를 1 : 3의 비율로 한다.

☐☐☐ 05①, 09①, 10③, 13②, 16①, 21①

51 황산 소듐을 이용한 골재의 안정성 시험에 사용되는 시험용 용액(시약)은?

① 황산마그네슘 ② 황산나트륨
③ 수산화칼슘 ④ 염화나트륨

51 황산 소듐을 이용한 골재의 안정성 시험
골재의 내구성을 알기 위해서 황산나트륨 포화 용액으로 인한 골재의 부서짐 작용에 대한 저항성을 시험하는 것이다.

☐☐☐ 16①, 21①

52 골재의 입도, 조립률, 굵은골재의 최대치수 등을 알기 위해 실시하는 시험은?

① 공기량시험 ② 체가름시험
③ 슬럼프시험 ④ 안정성시험

52
골재의 체가름시험을 하여 골재의 입도, 조립률(F.M), 굵은골재의 최대치수를 구할 수 있다.

정답 48 ④ 49 ④ 50 ③ 51 ② 52 ②

53 압력법에 의한 굳지 않는 콘크리트의 겉보기 공기량이 7%이고 골재의 수정계수가 1.2%일 때 콘크리트의 공기량은 얼마인가?

① 4.6% ② 5.8%
③ 8.2% ④ 9.4%

53
$A(\%) = A_1 - G$
$= 7 - 1.2 = 5.8\%$

54 다음 그림과 같은 슬럼프 시험에 대한 사항 중 옳지 않은 것은?

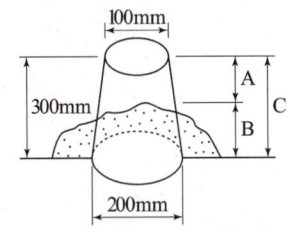

① 시료를 채우고 벗길 때까지의 전작업시간은 3분 이내로 한다.
② 반죽된 콘크리트 시료를 3층으로 나누어 넣고 각 층마다 25회 다진다.
③ 시험 후 슬럼프 값은 B이다.
④ 슬럼프 콘(cone)을 수직으로 끌어올린다.

54
시험 후 슬럼프 값은 A이다.

55 블리딩(bleeding)에 대한 설명으로 옳지 않은 것은?

① 블리딩이 크면 강도, 내구성, 수밀성이 약간 증가한다.
② 블리딩이 크면 굵은 골재가 모르타르로부터 분리되는 경향이 커진다.
③ 블리딩은 콘크리트를 타설한 후 2~4시간에 거의 끝난다.
④ 블리딩이란 굳지 않은 콘크리트 또는 모르타르에서 물이 분리되어 위로 올라가는 현상이다.

55
블리딩이 커지면 콘크리트 위부분의 강도가 작아지고 수밀성과 내구성이 나빠지며, 레이턴스가 커진다.

56 콘크리트의 압축강도시험에서 하중을 가하는 속도는 공시체에 충격을 주지 않도록 똑같은 속도로 하중을 가하여야 한다. 이 때 하중을 가하는 속도는 압축응력도의 증가율이 얼마나 되도록 하여야 하는가?

① 매초 (0.6±0.2)MPa이 되도록 한다.
② 매초 (1±0.4)MPa이 되도록 한다.
③ 매초 (1.6±0.4)MPa이 되도록 한다.
④ 매초 (2±0.4)MPa이 되도록 한다.

56
• 압축강도시험 :
  매초 (0.6±0.2)MPa
• 인장강도 시험 :
  매초 (0.06±0.04)MPa
• 휨강도 시험 :
  매초 (0.06±0.04)MPa

정답 53 ② 54 ③ 55 ① 56 ①

□□□ 02⑤, 03⑤, 06②, 09①②, 11③, 12②, 13①, 11③, 15④, 16①, 21①

57 골재 마모시험 방법 중 로스엔젤레스 마모시험기에 의해 마모시험을 할 경우 잔량 및 통과량을 결정하는 체는?

① 5mm체
② 2.5mm체
③ 1.7mm체
④ 1.2mm체

57
시료를 시험기에서 꺼내어 1.7mm 체로 체가름한다.

□□□ 01③,03②,04①②,06⑤,07⑤,08②,09①②,10①,13②③,14①,15①②,21①

58 $\phi 150 \times 300$mm의 공시체로 콘크리트의 인장강도시험을 하였다. 파괴시 최대하중이 210kN이였다면 인장강도는?

① 2.43MPa
② 2.97MPa
③ 3.28MPa
④ 3.84MPa

58
$$f_t = \frac{2P}{\pi dl}$$
$$= \frac{2 \times 210 \times 10^3}{\pi \times 150 \times 300}$$
$$= 2.97\,\text{N/mm}^2 = 2.97\,\text{MPa}$$

□□□ 01④, 03⑤, 05①, 06②, 08①, 09③, 12②, 14③, 16①, 21①

59 물- 결합재비가 50%이고 단위수량이 180kg/m³일 때 단위 시멘트량은 얼마인가?

① 90kg/m³
② 180kg/m³
③ 270kg/m³
④ 360kg/m³

59 단위 시멘트량
$$C = \frac{\text{단위수량}}{\text{물}-\text{결합재비}}$$
$$= \frac{180}{0.50} = 360\,\text{kg/m}^3$$

□□□ 04②, 06①, 11③, 12③, 13②, 15④, 16①, 21①

60 골재의 단위용적 질량시험 방법 중 충격에 의한 경우는 용기에 시료를 3층으로 나누어 채우고 각 층 마다 용기의 한 쪽을 몇 cm 정도 들어 올려서 낙하시켜야하는가?

① 20cm
② 15cm
③ 10cm
④ 5cm

60
용기의 한쪽을 약 5cm 가량 들어 올렸다 떨어뜨리고, 반대쪽을 5cm 정도 들어 올렸다 낙하시킨다.

정답 57 ③ 58 ② 59 ④ 60 ④

국가기술자격 CBT 필기시험문제

2022년도 기능사 제1회 필기시험

종 목	시험시간	배 점	테스트 결과(개수)		
콘크리트기능사	1시간	60	1회	2회	3회

□□□ 03①, 05②, 06①, 08⑤, 12①, 13②, 14③, 22①

01 콘크리트가 경화되는 도중에 부피가 늘어나게 하여 콘크리트의 건조수축에 의한 균열을 막는데 사용하는 혼화재는?

① AE제
② 플라이애시(fly-ash)
③ 팽창성 혼화재
④ 포졸란(Pozzolan)

□□□ 12⑤, 22①

02 표면 건조 포화 상태 시료의 질량이 4000g이고, 물속에서 철망태와 시료의 질량이 3070g이며 물속에서 철망태의 질량이 580g, 절대 건조 상태 시료의 질량이 3930g일 때 이 굵은 골재의 절대 건조 상태의 밀도는? (단, 시험온도에서의 물의 밀도는 1g/cm³이다.)

① 2.30g/cm³
② 2.40g/cm³
③ 2.50g/cm³
④ 2.60g/cm³

□□□ 10①, 12①, 16①, 22①

03 콘크리트 내부진동에 의한 다짐 작업에 대한 설명으로 틀린 것은?

① 내부진동기는 진동효과를 극대화하기 위하여 내부에 비스듬히 찔러 넣는 것이 좋다.
② 내부진동기의 삽입간격은 일반적으로 0.5m 이하로 하는 것이 좋다.
③ 내부진동기를 빼낼 때 구멍이 생기지 않도록 한다.
④ 내부진동기를 아래층 콘크리트 속으로 0.1m 정도 들어가게 한다.

□□□ 12①, 22①

04 콘크리트의 배합강도를 결정하기 위한 압축강도의 표준편차는 실제 사용한 콘크리트 몇 회 이상의 시험실적으로부터 결정하는 것을 원칙으로 하는가?

① 30회
② 20회
③ 15회
④ 10회

해 설

01 팽창재
콘크리트가 굳어가는 도중에 부피를 늘어나게 하여 콘크리트의 건조수축에 의한 균열을 억제해 주는 혼화재이다.

02 굵은 골재의 절건 밀도
$$D_d = \frac{A}{B-C} \times \rho_w$$
$$= \frac{3930}{4000-(3070-580)} \times 1$$
$$= 2.60 \text{g/cm}^3$$

03 내부진동기 다짐
내부 진동기는 연직으로 찔러 넣어야 한다.

04
콘크리트 압축강도의 표준편차는 실제 사용한 콘크리트의 30회 이상의 시험실적으로부터 결정하는 것을 원칙으로 한다.

정답 01 ③ 02 ④ 03 ① 04 ①

□□□ 02⑤, 04②, 06①, 12①, 15④, 22①

05 알루미나 시멘트의 최대 특징은?

① 원료가 풍부하다.　　② 조기강도가 크다.
③ 값이 싸다.　　④ 타 시멘트와 혼합이 용이하다.

해설

05 알루미나 시멘트
초조강성으로 재령 24시간에 보통 포틀랜드 시멘트의 28일 강도를 낸다.

□□□ 02⑤, 04②, 08②, 12①, 13①③, 22①

06 콘크리트를 비빌 때 강제식 믹서의 경우 몇 분 이상 비비는 것을 표준으로 하는가?

① 1분 이상　　② 3분 이상
③ 5분 이상　　④ 7분 이상

06 믹서 시간
• 가경식(중력식) 믹서 : 1분 30초
• 강제식 믹서 : 1분 이상을 표준

□□□ 13①, 22①

07 콘크리트 압축강도 시험용 공시체 제작시 몰드 내부에 그리스를 발라주는 가장 주된 이유는?

① 탈형을 쉽게 하고 이음새로 콘크리트가 새는 것을 방지한다.
② 편심하중을 방지하고 경제적인 공시체 제작을 위해
③ 공시체 속의 공기를 제거하고 강도를 높이기 위해
④ 몰드에 콘크리트를 채울 때 골재 분리를 막기 위해

07
몰드의 이음매에 그리스를 엷게 바르고 조립하는 것은 탈형을 쉽게 하고 이음새를 콘크리트가 새는 것을 방지하기 위해서다.

□□□ 12②, 14③, 22①

08 일반 수중콘크리트에 대한 설명으로 틀린 것은?

① 수중콘크리트는 정수 중에서 타설하는 것이 좋다.
② 콘크리트는 수중에 낙하시키지 않아야 한다.
③ 단위 시멘트량은 300kg/m³ 이하로 하여야 한다.
④ 한 구획의 콘크리트 타설을 완료한 후 레이턴스를 모두 제거하고 다시 타설하여야 한다.

08 수중 콘크리트

단위시멘트량	370kg/m³ 이상
물-결합재비	50% 이하

□□□ 12⑤, 22①

09 비빈 콘크리트의 운반에 대한 설명으로 적당하지 않은 것은?

① 재료의 손실이 생기지 않아야 한다.
② 재료의 분리가 생기지 않아야 한다.
③ 슬럼프의 감소가 생기지 않아야 한다.
④ 블리딩이 많이 발생하도록 운반해야 한다.

09
블리딩이 발생하지 않도록 운반해야 한다.

정답 05 ② 06 ① 07 ① 08 ③ 09 ④

□□□ 09④, 13②, 22①
10 골재의 저장 방법에 대한 설명으로 틀린 것은?

① 잔골재, 굵은 골재 및 종류와 입도가 다른 골재는 서로 섞어 균질한 골재가 되도록 하여 저장한다.
② 먼지나 잡물 등이 섞이지 않도록 한다.
③ 골재의 저장 설비에는 알맞은 배수 시설을 한다.
④ 골재는 직사광선을 막을 수 있는 적당한 시설을 갖추어야 한다.

해설 10
잔골재와 굵은 골재 및 종류와 입도가 다른 골재는 각각 구분하여 따로 따로 저장한다.

□□□ 13④, 22①
11 콘크리트 시공의 작업순서를 바르게 나타낸 것은 어느 것인가?

① 계량→운반→비비기→치기→양생
② 계량→비비기→치기→운반→양생
③ 계량→운반→치기→비비기→양생
④ 계량→비비기→운반→치기→양생

해설 11 콘크리트 시공의 작업순서
계량 → 비비기 → 운반 → 치기 → 양생

□□□ 12⑤, 22①
12 부재 혹은 구조물의 치수가 커서 시멘트의 수화열에 의한 온도 상승 및 강하를 고려하여 설계 시공해야 하는 콘크리트는?

① 뿜어붙이기 콘크리트
② 진공 콘크리트
③ 매스 콘크리트
④ 롤러 다짐 콘크리트

해설 12
매스 콘크리트에 대한 정의이다.

□□□ 01③, 06①, 10⑤, 13①, 15①, 22①
13 콘크리트의 배합설계에서 골재의 절대 부피가 $0.95m^3$이고, 잔골재율이 39%, 잔골재의 표건밀도가 $2.60g/cm^3$일 때 단위 잔골재량은?

① 852kg
② 916kg
③ 954kg
④ 963kg

해설 13 단위 잔골재량
= 단위 골재의 절대체적 × S/a × 잔골재밀도 × 1000
= 0.95 × 0.39 × 2.60 × 1000
= 963kg

□□□ 03⑤, 12②, 22①
14 해중 공사 또는 한중 콘크리트 공사용 시멘트는?

① 고로 슬래그 시멘트
② 보통 포틀랜드 시멘트
③ 알루미나 시멘트
④ 백색 포틀랜드 시멘트

해설 14 알루미나 시멘트
수화열이 많아서 한중 콘크리트 공사에 알맞고, 해수에 대한 저항성이 커서 해수 공사에 알맞다.

정답 10 ① 11 ④ 12 ③ 13 ④ 14 ③

□□□ 04①, 08①, 09⑤, 10②, 14①, 22①

15 굳지 않는 콘크리트 속에서 스며나오는 물이 시멘트나 기타, 다른 미립자를 표면에 운반하여 이것이 표면에 떠올라서 가라앉은 물질을 무엇이라고 하는가?

① 슬럼프(slump)
② 레이턴스(laitance)
③ 블리딩(bleeding)
④ 피니셔 빌리티(finishability)

15
- 블리딩 : 콘크리트를 친후 시멘트와 골재 알이 가라 앉으면서 물이 올라와 콘크리트의 표면에 떠오르는 현상을 말한다.
- 레이턴스 : 블리딩에 의하여 콘크리트의 표면에 떠올라와 가라 앉는 아주 작은 물질

□□□ 13①, 22①

16 조립률이 3.0인 잔골재 2kg과 조립률이 7.0인 3kg의 굵은골재를 혼합한 경우 조립률은?

① 4.2
② 4.6
③ 5.0
④ 5.4

16 혼합 조립률
$$f_a = \frac{m}{m+n}f_s + \frac{n}{m+n}f_g$$
$$= \frac{2}{2+3} \times 3 + \frac{3}{2+3} \times 7 = 5.4$$

□□□ 03②, 07②, 14③, 22①

17 빈틈률이 작은 골재를 사용한 콘크리트에 대한 설명으로 틀린 것은?

① 시멘트풀의 양이 적게 들어 수화열이 적어진다.
② 건조 수축이 작아진다.
③ 콘크리트의 수밀성 및 닮음 저항성이 작아진다.
④ 콘크리트의 강도와 내구성이 커진다.

17
빈틈률이 작은 골재는 실적률이 좋아 수밀성 및 마멸 저항성이 큰 콘크리트를 얻을 수 있다.

□□□ 12②, 14③, 22①

18 아래의 그림은 잔골재의 밀도 및 흡수율 시험에서 잔골재를 원뿔형 몰드에 넣어 다지고 난 후 빼 올렸을 때의 형태를 나타낸 것이다. 함수량이 많은 순서로 나열하면?

A   B   C

① A > C > B
② C > A > B
③ B > A > C
④ A > B > C

18 함수량의 대소

A형태	습윤상태
B형태	표면건조 포화상태
C형태	공기 중 건조상태

∴ A > B > C

□□□ 03①, 08①, 12①, 22①

19 콘크리트 배합설계시 기준이 되는 골재의 상태는?

① 절대 건조상태
② 공기 중 건조상태
③ 표면건조포화상태
④ 습윤상태

19
콘크리트 배합설계시 표면건조포화상태의 골재를 기준으로 한다.

정답 15 ② 16 ④ 17 ③ 18 ④ 19 ③

□□□ 10①, 15①, 22①

20 잔골재의 조립률 시험을 한 결과 다음 표와 같은 결과를 얻었다. 이 잔골재의 조립률(FM)은 얼마인가?

체의 호칭(mm)	체에 남는 양(%)
10	0
5	4
2.5	6
1.2	21
0.6	40
0.3	17
0.15	12
접시	0

① 2.74   ② 2.84
③ 2.94   ④ 3.04

해 설

20

체의 호칭(mm)	체에 남는 양(%)	체에 남는 양 누계(%)
10	0	0
5	4	4
2.5	6	10
1.2	21	31
0.6	40	71
0.3	17	88
0.15	12	100
접시	0	
합계	100	304

$$\therefore F.M = \frac{\Sigma \text{각 체에 남는 양의 누계}}{100}$$
$$= \frac{304}{100} = 3.04$$

□□□ 13④, 22①

21 토목재료로서 갖추어야할 일반적 성질 중 틀린 것은?

① 사용 환경에 안전하고 내구성이 있어야 한다.
② 생산량이 적어야 한다.
③ 사용목적에 알맞은 공학적 성질을 가져야 한다.
④ 운반 다루기 및 가공하기 쉬워야 한다.

21
대량생산이 가능해야 한다.

□□□ 13④, 22①

22 콘크리트의 워커빌리티에 가장 큰 영향을 미치는 요소는?

① 시멘트의 종류   ② 단위수량
③ 잔골재의 품질   ④ 굵은 골재의 최대치수

22
워커빌리티에 영향을 끼치는 가장 중요한 것은 단위수량이다.

□□□ 12②, 14③, 22①

23 경사슈트를 사용하여 콘크리트를 타설할 경우 슈트의 경사로서 가장 적당한 것은?

① 수평 1에 대하여 연직 1정도
② 수평 2에 대하여 연직 1정도
③ 수평 1에 대하여 연직 2정도
④ 수평 1에 대하여 연직 3정도

23 경사슈트의 기울기
수평2에 대하여 연직 1정도로 한다.

정답 20 ④ 21 ② 22 ② 23 ②

□□□ 04②, 06②, 11①, 12②, 13③, 15①, 22①

24 콘크리트의 블리딩시험(KS F 2414)은 굵은 골재의 최대치수가 최대 몇 mm 이하인 콘크리트에 적용하는가?

① 25mm   ② 30mm
③ 50mm   ④ 80mm

24 블리딩 시험
굵은 골재의 최대 치수가 50mm 이하인 경우에 적용한다.

□□□ 13④, 22①

25 콘크리트를 운반할 때 고려하여야 할 중요 사항과 가장 관계가 먼 것은?

① 운반 시간 단축   ② 슬럼프 감소 방지
③ 거푸집의 청결상태   ④ 재료분리 방지

25
콘크리트를 운반할 때 가능한 운반 거리를 짧게 하여 운반시간을 단축하고 슬럼프 감소와 재료 분리를 방지해야 한다.

□□□ 13④, 22①

26 비카 침 장치와 길모어 침 장치는 무슨 시험을 하기 위한 것인가?

① 시멘트의 응결시간 시험   ② 시멘트의 흐름 시험
③ 시멘트의 수화열 시험   ④ 시멘트의 팽창도 시험

26 응결시간 측정법
• 비카침(Vicat needle)법
• 길모어침(Gilmore needle)법

□□□ 15①, 22①

27 수화열이 많아 한중콘크리트에 알맞으며, 조기강도가 필요한 공사나 긴급공사에 사용되는 시멘트는?

① 조강 포틀랜드 시멘트
② 중용열 포틀랜드 시멘트
③ 저열 포틀랜드 시멘트
④ 백색 포틀랜드 시멘트

27 조강 포틀랜드 시멘트
수화열이 많으므로 한중 콘크리트에 알맞으며, 수중 공사, 해중 공사에도 사용된다.

□□□ 15②, 22①

28 골재의 내구성을 알기 위해 실시하는 안정성시험에 대한 설명으로 옳은 것은?

① 로스앤젤레스 마모시험기로 골재의 마모정도를 측정한다.
② 골재 단위 부피 중 골재 사이의 빈틈 비율을 측정한다.
③ 황산나트륨 용액에 대한 골재의 저항성을 측정한다.
④ 골재의 입도를 수치적으로 나타내는 조립률을 측정한다.

28 황산 소듐을 이용한 골재의 안정성 시험
황산나트륨 포화용액으로 인한 골재의 부서짐 작용에 대한 저항성을 시험한다.

정답 24 ③ 25 ③ 26 ① 27 ① 28 ③

□□□ 07②, 10②, 15①, 22①

29 콘크리트의 압축강도를 시험할 경우 기둥의 측면 거푸집널의 해체 시기로 옳은 것은?

① 콘크리트의 압축강도가 5MPa 이상
② 콘크리트의 압축강도가 4MPa 이상
③ 콘크리트의 압축강도가 3MPa 이상
④ 콘크리트의 압축강도가 2MPa 이상

해설 콘크리트의 압축강도를 시험할 경우

부재		콘크리트 압축강도(f_{cu})
기초, 보, 기둥, 벽 등의 측면		5MPa
슬래브 및 보의 밑면, 아치 내면	단층구조의 경우	설계기준압축강도(f_{cu})의 2/3배 이상 또는 최소 14MPa 이상

□□□ 08③, 12②, 15②, 16②, 22①

30 다음 중 촉진양생에 포함되지 않는 것은?

① 증기양생 ② 오토클레이브양생
③ 막양생 ④ 고주파 양생

30 촉진 양생의 종류
증기양생, 전기양생, 오토클레이브 양생, 고주파 양생

□□□ 03②, 04②, 06①, 08②, 09②, 11③, 13②, 14①, 22①

31 풍화된 시멘트의 성질에 대한 설명으로 틀린 것은?

① 비중이 떨어진다. ② 강열감량이 감소된다.
③ 응결이 지연된다. ④ 강도의 발현이 저하된다.

31
• 강열감량은 시멘트 풍화의 정도를 판단하기 위하여 많이 사용된다.
• 시멘트가 풍화되면 강열감량이 증가되어 강도가 저하된다.

□□□ 12⑤, 22①

32 주로 잠재 수경성이 있는 혼화재는?

① 고로 슬래그 미분말 ② 플라이 애시
③ 규산질 미분말 ④ 팽창재

32
• 주로 감재수정성이 있는 것 : 고로 슬래그 미분말
• 포졸란 작용이 있는 것 : 플라이 애시
• 굳는 과정에서 팽창을 일으키는 것 : 팽창재

□□□ 13②, 22①

33 골재의 조립률을 구하기 위한 체의 호칭지수로 적당하지 않은 것은?

① 40mm ② 25mm
③ 5mm ④ 2.5mm

33 조립률(F.M)
75mm, 40mm, 20mm, 10mm, 5mm, 2.5mm, 1.2mm, 0.6mm, 0.3mm, 0.15mm(10개)

정답 29 ① 30 ③ 31 ② 32 ① 33 ②

□□□ 15②④, 22①

34 콘크리트의 시방배합으로 각 재료의 양과 현장골재의 상태가 아래와 같을 때 현장배합에서 굵은골재의 양은 얼마로 하여야 하는가? (단, 현장골재는 표면건조 포화상태임)

【시방배합】
- 시멘트 : 300kg/m³
- 물 : 160kg/m³
- 잔골재 : 666kg/m³
- 굵은골재 : 1178kg/m³

【현장배합】
- 5mm체에 남은 잔골재량 : 0%
- 5mm체를 통과한 굵은골재량 : 5%

① 1116kg/m³ ② 1178kg/m³
③ 1240kg/m³ ④ 1258kg/m³

34 입도에 의한 조정
a : 잔골재 중 5mm체에 남은 양 : 0%
b : 굵은 골재 중 5mm체를 통과한 양 : 5%
∴ 굵은골재
$$Y = \frac{100G - a(S+G)}{100 - (a+b)}$$
$$= \frac{100 \times 1178 - 0(666+1178)}{100 - (0+5)}$$
$$= 1240 \, kg/m^3$$

□□□ 11④, 14②, 15①, 22①

35 굵은 골재의 밀도 및 흡수율시험(KS F 2503)의 정밀도에 대한 아래 표의 설명에서 ( )에 알맞은 수치는?

시험값은 평균값과의 차이가 밀도의 경우 0.01g/cm³ 이하, 흡수율의 경우는 ( )% 이하이어야 한다.

① 0.03 ② 0.07
③ 0.1   ④ 0.3

35 시험값은 평균값과의 차이 밀도는 0.01g/cm³ 이하, 흡수율은 0.03% 이하이어야 한다.

□□□ 13④, 22①

36 콘크리트의 블리딩 시험에서 시료의 블리딩 물의 총량이 300g이고 시료에 함유된 물의 총 질량이 150kg일 때 블리딩률은 몇 %인가?

① 0.2% ② 0.8%
③ 1.2% ④ 4.5%

36 블리딩률
$$B_r = \frac{B}{W_s} \times 100$$
$$= \frac{300}{150 \times 1000} \times 100 = 0.2\%$$

□□□ 03⑤, 08①③, 09①②, 10③⑤, 11③, 14①, 22①

37 콘크리트 압축강도 시험용 공시체를 제작할 때 공시체의 표준 양생 온도로 적당한 것은?

① 18±2℃ ② 20±2℃
③ 25±2℃ ④ 30±2℃

37 시험체를 20±2℃(18~22℃)에서 습윤상태로 양생한다.

정답 34 ③ 35 ① 36 ① 37 ②

38 해양 콘크리트 구조물에 쓰이는 콘크리트의 설계기준강도는 몇 MPa 이상으로 하여야 하는가?

① 10MPa
② 20MPa
③ 30MPa
④ 40MPa

38
해양 콘크리트 구조물에 쓰이는 콘크리트의 설계기준강도는 30MPa 이상으로 한다.

39 단위 용적질량이 1.69kg/L, 골재의 절건밀도가 2.60kg/L인 굵은 골재의 공극률은 얼마인가?

① 25%
② 30%
③ 35%
④ 40%

39
공극률 $= \left(1 - \dfrac{T}{d_D}\right) \times 100$
$= \left(1 - \dfrac{1.69}{2.60}\right) \times 100 = 35\%$

40 콘크리트 믹서는 중력식 믹서와 강제식 믹서로 나눌 수 있다. 다음 중 중력식 믹서에 속하는 것은?

① 팬형 믹서
② 1축 믹서
③ 2축 믹서
④ 가경식 믹서

40
- 중력식 믹서 : 가경식 믹서, 드럼 믹서
- 강제식 믹서 : 팬형 믹서, 1축 믹서, 2축 믹서

41 혼화재료는 혼화제와 혼화재로 분류할 수 있다. 이 때 혼화재에 대한 설명으로 옳은 것은?

① 사용량이 비교적 많아서(통상 시멘트 질량의 5% 정도 이상) 그 자체의 부피가 콘크리트 등의 비비기 용적에 계산되는 것
② 사용량이 비교적 적어서(통상 시멘트 질량의 1% 정도 이하) 그 자체의 부피가 콘크리트 등의 비비기 용적에 계산되지 않는 것
③ 분말가루의 형태로 존재하는 것
④ 액체의 형태로 존재하는 것

41
사용량이 시멘트 중량의 5% 이상으로 그 자체의 부피가 콘크리트의 배합계산 되는 혼화재

42 콘크리트 배합설계에서 물-결합재비가 48%, 잔골재율이 35%, 단위수량이 170kg/m³을 얻었다면 단위시멘트량은 약 얼마인가?

① 485kg/m³
② 413kg/m³
③ 354kg/m³
④ 327kg/m³

42 단위 시멘트량
$C = \dfrac{단위수량}{물-결합재비}$
$= \dfrac{170}{0.48} = 354.17 \text{kg/m}^3$

정답 38 ③ 39 ③ 40 ④ 41 ① 42 ③

□□□ 05②, 15①, 22①

43 공기량 측정방법 중 공기가 전혀 없는 것으로 하여 시방배합에서 계산한 콘크리트의 이론 단위 무게와 실제로 측정한 단위 무게와의 차이로 공기량을 구하는 방법은?

① 공기실 압력법
② 질량법
③ 부피법
④ 워싱턴형 공기량 측정법

43
- 질량법에 대한 설명이다.
- 공기실 압력법 : 굳지 않은 콘크리트의 압력법에 의한 공기량 측정기구

□□□ 05①, 08①, 10①③, 15②, 22①

44 콘크리트의 휨강도 시험에 대한 설명으로 틀린 것은?

① 3등분점 재하법에 따라 시험한다.
② 시험체 한 변의 길이는 굵은 골재 최대치수의 4배 이상으로 한다.
③ 시험체 길이는 단면의 한 변의 길이의 2배 보다 150mm 이상 더 커야 한다.
④ 공시체의 양생온도는 20±2℃로 한다.

44
시험체 길이는 단면의 한 변의 길이의 3배 보다 80mm 이상 더 커야 한다.

□□□ 15②, 22①

45 레디믹스트 콘크리트 종류 중 콘크리트 플랜트에서 재료를 개량하여 트럭믹서에 싣고, 운반 중에 물을 넣어서 비비는 것은?

① 센트럴믹스트 콘크리트
② 슈링크믹스트 콘크리트
③ 트렌싯믹스트 콘크리트
④ 레이크믹스트 콘크리트

45 트랜싯 믹스트 콘크리트
콘크리트 플랜트에서 재료를 계량하여 트럭 믹서에 싣고, 운반 중에 물을 넣어 비비는 방법

□□□ 10①, 13②, 16①, 22①

46 콘크리트 제조 기계로서 날개가 달린 비빔통을 회전시켜서 내부의 재료를 비비는 콘크리트 믹서를 무엇이라 하는가?

① 강제식 믹서
② 중력식 믹서
③ 강제 교반식 믹서
④ 혼합형 믹서

46
- 중력식 믹서 : 비빔통 속에 날개가 달린 비빔통을 회전시켜서 내부의 재료를 비비는 믹서
- 강제식 믹서 : 비빔통 속에 달린 날개를 회전시켜서 콘크리트를 비비는 믹서로 주로 콘크리트 플랜트에 사용.

□□□ 02⑤, 09③, 14③, 22①

47 슬럼프 시험에서 시료를 슬럼프 콘에 몇 층으로 나누고 각 층을 몇 회씩 다지는가?

① 2층 25회
② 3층 25회
③ 2층 15회
④ 3층 15회

47
슬럼프 콘에 3층으로 나누어 넣고 각층을 25회 다짐대 다진다.

정답 43 ② 44 ③ 45 ③ 46 ② 47 ②

□□□ 11③, 15②, 22①

48 로스앤젤레스 시험기에 의한 굵은골재의 마모시험을 실시한 결과가 아래의 표와 같을 때 마모감량은?

- 시험 전의 시료의 질량 : 5000g
- 시험후 1.7mm의 망체에 남은 시료의 질량 : 4525g

① 8.5%   ② 9.5%
③ 10.5%   ④ 11.5%

해설 마모율 = $\dfrac{(\text{시험전의 시료의 질량}) - (\text{시험후 1.7mm체 남는 시료의 질량})}{(\text{시험전의 시료의 질량})} \times 100$

$= \dfrac{5000 - 4525}{5000} \times 100 = 9.5\%$

48 마모율

$R = \dfrac{m_1 - m_2}{m_1} \times 100$

□□□ 16①, 22①

49 콘크리트 쪼갬 인장 강도 시험에서 공시체에 하중을 가하는 속도로 옳은 것은?

① 인장응력도의 증가율이 매초 (0.06±0.04)MPa이 되도록 한다.
② 인장응력도의 증가율이 매초 (0.6±0.04)MPa이 되도록 한다.
③ 인장응력도의 증가율이 매초 (0.6±0.04)MPa이 되도록 한다.
④ 인장응력도의 증가율이 매초 (0.06±0.4)MPa이 되도록 한다.

49
- 압축강도시험 : 매초(0.6±0.2)MPa
- 인장강도 시험 : 매초(0.06±0.04)MPa
- 휨강도 시험 : 매초(0.06±0.04)MPa

□□□ 03①⑤, 04②, 05②, 08③, 09①③, 10①, 11③, 13②, 15①, 22①

50 콘크리트 치는 기계 중에서 압축공기를 이용하여 터널의 둘레 콘크리트 치기에 사용하는 기계는?

① 벨트 컨베이어   ② 콘크리트 플레이서
③ 트럭 믹서   ④ 콘크리트 믹서

50 콘크리트 플레이서
- 수송관 속의 콘크리트를 압축공기에 의하여 압력으로 보내는 것이다.
- 터널 등의 좁은 곳에 콘크리트를 운반하는 데 편리하다.
- 주로 터널의 둘레 콘크리트 치기에 사용된다.

□□□ 07②, 08②, 09②, 13②, 14②, 15①, 22①

51 콘크리트의 블리딩 시험에서 시험 중 온도로 가장 적당한 것은?

① 15±3℃   ② 20±3℃
③ 25±2℃   ④ 30±2℃

51
시험하는 동안 온도 20±3℃로 유지해야 한다.

정답 48 ② 49 ① 50 ② 51 ②

□□□ 10①, 13②, 16①, 22①

52 비빔통 속에 달린 날개를 회전시켜 콘크리트를 비비는 것이며, 주로 콘크리트 플랜트에 사용되는 믹서는?

① 중력식 믹서　　② 강제식 믹서
③ 가경식 믹서　　④ 연속식 믹서

□□□ 01③, 07①, 13①, 14①②, 22①

53 시멘트 비중시험에서 처음 광유 읽음이 0.2mL, 시료의 무게 64g, 시료와 광유의 눈금 읽음 20.8mL 일 때 비중값은?

① 3.09　　② 3.11
③ 3.14　　④ 3.21

□□□ 01④, 03②, 06①, 08③, 15①, 22①

54 시멘트의 제조 과정에서 응결지연제로 석고를 클링커 질량의 약 몇 % 정도 넣고 분쇄하는가?

① 3%　　② 6%
③ 10%　　④ 16%

□□□ 03②, 04①, 15④, 22①

55 포장용 콘크리트의 배합기준 중 굵은 골재의 최대치수는 몇 mm 이하이어야 하는가?

① 25mm　　② 40mm
③ 100mm　　④ 150mm

□□□ 13①, 15①, 22①

56 시멘트의 강도시험(KS L ISO 679)에서 모르타르를 제조할 때 시멘트와 표준모래의 질량비로 옳은 것은?

① 1 : 3　　② 1 : 3.5
③ 1 : 2.5　　④ 1 : 2

□□□ 16①, 22①

57 잔골재의 유해물 함유량의 허용한도 중 점토덩어리의 허용한도로서 옳은 것은?

① 1.0%　　② 1.2%
③ 1.5%　　④ 2.0%

해 설

52
• 중력식 믹서 : 비빔통 속에 날개가 달린 비빔통을 회전시켜서 내부의 재료를 비비는 믹서
• 강제식 믹서 : 비빔통 속에 달린 날개를 회전시켜서 콘크리트를 비비는 믹서

53 시멘트비중
$$= \frac{\text{시멘트의 무게(g)}}{\text{비중병의 눈금 차(mL)}}$$
$$= \frac{64.0}{20.8 - 0.2} = 3.11$$

54 석고
시멘트의 응결시간을 조절하기 위하여 응결 지연제로 석고를 3% 정도 첨가한다.

55 포장 콘크리트
굵은 골재의 최대치수는 40mm 이하로 한다.

56 모르타르 제작방법
질량에 의한 비율로 시멘트와 표준사를 1 : 3의 비율로 한다.

57 잔골재의 유해물 함유량의 한도 (중량백분율)
• 점토 덩어리(최대치) : 1.0%

정답 52 ②　53 ②　54 ①　55 ②　56 ①
57 ①

□□□ 02⑤, 05①, 08①, 09①⑤, 11③, 13①, 16①, 22①

58 콘크리트 시공에서 거푸집 떼어내기 방법으로 옳지 않은 것은?

① 거푸집 안쪽에 박리제를 발라서 콘크리트와 부착을 방지한다.
② 거푸집은 콘크리트가 충분한 강도를 가질 때까지 제거해서는 안된다.
③ 수평부재 거푸집을 연직부재 거푸집보다 먼저 떼어낸다.
④ 보(beam) 양측 면의 거푸집을 바닥판보다 먼저 떼어낸다.

58
연직부재의 거푸집을 수평부재의 거푸집보다 먼저 떼어낸다.

□□□ 01③, 03②, 04①②, 06⑤, 07⑤, 08②, 09①②, 10①, 13②③, 14①, 15①②④, 22①

59 지름 151mm, 길이 300mm인 원주형 콘크리트 공시체를 쪼갬인장강도 시험을 한 결과 최대하중이 200kN이었다. 이 콘크리트의 인장강도는?

① 2.54MPa
② 2.81MPa
③ 25.4MPa
④ 28.1MPa

59 인장강도

$$f_t = \frac{2P}{\pi dl} = \frac{2 \times 200 \times 10^3}{\pi \times 151 \times 300}$$
$$= 2.81 \, \text{N/mm}^2 = 2.81 \, \text{MPa}$$

□□□ 13①, 22①

60 콘크리트 재료를 계량할 때 플라이애시의 계량에 대한 허용오차로 옳은 것은?

① ±1%
② ±2%
③ ±3%
④ ±4%

60 계량오차

재료	허용오차
시멘트	−1%, +2%
골재	±3%
물	−2%, +1%
혼화재	±2%
혼화제	±3%

플라이 애시는 혼화재
∴ 혼화재 : ±2%

정답 58 ③ 59 ② 60 ②

국가기술자격 CBT 필기시험문제

2023년도 기능사 제1회 필기시험

종 목	시험시간	배 점	테스트 결과(개수)		
콘크리트기능사	1시간	60	1회	2회	3회

□□□ 04②, 06②, 11①, 12②, 13③, 15①, 23①

01 콘크리트의 슬럼프 시험에서 콘크리트의 내려앉은 길이를 어느 정도의 정밀도로 측정하여야 하는가?

① 0.5mm ② 1mm
③ 5mm ④ 10mm

01
콘크리트가 내려앉은 길이를 5mm의 정밀도로 측정한다.

□□□ 05①, 09②, 12①, 23①

02 시멘트 저장 방법에 대한 다음 설명 중 옳지 않은 것은?

① 방습적인 창고에 저장하고 입하 순서대로 사용한다.
② 포대 시멘트는 지상 30cm 이상의 마루에 쌓아야 한다.
③ 통풍이 잘 되도록 저장한다.
④ 품종별로 구분하여 저장한다.

02
통풍이 잘되면 풍화하기 쉬우므로 통풍이 되지 않아야 한다.

□□□ 10②, 12①, 23①

03 콘크리트의 설계기준압축강도가 18MPa이고 압축강도시험의 기록이 없는 경우 콘크리트의 배합강도는?

① 18MPa ② 25MPa
③ 26.5MPa ④ 28MPa

03
21MPa 미만일 때
$f_{cr} = f_{ck} + 7$
$= 18 + 7 = 25\text{MPa}$

□□□ 12⑤, 23①

04 시멘트의 응결을 빠르게 하기 위하여 사용하는 혼화제는?

① 지연제 ② 발포제
③ 급결제 ④ 기포제

04 급결제
시멘트의 응결을 상당히 빠르게 하기 위하여 사용하는 혼화제이다.

□□□ 06①, 07②, 09②⑤, 14①, 23①

05 수밀콘크리트의 물-결합재비(W/C)는 얼마 이하를 표준으로 하는가?

① 40% ② 50%
③ 60% ④ 65%

05 수밀콘크리트
물-결합재비는 50% 이하를 표준으로 한다.

정답 01 ③ 02 ③ 03 ② 04 ③ 05 ②

□□□ 01③, 04②, 12②, 13①②, 14②, 23①

06 한중 콘크리트의 시공에 관한 사항 중 옳지 않은 것은?

① 물, 골재, 시멘트를 가열하여 적당한 온도에서 비볐다.
② 가능한 한 단위 수량을 줄였다.
③ 타설할 때의 콘크리트 온도를 구조물의 단면치수, 기상조건 등을 고려하여 5～20℃의 범위에서 정하였다.
④ AE콘크리트를 사용하여 시공하였다.

06
온도가 높은 시멘트와 물을 접촉시키면 급결하여 콘크리트에 나쁜 영향을 줄 우려가 있으므로 시멘트를 직접 가열해서는 안된다.

□□□ 13④, 23①

07 콘크리트를 운반할 때 고려하여야 할 중요 사항과 가장 관계가 먼 것은?

① 운반 시간 단축
② 슬럼프 감소 방지
③ 거푸집의 청결상태
④ 재료분리 방지

07
콘크리트를 운반할 때 가능한 운반거리를 짧게 하여 운반시간을 단축하고 슬럼프 감소와 재료 분리를 방지해야 한다.

□□□ 13①, 23①

08 골재의 내구성을 알기 위한 안정성 시험에 사용하는 시험용 용액은?

① 황산나트륨
② 수산화나트륨
③ 염화나트륨
④ 규산나트륨

08
황산 소듐을 이용한 골재의 안정성 시험은 골재의 내구성을 판단하기 위해서 황산나트륨 포화 용액으로 인한 골재의 부서짐 작용에 대한 저항성을 시험하는 것이다.

□□□ 06③, 07②, 10②, 11①, 12①, 13②, 23①

09 용량 0.75m³인 믹서 2대로 된 중력식 콘크리트 플랜트의 시간당 생산량을 구하면? (단, 작업효율(E)=0.8, 사이클 시간(Cm)=4min으로 한다.)

① 12m³/h
② 14m³/h
③ 16m³/h
④ 18m³/h

09
$$Q = \frac{60 \times q \times n \times E}{Cm}$$
$$= \frac{60 \times 0.75 \times 2 \times 0.8}{4} = 18\,m^3/hr$$

□□□ 10②, 12②, 23①

10 자체로는 수경성이 없으나 콘크리트 속에 녹아있는 수산화칼슘과 상온에서 천천히 화합하여 불용성 물질을 만드는 포졸란 반응을 하는 혼화재는?

① 팽창재
② 플라이 애시
③ 폴리머
④ 고로슬래그 미분말

10
플라이 애시는 인공포졸란에 속하며 경화하는 포졸란 반응을 한다.

정답 06 ① 07 ③ 08 ① 09 ④ 10 ②

□□□ 13②, 23①

11 골재의 함수상태 네 가지 중 습기가 없는 실내에서 자연건조 시킨 것으로서 골재알 속의 빈틈 일부가 물로 차있는 상태는?

① 습윤상태
② 절대건조상태
③ 표면건조 포화상태
④ 공기 중 건조 상태

해설

11
- 표면건조포화상태 : 골재 알 속의 빈틈이 물로 차 있고 표면에 물기가 없는 상태이다.
- 공기 중 건조상태 : 골재 알 속의 빈틈 일부가 물로 차 있는 상태이다.

□□□ 13①, 23①

12 포틀랜드 시멘트 제조 시 클링커를 만든 다음 석고를 3% 첨가하는 이유로 가장 적합한 것은?

① 강도를 작게 하기 위하여
② 강도를 크게 하기 위하여
③ 응결을 촉진시키기 위하여
④ 응결을 지연시키기 위하여

12
굳는 속도를 늦추기 위하여 응결지연제로 석고를 3% 정도 첨가한다.

□□□ 13④, 23①

13 부순 굵은 골재를 사용한 콘크리트에 대한 설명으로 틀린 것은?

① 소요 단위수량이 많아진다.
② 강자갈을 사용한 콘크리트와 비교하여 수밀성이 약간 저하된다.
③ 강자갈을 사용한 콘크리트와 비교하여 압축강도가 현저히 작아진다.
④ 석분이 골재 표면에 부착되어 있기 때문에 세척 후 사용하여야 한다.

13
부순 굵은 골재는 시멘트와 부착이 좋기 때문에 강자갈을 사용한 콘크리트와 거의 동등 이상의 강도를 발현한다.

□□□ 13②, 23①

14 다음 콘크리트 다짐기계 중에서 비교적 두께가 얇고, 넓은 콘크리트의 표면을 고르게 다듬질할 때 사용되며, 주로 도로 포장, 활주로 포장 등의 다짐에 쓰이는 것은?

① 거푸집 진동기
② 내부 진동기
③ 롤러 진동기
④ 표면 진동기

14 표면 진동기
- 비교적 두께가 얇고, 넓은 콘크리트의 표면에 진동을 주어 다지는 기계로서 표면을 고르게 다듬질 할 때 사용된다.
- 주로 도로 포장, 활주로 포장 등의 다지기에 사용된다.

□□□ 02①, 08①, 13①, 16②, 23①

15 재료에 일정 하중이 작용하면 시간의 경과와 함께 변형이 증가하는데 이러한 현상을 무엇이라 하는가?

① 포와송비
② 크리프
③ 연성
④ 취성

15 크리프
재료에 오랫동안 하중이 작용하면 시간이 지남에 따라 변형이 커지는 현상을 말한다.

정답 11 ④ 12 ④ 13 ③ 14 ④ 15 ②

☐☐☐ 12⑤, 23①

16 조기 강도가 작고 장기 강도가 큰 시멘트로 체적 변화가 적고 균열 발생이 적어 댐 공사, 단면이 큰 구조물 공사에 적합한 것은?

① 보통 포틀랜드 시멘트
② 조강 포틀랜드 시멘트
③ 백색 포틀랜드 시멘트
④ 중용열 포틀랜드 시멘트

해설

16 중용열 포틀랜드 시멘트
수화열이 적고, 건조수축이 작으며, 장기 강도가 커서 댐과 같은 매스 콘크리트, 방사선 차폐용, 지하 구조물, 도로 포장용 등으로 쓰인다.

☐☐☐ 12⑤, 23①

17 콘크리트의 압축강도 시험용 공시체의 양생온도로 적당한 것은?

① 10±2℃
② 15±2℃
③ 20±2℃
④ 25±2℃

17 공시체의 양생
- 시험체를 만든 뒤 16~72시간 안에 몰드를 떼어낸다.
- 시험체를 20±2℃(18~22℃)에서 습윤 상태로 양생한다.

☐☐☐ 13②, 23①

18 콘크리트용 잔골재의 유해물 함유량의 한도(질량백분율)중 점토덩어리 함유량의 최대값은 몇 % 이하이어야 하는가?

① 0.25
② 1
③ 3
④ 5

18 점토덩어리 함유량 최대값

잔골재	1%
굵은골재	0.25%

☐☐☐ 12⑤, 23①

19 콘크리트의 배합에서 단위 잔골재량이 600kg/m³, 단위 굵은 골재량이 1400kg/m³일 때 절대 잔골재율(S/a)은? (단, 잔골재와 굵은골재 밀도는 같다.)

① 30%
② 35%
③ 40%
④ 45%

19
$$S/a = \frac{\text{단위 잔골재의 절대부피}}{\text{단위 골재량의 절대부피}} \times 100$$
$$= \frac{V_S}{V_S + V_G} \times 100$$
$$= \frac{600}{600 + 1400} \times 100 = 30\%$$

☐☐☐ 14①, 23①

20 골재의 체가름시험에 사용하는 시료에 대한 설명으로 틀린 것은?

① 잔골재로서 1.18mm체를 95%(질량비) 이상 통과하는 시료의 최소 건조 질량은 100g으로 한다.
② 굵은 골재로서 최대치수 10mm 정도인 시료의 최소 건조 질량은 2kg으로 한다.
③ 시험하려고 하는 로트를 대표하도록 골재를 채취하여 사분법 또는 시료분취기에 의해 거의 소정량이 되도록 축분한다.
④ 분취한 시료를 표면건조 포화상태가 되도록 한 후 시험을 실시한다.

20
골재의 체가름 시험에 사용되는 시료는 건조기에 넣고 105±5℃에서 일정 무게가 될 때까지 건조한다.

정답 16 ④ 17 ③ 18 ② 19 ① 20 ④

□□□ 02⑤, 04②, 06①, 12①, 15④, 23①

21 알루미나 시멘트의 최대 특징은?

① 원료가 풍부하다. ② 조기강도가 크다.
③ 값이 싸다. ④ 타 시멘트와 혼합이 용이하다.

해 설

21 알루미나 시멘트
초조강성으로 재령 24시간에 보통 포틀랜드 시멘트의 28일 강도를 낸다.

□□□ 23①

22 분말도가 큰 시멘트의 성질에 대한 설명으로 틀린 것은?

① 물과 혼합시 접촉 표면적이 커서 수화작용이 빠르다.
② 풍화하기 쉽고 건조수축이 커져서 균열이 발생하기 쉽다.
③ 블리딩이 적고 워커블한 콘크리트가 얻어진다.
④ 색이 어둡게 되며 비중이 커진다.

22
분말도가 큰 시멘트는 비중이 작고 풍화하기 쉽다.

□□□ 04②, 06⑤, 10③, 13②③, 14③, 23①

23 콘크리트 휨강도 시험에서 100×100×380mm의 몰드를 사용하여 공시체를 제작할 때 콘크리트 채우기에서 각 층의 다짐 횟수는?

① 38회 ② 58회
③ 76회 ④ 96회

23
몰드 속의 콘크리트를 다짐대로 윗면적 약 $1,000mm^2$에 대하여 1회 비율로 다짐한다.

$\therefore \frac{100 \times 380}{1000} = 38$회

□□□ 04①, 08①, 09⑤, 10②, 14①, 23①

24 굳지 않는 콘크리트 속에서 스며나오는 물이 시멘트나 기타, 다른 미립자를 표면에 운반하여 이것이 표면에 떠올라서 가라앉은 물질을 무엇이라고 하는가?

① 슬럼프(slump)
② 레이턴스(laitance)
③ 블리딩(bleeding)
④ 피니셔 빌리티(finishability)

24
• 블리딩 : 콘크리트를 친후 시멘트와 골재 알이 가라앉으면서 물이 올라와 콘크리트의 표면에 떠오르는 현상을 말한다.
• 레이턴스 : 블리딩에 의하여 콘크리트의 표면에 떠올라와 가라앉는 아주 작은 물질

□□□ 13④, 23①

25 콘크리트 시공의 작업순서를 바르게 나타낸 것은 어느 것인가?

① 계량→운반→비비기→치기→양생
② 계량→비비기→치기→운반→양생
③ 계량→운반→치기→비비기→양생
④ 계량→비비기→운반→치기→양생

25 콘크리트 시공의 작업순서
계량 → 비비기 → 운반 → 치기 → 양생

정답 21 ② 22 ④ 23 ① 24 ② 25 ④

□□□ 14③, 23①
26 응결지연제(retarder)를 혼입해서 사용해야 할 콘크리트는?

① 한중콘크리트　　② 서중콘크리트
③ 수중콘크리트　　④ 진공콘크리트

해설

26 응결지연제
서중콘크리트처럼 대기의 온도가 높을 때 빠른 응결을 지연하기 위해 사용된다.

□□□ 13④, 23①
27 골재의 조립률(F.M)과 관계있는 것은?

① 마모에 대한 저항성
② 콘크리트의 경제적인 배합결정
③ 알칼리 골재 반응
④ 골재의 함유 불순물

27
골재의 조립률은 콘크리트의 경제적인 배합결정을 위해서 필요하다.

□□□ 13④, 23①
28 콘크리트의 블리딩 시험에서 시료의 블리딩 물의 총량이 300g이고 시료에 함유된 물의 총 질량이 150kg일 때 블리딩률은 몇 %인가?

① 0.2%　　② 0.8%
③ 1.2%　　④ 4.5%

28 블리딩률
$$B_r = \frac{B}{W_s} \times 100$$
$$= \frac{300}{150 \times 1000} \times 100 = 0.2\%$$

□□□ 08③, 11①, 14②, 23①
29 다음 중 천연 골재에 속하지 않는 것은?

① 강모래, 강자갈　　② 산모래, 산자갈
③ 바닷모래, 바닷자갈　　④ 부순모래, 슬래그

29 천연 골재
강모래, 강자갈, 바다 모래, 바다 자갈, 산모래, 산자갈, 천연 경량 골재

□□□ 08①, 14②, 23①
30 콘크리트의 압축강도를 판정하기 위해 사용하는 비파괴시험기는?

① 슈미트해머　　② 길모어 장치
③ 로스엔젤레스 시험기　　④ 블레인 공기 투과장치

30 슈미트 해머
구조물을 파괴하지 않고 콘크리트 압축강도를 추정할 수 있는 비파괴시험

□□□ 03①, 06⑤, 08①, 10①, 11③, 12②, 13①, 14②, 23①
31 잔골재와 굵은 골재를 구분하는 체는?

① 2.5mm체　　② 5mm체
③ 10mm체　　④ 13mm체

31 골재의 구분
• 5mm체에 통과하는 골재는 잔골재
• 5mm체에 남는 골재는 굵은 골재

정답 26 ② 27 ② 28 ① 29 ④ 30 ①
31 ②

□□□ 03⑤, 04⑤, 06⑤, 08②, 09②③, 10②, 12②, 13②, 14①③, 23①

32 콘크리트 휨 강도 시험에서 공시체가 지간의 4점 재하법에 따라 파괴되었을 경우 휨강도는 몇 MPa 인가? (단, 지간길이 : 450mm, 파괴단면의 나비 : 150mm, 파괴단면의 높이 : 150mm, 시험기에 나타난 최대 하중: 30100N)

① 2MPa
② 4MPa
③ 6MPa
④ 8MPa

32 휨강도
$$f_b = \frac{Pl}{bh^2}$$
$$= \frac{30100 \times 450}{150 \times 150^2}$$
$$= 4.0 \text{N/mm}^2 = 4.0 \text{MPa}$$

□□□ 15①, 23①

33 수화열이 많아 한중콘크리트에 알맞으며, 조기강도가 필요한 공사나 긴급공사에 사용되는 시멘트는?

① 조강 포틀랜드 시멘트
② 중용열 포틀랜드 시멘트
③ 저열 포틀랜드 시멘트
④ 백색 포틀랜드 시멘트

33 조강 포틀랜드 시멘트
수화열이 많으므로 한중 콘크리트에 알맞으며, 수중 공사, 해중 공사에도 사용된다.

□□□ 02①, 09①, 14③, 23①

34 콘크리트 펌프로 콘크리트를 압송할 경우 적절한 슬럼프 값의 범위는?

① 20~80mm
② 50~100mm
③ 100~180mm
④ 150~200mm

34 보통 콘크리트를 펌프로 압송할 경우 굵은 골재 최대 치수는 40mm 이하를 표준으로 하며, 슬럼프값은 100~180mm 범위가 알맞다.

□□□ 07②, 10②, 13①, 14②, 23①

35 일 평균기온이 15℃ 이상일 때, 보통 포틀랜드 시멘트를 사용한 일반 콘크리트의 표준 습윤양생 기간의 표준은?

① 2일
② 3일
③ 4일
④ 5일

35 습윤양생기간(15℃ 이상)

보통 시멘트	5일
조강 시멘트	3일

□□□ 15①, 23①

36 터널의 콘크리트 라이닝(concrete lining)에 사용되는 이동식 강재 거푸집은?

① 슬립폼(slip form)
② C. I. P(cast in placed pile)
③ 콘크리트 플레이서(concrete placer)
④ 터널 지보(支保)재

36 슬립폼
콘크리트 면의 윗부분으로 이동하면서 콘크리트 타설을 여러 번 되풀이하여 구조물을 완성하는 이동식 강재 거푸집

정답 32 ② 33 ① 34 ③ 35 ④ 36 ①

□□□ 01④, 06⑤, 14①③, 23①

37 콘크리트의 인장 강도 시험에 사용하는 시험체의 지름은 굵은 골재 최대치수의 몇 배 이상이고 또한 몇 mm 이상이어야 하는가?

① 1배, 50mm
② 2배, 100mm
③ 4배, 150mm
④ 6배, 200mm

37
시험체의 지름은 골재의 최대치수의 4배 이상, 150mm 이상으로 한다.

□□□ 15①, 23①

38 믹서를 트럭에 실은 것으로 콘크리트를 운반하는 기계는 무엇인가?

① 로울러
② 덤프트럭
③ 콘크리트 펌프
④ 트럭 믹서

38 트럭 믹서
믹서를 트럭에 실은 것으로 플랜트에서 재료를 공급받아 비비면서 주행하는 레디믹스트 콘크리트 운반용 트럭이다.

□□□ 15④, 23①

39 콘크리트의 블리딩 시험에서 콘크리트를 채워 넣을 때에 대한 아래 표의 설명에서 ( )에 적합한 수치는?

> 콘크리트의 표면이 용기의 가장자리에서 ( )cm 낮아지도록 고른다. 콘크리트의 표면은 최소 작업에서 평활한 면이 되도록 흙손으로 고른다.

① 3±0.3cm
② 5±0.5cm
③ 7±0.7cm
④ 10±1cm

39
콘크리트의 표면이 용기의 가장자리에서 3±0.3cm((30±3)mm) 낮아지도록 고른다.

□□□ 04①, 15②, 23①

40 시멘트의 응결에 영향을 미치는 요인에 대한 설명으로 틀린 것은?

① 분말도가 높으면 응결이 빨라진다.
② 온도가 높을수록 응결이 빨라진다.
③ 수량이 많으면 응결은 빨라진다.
④ 습도가 낮을수록 응결은 빨라진다.

40
물의 양이 많으면 응결이 늦어진다.

□□□ 02⑤, 05①, 08①②, 09②③, 10②③, 11③, 13①③, 14②, 15②, 16①, 23①

41 지름 100mm, 높이 200mm인 콘크리트 공시체로 압축강도 시험을 실시한 결과 공시체 파괴시 최대하중이 231kN이었다. 이 공시체의 압축강도는?

① 29.4MPa
② 27.4MPa
③ 25.4MPa
④ 23.4MPa

41 압축강도
$$f_c = \frac{P}{A} = \frac{231 \times 1000}{\frac{\pi \times 100^2}{4}}$$
$= 29.4 \text{N/mm}^2 = 29.4 \text{ MPa}$

정답 37 ③ 38 ④ 39 ① 40 ③ 41 ①

□□□ 05①, 08①, 15①, 23①

42 한중 콘크리트로의 시공은 일평균 기온이 몇℃ 이하일 때 하는지 그 기준으로 옳은 것은?

① -5℃ 이하
② 0℃ 이하
③ 4℃ 이하
④ 10℃ 이하

42
하루의 평균기온이 4℃ 이하가 예상되는 조건일 때는 콘크리트가 동결할 염려가 있으므로 온도는 최저 몇 5℃ 이상 유지해야 한다.

□□□ 03①⑤,04②,05②,08③,09①②③,10①,11③,13②,15①②,23①

43 수송관 속의 콘크리트를 압축공기의 압력으로 보내는 것으로서, 주로 터널의 둘레 콘크리트에 사용 되는 것은?

① 콘크리트 배치믹서
② 콘크리트 플레이서
③ 콘크리트 피니셔
④ 콘크리트 슬립폼 페이버

43 콘크리트 플레이서
콘크리트 펌프와 같이 터널의 좁은 곳, 둘레 콘크리트에 사용하는데 편리하다.

□□□ 10①, 12②, 15②, 23①

44 잔골재 표면수 측정시험은 동일한 시료에 대하여 계속 두 번 시행하였을 때 시험값은 평균값과의 차이가 몇 % 이하이어야 하는가?

① 0.3%
② 1.0%
③ 3.0%
④ 5.0%

44
시험은 같은 시료에 대하여 계속 두 번 시험하였을 때의 차가 0.3% 이하이어야 한다.

□□□ 08①, 13③, 14①, 15④, 23①

45 콘크리트에 AE제를 혼합하는 주된 목적으로 옳은 것은?

① 콘크리트의 강도를 높인다.
② 콘크리트의 단위 중량을 높인다.
③ 철근과의 부착강도를 증가시킨다.
④ 동결융해에 대한 저항성을 높인다.

45 AE제(공기연행제)
콘크리트 속에 독립된 무수히 많은 미세한 공기기포를 연행시켜 워커빌리티와 동결융행 대한 저항성을 향상시키기 위해 사용하는 혼화제이다.

□□□ 03⑤, 04⑤, 12②, 15④, 23①

46 콘크리트 또는 모르타르가 엉기기 시작하지는 않았으나, 비빈 후 상당히 시간이 지났거나 또 재료가 분리된 경우에 다시 비비는 작업을 무엇이라 하는가?

① 되 비비기
② 거듭 비비기
③ 믹서 비비기
④ 혼합 비비기

46
• 이를 거듭 비비기라 한다.
• 되비비기 : 콘크리트 또는 모르타르가 엉기기 시작하였을 때 다시 비비는 작업

정답 42 ③ 43 ② 44 ① 45 ④ 46 ②

□□□ 15④, 23①
47 다음의 혼화재료 중 사용량이 비교적 많아서 콘크리트의 배합계산에 포함되는 것은?

① 실리카 품
② AE제
③ 촉진제
④ 감수제

47
사용량이 시멘트 질량의 5% 정도인 혼화재 : 실리카 품

□□□ 16②, 23①
48 서중콘크리트에 대한 설명으로 옳은 것은?

① 하루 평균기온이 25℃를 초과하는 것이 예상되는 경우 서중 콘크리트로 시공하여야 한다.
② 월 평균기온이 25℃를 초과하는 것이 예상되는 경우 서중 콘크리트로 시공하여야 한다.
③ 하루 평균기온이 35℃를 초과하는 것이 예상되는 경우 서중 콘크리트로 시공하여야 한다.
④ 월 평균기온이 35℃를 초과하는 것이 예상되는 경우 서중 콘크리트로 시공하여야 한다.

48 서중 콘크리트
- 하루 평균기온이 25℃를 초과하는 것이 예상될 때
- 콘크리트를 칠 때의 최대온도는 35℃ 이하여야 한다.

□□□ 06⑤, 09①②, 10⑤, 13④, 15④, 23①
49 일명 고온고압양생이라고 하며, 증기압 7~15기압, 온도 180℃ 정도의 고온, 고압으로 양생하는 방법은?

① 오토클레이브 양생
② 상압증기양생
③ 전기양생
④ 기압양생

49 오토클레이브 양생
170~185℃, 7~15기압, 기압의 고온, 고압으로 처리하는 방법이다.

□□□ 08③, 15④, 23①
50 시멘트와 물을 반죽한 것을 무엇이라 하는가?

① 모르타르
② 시멘트 풀
③ 콘크리트
④ 반죽질기

50 시멘트 풀
시멘트에 물만 넣어 반죽한 것

□□□ 03②, 08①, 16①, 23①
51 혼화재 중 용광로에서 나오는 슬래그를 급냉시켜 만든 가루는?

① 포촐라나(pozzolana)
② 플라이애시(fly ash)
③ 고로슬래그 미분말
④ AE제

51 고로 슬래그 미분말
용광로에서 나오는 슬래그를 급랭시켜 만든 가루이다.

정답 47 ① 48 ① 49 ① 50 ② 51 ③

□□□ 16①, 23①

52 콘크리트 쪼갬 인장 강도 시험에서 공시체에 하중을 가하는 속도로 옳은 것은?

① 인장응력도의 증가율이 매초 (0.06±0.04)MPa이 되도록 한다.
② 인장응력도의 증가율이 매초 (0.6±0.04)MPa이 되도록 한다.
③ 인장응력도의 증가율이 매초 (0.6±0.04)MPa이 되도록 한다.
④ 인장응력도의 증가율이 매초 (0.06±0.4)MPa이 되도록 한다.

52
- 압축강도시험 : 매초(0.6±0.2)MPa
- 인장강도 시험 : 매초(0.06±0.04)MPa
- 휨강도 시험 : 매초(0.06±0.04)MPa

□□□ 03②, 06⑤, 10①, 15①, 16①, 23①

53 다음 중 중량골재에 속하는 것은?

① 팽창혈암
② 강자갈
③ 소성 규조토
④ 자철광

53 중량 골재
갈철광, 중정석, 자철광, 적철광

□□□ 04⑤, 06①, 08①, 09⑤, 10④, 13②, 16①, 23①

54 조립률 3.0의 모래와 7.0의 자갈을 중량비 1:4로 혼합할 때의 조립률을 구하면?

① 3.2
② 4.2
③ 5.2
④ 6.2

54 혼합 조립률
$$f_a = \frac{m}{m+n}f_s + \frac{n}{m+n}f_g$$
$$= \frac{1}{1+4} \times 3.0 + \frac{4}{1+4} \times 7.0 = 6.2$$

□□□ 16②, 23①

55 레디믹스트 콘크리트와 주문 규격이 아래의 표와 같을 때 이 콘크리트의 호칭강도는?

보통 25−21−120

① 25MPa
② 21MPa
③ 20MPa
④ 120MPa

55
- 굵은골재최대치수 : 25mm
- 호칭강도 : 21MPa
- 슬럼프값 : 120mm

□□□ 16②, 23①

56 콘크리트 배합의 표시방법에 대한 일반적인 설명으로 옳은 것은?

① 배합은 밀도로 표시하는 것을 원칙으로 한다.
② 배합은 부피로 표시하는 것을 원칙으로 한다.
③ 배합은 질량으로 표시하는 것을 원칙으로 한다.
④ 배합은 비중으로 표시하는 것을 원칙으로 한다.

56
콘크리트의 배합은 질량으로 표시하는 것을 원칙으로 한다.

정답 52 ① 53 ④ 54 ④ 55 ② 56 ③

□□□ 15①, 16②, 23①

57 모래에 포함되어 있는 유기 불순물 시험에 사용하는 표준색 용액을 제조하는 방법으로 옳은 것은?

① 3%의 수산화나트륨 용액과 2% 탄닌산 용액으로 표준색 용액을 만든다.
② 2%의 수산화나트륨 용액과 3% 탄닌산 용액으로 표준색 용액을 만든다.
③ 10%의 알코올 용액과 3%의 탄닌산 용액으로 표준색용액을 만든다.
④ 5%의 알코올 용액과 5%의 탄닌산 용액으로 표준색용액의 5mL를 2%의 알코올 용액 97.5mL에 가하여 유리병에 넣어 마개를 닫고 잘 흔든다.

해설

57
10%의 알코올 용액으로 2% 탄닌산 용액을 만들고, 그 2.5mL를 3%의 수산화나트륨 97.5mL에 가하여 유리병에 넣어 마개를 닫고 잘 흔든다.

□□□ 04⑤, 16②, 23①

58 일반적인 잔골재의 흡수율은 대게 어느 정도인가?

① 1 ~ 6%   ② 6 ~ 12%
③ 13 ~ 18%   ④ 18 ~ 23%

58 골재의 흡수율(%)
• 잔골재 1~6%
• 굵은골재 0.5~4%

□□□ 15④, 23①

59 내부 진동기를 사용하여 콘크리트 다지기를 실시 할 때 내부 진동기를 찔러 넣는 간격의 표준으로 옳은 것은?

① 0.30m 이하   ② 0.50m 이하
③ 0.80m 이하   ④ 1.00m 이하

59
내부진동기는 간격 0.5m 이하로 아래층으로 깊이 0.10m 정도 찔러 넣어야 한다.

□□□ 13①, 23①

60 콘크리트의 표면에 아스팔트유제나 비닐유제 등으로 불투수층을 만들어 수분의 증발을 막는 양생방법을 무엇이라 하는가?

① 증기양생   ② 전기양생
③ 습윤양생   ④ 피복양생

60 습윤 양생의 종류
• 수중 양생 : 콘크리트를 물 속에 담그는 양생
• 습포 양생 : 콘크리트의 표면을 물에 적신 가마니, 마포 등으로 덮는 양생
• 습사 양생 : 콘크리트 표면에 젖은 모래를 뿌리는 양생
• 피복 양생 : 콘크리트 표면에 막을 만드는 양생

정답 57 ① 58 ① 59 ② 60 ④

국가기술자격 CBT 필기시험문제

2024년도 기능사 제1회 필기시험

종 목	시험시간	배 점	테스트 결과(개수)		
콘크리트기능사	1시간	60	1회	2회	3회

□□□ 02⑤, 03⑤, 08③, 09①, 24①

01 조강 포틀랜드시멘트의 재령 7일 강도는 보통 포틀랜드시멘트의 재령 며칠 강도와 비슷한가?

① 7일　　　　　　② 21일
③ 28일　　　　　　④ 91일

□□□ 24①

02 포졸란은 천연산과 인공산으로 나누는데 다음 중 천연산이 아닌 것은?

① 규산백토　　　　② 고로 슬래그
③ 규조토　　　　　④ 화산재

□□□ 15②, 24①

03 시멘트의 저장방법에 대한 설명으로 틀린 것은?

① 장기간 저장할 때에는 12포 이상 쌓아 올리지 않아야 한다.
② 시멘트는 창고에 품종별로 나누어 저장하여야 한다.
③ 현장 목조창고의 경우 시멘트는 바닥에서 0.3m 정도 떨어진 마루 위에 저장하면 좋다.
④ 3개월 이상 장기간 저장한 시멘트는 사용하기에 앞서 재시험을 실시하여 그 품질을 확인한다.

□□□ 01④, 02⑤, 04①②, 05①, 06⑤, 07②, 08②, 12①, 13①③, 16①, 24①

04 콘크리트의 비비기 시간은 시험에 의하여 정하는 것을 원칙으로 한다. 시험을 실시하지 않는 경우 가경식 믹서일 경우 비비기 시간은 믹서안에 재료를 투입한 후 몇 초 이상을 표준으로 하는가?

① 30초　　　　　　② 60초
③ 90초　　　　　　④ 120초

해 설

01
조강포틀랜 시멘트의 재령 7일에서 보통 포틀랜드 시멘트의 재령 28일 강도를 낸다.

02 포졸라나의 종류
• 천연산 : 화산재, 규조토, 규산백토
• 인공산 : 플라이 애시, 고로 슬래그

03
저장기간이 길어질 우려가 있는 경우에는 7포 이상 쌓아 올리지 않도록 하여야 한다.

04
• 가경식(중력식) 믹서 : 1분 30초
• 강제식 믹서 : 1분 이상을 표준으로 한다.

정답 01 ③　02 ②　03 ①　04 ③

□□□ 01③, 04②, 12①②, 13①②, 14③, 24①

05 한중콘크리트 시공시 콘크리트가 동결되지 않도록 하기 위해 사용하는 방법 중 가장 적합하지 않은 것은?

① 물을 가열하고 사용
② 잔골재를 가열하고 사용
③ 시멘트를 가열하고 사용
④ 굵은 골재를 가열하고 사용

05
시멘트는 어떠한 경우라도 직접 가열해서는 안된다.

□□□ 12①②, 13②, 24①

06 수중 콘크리트를 타설할 때는 물을 정지시킨 정수 중에서 타설하는 것이 좋으나, 완전히 물막이를 할 수 없는 경우 최대 유속이 1초간 몇 mm 이하로 하여야 하는가?

① 50mm/s 이하
② 100mm/s 이하
③ 150mm/s 이하
④ 200mm/s 이하

06 수중 콘크리트
수중의 물의 속도가 50mm/sec 이내일 때에 한하여 시공한다.

□□□ 24①

07 콘크리트 펌프를 사용할 때 굵은골재의 최대치수는 얼마 이하를 표준으로 하는가?

① 20mm
② 30mm
③ 40mm
④ 80mm

07
콘크리트 펌프를 압송할 때 굵은 골재의 최대 치수는 40mm 이하를 표준으로 하고 있다.

□□□ 03①, 04②, 05②, 08②, 11③, 13①③, 24①

08 콘크리트 배합설계시 사용 시멘트량이 280kg/m³이고 물-결합재비가 46% 이상일 때 사용수량은 약 얼마인가?

① 89kg/m³
② 129kg/m³
③ 151kg/m³
④ 609kg/m³

08 단위 수량
W = 단위 시멘트량 × W/C
$= 280 \times \dfrac{46}{100}$
$= 129 \, kg/m^3$

□□□ 09①, 10⑤, 11①, 12①, 13②, 24①

09 벨트컨베이어를 사용하여 콘크리트를 운반할 때 벨트컨베이어의 끝 부분에 조절판 및 깔때기를 설치하는 이유로 가장 적당한 것은?

① 콘크리트의 건조를 방지하기 위하여
② 콘크리트의 재료분리를 방지하기 위하여
③ 콘크리트의 반죽질기 변화를 방지하기 위하여
④ 운반거리를 단축하기 위하여

09
벨트컨베이어에 조절판 및 깔때기를 설치하여 재료 분리를 막아야 한다.

정답 05 ③ 06 ① 07 ③ 08 ② 09 ②

□□□ 05①, 09①, 10③, 13②, 16①, 24①

10 황산 소듐을 이용한 골재의 안정성 시험에 사용되는 시험용 용액은?

① 가성소다
② 황산나트륨
③ 염화칼슘
④ 탄닌산

해설

10 황산 소듐을 이용한 골재의 안정성 시험
골재의 내구성을 알기 위해서 황산나트륨 포화 용액으로 인한 골재의 부서짐 작용에 대한 저항성을 시험하는 것이다.

□□□ 02⑤, 03⑤, 06②, 09①②, 11③, 12①②, 13①, 15④, 16①, 24①

11 골재의 마모시험에서 시료를 시험기에서 꺼내 몇 mm로 체가름을 하는가?

① 1.7mm
② 3.4mm
③ 1.25mm
④ 2.5mm

11 마모시험
시료를 시험기에서 꺼내어 1.7mm 체로 체가름 한다.

□□□ 03①, 08⑤, 12②, 15②, 24①

12 워싱턴형 공기량 시험기를 이용한 공기 함유량 시험은 다음 중 어느 것인가?

① 수주압력법
② 공기실 압력법
③ 질량법
④ 부피법

12 공기실 압력법
워싱턴형 공기량 측정기를 사용하며 보일의 법칙을 이용한 시험법이다.

□□□ 02⑤, 05①, 08①②, 09②③, 10②③, 11③, 13①③, 14②, 15②, 16①, 24①

13 지름 100mm, 높이 200mm인 콘크리트 공시체로 압축강도 시험을 실시한 결과 공시체 파괴시 최대하중이 231kN이었다. 이 공시체의 압축강도는?

① 29.4MPa
② 27.4MPa
③ 25.4MPa
④ 23.4MPa

13 콘크리트 압축강도

$$f_c = \frac{P}{A} = \frac{231 \times 1000}{\frac{\pi \times 100^2}{4}}$$
$$= 29.4 \text{N/mm}^2 = 29.4 \text{MPa}$$

□□□ 04①, 08①, 09⑤, 10②, 14①, 24①

14 굳지 않는 콘크리트 속에서 스며나오는 물이 시멘트나 기타, 다른 미립자를 표면에 운반하여 이것이 표면에 떠올라서 가라앉은 물질을 무엇이라고 하는가?

① 슬럼프(slump)
② 레이턴스(laitance)
③ 블리딩(bleeding)
④ 피니셔 빌리티(finishability)

14
• 블리딩 : 콘크리트를 친후 시멘트와 골재 알이 가라 앉으면서 물이 올라와 콘크리트의 표면에 떠오르는 현상
• 레이턴스 : 블리딩에 의하여 콘크리트의 표면에 떠올라 가라 앉는 아주 작은 물질

정답 10 ② 11 ① 12 ② 13 ① 14 ②

□□□ 01③, 04①, 08①, 09①, 10③, 11③, 13②③, 14③, 15①②, 24①

15 골재의 조립률을 구하기 위한 체의 호칭치수로 적당하지 않은 것은?

① 40mm
② 25mm
③ 5mm
④ 2.5mm

15 조립률(F.M)
75mm, 40mm, 20mm, 10mm, 5mm, 2.5mm, 1.2mm, 0.6mm, 0.3mm, 0.15mm(10개)

□□□ 02①, 03②, 08①, 10①②, 24①

16 표면건조 포화상태의 잔골재 500g을 노건조시켰더니 480g이었다면 흡수율은 얼마인가?

① 4.00%
② 4.17%
③ 4.76%
④ 5.00%

16
흡수율(%)
$= \dfrac{\text{표면건조 포화상태} - \text{노건조 상태}}{\text{노건조 상태}} \times 100(\%)$
$= \dfrac{500-480}{480} \times 100 = 4.17\%$

□□□ 02①, 03①, 04①, 05①, 09②, 13③, 16①, 24①

17 아래의 표에서 설명하는 골재의 함수상태는?

> 골재의 표면수는 없고 골재알 속의 빈틈이 물로 차있는 상태

① 절대건조상태
② 공기 중 건조상태
③ 표면건조 포화상태
④ 습윤상태

17 표면건조 포화상태
골재 알 속의 빈틈이 물로 차 있고 표면에 물기가 없는 상태이다.

□□□ 03②, 04②, 06①, 08②, 09②, 13②, 11③, 14①, 24①

18 풍화된 시멘트의 성질에 대한 설명으로 틀린 것은?

① 비중이 떨어진다.
② 강열감량이 감소된다.
③ 응결이 지연된다.
④ 강도의 발현이 저하된다.

18 풍화된 시멘트
• 강열감량은 시멘트 풍화의 정도를 판단하기 위하여 많이 사용된다.
• 시멘트가 풍화되면 강열감량이 증가되어 강도가 저하된다.

□□□ 24①

19 슬럼프(slump) 시험 기구 및 방법에 대한 설명으로 틀린 것은?

① 슬럼프콘은 밑면의 안지름이 200mm, 윗면의 안지름이 100mm, 높이가 300mm의 원추형을 사용한다.
② 다짐봉은 지름 20mm, 길이 800mm의 강 또는 금속제 원형봉으로 그 앞 끝을 반구모양으로 한다.
③ 슬럼프콘을 들어 올리는 시간은 2~3초로 한다.
④ 슬럼프 5mm단위로 표시한다.

19 슬럼프 시험 기구
다짐봉은 지름 16mm, 길이 600mm의 강 또는 금속제 원형 봉으로 그 앞 끝을 반구 모양으로 한다.

정답 15 ② 16 ② 17 ③ 18 ② 19 ②

□□□ 02②, 06②, 08②, 09③, 13①, 14①, 24①

20 시멘트 입자를 분산시킴으로써 콘크리트의 소요의 워커빌리티를 얻는데 필요한 단위수량을 줄이기 위해 사용되는 혼화제는?

① 감수제 ② AE제
③ 촉진제 ④ 급결제

20 감수제
시멘트의 입자를 흐트러지게 하여 단위수량을 줄이는 작용을 하여서 필요한 반죽질기를 얻는데 사용양도 절약된다.

□□□ 04②, 09②, 08⑤, 10②, 24①

21 잔골재의 정의에 대한 아래 표의 ( )에 알맞은 것은?

> 10mm체를 전부 통과하고, 5mm체를 거의 다 통과하며, ( )mm체에 거의 다 남는 골재

① 2.5 ② 1.2
③ 0.5 ④ 0.08

21
• 잔골재 : 5mm체를 다 통과하고 0.08mm체에 다 남는 골재
• 굵은골재 : 5mm체에 다 남는 골재

□□□ 02①, 07②, 12②, 14③, 16①②, 24①

22 콘크리트의 배합에서 골재를 계량하고자 할 때 허용오차로서 옳은 것은?

① ±1% ② ±2%
③ ±3% ④ ±4%

22 1회 계량분에 대한 계량오차

재료의 종류	허용오차
시멘트	-1%, +2%
골재	±3%
물	-2%, +1%
혼화재	±2%
혼화제	±3%

□□□ 04②, 06②, 09②, 12②, 15②, 24①

23 거푸집의 외부에 진동을 주어 내부 콘크리트를 다지는 기계로서, 터널의 둘레 콘크리트나 높은 벽 등에 사용되는 것은?

① 표면 진동기 ② 내부 진동기
③ 콘크리트 피니셔 ④ 거푸집 진동기

23 거푸집 진동기
콘크리트를 내부 진동기로 다지기 어려운 경우에 사용한다.

□□□ 06②, 07②, 24①

24 굳지 않은 콘크리트 성질 중 거푸집에 쉽게 다져 넣을 수 있고 거푸집을 떼어내면 천천히 모양이 변하기는 하지만 허물어지거나 재료의 분리가 일어나는 일이 없는 것은 무엇이라 하는가?

① 반죽질기 ② 워커빌리티
③ 피니셔빌리티 ④ 성형성

24 굳지 않은 콘크리트 성질
• 성형성 : 거푸집을 제거
• 반죽질기 : 물의 양이 많고 적음
• 워커빌리티 : 작업의 난이성
• 피니셔빌리티 : 표면 마무리하기 쉬운 정도

정답 20 ① 21 ④ 22 ③ 23 ④ 24 ④

□□□ 05①②, 06①, 08①⑤, 10⑤, 13②, 14①③, 24①

25 한중콘크리트에 대한 표의 ( )에 알맞은 것은?

> 하루의 평균기온이 ( )℃ 이하가 되는 기상조건 하에서는 한중콘크리트로서 시공한다.

① −4℃
② 4℃
③ 0℃
④ −2℃

25 한중콘크리트
콘크리트를 칠 때, 하루 평균 기온이 4℃ 이하로 될 때에는 한중콘크리트로 시공해야 한다.

□□□ 01④, 03①, 04①②③, 06②, 07⑤, 08②③, 09③, 11③, 24①

26 콘크리트용으로 적합한 잔골재의 조립률은?

① 1.3~2.1
② 2.3~3.1
③ 3.3~4.1
④ 4.3~5.1

26 조립률
골재의 조립률은 골재 알의 지름이 클수록 크며, 잔골재는 2.3~3.1, 굵은 골재는 6~8 정도이다.

□□□ 12①②, 13①, 14③, 24①

27 콘크리트용 굵은골재 유해물의 한도 중 연한 석편은 질량 백분율로 최대 몇 % 이하이어야 하는가?

① 0.25%
② 0.5%
③ 1%
④ 5%

27
굵은골재의 연한 석편 함유량 최대치 : 5% 이하

□□□ 07⑤, 09⑤, 24①

28 다음 중 댐, 하천, 항만 등의 구조물에 사용하는 시멘트로 가장 적합한 것은?

① 조강 포틀랜드 시멘트
② 알루미나 시멘트
③ 초속경 시멘트
④ 고로 슬래그 시멘트

28 고로 슬래그 시멘트
주로 댐, 하천, 항만 등의 구조물에 쓰이며, 해수, 하수, 공장 폐수와 닿는 콘크리트 공사에 알맞다.

□□□ 02⑤, 08①, 05①, 09①⑤, 11③, 13①, 16①, 24①

29 콘크리트 공사에서 거푸집 떼어내기에 관한 설명으로 틀린 것은?

① 거푸집은 콘크리트가 자중 및 시공 중에 가해지는 하중에 충분히 견딜만한 강도를 가질 때까지 해체해서는 안된다.
② 거푸집을 떼어내는 순서는 비교적 하중을 받지 않는 부분을 먼저 떼어낸다.
③ 연직 부재의 거푸집은 수평부재의 거푸집보다 먼저 떼어낸다.
④ 보의 밑판의 거푸집은 보의 양측면의 거푸집보다 먼저 떼어낸다.

29
보의 양측면의 거푸집은 보의 밑판의 거푸집보다 먼저 떼어낸다.

정답 25 ② 26 ② 27 ④ 28 ④ 29 ④

☐☐☐ 24①

30 콘크리트 비비기는 미리 정해 둔 비비기 시간의 최소 몇배 이상 계속해서는 안 되는가?

① 2배　　　　　② 3배
③ 4배　　　　　④ 5배

30
비비기는 미리 정해 둔 비비기시간의 3배 이상 계속해서는 안된다.

☐☐☐ 10①③, 11③, 15①, 24①

31 일반적으로 콘크리트를 타설할 때 외기 온도가 25℃를 초과할 경우 허용 이어치기의 시간간격의 표준으로 옳은 것은?

① 1.0시간　　　　② 1.5시간
③ 2.0시간　　　　④ 2.5시간

31 허용이어치기의 시간간격의 표준

외기 온도	허용이어치기 시간간격
25℃ 초과	2.0시간 이내
25℃ 이하	2.5시간 이내

☐☐☐ 02①, 05①, 06⑤, 10①, 11③, 13③, 14③, 15④, 24①

32 서중콘크리트에 대한 설명으로 틀린 것은?

① 하루 평균기온이 20℃를 초과하는 것이 예상되는 경우 서중 콘크리트로 시공하여야 한다.
② 콘크리트를 타설할 때의 콘크리트 온도는 35℃ 이하이어야 한다.
③ 콘크리트는 비빈 후 1.5시간 이내에 타설하여야 한다.
④ 콘크리트의 배합은 단위 수량을 적게 하고 단위 시멘트량이 많아지지 않도록 적절한 조치를 하여야 한다.

32 서중콘크리트
하루 평균기온이 25℃를 초과하는 것이 예상되는 경우 서중콘크리트로서 시공한다.

☐☐☐ 02⑤, 03②, 04①, 05①, 08①, 09③, 15②, 24①

33 슬럼프(slump) 시험 시 각 층의 다짐횟수는 몇 회로 하는가?

① 15회　　　　　② 25회
③ 35회　　　　　④ 45회

33 각 층의 다짐횟수
시료를 슬럼프 콘 부피의 1/3되게 넣고 각 25회씩 다진다.

☐☐☐ 11③, 15④, 24①

34 포틀랜드 시멘트의 제조시 석고를 사용하는 주 목적은 무엇인가?

① 압축강도를 증진시키기 위해서
② 워커빌리티를 향상시키기 위하여
③ 응결시간을 조절하기 위하여
④ 공기량을 증가시키기 위하여

34 석고의 사용 목적
응결을 지연시킬 목적으로 석고를 3% 정도 넣는다.

정답 30 ② 31 ③ 32 ① 33 ② 34 ③

□□□ 01④, 04②, 06①②, 08①, 09⑤, 11①, 13①②, 15②, 24①

35 워커빌리티 판정기준이 되는 반죽질기 측정 시험 방법이 아닌 것은?

① 켈리볼 관입 시험
② 리몰딩 시험
③ 슬럼프 시험
④ 블레인 시험

해설

35 워커빌리티를 측정하는 시험법
슬럼프 시험, 플로시험, 구관입시험, 리몰딩 시험, 켈리볼 관입 시험

□□□ 03②, 04②, 06①, 09⑤, 13①, 24①

36 콘크리트 압축강도 시험용 공시체 제작시 몰드 내부에 그리스를 발라주는 가장 주된 이유는?

① 탈형을 쉽게 하고 이음새로 콘크리트가 새는 것을 방지한다.
② 편심하중을 방지하고 경제적인 공시체 제작을 위해
③ 공시체 속의 공기를 제거하고 강도를 높이기 위해
④ 몰드에 콘크리트를 채울 때 골재 분리를 막기 위해

36 그리스 사용
몰드의 이음매에 그리스를 엷게 바르고 조립하는 것은 탈형을 쉽게 하고 이음새를 콘크리트가 새는 것을 방지하기 위해서다.

□□□ 03⑤, 09⑤, 13②, 24①

37 로스앤젤레스 시험기를 사용하는 골재의 시험법은 무엇인가?

① 마모시험
② 안정성시험
③ 밀도시험
④ 단위용적질량시험

37 로스앤젤레스 시험기
마모시험은 철구를 사용하여 굵은 골재의 마모에 대한 저항을 측정하는 것이다.

□□□ 24①

38 콘크리트의 배합 설계에 대한 설명으로 옳지 않은 것은?

① 시방배합에서 사용하는 골재는 공기 중 건조 상태의 것으로 한다.
② 단위수량은 작업이 가능한 범위 내에서 될 수 있는 데로 적게 되도록 시험을 통해 정한다.
③ 설계 및 시공상 허용되는 범위안에서 굵은 골재의 최대치수가 큰 것을 사용 하는 것이 경제적이다.
④ 배합은 충분한 내구성과 강도를 가지도록 해야 한다.

38 시방배합에서 골재량
표면건조 포화상태에 있는 것을 기준으로 한다.

□□□ 06③, 07③, 08①, 10①, 11③, 14②, 16①, 24①

39 다음 중 혼합 시멘트가 아닌 것은?

① 고로 슬래그 시멘트
② 플라이 애시 시멘트
③ 포틀랜드 포졸란 시멘트
④ 알루미나 시멘트

39 혼합시멘트
고로 슬래그, 플라이애시, 포틀랜드 포졸란 시멘트

정답 35 ④ 36 ① 37 ① 38 ① 39 ④

□□□ 06①, 14②, 24①

40 골재의 절대조건조상태에 대한 아래 표의 설명에서 ( )안에 적합한 온도의 범위는?

> 골재를 ( )℃의 온도에서 일정한 질량이 될 때까지 건조하여 골재 알의 내부에 포함되어 있는 자유수가 완전히 제거된 상태

① 90 ~ 100
② 100 ~ 110
③ 110 ~ 120
④ 120 ~ 130

해설

40 골재의 절대건조 상태
건조로에서 105±5℃(100~110℃)의 온도로 무게가 일정하게 될 때까지 완전히 건조시킨 상태인 노건조상태를 말한다.

□□□ 02①⑤, 03②, 04②, 05②, 07②, 08②, 13①②, 15②, 16①, 24①

41 높은 곳에서부터 콘크리트를 타설하는 경우 가장 적당한 운반기구는?

① 손수레
② 연직슈트
③ 벨트 콘베이어
④ 콘크리트 플레이서

41 슈트
높은 곳에서 낮은 곳으로 미끄러져 내려갈 수 있게 만든 홈통이나 관 모양의 것으로서, 연직 슈트와 경사 슈트가 있다.

□□□ 01③, 03①, 05①, 08①, 10①, 13③, 24①

42 다음 중 배치믹서(batch mixer)에 대한 설명으로 가장 적합한 것은?

① 콘크리트 재료를 1회분씩 비비기하는 기계
② 콘크리트 재료를 1회분씩 계량하는 기계
③ 콘크리트를 혼합하면서 운반하는 트럭
④ 콘크리트를 1m³씩 혼합하는 기계

42 배치믹서
콘크리트 재료를 1회분씩 혼합하는 믹서를 배치믹서라 한다.

□□□ 02①, 03①⑤, 04②, 09③, 11③, 12②, 13①, 14②, 15①②, 24①

43 거푸집의 높이가 높을 경우, 재료 분리를 막기위해 거푸집에 투입구를 설치하거나 연직 슈트 또는 펌프배관의 배출구를 타설면 가까운 곳까지 내려서 콘크리트를 배출구와 타설면까지의 높이로 가장 적합한 것은?

① 1.5m 이하
② 2.0m 이하
③ 2.5m 이하
④ 3.0m 이하

43
연직 슈트, 깔때기 등을 사용하며, 이 때 슈트, 깔때기 등의 배출구와 치기 면과의 높이는 1.5m 이하로 한다.

□□□ 02①, 05②, 10①, 15②, 24①

44 다음 중 휨강도 시험용 공시체의 치수로 적당한 것은?

① 200×200×450mm
② 200×200×500mm
③ 150×150×450mm
④ 150×150×530mm

44 휨강도 시험용 공시체
100×100×380mm의 각주형
150×150×530mm의 각주형

정답 40 ② 41 ② 42 ① 43 ① 44 ④

□□□ 24①

45 콘크리트는 타설한 후 습윤 상태로 노출면이 마르지 않도록 하여야 한다. 조강 포틀랜드 시멘트를 사용한 콘크리트의 경우 습윤양생 기간의 표준으로 옳은 것은? (단, 일 평균기온이 15℃ 이상인 경우)

① 3일
② 5일
③ 7일
④ 9일

45 습윤양생(일평균 기온이 15℃ 이상일 때)
- 보통포틀랜드 시멘트 : 5일
- 조강 포틀랜드 시멘트 : 3일
- 고로슬래그 시멘트 : 7일

□□□ 07②, 08②, 09②, 13②, 14②③, 15①, 24①

46 굳지 않은 콘크리트의 블리딩(bleeding) 시험을 할 때의 시험 중 온도는 어느 정도로 유지하여야 하는가?

① 15±3℃
② 20±3℃
③ 27±3℃
④ 35±3℃

46 블리딩 시험 온도
시험하는 동안 20±3℃로 항온이 유지된 실험실에서 행한다.

□□□ 10②, 15①, 16②, 24①

47 알루미나 시멘트에 관한 설명 중 옳지 않은 것은?

① 수화열이 많아서 한중공사에 적합하다.
② 산, 염료, 해수 등의 화학 작용에 대한 저항성이 크다.
③ 보크사이트와 석회석을 섞어서 전기로, 반사로 등으로 만든다.
④ 재령 7일에서 보통 포틀랜드 시멘트의 재령 28일 강도를 낸다.

47 알루미나 시멘트
재령 1일에서 보통 포틀랜드 시멘트의 재령 28일 강도를 내고 수화열이 많아서 한중 콘크리트 공사에 알맞다.

□□□ 10②, 24①

48 포틀랜드 시멘트의 주 원료는?

① 석회석, 점토
② 석회석, 규조토
③ 점토, 규조토
④ 석고, 화산회

48 포틀랜드 시멘트의 주 원료
석회석과 점토를 알맞은 비율로 섞어 구워서 클링커를 만들어 이곳에 굳는 속도를 늦추기 위하여 응결지연제로 석고를 3% 정도 넣고 바수어 가루로 만든 것이다.

□□□ 10②, 13①, 24①

49 혼화재료인 플라이애시의 특성에 대한 설명 중 틀린 것은?

① 가루 석탄재로서 실리카질 혼화재이다.
② 입자가 둥글고 매끄럽다.
③ 콘크리트에 넣으면 워커빌리티가 좋아진다.
④ 플라이애시를 사용한 콘크리트는 반죽시에 사용수량을 증가시켜야 한다.

49 플라이애시
표면이 매끄러운 구형입자로 되어 있어 콘크리트의 워커빌리티를 좋게 하고 사용 수량을 감소시켜준다.

정답 45 ① 46 ② 47 ④ 48 ① 49 ④

□□□ 02⑤, 10①, 24①

50 철근 콘크리트를 만드는데 필요한 물 중에서 적합하지 않는 것은?

① 지하수
② 바닷물
③ 수돗물
④ 하천수

해설

50
• 일반적으로 수돗물, 지하수, 하천수는 사용해도 된다.
• 바닷물은 무근 콘크리트에 크게 해롭지 않지만, 철근 콘크리트나 프리스트레스트 콘크리트가 부식되므로 사용해서는 안된다.

□□□ 01④, 02⑤, 03①, 04②, 05②, 06①, 07②, 08③, 09①, 10②, 11③, 12②, 13③, 14②, 15②, 24①

51 잔골재 밀도시험에 표면건조포화 상태 시료 500g을 사용하여 아래 표와 같은 결과를 얻었다. 표면건조포화 상태의 밀도는?

• 검정선까지 물을 채운 플라스크의 질량 : 760g
• 시료를 넣고 검정선까지 물을 채운 플라스크의 질량 : 1060g
• 시험 온도에서의 물의 밀도 : 1g/cm³

① 2.50g/cm³
② 2.55g/cm³
③ 2.60g/cm³
④ 2.65g/cm³

51 표면건조포화 상태의 밀도
$$d_s = \frac{m}{B+m-C} \times \rho_w$$
$$= \frac{500}{760+500-1060} \times 1$$
$$= 2.50 \text{g/cm}^3$$

□□□ 05②, 07⑤, 09①, 09②, 12①, 13③, 24①

52 혼화재료의 저장에 대한 설명으로 부적당한 것은?

① 혼화제는 먼지나 불순물이 혼합되지 않고 변질되지 않도록 저장한다.
② 저장이 오래된 것은 시험 후 사용여부를 결정하여야 한다.
③ 혼화재는 날리지 않도록 그 취급에 주의해야 한다.
④ 혼화재는 습기가 약간 있는 창고 내에 저장한다.

52 혼화재의 저장
혼화재는 습기를 막을 수 있는 사일로 또는 창고 등에 종류별로 나누어 저장한다.

□□□ 06⑤, 09①, 10③, 11③, 14②, 24①

53 잔골재의 체가름 시험에 필요한 시료의 최소량은? (단, 1.18mm 체를 95%(질량비) 이상 통과하는 시료)

① 100g
② 300g
③ 500g
④ 1000g

53 잔골재 체가름 시험 시료의 표준량

골재알의 크기	시료의 최소량
1.18mm체를 95%(질량비) 이상 통과하는 것	100g
1.18mm체를 5%(질량비) 이상 남는 것	500g

□□□ 24①

54 굵은 골재의 유해물 함유량의 한도 중 점토덩어리는 질량이 백분율로 얼마 이하인가?

① 0.25%
② 0.5%
③ 1.0%
④ 5.0%

54 골재의 점토 덩어리 함유량 한도

종류	잔골재	굵은 골재
점토 덩어리	1.0%	0.25%

정답 50 ② 51 ① 52 ④ 53 ① 54 ①

□□□ 01④, 06⑤, 14①, 24①

55 콘크리트 쪼갬인장강도 시험방법에 대한 설명으로 틀린 것은?

① 시험시 공시체 상태는 습윤상태이어야 한다.
② 시험 시 하중을 가하는 속도는 인장 응력도의 증가율이 매초 (0.06 ±0.04)MPa이 되도록 한다.
③ 공시체의 지름은 150mm 이상으로 한다.
④ 공시체의 지름은 굵은골재 최대치수의 2배 이상으로 한다.

해 설

55 쪼갬인장강도시험 공시체
시험체의 지름은 골재의 최대치수의 4배 이상이어야 한다.

□□□ 02⑤, 04①, 06⑤, 09②, 14③, 15④, 24①

56 콘크리트용 잔골재에 포함되어 있는 유기 불순물 시험에 사용되는 시약으로 옳은 것은?

① 무수황산나트륨 용액
② 염화칼슘 용액
③ 실리카 겔
④ 수산화나트륨 용액

56 표준색 용액 만들기
물 291g에 수산화나트륨 9g을 섞어서 3%의 수산화나트륨 용액을 만든다.

□□□ 06②, 24①

57 콘크리트 속의 공기 중 혼화재료를 쓰지 않고 자연적으로 생기는 기포를 무엇이라 하는가?

① AE공기
② 자연공기
③ 갇힌공기
④ 혼화공기

57 갇힌 공기
AE제에 의해서 생긴 기포를 AE 공기 또는 연행 공기라 하고 이 밖의 공기를 갇힌 공기라 한다.

□□□ 04②, 08①, 12②, 14②, 15④, 24①

58 중용열 포틀랜드 시멘트에 대한 설명으로 틀린 것은?

① 화학적 저항성이 크다.
② 한중콘크리트 시공에 적합하다.
③ 수화열이 낮아 단면이 큰 콘크리트에 적합하다.
④ 조기 강도는 작고 장기 강도가 크다.

58 중용열 포틀랜드 시멘트
수화열과 건조 수축이 적어 서중 콘크리트에 적합하다.

□□□ 01④, 04②, 06①, 10②③, 11①③, 14③, 15④, 24①

59 굵은골재의 최대치수는 질량비로 몇 % 이상을 통과시키는 체 중에서 최소치수인 체의 호칭치수로 나타낸 것인가?

① 60% 이상
② 70% 이상
③ 80% 이상
④ 90% 이상

59 굵은골재의 최대치수
굵은골재의 최대치수는 질량비로 90% 이상을 통과시키는 체 중에서 최소치수의 체눈을 호칭치수로 나타낸다.

□□□ 01④, 03⑤, 05①, 06②, 08①, 09③, 12②, 14③, 16①, 24①

60 물-결합재비가 50%이고 단위수량이 180kg/m³일 때 단위 시멘트량은 얼마인가?

① 90kg/m³
② 180kg/m³
③ 270kg/m³
④ 360kg/m³

해 설

60 단위 시멘트량
$$C = \frac{단위수량}{물-결합재비} = \frac{180}{0.50} = 360 \text{ kg/m}^3$$

정답 60 ④

국가기술자격 CBT 필기시험문제

2025년도 기능사 제1회 필기시험

종 목	시험시간	배 점	테스트 결과(개수)		
콘크리트기능사	1시간	60	1회	2회	3회

□□□ 01③, 04①, 05②, 08⑤, 12②, 14③, 25①

01 골재의 조립률(fineness modulus, FM)이란?

① 굵은골재 및 잔골재의 치수를 나타내는 것을 말한다.
② 콘크리트에서 잔골재와 굵은골재의 비를 말한다.
③ 골재의 입도를 개략적으로 나타내는 방법을 말한다.
④ 골재의 유기불순물의 양을 나타내는 시험법을 말한다.

01 조립률(FM)
골재의 입도를 개략적(수치적)으로 나타내는 방법을 말한다.

□□□ 11③, 15②, 16②, 25①

02 주로 잠재 수경성이 있는 혼화재는?

① 고로 슬래그 미분말
② 플라이 애시
③ 규산질 미분말
④ 팽창재

02
• 주로 잠재 수경성이 있는 것 : 고로 슬래그 미분말
• 포졸란 작용이 있는 것 : 플라이 애시
• 굳는 과정에서 팽창을 일으키는 것 : 팽창재

□□□ 10②, 13①, 24①, 25①

03 혼화재료인 플라이애시의 특성에 대한 설명 중 틀린 것은?

① 가루 석탄재로서 실리카질 혼화재이다.
② 입자가 둥글고 매끄럽다.
③ 콘크리트에 넣으면 워커빌리티가 좋아진다.
④ 플라이애시를 사용한 콘크리트는 반죽시에 사용수량을 증가시켜야 한다.

03 플라이애시
표면이 매끄러운 구형입자로 되어 있어 콘크리트의 워커빌리티를 좋게 하고 사용 수량을 감소시켜준다.

□□□ 03①, 06⑤, 07②, 10①, 11③, 12①, 14②, 15②, 25①

04 우리나라에서 시멘트의 분류를 하는데 있어서 포틀랜드 시멘트, 혼합 시멘트, 특수 시멘트 등으로 나누는데 다음 중에서 혼합시멘트에 속하는 것은?

① 중용열포틀랜드 시멘트
② 알루미나 시멘트
③ 팽창 시멘트
④ 고로슬래그 시멘트

04 혼합시멘트의 종류
• 고로슬래그 시멘트
• 플라이애시 시멘트
• 포틀랜드포졸란 시멘트

정답 01 ③ 02 ① 03 ④ 04 ④

	해 설

□□□ 03②, 10⑤, 11③, 16①, 25①

05 시멘트의 응결을 빠르게 하기 위하여 사용하는 혼화제는?

① 자연제　　　　　② 발포제
③ 급결제　　　　　④ 기포제

05 급결제
시멘트의 응결을 상당히 빠르게 하기 위하여 사용하는 혼화제이다.

□□□ 02⑤, 12⑤, 25①

06 철근 콘크리트를 만드는데 필요한 배합수로 적합하지 않은 것은?

① 지하수　　　　　② 바닷물
③ 수돗물　　　　　④ 하천수

06
바닷물은 무근 콘크리트에 크게 해롭지 않지만, 철근 콘크리트나 프리스트레스트 콘크리트가 부식되므로 사용해서는 안된다.

□□□ 12⑤, 25①

07 건조 수축에 의한 균열을 막기 위하여 콘크리트에 팽창재를 넣거나 팽창시멘트를 사용하여 만든 콘크리트를 무엇이라고 하는가?

① AE 콘크리트　　② 유동화 콘크리트
③ 팽창 콘크리트　　④ 철근 콘크리트

07
팽창 콘크리트에 대한 설명이다.

□□□ 04①, 06②, 07⑤, 10⑤, 14①③, 15①②, 25①

08 잔골재의 공극률이 75%이고 밀도가 $2.65g/cm^3$일 때 실적률은?

① 28%　　　　　② 25%
③ 66%　　　　　④ 3%

08
실적률 = 100 − 공극률
　　　 = 100 − 75 = 25%

□□□ 11③, 15②, 16②, 25①

09 포틀랜드 시멘트 제조방법 중 옳지 않은 것은?

① 건식법　　　　　② 반건식법
③ 습식법　　　　　④ 수중법

09
시멘트의 제조방식에는 원료의 섞기 방법에 따라 건식법, 습식법, 반건식법이 있다.

□□□ 02⑤, 05①, 10⑤, 11①③, 14②, 15②, 16②, 25①

10 굵은 골재의 최대 치수에 대한 설명으로 틀린 것은?

① 거푸집 양 측면 사이의 최소 거리의 1/5을 초과하지 않아야 한다.
② 슬래브 두께의 2/3를 초과하지 않아야 한다.
③ 일반적인 구조물인 경우 20mm 또는 25mm를 표준으로 한다.
④ 단면이 큰 구조물인 경우 40mm를 표준으로 한다.

10
슬래브 두께의 1/3를 초과하지 않아야 한다.

정답 05 ③　06 ②　07 ③　08 ②　09 ④
　　　10 ②

□□□ 03①, 06⑤, 08①, 10①, 11③, 12②, 13①, 14②③, 15①③, 16②, 25①

11 콘크리트에 사용되는 굵은 골재 및 잔골재를 구분하는데 기준이 되는 체의 호칭치수는?

① 5mm
② 10mm
③ 2.5mm
④ 1.2mm

11
5mm체에 통과하는 골재는 잔골재, 5mm체에 남는 골재는 굵은 골재

□□□ 02①, 06②, 08②, 09③, 13①, 14①, 25①

12 시멘트 입자를 분산시킴으로써 콘크리트의 소요의 워커빌리티를 얻는데 필요한 단위수량을 줄이기 위해 사용되는 혼화제는?

① 감수제
② AE제
③ 촉진제
④ 급결제

12 감수제
시멘트의 입자를 흐트러지게 하여 단위수량을 줄이는 작용을 하여서 필요한 반죽질기를 얻는데 사용 양도 절약된다.

□□□ 02①, 05①, 06⑤, 10①, 11③, 13③, 14③, 15④, 25①

13 서중콘크리트에 대한 설명으로 틀린 것은?

① 하루 평균기온이 20℃를 초과하는 것이 예상되는 경우 서중 콘크리트로 시공하여야 한다.
② 콘크리트를 타설할 때의 콘크리트 온도는 35℃ 이하이어야 한다.
③ 콘크리트는 비빈 후 1.5시간 이내에 타설하여야 한다.
④ 콘크리트의 배합은 단위 수량을 적게 하고 단위 시멘트량이 많아지지 않도록 적절한 조치를 하여야 한다.

13
하루 평균기온이 25℃를 초과하는 것이 예상되는 경우 서중콘크리트로서 시공한다.

□□□ 02①, 08③, 11③, 25①

14 공장에 있는 고정 믹서에서 어느 정도 콘크리트를 비빈 다음, 트럭 믹서에 싣고 비비면서 현장에 운반하는 레디믹스트 콘크리트는?

① 벌크 믹스트 콘크리트
② 센트럴 믹스트 콘크리트
③ 트랜싯 믹스트 콘크리트
④ 슈링크 믹스트 콘크리트

14
• 센트럴 믹스트 콘크리트 : 공장에 있는 고정 믹서에서 완전히 비빈 콘크리트를 현장에 운반하는 방법
• 슈링크 믹스트 콘크리트 : 공장에 있는 고정 믹서에서 어느 정도 비빈 콘크리트를 현장으로 이동하면서 비빈 콘크리트를 운반하는 방법
• 트랜싯 믹스트 콘크리트 : 콘크리트 플랜트에서 재료를 계량하여 트럭 믹서에 싣고, 운반 중에 물을 넣어 비비는 방법

□□□ 05②, 08①, 11③, 16①, 25①

15 숏크리트에 대한 설명으로 틀린 것은?

① 시멘트 건(gun)에 의해 압축공기로 모르타르를 뿜어 붙이는 것이다.
② 수축균열이 생기기 쉽다.
③ 공사기간이 길어진다.
④ 건식공법의 경우 시공 중 분진이 많이 발생한다.

15
거푸집이 필요 없고, 급속시공이 가능하기 때문에 공사기간이 짧아진다.

정답 11 ① 12 ① 13 ① 14 ④ 15 ③

☐☐☐ 11③, 14②, 16①, 21③, 25①

16 보통 잔골재의 일반적인 밀도로 옳은 것은?

① 2.40~2.55g/cm³
② 2.50~2.65g/cm³
③ 2.60~2.85g/cm³
④ 2.80~2.95g/cm³

16 보통 골재의 밀도
- 잔골재의 밀도
  2.50~2.65g/cm³
- 굵은골재의 밀도
  2.55~2.70g/cm³

☐☐☐ 03②, 04②, 06①, 08②, 09②, 11③, 13②, 14①, 25①

17 풍화된 시멘트의 성질에 대한 설명으로 틀린 것은?

① 비중이 떨어진다.
② 강열감량이 감소된다.
③ 응결이 지연된다.
④ 강도의 발현이 저하된다.

17
- 강열감량은 시멘트 풍화의 정도를 판단하기 위하여 많이 사용된다.
- 시멘트가 풍화되면 강열감량이 증가되어 강도가 저하된다.

☐☐☐ 03②, 10②, 13①, 25①

18 시멘트 중의 알칼리 성분이 골재 중의 여러 가지 조암광물과 반응을 일으키는 것을 알칼리 골재 반응이라 하는데 이것이 콘크리트에 미치는 영향은?

① 수화열을 증가시킨다.
② 내구성을 증가시킨다.
③ 균열을 발생시킨다.
④ 수밀성을 좋게 한다.

18 알칼리 골재 반응
콘크리트에 이상 광물을 일으켜 균열이 생기므로 콘크리트가 파괴된다.

☐☐☐ 02⑤, 05①, 08①, 09①⑤, 11③, 13①, 16①, 25①

19 콘크리트 공사에서 거푸집 떼어내기에 관한 설명으로 틀린 것은?

① 거푸집은 콘크리트가 자중 및 시공 중에 가해지는 하중에 충분히 견딜만한 강도를 가질 때까지 해체해서는 안된다.
② 거푸집을 떼어내는 순서는 비교적 하중을 받지 않는 부분을 먼저 떼어낸다.
③ 연직 부재의 거푸집은 수평부재의 거푸집보다 먼저 떼어낸다.
④ 보의 밑판의 거푸집은 보의 양측면의 거푸집보다 먼저 떼어낸다.

19
보의 양측면의 거푸집은 보의 밑판의 거푸집보다 먼저 떼어낸다.

☐☐☐ 02①, 03①, 04①, 05①, 09②, 13③, 16①, 25①

20 아래의 표에서 설명하는 골재의 함수상태는?

| 골재의 표면수는 없고 골재알 속의 빈틈이 물로 차있는 상태 |

① 절대건조상태
② 공기 중 건조상태
③ 표면건조 포화상태
④ 습윤상태

20 표면건조포화상태
골재 알 속의 빈틈이 물로 차 있고 표면에 물기가 없는 상태이다.

16 ② 17 ② 18 ③ 19 ④ 20 ③

해 설

□□□ 01③, 02①, 03②, 04②, 06⑤, 08②, 09②, 10①, 16②, 20①, 25①

21 콘크리트 압축강도 시험에 사용되는 공시체의 지름은 굵은 골재 최대 치수의 최소 몇 배 이상이어야 하는가?

① 2배　　　　　　② 3배
③ 4배　　　　　　④ 5배

21
시험체의 지름은 굵은 골재 최대 치수의 3배 이상이며, 또한 100mm 이상이여야 한다.

□□□ 06⑤, 16①, 25①

22 수화열이 적게 되도록 만든 것으로 건조 수축이 작고 장기 강도가 큰 포틀랜드 시멘트는?

① 보통 포틀랜드 시멘트　　② 조강 포틀랜드 시멘트
③ 중용열 포틀랜드 시멘트　④ 백색 포틀랜드 시멘트

22 중용열 포틀랜드 시멘트
시멘트가 수화작용을 할 때 발생하는 수화열이 가장 적어 건조수축이 작은 시멘트이다.

□□□ 01④, 02①, 05②, 10③, 11①③, 14①, 25①

23 콘크리트 슬럼프 시험에 대한 설명으로 옳지 않은 것은?

① 슬럼프 값은 5mm의 정밀도로 측정한다.
② 슬럼프 콘에 시료를 채우고 벗길 때 까지의 전 작업시간은 3분 이내로 한다.
③ 슬럼프 콘을 벗기는 작업은 20~30초의 시간이 필요하다.
④ 굵은 골재의 최대치수가 40mm를 넘는 콘크리트의 경우에는 40mm를 넘는 굵은 골재를 제거한다.

23
슬럼프 콘을 벗기는 작업은 높이 300mm체서 2~5(3.5±1.5)초 이내로 끝내야 한다.

□□□ 11③, 15②④, 25①

24 30회 이상의 시험실적으로부터 구한 압축강도의 표준편차가 3.5MPa이고, 콘크리트 설계기준압축강도가 30MPa인 경우 배합강도는?

① 31.4MPa　　　　② 32.5MPa
③ 33.6MPa　　　　④ 34.7MPa

24
$f_{ck} \leq 35$MPa인 경우
(두 값 중 큰 값)
• $f_{cr} = f_{ck} + 1.34s = 30 + 1.34 \times 3.5$
　$= 34.7$ MPa
• $f_{cr} = (f_{ck} - 3.5) + 2.33s$
　$= (30 - 3.5) + 2.33 \times 3.5$
　$= 34.7$ MPa
∴ 배합강도 $f_{cr} = 34.7$MPa

□□□ 12⑤, 22①, 25①

25 비빈 콘크리트의 운반에 대한 설명으로 적당하지 않은 것은?

① 재료의 손실이 생기지 않아야 한다.
② 재료의 분리가 생기지 않아야 한다.
③ 슬럼프의 감소가 생기지 않아야 한다.
④ 블리딩이 많이 발생하도록 운반해야 한다.

25
블리딩이 발생하지 않도록 운반해야 한다.

정답　21 ②　22 ③　23 ③　24 ④　25 ④

□□□ 07②, 10②, 11③, 14③, 15②, 25①

26 일평균 기온이 15℃ 이상이고, 보통포틀랜드 시멘트를 사용한 콘크리트의 습윤양생 기간의 표준은 몇 일인가?

① 5일　　② 7일
③ 8일　　④ 12일

26 습윤양생(일평균 기온이 15℃ 이상일 때)
- 보통 포틀랜드 시멘트 : 5일
- 조강 포틀랜드 시멘트 : 3일

□□□ 03⑤, 04⑤, 06②, 08②, 10⑤, 11③, 13②, 25①

27 다음 콘크리트 다짐기계 중에서 비교적 두께가 얇고, 넓은 콘크리트의 표면을 고르게 다듬질할 때 사용되며, 주로 도로 포장, 활주로 포장 등의 다짐에 쓰이는 것은?

① 거푸집 진동기　　② 내부 진동기
③ 롤러 진동기　　　④ 표면 진동기

27 표면 진동기
- 비교적 두께가 얇고, 넓은 콘크리트의 표면에 진동을 주어 다지는 기계로서 표면을 고르게 다듬질 할 때 사용된다.
- 주로 도로 포장, 활주로 포장 등의 다지기에 사용된다.

□□□ 16①, 25①

28 콘크리트 플레이서에 대한 일반적인 설명으로 틀린 것은?

① 콘크리트 플레이서는 수송관내의 콘크리트를 압축공기로서 압송한다.
② 관으로부터의 토출할 때 콘크리트의 재료 분리가 생기는 경우에는 토출할 때 충격을 가하여 재료 분리를 방지하여야 한다.
③ 수송관의 배치는 굴곡을 적게 하여야 한다.
④ 수송거리는 공기압, 공기소비량 등에 따라 달라진다.

28 관으로부터의 토출할 때 콘크리트의 재료 분리가 생기는 경우에는 재료가 분리된 콘크리트는 사용하여서는 안된다.

□□□ 01④, 03②, 04②, 11③, 07②, 15①, 20①, 25①

29 AE콘크리트의 알맞은 공기량은 굵은 골재의 최대 치수에 따라 다르며, 보통 콘크리트 부피의 몇 %를 표준으로 하는가?

① 1~3%　　② 4~7%
③ 7~12%　　④ 12~17%

29 AE콘크리트의 적당한 공기량은 굵은 골재의 최대치수에 따라 다르나 콘크리트 부피의 4~7%를 표준으로 한다.

□□□ 10③, 15④, 25①

30 시멘트 밀도 시험의 목적이 아닌 것은?

① 시멘트 종류를 어느 정도 추정할 수 있다.
② 시멘트 품질을 판정할 수 있다.
③ 시멘트 입자 사이의 공기량을 알 수 있다.
④ 콘크리트 배합 설계를 할 때 시멘트의 절대 용적을 구할 수 있다.

30 시멘트 밀도 시험의 목적
- 시멘트의 품질을 판정할 수 있다.
- 시멘트의 종류를 어느 정도 알 수 있다.
- 콘크리트의 배합을 설계할 때 시멘트의 절대 용적을 구할 수 있다.

정답 26 ① 27 ④ 28 ② 29 ② 30 ③

□□□ 08①, 09②, 15②, 25①
31 레디믹스트 콘크리트의 장점이 아닌 것은?

① 균질의 콘크리트를 얻을 수 있다.
② 공사능률이 향상 되고 공기를 단축할 수 있다.
③ 콘크리트의 워커빌리티를 현장에서 즉시 조절할 수 있다.
④ 콘크리트 치기와 양생에만 전념할 수 있다.

31
콘크리트의 워커빌리티를 즉시 조절하기가 곤란하다.

□□□ 12⑤, 22①, 25①
32 부재 혹은 구조물의 치수가 커서 시멘트의 수화열에 의한 온도 상승 및 강하를 고려하여 설계 시공해야 하는 콘크리트는?

① 뿜어붙이기 콘크리트   ② 진공 콘크리트
③ 매스 콘크리트   ④ 롤러 다짐 콘크리트

32
매스 콘크리트에 대한 정의이다.

□□□ 02①, 07②, 12②, 14③, 16①②, 25①
33 콘크리트의 배합에서 골재를 계량하고자 할 때 허용오차로서 옳은 것은?

① ±1%   ② ±2%
③ ±3%   ④ ±4%

33 계량오차

재료	허용오차
시멘트	-1%, +2%
골재	±3%
물	-2%, +1%
혼화재	±2%
혼화제	±3%

□□□ 11③, 13④, 14②, 25①
34 콘크리트를 일관 작업으로 대량 생산하는 장치로서, 재료 저장부, 계량 장치, 비비기 장치, 배출 장치로 되어 있는 것은?

① 레미콘
② 콘크리트 플랜트
③ 콘크리트 피니셔
④ 콘크리트 디스트리뷰터

34 콘크리트 플랜트(concrete plant)
• 콘크리트를 일관 작업으로 대량 생산하는 장치이다.
• 재료 저장부, 계량 장치, 비비기 장치, 배출 장치로 되어 있다.

□□□ 10①③, 11③, 15①, 25①
35 일반적으로 콘크리트를 타설할 때 외기 온도가 25℃를 초과할 경우 허용 이어치기 시간간격의 표준으로 옳은 것은?

① 1.0시간   ② 1.5시간
③ 2.0시간   ④ 2.5시간

35 허용이어치기의 시간간격의 표준

외기 온도	허용이어치기 시간간격
25℃ 초과	2.0시간 이내
25℃ 이하	2.5시간 이내

정답 31 ③ 32 ③ 33 ③ 34 ② 35 ③

□□□ 09①③, 11③, 15④, 25①

36 콘크리트 배합설계에서 단위 굵은골재의 절대용적이 $0.45m^3$, 굵은 골재 밀도가 $2.64g/cm^3$일 때 단위 굵은 골재량은 몇 kg인가?

① 315.0kg
② 831.6kg
③ 1188.0kg
④ 1848.0kg

□□□ 03③, 04①③, 06①, 08⑤, 09③, 10②③, 11③ 13④, 16①, 25①

37 단위 잔골재의 절대 부피가 256L이고, 단위 굵은 골재의 절대 부피가 399L일 경우 잔골재율은?

① 26%
② 34%
③ 40%
④ 42%

□□□ 02①, 03①⑤, 04②, 09③, 11③, 12②, 13①, 14②③, 25①

38 콘크리트의 타설에서 거푸집의 높이가 높을 경우 재료분리를 방지하기 위하여 슈트 출구의 깔대기 하단에서부터 콘크리트 타설면까지의 높이는 얼마 이하로 하는 것이 원칙인가?

① 60cm 이하
② 80cm 이하
③ 1m 이하
④ 1.5m 이하

□□□ 12①②, 13②, 25①

39 수중 콘크리트를 타설할 때는 물을 정지시킨 정수 중에서 타설하는 것이 좋으나, 완전히 물막이를 할 수 없는 경우 최대 유속이 1초간 몇 mm 이하로 하여야 하는가?

① 50mm/s 이하
② 10mm/s 이하
③ 150mm/s 이하
④ 200mm/s 이하

□□□ 12⑤, 25①

40 강도시험용 콘크리트 공시체의 제작에서 몰드를 떼는 시기는 콘크리트 채우기가 끝나고 나서 얼마 이내에 실시하여야 하는가?

① 4시간 이상 16시간 이내
② 16시간 이상 3일 이내
③ 3일 이상 6일 이내
④ 6일 이상 28일 이내

해 설

36 단위 굵은골재량
= 단위 골재의 절대체적 $\times \left(1 - \dfrac{S}{a}\right)$
$\times$ 굵은골재 밀도 $\times 1000$
= $0.45 \times 2.64 \times 1000$
= $1188 kg/m^3$

37 잔골재율
$S/a = \dfrac{\text{단위 잔골재의 절대부피}}{\text{단위 골재량의 절대부피}} \times 100$
$\therefore S/a = \dfrac{S}{S+G} \times 100$
$= \dfrac{256}{256+399} \times 100 = 39.08\%$
= 약 40%

38 연직슈트, 펌프배관, 깔때기 등을 사용할 때 배출구와 치기면과의 높이는 1.5m 이하로 한다.

39 수중의 물의 속도가 50mm/sec 이내일 때에 한하여 시공한다.

40 공시체의 양생
- 시험체를 만든 뒤 16~72시간(3일) 안에 몰드를 떼어낸다.
- 시험체를 20±2℃(18~22℃)에서 습윤 상태로 양생한다.

정답 36 ③ 37 ③ 38 ④ 39 ① 40 ②

☐☐☐ 05①, 08②, 13①, 14①, 25①

41 굵은 골재의 밀도 및 흡수율 시험 결과 값이 아래와 같다면 흡수율은 몇 %인가?

노건조 시료의 질량	240g
표면 시료의 질량	246g
자연 상태 시료의 질량	258g
수중에서 시료의 질량	154g
시험 온도에서의 물의 밀도(ρ_w)	1g/cm³

① 1.50
② 2.50
③ 4.50
④ 7.50

해설

41 흡수율
$= \dfrac{\text{표건상태} - \text{노건상태}}{\text{노건상태}} \times 100$
$= \dfrac{246 - 240}{240} \times 100 = 2.50\%$

☐☐☐ 11③, 12②, 15②, 25①

42 슬래브 및 보의 밑면의 경우 콘크리트 압축 강도가 몇 MPa 이상일 때 거푸집을 해체할 수 있는가? (단, 콘크리트의 설계 기준 강도는 21MPa 이다)

① 7MPa 이상
② 14MPa 이상
③ 18MPa 이상
④ 21MPa 이상

42 슬래브 및 보의 밑면, 아치 내면의 압축강도
$\dfrac{2}{3}f_{cu} = \dfrac{2}{3} \times 21 = 14\text{MPa} \geq 14\text{MPa}$

☐☐☐ 03②, 04①, 05②, 13③, 14①, 25①

43 다음 중 콘크리트의 배합을 결정하는 방법이 아닌 것은?

① 계산에 의한 방법
② 배합표에 의한 방법
③ 시험 배합에 의한 방법
④ 재하 시험에 의한 방법

43 콘크리트의 배합을 결정하는 방법
• 계산에 의한 방법
• 배합표에 의한 방법
• 시험 배합에 의한 방법

☐☐☐ 15①, 16①, 21①, 25①

44 콘크리트의 압축강도시험에서 하중을 가하는 속도는 공시체에 충격을 주지 않도록 똑같은 속도로 하중을 가하여야 한다. 이 때 하중을 가하는 속도는 압축응력도의 증가율이 얼마나 되도록 하여야 하는가?

① 매초 (0.6±0.2)MPa이 되도록 한다.
② 매초 (1±0.4)MPa이 되도록 한다.
③ 매초 (1.6±0.4)MPa이 되도록 한다.
④ 매초 (2±0.4)MPa이 되도록 한다.

44
• 압축강도시험 :
 매초 (0.6±0.2)MPa
• 인장강도 시험 :
 매초 (0.06±0.04)MPa
• 휨강도 시험 :
 매초 (0.06±0.04)MPa

정답 41 ② 42 ② 43 ④ 44 ①

□□□ 10③, 11③, 14④, 25①

45 1.18mm체를 95%(질량비) 이상 통과하는 잔골재 시료로 골재의 체가름 시험을 하고자 할 때 준비하여야 할 시료의 최소 건조 질량은?

① 100g
② 300g
③ 500g
④ 1000g

45 잔골재 체가름 시험 시료의 표준량

골재알의 크기	시료의 최소량
1.18mm체를 95%(질량비) 이상 통과하는 것	100g
1.18mm체를 5%(질량비) 이상 남는 것	500g

□□□ 01③, 03②, 04①②, 06⑤, 07⑤, 08②, 09①②, 10①, 11③, 12③, 14①, 15①, 25①

46 ϕ150×300mm인 시험체를 쪼갬인장강도시험을 실시하여 150kN에서 파괴되었다. 이 콘크리트 쪼갬인장강도는 약 얼마인가?

① 6.7MPa
② 3.3MPa
③ 2.1MPa
④ 1.1MPa

46
$$f_t = \frac{2P}{\pi d l}$$
$$= \frac{2 \times 150 \times 10^3}{\pi \times 150 \times 300} = 2.1 \text{N/mm}^2$$
$$= 2.1 \text{MPa}$$

□□□ 03①, 08⑤, 12②, 15②, 25①

47 굳지 않은 콘크리트의 공기 함유량 시험에서 보일(Boyle)의 법칙을 이용한 시험법은?

① 밀도법
② 용적법
③ 질량법
④ 공기실 압력법

47 공기실 압력법
워싱턴형 공기량 측정기를 사용하며 보일의 법칙을 이용한 시험법이다.

□□□ 01④, 05②, 07②, 08③, 09①, 11③, 13③, 15④, 25①

48 표면건조포화상태 시료의 질량이 4000g이고, 물속에서 철망태와 시료의 질량이 3070g이며 물속에서 철망태의 질량이 580g, 절대건조상태 시료의 질량이 3930g일 때 이 굵은골재의 절대건조상태의 밀도는? (단, 시험온도에서의 물의 밀도는 1g/cm³이다.)

① 2.30g/cm³
② 2.40g/cm³
③ 2.50g/cm³
④ 2.60g/cm³

48
$$D_d = \frac{\text{절대건조상태의 질량}}{\text{표건상태의 질량} - \text{수중질량}} \times \text{물의 밀도}$$
$$= \frac{A}{B-C} \times \rho$$
$$= \frac{3930}{4000 - (3070 - 580)} \times 1$$
$$= 2.60 \text{g/cm}^3$$

□□□ 12⑤, 25①

49 시방배합 결과 단위 잔골재량이 700kg/m³이고, 단위 굵은 골재량이 1000kg/m³, 단위수량이 180kg/m³이었다. 현장에서 골재의 상태가 잔골재의 표면수량은 5%, 굵은 골재의 표면수량이 1%인 경우 현장배합으로 보정한 단위수량은? (단, 입도에 대한 보정은 필요 없는 경우)

① 120kg/m³
② 135kg/m³
③ 210kg/m³
④ 225kg/m³

49 표면 수량 조정
• 잔골재의 표면 수량
$= 700 \times \frac{5}{100} = 35 \text{kg/m}^3$
• 굵은골재의 표면 수량
$= 1,000 \times \frac{1}{100} = 10 \text{kg/m}^3$
∴ 보정된 수량 $= 180 - (35 + 10)$
$= 135 \text{kg/m}^3$

정답 45 ① 46 ③ 47 ④ 48 ④ 49 ②

☐☐☐ 02⑤, 03⑤, 06②, 09①②, 11③, 12①②, 13①, 15④, 16①, 25①

50 골재의 마모시험에서 시료를 시험기에서 꺼내 몇 mm로 체가름을 하는가?

① 1.7mm
② 3.4mm
③ 1.25mm
④ 2.5mm

해설 50
시료를 시험기에서 꺼내어 1.7mm 체로 체가름한다.

☐☐☐ 01③④, 03①⑤, 06①②⑤, 08②, 10②, 13②④, 14①, 25①

51 콘크리트 치기에서 벽이나 기둥과 같이 높이가 높은 콘크리트를 연속해서 칠 경우에는 일반적으로 30분에 어느 정도로 하는가?

① 1 ~ 1.5m
② 1.5 ~ 2m
③ 2 ~ 3.5m
④ 3.5 ~ 4m

해설 51
콘크리트를 쳐 올라가는 속도를 너무 빨리 하면 재료의 분리가 일어나기 쉬우므로, 일반적으로 30분에 1~1.5m 정도로 한다.

☐☐☐ 11④, 14②, 16②, 25①

52 잔골재의 밀도 및 흡수율(KS F 2504) 시험에서 밀도 시험의 정밀도는 2회 실시하여 각각 구한 값과 평균값의 차이가 몇 g/cm³ 이하이어야 하는가?

① 0.01g/cm³
② 0.05g/cm³
③ 0.1g/cm³
④ 0.5g/cm³

해설 52 시험값과 평균값의 차이
- 밀도의 경우 0.01g/cm³
- 흡수율의 경우 0.05% 이하

☐☐☐ 03⑤, 08①③, 09①②, 10③⑤, 11③, 14①, 16①, 25①

53 콘크리트 압축강도 시험용 공시체의 제작에 있어서 공시체의 양생온도로 가장 적합한 것은?

① 13 ~ 17℃
② 18 ~ 22℃
③ 23 ~ 27℃
④ 28 ~ 32℃

해설 53
시험체를 20±2℃(18~22℃)에서 습윤 상태로 양생한다.

☐☐☐ 16②, 19①, 25①

54 압력법에 의한 콘크리트 공기량 시험의 주의사항으로 틀린 것은?

① 골재의 수정계수는 생략해도 좋다.
② 그릇의 뚜껑을 죌 때는 반드시 대각선상으로 조금씩 죈다.
③ 압력계를 읽을 때는 항상 압력계를 손가락으로 가볍게 두들긴 다음에 읽어야 한다.
④ 장치의 검정은 규격에 맞추어 정기적으로 실시해야 한다.

해설 54
콘크리트의 공기량=겉보기 공기량 −골재의 수정 계수
∴ 골재의 수정계수(G)는 생략해서는 안된다.

정답 50 ① 51 ① 52 ① 53 ② 54 ①

□□□ 01④, 03⑤, 05①, 06②, 08①, 09③, 12⑤, 14③, 16①, 25①

55 물-결합재비가 50%이고 단위수량이 180kg/m³일 때 단위 시멘트량은 얼마인가?

① 90kg/m³
② 180kg/m³
③ 270kg/m³
④ 360kg/m³

55 단위 시멘트량
$$C = \frac{\text{단위수량}}{\text{물-결합재비}} = \frac{180}{0.50} = 360 \text{ kg/m}^3$$

□□□ 03②③, 06⑤, 08①, 11①③, 14②, 15①②③, 25①

56 잔골재의 밀도 및 흡수율시험에 사용되는 시험기구로 옳지 않은 것은?

① 저울
② 플라스크
③ 원심분리기
④ 원뿔형 몰드

56 원심분리기
함수당량 시험에 사용된다.

□□□ 02⑤, 09③, 11③, 14③, 25①

57 슬럼프 시험에서 시료를 슬럼프 콘에 몇 층으로 나누고 각 층을 몇 회씩 다지는가?

① 2층 25회
② 3층 25회
③ 2층 15회
④ 3층 15회

57
슬럼프 콘에 3층으로 나누어 넣고 각층을 25회 다짐대 다진다.

□□□ 02⑤, 04①, 06⑤, 09②, 14③, 15④, 25①

58 콘크리트용 잔골재에 포함되어 있는 유기 불순물 시험에 사용되는 시약으로 옳은 것은?

① 무수황산나트륨 용액
② 염화칼슘 용액
③ 실리카 겔
④ 수산화나트륨 용액

58 표준색 용액 만들기
물 291g에 수산화나트륨 9g을 섞어서 3%의 수산화나트륨 용액을 만든다.

□□□ 08③, 11①, 14②, 25①

59 다음 중 천연 골재에 속하지 않는 것은?

① 강모래, 강자갈
② 산모래, 산자갈
③ 바닷모래, 바닷자갈
④ 부순모래, 슬래그

59 천연 골재
강모래, 강자갈, 바닷모래, 바닷자갈, 산모래, 산자갈, 천연 경량 골재

□□□ 01④, 03①, 11③, 12②, 14③, 15②, 16①, 25①

60 일반 수중 콘크리트의 물-결합재비(W/C)는 몇 % 이하인가?

① 50%
② 55%
③ 60%
④ 65%

60
• 물-결합재비 : 50% 이하
• 단위시멘트량 : 370kg/m³ 이상

정답 55 ④ 56 ③ 57 ② 58 ④ 59 ④ 60 ①

PART 2

Pick Remember
필답형 및 작업형 실기

CHAPTER 1 필답형 실기 핵심이론 40선 / 핵심문제 80선

CHAPTER 2 필답형 실기 과년도 기출문제

CHAPTER 3 작업형 실기

콘크리트기능사 실기 학습안내

❶ **신분증** 지참은 반드시 필수입니다.

❷ **계산기**(건전지 확인) 지참도 필수입니다.

❸ 문제를 학습하는 방법
- ☑☐☐ 틀린 문제를 확인한다.
- ☑☑☐ 마킹된 문제를 확인한다.
- ☑☑☑ 마킹된 문제를 최종확인한다.

❹ 필답형과 작업형 : 필답형 50점(10문항 출제), 작업형 50점
- **60점 이상**이면 **합격**

☑ **1단계**   필답형 실기 핵심이론 40선

- 실기 핵심이론 40선을 암기하려 하지말고 반복학습하면 됩니다.
- 1단계 핵심요점의 강조색을 복습해 보세요.
- 필답형 실기문제를 많이 반복학습할수록 유리합니다.

☑ **2단계**   필답형 실기 핵심문제 80선

- 실기 핵심문제 80선은 핵심이론을 추상하며 반복학습하면 효과가 큽니다.
- 반복학습할수록 실전에 무척 유리(공식, 단위 체크)합니다.
- 필답형 실기시험 시작 전에는 반드시 ☑☑☑ 확인해 보세요.

☑ **3단계**   작업형 실기

- 작업순서를 그림을 통해 충분히 이해하세요.
- 실전연습을 하시면 굉장히 유리합니다.

1 chapter

Pick Remember
필답형 실기
핵심이론 40선 / 핵심문제 80선

수험자 유의사항

1. 수험자 인적사항 및 계산식을 포함한 답안 작성은 **흑색** 필기구만 사용해야 하며, 그 외 연필류, 빨간색, 청색 등 필기구로 작성한 답항은 0점 처리된다.
2. 답안과 관련 없는 특수한 표시를 하거나 특정임을 암시하는 경우 답안지 전체를 0점 처리된다.
3. 계산문제는 반드시 『**계산과정과 답란**』에 기재하여야 한다.
   - 계산과정이 틀리거나 없는 경우 0점 처리된다.
   - 정답도 반드시 답란에 기재하여야 한다.
4. 답에 단위가 없으면 오답으로 처리된다.
   - 문제에서 단위가 주어진 경우는 제외
5. 계산문제의 소수점처리는 최종결과값에서 요구사항을 따르면 된다.
   - 소수점 처리에 따라 최종답에 오차범위 내에서 상이할 수 있다.
6. 문제에서 요구하는 가지 수(항수)는 요구하는 대로, 3가지를 요구하면 3가지만, 4가지를 요구하면 4가지만 기재하면 된다.
7. 단답형은 여러 가지를 기재해도 한 가지로 보며, 오답과 정답이 함께 기재되어 있으면 오답으로 처리된다.
8. 답안을 정정할 때에는 반드시 정정 부분을 두 줄(=)로 그어 표시하거나 **수정테이프**(수정액은 제외)로 답안을 정정하여야 한다.
9. 수험자 유의사항 미준수로 인해 발생되는 채점상의 불이익은 본인에게 책임이 있다.
10. 시험 중 수험자는 반드시 안전수칙을 준수해야 하며, 작업 복장상태, 정리정돈 상태, 안전사항 등의 채점대상이 됩니다. (작업에 적합한 복장과 **장갑**을 항시 착용하여야 합니다.)
11. 답안지 및 채점기준표는 절대로 공개하지 않는다.

01 필답형 실기 핵심이론
Pick Remember 40선

1 포틀랜드시멘트의 종류
① 보통포틀랜드 시멘트
② 중용열포틀랜드 시멘트
③ 조강포틀랜드 시멘트
④ 저열포틀랜드 시멘트
⑤ 내황산염포틀랜드 시멘트

2 혼합시멘트의 종류
① 고로슬래그 시멘트
② 포틀랜드포졸란 시멘트
③ 플라이애시 시멘트

3 특수 시멘트의 종류
① 초속경시멘트
② 알루미나 시멘트
③ 팽창시멘트
④ 초조강 시멘트

4 풍화된 시멘트의 결점
① 비중이 작아진다.
② 응결이 늦어진다.
③ 강도가 적어진다.
④ 강열감량이 커진다.

5 시멘트 응결시간 측정법
① 비카침에 의한 방법(폐기됨)
② 길모어 침에 의한 방법

6 시멘트의 분말도시험방법
① 공기투과장치에 의한 방법
② 표준체에 의한 방법

7 시멘트의 밀도시험
① 시멘트의 밀도$(Mg/m^3) = \dfrac{시멘트의\ 질량(g)}{르샤틀리에\ 플라스크\ 눈금의\ 차(mL)}$
② 정밀도 및 편차 : 동일 시험자가 동일 재료에 대하여 2회 측정한 결과가 $\pm 0.03(Mg/m^3)$ 이내이어야 한다.

8 골재의 함수상태에 따라 4가지 상태

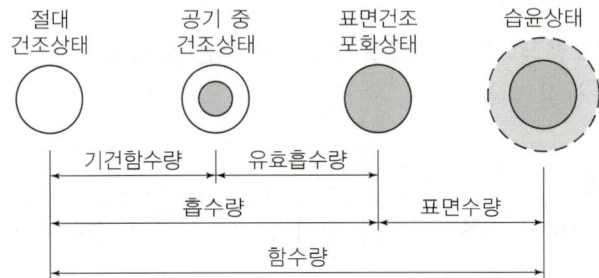

절대건조상태	골재알의 내부에 포함되어 있는 자유수가 제거된 상태
공기중건조상태	골재알속의 내부에 일부가 물로 차있는 상태
표면건조포화상태	골재알의 표면수는 없고 골재알속의 빈틈에 물로 차있는 상태
습윤상태	골재알 속의 빈틈이 물로 차있고 표면에 표면수가 있는 상태

9 조립률(F.M)

① 혼합골재의 조립률

$$f_a = \frac{m}{m+n}f_s + \frac{n}{m+n}f_g$$

② 조립률(F.M) 10개 체

75mm, 40mm, 20mm, 10mm, 5mm, 2.5mm, 1.2mm, 0.6mm, 0.3mm, 0.15mm

10 골재의 실적률과 공극률

① 실적률 $G = \dfrac{T}{d_D} \times 100$

② 공극률 $= 100 - 실적률 = \left(1 - \dfrac{T}{d_D}\right) \times 100$

11 혼화재

① 포졸란 작용하는 혼화재
- 플라이 애시
- 규조토
- 화산회
- 규산백토

② 주로 잠재수경성이 있는 혼화재
고로 슬래그 미분말
③ 오토클레이브 양생으로 고강도를 내는 혼화재
규산질 미분말

12 용어

① 되비비기 : 콘크리트가 엉기기 시작하였을 경우에 다시 비비는 작업
② 거듭비비기 : 콘크리트가 엉기기 시작하지는 않았으나 재료가 분리된 경우에 다시 비비는 작업
③ 혼화재 : 사용량이 시멘트 무게의 5%정도 이상이 되어 콘크리트의 배합계산에 관계되는 것
④ 혼화제 : 사용량이 1%정도 이하의 것으로서 콘크리트 배합계산에서 무시되는 것
⑤ 크리프(creep) : 재료가 외력을 받으면 변형이 생기는데, 외력의 증가 없이도 시간의 경과에 따라 변형이 증가되는 현상

13 1회 계량분에 대한 계량오차

재료의 종류	허용 오차(%)
물	-2%, +1%
시멘트	-1%, +2%
골재	±3%
혼화제	±3%
혼화재	±2%

14 블리딩(bleeding)

① 개념
콘크리트를 친 후 시멘트와 골재가 가라앉으면서 물이 올라와 콘크리트 표면에 떠오르는 현상

② 작게하는 방법 3가지
- 분말도가 높은 시멘트를 사용한다.
- 단위수량을 적게한다.
- AE제를 사용한다.
- 포촐라나를 사용한다.

15 콘크리트의 워커빌리티에 영향을 끼치는 요소
① 시멘트　② 혼화재료　③ 골재
④ 단위수량　⑤ 시간과 온도

16 굳지 않은 콘크리트의 성질을 표시하는 용어
① 반죽질기 : 주로 물의 양이 많고 적음에 따르는 반죽이 되고 진 정도를 나타내는 굳지 않은 콘크리트의 성질
② 워커빌리티 : 반죽 질기의 정도에 따르는 작업의 난이성 및 재료의 분리성 정도를 나타내는 굳지 않은 콘크리트의 성질
③ 성형성 : 거푸집에서 쉽게 다져넣을 수 있고 거푸집을 제거하면 천천히 형상이 변하기는 하지만 허물어지거나 재료의 분리가 일어나는 일이 없는 정도의 굳지 않은 콘크리트의 성질
④ 피니셔빌리티 : 굵은 골재의 최대치수, 잔골재율, 잔골재의 입도, 반죽질기 등에 따르는 표면 마무리하기 쉬운 정도를 나타내는 굳지 않은 콘크리트의 성질

17 굳지 않은 콘크리트의 반죽질기 측정법
① 슬럼프 시험　② 반죽질기 시험
③ 켈리볼 관입 시험(구관입 시험)　④ 다짐 계수 시험
⑤ 리몰딩 시험

18 슬럼프 시험
① 슬럼프 콘의 규격

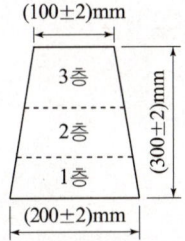

- 콘의 윗지름 : (100±2)mm
- 콘의 밑지름 : (200±2)mm
- 콘의 높이 : (300±2)mm
- 두께 : 1.5mm

② 슬럼프 콘을 채우고 벗길 때 까지 전 작업시간 : 3분 이내
③ 슬럼프 콘을 들어 올리는 시간 : 2~5(3.5±1.5)초

19 콘크리트 블리딩 시험
① 3층 25회 다짐
② 시험 중에는 실온 20±3℃로 한다.
③ 처음 60분 동안은 10분 간격으로 그 후는 블리딩이 정지할 때 까지 30분 간격으로 표면에 떠오른 블리딩 물을 빨아낸다.

알아두기

다짐봉
- 지름 : (16±1)mm
- 길이 : (600±5)mm

슬럼프 읽은 값
5mm 단위로 측정

다짐 및 층수
3층 및 각 25회 다짐

콘크리트 온도
콘크리트의 온도는 20±3℃

④ 블리딩량

$$B_q = \frac{V}{A}$$

⑤ 레이턴스 : 블리딩으로 인하여 콘크리트나 모르타르의 표면에 떠올라서 가라앉은 회백색의 물질

20 콘크리트 공기량시험

① 공기량 시험법의 종류
- 공기실 압력법 : 워싱턴형 공기량 측정기를 사용하며, 보일(Boyle)의 법칙에 의하여 공기실에 일정한 압력을 콘크리트에 주었을 때 공기량으로 인하여 법칙에 저하하는 것으로부터 공기량을 구하는 것이다.
- 무게(질량)법
- 부피법

② 공기량 계산

$$A(\%) = A_1 - G$$

21 내부 진동기 사용의 원칙

① 삽입깊이 : 0.1m
② 삽입간격 : 0.5m
③ 1개소당 진동시간 : 5~15초

22 콘크리트의 비비기 시간

① 가경식 믹서 : 1분 30초 이상
② 강제식 믹서 : 1분 이상

23 습윤 양생의 종류

① 수중 양생   ② 습포 양생
③ 습사 양생   ④ 피막 양생

24 습윤양생기간의 표준

일평균 기온	15℃ 이상	10℃ 이상	5℃ 이상
보통 포틀랜드 시멘트	5	7	9
조강 포틀랜드 시멘트	3	4	5
고로슬래그 시멘트, 플라이애시 시멘트	7	9	12

25 촉진양생의 종류

① 증기양생 ② 전기양생
③ 온수양생 ④ 고주파 양생
⑤ 적외선 양생 ⑥ 고압증기양생(오토클레이브 양생)

26 거푸집을 남겨두는 기간의 표준

최저 기온	측면	기둥면	slab 밑면	beam, arch
15℃ 이상일 때	2~3일	4~6일	6~9일	10~15일
3℃ 이상일 때	3~9일	6~10일	9~14일	14~21일

27 콘크리트의 배합시 물-결합재비를 정하는 기준

① 소요의 강도 ② 내구성
③ 수밀성 ④ 균열 저항성

28 수중 콘크리트

① 수중 콘크리트에 사용되는 타설기구 3가지
- 트레미 : 130~180mm(슬럼프의 표준)
- 콘크리트 펌프 : 130~180mm(슬럼프의 표준)
- 밑열림상자 및 밑열림포대 : 100~150mm(슬럼프의 표준)

② 물-결합재비와 단위시멘트량
- 물-결합재비 : 50%
- 단위시멘트량 : $370kg/m^3$ 이상

③ 일반 수중 콘크리트 타설의 원칙
- 정수 중에 타설하여야 한다.
- 콘크리트는 수중에 낙하시키지 않아야 한다.
- 거푸집의 강도 및 조립에 주의하여야 한다.
- 콘크리트가 경화될 때까지 물의 유동을 방지하여야 한다.
- 시멘트가 물로 씻겨서 흘러나오지 않도록 트레미 등을 이용 타설하여야 한다.

▶ 타설속도
50mm/sec

29 특수 콘크리트

① 프리플레이스트 콘크리트 : 특정한 입도를 가진 골재를 거푸집 안에 미리 다져 넣고, 그 빈틈 사이에 유동성이 좋고 재료분리가 적은 모르타르를 펌프로 압력을 가하여 주입시켜 만든 콘크리트

② **매스 콘크리트** : 부재의 치수가 커서 시멘트의 수화열로 인한 온도 상승 및 하강에 따른 콘크리트의 팽창과 수축을 고려하여 시공해야 하는 콘크리트

30 경량 콘크리트의 제조방법에 따른 3가지 분류
① 경량골재콘크리트
② 경량기포콘크리트
③ 무잔골재콘크리트

31 레디믹스트 콘크리트 또는 레미콘
콘크리트의 제조 설비가 잘된 공장에서 수요자가 지정한 배합의 콘크리트를 만들어, 현장까지 운반해 주는 굳지 않은 콘크리트

32 레디믹스트콘크리트의 생산 공급방식에 따른 종류를 3가지
① 센트럴 믹스트 콘크리트 : 공장에 있는 고정 믹서에서 완전히 비빈 콘크리트를 애지테이터 트럭 또는 트럭 믹서로 운반하는 방법
② 슈링크 믹스트 콘크리트 : 공장에 있는 고정 믹서에서 어느 정도 콘크리트를 비빈 다음 트럭 믹서에 싣고 비비면서 현장에 운반하는 방법
③ 트랜싯 믹스트 콘크리트 : 콘크리트 플랜트에서 재료를 계량하여 트럭 믹서에 싣고, 운반 중에 물을 넣어 비비며 운반하는 방법

33 레디믹스트 콘크리트의 운반시간
① 덤프트럭으로 콘크리트를 운반하는 경우, 휘저어 섞어가면서 공사현장까지 걸리는 시간은 1시간
② 트럭 믹서 또는 에지테이터 트럭으로 콘크리트를 운반하는 경우 휘저어 섞어가면서 공사현장까지 걸리는 시간은 1.5시간

34 로스앤젤레스의 마모시험

$$마모감량 \quad R = \frac{m_1 - m_2}{m_1} \times 100$$

35 강도시험용 공시체의 제작
① 압축강도시험을 위한 공시체
- 공시체는 지름의 2배의 높이를 가진 원기둥으로 한다. 그 지름은 굵은골재의 최대치수의 3배 이상, 100mm 이상으로 한다.

- 콘크리트는 2층 이상으로 거의 동일한 두께로 나눠서 채운다. 각 층의 두께는 160mm를 초과해서는 안된다.
- 각 층은 적어도 1000mm²에 1회의 비율로 다지도록 하고 바로 아래층까지 다짐봉이 다지도록 한다.

② 쪼갬인장강도 시험을 위한 공시체
- 시험체의 지름은 골재의 최대치수의 4배 이상이어야 하며, 또한 150mm 이상으로 한다.
- 공시체의 길이는 공시체의 지름 이상, 2배 이하로 한다.

③ 휨강도 시험을 위한 공시체
- 공시체 한 변의 길이는 굵은골재 최대치수의 4배 이상이며, 100mm 이상으로 한다.
- 시험체의 길이는 단면 한 변의 길이의 3배보다 80mm 더 커야 한다.

④ 몰드의 제거 및 양생
- 몰드를 떼는 시기는 콘크리트 채우기가 끝나고 나서 16시간 이상 3일 이내로 한다.
- 공시체의 양생온도는 (20±2)℃[(18~22)℃]로 한다.
- 공시체는 몰드를 뗀 후 강도시험을 할 때까지 습윤상태에서 양생을 한다.

36 콘크리트의 강도시험

① 강도계산법

- 압축강도 $f_c = \dfrac{P}{A} = \dfrac{P}{\dfrac{\pi d^2}{4}}$

- 쪼갬인장강도 $f_{sp} = \dfrac{2P}{\pi d l}$

- 휨강도 $f_b = \dfrac{Pl}{bh^2}$

② 휨강도 공시체가 파괴 되었을 때 무효처리되는 경우
공시체가 인장쪽 표면이 지간 방향 중심선의 4점의 바깥쪽에서 파괴된 경우 그 시험결과를 무효로 한다.

③ 하중을 가하는 속도
- ■ 압축강도시험
- 압축응력도의 증가율이 매초 (0.6±0.2)MPa이 되도록 한다.
- ■ 쪼갬인장강도시험 및 휨강도 시험
- 인장응력도의 증가율이 매초 (0.06±0.04)MPa이 되도록 한다.

37 배합 강도

① $f_{ck} \leq 35$ MPa인 경우

$f_{cr} = f_{ck} + 1.34s$ (MPa)

$f_{cr} = (f_{ck} - 3.5) + 2.33s$ (MPa) 둘 중 큰 값을 사용한다.

② $f_{ck} > 35$ MPa인 경우

$f_{cr} = f_{ck} + 1.34s$ (MPa)

$f_{cr} = 0.9f_{ck} + 2.33s$ (MPa) 둘 중 큰 값을 사용한다.

- f_{cr} : 콘크리트의 배합강도
- f_{ck} : 콘크리트의 설계기준강도
- s : 콘크리트 압축 강도의 표준 편차(MPa)

③ 압축강도의 시험회수가 14회 이하이거나 기록이 없는 경우

설계기준 강도 f_{ck}(MPa)	배합강도 f_{cr}(MPa)
21MPa 미만	$f_{ck} + 7$
21MPa 이상 35MPa 이하	$f_{ck} + 8.5$
35MPa 초과	$1.1f_{ck} + 5.0$

- $f_{ck}(f_{cn})$: 호칭강도

38 배합 설계

① 물-결합재비(W/B) 결정시 고려사항
- 강도
- 내구성
- 수밀성
- 균열저항성

② 잔골재율

$$S/a = \frac{S}{S+G} \times 100$$

- S : 잔골재의 절대부피
- G : 굵은 골재의 절대부피

39 시방배합

- 단위 시멘트량 $C = \dfrac{\text{단위 수량}}{\text{물} - \text{결합재비}} = \dfrac{W}{W/B}$

- 단위 골재량의 절대 부피(m^3)

$$V_a = 1 - \left(\dfrac{\text{단위 수량}}{1000} + \dfrac{\text{단위 시멘트량}}{\text{시멘트 밀도} \times 1000} + \dfrac{\text{공기량}}{100} + \dfrac{\text{단위 혼화재량}}{\text{혼화재의 밀도} \times 1000} \right)$$

- 단위 잔골재량의 절대 부피(m^3)
  = 단위 골재량의 절대 부피 × 잔 골재율(S/a)

- 단위 잔골재량(kg/m^3)
  = 단위 잔골재량의 절대부피 × 잔골재의 밀도 × 1000

- 단위 굵은 골재량의 절대부피(m^3)
  = 단위 골재량의 절대부피 - 단위 잔골재량의 절대 부피

- 단위 굵은골재량(kg/m^3)
  = 단위 굵은골재의 절대부피 × 굵은골재의 밀도 × 1000

40 현장배합

$$\text{잔골재량 } X = \dfrac{100S - b(S+G)}{100 - (a+b)}$$

$$\text{굵은골재량 } Y = \dfrac{100G - a(S+G)}{100 - (a+b)}$$

- S : 시방 배합의 단위 잔골재량(kg)
- G : 시방 배합의 단위 굵은 골재량(kg)
- a : 잔골재에서 5mm에 남는 굵은 골재량(%)
- b : 굵은 골재에서 5mm체를 통과하는 잔골재량(%)

| memo |

필답형 실기 Pick Remember 핵심문제 80선

01 시멘트 재료

□□□ 14④, 15③, 16① 【5점】
01 KS L 5201에 규정되어 있는 포틀랜드시멘트의 종류 5가지를 쓰시오.

해답 ① 보통포틀랜드 시멘트 ② 중용열포틀랜드 시멘트
③ 조강포틀랜드 시멘트 ④ 저열포틀랜드 시멘트
⑤ 내황산염포틀랜드 시멘트

□□□ 07⑤, 15①② 【5점】
02 혼합시멘트의 종류를 3가지만 쓰시오.

해답 ① 고로슬래그 시멘트   ② 포틀랜드포졸란 시멘트   ③ 플라이애시 시멘트

□□□ 04, 06 【5점】
03 수화작용에 따르는 발열이 적기 때문에 매스 콘크리트, 방사선 차폐용 지하 구조물 등에 적당한 시멘트는?

해답 중용열 포틀랜드 시멘트

□□□ 14② 【5점】
04 시멘트의 풍화에 대해 간단히 설명하고, 풍화한 시멘트의 특징을 2가지만 쓰시오.

가. 시멘트의 풍화에 대해 간단히 설명하시오.

나. 풍화한 시멘트의 특징을 2가지만 쓰시오.

해답 가. 시멘트는 저장 중에 공기와 닿으면 공기 중의 수분을 흡수하여 수화작용을 일으켜 이 때 생긴 수산화칼슘이 공기 중의 이산화탄소와 작용하여 탄산칼슘과 물이 생기되는 작용
나. ① 비중이 작아진다.   ② 응결이 늦어진다.
③ 강도가 적어진다.   ④ 강열감량이 커진다.

□□□ 07⑤, 19① 【5점】

05 풍화된 시멘트는 어떤 결점이 있는지 3가지만 쓰시오.

해답 ① 비중이 작아진다.   ② 응결이 늦어진다.
      ③ 강도가 적어진다.   ④ 강열감량이 커진다.

02 골재 재료

□□□ 07①, 08②, 09③, 22②, 25③ 【5점】

06 다음 그림은 골재의 함수상태를 나타낸 그림이다. 다음 (   ) 안에 알맞은 말을 적어 넣으시오.

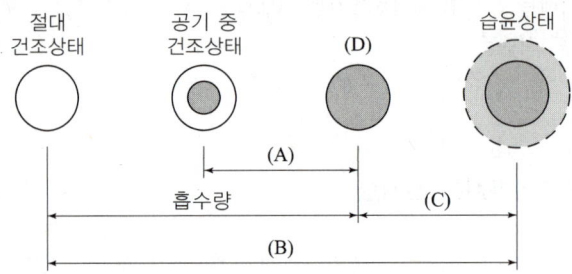

해답 A : 유효 흡수량   B : 함수량
      C : 표면수량   D : 표면건조 포화상태

□□□ 04, 07①, 14①, 24① 【5점】

07 골재의 함수상태에 따라 4가지 상태로 분류하고 이를 간단히 설명하는 아래의 표를 채우시오.

골재의 함수상태에 따른 분류	간단한 설명
절대건조상태	골재알의 내부에 포함되어 있는 자유수가 제거된 상태

해답

절대건조상태	골재알의 내부에 포함되어 있는 자유수가 제거된 상태
공기중건조상태	골재알 속의 내부에 일부가 물로 차있는 상태
표면건조포화상태	골재알의 표면수는 없고 골재알속의 빈틈에 물로 차있는 상태
습윤상태	골재알 속의 빈틈이 물로 차있고 표면에 표면수가 있는 상태

□□□ 04,06 【5점】
08 골재의 입자가 공기 중 건조상태에서 표면건조 포화상태로 되기까지 흡수된 물의 양을 무엇이라 하는가?

해답 유효 흡수량

□□□ 06⑤ 【5점】
09 골재의 체가름 시험에 대한 아래 물음에 답하시오.

가. 아래 체가름 시험의 결과표를 완성하시오.

체의 호칭 치수(mm)	체에 남는 양(g)	잔류율(%)	가적 잔류율(%)	가적 통과율(%)
10	0			
5	0			
2.5	48			
1.2	145			
0.6	178			
0.3	84			
0.15	45			
PAN	0			
계	500			

나. 위의 체가름 시험 결과를 이용하여 잔골재의 조립률을 구하시오.

다. 이 잔골재를 일반적인 콘크리트용 골재로 사용할 경우 적합여부를 판별하시오.

해답 가.

체의 호칭 치수(mm)	체에 남는 양(g)	잔류율(%)	가적 잔류율(%)	가적 통과율(%)
10	0	0	0	100
5	0	0	0	100
2.5	48	9.6	9.6	90.4
1.2	145	29	38.6	61.4
0.6	178	35.6	74.2	25.8
0.3	84	16.8	91	9.0
0.15	45	9	100	0.0
PAN	0	0	–	–
계	500	100	313.4	

나. $F.M = \dfrac{0 \times 5 + 9.6 + 38.6 + 74.2 + 91 + 100}{100}$

$= \dfrac{313.4}{100} = 3.13$

다. 잔골재 F.M = 2.3~3.1 범위이므로 사용 불가

□□□ 04, 06, 20①, 23①, 25② 【5점】

10 잔골재의 조립률(FM)＝2.67, 굵은 골재의 조립률(FM)＝7.29일 때 잔골재와 굵은 골재를 1：2의 무게비로 섞을 때 혼합골재의 조립률을 구하시오.

해답 $f_a = \dfrac{m}{m+n}f_s + \dfrac{n}{m+n}f_g$

$= \dfrac{1}{1+2} \times 2.67 + \dfrac{2}{1+2} \times 7.29 = 5.75$

□□□ 18① 【5점】

11 골재의 체가름 시험에 대한 다음의 물음에 답하시오.

가. 조립률을 구하기 위해 사용하는 체를 모두 쓰시오.

나. 잔골재의 체가름 시험에 대한 아래의 성과표를 완성하고, 조립률을 구하시오.

체의 호칭	각 체에 남은 양		각체에 남은 양의 누계
	g	%	%
5mm	20		
2.5mm	55		
1.2mm	135		
0.6mm	150		
0.3mm	96		
0.15mm	30		
접시	15		
계	500		

해답 가. 75mm, 40mm, 20mm, 10mm, 5mm, 2.5mm, 1.2mm, 0.6mm, 0.3mm, 0.15mm

나. • 잔류율 ＝ $\dfrac{\text{어떤 체에 잔유량}}{\text{전체 질량(합계)}} \times 100$

• 각체에 남은 양의 누계 ＝ 잔류율(각체에 남은 양)의 누계

체의 호칭	각 체에 남은 양		각체에 남은 양의 누계
	g	%	%
5mm	20	4	4
2.5mm	55	11	15
1.2mm	135	27	42
0.6mm	150	30	72
0.3mm	96	19	91
0.15mm	30	6	97
접시	15	3	100
계	500	100	

F.M ＝ $\dfrac{\Sigma \text{각 체에 남은 양의 누계}(\%)}{100}$

$= \dfrac{0 \times 4 + 4 + 15 + 42 + 72 + 91 + 97}{100} = \dfrac{321}{100} = 3.21$

□□□ 14③④【5점】

12 콘크리트용 골재의 체가름 시험 결과가 아래의 표와 같다. 다음 물음에 답하시오.

체의 호칭	체에 남은 양(%)	각체에 남은 양의 누계(%)
75mm	0	
40mm	4	
20mm	35	
10mm	37	
5mm	21	
2.5mm	3	
1.2mm	0	
접시		
계		

가. 위 표의 빈 칸을 완성하고 조립률을 구하시오.

나. 굵은골재 최대치수를 구하시오.

해답 가. 각체에 남은 양의 누계 = 잔류율의 누계

체의 호칭	체에 남은 양(%)	각체에 남은 양의 누계(%)	가적 통과율(%)
75mm	0	0	100
40mm	4	0+4=4	96
20mm	35	4+35=39	61
10mm	37	39+37=76	24
5mm	21	76+21=97	3
2.5mm	3	97+3=100	0
1.2mm	0	100	0
0.6mm	0	100	0
0.3mm	0	100	0
0.15mm	0	100	0
계	100	716	

$$F.M = \frac{\sum 각\ 체에\ 잔류한\ 중량백분율(\%)}{100}$$

$$= \frac{0+4+39+76+97+100 \times 5}{100} = \frac{716}{100} = 7.16$$

참고 2.5mm, 1.2mm, 0.6mm, 0.3mm, 0.15mm 의 5개체에 남은 양은 0이다.

나. 40mm(90%<96%)

□□□ 06, 25② 【5점】

13 잔골재의 함수 상태를 계량한 값이 아래표와 같을 때 이 골재의 표면수율을 구하시오.

- 노건조상태 : 1000g
- 공기 중 건조상태 : 1026g
- 표면건조포화상태 : 1051g
- 습윤상태 : 1065g

[해답] 표면수량 = $\dfrac{\text{습윤상태} - \text{표건상태}}{\text{표건상태}} \times 100$

= $\dfrac{1065 - 1051}{1051} \times 100 = 1.33\%$

□□□ 17① 【5점】

14 현장에서 굵은골재를 시험한 결과 절건 밀도가 $2.68\,g/cm^3$, 골재의 단위 용적 질량이 $1500\,kg/m^3$이었다. 이 골재의 공극률과 실적률을 구하시오.

가. 공극률을 구하시오.

나. 실적률을 구하시오.

[해답] 가. 공극률 = 100 − 실적률
　　　　　　 = 100 − 55.97 = 44.03%

나. $G = \dfrac{T}{d_D} \times 100$

$d_D = 2.68\,g/cm^3 = 2680\,kg/m^3$

$G = \dfrac{1500}{2680} \times 100 = 55.97\%$

03 혼화재료 재료

□□□ 14①③ 【5점】

15 혼화재에 대한 아래의 각 물음에 답하시오.

가. 포졸란 작용하는 혼화재를 2가지만 쓰시오.

나. 주로 잠재수경성이 있는 혼화재를 1가지만 쓰시오.

다. 오토클레이브 양생으로 고강도를 내는 혼화재를 1가지만 쓰시오.

[해답] 가. ① 플라이 애시　② 규조토　③ 화산회　④ 규산백토
　　나. 고로 슬래그 미분말
　　다. 규산질 미분말

□□□ 04,06 【5점】

16 시멘트의 입자를 흐트러지게 하여 콘크리트에 필요한 반죽질기를 얻는데 사용하고 단위수량을 줄이는 작용을 하는 혼화제로서 콘크리트의 워커빌리티가 좋아지고 내구성, 수밀성 및 강도가 커지며 단위시멘트량도 절약되는 혼화제를 무엇이라 하는가?

해답 감수제

□□□ 90②,93② 【5점】

17 콘크리트 혼화제인 응결경화 촉진제로서 주요한 것은 염화칼슘과 무엇이 있는가?

해답 규산소다

□□□ 18①, 20②, 24③ 【5점】

18 혼화제 중 응결·경화시간을 조절하는 것을 3가지만 쓰시오.

해답 ① 촉진제   ② 지연제   ③ 급결제   ④ 초지연제

□□□ 19② 【5점】

19 다음 용어를 간단히 설명하시오.

가. 되비비기 :   나. 거듭비비기 :
다. 혼화재 :   라. 혼화제 :

해답 가. 콘크리트가 엉기기 시작하였을 경우에 다시 비비는 작업
    나. 콘크리트가 엉기기 시작하지는 않았으나 재료가 분리된 경우에 다시 비비는 작업
    다. 사용량이 시멘트 무게의 5% 정도 이상이 되어 콘크리트의 배합계산에 관계되는 것
    라. 사용량이 1% 정도 이하의 것으로서 콘크리트 배합계산에서 무시되는 것

□□□ 10⑤ 【5점】

20 콘크리트를 친 후 시멘트와 골재가 가라 앉으면서 물이 올라와 콘크리트 표면에 떠오르는 현상을 블리딩 이라한다. 이 블리딩을 작게 하는 방법 3가지를 쓰시오.

해답 ① 분말도가 높은 시멘트를 사용한다.   ② 단위수량을 적게 한다.
    ③ AE제를 사용한다.   ④ 포졸라나를 사용한다.

□□□ 91, 22① 【5점】

21 블리딩으로 인하여 콘크리트나 모르타르의 표면에 떠올라서 가라앉은 회백색의 물질을 무엇이라 하는가?

해답 레이턴스(Laitance)

□□□ 90②, 06②, 25③ 【5점】

22 콘크리트를 친 후 시멘트와 골재가 가라앉으면서 물이 올라와 콘크리트 표면에 떠오른다. 이러한 현상을 무엇이라 하는가?

해답 블리딩(bleeding)

□□□ 90, 95, 24③ 【5점】

23 콘크리트 블리이딩 시험에 대하여 답하시오.

가. 콘크리트를 용기에 (　　)층을 넣고 각 층을 다짐대로 (　　)번씩 다진다.
나. 시험하는 동안 실온은 (　　　)로 유지한다.
다. 콘크리트 용기의 위면적이 $570cm^2$, 블리딩물의 양이 $636cm^3$일 때 블리딩량을 구하시오.

해답 가. 3층, 25번
　　나. 20±3℃
　　다. 블리딩량 $= \dfrac{V}{A} = \dfrac{636}{570} = 1.12 cm^3/cm^2 = 0.0112 m^3/m^2$

□□□ 92, 98, 02 【5점】

24 주로 물의 양이 많고 적음에 따르는 반죽이 되고 진 정도를 나타내는 굳지 않은 콘크리트의 성질을 무엇이라 하는가?

해답 반죽질기(consistency)

□□□ 93, 99, 04, 06, 25③ 【5점】

25 반죽질기의 정도에 따르는 작업의 난이성 및 재료의 분리성 정도를 나타내는 굳지 않은 콘크리트의 성질을 무엇이라 하는가?

해답 워커빌리티(workability)

□□□ 89, 16①, 19③ 【5점】
26 콘크리트의 워커빌리티에 영향을 끼치는 요소를 4가지만 쓰시오.

해답 ① 시멘트 ② 혼화재료 ③ 골재
④ 단위수량 ⑤ 시간과 온도

□□□ 89, 22① 【5점】
27 굳지 않은 콘크리트의 성질를 표시하는 용어를 3가지만 쓰시오.

해답 ① 반죽질기 ② 워커빌리티
③ 성형성 ④ 피니셔빌리티

□□□ 15④, 22③ 【5점】
28 굳지 않은 콘크리트의 블리딩 시험에 대한 아래 표의 설명에서 ( ) 안에 알맞은 숫자를 쓰시오.

- 시험 중에는 실온 (①)℃로 한다.
- 기록한 처음 시각에서 60분 동안 (②)분마다. 콘크리트 표면에 스며나온 물을 빨아낸다. 그 후는 블리딩이 정지할 때까지 (③)분마다 물을 빨아낸다.

해답 ① (20±3)℃ ② 10 ③ 30

□□□ 89, 04, 06⑤, 09 【5점】
29 거푸집에 쉽게 다져 넣을 수 있고 거푸집을 떼어내면 천천히 모양이 변하기는 하지만 허물어지거나 재료의 분리가 일어나는 일이 없을 정도의 굳지 않는 콘크리트의 성질은?

해답 성형성

□□□ 94, 04, 06③, 22② 【5점】
30 굳지 않은 콘크리트의 반죽질기 측정법 3가지만 쓰시오.

해답 ① 슬럼프 시험 ② 리몰딩시험
③ 비비반죽질기시험 ④ 캘리 볼울 관입시험

04 콘크리트 시공

□□□ 92② 【5점】

31 보통 포틀랜드 시멘트를 사용했을 때 부재측면의 거푸집 존치기간은 15℃ 이상의 온도에서 몇 일 정도가 적당한가?

해답 2~3일(48~72시간)

■ 거푸집을 남겨두는 기간의 표준

최저 기온	측면	기둥면	slab 밑면	beam, arch
15℃ 이상일 때	2~3일	4~6일	6~9일	10~15일
3℃ 이상일 때	3~9일	6~10일	9~14일	14~21일

□□□ 92, 93① 【5점】

32 콘크리트를 시공할 때 적당한 간격마다 시공이음을 두는데 이때 시공이음을 두는 이유를 3가지만 쓰시오.

해답 ① 거푸집 조립이 어렵다
② 거푸집을 반복해서 사용하기 위하여
③ 철근의 조립이 어렵기 때문에
④ 콘크리트의 검사를 위하여
⑤ 야간작업 등 무리한 작업을 피하기 위하여
⑥ 콘크리트의 온도 상승을 피하기 위하여

□□□ 02, 92①, 94②, 06①, 19①, 24① 【5점】

33 콘크리트의 양생방법을 4가지만 쓰시오.

해답 ① 습윤양생　② 증기양생
③ 전기양생　④ 피막양생

□□□ 18① 【5점】

34 콘크리트의 경화나 강도발현을 촉진하기 위해 실시하는 양생을 촉진양생 이라고 한다. 이러한 촉진양생의 종류를 3가지만 쓰시오.

해답 ① 증기양생　② 전기양생　③ 온수양생
④ 고주파 양생　⑤ 적외선 양생　⑥ 고압증기양생(오토클레이브 양생)

□□□ 19③ 【5점】
35 콘크리트 양생방법 중 습윤상태로 하는 방법을 3가지만 쓰시오.

해답 ① 수중 양생 ② 담수 양생
③ 살수 양생 ④ 습사 양생

□□□ 16① 【5점】
36 콘크리트 다지기에 사용되는 내부 진동기 사용의 원칙에 대하여 아래의 물음에 대하여 답하시오.

가. 진동 다지기를 할 때에는 내부진동기를 하층의 콘크리트 속으로 어느 정도 찔러 넣어야 하는가?
나. 내부진동기의 삽입간격은 일반적으로 몇 m 이하로 하는 것이 좋은가?
다. 1개소당 진동시간에 대하여 간단히 쓰시오.

해답 가. 0.1m   나. 0.5m   다. 5~15초

□□□ 14② 【5점】
37 콘크리트의 비비기, 다지기 및 양생 등에 대한 아래의 물음에 답하시오.

가. 콘크리트의 비비기 시간을 시험에 의해 정하는 것을 원칙으로 한다. 비비기 시간에 대한 시험을 실시하지 않은 경우 그 최소시간에 대해 답하시오.

① 가경식 믹서를 사용할 경우 : (   )초 이상
② 강제식 믹서를 사용할 경우 : (   )초 이상

나. 내부진동기를 사용하여 콘크리트 다지기를 할 경우 내부진동기의 사용방법의 표준에 대한 아래 물음에 답하시오.

① 진동다지기를 할 때에는 내부진동기를 하층의 콘크리트 속으로 몇 m 정도 찔러넣어야 하는가?
② 내부진동기의 삽입간격은 일반적으로 몇 m 이하로 하는 것이 좋은가?

다. 콘크리트는 타설한 후 습윤상태로 노출면이 마르지 않도록 하여야 하며, 수분의 증발에 따라 살수를 하여 습윤 상태로 보호하여야 한다. 일 때 습윤상태로 보호하는 기간의 표준에 대해 아래의 경우에 대한 답을 하시오. (단, 일평균 기온이 15℃ 이상인 경우)

① 보통 포틀랜드 시멘트를 사용한 경우 : (   )일
② 조강 포틀랜드 시멘트를 사용한 경우 : (   )일

해답 가. ① 90초(1분30초) 이상   ② 60초(1분) 이상
나. ① 0.1m   ② 0.5m
다. ① 5일   ② 3일

□□□ 06③, 08②, 10⑤, 19③ 【5점】

38 콘크리트의 각 재료를 계량할 때 1회 계량분에 대한 계량오차의 허용값을 나타내는 아래 표의 빈칸을 채우시오.

재료의 종류	허용 오차(%)
물	
시멘트	
골재	
혼화제	
혼화재	

[해답] 계량 허용오차

재료의 종류	허용 오차(%)
물	(−2%, +1%)
시멘트	(−1%, +2%)
골재	(±3%)
혼화제	(±3%)
혼화재	(±2%)

□□□ 15②, 21①, 24③ 【5점】

03 콘크리트는 타설한 후 습윤상태로 노출면이 마르지 않도록 하여야 하며, 수분의 증발에 따라 살수를 하여 습윤상태로 보호하여야 한다. 보통 포틀랜드 시멘트, 조강포틀랜드 시멘트 및 고로 슬래그 시멘트를 사용한 경우 일평균 기온에 따른 습윤상태 보호 기간의 표준 일수를 쓰시오.

일평균 기온	15℃ 이상	10℃ 이상	5℃ 이상
보통 포틀랜드 시멘트	( )	7	9
조강 포틀랜드 시멘트	3	4	( )
고로슬래그 시멘트, 플라이애시 시멘트	7	( )	12

[해답] 습윤양생의 표준

일평균 기온	15℃ 이상	10℃ 이상	5℃ 이상
보통 포틀랜드 시멘트	5	7	9
조강 포틀랜드 시멘트	3	4	5
고로슬래그 시멘트, 플라이애시 시멘트	7	9	12

05 배합설계

□□□ 14④ 【5점】

40 $1m^3$의 콘크리트 제작에 필요한 단위수량 165kg, 물-결합재비 50%, 시멘트 밀도 $3.15g/cm^3$, 잔골재율(S/a) 40%, 잔골재 표건밀도 $2.60g/cm^3$, 굵은골재 표건밀도 $2.65g/cm^3$, 공기량 1.5%이고, 골재는 표면건조 포화상태일 때 아래의 물음에 답하시오.

가. 단위 시멘트량을 구하시오.
나. 단위 골재량의 절대부피를 구하시오.
다. 단위 잔골재량의 절대부피를 구하시오.
라. 단위 잔골재량을 구하시오.
마. 단위 굵은골재량의 절대부피를 구하시오.
바. 단위 굵은골재량을 구하시오.

[해답] 가. $C = \dfrac{W}{W/B} = \dfrac{165}{\dfrac{50}{100}} = 330\,kg$

나. $V_a = 1 - \left(\dfrac{W}{1000} + \dfrac{C}{G_c} + \dfrac{A}{100}\right)$
$= 1 - \left(\dfrac{165}{1000} + \dfrac{330}{1000 \times 3.15} + \dfrac{1.5}{100}\right)$
$= 0.715\,m^3$

다. $V_s = V_a \times \dfrac{S}{a} = 0.715 \times 0.40 = 0.286\,m^3$

라. $S = V_a \times S/a \times 1000 \times G_s$
$= 0.286 \times 1000 \times 2.60$
$= 743.60\,kg/m^3$

마. $V_g = V_a \times \left(1 - \dfrac{S}{a}\right) = 0.715 \times (1 - 0.40) = 0.429\,m^3$

바. $G = V_a \times (1 - S/a) \times 1000 \times G_g$
$= 0.429 \times 1000 \times 2.65$
$= 1136.85\,kg/m^3$

□□□ 92②, 02, 08② 【5점】

41 시방서 규정된 시방배합의 표시방법에 의해 콘크리트의 배합표에는 $1m^3$에 필요한 물, 시멘트, 잔골재, 굵은 골재질량 및 굵은골재 최대치수 등이 표시된다. 이것 이외에 표시되는 항목 4가지만 쓰시오.

[해답] ① 슬럼프 범위 ② 공기량 범위 ③ 물-결합재비
④ 잔골재율(S/a) ⑤ 혼화재료(혼화제, 혼화재)

□□□ 14①, 18①, 19②, 21①, 24③ 【5점】

42 아래의 표와 같은 설계조건으로 배합설계를 하시오.

【 설계조건 】
- 시멘트의 밀도 : 3.15g/cm³
- 굵은골재의 표건밀도 : 2.65g/cm³
- 잔골재율(S/a) : 40%
- 물—결합재비 : 50%
- 잔골재의 표건밀도 : 2.60g/cm³
- 공기량 : 5%
- 단위수량 : 160kg
- 배합강도 : 28MPa

가. 단위 시멘트량을 구하시오.
나. 골재의 절대부피를 구하시오.
다. 단위 잔골재량을 구하시오.
라. 단위 굵은 골재량을 구하시오.

해답 가. $C = \dfrac{W}{W/B} = \dfrac{160}{\dfrac{50}{100}} = 320\,\text{kg}$

나. $V_a = 1 - \left(\dfrac{W}{1000} + \dfrac{C}{G_c} + \dfrac{A}{100}\right) = 1 - \left(\dfrac{160}{1000} + \dfrac{320}{1000 \times 3.15} + \dfrac{5}{100}\right)$
$= 0.69\,\text{m}^3$

다. $S = V_a \times S/a \times 1000 \times G_s$
$= 0.688 \times \dfrac{40}{100} \times 1000 \times 2.60$
$= 715.52\,\text{kg/m}^3$

라. $G = V_a \times (1 - S/a) \times 1000 \times G_g$
$= 0.688 \times \left(1 - \dfrac{40}{100}\right) \times 1000 \times 2.65$
$= 1093.92\,\text{kg/m}^3$

□□□ 15③, 16① 【5점】

43 콘크리트 1m³의 제조에 필요한 잔골재량이 800kg이고, 굵은골재량이 1250kg이며, 잔골재의 표건밀도가 2.60g/cm³, 굵은골재의 표건밀도 2.65g/cm³인 경우 잔골재율(S/a)은 얼마인가?

해답
- 단위 잔골재 부피
$V_S = \dfrac{\text{단위 잔골재량}}{\text{잔골재 밀도} \times 1000} = \dfrac{800}{2.60 \times 1000} = 0.308\,\text{m}^3$
- 단위 굵은골재 부피
$V_G = \dfrac{\text{단위 굵은골재량}}{\text{굵은골재 밀도} \times 1000} = \dfrac{1250}{2.65 \times 1000} = 0.472\,\text{m}^3$

∴ $S/a = \dfrac{V_S}{V_S + V_G} \times 100 = \dfrac{0.308}{0.308 + 0.472} \times 100 = 39.49\%$

□□□ 06①③, 09②, 10⑤, 16①, 19③ 【5점】
44 시방배합으로 각 재료의 단위량 및 현장골재의 상태가 아래의 표과 같을 때, 현장배합의 각 재료량을 구하시오.

【 시방배합 】

단위 잔골재량 735kg/m³, 단위 굵은골재량 1040kg/m³, 단위수량 180kg/m³

【 현장골재의 상태 】

- 잔골재 중 5mm체에 남는 양 5%
- 굵은골재 중 5mm체에 통과하는 양 2%
- 잔골재의 표면수량 3%
- 굵은골재의 표면수량 1%

해답 ■ 입도에 의한 보정
- $S = 735 \text{kg/m}^3$, $G = 1040 \text{kg/m}^3$, $a = 5\%$, $b = 2\%$
- 잔골재 $X = \dfrac{100S - b(S+G)}{100 - (a+b)}$

  $= \dfrac{100 \times 735 - 2(735 + 1040)}{100 - (5+2)} = 752.15 \text{kg/m}^3$

- 굵은골재 $Y = \dfrac{100G - a(S+G)}{100 - (a+b)}$

  $= \dfrac{100 \times 1040 - 5(735 + 1040)}{100 - (5+2)} = 1022.85 \text{kg/m}^3$

■ 표면수에 의한 보정
- 잔골재의 표면수 : $752.15 \times \dfrac{3}{100} = 22.56 \text{kg/m}^3$
- 굵은골재의 표면수 : $1022.85 \times \dfrac{1}{100} = 10.23 \text{kg/m}^3$

■ 현장배합으로 보정
- 단위수량 : $180 - (22.56 + 10.23) = 147.21 \text{kg/m}^3$

□□□ 21①, 22①, 25③ 【5점】
45 22회의 압축강도시험으로부터 구한 표준편차가 5MPa일 때, 설계기준압축강도 30MPa인 콘크리트를 제작하기 위한 배합강도를 구하시오. (단, 일축압축강도 시험횟수가 20회일 때의 표준편차 보정계수는 1.08이고, 시험횟수가 25회일 경우의 표준편차 보정계수는 1.03이다.)

해답 • 시험횟수 22회일 때 표준편차

직선보간 표준편차 $= 5.0 \times \left(1.08 - \dfrac{1.08 - 1.03}{25 - 20} \times (22 - 20)\right) = 5.3 \text{MPa}$

- $f_{ck} \leq 35 \text{MPa}$일 때
- $f_{cr} = f_{ck} + 1.34s \, (\text{MPa}) = 30 + 1.34 \times 5.3 = 37.10 \text{MPa}$
- $f_{cr} = (f_{ck} - 3.5) + 2.33s \, (\text{MPa}) = (30 - 3.5) + 2.33 \times 5.3 = 38.85 \text{MPa}$

  ∴ 큰 값인 배합강도 $f_{cr} = 38.85 \text{MPa}$

□□□ 14④, 24③ 【5점】

46 콘크리트의 배합강도에 대한 아래의 물음에 답하시오.

가. 압축강도 시험의 기록이 없는 현장에서 설계기준 압축강도가 24MPa인 경우 배합강도를 구하시오.

나. 콘크리트의 설계기준 압축강도가 30MPa이고 30회 이상의 압축강도 시험실적으로부터 구한 표준편차가 3.0MPa인 경우 콘크리트의 배합강도를 구하시오.

해답 가. $f_{cr} = f_{ck} + 8.5 = 24 + 8.5 = 32.5\,\text{MPa}$

나. $f_{ck} \leq 35\,\text{MPa}$일 때
- $f_{cr} = f_{ck} + 1.34s = 30 + 1.34 \times 3.0 = 34.02\,\text{MPa}$
- $f_{cr} = (f_{ck} - 3.5) + 2.33s = (30 - 3.5) + 2.33 \times 3.0 = 33.49\,\text{MPa}$
  ∴ $f_{cr} = 34.02\,\text{MPa}$ (두 값 중 큰 값)

□□□ 16① 【5점】

47 다음의 각 조건일 때 물음에 답하시오.

가. 압축강도 기록이 없고, 설계기준압축강도가 20MPa인 경우 배합강도를 구하시오.

나. 압축강도 기록이 없고, 설계기준압축강도가 28MPa인 경우 배합강도를 구하시오.

다. 압축강도 기록이 없고, 설계기준압축강도가 38MPa인 경우 배합강도를 구하시오.

라. 30회 이상의 콘크리트 압축강도시험 실적으로부터 구한 압축강도의 표준편차가 3.0MPa이고, 콘크리트의 설계기준압축강도가 28MPa인 경우 배합강도를 구하시오.

마. 30회 이상의 콘크리트 압축강도시험 실적으로부터 결정한 압축강도의 표준편차가 4.5MPa이고, 설계기준강도가 38MPa일 때 배합강도를 구하시오.

해답 가. $f_{cr} = f_{ck} + 7 = 20 + 7 = 27\,\text{MPa}$
나. $f_{cr} = f_{ck} + 8.5 = 28 + 8.5 = 36.5\,\text{MPa}$
다. $f_{cr} = 1.1f_{ck} + 5.0 = 1.1 \times 38 + 5 = 46.8\,\text{MPa}$
라. • $f_{ck} \leq 35\,\text{MPa}$일 때
- $f_{cr} = f_{ck} + 1.34s\,(\text{MPa}) = 28 + 1.34 \times 3.0 = 32.02\,\text{MPa}$
- $f_{cr} = (f_{ck} - 3.5) + 2.33s\,(\text{MPa}) = (28 - 3.5) + 2.33 \times 3.0 = 31.49\,\text{MPa}$
  ∴ 배합강도 $f_{cr} = 32.02\,\text{MPa}$ (두 값 중 큰 값)

마. • $f_{ck} > 35\,\text{MPa}$일 때
- $f_{cr} = f_{ck} + 1.34s\,(\text{MPa}) = 38 + 1.34 \times 4.5 = 44.03\,\text{MPa}$
- $f_{cr} = 0.9f_{ck} + 2.33s\,(\text{MPa}) = 0.9 \times 38 + 2.33 \times 4.5 = 44.69\,\text{MPa}$
  ∴ 배합강도 $f_{cr} = 44.69\,\text{MPa}$ (두 값 중 큰 값)

□□□ 14① 【5점】
48 다음 물음에 답하시오.

가. 길이가 100m인 구조물의 단면형상이 아래의 그림과 같을 때 주어진 현장배합표를 이용하여 콘크리트의 각 재료량을 산출하시오.

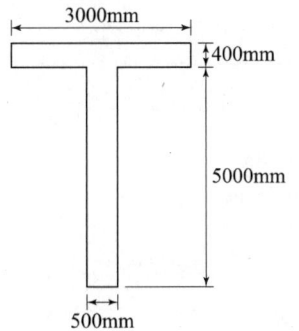

【현장배합표】

단위량(kg/m³)			
물(W)	시멘트(C)	잔골재(S)	굵은골재(G)
160	340	720	1150

나. 시멘트 40kg 한 포에 1950원, 잔골재 1m³에 7700원, 굵은골재 1m³에 6950원일 때 재료값 (시멘트+잔골재+굵은골재의 값)을 산출하시오. (단, 소요되는 물의 비용은 무시한다.)

[해답] 가. 구조물의 체적
$= [(a_1 \times b_1) + (a_2 \times b_2)] \times L$
$= [(3 \times 0.4) + (0.5 \times 5)] \times 100$
$= 370\,\mathrm{m}^3$
- 물 : $160 \times 370 = 59200\,\mathrm{kg}$
- 시멘트 : $340 \times 370 = 125800\,\mathrm{kg}$
- 잔골재 : $720 \times 370 = 266400\,\mathrm{kg}$
- 굵은골재 : $1150 \times 370 = 425500\,\mathrm{kg}$

나. • 시멘트의 재료값 : $\dfrac{125800}{40} \times 1950 = 6132750$원
  • 잔골재의 재료값 : $\dfrac{266400}{720} \times 7700 = 2849000$원
  • 굵은골재의 재료값 : $\dfrac{425500}{1150} \times 6950 = 2571500$원
  ∴ 총재료값 $= 6132750 + 2849000 + 2571500 = 11553250$원

□□□ 04, 94, 06③ 【5점】
49 콘크리트의 배합시 물—결합재비를 정하는 기준 3가지만 쓰시오.

[해답] ① 소요의 강도
② 내구성
③ 수밀성

□□□ 06①③, 09②, 10⑤, 16①, 19③, 24③ 【5점】

50 시방배합으로 각 재료의 단위량 및 현장골재의 상태가 아래의 표와 같을 때, 현장배합의 각 재료량을 구하시오.

【시방배합】

단위 잔골재량 735kg/m³, 단위 굵은골재량 1040kg/m³, 단위수량 180kg/m³

【현장골재의 상태】

- 잔골재 중 5mm체에 남는 양 5%
- 굵은골재 중 5mm체에 통과하는 양 2%
- 잔골재의 표면수량 3%
- 굵은골재의 표면수량 1%

해답 ■ 입도에 의한 보정
- $S = 735 \text{kg/m}^3$, $G = 1040 \text{kg/m}^3$, $a = 5\%$, $b = 2\%$
- 잔골재 $X = \dfrac{100S - b(S+G)}{100 - (a+b)}$

  $= \dfrac{100 \times 735 - 2(735 + 1040)}{100 - (5+2)} = 752.15 \text{kg/m}^3$

- 굵은골재 $Y = \dfrac{100G - a(S+G)}{100 - (a+b)}$

  $= \dfrac{100 \times 1040 - 5(735 + 1040)}{100 - (5+2)} = 1022.85 \text{kg/m}^3$

■ 표면수에 의한 보정
- 잔골재의 표면수 : $752.15 \times \dfrac{3}{100} = 22.56 \text{kg/m}^3$
- 굵은골재의 표면수 : $1022.85 \times \dfrac{1}{100} = 10.23 \text{kg/m}^3$

■ 현장배합으로 보정
- 단위수량 : $180 - (22.56 + 10.23) = 147.21 \text{kg/m}^3$
- 단위 잔골재량 : $752.15 + 22.56 = 774.71 \text{kg/m}^3$
- 단위 굵은골재량 : $1022.85 + 10.23 = 1033.08 \text{kg/m}^3$

95, 02 【5점】

51 현장배합표가 다음과 같을 때 가로, 세로 각 90cm, 높이 3m인 기둥 콘크리트의 소요 재료량을 구하시오. (단, 철근의 부피는 무시함)

현장 배합표(kg/m³)			
물(W)	시멘트(C)	잔골재(S)	굵은골재(G)
150	300	670	1330

가. 콘크리트의 총부피(m^3)를 구하시오.
나. 물의 양(kg)을 구하시오.
다. 시멘트의 양을(kg)을 구하시오.
라. 잔골재의 양(kg)을 구하시오.
마. 굵은 골재의 양(kg)을 구하시오.

해답 가. $0.9 \times 0.9 \times 3 = 2.43 m^3$
나. $150 \times 2.43 = 364.5 kg$
다. $300 \times 2.43 = 729 kg$
라. $670 \times 2.43 = 1628.1 kg$
마. $1330 \times 2.43 = 3231.9 kg$

06 특수 콘크리트

06①, 15③ 【5점】

52 특수 콘크리트 시공에 관한 다음 물음에 간단히 답하시오.

가. 하루 평균 기온이 몇 ℃ 이하로 될 때 한중 콘크리트로 시공하여야 하는가?
나. 서중 콘크리트에서 콘크리트를 비벼서 쳐 넣을 때 까지의 시간은 몇 분을 넘어서는 안되는가?
다. 수중 콘크리트 타설시 시공장비에 의한 타기 방법을 3가지만 쓰시오.
라. 특정한 입도를 가진 골재를 거푸집 안에 미리 다져 넣고, 그 빈틈 사이에 유동성이 좋고 재료분리가 적은 모르타르를 펌프로 압력을 가하여 주입시켜 만든 콘크리트는?
마. 부재의 치수가 커서 시멘트의 수화열로 인한 온도 상승 및 하강에 따른 콘크리트의 팽창과 수축을 고려하여 시공해야 하는 콘크리트는?

해답 가. 4℃
나. 1.5시간(90분)
다. ① 트레미 ② 펌프 ③ 밑열림상자 및 밑열림포대
라. 프리플레이스트 콘크리트
마. 매스콘크리트

☐☐☐ 14②, 16①, 25① 【5점】

53 일반 수중 콘크리트 타설의 원칙을 아래 표의 내용과 같이 3가지만 쓰시오.

> 한 구획의 콘크리트 타설을 완료한 후 레이턴스를 모두 제거하고 다시 타설하여야 한다.

해답 ① 정수 중에 타설하여야 한다.
② 콘크리트는 수중에 낙하시키지 않아야 한다.
③ 거푸집의 강도 및 조립에 주의하여야 한다.
④ 콘크리트가 경화될 때까지 물의 유동을 방지하여야 한다.
⑤ 시멘트가 물로 씻겨서 흘러나오지 않도록 트레미 등을 이용 타설하여야 한다.

☐☐☐ 15②, 19②, 25③ 【5점】

54 수중 콘크리트에 대하여 아래 물음에 답하시오.

가. 수중 콘크리트에 사용되는 타설기구를 3가지만 구하시오.
나. 일반적인 수중 콘크리트의 물-결합재비는 얼마 이하를 표준으로 하는가?
다. 일반적인 수중 콘크리트의 단위시멘트량은 얼마 이상을 표준으로 하는가?

해답 가. ① 트레미 ② 펌프 ③ 밑열림상자 및 밑열림포대
나. 50%
다. 370kg/m³ 이상

☐☐☐ 96, 98, 03, 25③ 【5점】

55 수중 콘크리트 타설시 수중 콘크리트의 슬럼프 범위를 쓰시오.

해답 수중콘크리트의 슬럼프 범위

시공 방법	슬럼프 표준값
트레미	130~180mm
콘크리트 펌프	
밑열림 상자	100~150mm
밑열림 포대	

☐☐☐ 15④ 【5점】

56 콘크리트 자체의 중량을 감소시키기 위해 사용하는 경량 콘크리트는 제조방법에 따라 크게 3가지로 분류할 수 있다. 그 3가지를 쓰시오.

해답 ① 경량골재콘크리트 ② 경량기포콘크리트 ③ 무잔골재콘크리트

□□□ 15① 【5점】

57 압축공기를 이용하여 콘크리트나 모르타르 재료를 시공면에 뿜어 붙여서 만든 콘크리트를 숏크리트라고 한다. 이러한 숏크리트를 시공할 때 시공면에 붙지 않고 탈락하는 양(리바운드량)을 줄이기 위한 방법을 3가지만 쓰시오.

해답 ① 분사 부착면을 거칠게 한다. ② 분사 압력을 일정하게 한다.
③ 벽면과 직각으로 분사한다. ④ 시멘트량을 증가시킨다.
⑤ 조골재를 13mm 이하로 한다.

□□□ 10⑤, 15④ 【5점】

58 레디믹스트콘크리트의 생산 공급방식에 따른 종류를 3가지로 분류하고 각각에 대하여 간단히 설명하시오.

해답 ① 센트럴 믹스트 콘크리트 : 공장에 있는 고정 믹서에서 완전히 비빈 콘크리트를 애지테이터 트럭 또는 트럭 믹서로 운반하는 방법
② 슈링크 믹스트 콘크리트 : 공장에 있는 고정 믹서에서 어느 정도 콘크리트를 비빈 다음 트럭 믹서에 싣고 비비면서 현장에 운반하는 방법
③ 트랜싯 믹스트 콘크리트 : 콘크리트 플랜트에서 재료를 계량하여 트럭 믹서에 싣고, 운반 중에 물을 넣어 비비며 운반하는 방법

□□□ 08① 【5점】

59 콘크리트에 생기는 인장 응력을 상쇄시키거나 감소시키기 위해서 강선이나 강봉을 미리 긴장시켜 압축 응력을 주어 만든 콘크리트를 무슨 콘크리트라 하는가?

해답 프리스트레스트 콘크리트(PSC)

□□□ 90②, 07⑤, 08② 【5점】

60 미리 거푸집 안에 특정한 입도의 굵은 골재를 채우고 그 틈에 특수 모르타르를 펌프로 압력을 가하여 주입하여 제조하는 콘크리트를 무엇이라 하는가?

해답 프리플레이스트 콘크리트

□□□ 04, 05 【5점】

61 재료가 외력을 받으면 변형이 생기는데, 외력의 증가 없이도 시간의 경과에 따라 변형이 증가되는 현상을 무엇이라 하는가?

해답 Creep(크리프)

□□□ 08① 【5점】
62 프리스트레스 콘크리트에 사용하는 강재의 종류 3가지만 쓰시오.

해답 ① PS 강선   ② PS 강연선   ③ PS 강봉

07 재료 시험 : 시멘트 시험

□□□ 15③ 【5점】
63 시멘트의 밀도시험(KS L 5110)에 대한 아래의 물음에 답하시오.

가. 시멘트 64g, 처음의 광유 눈금읽기 0.48mL, 시료를 넣은 후 광유 눈금 읽기 20.86mL일 때, 시멘트의 비중을 구하시오.

나. 시험의 정밀도 및 편차에 대한 아래표의 설명에서 ( )에 들어갈 알맞은 수치는?

> 동일 시험자가 동일 재료에 대하여 2회 측정한 결과가 ( ) 이내이어야 한다.

해답 가. 시멘트 밀도 = $\dfrac{\text{시멘트의 무게(g)}}{\text{르샤틀리에 플라스크의 눈금 차(mL)}}$
$= \dfrac{64.0}{20.86-0.48} = 3.14(\text{Mg/m}^3) = 3.14(\text{g/cm}^3)$

나. $\pm 0.03(\text{Mg/m}^3)$

□□□ 91, 06②, 22① 【5점】
64 시멘트 응결시간 측정법을 2가지만 쓰시오.

해답 ① 비카침에 의한 방법 (폐지됨)
② 길모어 침에 의한 방법

□□□ 14①④, 15③④, 16①, 18① 【5점】
65 시멘트의 분말도시험방법 2가지를 쓰시오.

해답 ① 공기투과장치에 의한 방법
② 표준체에 의한 방법

08 재료 시험 : 골재 시험

☐☐☐ 11⑤, 14③ 【5점】

66 도로포장 콘크리트에 쓰일 골재에 포함된 잔입자(0.08mm체를 통과하는) 시험을 한 결과가 다음과 같다. 아래 물음에 답하시오.

【시험 결과】
- 씻기 전의 시료의 건조 질량 : 548g
- 씻기 후의 시료의 건조 질량 : 533g

가. 골재표면에 잔입자가 붙어있을 경우 콘크리트에 미치는 영향을 2가지만 쓰시오.
나. 0.08mm체를 통과하는 잔입자량의 백분율을 구하시오.
다. 이 골재의 사용가능 여부를 판정하시오.

해답 가. ① 콘크리트의 혼합 수량이 많아진다.
　　　② 건조수축에 의하여 콘크리트에 균열이 생기기 쉽다.
　　　③ 시멘트풀과 골재와의 부착력이 약해져서 콘크리트의 강도와 내구성이 작아진다.

나. $A = \dfrac{B-C}{B} \times 100$

$\quad = \dfrac{548-533}{548} \times 100 = 2.74\%$

다. $2.74\% \leq 3\%$ ∴ 사용가능

09 굳지 않은 콘크리트 시험

☐☐☐ 15① 【5점】

67 콘크리트 블리딩 시험에 대하여 다음 물음에 답하시오.

가. 블리딩 시험결과가 아래와 같을 때 블리딩량을 구하시오.

규정된 측정시간 동안에 생긴 블리딩물의 양(cm^3)	62
시료와 용기의 질량(kg)	42.52
시료의 질량(kg)	28.34
용기 상면의 면적(cm^2)	487.2

나. 처음 60분 동안은 몇 분 간격으로 블리딩의 물을 빨아내야 하는가?

해답 가. 블리딩량 $= \dfrac{V}{A} = \dfrac{62}{487.2} = 0.127\,cm^3/cm^2 = 0.00127\,m^3/m^2$

나. 10분

□□□ 93②, 07②, 08①, 14④ 【5점】

68 콘크리트 슬럼프 시험에 관련된 사항이다. 다음 물음에 답하시오.

가. 슬럼프 콘의 규격을 쓰시오.
① 콘의 밑지름 : _____
② 콘의 윗지름 : _____
③ 콘의 높이 : _____

나. 슬럼프 콘을 채우고 벗길 때 까지 전 작업시간은 몇 분 이내인가?

다. 슬럼프 콘을 들어 올리는 시간은 높이 300mm에서 몇 초로 하는가?

라. 슬럼프 값은 공시체 높이와 콘크리트 무너진 상단부의 차를 말한다. 이 때 슬럼프 값 측정 단위는 얼마까지인가?

해답 가. ① 콘의 밑지름 : (200±2)mm
② 콘의 윗지름 : (100±2)mm
③ 콘의 높이 : (300±2)mm
나. 3분
다. 2~5(3.5±1.5)초
라. 5mm

□□□ 92, 94 【5점】

69 굳지 않은 콘크리트의 공기함유량 시험에 대한 물음에 답하시오.

가. AE콘크리트에서 가장 알맞은 공기량은 어느 정도인가?

나. 공기량 측정법의 종류 3가지만 쓰시오.

다. 콘크리트 부피에 대한 겉보기 공기량(A_1)이 5.6%이고 골재의 수정계수(G)가 1.4일 때 콘크리트의 공기량을 구하시오.

해답 가. 4~7%
나. ① 수주 압력법 ② 공기실 압력법 ③ 무게법
다. $A = A_1 - G = 5.6 - 1.4 = 4.2\%$

□□□ 94, 04, 21① 【5점】

70 굳지 않은 콘크리트의 워커빌리티를 판단하는 기준이 되는 반죽질기를 측정하는 방법 3가지를 쓰시오.

해답 ① 슬럼프시험 ② 리몰딩시험
③ 켈리볼관입시험 ④ 다짐계수시험

□□□ 15④ 【5점】

71 굳지 않은 콘크리트의 블리딩 시험에 대한 아래 표의 설명에서 (   ) 안에 알맞은 숫자를 쓰시오.

- 시험 중에는 실온 (①)℃로 한다.
- 기록한 처음 시각에서 60분 동안 (②)분마다. 콘크리트 표면에 스며나온 물을 빨아낸다. 그 후는 블리딩이 정지할 때까지 (③)분마다 물을 빨아낸다.

해답 ① (20±3)℃   ② 10   ③ 30

10 콘크리트 강도시험

□□□ 19③ 【5점】

72 콘크리트의 쪼갬 인장강도시험에 대한 아래 물음에 답하시오.

가. 쪼갬인장강도시험을 위한 공시체의 치수에 대한 아래 표의 설명에서 (   ) 안에 들어갈 알맞은 수치를 쓰시오.

- 공시체는 원기둥 모양으로 그 지름은 굵은 골재의 최대치수의 (①)배 이상이며 (②)mm 이상으로 한다.
- 공시체의 길이는 공시체의 지름이상, (③)배 이하로 한다.

나. 쪼갬인장강도시험을 위한 공시체를 제작할 때 몰드에 콘크리트의 다져 넣기 방법에 대한 아래 표의 설명에서 (   )안에 들어갈 알맞은 수치를 쓰시오.

- 콘크리트를 몰드에 채울 때 콘크리트는 (①)층 이상으로 거의 동일한 두께로 나눠서 채운다.
- 각 층의 두께는 (②)mm를 초과해서는 안된다.
- 다짐봉을 사용해서 다짐을 하는 경우 각 층은 적어도 (③)mm²에 1회의 비율로 다지도록 하고 바로 아래층까지 다짐봉이 닿도록 한다.

다. 인장강도 시험용 공시체의 양생온도 범위를 쓰시오.

라. 공시체의 지름 150mm, 공시체의 길이 300mm인 콘크리트의 인장강도 시험을 한 결과 최대 파괴하중이 178kN이었다. 인장강도를 구하시오. (단, 소수 둘째자리에서 반올림 하시오.)

해답 가. ① 4   ② 150   ③ 2
나. ① 2   ② 160   ③ 1000
다. 18 ~ 22
라. $f_{sp} = \dfrac{2P}{\pi dl} = \dfrac{2 \times 178 \times 10^3}{\pi \times 150 \times 300} = 2.52 \text{N/mm}^2 = 2.52 \text{MPa}$

□□□ 14③, 21① 【5점】

73 콘크리트 압축강도 시험에 대한 아래의 물음에 답하시오.

가. 압축강도 시험용 몰드를 제작할 때 다짐봉을 사용하여 콘크리트를 채울 경우 각 층은 적어도 몇 회 이상 다져야 하는가? (단, 공시체 지름이 150mm, 높이가 300mm인 경우)

나. 시험용 공시체는 몰드에 콘크리트 채우기가 끝나고 나서 몇 시간의 범위 내에 몰드를 떼어내야 하는가?

다. 공시체의 양생온도(℃) 범위는?

라. 시험결과 공시체 지름이 150mm, 높이가 300mm, 파괴시 최대하중이 380kN일 때 압축강도는?

해답 가. • 각 층은 적어도 1000mm²에 1회의 비율로 다지도록 한다.

• $A = \dfrac{\pi d^2}{4} = \dfrac{\pi \times 150^2}{4} = 17671.46 \, \text{mm}^2$

∴ $N = \dfrac{A}{1000} = \dfrac{17671.46}{1000} = 18$회

나. 16시간~3일(72시간) 이내

다. (20±2)℃(18~22℃)

라. $f = \dfrac{P}{A} = \dfrac{380 \times 10^3}{\dfrac{\pi \times 150^2}{4}} = 21.50 \, \text{N/mm}^2 = 21.50 \, \text{MPa}$

□□□ 14④ 【5점】

74 콘크리트의 압축강도 시험에 대하여 다음 물음에 답하시오.

가. 압축강도 시험용 치수에 대한 아래 표의 빈칸에 알맞은 숫자를 쓰시오.

> 공시체는 지름의 (①)배의 높이를 가진 원기둥형으로 한다. 그 지름은 굵은골재의 최대 치수의 (②)배 이상, (③)mm 이상으로 한다.

나. 공시체에 시멘트 페이스트로 캐핑을 하는 경우에 대한 아래의 물음에 답하시오.
 ① 캐핑은 몇 시간이 경과한 후 실시하여야 하는가? (단, 된 반죽 콘크리트의 경우)
 ② 캐핑을 할 때 시멘트 페이스트의 물–결합재비의 범위를 쓰시오.

다. 지름이 150mm인 공시체를 사용하고, 파괴하중이 450kN인 경우 압축강도를 구하시오.

해답 가. ① 2   ② 3   ③ 100

나. ① 2~6   ② 27~30

다. $f = \dfrac{P}{A} = \dfrac{450 \times 10^3}{\dfrac{\pi \times 150^2}{4}} = 25.46 \, \text{N/mm}^2 = 25.46 \, \text{MPa}$

□□□ 15② 【5점】

75 콘크리트 휨강도 시험에 대한 다음 물음에 답하시오.

가. 휨강도 시험용 공시체의 제작에서 콘크리트를 채우는 방법에 대한 아래 표의 ( )에 적합한 수치를 쓰시오.

> 다짐봉을 이용하는 경우는 (①)층 이상의 거의 같은 층으로 나누어 채운다. 이 때 각 층은 적어도 (②)mm²에 1회의 비율로 다지도록 하고 바로 아래층까지 다짐봉이 닿도록 한다.

나. 공시체를 제작한 후 보통 몇 시간 뒤에 몰드를 제거하는지 그 범위를 쓰시오.

다. 공시체를 휨강도 시험 전까지는 보통 몇 ℃에서 어떤 상태로 양생하는가?

라. 휨강도 시험결과가 아래와 같고, 공시체가 지간의 3등분 중앙에서 파괴 되었을 때 휨강도를 구하시오.

> • 사용 공시체의 규격 : 150mm×150mm×530mm
> • 지간 : 450mm
> • 파괴시 최대하중 : 27kN

해답 가. ① 2 ② 1,000mm²
나. 16시간 이상 3일 (16시간부터 72시간) 이내
다. (20±2)℃ : 18℃~22℃, 습윤상태
라. $f_b = \dfrac{Pl}{bh^2} = \dfrac{27 \times 10^3 \times 450}{150 \times 150^2} = 3.6 \text{N/mm}^2 = 3.6 \text{MPa}$

□□□ 13② 【5점】

76 콘크리트의 휨강도를 4점 재하장치에 의하여 실시하여 4점 재하법에 따른 공시체가 파괴된 결과이다. 이 콘크리트의 휨강도시험에 대한 물음에 답하시오.

가. 휨강도 공시체가 파괴 되었을 때 무효 처리되는 경우를 쓰시오

나. 공시체에 하중을 가하는 속도는 얼마인가?

다. 공시체의 길이는 단면의 한 변의 길이의 몇 배인가?

해답 가. 공시체가 인장쪽 표면의 지간 방향 중심선의 4점의 바깥쪽에서 파괴된 경우는 그 시험 결과를 무효로 한다.
나. 매초(0.06±0.040)MPa
다. 3배보다 80mm 더 크게

□□□ 15② 【5점】
77 콘크리트의 강도시험에 대한 아래의 물음에 답하시오.

가. 콘크리트의 압축강도시험에서 공시체에 하중을 가하는 속도는?
나. 콘크리트 쪼갬인장강도시험에서 공시체에 하중을 가하는 속도는?
다. 콘크리트의 휨강도시험에서 공시체에 하중을 가하는 속도는?

해답 가. $0.6 \pm 0.2 (MPa = N/mm^2)$
나. $0.06 \pm 0.04 (MPa = N/mm^2)$
다. $0.06 \pm 0.04 (MPa = N/mm^2)$

□□□ 89, 04, 06⑤, 19① 【5점】
78 다음 콘크리트의 용어에 대해서 물음에 답하시오.

가. 콘크리트 재료를 1회분씩 비비기하는 기계를 무엇이라 하는가?
나. 콘크리트 타설에 있어 먼저 타설한 콘크리트와 새로 타설한 콘크리트의 사이에 이음이 생기는데 이 이음을 무엇이라 하는가?
다. 콘크리트의 경화나 강도발현을 촉진하기 위해 실시하는 양생을 무엇이라 하는가?
라. 거푸집에 쉽게 다져 넣을 수 있고 거푸집을 떼어내면 천천히 모양이 변하기는 하지만 허물어지거나 재료의 분리가 일어나는 일이 없을 정도의 굳지 않는 콘크리트의 성질을 무엇이라 하는가?

해답 가. 배치믹서　　나. 시공이음
다. 촉진양생　　라. 성형성

□□□ 18① 【5점】
79 각종 콘크리트에 대한 아래의 물음에 답하시오.

가. 섬유보강콘크리트의 정의를 간단히 쓰시오.
나. AE콘크리트의 정의를 간단히 쓰시오.
다. 유동화콘크리트의 정의를 간단히 쓰시오.
라. 경량골재콘크리트의 정의를 간단히 쓰시오.

해답 가. 섬유를 혼입하여 주로 인성, 균열 억제, 내충격성 및 내 마모성을 높인 콘크리트
나. AE제를 사용하여 콘크리트속에 미세하고 독립된 기포를 일정하게 분포시킨 콘크리트
다. 미리 비빈 베이스 콘크리트에 유동화제를 첨가하여 유동성을 증대시킨 콘크리트
라. 골재의 전부 또는 일부를 경량골재를 사용하여 제조한 콘크리트로 기건 단위질량이 $2100kg/m^3$ 미만이 것

☐☐☐ 22③【5점】
80 레디믹스트 콘크리트의 운반시간에 대해 다음 물음에 답하시오.

가. 덤프트럭으로 콘크리트를 운반하는 경우, 휘져어 섞어가면서 공사현장까지 걸리는 시간은 어느 정도가 이상적일까?

나. 트럭 믹서 또는 에지테이터 트럭으로 콘크리트를 운반하는 경우 휘져어 섞어가면서 공사현장까지 걸리는 시간은 어느 정도가 이상적일까?

해답 가. 1시간
　　 나. 1.5시간

2 chapter

Pick Remember
필답형 실기 과년도 기출문제

01	2013년 제2회	16	2022년 제1회
02	2014년 제1회	17	2022년 제2회
03	2015년 제2회	18	2022년 제3회
04	2016년 제1회	19	2023년 제1회
05	2017년 제1회	20	2023년 제2회
06	2018년 제1회	21	2023년 제3회
07	2019년 제1회	22	2024년 제1회
08	2019년 제2회	23	2024년 제2회
09	2019년 제3회	24	2024년 제3회
10	2020년 제1회	25	2025년 제1회
11	2020년 제2회	26	2025년 제2회
12	2020년 제3회	27	2025년 제3회
13	2021년 제1회		
14	2021년 제2회		
15	2021년 제3회		

chapter

2. Pick Remember
필링형 속기 파트로 기출응시

01 2013년 제2회   16 2022년 제1회
02 2014년 제1회   17 2022년 제2회
03 2015년 제2회   18 2022년 제3회
04 2016년 제1회   19 2022년 제4회
05 2017년 제2회   20 2023년 제2회
06 2018년 제1회   21 2023년 제3회
07 2018년 제1회   22 2024년 제1회
08 2019년 제2회   23 2024년 제2회
09 2019년 제3회   24 2024년 제3회
10 2020년 제1회   25 2025년 제1회
11 2020년 제2회   26 2025년 제2회
12 2020년 제3회   27 2025년 제3회
13 2021년 제1회
14 2021년 제2회
15 2021년 제3회

국가기술자격 실기시험문제

2013년도 기사 제2회 필답형 실기시험(기능사)

종 목	시험시간	형 별	성 명	수험번호
콘크리트기능사	1시간	B		

※ 수험자 인적사항 및 계산식을 포함한 답안 작성은 흑색 필기구만 사용해야 하며, 그 외 연필류, 빨간색, 청색 등 필기구로 작성한 답항은 0점 처리된다.

□□□ 13② 【5점】
01 콘크리트 압축 강도시험에 관한 다음 물음에 답하시오.

가. 압축강도 시험용 시험체를 만든 뒤 몰드에서 몇 시간 안에 떼어 내는가?
  ○

나. 몰드에서 떼어 낸 시험체의 양생온도는?
  ○

다. 지름이 150mm이고 높이가 300mm일 때 하중이 449kN이다. 압축강도를 구하시오.
  계산 과정)   답 :

해답 가. 16~72시간
  나. 20±2°C
  다. 압축강도 $f_c = \dfrac{P}{A} = \dfrac{449 \times 1000}{\dfrac{\pi \times 150^2}{4}} = 25.41 \text{MPa}$

□□□ 13② 【5점】
02 다음은 콘크리트의 휨강도를 4점 재하장치에 의하여 실시하여 4점 사이에서 공시체가 파괴된 결과이다. 이 콘크리트의 휨강도를 구하시오.

가. 휨강도 공시체가 파괴되었을 때 무효 처리되는 경우를 쓰시오.
  ○

나. 공시체에 하중을 가하는 속도는 얼마인가?
  ○

다. 공시체의 길이는 단면의 한 변의 길이의 몇 배인가?
  ○

해답 가. 공시체가 인장쪽 표면의 지간 방향 중심선의 4점의 바깥쪽에서 파괴된 경우는 그 시험 결과를 무효로 한다.
  나. 매초(0.06±0.040)MPa
  다. 3배보다 80mm 더 크게

□□□ 13② 【5점】

03 f_{ck}는 24MPa이고, 30회 이상의 시험실적으로부터 결정된 압축강도의 표준편차가 3.4MPa 일 때 배합 강도는?

계산 과정) 답 : _____

[해답] $f_{ck} \leq 35$ MPa일 때 두 값 중 큰 값
$f_{cr} = f_{ck} + 1.34s = 24 + 1.34 \times 3.4 = 28.56$ MPa
$f_{cr} = (f_{ck} - 3.5) + 2.33s = (24 - 3.5) + 2.33 \times 3.4 = 28.42$ MPa
∴ 배합강도 $f_{cr} = 28.56$ MPa

□□□ 13② 【5점】

04 경량 콘크리트를 제조하는 방법에 따라 크게 3가지를 쓰시오.

① _____ ② _____ ③ _____

[해답] ① 경량 골재 콘크리트 ② 경량 기포 콘크리트 ③ 무세 골재 콘크리트

□□□ 91, 13②, 20①, 22① 【5점】

05 블리딩으로 인하여 콘크리트나 모르타르의 표면에 떠올라서 가라앉은 회백색의 물질을 무엇이라 하는가?

○

[해답] 레이턴스(Laitance)

□□□ 13② 【5점】

06 재료가 외력을 받으면 변형이 생기는데, 외력이 증가 없이도 시간의 경과에 따라 변형이 증가되는 현상을 무엇이라 하는가?

○

[해답] 크리프(creep)

□□□ 13② 【5점】

07 일반콘크리트의 압축강도는 재령 몇 일을 설계 기준 강도로 하는가?

○

[해답] 28일

□□□ 13②, 14④ 【5점】

08 1m³의 콘크리트 제작에 필요한 단위수량 165kg, 물-결합재비 50%, 시멘트 밀도 3.15g/cm³, 잔골재율(S/a) 40%, 잔골재 표건밀도 2.60g/cm³, 굵은골재 표건밀도 2.65g/cm³, 공기량 1.5% 이고, 골재는 표면건조 포화상태일 때 아래의 물음에 답하시오.

가. 단위 시멘트량을 구하시오.
계산 과정)   답 : _____

나. 단위 골재량의 절대부피를 구하시오.
계산 과정)   답 : _____

다. 단위 잔골재량의 절대부피를 구하시오.
계산 과정)   답 : _____

라. 단위 잔골재량을 구하시오.
계산 과정)   답 : _____

마. 단위 굵은골재량의 절대부피를 구하시오.
계산 과정)   답 : _____

바. 단위 굵은골재량을 구하시오.
계산 과정)   답 : _____

해답 가. $C = \dfrac{W}{W/B} = \dfrac{165}{\dfrac{50}{100}} = 330\,\text{kg}$

나. $V_a = 1 - \left(\dfrac{W}{1000} + \dfrac{C}{G_c} + \dfrac{A}{100}\right) = 1 - \left(\dfrac{165}{1000} + \dfrac{330}{1000 \times 3.15} + \dfrac{1.5}{100}\right)$
  $= 0.715\,\text{m}^3$

다. $V_s = V_a \times \dfrac{S}{a} = 0.715 \times 0.40 = 0.286\,\text{m}^3$

라. $S = V_s \times 1000 \times G_s = 0.286 \times 1000 \times 2.60$
  $= 743.60\,\text{kg/m}^3$

마. $V_g = V_a \times \left(1 - \dfrac{S}{a}\right) = 0.715 \times (1 - 0.40) = 0.429\,\text{m}^3$

바. $G = V_g \times 1000 \times G_g = 0.429 \times 1000 \times 2.65$
  $= 1136.85\,\text{kg/m}^3$

□□□ 13② 【5점】

09 포졸란 작용이 있는 혼화재 3가지를 쓰시오.

① _____ ② _____ ③ _____

해답 ① 규조토 ② 화산재 ③ 플라이애시 ④ 규산백토

□□□ 13②, 18① 【5점】

10 골재의 체가름 시험에 대한 다음의 물음에 답하시오.

가. 조립률을 구하기 위해 사용하는 체를 모두 쓰시오.
  ○

나. 잔골재의 체가름 시험에 대한 아래의 성과표를 완성하고, 조립률을 구하시오.

체의 호칭	각 체에 남은 양		각 체에 남은 양의 누계
	g	%	%
5mm	20		
2.5mm	55		
1.2mm	135		
0.6mm	150		
0.3mm	95		
0.15mm	30		
접시	15		
계	500		

계산 과정)   답 : _____

해답 가. 75mm, 40mm, 20mm, 10mm, 5mm, 2.5mm, 1.2mm, 0.6mm, 0.3mm, 0.15mm

나. • 잔류율 = $\dfrac{\text{어떤 체에 잔유량}}{\text{전체 질량(합계)}} \times 100$

• 각 체에 남은 양의 누계 = 잔류율(각 체에 남은 양)의 누계

체의 호칭	각 체에 남은 양		각 체에 남은 양의 누계
	g	%	%
5mm	20	4	4
2.5mm	55	11	15
1.2mm	135	27	42
0.6mm	150	30	72
0.3mm	95	19	91
0.15mm	30	6	97
접시	15	3	100
계	500	100	

$$F.M = \dfrac{\Sigma \text{각 체에 남은 양의 누계}(\%)}{100}$$

$$= \dfrac{0 \times 4 + 4 + 15 + 42 + 72 + 91 + 97}{100} = \dfrac{321}{100} = 3.21$$

국가기술자격 실기시험문제

2014년도 기사 제1회 필답형 실기시험(기능사)

종 목	시험시간	형 별	성 명	수험번호
콘크리트기능사	1시간	B		

※ 수험자 인적사항 및 계산식을 포함한 답안 작성은 흑색 필기구만 사용해야 하며, 그 외 연필류, 빨간색, 청색 등 필기구로 작성한 답항은 0점 처리된다.

□□□ 14①, 18①, 24③ 【5점】

01 아래의 표와 같은 설계조건으로 배합설계를 하시오.

【설계조건】
- 시멘트의 밀도 : 3.15g/cm^3
- 굵은골재의 표건밀도 : 2.65g/cm^3
- 잔골재율(S/a) : 40%
- 물-결합재비 : 50%
- 잔골재의 표건밀도 : 2.60g/cm^3
- 공기량 : 5%
- 단위수량 : 160kg
- 배합강도 : 28MPa

가. 단위 시멘트량을 구하시오.

　계산 과정)　　　　　　　　　　　　　　　　답 : ＿＿＿＿＿＿

나. 골재의 절대부피를 구하시오.

　계산 과정)　　　　　　　　　　　　　　　　답 : ＿＿＿＿＿＿

다. 단위 잔골재량을 구하시오.

　계산 과정)　　　　　　　　　　　　　　　　답 : ＿＿＿＿＿＿

라. 단위 굵은골재량을 구하시오.

　계산 과정)　　　　　　　　　　　　　　　　답 : ＿＿＿＿＿＿

해답 가. $C = \dfrac{W}{W/B} = \dfrac{160}{\dfrac{50}{100}} = 320\,\text{kg/m}^3$

나. $V_a = 1 - \left(\dfrac{W}{1000} + \dfrac{C}{G_c} + \dfrac{A}{100}\right)$
$= 1 - \left(\dfrac{160}{1000} + \dfrac{320}{1000 \times 3.15} + \dfrac{5}{100}\right)$
$= 0.688\,\text{m}^3$

다. $S = V_a \times S/a \times 1000 \times G_s$
$= 0.688 \times \dfrac{40}{100} \times 1000 \times 2.60$
$= 715.52\,\text{kg/m}^3$

라. $G = V_a \times (1 - S/a) \times 1000 \times G_g$
$= 0.688 \times \left(1 - \dfrac{40}{100}\right) \times 1000 \times 2.65$
$= 1093.92\,\text{kg/m}^3$

□□□ 14① 【5점】

02 골재의 함수상태에 따라 4가지 상태로 분류하고 이를 간단히 설명하는 아래의 표를 채우시오.

골재의 함수상태에 따른 분류	간단한 설명
절대건조상태	골재알의 내부에 포함되어 있는 자유수가 제거된 상태

[해답]

절대건조상태	골재알의 내부에 포함되어 있는 자유수가 제거된 상태
공기중건조상태	골재알 속의 내부에 일부가 물로 차있는 상태
표면건조포화상태	골재알의 표면수는 없고 골재알속의 빈틈에 물로 차있는 상태
습윤상태	골재알 속의 빈틈이 물로 차있고 표면에 표면수가 있는 상태

[참고]

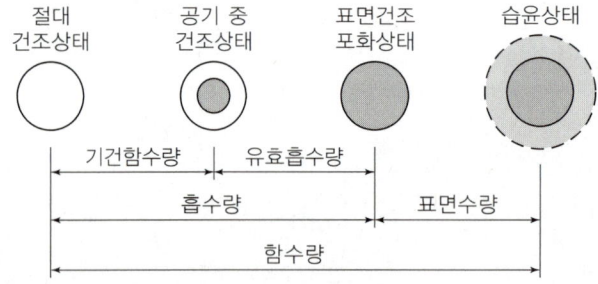

□□□ 14①, 23① 【5점】

03 아래의 조건과 같을 경우 콘크리트의 배합강도를 결정하시오.

【조건】
- 실제 사용한 콘크리트의 30회 이상의 시험실적으로부터 구한 콘크리트 압축강도의 표준편차(s)는 3.4MPa
- 콘크리트의 설계기준 압축강도(f_{ck})는 28MPa

계산 과정)   답 : _____

[해답] $f_{ck} \leq 35$MPa일 때
- $f_{cr} = f_{ck} + 1.34s = 28 + 1.34 \times 3.4 = 32.56$ MPa
- $f_{cr} = (f_{ck} - 3.5) + 2.33s = (28 - 3.5) + 2.33 \times 3.4 = 32.42$ MPa

∴ $f_{cr} = 32.56$ MPa (두 값 중 큰 값)

□□□ 14①, 24② 【5점】
04 굳은 콘크리트 시험에 대한 아래의 물음에 답하시오.

가. 콘크리트 휨강도 시험에서 폭 150mm, 두께 150mm, 길이 530mm의 시험체가 최대하중이 42kN이고 4점 재하 중앙에서 파괴되었을 때 휨강도를 구하시오.(단, 지간은 450mm이다.)

계산 과정) 답:

나. 지름 150mm, 높이 300mm의 원주형 공시체로 쪼갬인장강도시험을 하였더니 최대하중 180kN 에서 파괴되었다. 이 콘크리트의 인장강도를 구하시오.

계산 과정) 답:

해답 가. $f_b = \dfrac{P \cdot l}{b \cdot h^2}$

$= \dfrac{42 \times 10^3 \times 450}{150 \times 150^2} = 5.6 \, \text{N/mm}^2 = 5.6 \, \text{MPa}$

나. $f_{sp} = \dfrac{2P}{\pi dl} = \dfrac{2 \times 180 \times 10^3}{\pi \times 150 \times 300} = 2.55 \, \text{N/mm}^2 = 2.55 \, \text{MPa}$

□□□ 06③, 08②, 10⑤, 14①, 19③ 【5점】
05 콘크리트의 각 재료를 계량할 때 1회 계량분에 대한 계량오차의 허용값을 나타내는 아래 표의 빈칸을 채우시오.

재료의 종류	허용 오차(%)
물	
시멘트	
골재	
혼화제	

해답 계량 허용오차

재료의 종류	허용 오차(%)
물	-2%, +1%
시멘트	-1%, +2%
골재	±3%
혼화제	±3%
혼화재	±2%

□□□ 14①④, 15③④, 16①, 18① 【5점】
06 시멘트 응결시간 측정방법의 종류를 2가지만 쓰시오.

① _____   ② _____

해답 ① 비카침에 의한 방법(폐지됨)
② 길모어 침에 의한 방법

□□□ 14① 【5점】
07 혼화재에 대한 아래의 각 물음에 답하시오.

가. 포졸란 작용하는 혼화재를 2가지만 쓰시오.

① _____   ② _____

나. 주로 잠재수경성이 있는 혼화재를 1가지만 쓰시오.
  ○

다. 오토클레이브 양생으로 고강도를 내는 혼화재를 1가지만 쓰시오.
  ○

해답 가. ① 플라이 애시 ② 규조토 ③ 화산회
나. 고로 슬래그 미분말
다. 규산질 미분말

□□□ 14①, 15②, 19②, 25③ 【5점】
08 수중 콘크리트에 대하여 아래 물음에 답하시오.

가. 수중 콘크리트에 사용되는 타설기구를 3가지만 구하시오.

① _____   ② _____   ③ _____

나. 일반적인 수중 콘크리트의 물-결합재비는 얼마 이하를 표준으로 하는가?
계산 과정)   답 : _____

다. 일반적인 수중 콘크리트의 단위시멘트량은 얼마 이상을 표준으로 하는가?
계산 과정)   답 : _____

해답 가. ① 트레미 ② 콘크리트 펌프 ③ 밑열림상자 ④ 밑열림포대
나. 50%
다. 370kg/m³ 이상

□□□ 14①, 18① 【5점】

09 잔골재의 체가름 시험에 대한 다음의 물음에 답하시오.

가. 아래의 성과표를 완성하시오.

체의 호칭	각 체에 남은 양		각 체에 남은 양의 누계
	g	%	%
10mm	0		
5mm	20		
2.5mm	45		
1.2mm	130		
0.6mm	150		
0.3mm	85		
0.15mm	55		
접시	15		
계	500		

나. 조립률을 구하시오.

계산 과정)   답 : _____

해답 가. • 잔류율 = $\dfrac{\text{어떤 체에 잔유량}}{\text{전체 질량(합계)}} \times 100$

• 각 체에 남은 양의 누계 = 잔류율(각 체에 남은 양)의 누계

체의 호칭	각 체에 남은 양		각 체에 남은 양의 누계
	g	%	%
10mm	0	0	0
5mm	20	4	(0+4=)4
2.5mm	45	9	(4+9=)13
1.2mm	130	26	(13+26=)39
0.6mm	150	30	(39+30=)69
0.3mm	85	17	(69+17=)86
0.15mm	55	11	(86+11=)97
접시	15	3	(97+3=)100
계	500	100	-

나. $F.M = \dfrac{\Sigma \text{각 체에 남은 양의 누계(\%)}}{100}$

$= \dfrac{0 \times 4 + 4 + 13 + 39 + 69 + 86 + 97}{100} = \dfrac{308}{100} = 3.08$

*75mm, 40mm, 20mm, 10mm의 각 체에 남은 양은 0이다.

□□□ 14① 【5점】

10 다음 물음에 답하시오.

가. 길이가 100m인 구조물의 단면형상이 아래의 그림과 같을 때 주어진 현장배합표를 이용하여 콘크리트의 각 재료량을 산출하시오.

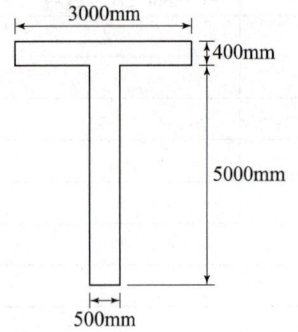

【현장배합표】

단위량(kg/m³)			
물(W)	시멘트(C)	잔골재(S)	굵은골재(G)
160	340	720	1150

계산 과정)

【답】 물 : _____, 시멘트 : _____

잔골재 : _____, 굵은골재 : _____

나. 시멘트 40kg 한 포에 1950원, 잔골재 1m³에 7700원, 굵은골재 1m³에 6950원일 때 재료값 (시멘트+잔골재+굵은골재의 값)을 산출하시오. (단, 소요되는 물의 비용은 무시한다.)

계산 과정) 답 : _____

[해답] 가. 구조물의 체적
$= [(a_1 \times b_1) + (a_2 \times b_2)] \times L$
$= [(3 \times 0.4) + (0.5 \times 5)] \times 100$
$= 370 \, \text{m}^3$

- 물 : $160 \times 370 = 59200$ kg
- 시멘트 : $340 \times 370 = 125800$ kg
- 잔골재 : $720 \times 370 = 266400$ kg
- 굵은골재 : $1150 \times 370 = 425500$ kg

나. • 시멘트의 재료값 : $\dfrac{125800}{40} \times 1950 = 6132750$원

• 잔골재의 재료값 : $\dfrac{266400}{720} \times 7700 = 2849000$원

• 굵은골재의 재료값 : $\dfrac{425500}{1150} \times 6950 = 2571500$원

∴ 총재료값 $= 6132750 + 2849000 + 2571500$
$= 11553250$원

국가기술자격 실기시험문제

2015년도 기사 제2회 필답형 실기시험(기능사)

종 목	시험시간	형 별	성 명	수험번호
콘크리트기능사	1시간	B		

※ 수험자 인적사항 및 계산식을 포함한 답안 작성은 흑색 필기구만 사용해야 하며, 그 외 연필류, 빨간색, 청색 등 필기구로 작성한 답항은 0점 처리된다.

□□□ 15②, 23① 【5점】

01 콘크리트 휨강도 시험에 대한 다음 물음에 답하시오.

가. 휨강도 시험용 공시체의 제작에서 콘크리트를 채우는 방법에 대한 아래 표의 ( )에 적합한 수치를 쓰시오.

> 다짐봉을 이용하는 경우는 (①)층 이상의 거의 같은 층으로 나누어 채운다. 이 때 각 층은 적어도 (②)mm²에 1회의 비율로 다지도록 하고 바로 아래층까지 다짐봉이 닿도록 한다.

① _____ ② _____

나. 공시체를 제작한 후 보통 몇 시간 뒤에 몰드를 제거하는지 그 범위를 쓰시오.
   ○

다. 공시체를 휨강도 시험 전까지는 보통 몇 ℃에서 어떤 상태로 양생하는가?
   【답】양생온도 : _____, 양생상태 : _____

해답 가. ① 2   ② 1000mm²
     나. 16시간 이상 3일(16시간부터 72시간) 이내
     다. (20±2)℃(또는 18℃~22℃), 습윤상태

□□□ 15② 【5점】

02 콘크리트 휨강도 시험결과가 아래와 같고, 공시체가 지간의 4점 재하 중앙에서 파괴되었을 때 휨강도를 구하시오.

> • 사용 공시체의 규격 : 150mm×150mm×530mm
> • 지간 : 450mm
> • 파괴시 최대하중 : 27kN

계산 과정)   답 : _____

해답 $f_b = \dfrac{Pl}{bh^2} = \dfrac{27 \times 10^3 \times 450}{150 \times 150^2} = 3.6\,\text{N/mm}^2 = 3.6\,\text{MPa}$

□□□ 15②, 24③ 【5점】

03 아래의 표를 보고 다음 물음에 답하시오.

- 단위수량 : 179kg
- 잔골재율(S/a) : 40%
- 굵은골재의 표건밀도 : 2.7g/cm³
- 공기량 : 5%
- 물−결합재비 : 50%
- 잔골재의 표건밀도 : 2.6g/cm³
- 시멘트의 밀도 : 3.15g/cm³

가. 단위 시멘트량(C)을 구하시오.
    계산 과정)   답 : _____

나. 단위 잔골재량을 구하시오.
    계산 과정)   답 : _____

다. 단위 굵은골재량을 구하시오.
    계산 과정)   답 : _____

[해답] 가. $C = \dfrac{W}{W/B} = \dfrac{179}{\dfrac{50}{100}} = 358 \, \text{kg/m}^3$

나. $V_a = 1 - \left(\dfrac{W}{1000} + \dfrac{C}{G_c} + \dfrac{A}{100} \right)$

$= 1 - \left(\dfrac{179}{1000} + \dfrac{358}{1000 \times 3.15} + \dfrac{5}{100} \right)$

$= 0.657 \, \text{m}^3$

∴ $S = V_a \times S/a \times 1000 \times G_s$

$= 0.657 \times \dfrac{40}{100} \times 1000 \times 2.6$

$= 683.28 \, \text{kg/m}^3$

다. $G = V_a \times (1 - S/a) \times 1000 \times G_g$

$= 0.657 \times \left(1 - \dfrac{40}{100}\right) \times 1000 \times 2.7$

$= 1064.34 \, \text{kg/m}^3$

□□□ 15②, 24③ 【5점】

04 공시체의 지름 150mm, 공시체의 길이 300mm인 콘크리트의 인장강도 시험을 한 결과 최대 파괴하중이 178kN이었다. 인장강도를 구하시오. (단, 소수 둘째자리에서 반올림 하시오.)

계산 과정)   답 : _____

[해답] $f_{sp} = \dfrac{2P}{\pi dl} = \dfrac{2 \times 178 \times 10^3}{\pi \times 150 \times 300}$

$= 2.5 \, \text{N/mm}^2 = 2.5 \, \text{MPa}$

05 콘크리트용으로 주어진 골재를 체가름 시험을 실시한 결과 아래 표와 같았다. 표를 보고 물음에 답하시오.

골재명	구분	체의 크기	75	40	20	10	5	2.5	1.2	0.6	0.3	0.15
잔골재	체에 남은 양(%)		0	0	0	0	3	9	14	28	35	11
	체에 남은 양의 누계(%)											
굵은 골재	체에 남은 양(%)		0	5	34	36	22	3	0	0	0	0
	체에 남은 양의 누계(%)											

가. 잔골재에 대한 위 표의 빈칸을 채우고 잔골재의 조립률을 구하시오.
  계산 과정) 답 : _____

나. 굵은골재에 대한 위 표의 빈칸을 채우고 굵은골재의 조립률을 구하시오.
  계산 과정) 답 : _____

다. 굵은골재의 최대치수를 구하시오.
  계산 과정) 답 : _____

해답 가.

체의 크기	잔골재		굵은골재	
	체에 남는 양(%)	체에 남는 양의 누계(%)	체에 남는 양(%)	체에 남는 양의 누계(%)
75mm	0	0	0	0
40mm	0	0	5	0+5=5
20mm	0	0	34	5+34=39
10mm	0	0	36	39+36=75
5mm	3	0+3=3	22	75+22=97
2.5mm	9	3+9=12	3	97+3=100
1.2mm	14	12+14=26	0	100
0.6mm	28	26+28=54	0	100
0.3mm	35	54+35=89	0	100
0.15mm	11	89+11=100	0	100

$$F.M = \frac{\Sigma \text{각 체에 남은 양의 누계}(\%)}{100}$$

$$= \frac{0 \times 4 + 3 + 12 + 26 + 54 + 89 + 100}{100} = \frac{284}{100} = 2.84$$

*75mm, 40mm, 20mm, 10mm의 각 체에 남은 양은 0이다.

나. F.M = $\frac{\Sigma \text{각 체에 남은 양의 누계(\%)}}{100}$

$= \frac{0+5+39+75+97+100\times 5}{100} = \frac{716}{100} = 7.16$

다. 40mm (∵ 통과율 : 100−체에 남은 양의 누계 = 100−5 = 95% ≥ 90%)

□□□ 15②, 21①, 24③ 【5점】

06 콘크리트는 타설한 후 습윤상태로 노출면이 마르지 않도록 하여야 하며, 수분의 증발에 따라 살수를 하여 습윤상태로 보호하여야 한다. 보통 포틀랜드 시멘트, 조강포틀랜드 시멘트 및 고로슬래그 시멘트를 사용한 경우 일평균 기온에 따른 습윤상태 보호 기간의 표준 일수를 쓰시오.

일평균 기온	15℃ 이상	10℃ 이상	5℃ 이상
보통 포틀랜드 시멘트	( )	7	9
조강 포틀랜드 시멘트	3	4	( )
고로슬래그 시멘트, 플라이애시 시멘트	7	( )	12

[해답] 습윤양생의 표준

일평균 기온	15℃ 이상	10℃ 이상	5℃ 이상
보통 포틀랜드 시멘트	5	7	9
조강 포틀랜드 시멘트	3	4	5
고로슬래그 시멘트, 플라이애시 시멘트	7	9	12

□□□ 15①②, 24① 【5점】

07 포틀랜드 시멘트의 성질을 개선하기 위하여 만든 혼합시멘트의 종류를 3가지만 쓰시오.

① _____ ② _____ ③ _____

[해답] ① 고로슬래그 시멘트 ② 포틀랜드포졸란 시멘트 ③ 플라이애시 시멘트

□□□ 15② 【5점】

08 시멘트의 비중은 시멘트의 품질이 나빠질 경우 작아진다. 일반적으로 시멘트의 비중이 작아지는 사유를 3가지만 쓰시오.

① _____ ② _____ ③ _____

[해답] ① 시멘트가 풍화되었을 때 ② 저장기간이 길었을 때
③ 혼합물이 섞여 있을 때 ④ 클링커의 소성이 불충분할 때

□□□ 15②, 25③ 【5점】
09 수중 콘크리트에 대하여 아래 물음에 답하시오.

가. 수중 콘크리트에 사용되는 타설기구를 3가지만 구하시오.
　① _____　② _____　③ _____

나. 일반적인 수중 콘크리트의 물-결합재비는 얼마 이하를 표준으로 하는가?
　○

다. 일반적인 수중 콘크리트의 단위시멘트량은 얼마 이상을 표준으로 하는가?
　○

해답　가. ① 트레미　② 콘크리트 펌프　③ 밑열림 상자　④ 밑열림 포대
　　　나. 50%
　　　다. 370 kg/m³ 이상

□□□ 15② 【5점】
10 콘크리트의 강도시험에 대한 아래의 물음에 답하시오.

가. 콘크리트의 압축강도시험에서 공시체에 하중을 가하는 속도는?
　○

나. 콘크리트의 휨강도시험에서 공시체에 하중을 가하는 속도는?
　○

해답　가. $0.6 \pm 0.2 (MPa = N/mm^2)$
　　　나. $0.06 \pm 0.04 (MPa = N/mm^2)$

국가기술자격 실기시험문제

2016년도 기사 제1회 필답형 실기시험(기능사)

종 목	시험시간	형 별	성 명	수험번호
콘크리트기능사	1시간	B		

※ 수험자 인적사항 및 계산식을 포함한 답안 작성은 흑색 필기구만 사용해야 하며, 그 외 연필류, 빨간색, 청색 등 필기구로 작성한 답항은 0점 처리된다.

□□□ 16① 【5점】

01 콘크리트 다지기에 사용되는 내부 진동기 사용의 원칙에 대하여 아래의 물음에 대하여 답하시오.

가. 진동 다지기를 할 때에는 내부진동기를 하층의 콘크리트 속으로 어느 정도 찔러 넣어야 하는가?
○

나. 내부진동기의 삽입간격은 일반적으로 몇 m 이하로 하는 것이 좋은가?
○

다. 1개소당 진동시간에 대하여 간단히 쓰시오.
○

해답 가. 0.1m   나. 0.5m   다. 5~15초

참고

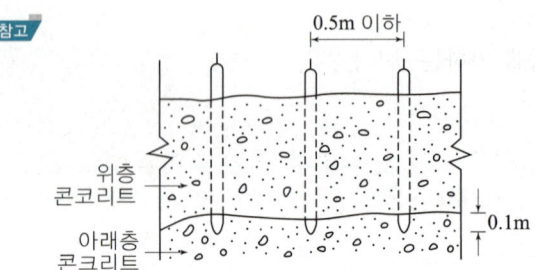

□□□ 16①,22① 【5점】

02 콘크리트의 워커빌리티에 영향을 끼치는 요소를 4가지만 쓰시오.

① _____   ② _____
③ _____   ④ _____

해답 ① 시멘트   ② 혼화재료
     ③ 골재   ④ 단위수량
     ⑤ 시간과 온도

□□□ 15③,16① 【5점】

03 콘크리트 1m³의 제조에 필요한 잔골재량이 702kg, 굵은골재 1000kg, 잔골재의 표건밀도가 2.60g/cm³, 굵은골재의 표건밀도 2.65g/cm³인 경우 잔골재율(S/a)은 얼마인가?

계산 과정) 답 : _____

해답 • 단위 잔골재 부피

$$V_S = \frac{\text{단위 잔골재량}}{\text{잔골재 밀도} \times 1000}$$

$$= \frac{702}{2.60 \times 1000} = 0.270 \, \text{m}^3$$

• 단위 굵은골재 부피

$$V_G = \frac{\text{단위 굵은골재량}}{\text{굵은골재 밀도} \times 1000}$$

$$= \frac{1000}{2.65 \times 1000} = 0.377 \, \text{m}^3$$

$$\therefore \ S/a = \frac{V_S}{V_S + V_G} \times 100$$

$$= \frac{0.270}{0.270 + 0.377} \times 100 = 41.73\%$$

□□□ 16① 【5점】

04 다음 주어진 굵은 골재의 체가름 시험결과표를 이용하여 아래 물음에 답하시오.

체번호(mm)	75	40	20	10	5	2.5	1.2	0.6	0.3	0.15	PAN	계
남는량(g)	0	270	480	395	430	636	219	0	0	0	0	2430

가. 잔류율, 가적잔류율, 가적통과율을 쓰시오. (단, 소수 첫째자리에서 반올림하시오.)

체번호	잔류량(g)	잔류율(%)	가적잔류율(%)	가적통과율(%)
75mm	0			
40mm	270			
20mm	480			
13mm	395			
10mm	430			
5mm	636			
2.5mm	219			
1.2mm	0			
0.6mm	0			
0.3mm	0			
0.15mm	0			
PAN	0			
계				

나. 조립률을 구하시오.(단, 소수 셋째자리에서 반올림하시오.)
　　계산 과정)　　　　　　　　　　　　　　　　　　　　　답 : _____

[해답] 가.

체번호	잔류량(g)	잔류율(%)	가적잔류률(%)	가적통과율(%)	F.M 체
75mm	0	0	0	100	*
40mm	270	11	11	89	*
20mm	480	20	31	69	*
13mm	395	16	47	53	제외됨
10mm	430	18	65	35	*
5mm	636	26	91	9	*
2.5mm	219	9	100	0	*
1.2mm	0	0	100	0	*
0.6mm	0	0	100	0	*
0.3mm	0	0	100	0	*
0.15mm	0	0	100	0	*
PAN	0	0	100	0	
계	2,430	100			

나. ・잔류율 = $\dfrac{\text{어떤 체에 잔유량}}{\text{전체 질량(합계)}} \times 100$

　　・가적 잔류율 = 잔류율의 누계

　　・가적 통과율 = 100 − 가적 잔류률

　　$F.M = \dfrac{\sum \text{각 체의 가적 잔류률(%)}}{100} = \dfrac{0+11+31+65+91+100\times 5}{100} = \dfrac{698}{100} = 6.98$

□□□ 16① 【5점】

05 포틀랜드 시멘트의 종류를 3가지만 쓰시오.

① _____　　② _____　　③ _____

[해답] ① 보통포틀랜드 시멘트　② 중용열포틀랜드 시멘트　③ 조강포틀랜드 시멘트
　　　④ 저열포틀랜드 시멘트　⑤ 내황산염포틀랜드 시멘트

□□□ 16①, 18① 【5점】

06 콘크리트의 경화나 강도발현을 촉진하기 위해 실시하는 양생을 촉진양생 이라고 한다. 이러한 촉진양생의 종류를 3가지만 쓰시오.

① _____　　② _____　　③ _____

[해답] ① 증기양생　② 전기양생　③ 온수양생
　　　④ 고주파 양생　⑤ 적외선 양생　⑥ 고압증기양생(오토클레이브 양생)

□□□ 16① 【5점】
07 수중 콘크리트의 치기의 원칙 3가지를 쓰시오.

① _____ ② _____ ③ _____

해답 ① 정수 중에 타설하여야 한다.
② 콘크리트는 수중에 낙하시키지 않아야 한다.
③ 거푸집의 강도 및 조립에 주의하여야 한다.
④ 콘크리트가 경화될 때까지 물의 유동을 방지하여야 한다.
⑤ 한 구획을 타설 후에는 레이턴스를 모두 제거하고 다시 타설하여야 한다.
⑥ 시멘트가 물로 씻겨서 흘러나오지 않도록 트레미 등을 이용 타설하여야 한다.

□□□ 16① 【5점】
08 콘크리트의 강도시험에 대한 아래의 물음에 답하시오.

가. 압축강도 시험에서 시험체에 하중을 가하는 속도에 대해 간단히 설명하시오.
  ○

나. 휨강도시험에서 시험체에 하중을 가하는 속도에 대해 간단히 설명하시오.
  ○

다. 강도시험용 공시체의 제작에서 콘크리트 채우기가 끝나고 나서 몰드를 빼는 시기에 대하여 간단히 설명하시오.
  ○

라. 강도시험용 공시체의 양생 온도 범위를 쓰시오.
  ○

해답 가. 가장자리 응력도의 증가율이 매초 (0.6 ± 0.2) MPa
    나. 가장자리 응력도의 증가율이 매초 (0.06 ± 0.040) MPa
    다. 16시간 이상 3일 이내로 한다.
    라. (20 ± 2)℃로 한다.

□□□ 16①, 25③ 【5점】
09 지간 450mm, 폭 150mm, 높이 150mm의 공시체로 휨강도 시험을 할 때 최대하중이 40kN 이고, 4점 재하 중앙부에서 파괴되었을 때 휨강도를 구하시오.

계산 과정)   답 : _____

해답 $f_b = \dfrac{P \cdot l}{b \cdot h^2}$

$= \dfrac{40 \times 10^3 \times 450}{150 \times 150^2} = 5.33 \, \text{N/mm}^2 = 5.33 \, \text{MPa}$

□□□ 16①, 19①, 22①, 24③, 25③ 【5점】

10 시방배합으로 단위시멘트량이 320kg/m³, 단위수량이 170kg/m³, 단위 잔골재량이 600kg/m³, 단위굵은골재량이 1190kg/m³이고 현장의 골재상태가 아래 표와 같을 때 현장배합으로 보정하시오.

【현장 골재 상태】
- 잔골재가 5mm체에 남는 양 : 6%
- 잔골재의 표면수 : 4%
- 굵은골재가 5mm체를 통과하는 양 : 3%
- 굵은골재의 표면수 : 2%

계산과정)

【답】 단위수량 : _____, 단위 잔골재량 : _____, 단위굵은골재량 : _____

해답 ■ 입도에 의한 보정
- $S = 600\text{kg}$, $G = 1190\text{kg}$, $a = 6\%$, $b = 3\%$
- 잔골재 $X = \dfrac{100S - b(S+G)}{100 - (a+b)} = \dfrac{100 \times 600 - 3(600+1190)}{100 - (6+3)} = 600.33 \text{kg/m}^3$
- 굵은골재 $Y = \dfrac{100G - a(S+G)}{100 - (a+b)} = \dfrac{100 \times 1190 - 6(600+1190)}{100 - (6+3)} = 1189.67 \text{kg/m}^3$

■ 표면수에 의한 보정
- 잔골재의 표면수 : $600.33 \times \dfrac{4}{100} = 24.01 \text{kg/m}^3$
- 굵은골재의 표면수 : $1189.67 \times \dfrac{2}{100} = 23.79 \text{kg/m}^3$

■ 현장배합으로 보정
- 단위수량 : $170 - (24.01 + 23.79) = 122.2 \text{kg/m}^3$
- 단위 잔골재량 : $600.33 + 24.01 = 624.34 \text{kg/m}^3$
- 단위 굵은골재량 : $1189.67 + 23.79 = 1213.46 \text{kg/m}^3$

국가기술자격 실기시험문제

2017년도 기사 제1회 필답형 실기시험(기능사)

종 목	시험시간	형 별	성 명	수험번호
콘크리트기능사	1시간	B		

※ 수험자 인적사항 및 계산식을 포함한 답안 작성은 흑색 필기구만 사용해야 하며, 그 외 연필류, 빨간색, 청색 등 필기구로 작성한 답항은 0점 처리된다.

□□□ 17① 【5점】

01 현장에서 굵은골재를 시험한 결과 절건 밀도가 2.68kg/L, 골재의 단위 용적 질량이 1.50kg/L이었다. 이 골재의 공극률과 실적률을 구하시오.

가. 공극률을 구하시오.

  계산 과정)   답 : _____

나. 실적률을 구하시오.

  계산 과정)   답 : _____

[해답] 가. 공극률 = 100 - 실적률
             = 100 - 55.97 = 44.03%

나. $G = \dfrac{T}{d_D} \times 100$

  ∴ $G = \dfrac{1.50}{2.68} \times 100 = 55.97\%$

□□□ 14①③, 15③, 17①, 21① 【5점】

02 포졸란 작용이 있는 혼화재를 3가지만 쓰시오.

① _____ ② _____ ③ _____

[해답] ① 플라이 애시 ② 규조토 ③ 화산회 ④ 규산백토

□□□ 15③, 17①, 24① 【5점】

03 시멘트의 종류는 크게 포틀랜드 시멘트, 혼합 시멘트, 특수 시멘트 등으로 분류할 수 있다. 이중 혼합 시멘트에 속하는 시멘트를 3가지만 쓰시오.

① _____ ② _____ ③ _____

[해답] ① 고로슬래그 시멘트 ② 포틀랜드포졸란 시멘트 ③ 플라이애시 시멘트

04 콘크리트의 워커빌리티를 측정하는 시험방법 4가지만 쓰시오.

① _____   ② _____
③ _____   ④ _____

해답 ① 슬럼프시험
② 리몰딩시험
③ 켈리볼관입시험
④ 다짐계수시험

05 특수콘크리트에 대한 아래의 물음에 답하시오.

가. 하루의 평균기온이 몇 ℃ 이하로 될 때 한중 콘크리트로 시공하여야 하는가?
　○
나. 한중 콘크리트를 타설할 때 확보하여야 하는 콘크리트 온도의 범위를 쓰시오.
　○

해답 가. 4℃
나. 5 ~ 20℃

06 수중콘크리트의 시공 방법을 타설시 사용하는 기계-기구의 종류에 따라 3가지만 쓰시오.

① _____   ② _____   ③ _____

해답 ① 트레미
② 콘크리트 펌프
③ 밑열림 상자(밑열림 포대)

07 공시체가 지간의 4점 재하 중앙에서 파괴되었을 때 휨 강도를 구하시오. (단, 지간은 450mm, 파괴 단면 높이 150mm, 파괴단면 너비 150mm, 최대하중이 27kN일 때)

계산 과정)　　　　　　　　　　　　　　　　　　답 : _____

해답 $f = \dfrac{Pl}{bh^2} = \dfrac{27 \times 10^3 \times 450}{150 \times 150^2} = 3.6\,\text{N/mm}^2 = 3.6\,\text{MPa}$

□□□ 10⑤, 15④, 17①, 23①, 25② 【5점】

06 레디믹스트콘크리트의 생산 공급방식에 따른 종류별 설명이 옳은 것을 연결하시오.

① 센트럴 믹스트 콘크리트 :　　㉮ 콘크리트 플랜트에서 재료를 계량하여 트럭 믹서에 싣고, 운반 중에 물을 넣어 비비는 방법

② 슈핑크 믹스트 콘크리트 :　　㉯ 공장에 있는 고정 믹서에서 어느 정도 콘크리트를 비빈 다음 트럭 믹서에 싣고 비비면서 현장에 운반하는 방법

③ 트랜싯 믹스트 콘크리트 :　　㉰ 공장에 있는 고정 믹서에서 완전히 비빈 콘크리트를 애지테이터 트럭 또는 트럭 믹서로 운반하는 방법

해답 ① - ㉰, ② - ㉯, ③ - ㉮

□□□ 17① 【5점】

09 아래 그림과 같은 4점 재하법에 따른 콘크리트의 휨강도시험에 대하여 다음 물음에 답하시오.

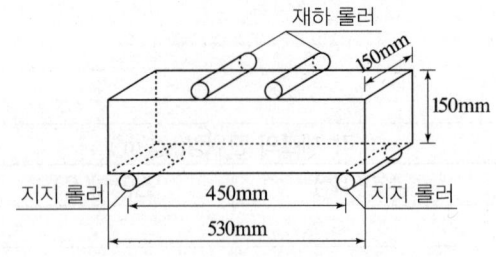

가. 그림과 같은 콘크리트 공시체 제작에 대한 아래 물음에 답하시오.

① 다짐봉을 사용하여 콘크리트를 채우는 경우 2층 이상으로 나누어 채워야 한다. 이때 각 층은 몇 회씩 다져야 하는가?

○

② 몰드를 떼어내는 시기에 대한 아래 표의 빈칸을 채우시오.

> 콘크리트를 다 채운 후, 그 경화를 기다리며 몰드를 뗀다. 몰드를 떼는 시기는 콘크리트로 채우기가 끝나고 나서 (Ⓐ) 이상 (Ⓑ) 이내로 한다.

【답】Ⓐ : ＿＿＿＿＿＿＿＿＿＿＿＿＿＿＿＿, Ⓑ : ＿＿＿＿＿＿＿＿＿＿＿＿＿＿＿＿

나. 공시체에 하중을 가하는 속도에 대해서 간단히 설명하시오.

○

다. 시험 결과를 무효로 하는 경우에 대해서 간단히 설명하시오.

○

해답 가. ① $N = \dfrac{150 \times 530}{1000} = 79.5 = 80$회

② Ⓐ : 16시간, Ⓑ : 72시간(3일)

나. $0.06 \pm 0.04 (\text{MPa} = \text{N/mm}^2)$

다. 공시체가 인장쪽 표면의 지간 방향 중심선의 4점의 바깥쪽에서 파괴된 경우는 그 시험 결과를 무효로 한다.

□□□ 17①, 25③ 【5점】

10 시방배합에서 단위수량 175kg/m³, 물-결합재비 50%, 단위 잔골재량 726kg/m³, 단위 굵은 골재량 1126kg/m³이고, 현장 골재의 시험결과가 다음과 같을 때 현장배합으로 고쳐서 계량되는 시멘트량(C), 단위 수량(W), 잔골재량(S), 굵은 골재량(G)을 구하여 아래의 표를 완성하시오.

- 잔골재 속의 5mm체에 남은 양 : 5%
- 굵은골재 속의 5mm체를 통과하는 양 : 3%
- 잔골재의 표면수량 : 4%
- 굵은골재의 표면수량 : 1%

계산과정)

각 재료의 단위량(kg/m³)			
시멘트(C)	수량(W)	잔골재(S)	굵은골재(G)

해답 ■ 입도에 의한 보정
- $S = 726$kg, $G = 1126$kg, $a = 5\%$, $b = 3\%$
- 잔골재 $X = \dfrac{100S - b(S+G)}{100 - (a+b)} = \dfrac{100 \times 726 - 3(726 + 1126)}{100 - (5+3)} = 728.74 \text{kg/m}^3$
- 굵은골재 $Y = \dfrac{100G - a(S+G)}{100 - (a+b)} = \dfrac{100 \times 1126 - 5(726 + 1126)}{100 - (5+3)} = 1123.26 \text{kg/m}^3$

■ 표면수에 의한 보정
- $C = \dfrac{W}{W/B} = \dfrac{175}{0.50} = 350 \text{kg/m}^3$
- 잔골재의 표면수 : $728.74 \times \dfrac{4}{100} = 29.15 \text{kg/m}^3$
- 굵은골재의 표면수 : $1123.26 \times \dfrac{1}{100} = 11.23 \text{kg/m}^3$

■ 현장배합으로 보정
- 단위수량 : $175 - (29.15 + 11.23) = 134.62 \text{kg/m}^3$
- 단위 잔골재량 : $728.74 + 29.15 = 757.89 \text{kg/m}^3$
- 단위 굵은골재량 : $1123.26 + 11.23 = 1134.49 \text{kg/m}^3$

국가기술자격 실기시험문제

2018년도 기사 제1회 필답형 실기시험(기능사)

종 목	시험시간	형 별	성 명	수험번호
콘크리트기능사	1시간	B		

※ 수험자 인적사항 및 계산식을 포함한 답안 작성은 흑색 필기구만 사용해야 하며, 그 외 연필류, 빨간색, 청색 등 필기구로 작성한 답항은 0점 처리된다.

☐☐☐ 14①, 18①, 24③ 【5점】

01 아래의 표와 같은 설계조건으로 배합설계를 하시오.

【설계조건】
- 시멘트의 밀도 : 3.15g/cm^3
- 굵은골재의 표건밀도 : 2.65g/cm^3
- 잔골재율(S/a) : 40%
- 물-결합재비 : 50%
- 잔골재의 표건밀도 : 2.60g/cm^3
- 공기량 : 5%
- 단위수량 : 160kg
- 배합강도 : 28MPa

가. 단위 시멘트량을 구하시오.

　계산 과정) 　　　　　　　　　　　　　　　답 : _____

나. 골재의 절대부피를 구하시오.

　계산 과정) 　　　　　　　　　　　　　　　답 : _____

다. 단위 잔골재량을 구하시오.

　계산 과정) 　　　　　　　　　　　　　　　답 : _____

라. 단위 굵은 골재량을 구하시오.

　계산 과정) 　　　　　　　　　　　　　　　답 : _____

해답 가. $C = \dfrac{W}{W/B} = \dfrac{160}{\dfrac{50}{100}} = 320\,\text{kg/m}^3$

　나. $V_a = 1 - \left(\dfrac{W}{1000} + \dfrac{C}{G_c} + \dfrac{A}{100}\right)$

　　$= 1 - \left(\dfrac{160}{1000} + \dfrac{320}{1000 \times 3.15} + \dfrac{5}{100}\right)$

　　$= 0.688\,\text{m}^3$

　다. $S = V_a \times S/a \times 1000 \times G_s$

　　$= 0.688 \times \dfrac{40}{100} \times 1000 \times 2.60$

　　$= 715.52\,\text{kg/m}^3$

　라. $G = V_a \times (1 - S/a) \times 1000 \times G_g$

　　$= 0.688 \times \left(1 - \dfrac{40}{100}\right) \times 1000 \times 2.65$

　　$= 1093.92\,\text{kg/m}^3$

□□□ 18① 【5점】

02 콘크리트의 강도 시험에 대한 아래의 물음에 답하시오.

가. 인장강도 시험용 공시체의 치수에 대한 아래 설명의 (   )를 채우시오.

> • 공시체는 원기둥 모양으로 그 지름은 굵은 골재의 최대치수의 (①)배 이상이며 (②)mm 이상으로 한다.
> • 공시체의 길이는 공시체의 지름 이상, (③)배 이하로 한다.

① _____   ② _____   ③ _____

나. 인장강도 시험용 공시체의 양생온도 범위를 쓰시오.
  ○

해답 가. ① 4배   ② 150mm   ③ 2배
　　　나. 18 ~ 22(20±2℃)

□□□ 18① 【5점】

03 각종 콘크리트에 대한 아래의 물음에 답하시오.

가. 섬유보강콘크리트의 정의를 간단히 쓰시오.
  ○

나. AE콘크리트의 정의를 간단히 쓰시오.
  ○

다. 유동화콘크리트의 정의를 간단히 쓰시오.
  ○

라. 경량골재콘크리트의 정의를 간단히 쓰시오.
  ○

해답 가. 섬유를 혼입하여 주로 인성, 균열 억제, 내충격성 및 내마모성을 높인 콘크리트
　　　나. AE제를 사용하여 콘크리트 속에 미세하고 독립된 기포를 일정하게 분포시킨 콘크리트
　　　다. 미리 비빈 베이스 콘크리트에 유동화제를 첨가하여 유동성을 증대시킨 콘크리트
　　　라. 골재의 전부 또는 일부를 경량골재를 사용하여 제조한 콘크리트로 기건 단위질량이 2100kg/m³ 미만인 것

□□□ 18①, 24③ 【5점】

04 혼화제 중 응결·경화시간을 조절하는 것을 3가지만 쓰시오.

① _____   ② _____   ③ _____

해답 ① 촉진제   ② 지연제   ③ 급결제   ④ 초지연제

05
지름 100mm, 높이 200mm인 콘크리트 공시체로 쪼갬인장시험을 실시한 결과 공시체 파괴 시 최대하중이 75kN이었다. 이 공시체의 인장강도를 구하시오.

계산 과정) 답:

[해답] $f_{sp} = \dfrac{2P}{\pi dl} = \dfrac{2 \times 27 \times 10^3}{\pi \times 100 \times 200} = 2.39 \text{N/mm}^2 = 2.39 \text{MPa}$

06
시멘트 비중시험에서 시멘트 64g으로 시험한 결과 처음 광유 표면 읽음 값이 0.5mL이고, 시료를 넣은 후 광유표면 읽음값이 20.8mL일 때 시멘트의 밀도는 얼마인가?

계산 과정) 답:

[해답] 시멘트 비중 $= \dfrac{\text{시멘트의 무게(g)}}{\text{비중병의 눈금의(mL)}} = \dfrac{64}{20.8 - 0.5} = 3.15 \text{g/cm}^3$

07
콘크리트의 경화나 강도발현을 촉진하기 위해 실시하는 양생을 촉진양생이라고 한다. 이러한 촉진양생의 종류를 3가지만 쓰시오.

① _____ ② _____ ③ _____

[해답] ① 증기양생 ② 전기양생 ③ 온수양생
④ 고주파 양생 ⑤ 적외선 양생 ⑥ 고압증기양생(오토클레이브 양생)

08
조립률을 구하기 위해 사용하는 체를 모두 쓰시오.

○

[해답] 75mm, 40mm, 20mm, 10mm, 5mm, 2.5mm, 1.2mm, 0.6mm, 0.3mm, 0.15mm

09
시멘트의 분말도시험방법 2가지를 쓰시오.

① _____ ② _____

[해답] ① 공기투과장치에 의한 방법 ② 표준체에 의한 방법

□□□ 18① 【5점】

10 골재의 체가름 시험에 대한 다음의 물음에 답하시오.

가. 잔골재의 체가름 시험에 대한 아래의 성과표를 완성하시오.

체의 호칭	각 체에 남은 양		각 체에 남은 양의 누계
	g	%	%
5mm	20		
2.5mm	55		
1.2mm	135		
0.6mm	150		
0.3mm	95		
0.15mm	30		
접시	15		
계	500		

나. 조립률을 구하시오.

계산 과정)   답 :

해답 가. • 잔류율 = $\dfrac{\text{어떤 체에 잔유량}}{\text{전체 질량(합계)}} \times 100$

• 각 체에 남은 양의 누계 = 잔류율(각 체에 남은 양)의 누계

체의 호칭	각 체에 남은 양		각 체에 남은 양의 누계
	g	%	%
5mm	20	4	4
2.5mm	55	11	15
1.2mm	135	27	42
0.6mm	150	30	72
0.3mm	95	19	91
0.15mm	30	6	97
접시	15	3	100
계	500	100	

나. F.M = $\dfrac{\Sigma \text{각 체에 남은 양의 누계(\%)}}{100}$

= $\dfrac{0 \times 4 + 4 + 15 + 42 + 72 + 91 + 97}{100} = \dfrac{321}{100} = 3.21$

*75mm, 40mm, 20mm, 10mm의 각 체에 남은 양은 0이다.

국가기술자격 실기시험문제

2019년도 기사 제1회 필답형 실기시험(기능사)

종 목	시험시간	형 별	성 명	수험번호
콘크리트기능사	1시간	B		

※ 수험자 인적사항 및 계산식을 포함한 답안 작성은 흑색 필기구만 사용해야 하며, 그 외 연필류, 빨간색, 청색 등 필기구로 작성한 답항은 0점 처리된다.

☐☐☐ 93②, 07②, 19① 【5점】

01 콘크리트 슬럼프 시험에 관련된 사항이다. 다음 물음에 답하시오.

가. 슬럼프 콘의 규격을 쓰시오.
① 콘의 밑지름 : _____
② 콘의 윗지름 : _____
③ 콘의 높이 : _____

나. 슬럼프 콘을 채우고 벗길 때 까지 전 작업시간은 몇 분 이내인가?
○

다. 슬럼프 콘을 들어 올리는 시간은 높이 300mm에서 몇 초로 하는가?
○

라. 슬럼프 값은 공시체 높이와 콘크리트 무너진 상단부의 차를 말한다. 이 때 슬럼프 값 측정 단위는 얼마까지인가?
○

[해답] 가. ① (200±2)mm ② (100±2)mm ③ (300±2)mm
나. 3분
다. 2~5초
라. 5mm

☐☐☐ 14③, 19① 【5점】

02 수중 콘크리트에 대하여 아래 물음에 답하시오.

가. 수중 콘크리트에 사용되는 타설기구를 3가지만 쓰시오.
①_____ ②_____ ③_____

나. 일반적인 수중콘크리트의 물-결합재비는 얼마 이하를 표준으로 하는가?
○

[해답] 가. ① 트레미 ② 콘크리트 펌프 ③ 밑열림상자 ④ 밑열림포대
나. 50%

□□□ 16①, 19①, 24③, 25③ 【5점】

03 시방배합으로 단위시멘트량이 320kg/m³, 단위수량이 170kg/m³, 단위 잔골재량이 600kg/m³, 단위굵은골재량이 1190kg/m³이고 현장의 골재상태가 아래 표와 같을 때 현장배합으로 보정하시오.

【현장 골재 상태】
- 잔골재가 5mm체에 남는 양 : 6%
- 잔골재의 표면수 : 4%
- 굵은골재가 5mm체를 통과하는 양 : 3%
- 굵은골재의 표면수 : 2%

계산과정)
【답】 단위수량 : _____, 단위 잔골재량 : _____, 단위굵은골재량 : _____

해답 ■ 입도에 의한 보정
- $S = 600\text{kg}$, $G = 1190\text{kg}$, $a = 6\%$, $b = 3\%$
- 잔골재 $X = \dfrac{100S - b(S+G)}{100 - (a+b)} = \dfrac{100 \times 600 - 3(600 + 1190)}{100 - (6+3)} = 600.33 \text{kg/m}^3$
- 굵은골재 $Y = \dfrac{100G - a(S+G)}{100 - (a+b)} = \dfrac{100 \times 1190 - 6(600 + 1190)}{100 - (6+3)} = 1189.67 \text{kg/m}^3$

■ 표면수에 의한 보정
- 잔골재의 표면수 : $600.33 \times \dfrac{4}{100} = 24.01 \text{kg/m}^3$
- 굵은골재의 표면수 : $1189.67 \times \dfrac{2}{100} = 23.79 \text{kg/m}^3$

■ 현장배합으로 보정
- 단위수량 : $170 - (24.01 + 23.79) = 122.2 \text{kg/m}^3$
- 단위 잔골재량 : $600.33 + 24.01 = 624.34 \text{kg/m}^3$
- 단위 굵은골재량 : $1189.67 + 23.79 = 1213.46 \text{kg/m}^3$

□□□ 19① 【5점】

04 잔골재의 표면수 시험방법 2가지를 쓰시오.

① _____ ② _____

해답 ① 질량법   ② 용적법

□□□ 07⑤, 19① 【5점】

05 풍화된 시멘트는 어떤 결점이 있는지 3가지만 쓰시오.

① _____ ② _____ ③ _____

해답 ① 비중이 작아진다.   ② 응결이 늦어진다.   ③ 강도가 적어진다.

□□□ 15①, 19①, 24③ 【5점】

06 콘크리트 블리딩 시험에 대하여 다음 물음에 답하시오.

가. 블리딩 시험결과가 아래와 같을 때 블리딩량을 구하시오.

규정된 측정시간 동안에 생긴 블리딩물의 양(cm^3)	62
시료와 용기의 질량(kg)	42.52
시료의 질량(kg)	28.34
용기 상면의 면적(cm^2)	487.2

계산 과정)   답 : _____

나. 콘크리트는 용기에 몇 층으로 나누고 각 층을 다짐대로 몇 회 다지는가?
  ○

다. 블리딩 시험에서 시험하는 동안의 온도를 몇 ℃의 범위로 유지하는게 좋은가?
  ○

라. 처음 60분 동안은 몇분 간격으로 블리딩의 물을 빨아내야 하는가?
  ○

해답 가. 블리딩량 $= \dfrac{V}{A} = \dfrac{62}{487.2} = 0.127\,cm^3/cm^2$

나. 3층, 25회
다. (20±3)℃
라. 10분

□□□ 14②, 19①, 25③ 【5점】

07 전체 5kg의 굵은골재 시료로 체가름시험을 실시하였다. 다음 물음에 답하시오.

가. 아래의 시험 결과표를 완성하시오.

체의 호칭치수(mm)	잔류량(g)	남는 양(%)	남는 양의 누계(%)
75	0		
40	100		
25	300		
20	1800		
10	2300		
5	500		
2.5	0		

나. 조립률을 구하시오.
계산 과정)   답:

다. 이 골재의 최대치수를 구하시오.
○

해답 가. • 잔류율 = $\dfrac{\text{어떤 체에 잔유량}}{\text{전체 질량(합계)}} \times 100$

• 각 체에 남은 양의 누계=잔류율(각 체에 남은 양)의 누계

체의 호칭치수 (mm)	잔류량(g)	남는 양(%)	남는 양의 누계(%)	가적통과율(%)
75	0	0	0	100
40	100	2	2	98
25	300	6	8	92
20	1800	36	44	56
10	2300	46	90	10
5	500	10	100	0
2.5	0	0	100	0
계	5000			

나. F.M = $\dfrac{\sum \text{각 체에 남은 양의 누계(\%)}}{100}$

= $\dfrac{0+2+44+90+100 \times 6}{100} = \dfrac{736}{100} = 7.36$ (∵ 25mm 호칭치수는 제외)

참고 5mm, 2.5mm, 1.2mm, 0.6mm, 0.3mm, 0.15mm의 6개 체에 남은 양은 0이다.

다. 25mm (∵ 통과율 : 90% ≤ 92%)

□□□ 08②, 19①, 25③ 【5점】

08 다음 그림은 골재의 함수상태를 나타낸 그림이다. ( ) 안에 알맞은 말을 적어 넣으시오.

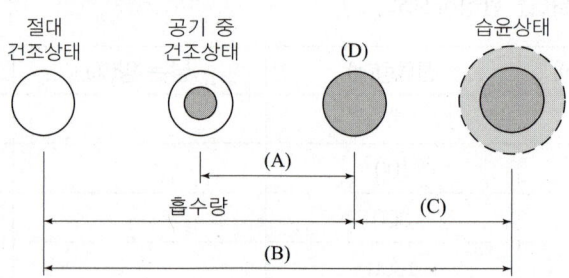

A :   , B :
C :   , D :

해답 A : 유효 흡수량   B : 함수량
C : 표면수량   D : 표면건조 포화상태

□□□ 89, 04, 06⑤, 19① 【5점】
09 다음 콘크리트의 용어에 대해서 물음에 답하시오.

가. 콘크리트 재료를 1회분씩 비비기하는 기계를 무엇이라 하는가?
  ○

나. 콘크리트 타설에 있어 먼저 타설한 콘크리트와 새로 타설한 콘크리트의 사이에 이음이 생기는데 이 이음을 무엇이라 하는가?
  ○

다. 콘크리트의 경화나 강도발현을 촉진하기 위해 실시하는 양생을 무엇이라 하는가?
  ○

라. 거푸집에 쉽게 다져 넣을 수 있고 거푸집을 떼어내면 천천히 모양이 변하기는 하지만 허물어지거나 재료의 분리가 일어나는 일이 없을 정도의 굳지 않는 콘크리트의 성질을 무엇이라 하는가?
  ○

[해답] 가. 배치믹서   나. 시공이음
       다. 촉진양생   라. 성형성

□□□ 02, 92①, 94②, 06①, 19① 【5점】
10 콘크리트의 양생방법을 3가지만 쓰시오.

① _____ ② _____ ③ _____

[해답] ① 습윤양생   ② 증기양생
       ③ 전기양생   ④ 피막양생

국가기술자격 실기시험문제

2019년도 기사 제2회 필답형 실기시험(기능사)

종 목	시험시간	형 별	성 명	수험번호
콘크리트기능사	1시간	B		

※ 수험자 인적사항 및 계산식을 포함한 답안 작성은 흑색 필기구만 사용해야 하며, 그 외 연필류, 빨간색, 청색 등 필기구로 작성한 답항은 0점 처리된다.

□□□ 19②, 25② 【5점】

01 다음 용어를 간단히 설명하시오.

가. 되비비기
  ○

나. 거듭비비기
  ○

다. 혼화재
  ○

라. 혼화제
  ○

> 해답 가. 콘크리트가 엉기기 시작하였을 경우에 다시 비비는 작업
> 　　　나. 콘크리트가 엉기기 시작하지는 않았으나 재료가 분리된 경우에 다시 비비는 작업
> 　　　다. 사용량이 시멘트 무게의 5% 정도 이상이 되어 콘크리트의 배합계산에 관계되는 것
> 　　　라. 사용량이 1% 정도 이하의 것으로서 콘크리트 배합계산에서 무시되는 것

□□□ 92②, 09③, 15②, 19②, 25③ 【5점】

02 수중 콘크리트에 대하여 아래 물음에 답하시오.

가. 수중 콘크리트에 사용되는 타설기구를 3가지만 구하시오.
  ① _____ ② _____ ③ _____

나. 일반적인 수중 콘크리트의 물-결합재비는 얼마 이하를 표준으로 하는가?
  ○

다. 일반적인 수중 콘크리트의 단위시멘트량은 얼마 이상을 표준으로 하는가?
  ○

> 해답 가. ① 트레미 ② 콘크리트 펌프 ③ 밑열림상자 ④ 밑열림포대
> 　　　나. 50%
> 　　　다. 370 kg/m³ 이상

03 잔골재의 체가름 시험에 대한 다음의 물음에 답하시오.

가. 아래의 성과표를 완성하시오.

체(mm)	남는 양(g)	잔류율(%)	가적 잔류율(%)	가적 통과율(%)
75	0			
40	70			
20	270			
10	370			
5	150			
2.5	90			
1.2	50			
0.6	0			
0.3	0			
0.15	0			
합계	1000			

나. 조립률을 구하시오.

계산 과정) 답 : _____

다. 이 골재의 최대치수를 구하시오.

계산 과정) 답 : _____

해답 가.

체(mm)	남는 양(g)	잔류율(%)	가적 잔류율(%)	가적 통과율(%)
75	0	0	0	100
40	70	7	7	93
20	270	27	34	66
10	370	37	71	29
5	150	15	86	14
2.5	90	9	95	5
1.2	50	5	100	0
0.6	0	0	100	0
0.3	0	0	100	0
0.15	0	0	100	0
합계	1000	100	693	

나. $F.M = \dfrac{\Sigma \text{각 체에 남는 양의 누계}}{100}$

$= \dfrac{0+7+34+71+86+95+100 \times 4}{100} = 6.93$

다. 40mm

> 참고 굵은 골재의 최대치수는 가적 통과율 90% 이상 체중에서 최소치수인 체
> ∴ 90% ≤ 93%이므로 40mm이다.

□□□ 14①, 18①, 19②, 21① 【5점】

04 아래의 표와 같은 설계조건으로 배합설계를 하시오.

【설계조건】
- 시멘트의 밀도 : $3.15 g/cm^3$
- 굵은골재의 표건밀도 : $2.65 g/cm^3$
- 잔골재율(S/a) : 40%
- 물-결합재비 : 50%
- 잔골재의 표건밀도 : $2.60 g/cm^3$
- 공기량 : 5%
- 단위수량 : 160kg
- 배합강도 : 28MPa

가. 단위 시멘트량을 구하시오.

계산 과정) 답 :

나. 골재의 절대부피를 구하시오.

계산 과정) 답 :

다. 단위 잔골재량을 구하시오.

계산 과정) 답 :

라. 단위 굵은 골재량을 구하시오.

계산 과정) 답 :

해답 가. $C = \dfrac{W}{W/B} = \dfrac{160}{\dfrac{50}{100}} = 320 \, kg/m^3$

나. $V_a = 1 - \left(\dfrac{W}{1000} + \dfrac{C}{1000 \times 시멘트\ 밀도} + \dfrac{A}{100} \right)$

$= 1 - \left(\dfrac{160}{1000} + \dfrac{320}{1000 \times 3.15} + \dfrac{5}{100} \right)$

$= 0.688 m^3$

다. $S = V_a \times S/a \times 1000 \times G_s$

$= 0.688 \times \dfrac{40}{100} \times 1000 \times 2.60$

$= 715.52 \, kg/m^3$

라. $G = V_a \times (1 - S/a) \times 1000 \times G_g$

$= 0.688 \times \left(1 - \dfrac{40}{100}\right) \times 1000 \times 2.65$

$= 1093.92 \, kg/m^3$

□□□ 14③, 19② 【5점】

05 도로포장 콘크리트에 쓰일 골재에 포함된 잔입자(0.08mm체를 통과하는)시험을 한 결과가 다음과 같다. 아래 물음에 답하시오.

【시험 결과】
- 씻기 전의 시료의 건조 질량 : 548g
- 씻기 후의 시료의 건조 질량 : 533g

가. 골재표면에 잔입자가 붙어있을 경우 콘크리트에 미치는 영향을 2가지만 쓰시오.

① _____ ② _____

나. 0.08mm체를 통과하는 잔입자량의 백분율을 구하시오.

계산 과정) 답 : _____

다. 이 골재의 사용가능 여부를 판정하시오.

계산 과정) 답 : _____

해답 가. ① 콘크리트의 혼합 수량이 많아진다.
② 건조수축에 의하여 콘크리트에 균열이 생기기 쉽다.
③ 시멘트풀과 골재와의 부착력이 약해져서 콘크리트의 강도와 내구성이 작아진다.

나. $A = \dfrac{B-C}{B} \times 100$

$= \dfrac{548-533}{548} \times 100 = 2.74\%$

다. $2.74\% \leq 3\%$ ∴ 사용가능

□□□ 17①, 19② 【5점】

06 현장에서 굵은골재를 시험한 결과 절건 밀도가 $2.68\,g/cm^3$, 골재의 단위 용적 질량이 $1500\,kg/m^3$이었다. 이 골재의 공극률과 실적률을 구하시오.

가. 공극률을 구하시오.

계산 과정) 답 : _____

나. 실적률을 구하시오.

계산 과정) 답 : _____

해답 가. 공극률 = 100 - 실적률
= 100 - 55.97 = 44.03%

나. $G = \dfrac{T}{d_D} \times 100$

$d_D = 2.68\,g/cm^3 = 2680\,kg/m^3$

∴ $G = \dfrac{1500}{2680} \times 100 = 55.97\%$

□□□ 09②, 19②, 22① 【5점】
07 굳지 않은 콘크리트의 성질을 표시하는 용어를 3가지만 쓰시오.

① _____ ② _____ ③ _____

해답 ① 반죽질기 ② 워커빌리티 ③ 성형성 ④ 피니셔빌리티

□□□ 94, 04, 17①, 19②, 21①, 24② 【5점】
08 굳지 않은 콘크리트의 워커빌리티를 판단하는 기준이 되는 반죽질기를 측정하는 방법 3가지를 쓰시오.

① _____ ② _____

③ _____ ④ _____

해답 ① 슬럼프시험 ② 리몰딩시험
　　 ③ 켈리볼관입시험 ④ 다짐계수시험

□□□ 06①, 10⑤, 19② 【5점】
09 콘크리트의 양생방법을 3가지만 쓰시오.

① _____ ② _____ ③ _____

해답 ① 습윤양생 ② 증기양생 ③ 전기양생 ④ 피막양생

□□□ 07⑤, 19②, 24① 【5점】
10 한국산업규격(KS)에 규정되어 있는 시멘트의 종류 중 혼합시멘트의 종류를 3가지만 쓰시오.

① _____ ② _____ ③ _____

해답 ① 고로 슬래그 시멘트 ② 플라이 애시 시멘트 ③ 포틀랜드 포촐라나 시멘트

국가기술자격 실기시험문제

2019년도 기사 제3회 필답형 실기시험(기능사)

종 목	시험시간	형 별	성 명	수험번호
콘크리트기능사	1시간	B		

※ 수험자 인적사항 및 계산식을 포함한 답안 작성은 흑색 필기구만 사용해야 하며, 그 외 연필류, 빨간색, 청색 등 필기구로 작성한 답항은 0점 처리된다.

□□□ 19③ 【5점】

01 집안의 정원일부를 가로 10m, 세로 14m, 높이 0.2m로 콘크리트 포장을 하려한다. 아래 물음에 답하시오.

가. 포장할 콘크리트량을 구하시오.

계산 과정) 답 : _____

나. 레미콘 트럭 1대의 콘크리트량은 7m³이고, 1대의 비용은 30만원이다. 포장에 필요한 콘크리트의 비용을 구하시오.

계산 과정) 답 : _____

다. 집안까지 트럭이 들어올 수 없어서 0.25m³의 콘크리트 운반을 리어카로 대문에서 정원까지 운반하려고 할 때 필요한 리어카의 수를 구하시오.

계산 과정) 답 : _____

라. 대문에서 정원까지 콘크리트를 운반하는데 리어카 한 대 당 1000원에 도급을 주고, 타설 및 기타 필요한 사항에는 20만원에 도급을 주었다. 총공사비를 구하시오.

계산 과정) 답 : _____

해답 가. $V = 10 \times 14 \times 0.2 = 28 \text{m}^3$

나. $N = \dfrac{\text{콘크리트량}}{\text{레미콘용량}} = \dfrac{28}{7} = 4$대

∴ $4 \times 30 = 120$만원

다. $n = \dfrac{\text{콘크리트량}}{\text{리어카용량}} = \dfrac{28}{0.25} = 112$대

라. 총비용 $= 112 \times 1000 + 200000$
$= 312000$원

□□□ 19③ 【5점】

02 콘크리트 양생방법 중 습윤상태로 하는 방법을 3가지만 쓰시오.

① _____ ② _____ ③ _____

해답 ① 수중 양생 ② 담수 양생 ③ 살수 양생 ④ 습사 양생

□□□ 19③ 【5점】
03 콘크리트의 쪼갬 인장강도시험에 대한 아래 물음에 답하시오.

가. 쪼갬인장강도시험을 위한 공시체의 치수에 대한 아래 표의 설명에서 ( ) 안에 들어갈 알맞은 수치를 쓰시오.

- 공시체는 원기둥 모양으로 그 지름은 굵은 골재의 최대치수의 (①)배 이상이며 (②)mm 이상으로 한다.
- 공시체의 길이는 공시체의 지름 이상, (③)배 이하로 한다.

① _____ ② _____ ③ _____

나. 쪼갬인장강도시험을 위한 공시체를 제작할 때 몰드에 콘크리트의 다져 넣기 방법에 대한 아래 표의 설명에서 ( ) 안에 들어갈 알맞은 수치를 쓰시오.

- 콘크리트를 몰드에 채울 때 콘크리트는 (①)층 이상으로 거의 동일한 두께로 나눠서 채운다.
- 각 층의 두께는 (②)mm를 초과해서는 안된다.
- 다짐봉을 사용해서 다짐을 하는 경우 각 층은 적어도 (③)mm^{2}에 1회의 비율로 다지도록 하고 바로 아래층까지 다짐봉이 닿도록 한다.

① _____ ② _____ ③ _____

다. 쪼갬인장강도시험에서 공시체에 하중을 가하는 속도에 대한 아래 표의 설명에서 ( ) 안에 들어갈 속도를 쓰시오.

공시체에 충격을 가하지 않도록 똑같은 속도로 하중을 가한다. 하중을 가하는 속도는 인장응력의 증가율이 매초 ( )MPa이 되도록 조정하고 최대하중에 도달할 때까지 그 증가율을 유지하도록 한다.

○

해답 가. ① 4   ② 150   ③ 2
나. ① 2   ② 160   ③ 1000
다. 0.06±0.04

□□□ 14③, 19③ 【5점】
04 콘크리트의 워커빌리티에 영향을 끼치는 요소를 4가지만 쓰시오.

① _____ ② _____
③ _____ ④ _____

해답 ① 시멘트   ② 혼화재료   ③ 골재
④ 단위수량   ⑤ 시간과 온도

□□□ 06①③, 09②, 10⑤, 16①, 19③, 23①, 24③ 【5점】

05 시방배합으로 각 재료의 단위량 및 현장골재의 상태가 아래의 표와 같을 때, 현장배합의 각 재료량을 구하시오.

─────────────【시방배합】─────────────
단위 잔골재량 735kg/m³, 단위 굵은골재량 1040kg/m³, 단위수량 180kg/m³

─────────────【현장골재의 상태】─────────────
• 잔골재 중 5mm체에 남는 양 5%
• 잔골재의 표면수량 3%
• 굵은골재 중 5mm체에 통과하는 양 2%
• 굵은골재의 표면수량 1%

계산 과정)
　　　【답】 단위수량 : ＿＿＿＿＿＿＿, 단위잔골재량 : ＿＿＿＿＿＿＿, 단위굵은골재량 : ＿＿＿＿＿＿＿

해답 ■ 입도에 의한 보정
　　• $S = 735\,\text{kg/m}^3$, $G = 1040\,\text{kg/m}^3$, $a = 5\%$, $b = 2\%$
　　• 잔골재 $X = \dfrac{100S - b(S+G)}{100 - (a+b)}$
　　　　　$= \dfrac{100 \times 735 - 2(735 + 1040)}{100 - (5+2)} = 752.15\,\text{kg/m}^3$
　　• 굵은골재 $Y = \dfrac{100G - a(S+G)}{100 - (a+b)}$
　　　　　$= \dfrac{100 \times 1040 - 5(735 + 1040)}{100 - (5+2)} = 1022.85\,\text{kg/m}^3$

■ 표면수에 의한 보정
　　• 잔골재의 표면수 : $752.15 \times \dfrac{3}{100} = 22.56\,\text{kg/m}^3$
　　• 굵은골재의 표면수 : $1022.85 \times \dfrac{1}{100} = 10.23\,\text{kg/m}^3$

■ 현장배합으로 보정
　　• 단위수량 : $180 - (22.56 + 10.23) = 147.21\,\text{kg/m}^3$
　　• 단위 잔골재량 : $752.15 + 22.56 = 774.71\,\text{kg/m}^3$
　　• 단위 굵은골재량 : $1022.85 + 10.23 = 1033.08\,\text{kg/m}^3$

□□□ 90②, 91, 19③ 【5점】

06 콘크리트에 일정한 하중을 계속해서 가하게 되면 시간이 흐름에 따라 하중의 증가됨이 없이도 변형이 계속 일어나는 것을 무엇이라 하는가?

○

해답 크리프(creep)

□□□ 14①, 18①, 19③ 【5점】

07 잔골재의 체가름 시험에 대한 다음의 물음에 답하시오.

가. 아래의 성과표를 완성하시오.

체의 호칭	각 체에 남은 양		각 체에 남은 양의 누계
	g	%	%
10mm	0		
5mm	20		
2.5mm	41		
1.2mm	136		
0.6mm	150		
0.3mm	84		
0.15mm	54		
접시	15		
계	500		

나. 조립률을 구하시오.

계산 과정)   답 : _____

해답 가. • 잔류율 = $\dfrac{\text{어떤 체에 잔유량}}{\text{전체 질량(합계)}} \times 100$

• 각 체에 남은 양의 누계 = 잔류율(각 체에 남은 양)의 누계

체의 호칭	각 체에 남은 양		각 체에 남은 양의 누계
	g	%	%
10mm	0	0	0
5mm	20	4	(0+4=)4.0
2.5mm	41	8.2	(4+8.2=)12.2
1.2mm	136	27.2	(12.2+27.2=)39.4
0.6mm	150	30	(39.4+30=)69.4
0.3mm	84	16.8	(69.4+16.8=)86.2
0.15mm	54	10.8	(86.2+10.8=)97.0
접시	15	3	(97.0+3=)100
계	500	100	—

나. $F.M = \dfrac{\Sigma \text{각 체에 남은 양의 누계}(\%)}{100}$

$= \dfrac{0 \times 4 + 4.0 + 12.2 + 39.4 + 69.4 + 86.2 + 97.0}{100} = \dfrac{308.2}{100} = 3.08$

참고 75mm, 40mm, 20mm, 10mm의 각 체에 남은 양은 0이다.

□□□ 14③, 19③ 【5점】

08 수중 콘크리트에 대하여 아래 물음에 답하시오.

가. 수중 콘크리트에 사용되는 타설기구를 3가지만 쓰시오.

① _____ ② _____ ③ _____

나. 일반적인 수중콘크리트의 물-결합재비는 얼마 이하를 표준으로 하는가?

계산 과정)   답: _____

[해답] 가. ① 트레미   ② 콘크리트 펌프   ③ 밑열림상자   ④ 밑열림포대
       나. 50% 이하

□□□ 10⑤, 19③ 【5점】

09 콘크리트의 각 재료를 계량할 때 1회 계량분에 대한 계량오차의 허용값을 나타내는 아래 표의 빈칸을 채우시오.

재료의 종류	허용 오차(%)
물	
시멘트	
골재	
혼화제	

[해답]

재료의 종류	허용 오차(%)
물	-2%, +1%
시멘트	-1%, +2%
골재	±3%
혼화제	±3%

□□□ 08①, 19③, 24③ 【5점】

10 콘크리트 쪼갬 인장 강도 시험을 한 결과 최대 파괴하중이 153kN이었다. 이때 공시체는 $\phi 150mm \times 300mm$를 사용했을 때 인장강도는 얼마인가?

○

[해답] $f_t = \dfrac{2P}{\pi dl} = \dfrac{2 \times 153 \times 10^3}{\pi \times 150 \times 300} = 2.16 \, N/mm^2 = 2.16 \, MPa$

국가기술자격 실기시험문제

2020년도 기사 제1회 필답형 실기시험(기능사)

종 목	시험시간	형 별	성 명	수험번호
콘크리트기능사	1시간	B		

※ 수험자 인적사항 및 계산식을 포함한 답안 작성은 흑색 필기구만 사용해야 하며, 그 외 연필류, 빨간색, 청색 등 필기구로 작성한 답항은 0점 처리된다.

□□□ 16①, 20①, 24③, 25③ 【5점】

01 시방배합으로 단위시멘트량이 320kg/m³, 단위수량이 170kg/m³, 단위 잔골재량이 600kg/m³, 단위 굵은골재량이 1190kg/m³이고 현장의 골재상태가 아래 표와 같을 때 현장배합으로 보정하시오.

【현장 골재 상태】
- 잔골재가 5mm체에 남는 양 : 6%
- 잔골재의 표면수 : 4%
- 굵은골재가 5mm체를 통과하는 양 : 3%
- 굵은골재의 표면수 : 2%

계산과정)

【답】 단위수량 : _____, 단위 잔골재량 : _____, 단위굵은골재량 : _____

해답
■ 입도에 의한 보정
- $S = 600$kg, $G = 1190$kg, $a = 6\%$, $b = 3\%$
- 잔골재 $X = \dfrac{100S - b(S+G)}{100-(a+b)} = \dfrac{100 \times 600 - 3(600+1190)}{100-(6+3)} = 600.33$ kg/m³
- 굵은골재 $Y = \dfrac{100G - a(S+G)}{100-(a+b)} = \dfrac{100 \times 1190 - 6(600+1190)}{100-(6+3)} = 1189.67$ kg/m³

■ 표면수에 의한 보정
- 잔골재의 표면수 : $600.33 \times \dfrac{4}{100} = 24.01$ kg/m³
- 굵은골재의 표면수 : $1189.67 \times \dfrac{2}{100} = 23.79$ kg/m³

■ 현장배합으로 보정
- 단위수량 : $170 - (24.01 + 23.79) = 122.2$ kg/m³
- 단위 잔골재량 : $600.33 + 24.01 = 624.34$ kg/m³
- 단위 굵은 골재량 : $1189.67 + 23.79 = 1213.46$ kg/m³

□□□ 91, 13②, 20①, 22① 【5점】

02 블리딩으로 인하여 콘크리트나 모르타르의 표면에 떠올라서 가라앉은 회백색의 물질을 무엇이라 하는가?

○

해답 레이턴스(Laitance)

□□□ 14①, 20① 【5점】
03 아래의 조건과 같을 경우 콘크리트의 배합강도를 결정하시오.

【조 건】
- 실제 사용한 콘크리트의 30회 이상의 시험실적으로부터 구한 콘크리트 압축강도의 표준편차(s)는 3.4MPa
- 콘크리트의 품질기준강도(f_{cq})는 28MPa

계산 과정)   답 : _____

[해답] $f_{cq} \leq 35\text{MPa}$일 때
- $f_{cr} = f_{cq} + 1.34s = 28 + 1.34 \times 3.4 = 32.56\,\text{MPa}$
- $f_{cr} = (f_{cq} - 3.5) + 2.33s = (28 - 3.5) + 2.33 \times 3.4 = 32.42\,\text{MPa}$
- ∴ $f_{cr} = 32.56\,\text{MPa}$ (두 값 중 큰 값)

□□□ 18①, 20① 【5점】
04 콘크리트의 쪼갬인장강도 시험에 대한 아래의 물음에 답하시오.

가. 쪼갬인장강도 시험용 공시체의 치수에 대한 아래 설명의 (   )를 채우시오.

- 공시체는 원기둥 모양으로 그 지름은 굵은 골재의 최대치수의 (①)배 이상이며 (②)mm 이상으로 한다.
- 공시체의 길이는 공시체의 지름 이상, (③)배 이하로 한다.

①_____ ②_____ ③_____

나. 쪼갬인장강도 시험용 공시체의 양생온도 범위를 쓰시오.
○

[해답] 가. ① 4배   ② 150mm   ③ 2배
나. 18~22℃(20±2℃)

□□□ 20① 【5점】
05 콘크리트는 타설한 후 습윤상태로 노출면이 마르지 않도록 하여야 하며, 수분의 증발에 따라 살수를 하여 습윤 상태로 보호하여야 한다. 이 때 습윤상태로 보호하는 기간의 표준에 대해 아래의 경우에 대한 답을 하시오. (단, 일평균 기온이 15℃ 이상인 경우)

① 보통 포틀랜드 시멘트를 사용한 경우 : _____
② 조강 포틀랜드 시멘트를 사용한 경우 : _____

[해답] ① 5일   ② 3일

□□□ 14②, 20①, 25③ 【5점】

06 전체 5kg의 굵은골재 시료로 체가름시험을 실시하였다. 다음 물음에 답하시오.

가. 아래의 시험 결과표를 완성하시오.

체의 호칭치수(mm)	잔류량(g)	남는 양(%)	남는 양의 누계(%)
75	0		
40	100		
25	300		
20	1800		
10	2300		
5	500		
2.5	0		

나. 조립률을 구하시오.
계산 과정)   답 : ＿＿＿＿＿＿

다. 이 골재의 최대치수를 구하시오.
◦

해답 가. • 잔류율 = $\dfrac{\text{어떤 체에 잔유량}}{\text{전체 질량(합계)}} \times 100$

• 각 체에 남은 양의 누계 = 잔류율(각 체에 남은 양)의 누계

체의 호칭치수(mm)	잔류량(g)	남는 양(%)	남는 양의 누계(%)	가적통과율(%)
75	0	0	0	100
40	100	2	2	98
25	300	6	8	92
20	1800	36	44	56
10	2300	46	90	10
5	500	10	100	0
2.5	0	0	100	0
계	5000			

나. $F.M = \dfrac{\sum \text{각 체에 남은 양의 누계(\%)}}{100}$
$= \dfrac{0+2+44+90+100\times 6}{100} = \dfrac{736}{100} = 7.36$ (∵ 25mm 호칭치수는 제외)

다. 25mm (∵ 통과율 : 90% ≤ 92%)

□□□ 92②, 07⑤, 20① 【5점】

07 비비는 시간은 믹서 내에 재료를 전부 넣은 후 가경식 믹서 일 때는 몇 분 이상을 표준으로 하는가?
◦

해답 1.5분(1분 30초)

□□□ 04, 06, 20①, 25② 【5점】

08 잔골재의 조립률(F.M)=2.67, 굵은 골재의 조립률(F.M)=7.29일 때 잔골재와 굵은 골재를 1:2의 무게비로 섞을 때 혼합골재의 조립률을 구하시오.

계산 과정) 답 : _____

해답 $f_a = \dfrac{m}{m+n}f_s + \dfrac{n}{m+n}f_g$

$= \dfrac{1}{1+2} \times 2.67 + \dfrac{2}{1+2} \times 7.29 = 5.75$

□□□ 94, 04, 06③, 20①, 23① 【5점】

09 굳지 않은 콘크리트의 반죽질기 측정법 3가지만 쓰시오.

① _____ ② _____ ③ _____

해답 ① 슬럼프 시험 ② 리몰딩 시험
   ③ 다짐계수 시험 ④ 캐리볼 관입 시험

□□□ 04, 06, 20① 【5점】

10 시멘트의 입자를 흐트러지게 하여, 콘크리트의 필요한 반죽질기를 얻는데 사용하고 단위 수량을 줄이는 작용을 하는 혼화제는?

○ _____

해답 감수제

국가기술자격 실기시험문제

2020년도 기사 제2회 필답형 실기시험(기능사)

종 목	시험시간	형 별	성 명	수험번호
콘크리트기능사	1시간	B		

※ 수험자 인적사항 및 계산식을 포함한 답안 작성은 흑색 필기구만 사용해야 하며, 그 외 연필류, 빨간색, 청색 등 필기구로 작성한 답항은 0점 처리된다.

□□□ 15④, 20② 【5점】

01 콘크리트 압축강도 시험에 대한 아래의 물음에 답하시오.

가. 압축강도 시험용 공시체의 제작에 대한 설명인 아래 표의 ( )를 채우시오.

> 공시체의 지름은 굵은골재의 최대치수의 (①)배 이상, (②)mm 이상으로 하고, 그 공시체는 지름의 (③)배의 높이를 가진 원기둥으로 한다.

① _____ ② _____ ③ _____

나. 압축강도 시험에서 하중을 가하는 속도에 대하여 간단히 쓰시오.
  ○

해답 가. ① 3   ② 100   ③ 2
  나. 매초 $0.6 \pm 0.2 (MPa = N/mm^2)$

□□□ 15②, 20②, 21①, 24③ 【5점】

02 콘크리트는 타설한 후 습윤상태로 노출면이 마르지 않도록 하여야 하며, 수분의 증발에 따라 살수를 하여 습윤상태로 보호하여야 한다. 보통 포틀랜드 시멘트, 조강포틀랜드 시멘트 및 고로 슬래그 시멘트를 사용한 경우 일평균 기온에 따른 습윤상태 보호 기간의 표준 일수를 쓰시오.

일평균 기온	15℃ 이상	10℃ 이상	5℃ 이상
보통 포틀랜드 시멘트	( )	7	9
조강 포틀랜드 시멘트	3	4	( )
고로슬래그 시멘트, 플라이애시 시멘트	7	( )	12

해답 습윤양생의 표준

일평균 기온	15℃ 이상	10℃ 이상	5℃ 이상
보통 포틀랜드 시멘트	5	7	9
조강 포틀랜드 시멘트	3	4	5
고로 슬래그 시멘트, 플라이애시 시멘트	7	9	12

□□□ 14①, 20② 【5점】
03 아래의 조건과 같을 경우 콘크리트의 배합강도를 결정하시오.

【조건】
- 실제 사용한 콘크리트의 30회 이상의 시험실적으로부터 구한 콘크리트 압축강도의 표준편차(s)는 3.4MPa
- 콘크리트의 설계기준 압축강도(f_{ck})는 28MPa

계산 과정)   답 : _____

[해답] $f_{ck} \leq 35\text{MPa}$일 때
- $f_{cr} = f_{ck} + 1.34s = 28 + 1.34 \times 3.4 = 32.56\text{MPa}$
- $f_{cr} = (f_{ck} - 3.5) + 2.33s = (28 - 3.5) + 2.33 \times 3.4 = 32.42\text{MPa}$
- ∴ $f_{cr} = 32.56\text{MPa}$ (두 값 중 큰 값)

□□□ 06③, 08②, 10⑤, 19③, 20② 【5점】
04 콘크리트의 각 재료를 계량할 때 1회 계량분에 대한 계량오차의 허용값을 나타내는 아래 표의 빈칸을 채우시오.

재료의 종류	허용 오차(%)
물	
시멘트	
골재	
혼화제	

[해답]

재료의 종류	허용 오차(%)
물	-2%, +1%
시멘트	-1%, +2%
골재	±3%
혼화제	±3%
혼화재	±2%

□□□ 18①, 20②, 24③ 【5점】
05 혼화제 중 응결·경화시간을 조절하는 것을 3가지만 쓰시오.

① _____ ② _____ ③ _____

[해답] ① 촉진제   ② 지연제   ③ 급결제   ④ 초지연제

□□□ 20② 【5점】

06 KSL 5201에 포함된 포틀랜드 시멘트의 종류 3가지를 쓰시오.

① _____ ② _____ ③ _____

해답 ① 보통 포틀랜드 시멘트   ② 중용열 포틀랜드 시멘트
③ 조강 포틀랜드 시멘트   ④ 저열 포틀랜드 시멘트
⑤ 내황산염 포틀랜드 시멘트

□□□ 15④, 20② 【5점】

07 지름 150mm, 높이 300mm인 공시체로 압축강도 시험을 실시한 결과 최대하중이 400kN이었다. 이 공시체의 압축강도는 얼마인가?

계산 과정)   답 : _____

해답 $f = \dfrac{P}{A} = \dfrac{400 \times 10^3}{\dfrac{\pi \times 150^2}{4}} = 22.64\,\text{N/mm}^2 = 22.64\,\text{MPa}$

□□□ 15④, 20② 【5점】

08 레디믹스트콘크리트의 생산 공급방식에 따른 종류를 3가지로 분류하고 각각에 대하여 간단히 설명하시오.

① _____ ② _____ ③ _____

해답 ① 센트럴 믹스트 콘크리트 : 공장에 있는 고정 믹서에서 완전히 비빈 콘크리트를 애지테이터 트럭 또는 트럭 믹서로 운반하는 방법
② 슈링크 믹스트 콘크리트 : 공장에 있는 고정 믹서에서 어느 정도 콘크리트를 비빈 다음 트럭 믹서에 싣고 비비면서 현장에 운반하는 방법
③ 트랜싯 믹스트 콘크리트 : 콘크리트 플랜트에서 재료를 계량하여 트럭 믹서에 싣고, 운반 중에 물을 넣어 비비며 운반하는 방법

□□□ 10⑤, 20②, 24③ 【5점】

09 콘크리트를 친 후 시멘트와 골재가 가라앉으면서 물이 올라와 콘크리트 표면에 떠오르는 현상을 블리딩이라 한다. 이 블리딩을 작게 하는 방법 3가지를 쓰시오.

① _____ ② _____ ③ _____

해답 ① 분말도가 높은 시멘트를 사용한다.   ② 단위수량을 적게 한다.
③ AE제를 사용한다.   ④ 포졸란을 사용한다.

□□□ 14②, 19①, 20②, 25③ 【5점】

10 전체 5kg의 굵은골재 시료로 체가름시험을 실시하였다. 다음 물음에 답하시오.

가. 아래의 시험 결과표를 완성하시오.

체의 호칭치수(mm)	잔류량(g)	남는 양(%)	남는 양의 누계(%)
75	0		
40	100		
25	300		
20	1800		
10	2300		
5	500		
2.5	0		

나. 조립률을 구하시오.

계산 과정)   답 : _____

다. 이 골재의 최대치수를 구하시오.

○

해답 가. • 잔류율 = $\dfrac{\text{어떤 체에 잔유량}}{\text{전체 질량(합계)}} \times 100$

• 각 체에 남은 양의 누계 = 잔류율(각 체에 남은 양)의 누계

체의 호칭치수(mm)	잔류량(g)	남는 양(%)	남는 양의 누계(%)	통과량의 누계(%)
75	0	0	0	100
40	100	2	2	98
25	300	6	8	92
20	1800	36	44	56
10	2300	46	90	10
5	500	10	100	0
2.5	0	0	100	0
계	5000			

나. $F.M = \dfrac{\Sigma \text{각 체에 남은 양의 누계(\%)}}{100}$

$= \dfrac{0+2+44+90+100\times 6}{100} = \dfrac{736}{100} = 7.36$ (∵ 25mm 호칭치수는 제외)

참고 5mm, 2.5mm, 1.2mm, 0.6mm, 0.3mm, 0.15mm의 6개 체에 남은 양은 0이다.

다. 25mm

참고 굵은 골재의 최대치수는 가적 통과율 90% 이상 체중에서 최소치수인 체
∴ 통과율이 90% ≤ 92%이므로 25mm이다.

국가기술자격 실기시험문제

2020년도 기사 제3회 필답형 실기시험(기능사)

종 목	시험시간	형 별	성 명	수험번호
콘크리트기능사	1시간	B		

※ 수험자 인적사항 및 계산식을 포함한 답안 작성은 흑색 필기구만 사용해야 하며, 그 외 연필류, 빨간색, 청색 등 필기구로 작성한 답항은 0점 처리된다.

□□□ 06①③, 09②, 10⑤, 16①, 19②, 20③, 24③, 25③ [5점]

01 시방배합으로 각 재료의 단위량 및 현장골재의 상태가 아래의 표과 같을 때, 현장배합의 각 재료량을 구하시오.

【시방배합】
단위 잔골재량 735kg/m³, 단위 굵은골재량 1040kg/m³, 단위수량 180kg/m³

【현장골재의 상태】
- 잔골재 중 5mm체에 남는 양 5%
- 잔골재의 표면수량 3%
- 굵은골재 중 5mm체에 통과하는 양 2%
- 굵은골재의 표면수량 1%

계산과정)

【답】단위수량 : _____, 단위잔골재량 : _____, 단위굵은골재량 : _____

해답 ■ 입도에 의한 보정
- $S = 735\,\text{kg/m}^3$, $G = 1040\,\text{kg/m}^3$, $a = 5\%$, $b = 2\%$
- 잔골재 $X = \dfrac{100S - b(S+G)}{100-(a+b)}$

  $= \dfrac{100 \times 735 - 2(735+1040)}{100-(5+2)} = 752.15\,\text{kg/m}^3$

- 굵은골재 $Y = \dfrac{100G - a(S+G)}{100-(a+b)}$

  $= \dfrac{100 \times 1040 - 5(735+1040)}{100-(5+2)} = 1022.85\,\text{kg/m}^3$

■ 표면수에 의한 보정
- 잔골재의 표면수 : $752.15 \times \dfrac{3}{100} = 22.56\,\text{kg/m}^3$
- 굵은골재의 표면수 : $1022.85 \times \dfrac{1}{100} = 10.23\,\text{kg/m}^3$

■ 현장배합으로 보정
- 단위수량 : $180 - (22.56 + 10.23) = 147.21\,\text{kg/m}^3$
- 단위 잔골재량 : $752.15 + 22.56 = 774.71\,\text{kg/m}^3$
- 단위 굵은골재량 : $1022.85 + 10.23 = 1033.08\,\text{kg/m}^3$

□□□ 92, 94, 20③ 【5점】
02 굳지 않은 콘크리트의 공기함유량 시험에 대한 물음에 답하시오.

가. AE콘크리트에서 가장 알맞은 공기량은 어느 정도인가?
  ○

나. 공기량 측정법의 종류 3가지만 쓰시오.
  ① _____ ② _____ ③ _____

다. 콘크리트 부피에 대한 겉보기 공기량(A_1)이 5.6%이고 골재의 수정계수(G)가 1.4일 때 콘크리트의 공기량을 구하시오.
  계산 과정)   답 : _____

[해답] 가. 4~7%
  나. ① 수주 압력법 ② 공기실 압력법 ③ 무게(질량)법
  다. $A = A_1 - G = 5.6 - 1.4 = 4.2\%$

□□□ 14④, 20③, 24③ 【5점】
03 콘크리트의 배합강도에 대한 아래의 물음에 답하시오.

가. 압축강도 시험의 기록이 없는 현장에서 설계기준 압축강도가 24MPa인 경우 배합강도를 구하시오.
  계산 과정)   답 : _____

나. 콘크리트의 설계기준 압축강도가 30MPa이고 30회 이상의 압축강도 시험실적으로부터 구한 표준편차가 3.0MPa인 경우 콘크리트의 배합강도를 구하시오.
  계산 과정)   답 : _____

[해답] 가. $f_{cr} = f_{ck} + 8.5 = 24 + 8.5 = 32.5\text{MPa}$
  나. $f_{ck} \leq 35\text{MPa}$일 때
   • $f_{cr} = f_{ck} + 1.34s = 30 + 1.34 \times 3.0 = 34.02\,\text{MPa}$
   • $f_{cr} = (f_{ck} - 3.5) + 2.33s = (30 - 3.5) + 2.33 \times 3.0 = 33.49\,\text{MPa}$
   ∴ $f_{cr} = 34.02\,\text{MPa}$ (두 값 중 큰 값)

□□□ 15④, 20③ 【5점】
04 콘크리트 자체의 중량을 감소시키기 위해 사용하는 경량 콘크리트는 제조방법에 따라 크게 3가지로 분류할 수 있다. 그 3가지를 쓰시오.
  ① _____ ② _____ ③ _____

[해답] ① 경량골재콘크리트 ② 경량기포콘크리트 ③ 무잔골재콘크리트

□□□ 15②, 20③ 【5점】

05 콘크리트 휨강도 시험에 대한 다음 물음에 답하시오.

가. 휨강도 시험용 공시체의 제작에서 콘크리트를 채우는 방법에 대한 아래 표의 ( )에 적합한 수치를 쓰시오.

> 다짐봉을 이용하는 경우는 (①)층 이상의 거의 같은 층으로 나누어 채운다. 이 때 각 층은 적어도 (②)mm²에 1회의 비율로 다지도록 하고 바로 아래층까지 다짐봉이 닿도록 한다.

① _____   ② _____

나. 공시체를 제작한 후 보통 몇 시간 뒤에 몰드를 제거하는지 그 범위를 쓰시오.

  ○

다. 공시체를 휨강도 시험 전까지는 보통 몇 ℃에서 어떤 상태로 양생하는가?

  【답】양생온도 : _____, 양생상태 : _____

라. 휨강도 시험결과가 아래와 같고, 공시체가 지간의 4점 재하 중앙에서 파괴 되었을 때 휨강도를 구하시오.

> • 사용 공시체의 규격 : 150mm×150mm×530mm
> • 지간 : 450mm
> • 파괴시 최대하중 : 27kN

계산 과정)   답 : _____

해답 가. ① 2   ② 1000mm²
      나. 16시간 이상 3일 (16시간부터 72시간) 이내
      다. (20±2)℃(또는 18℃~22℃), 습윤상태
      라. $f_b = \dfrac{Pl}{bh^2} = \dfrac{27 \times 10^3 \times 450}{150 \times 150^2} = 3.6 \text{N/mm}^2 = 3.6 \text{MPa}$

□□□ 92②, 20③ 【5점】

06 보통 포틀랜드 시멘트를 사용했을 때 부재측면의 거푸집 존치기간은 15℃ 이상의 온도에서 몇 일 정도가 적당한가?

  ○

해답 2~3일(48~72시간)

참고 거푸집을 남겨두는 기간의 표준

최저 기온	측면	기둥면	slab 밑면	beam, arch
15℃ 이상일 때	2~3일	4~6일	6~9일	10~15일
3℃ 이상일 때	3~9일	6~10일	9~14일	14~21일

□□□ 15②, 19②, 20③, 25③ 【5점】
07 수중 콘크리트에 대하여 아래 물음에 답하시오.

가. 수중 콘크리트에 사용되는 타설기구를 3가지만 구하시오.
① _____ ② _____ ③ _____

나. 일반적인 수중 콘크리트의 물-결합재비는 얼마 이하를 표준으로 하는가?
○

다. 일반적인 수중 콘크리트의 단위시멘트량은 얼마 이상을 표준으로 하는가?
○

해답 가. ① 트레미   ② 콘크리트 펌프   ③ 밑열림상자   ④ 밑열림포대
　　나. 50%
　　다. 370 kg/m³ 이상

□□□ 14①③, 20③ 【5점】
08 혼화재에 대한 아래의 각 물음에 답하시오.

가. 포졸란 작용하는 혼화재를 2가지만 쓰시오.
① _____ ② _____

나. 주로 잠재수경성이 있는 혼화재를 1가지만 쓰시오.
○

다. 오토클레이브 양생으로 고강도를 내는 혼화재를 1가지만 쓰시오.
○

해답 가. ① 플라이 애시   ② 규조토   ③ 화산회   ④ 규산백토
　　나. 고로 슬래그 미분말
　　다. 규산질 미분말

□□□ 94, 04, 06③, 15①, 20③ 【5점】
09 콘크리트의 배합시 물-결합재비를 정하는 기준 3가지만 쓰시오.
① _____ ② _____ ③ _____

해답 ① 소요의 강도   ② 내구성
　　③ 수밀성   ④ 균열 저항성

☐☐☐ 17①, 20③ 【5점】

10 현장에서 굵은골재를 시험한 결과 절건 밀도가 2.65kg/L, 골재의 단위 용적 질량이 1.50kg/L이었다. 이 골재의 공극률과 실적률을 구하시오.

가. 실적률을 구하시오.

계산 과정)   답 : _____

나. 공극률을 구하시오.

계산 과정)   답 : _____

해답 가. $G = \dfrac{T}{d_D} \times 100$

$= \dfrac{1.50}{2.65} \times 100 = 56.60\%$

나. 공극률 = 100 − 실적률
　　　　 = 100 − 56.60 = 43.40%

국가기술자격 실기시험문제

2021년도 기사 제1회 필답형 실기시험(기능사)

종 목	시험시간	형 별	성 명	수험번호
콘크리트기능사	1시간	B		

※ 수험자 인적사항 및 계산식을 포함한 답안 작성은 흑색 필기구만 사용해야 하며, 그 외 연필류, 빨간색, 청색 등 필기구로 작성한 답항은 0점 처리된다.

□□□ 14①, 18①, 21① 【5점】

01 아래의 표와 같은 설계조건으로 배합설계를 하시오.

【설계조건】
- 시멘트의 밀도 : $3.15g/cm^3$
- 굵은골재의 표건밀도 : $2.65g/cm^3$
- 잔골재율(S/a) : 40%
- 물-결합재비 : 50%
- 잔골재의 표건밀도 : $2.60g/cm^3$
- 공기량 : 5%
- 단위수량 : 160kg
- 배합강도 : 28MPa

가. 단위 시멘트량을 구하시오.

계산 과정) 답 : _____

나. 골재의 절대부피를 구하시오.

계산 과정) 답 : _____

다. 단위 잔골재량을 구하시오.

계산 과정) 답 : _____

라. 단위 굵은 골재량을 구하시오.

계산 과정) 답 : _____

해답 가. $C = \dfrac{W}{W/B} = \dfrac{160}{\dfrac{50}{100}} = 320 \, kg/m^3$

나. $V_a = 1 - \left(\dfrac{W}{1000} + \dfrac{C}{1000 \times \text{시멘트 밀도}} + \dfrac{A}{100} \right)$

$= 1 - \left(\dfrac{160}{1000} + \dfrac{320}{1000 \times 3.15} + \dfrac{5}{100} \right)$

$= 0.688 \, m^3$

다. $S = V_a \times S/a \times 1000 \times G_s$

$= 0.688 \times \dfrac{40}{100} \times 1000 \times 2.60$

$= 715.52 \, kg/m^3$

라. $G = V_a \times (1 - S/a) \times 1000 \times G_g$

$= 0.688 \times \left(1 - \dfrac{40}{100}\right) \times 1000 \times 2.65$

$= 1093.92 \, kg/m^3$

☐☐☐ 21① 【5점】

02 재료가 외력을 받으면 변형이 생기는데, 외력의 증가 없이도 시간의 경과에 따라 변형이 증가되는 현상을 무엇이라 하는가?

○

해답 크리프(creep)

☐☐☐ 15②, 21① 【5점】

03 콘크리트용으로 주어진 골재를 체가름 시험을 실시한 결과 아래표와 같았다. 표를 보고 물음에 답하시오.

가. 잔골재에 대한 위 표의 빈칸을 채우고 잔골재의 조립율을 구하시오.

체번호	체에 남은 양(%)	체에 남은 양의 누계(%)	가적통과율(%)
75mm	0		
40mm	0		
20mm	0		
10mm	0		
5mm	3		
2.5mm	9		
1.2mm	14		
0.6mm	28		
0.3mm	35		
0.15mm	11		

계산 과정)   답 : _____

나. 굵은골재에 대한 위 표의 빈칸을 채우고 잔골재의 조립율을 구하시오.

체번호	체에 남은 양(%)	체에 남은 양의 누계(%)	가적통과율(%)
75mm	0		
40mm	5		
20mm	34		
10mm	36		
5mm	22		
2.5mm	3		
1.2mm	0		
0.6mm	0		
0.3mm	0		
0.15mm	0		

계산 과정)   답 : _____

다. 굵은골재의 최대치수를 구하시오.

  ○

해답 가.

체번호	체에 남은 양(%)	체에 남은 양의 누계(%)	가적통과율(%)
75mm	0	0	100
40mm	0	0	100
20mm	0	0	100
10mm	0	0	100
5mm	3	3	97
2.5mm	9	12	88
1.2mm	14	26	74
0.6mm	28	54	46
0.3mm	35	89	11
0.15mm	11	100	0

$$F.M = \frac{0 \times 4 + 3 + 12 + 26 + 54 + 89 + 100}{100} = 2.84$$

나.

체번호	체에 남은 양(%)	체에 남은 양의 누계(%)	가적통과율(%)
75mm	0	0	100
40mm	5	5	95
20mm	34	39	61
10mm	36	75	25
5mm	22	97	3
2.5mm	3	100	0
1.2mm	0	100	0
0.6mm	0	100	0
0.3mm	0	100	0
0.15mm	0	100	0

$$F.M = \frac{0 + 5 + 39 + 75 + 97 + 100 \times 5}{100} = 7.16$$

다. 40mm (∵ 통과율 : 90% ≤ 95%)

참고 굵은골재의 최대치수
질량으로 90% 이상이 통과한 체 중에서 최소의 체치수로 나타낸 굵은골재의 치수

□□□ 14①③, 15③, 21① 【5점】

04 포졸란 작용이 있는 혼화재를 3가지만 쓰시오.

① _____ ② _____ ③ _____

해답 ① 플라이 애시 ② 규조토 ③ 화산회 ④ 규산백토

□□□ 21① 【5점】

05 콘크리트는 타설한 후 습윤상태로 노출면이 마르지 않도록 하여야 하며, 수분의 증발에 따라 살수를 하여 습윤상태로 보호하여야 한다. 보통 포틀랜드 시멘트와 조강포틀랜드 시멘트를 사용한 경우 일평균 기온에 따른 습윤상태 보호 기간의 표준 일수를 쓰시오.

일평균 기온	보통 포틀랜드 시멘트	조강 포틀랜드 시멘트	고로 슬래그 시멘트 플라이 애시 시멘트
15℃ 이상			
10℃ 이상			
5℃ 이상			

해답 습윤양생의 표준

일평균 기온	보통 포틀랜드 시멘트	조강 포틀랜드 시멘트	고로 슬래그 시멘트 플라이 애시 시멘트
15℃ 이상	5일	3일	7일
10℃ 이상	7일	4일	9일
5℃ 이상	9일	5일	12일

□□□ 94, 04, 21① 【5점】

06 굳지 않은 콘크리트의 워커빌리티를 판단하는 기준이 되는 반죽질기를 측정하는 방법 3가지를 쓰시오.

① _____ ② _____
③ _____ ④ _____

해답 ① 슬럼프시험 ② 리몰딩시험
③ 켈리볼관입시험 ④ 다짐계수시험

□□□ 16①, 21①, 23③ 【5점】

07 수중 콘크리트의 치기의 원칙 3가지를 쓰시오.

① _____ ② _____ ③ _____

해답 ① 정수 중에 타설하여야 한다.
② 콘크리트는 수중에 낙하시키지 않아야 한다.
③ 거푸집의 강도 및 조립에 주의하여야 한다.
④ 콘크리트가 경화될 때까지 물의 유동을 방지하여야 한다.
⑤ 한 구획을 타설 후에는 레이턴스를 모두 제거하고 다시 타설하여야 한다.
⑥ 시멘트가 물로 씻겨서 흘러나오지 않도록 트레미 등을 이용 타설하여야 한다.

□□□ 14③, 21① 【5점】

08 콘크리트 압축강도 시험에 대한 아래의 물음에 답하시오.

가. 압축강도 시험용 몰드를 제작할 때 다짐봉을 사용하여 콘크리트를 채울 경우 각 층은 적어도 몇 회 이상 다져야 하는가? (단, 공시체 지름이 150mm, 높이가 300mm인 경우)

계산 과정)   답:＿＿＿＿＿＿＿

나. 시험용 공시체는 몰드에 콘크리트 채우기가 끝나고 나서 몇 시간의 범위 내에 몰드를 떼어내야 하는가?

○

다. 공시체의 양생온도(℃) 범위는?

○

[해답] 가. • 각 층은 적어도 $1000mm^2$에 1회의 비율로 다지도록 한다.

• $A = \dfrac{\pi d^2}{4} = \dfrac{\pi \times 150^2}{4} = 17671.46 mm^2$

∴ $N = \dfrac{A}{1000} = \dfrac{17671.46}{1000} = 18$회

나. 16시간 ~ 3일(72시간) 이내

다. (20±2)℃ (또는 18 ~ 22℃)

□□□ 04, 06, 21① 【5점】

09 수화작용에 따르는 발열이 적기 때문에 매스 콘크리트, 방사선 차폐용 지하구조물 등에 적당한 시멘트는?

○

[해답] 중용열 포틀랜드 시멘트

□□□ 21①, 25③ 【5점】

10 콘크리트 설계기준강도(f_{ck})가 40MPa이고, 23회 이상의 충분한 압축강도 시험을 거쳐 2.0MPa의 표준편차를 얻었다. 이 콘크리트의 배합강도(f_{cr})를 구하시오.

• 시험횟수가 29회 이하일 때 표준편차의 보정계수

시험횟수	표준편차의 보정계수
15	1.16
20	1.08
25	1.03
30 이상	1.00

계산 과정)   답:＿＿＿＿＿＿＿

[해답]
- 23회일 때의 표준편차의 보정계수
  $$1.08 - \frac{1.08 - 1.03}{25 - 20} \times (23 - 20) = 1.05$$
- 시험횟수 23회일 때 표준편차
  $$s = 1.05 \times 2.0 = 2.1\,\text{MPa}$$
- $f_{ck} = 40\,\text{MPa} > 35\,\text{MPa}$일 때
- $f_{cr} = f_{ck} + 1.34s\,(\text{MPa}) = 40 + 1.34 \times 2.1 = 42.81\,\text{MPa}$
- $f_{cr} = 0.9f_{ck} + 2.33s\,(\text{MPa}) = 0.9 \times 40 + 2.33 \times 2.1 = 40.89\,\text{MPa}$
  ∴ 배합강도 $f_{cr} = 42.81\,\text{MPa}$(큰 값)

국가기술자격 실기시험문제

2021년도 기사 제2회 필답형 실기시험(기능사)

종 목	시험시간	형 별	성 명	수험번호
콘크리트기능사	1시간	B		

※ 수험자 인적사항 및 계산식을 포함한 답안 작성은 흑색 필기구만 사용해야 하며, 그 외 연필류, 빨간색, 청색 등 필기구로 작성한 답항은 0점 처리된다.

□□□ 21①② 【5점】

01 콘크리트표준시방서에서는 콘크리트용 굵은 골재의 유해물 함유량 한도를 규정하고 있다. 여기서 규정하고 있는 유해물의 최대치를 쓰시오.

종류	최대값
점토덩어리	①
연한 석편	②
0.08mm체 통과량	③

해답 ① 0.25   ② 5.0   ③ 1.0

□□□ 21①② 【5점】

02 콘크리트 슬럼프시험에 대한 다음 문장의 빈칸을 채우시오.

슬럼프 시험에서 슬럼프 콘에 시료를 채우고 벗길 때까지의 전 작업시간은 (①)분 이내로 하고 슬럼프 콘을 벗기는 작업은 (②)초 이내로 끝내야 하며 콘크리트가 내려앉은 길이를 (③)의 정밀도로 측정한다.

해답 ① 3분   ② 2~5(3.5±1.5)   ③ 5mm

□□□ 15④, 21② 【5점】

03 굳지 않은 콘크리트의 블리딩 시험에 대한 아래 표의 설명에서 ( )안에 알맞은 숫자를 쓰시오.

- 시험 중에는 실온 (①)℃로 한다.
- 기록한 처음 시각에서 60분 동안 (②)분마다 콘크리트 표면에 스며나온 물을 빨아낸다. 그 후는 블리딩이 정지할 때까지 (③)분마다 물을 빨아낸다.

① _____   ② _____   ③ _____

해답 ① (20±3)℃   ② 10   ③ 30

□□□ 14①, 21② 【5점】

04 다음 물음에 답하시오.

가. 길이가 100m인 구조물의 단면형상이 아래의 그림과 같을 때 주어진 현장배합표를 이용하여 콘크리트의 각 재료량을 산출하시오.

【현장배합표】

단위량(kg/m³)			
물(W)	시멘트(C)	잔골재(S)	굵은골재(G)
160	340	720	1150

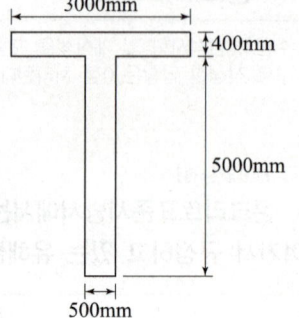

【답】물 : _____, 시멘트 : _____

잔골재 : _____, 굵은골재 : _____

나. 시멘트 40kg한포에 1950원, 잔골재 1m³에 7700원, 굵은골재 1m³에 6950원일 때 재료값(시멘트+잔골재+굵은골재의 값)을 산출하시오. (단, 소요되는 물의 비용은 무시한다.)

계산 과정)   답 : _____

해답 가. 구조물의 체적
$$= [(a_1 \times b_1) + (a_2 \times b_2)] \times L$$
$$= [(3 \times 0.4) + (0.5 \times 5)] \times 100$$
$$= 370 \text{m}^3$$

- 물 : $160 \times 370 = 59200$ kg
- 시멘트 : $340 \times 370 = 125800$ kg
- 잔골재 : $720 \times 370 = 266400$ kg
- 굵은골재 : $1150 \times 370 = 425500$ kg

나.
- 시멘트의 재료값 : $\dfrac{125800}{40} \times 1950 = 6132750$원
- 잔골재의 재료값 : $\dfrac{266400}{720} \times 7700 = 2849000$원
- 굵은골재의 재료값 : $\dfrac{425500}{1150} \times 6950 = 2571500$원

∴ 총 재료값 $= 6132750 + 2849000 + 2571500$
$= 11553250$원

□□□ 14④, 15③, 16①, 21② 【5점】

05 KS L 5201에 규정되어 있는 포틀랜드시멘트의 종류 5가지를 쓰시오.

① _____ ② _____ ③ _____
④ _____ ⑤ _____

해답 ① 보통포틀랜드 시멘트   ② 중용열포틀랜드 시멘트
③ 조강포틀랜드 시멘트   ④ 저열포틀랜드 시멘트
⑤ 내황산염포틀랜드 시멘트

□□□ 06⑤, 21② 【5점】

06 골재의 체가름 시험에 대한 아래 물음에 답하시오.

가. 아래 체가름 시험의 결과표를 완성하시오.

체의 호칭 치수(mm)	체에 남는 양(g)	잔류율(%)	가적 잔류율(%)	가적 통과율(%)
10	0			
5	0			
2.5	48			
1.2	145			
0.6	178			
0.3	84			
0.15	45			
PAN	0			
계	500			

나. 위의 체가름 시험 결과를 이용하여 잔골재의 조립률을 구하시오.

계산 과정)   답 : _____

다. 이 잔골재를 일반적인 콘크리트용 골재로 사용할 경우 적합여부를 판별하시오.

○

[해답] 가.

체의 호칭 치수(mm)	체에 남는 양(g)	잔류율(%)	가적 잔류율(%)	가적 통과율(%)
10	0	0	0	100
5	0	0	0	100
2.5	48	9.6	9.6	90.4
1.2	145	29	38.6	61.4
0.6	178	35.6	74.2	25.8
0.3	84	16.8	91	9.0
0.15	45	9	100	0.0
PAN	0	0	–	–
계	500	100	313.4	

나. $F.M = \dfrac{0 \times 5 + 9.6 + 38.6 + 74.2 + 91 + 100}{100} = \dfrac{313.4}{100} = 3.13$

다. 잔골재 F.M=2.3~3.1 범위이므로 사용 불가

□□□ 04, 05, 06, 21② 【5점】

07 재료가 외력을 받으면 변형이 생기는데, 외력의 증가 없이도 시간의 경과에 따라 변형이 증가되는 현상을 무엇이라 하는가?

○

[해답] 크리프(Creep)

□□□ 15②, 21② 【5점】

08 콘크리트 휨강도 시험에 대한 다음 물음에 답하시오.

가. 콘크리트의 휨강도시험에서 공시체에 하중을 가하는 속도는?

  ○

나. 휨강도 시험결과가 아래와 같고, 공시체가 인장쪽 표면지간 중심선의 4점 사이에서 파괴되었을 때 휨강도를 구하시오.

- 사용 공시체의 규격 : 150mm×150mm×530mm
- 지간 : 450mm
- 파괴시 최대하중 : 27kN

계산 과정)　　　　　　　　　　　　　　　　　답 : _____

해답　가. $0.06 \pm 0.04(\text{MPa} = \text{N/mm}^2)$

나. $f_b = \dfrac{Pl}{bh^2} = \dfrac{27 \times 10^3 \times 450}{150 \times 150^2} = 3.6\,\text{N/mm}^2 = 3.6\,\text{MPa}$

□□□ 21② 【5점】

09 가경식 믹서를 사용하여 일반콘크리트의 비비기를 실시하고자 할 때 비비기 시간의 표준은 얼마인가? (단, 비비기 시간에 대한 시험을 실시하지 않은 경우)

  ○

해답

가경식 믹서	1분 30초 이상
강제식 믹서	1분 이상

□□□ 18①, 21② 【5점】

10 콘크리트의 경화나 강도발현을 촉진하기 위해 실시하는 양생을 촉진양생이라고 한다. 이러한 촉진양생의 종류를 3가지만 쓰시오.

① _____　② _____　③ _____

해답　① 증기양생　② 전기양생　③ 온수양생
　　　④ 고주파 양생　⑤ 적외선 양생　⑥ 고압증기양생(오토클레이브 양생)

국가기술자격 실기시험문제

2021년도 기사 제3회 필답형 실기시험(기능사)

종 목	시험시간	형 별	성 명	수험번호
콘크리트기능사	1시간	B		

※ 수험자 인적사항 및 계산식을 포함한 답안 작성은 흑색 필기구만 사용해야 하며, 그 외 연필류, 빨간색, 청색 등 필기구로 작성한 답항은 0점 처리된다.

□□□ 07⑤, 15①②, 21③, 24① 【5점】

01 혼합시멘트의 종류를 3가지만 쓰시오.

① _____ ② _____ ③ _____

해답 ① 고로슬래그 시멘트 ② 포틀랜드포졸란 시멘트 ③ 플라이애시 시멘트

□□□ 17①, 21③ 【5점】

02 현장에서 굵은골재를 시험한 결과 절건 밀도가 2.68g/cm^3, 골재의 단위 용적 질량이 1500kg/m^3이었다. 이 골재의 공극률과 실적률을 구하시오.

가. 공극률을 구하시오.

계산 과정)   답 : _____

나. 실적률을 구하시오.

계산 과정)   답 : _____

해답 가. 공극률 = 100 − 실적률
           = 100 − 55.97 = 44.03 %

나. $G = \dfrac{T}{d_D} \times 100$

$d_D = 2.68 \text{g/cm}^3 = 2680 \text{kg/m}^3$

$\therefore G = \dfrac{1500}{2680} \times 100 = 55.97\%$

□□□ 15③, 21③, 23① 【5점】

03 시멘트의 질량 64g, 처음의 광유 눈금읽기 0.48mL, 시료를 넣은 후 광유 눈금 읽기 20.86mL일 때, 시멘트의 밀도를 구하시오.

계산 과정)   답 : _____

해답 시멘트 밀도 = $\dfrac{\text{시멘트의 질량(g)}}{\text{르샤틀리에 플라스크의 눈금 차(mL)}}$

= $\dfrac{64.0}{20.86 - 0.48} = 3.14 \text{g/cm}^3 = 3.14 \text{Mg/m}^3$

□□□ 15④, 21③ 【5점】

04 아래와 같은 조건에서 콘크리트 1m³을 제조하는데 필요한 단위수량, 잔골재량 및 굵은골재량을 구하시오.

【조건】
- 단위 시멘트량 : 200kg/m³
- 잔골재율 35%
- 잔골재의 표건밀도 : 2.65g/cm³
- 공기량 : 2%
- 물—결합재비 55%
- 시멘트 밀도 3.17g/cm³
- 굵은골재의 표건밀도 2.7g/cm³

【답】 단위수량 : _____, 잔골재량 : _____, 굵은골재량 : _____

해답
- 단위수량
$$W = C \times \frac{W}{B} = 200 \times \frac{55}{100} = 110 \text{kg/m}^3$$

- 잔골재량
$$V_a = 1 - \left(\frac{W}{1000} + \frac{C}{1000 \times \text{시멘트 밀도}} + \frac{A}{100} \right)$$
$$= 1 - \left(\frac{110}{1000} + \frac{200}{1000 \times 3.17} + \frac{2}{100} \right)$$
$$= 0.807 \text{m}^3$$
$$S = V_a \times S/a \times 1000 \times G_s$$
$$= 0.807 \times \frac{35}{100} \times 1000 \times 2.65$$
$$= 748.49 \text{kg/m}^3$$

- 굵은골재량
$$G = V_a \times (1 - S/a) \times 1000 \times G_g$$
$$= 0.807 \times \left(1 - \frac{35}{100} \right) \times 1000 \times 2.7$$
$$= 1416.29 \text{kg/m}^3$$

□□□ 16①, 21③ 【5점】

05 콘크리트 다지기에 사용되는 내부 진동기 사용의 원칙에 대하여 아래의 물음에 대하여 답하시오.

가. 진동 다지기를 할 때에는 내부진동기를 하층의 콘크리트 속으로 어느 정도 찔러 넣어야 하는가?
   ○

나. 내부진동기의 삽입간격은 일반적으로 몇 m 이하로 하는 것이 좋은가?
   ○

다. 1개소당 진동시간에 대하여 간단히 쓰시오.
   ○

해답 가. 0.1m   나. 0.5m   다. 5~15초

□□□ 10⑤, 21③, 24③ 【5점】
06 콘크리트를 친 후 시멘트와 골재가 가라앉으면서 물이 올라와 콘크리트 표면에 떠오르는 현상을 블리딩이라 한다. 이 블리딩을 작게 하는 방법 3가지를 쓰시오.

① _____ ② _____ ③ _____

해답 ① 분말도가 높은 시멘트를 사용한다. ② 단위수량을 적게 한다.
　　 ③ AE제를 사용한다.　　　　　　　　 ④ 포촐라나를 사용한다.

□□□ 92②, 21③ 【5점】
07 보통 포틀랜드 시멘트를 사용했을 때 부재측면의 거푸집 존치기간은 15℃ 이상의 온도에서 몇 일 정도가 적당한가?

해답 2~3일(48~72시간)

□□□ 04, 94, 06③, 21③ 【5점】
08 콘크리트의 배합시 물-결합재비를 정하는 기준 3가지만 쓰시오.

① _____ ② _____ ③ _____

해답 ① 소요의 강도　 ② 내구성　 ③ 수밀성　 ④ 균열 저항성

□□□ 94, 04, 06③, 21③, 23① 【5점】
09 굳지 않은 콘크리트의 반죽질기 측정법 3가지만 쓰시오.

① _____ ② _____ ③ _____

해답 ① 슬럼프 시험　　　　 ② 리몰딩 시험
　　 ③ 비비반죽질기 시험　 ④ 캘리볼 관입 시험

□□□ 15②, 21③, 24③ 【5점】
10 공시체의 지름 150mm, 공시체의 길이 300mm인 콘크리트의 인장강도 시험을 한 결과 최대 파괴하중이 178kN이었다. 인장강도를 구하시오. (단, 소수 둘째자리에서 반올림하시오.)

계산 과정)　　　　　　　　　　　　　　　　　　　답 : _____

해답 $f_{sp} = \dfrac{2P}{\pi dl} = \dfrac{2 \times 178 \times 10^3}{\pi \times 150 \times 300} = 2.5\,\text{N/mm}^2 = 2.5\,\text{MPa}$

국가기술자격 실기시험문제

2022년도 기사 제1회 필답형 실기시험(기능사)

종 목	시험시간	형 별	성 명	수험번호
콘크리트기능사	1시간	B		

※ 수험자 인적사항 및 계산식을 포함한 답안 작성은 흑색 필기구만 사용해야 하며, 그 외 연필류, 빨간색, 청색 등 필기구로 작성한 답항은 0점 처리된다.

□□□ 19②, 22①, 25② 【5점】

01 다음 용어를 간단히 설명하시오.

가. 되비비기
  ○

나. 거듭비비기
  ○

다. 혼화재
  ○

라. 혼화제
  ○

[해답] 가. 콘크리트가 엉기기 시작하였을 경우에 다시 비비는 작업
      나. 콘크리트가 엉기기 시작하지는 않았으나 재료가 분리된 경우에 다시 비비는 작업
      다. 사용량이 시멘트 무게의 5% 정도 이상이 되어 콘크리트의 배합계산에 관계되는 것
      라. 사용량이 1% 정도 이하의 것으로서 콘크리트 배합계산에서 무시되는 것

□□□ 22① 【5점】

02 굵은 골재의 최대치수, 잔 골재율, 잔 골재의 입도, 반죽질기 등에 따르는 표면 마무리하기 쉬운 정도를 나타내는 굳지 않은 콘크리트의 성질을 무엇이라 하는가?
  ○

[해답] 피니셔빌리티(finishability)

□□□ 91, 06②, 22① 【5점】

03 시멘트 응결시간 측정법을 2가지만 쓰시오.

① _____   ② _____

[해답] ① 비카침에 의한 방법 (폐지됨)
      ② 길모어 침에 의한 방법

□□□ 21①, 22①, 25③ 【5점】

04 22회의 압축강도시험으로부터 구한 표준편차가 5MPa일 때, 설계기준압축강도 30MPa인 콘크리트를 제작하기 위한 배합강도를 구하시오. (단, 일축압축강도 시험횟수가 20회일 때의 표준편차 보정계수는 1.08이고, 시험횟수가 25회일 경우의 표준편차 보정계수는 1.03이다.)

계산 과정)   답 : ─────────

해답
- 시험횟수 22회일 때 표준편차

  직선보간 표준편차 $= 5.0 \times \left(1.08 - \dfrac{1.08-1.03}{25-20} \times (22-20)\right) = 5.3\,\text{MPa}$

- $f_{ck} \leq 35\,\text{MPa}$ 일 때
- $f_{cr} = f_{ck} + 1.34s\,(\text{MPa}) = 30 + 1.34 \times 5.3 = 37.10\,\text{MPa}$
- $f_{cr} = (f_{ck} - 3.5) + 2.33s\,(\text{MPa}) = (30 - 3.5) + 2.33 \times 5.3 = 38.85\,\text{MPa}$
- ∴ 큰 값인 배합강도 $f_{cr} = 38.85\,\text{MPa}$

□□□ 06③, 08②, 10⑤, 19③, 22① 【5점】

05 콘크리트 배합시 각 재료를 계량할 때 1회 계량분에 대한 계량오차의 허용값을 나타내는 아래 표의 빈칸을 채우시오.

재료의 종류	허용 오차(%)
물	
시멘트	
골재	
혼화재	
혼화제	

해답

재료의 종류	허용 오차(%)
물	−2%, +1%
시멘트	−1%, +2%
골재	±3%
혼화재	±2%
혼화제	±3%

□□□ 91, 22① 【5점】

06 블리딩(bleeding)으로 인하여 콘크리트나 모르타르의 표면에 떠올라서 가라앉은 회백색의 물질을 무엇이라 하는가?

○

해답 레이턴스(Laitance)

□□□ 16①, 22①, 25③ 【5점】

07 시방배합으로 단위시멘트량이 320kg/m³, 단위수량이 170kg/m³, 단위 잔골재량이 600kg/m³, 단위굵은골재량이 1190kg/m³이고 현장의 골재상태가 아래 표와 같을 때 현장배합으로 보정하시오.

【현장 골재 상태】
- 잔골재가 5mm체에 남는 양 : 6%
- 잔골재의 표면수 : 4%
- 굵은골재가 5mm체를 통과하는 양 : 3%
- 굵은골재의 표면수 : 2%

계산과정)

【답】단위수량 : _____, 단위 잔골재량 : _____, 단위굵은골재량 : _____

해답 ■ 입도에 의한 보정
- $S=600$kg, $G=1190$kg, $a=6\%$, $b=3\%$
- 잔골재 $X = \dfrac{100S - b(S+G)}{100-(a+b)} = \dfrac{100 \times 600 - 3(600+1190)}{100-(6+3)} = 600.33\,\text{kg/m}^3$
- 굵은골재 $Y = \dfrac{100G - a(S+G)}{100-(a+b)} = \dfrac{100 \times 1190 - 6(600+1190)}{100-(6+3)} = 1189.67\,\text{kg/m}^3$

■ 표면수에 의한 보정
- 잔골재의 표면수 : $600.33 \times \dfrac{4}{100} = 24.01\,\text{kg/m}^3$
- 굵은골재의 표면수 : $1189.67 \times \dfrac{2}{100} = 23.79\,\text{kg/m}^3$

■ 현장배합으로 보정
- 단위수량 : $170 - (24.01 + 23.79) = 122.2\,\text{kg/m}^3$
- 단위 잔골재량 : $600.33 + 24.01 = 624.34\,\text{kg/m}^3$
- 단위 굵은골재량 : $1189.67 + 23.79 = 1213.46\,\text{kg/m}^3$

□□□ 89, 07⑤, 22① 【5점】

08 풍화된 시멘트는 어떤 결점이 있는지 3가지만 쓰시오.

① _____ ② _____ ③ _____

해답 ① 비중이 작아진다.
② 응결이 늦어진다.
③ 강도가 적어진다.
④ 강열감량이 증가한다.

□□□ 89, 16①, 19③, 22① 【5점】
09 콘크리트의 워커빌리티에 영향을 끼치는 요소를 4가지만 쓰시오.

① _____ ② _____

③ _____ ④ _____

해답 ① 시멘트   ② 혼화재료   ③ 골재
④ 단위수량   ⑤ 시간과 온도

□□□ 89, 22① 【5점】
10 굳지 않은 콘크리트의 성질을 표시하는 용어를 3가지만 쓰시오.

① _____ ② _____

③ _____ ④ _____

해답 ① 반죽질기   ② 워커빌리티
③ 성형성   ④ 피니셔빌리티

국가기술자격 실기시험문제

2022년도 기사 제2회 필답형 실기시험(기능사)

종 목	시험시간	형 별	성 명	수험번호
콘크리트기능사	1시간	B		

※ 수험자 인적사항 및 계산식을 포함한 답안 작성은 흑색 필기구만 사용해야 하며, 그 외 연필류, 빨간색, 청색 등 필기구로 작성한 답항은 0점 처리된다.

□□□ 93②, 07②, 08①, 14④, 22②, 25② 【5점】

01 콘크리트 슬럼프 시험에 관련된 사항이다. 다음 물음에 답하시오.

가. 슬럼프 콘의 규격을 쓰시오.
① 콘의 밑지름 : _____
② 콘의 윗지름 : _____
③ 콘의 높이 : _____

나. 콘크리트는 용기에 몇 층으로 나누고 각 층을 다짐대로 몇 회 다지는가?
 ○

[해답] 가. ① 콘의 밑지름 : (200±2)mm
② 콘의 윗지름 : (100±2)mm
③ 콘의 높이 : (300±2)mm
나. 3층 25회

□□□ 15①, 22② 【5점】

02 콘크리트의 배합설계에 대한 아래의 물음에 답하시오.

가. 설계기준 압축강도(f_{ck})가 28MPa이고, 압축강도 시험의 기록이 없는 현장에서 배합강도를 결정하시오.
계산 과정)   답 : _____

나. 설계기준 압축강도(f_{ck})가 28MPa이고, 30회 이상의 압축강도 시험으로부터 구한 압축강도의 표준편차가 3.5MPa인 경우 배합강도를 결정하시오.
계산 과정)   답 : _____

[해답] 가. $f_{cr} = f_{ck} + 8.5 = 28 + 8.5 = 36.5\,\text{MPa}$
나. $f_{ck} \leq 35\,\text{MPa}$일 때
• $f_{cr} = f_{ck} + 1.34s = 28 + 1.34 \times 3.5 = 32.69\,\text{MPa}$
• $f_{cr} = (f_{ck} - 3.5) + 2.33s = (28 - 3.5) + 2.33 \times 3.5 = 32.66\,\text{MPa}$
∴ $f_{cr} = 32.69\,\text{MPa}$(두 값 중 큰 값)

☐☐☐ 07①, 08②, 09③, 22②, 25③ 【5점】
03 다음 그림은 골재의 함수상태를 나타낸 그림이다. 다음 (   ) 안에 알맞은 말을 적어 넣으시오.

절대 건조상태   공기 중 건조상태   (D)   습윤상태

(A)
흡수량   (C)
(B)

① A : _____   ② B : _____
③ C : _____   ④ D : _____

해답 A : 유효 흡수량   B : 함수량
      C : 표면수량   D : 표면건조 포화상태

☐☐☐ 15②, 22②, 25③ 【5점】
04 수중 콘크리트에 대하여 아래 물음에 답하시오.

가. 수중 콘크리트에 사용되는 타설기구를 3가지만 구하시오.

① _____ ② _____ ③ _____

나. 일반적인 수중 콘크리트의 물–결합재비는 얼마 이하를 표준으로 하는가?

  ○

다. 일반적인 수중 콘크리트의 단위시멘트량은 얼마 이상을 표준으로 하는가?

  ○

해답 가. ① 트레미   ② 콘크리트 펌프   ③ 밑열림상자   ④ 밑열림포대
      나. 50%
      다. 370 kg/m³ 이상

☐☐☐ 02, 92①, 94②, 06①, 19①, 22②, 24① 【5점】
05 콘크리트의 양생방법을 3가지만 쓰시오.

① _____ ② _____ ③ _____

해답 ① 습윤양생   ② 증기양생
      ③ 전기양생   ④ 피막양생

□□□ 14③④, 22② 【5점】

06 콘크리트용 골재의 체가름 시험 결과가 아래의 표와 같다. 다음 물음에 답하시오.

체의 호칭	체에 남은 양(%)	각체에 남은 양의 누계(%)
75mm	0	
40mm	4	
20mm	35	
10mm	37	
5mm	21	
2.5mm	3	
1.2mm	0	
접시		
계		

가. 위 표의 빈 칸을 완성하고 조립률을 구하시오.

계산 과정)   답 : _____

나. 굵은골재 최대치수를 구하시오.

계산 과정)   답 : _____

해답 가. 각체에 남은 양의 누계 = 가적 잔류율의 누계

체의 호칭	체에 남은 양(%)	각체에 남은 양의 누계(%)	가적 통과율(%)
75mm	0	0	100
40mm	4	0+4=4	96
20mm	35	4+35=39	61
10mm	37	39+37=76	24
5mm	21	76+21=97	3
2.5mm	3	97+3=100	0
1.2mm	0	100	0
0.6mm	0	100	0
0.3mm	0	100	0
0.15mm	0	100	0
계	100	716	

$$F.M = \frac{\Sigma 각\ 체의\ 가적\ 잔류율(\%)}{100}$$

$$= \frac{0+4+39+76+97+100 \times 5}{100} = \frac{716}{100} = 7.16$$

참고 2.5mm, 1.2mm, 0.6mm, 0.3mm, 0.15mm의 5개 체에 남은 양은 0이다.

나. 40mm (∵ 90% ≤ 96%)

□□□ 15②, 21②, 22② 【5점】

07 콘크리트 휨강도 시험에 대한 다음 물음에 답하시오.

가. 콘크리트의 휨강도시험에서 공시체에 하중을 가하는 속도는?
  ○

나. 휨강도시험할 때 양쪽 몇 mm 이상 떨어져야 하는가?
  ○

다. 휨강도 시험결과가 아래와 같고, 공시체가 지간의 4점 사이에서 파괴 되었을 때 휨강도를 구하시오.

- 사용 공시체의 규격 : 150mm×150mm×530mm
- 지간 : 450mm
- 파괴시 최대하중 : 27kN

계산 과정)   답 : _____

해답 가. $0.06 \pm 0.04 (\text{MPa} = \text{N}/\text{mm}^2)$
   나. 40mm
   다. $f_b = \dfrac{Pl}{bh^2} = \dfrac{27 \times 10^3 \times 450}{150 \times 150^2} = 3.60 \, \text{N}/\text{mm}^2 = 3.60 \, \text{MPa}$

□□□ 15①, 91, 22①② 【5점】

08 콘크리트 블리딩 시험에 대하여 다음 물음에 답하시오.

가. 블리딩으로 인하여 콘크리트나 모르타르의 표면에 떠올라서 가라앉은 회백색의 물질을 무엇이라 하는가?

나. 블리딩 시험결과가 아래와 같을 때 블리딩량을 구하시오.

규정된 측정시간 동안에 생긴 블리딩물의 양(cm³)	62
시료와 용기의 질량(kg)	42.52
시료의 질량(kg)	28.34
용기 상면의 면적(cm²)	487.2

계산 과정)   답 : _____

해답 가. 레이턴스
   나. 블리딩량 $= \dfrac{V}{A} = \dfrac{62}{487.2} = 0.127 \, \text{cm}^3/\text{cm}^2$

□□□ 16①, 22②, 25③ 【5점】

09 시방배합으로 단위시멘트량이 320kg/m³, 단위수량이 170kg/m³, 단위 잔골재량이 600kg/m³, 단위굵은골재량이 1190kg/m³이고 현장의 골재상태가 아래 표와 같을 때 현장배합으로 보정하시오.

【현장 골재 상태】
- 잔골재가 5mm체에 남는 양 : 6%
- 잔골재의 표면수 : 4%
- 굵은골재가 5mm체를 통과하는 양 : 3%
- 굵은골재의 표면수 : 2%

계산과정)
【답】단위수량 : _____, 단위 잔골재량 : _____, 단위굵은골재량 : _____

해답 ■ 입도에 의한 보정
- $S=600$ kg, $G=1190$ kg, $a=6\%$, $b=3\%$
- 잔골재 $X = \dfrac{100S - b(S+G)}{100-(a+b)} = \dfrac{100 \times 600 - 3(600+1{,}190)}{100-(6+3)} = 600.33\,\text{kg/m}^3$
- 굵은골재 $Y = \dfrac{100G - a(S+G)}{100-(a+b)} = \dfrac{100 \times 1190 - 6(600+1190)}{100-(6+3)} = 1189.67\,\text{kg/m}^3$

■ 표면수에 의한 보정
- 잔골재의 표면수 : $600.33 \times \dfrac{4}{100} = 24.01\,\text{kg/m}^3$
- 굵은골재의 표면수 : $1189.67 \times \dfrac{2}{100} = 23.79\,\text{kg/m}^3$

■ 현장배합으로 보정
- 단위수량 : $170 - (24.01 + 23.79) = 122.2\,\text{kg/m}^3$
- 단위 잔골재량 : $600.33 + 24.01 = 624.34\,\text{kg/m}^3$
- 단위 굵은골재량 : $1189.67 + 23.79 = 1213.46\,\text{kg/m}^3$

□□□ 94, 04, 06③, 22② 【5점】

10 굳지 않은 콘크리트의 워커빌리티측정방법 3가지만 쓰시오.

① _____ ② _____ ③ _____

해답 ① 슬럼프 시험 ② 리몰딩 시험
   ③ 비비반죽질기 시험 ④ 캘리볼 관입 시험

국가기술자격 실기시험문제

2022년도 기사 제3회 필답형 실기시험(기능사)

종 목	시험시간	형 별	성 명	수험번호
콘크리트기능사	1시간	B		

※ 수험자 인적사항 및 계산식을 포함한 답안 작성은 흑색 필기구만 사용해야 하며, 그 외 연필류, 빨간색, 청색 등 필기구로 작성한 답항은 0점 처리된다.

☐☐☐ 14④, 22③, 24③ 【5점】

01 콘크리트의 배합강도에 대한 아래의 물음에 답하시오.

가. 압축강도 시험의 기록이 없는 현장에서 설계기준 압축강도가 24MPa인 경우 배합강도를 구하시오.

계산 과정) 답: _____

나. 콘크리트의 설계기준 압축강도가 30MPa이고 30회 이상의 압축강도 시험실적으로부터 구한 표준편차가 3.0MPa인 경우 콘크리트의 배합강도를 구하시오.

계산 과정) 답: _____

[해답] 가. $f_{cr} = f_{ck} + 8.5 = 24 + 8.5 = 32.5 \text{MPa}$

나. $f_{ck} \leq 35\text{MPa}$ 일 때
- $f_{cr} = f_{ck} + 1.34s = 30 + 1.34 \times 3.0 = 34.02 \text{MPa}$
- $f_{cr} = (f_{ck} - 3.5) + 2.33s = (30 - 3.5) + 2.33 \times 3.0 = 33.49 \text{MPa}$
∴ $f_{cr} = 34.02 \text{MPa}$ (두 값 중 큰 값)

☐☐☐ 04, 06②, 08①, 15③, 22③ 【5점】

02 시멘트의 밀도시험(KS L 5110)에 대한 아래의 물음에 답하시오.

가. 시멘트의 질량 64g, 처음의 광유 눈금읽기 0.48mL, 시료를 넣은 후 광유 눈금 읽기 20.86mL 일 때, 시멘트의 밀도를 구하시오.

계산 과정) 답: _____

나. 시험의 정밀도 및 편차에 대한 아래표의 설명에서 ( )에 들어갈 알맞은 수치는?

동일 시험자가 동일 재료에 대하여 2회 측정한 결과가 ( ) 이내이어야 한다.

계산 과정) 답: _____

[해답] 가. 시멘트 밀도 = $\dfrac{\text{시멘트의 질량(g)}}{\text{르샤틀리에 플라스크의 눈금차(mL)}}$

= $\dfrac{64.0}{20.86 - 0.48} = 3.14 \text{g/cm}^3 = 3.14 \text{Mg/m}^3$

나. $\pm 0.03 (\text{g/cm}^3) = \pm 0.03 (\text{Mg/m}^3)$

□□□ 06①③, 09②, 10⑤, 16①, 19③, 22③ 【5점】

03 시방배합으로 각 재료의 단위량 및 현장골재의 상태가 아래의 표과 같을 때, 현장배합의 각 재료량을 구하시오.

【시방배합】
- 단위 잔골재량 735kg/m³
- 단위 굵은골재량 1040kg/m³
- 단위수량 180kg/m³

【현장골재의 상태】
- 잔골재 중 5mm체에 남는 양 5%
- 굵은골재 중 5mm체에 통과하는 양 2%
- 잔골재의 표면수량 3%
- 굵은골재의 표면수량 1%

계산과정)

【답】 단위수량 : _____, 단위 잔골재량 : _____, 단위굵은골재량 : _____

해답 ■ 입도에 의한 보정
- $S = 735 \, kg/m^3$, $G = 1040 \, kg/m^3$, $a = 5\%$, $b = 2\%$
- 잔골재 $X = \dfrac{100S - b(S+G)}{100 - (a+b)}$

  $= \dfrac{100 \times 735 - 2(735 + 1040)}{100 - (5+2)} = 752.15 \, kg/m^3$

- 굵은골재 $Y = \dfrac{100G - a(S+G)}{100 - (a+b)}$

  $= \dfrac{100 \times 1040 - 5(735 + 1040)}{100 - (5+2)} = 1022.85 \, kg/m^3$

■ 표면수에 의한 보정
- 잔골재의 표면수 : $752.15 \times \dfrac{3}{100} = 22.56 \, kg/m^3$
- 굵은골재의 표면수 : $1022.85 \times \dfrac{1}{100} = 10.23 \, kg/m^3$

■ 현장배합으로 보정
- 단위수량 : $180 - (22.56 + 10.23) = 147.21 \, kg/m^3$
- 단위 잔골재량 : $752.15 + 22.56 = 774.71 \, kg/m^3$
- 단위 굵은골재량 : $1022.85 + 10.23 = 1033.08 \, kg/m^3$

□□□ 18①, 22③ 【5점】

04 콘크리트의 경화나 강도발현을 촉진하기 위해 실시하는 양생을 촉진양생 이라고 한다. 이러한 촉진양생의 종류를 3가지만 쓰시오.

① _____ ② _____ ③ _____

해답 ① 증기양생 ② 전기양생 ③ 온수양생
④ 고주파 양생 ⑤ 적외선 양생 ⑥ 고압증기양생(오토클레이브 양생)

□□□ 15④, 22③ 【5점】

05 굳지 않은 콘크리트의 블리딩 시험에 대한 아래 표의 설명에서 ( ) 안에 알맞은 숫자를 쓰시오.

- 시험 중에는 실온 (①)℃로 한다.
- 기록한 처음 시각에서 60분 동안 (②)분마다. 콘크리트 표면에 스며나온 물을 빨아낸다. 그 후는 블리딩이 정지할 때까지 (③)분마다 물을 빨아낸다.

① _____ ② _____ ③ _____

[해답] ① (20±3)℃   ② 10   ③ 30

□□□ 90②, 06②, 08①, 22③ 【5점】

06 블리딩 측정용기의 안지름 25cm, 안높이 28cm인 측정 용기에 콘크리트를 타설한 후 콘크리트 블리딩 시험을 한 결과 블리딩 물의 양 54mL이었다면 블리딩 양을 구하시오.

계산 과정)   답 : _____

[해답] 블리딩 $= \dfrac{V}{A} = \dfrac{54}{\dfrac{\pi \times 25^2}{4}} = 0.11 \, \mathrm{mL/cm^2} = 0.11 \, \mathrm{cm^3/cm^2}$

□□□ 07⑤, 19①, 22③ 【5점】

07 풍화된 시멘트는 어떤 결점이 있는지 3가지만 쓰시오

① _____ ② _____ ③ _____

[해답] ① 비중이 작아진다.   ② 응결이 늦어진다.
③ 강도가 적어진다.   ④ 강열감량이 커진다.

□□□ 19②, 22③, 25② 【5점】

08 다음 용어를 간단히 설명하시오.

가. 되비비기

　○

나. 거듭비비기

　○

[해답] 가. 콘크리트가 엉기기 시작하였을 경우에 다시 비비는 작업
나. 콘크리트가 엉기기 시작하지는 않았으나 재료가 분리된 경우에 다시 비비는 작업

□□□ 14②, 19①, 22③, 25③ 【5점】

09 전체 5kg의 굵은골재 시료로 체가름시험을 실시하였다. 다음 물음에 답하시오.

가. 아래의 시험 결과표를 완성하시오.

체의 호칭치수(mm)	잔류량(g)	남는 양(%)	남는 양의 누계(%)
75	0		
40	100		
25	300		
20	1800		
10	2300		
5	500		
2.5	0		

나. 조립률을 구하시오.

계산 과정)   답 :

[해답] 가. • 잔류율 = $\dfrac{\text{어떤 체에 잔유량}}{\text{전체 질량(합계)}} \times 100$

• 각 체에 남은 양의 누계 = 잔류율(각체에 남은 양)의 누계

체의 호칭치수(mm)	잔류량(g)	남는 양(%)	남는 양의 누계(%)	통과량의 누계(%)
75	0	0	0	100
40	100	2	2	98
25	300	6	8	92
20	1800	36	44	56
10	2300	46	90	10
5	500	10	100	0
2.5	0	0	100	0
계	5000			

나. $F.M = \dfrac{\Sigma \text{각 체에 남은 양의 누계}(\%)}{100}$

$= \dfrac{0+2+44+90+100 \times 6}{100} = \dfrac{736}{100} = 7.36$

[참고] 5mm, 2.5mm, 1.2mm, 0.6mm, 0.3mm, 0.15mm의 6개 체에 남은 양의 누계는 100%이다.

[참고] 굵은골재의 최대치수 : 질량으로 90% 이상이 통과한 체 중에서 최소의 체치수로 나타낸 굵은골재의 치수

□□□ 22③ 【5점】
10 레디믹스트 콘크리트의 운반시간에 대해 다음 물음에 답하시오.

가. 덤프트럭으로 콘크리트를 운반하는 경우, 휘져어 섞어가면서 공사현장까지 걸리는 시간은 어느 정도가 이상적일까?
   ○

나. 트럭 믹서 또는 에지테이터 트럭으로 콘크리트를 운반하는 경우 휘져어 섞어가면서 공사현장까지 걸리는 시간은 어느 정도가 이상적일까?
   ○

해답 가. 1시간   나. 1.5시간

국가기술자격 실기시험문제

2023년도 기사 제1회 필답형 실기시험(기능사)

종 목	시험시간	형 별	성 명	수험번호
콘크리트기능사	1시간	B		

※ 수험자 인적사항 및 계산식을 포함한 답안 작성은 흑색 필기구만 사용해야 하며, 그 외 연필류, 빨간색, 청색 등 필기구로 작성한 답항은 0점 처리된다.

□□□ 15②, 23① 【5점】

01 콘크리트 휨강도 시험에 대한 다음 물음에 답하시오.

가. 콘크리트의 휨강도 4점 재하법에 의하여 실시하여 휨강도 공시체가 파괴 되었을 때 무효처리 되는 경우를 쓰시오.
  ○

나. 공시체를 제작한 후 보통 몇 시간 뒤에 몰드를 제거하는지 그 범위를 쓰시오.
  ○

다. 공시체를 휨강도 시험 전까지는 보통 몇 ℃에서 어떤 상태로 양생하는가?
  【답】양생온도 : _____ , 양생상태 : _____

해답 가. 공시체가 인장쪽 표면의 지간 방향 중심선의 4점의 바깥쪽에서 파괴된 경우는 그 시험 결과를 무효로 한다.
나. 16시간 이상 3일 (16시간부터 72시간) 이내
다. (20 ± 2)℃ : 18℃ ~ 22℃, 습윤상태

□□□ 06②, 08①, 15③, 18①, 23① 【5점】

02 시멘트의 밀도시험(KS L 5110)에 대한 아래의 물음에 답하시오.

가. 시멘트의 질량 64g, 처음의 광유 눈금읽기 0.48mL, 시료를 넣은 후 광유 눈금 읽기 20.86mL일 때, 시멘트의 밀도를 구하시오.
  계산 과정) 답 : _____

나. 시험의 정밀도 및 편차에 대한 아래표의 설명에서 ( )에 들어갈 알맞은 수치는?

동일 시험자가 동일 재료에 대하여 2회 측정한 결과가 ( ) 이내이어야 한다.

해답 가. 시멘트 밀도 = $\dfrac{시멘트의 질량(g)}{르샤틀리에 플라스크의 눈금차(mL)}$
  $= \dfrac{64.0}{20.86-0.48} = 3.14 \text{g/cm}^3 = 3.14 \text{Mg/m}^3$
나. $\pm 0.03 \text{g/cm}^3 = \pm 0.03 \text{Mg/m}^3$

□□□ 94, 04, 21①, 23① 【5점】

03 굳지 않은 콘크리트의 워커빌리티를 판단하는 기준이 되는 반죽질기를 측정하는 방법 3가지를 쓰시오.

① _____ ② _____ ③ _____

해답 ① 슬럼프시험   ② 리몰딩시험
    ③ 켈리볼관입시험

□□□ 06①③, 09②, 10⑤, 16①, 19③, 23①, 24③, 25③ 【5점】

04 시방배합으로 각 재료의 단위량 및 현장골재의 상태가 아래의 표와 같을 때, 현장배합의 각 재료량을 구하시오.

─────【 시방배합 】─────
단위 잔골재량 735kg/m³, 단위 굵은골재량 1040kg/m³, 단위수량 180kg/m³

─────【 현장골재의 상태 】─────
• 잔골재 중 5mm체에 남는 양 5%   • 잔골재의 표면수량 3%
• 굵은골재 중 5mm체에 통과하는 양 2%   • 굵은골재의 표면수량 1%

계산 과정) 　　　　　　　　　　　　　　　　답 : _____

【답】 단위수량 : _____, 단위 잔골재량 : _____, 단위굵은골재량 : _____

해답 ■ 입도에 의한 보정
- $S = 735\,\text{kg/m}^3$, $G = 1040\,\text{kg/m}^3$, $a = 5\%$, $b = 2\%$
- 잔골재 $X = \dfrac{100S - b(S+G)}{100 - (a+b)}$

  $= \dfrac{100 \times 735 - 2(735 + 1040)}{100 - (5+2)} = 752.15\,\text{kg/m}^3$

- 굵은골재 $Y = \dfrac{100G - a(S+G)}{100 - (a+b)}$

  $= \dfrac{100 \times 1040 - 5(735 + 1040)}{100 - (5+2)} = 1022.85\,\text{kg/m}^3$

■ 표면수에 의한 보정
- 잔골재의 표면수 : $752.15 \times \dfrac{3}{100} = 22.56\,\text{kg/m}^3$
- 굵은골재의 표면수 : $1022.85 \times \dfrac{1}{100} = 10.23\,\text{kg/m}^3$

■ 현장배합으로 보정
- 단위수량 : $180 - (22.56 + 10.23) = 147.21\,\text{kg/m}^3$
- 단위 잔골재량 : $752.15 + 22.56 = 774.71\,\text{kg/m}^3$
- 단위 굵은골재량 : $1022.85 + 10.23 = 1033.08\,\text{kg/m}^3$

□□□ 14①, 20①, 23① 【5점】

05 아래의 조건과 같을 경우 콘크리트의 배합강도를 결정하시오.

【조 건】
- 실제 사용한 콘크리트의 30회 이상의 시험실적으로부터 구한 콘크리트 압축강도의 표준편차(s)는 3.4MPa
- 콘크리트의 품질관리기준 압축강도(f_{cq})는 28MPa

계산 과정)　　　　　　　　　　　　　　답 : _____

해답 $f_{cq} \leq 35\text{MPa}$일 때
- $f_{cr} = f_{cq} + 1.34s = 28 + 1.34 \times 3.4 = 32.56\,\text{MPa}$
- $f_{cr} = (f_{cq} - 3.5) + 2.33s = (28 - 3.5) + 2.33 \times 3.4 = 32.42\,\text{MPa}$
- ∴ $f_{cr} = 32.56\,\text{MPa}$ (두 값 중 큰 값)

□□□ 10⑤, 15④, 23①, 25② 【5점】

06 레디믹스트콘크리트의 생산 공급방식에 따른 종류별 설명이 옳은 것을 연결하시오.

① 센트럴 믹스트 콘크리트 :　　　㉮ 콘크리트 플랜트에서 재료를 계량하여 트럭 믹서에 싣고, 운반 중에 물을 넣어 비비는 방법

② 슈링크 믹스트 콘크리트 :　　　㉯ 공장에 있는 고정 믹서에서 어느 정도 콘크리트를 비빈 다음 트럭 믹서에 싣고 비비면서 현장에 운반하는 방법

③ 트랜싯 믹스트 콘크리트 :　　　㉰ 공장에 있는 고정 믹서에서 완전히 비빈 콘크리트를 애지테이터 트럭 또는 트럭 믹서로 운반하는 방법

해답 ① - ㉰, ② - ㉯, ③ - ㉮

□□□ 23① 【5점】

07 시멘트 모르타르의 강도시험(KS L ISO 679)에 대해 물음에 답하시오.

가. 시멘트 모르타르의 강도를 측정하기 위하여 공시체를 제작하고자 할 때 시멘트와 표준모래의 질량비는 얼마인가?
　○

나. 재령 28일 모르타르 공시체(50×50×50mm)에 50kN의 하중이 재하할 때 공시체가 파괴되었다면 이 모르타르의 압축강도는 얼마인가?

계산 과정)　　　　　　　　　　　　　　답 : _____

해답 가. 1 : 3

나. $f_c = \dfrac{P}{A} = \dfrac{50 \times 10^3 (N)}{50 \times 50} = 20.00\,\text{N/mm}^2 = 20.00\,\text{MPa}$

□□□ 04, 06, 23①, 25② 【5점】
08 잔골재의 조립률(FM)=2.67, 굵은 골재의 조립률(FM)=7.29일 때 잔골재와 굵은 골재를 1 : 2의 무게비로 섞을 때 혼합골재의 조립률을 구하시오.

계산 과정)　　　　　　　　　　　　　　　　　　답 : _____

[해답] $f_a = \dfrac{m}{m+n}f_s + \dfrac{n}{m+n}f_g$

$= \dfrac{1}{1+2} \times 2.67 + \dfrac{2}{1+2} \times 7.29 = 5.75$

□□□ 23① 【5점】
09 로스앤젤레스 시험기에 의한 굵은골재의 마모시험을 실시한 결과가 아래의 표와 같을 때 마모감량은?

- 시험 전의 시료의 질량 : 5000g
- 시험 후 1.7mm의 망체에 남은 시료의 질량 : 4525g

계산 과정)　　　　　　　　　　　　　　　　　　답 : _____

[해답] 마모 감량 $R = \dfrac{m_1 - m_2}{m_1} \times 100$

$= \dfrac{5000 - 4525}{5000} \times 100 = 9.5\%$

□□□ 23① 【5점】
10 굳은 콘크리트의 쪼갬인장강도시험에 대해 물음에 답하시오.

가. 콘크리트 쪼갬 인장 강도 시험에서 공시체에 하중을 가하는 속도를 쓰시오.
○

나. $\phi 150 \times 300$mm인 시험체를 쪼갬인장강도시험을 실시하여 150kN에서 파괴되었을때 이 콘크리트 쪼갬인장강도는 약 얼마인가?

계산 과정)　　　　　　　　　　　　　　　　　　답 : _____

[해답] 가. 인장응력도의 증가율이 매초 (0.06 ± 0.04)MPa

나. $f_t = \dfrac{2P}{\pi d l}$

$= \dfrac{2 \times 150 \times 10^3}{\pi \times 150 \times 300} = 2.1\,\text{N/mm}^2 = 2.1\,\text{MPa}$

국가기술자격 실기시험문제

2023년도 기사 제2회 필답형 실기시험(기능사)

종 목	시험시간	형별	성 명	수험번호
콘크리트기능사	1시간	B		

※ 수험자 인적사항 및 계산식을 포함한 답안 작성은 흑색 필기구만 사용해야 하며, 그 외 연필류, 빨간색, 청색 등 필기구로 작성한 답항은 0점 처리된다.

□□□ 92, 94, 20③, 23② 【5점】

01 굳지 않은 콘크리트의 공기함유량 시험에 대한 물음에 답하시오.

가. AE콘크리트에서 가장 알맞은 공기량은 어느 정도인가?
○

나. 공기량 측정법의 종류 3가지만 쓰시오.
① _____ ② _____ ③ _____

다. 콘크리트 부피에 대한 겉보기 공기량(A_1)이 5.6%이고 골재의 수정계수(G)가 1.4일 때 콘크리트의 공기량을 구하시오.
계산 과정)   답 : _____

[해답] 가. 4~7%
　　　 나. ① 수주 압력법 ② 공기실 압력법 ③ 무게(질량)법
　　　 다. $A = A_1 - G = 5.6 - 1.4 = 4.2\%$

□□□ 92②, 09③, 15②, 19②, 23②, 25③ 【5점】

02 수중 콘크리트에 대하여 아래 물음에 답하시오.

가. 수중 콘크리트에 사용되는 타설기구를 3가지만 구하시오.
① _____ ② _____ ③ _____

나. 일반적인 수중 콘크리트의 물-결합재비는 얼마 이하를 표준으로 하는가?
○

다. 일반적인 수중 콘크리트의 단위시멘트량은 얼마 이상을 표준으로 하는가?
○

[해답] 가. ① 트레미 ② 콘크리트 펌프 ③ 밑열림상자 ④ 밑열림포대
　　　 나. 50%
　　　 나. 370 kg/m³ 이상

□□□ 21①, 23②, 24③ 【5점】
03 콘크리트는 타설한 후 습윤상태로 노출면이 마르지 않도록 하여야 하며, 수분의 증발에 따라 살수를 하여 습윤상태로 보호하여야 한다. 보통 포틀랜드 시멘트와 조강포틀랜드 시멘트를 사용한 경우 일평균 기온에 따른 습윤상태 보호 기간의 표준 일수를 쓰시오.

일평균 기온	보통 포틀랜드 시멘트	조강 포틀랜드 시멘트	고로 슬래그 시멘트 플라이 애시 시멘트
15℃ 이상			
10℃ 이상			
5℃ 이상			

[해답] 습윤양생의 표준

일평균 기온	보통 포틀랜드 시멘트	조강 포틀랜드 시멘트	고로 슬래그 시멘트 플라이 애시 시멘트
15℃ 이상	5일	3일	7일
10℃ 이상	7일	4일	9일
5℃ 이상	9일	5일	12일

□□□ 07⑤, 19②, 23②, 24① 【5점】
04 한국산업규격(KS)에 규정되어 있는 시멘트의 종류 중 혼합시멘트의 종류를 3가지만 쓰시오.
① _____ ② _____ ③ _____

[해답] ① 고로 슬래그 시멘트   ② 플라이 애시 시멘트   ③ 포틀랜드 포졸라나 시멘트

□□□ 14①, 20①, 23② 【5점】
05 아래의 조건과 같을 경우 콘크리트의 배합강도를 결정하시오.

【조건】
- 실제 사용한 콘크리트의 30회 이상의 시험실적으로부터 구한 콘크리트 압축강도의 표준편차(s)는 3.4MPa
- 콘크리트의 품질기준강도(f_{cq})는 28MPa

계산 과정)   답 : _____

[해답] $f_{cq} \leq 35\text{MPa}$일 때
- $f_{cr} = f_{cq} + 1.34s = 28 + 1.34 \times 3.4 = 32.56\,\text{MPa}$
- $f_{cr} = (f_{cq} - 3.5) + 2.33s = (28 - 3.5) + 2.33 \times 3.4 = 32.42\,\text{MPa}$
∴ $f_{cr} = 32.56\,\text{MPa}$ (두 값 중 큰 값)

☐☐☐ 14②, 19①, 22③, 23②, 25③ 【5점】

06 전체 5kg의 굵은골재 시료로 체가름시험을 실시하였다. 다음 물음에 답하시오.

가. 아래의 시험 결과표를 완성하시오.

체의 호칭치수(mm)	잔류량(g)	남는 양(%)	남는 양의 누계(%)
75	0		
40	100		
25	300		
20	1800		
10	2300		
5	500		
2.5	0		

나. 조립률을 구하시오.

계산 과정)　　　　　　　　　　　　　　　　　　　　　답 : _____

해답 가. • 잔류율 = $\dfrac{\text{어떤 체에 잔유량}}{\text{전체 질량(합계)}} \times 100$

• 각 체에 남은 양의 누계 = 잔류율(각체에 남은 양)의 누계

체의 호칭치수(mm)	잔류량(g)	남는 양(%)	남는 양의 누계(%)	통과량의 누계(%)
75	0	0	0	100
40	100	2	2	98
25	300	6	8	92
20	1800	36	44	56
10	2300	46	90	10
5	500	10	100	0
2.5	0	0	100	0
계	5000			

나. $F.M = \dfrac{\sum \text{각 체에 남은 양의 누계(\%)}}{100}$

$= \dfrac{0+2+44+90+100 \times 6}{100} = \dfrac{736}{100} = 7.36$

참고 5mm, 2.5mm, 1.2mm, 0.6mm, 0.3mm, 0.15mm의 6개 체에 남은 양의 누계는 100%이다.

참고 굵은골재의 최대치수 : 질량으로 90% 이상이 통과한 체 중에서 최소의 체치수로 나타낸 굵은골재의 치수

□□□ 13②, 15④, 20②, 23② 【5점】
07 굳은 콘크리트의 강도시험결과가 다음과 같다. 물음에 답하시오.

가. 지름이 150mm인 공시체를 사용하고, 파괴하중이 450kN인 경우 압축강도를 구하시오.

계산 과정) 답 : _____

나. 지름 100mm, 높이 200mm인 콘크리트 공시체로 쪼갬인장시험을 실시한 결과 공시체 파괴시 최대하중이 75kN이었다. 이 공시체의 인장강도를 구하시오.

계산 과정) 답 : _____

다. 콘크리트 휨강도 시험에서 150mm×150mm×530mm의 공시체가 지간 450mm, 최대하중이 27kN인 4등분점 재하에서 파괴되었을 때 휨강도를 구하시오.

계산 과정) 답 : _____

[해답] 가. $f = \dfrac{P}{A} = \dfrac{450 \times 10^3}{\dfrac{\pi \times 150^2}{4}} = 25.46 \, \text{N/mm}^2 = 25.46 \, \text{MPa}$

나. $f_{sp} = \dfrac{2P}{\pi dl} = \dfrac{2 \times 75 \times 10^3}{\pi \times 100 \times 200} = 2.39 \, \text{N/mm}^2 = 2.39 \, \text{MPa}$

다. $f_b = \dfrac{Pl}{bh^2} = \dfrac{27 \times 10^3 \times 450}{150 \times 150^2} = 3.6 \, \text{N/mm}^2 = 3.6 \, \text{MPa}$

□□□ 11⑤, 19②, 22①, 23② 【5점】
08 굳지 않은 콘크리트의 성질에 대한 물음에 답하시오.

가. 굳지 않은 콘크리트 또는 모르타르가 엉기기 시작하였을 때 다시 비비는 작업을 무엇이라 하는가?

○

나. 주로 물의 양이 많고 적음에 따르는 반죽이 되고 진 정도를 나타내는 굳지 않은 콘크리트의 성질을 무엇이라 하는가?

○

다. 반죽질기의 정도에 따르는 작업의 난이성 및 재료의 분리에 저항하는 정도를 나타내는 굳지 않은 콘크리트의 성질을 무엇이라 하는가?

○

[해답] 가. 되비비기
나. 반죽질기(consistency)
다. 워커빌리티(workability)

[참고] • 되비비기 : 콘크리트 또는 모르타르가 엉기기 시작하였을 때 다시 비비는 작업
• 거듭비비기 : 콘크리트 또는 모르타르가 엉기기 시작하지는 않았으나 비빈 후 상당한 시간이 지났거나 또 재료가 분리된 경우에 다시 비비는 작업

□□□ 14①, 18①, 21①, 23② 【5점】

09 아래의 표와 같은 설계조건으로 배합설계를 하시오.

【설계조건】
- 시멘트의 밀도 : 3.15g/cm³
- 굵은골재의 표건밀도 : 2.65g/cm³
- 잔골재율(S/a) : 40%
- 물-결합재비 : 50%
- 잔골재의 표건밀도 : 2.60g/cm³
- 공기량 : 5%
- 단위수량 : 160kg
- 배합강도 : 28MPa

가. 단위 시멘트량을 구하시오.
　　계산 과정)　　　　　　　　　　　　　　　　답 : _____

나. 골재의 절대부피를 구하시오.
　　계산 과정)　　　　　　　　　　　　　　　　답 : _____

다. 단위 잔골재량을 구하시오.
　　계산 과정)　　　　　　　　　　　　　　　　답 : _____

라. 단위 굵은 골재량을 구하시오.
　　계산 과정)　　　　　　　　　　　　　　　　답 : _____

해답
가. $C = \dfrac{W}{W/B} = \dfrac{160}{\dfrac{50}{100}} = 320\,\text{kg/m}^3$

나. $V_a = 1 - \left(\dfrac{W}{1000} + \dfrac{C}{1000 \times \text{시멘트 밀도}} + \dfrac{A}{100}\right)$
$= 1 - \left(\dfrac{160}{1000} + \dfrac{320}{1000 \times 3.15} + \dfrac{5}{100}\right)$
$= 0.688\,\text{m}^3$

다. $S = V_a \times S/a \times 1000 \times G_s$
$= 0.688 \times \dfrac{40}{100} \times 1000 \times 2.60$
$= 715.52\,\text{kg/m}^3$

라. $G = V_a \times (1 - S/a) \times 1000 \times G_g$
$= 0.688 \times \left(1 - \dfrac{40}{100}\right) \times 1000 \times 2.65$
$= 1093.92\,\text{kg/m}^3$

□□□ 16①, 23② 【5점】

10 시방배합으로 단위시멘트량이 320kg/m³, 단위수량이 170kg/m³, 단위 잔골재량이 600kg/m³, 단위굵은골재량이 1190kg/m³이고 현장의 골재상태가 아래 표와 같을 때 현장배합으로 보정하시오.

【현장 골재 상태】
- 잔골재가 5mm체에 남는 양 : 6%
- 잔골재의 표면수 : 4%
- 굵은골재가 5mm체를 통과하는 양 : 3%
- 굵은골재의 표면수 : 2%

계산과정)

【답】 단위수량 : _____, 단위 잔골재량 : _____, 단위굵은골재량 : _____

해답 ■ 입도에 의한 보정
- $S = 600\text{kg}$, $G = 1190\text{kg}$, $a = 6\%$, $b = 3\%$
- 잔골재 $X = \dfrac{100S - b(S+G)}{100 - (a+b)} = \dfrac{100 \times 600 - 3(600+1190)}{100 - (6+3)} = 600.33\,\text{kg/m}^3$
- 굵은골재 $Y = \dfrac{100G - a(S+G)}{100 - (a+b)} = \dfrac{100 \times 1190 - 6(600+1190)}{100 - (6+3)} = 1189.67\,\text{kg/m}^3$

■ 표면수에 의한 보정
- 잔골재의 표면수 : $600.33 \times \dfrac{4}{100} = 24.01\,\text{kg/m}^3$
- 굵은골재의 표면수 : $1189.67 \times \dfrac{2}{100} = 23.79\,\text{kg/m}^3$

■ 현장배합으로 보정
- 단위수량 : $170 - (24.01 + 23.79) = 122.2\,\text{kg/m}^3$
- 단위 잔골재량 : $600.33 + 24.01 = 624.34\,\text{kg/m}^3$
- 단위 굵은골재량 : $1189.67 + 23.79 = 1213.46\,\text{kg/m}^3$

국가기술자격 실기시험문제

2023년도 기사 제3회 필답형 실기시험(기능사)

종 목	시험시간	형별	성 명	수험번호
콘크리트기능사	1시간	B		

※ 수험자 인적사항 및 계산식을 포함한 답안 작성은 흑색 필기구만 사용해야 하며, 그 외 연필류, 빨간색, 청색 등 필기구로 작성한 답항은 0점 처리된다.

□□□ 14②, 23③ 【5점】

01 콘크리트의 시방배합 결과 단위 시멘트량 345kg/m^3, 단위 잔골재량 650kg/m^3, 단위 굵은골재량 1231kg/m^3, 단위수량 131kg/m^3이고 현장 골재의 상태가 아래 표와 같을 때 다음을 계산하시오.

【현장 골재 상태】
- 잔골재 속의 5mm체에 남은 양 : 5%
- 굵은골재 속의 5mm체를 통과하는 양 : 4%
- 잔골재의 표면수량 : 3%
- 굵은골재의 표면수량 : 0.7%

가. 골재 입도에 대한 보정을 실시하여 단위 잔골재량을 구하시오.

계산 과정)   답 : _____

나. 골재의 표면수 보정을 실시한 후 단위 잔골재량을 구하시오.

계산 과정)   답 : _____

해답 가. ■ 입도에 의한 보정
- $S = 650\text{kg/m}^3$, $a = 5\%$, $b = 4\%$
- 잔골재 $X = \dfrac{100S - b(S+G)}{100 - (a+b)} = \dfrac{100 \times 650 - 4(650 + 1231)}{100 - (5+4)} = 631.60\text{kg/m}^3$

나. ■ 표면수에 의한 보정
- 잔골재의 표면수 : $631.60 \times \dfrac{3}{100} = 18.95\text{kg/m}^3$
- ∴ 단위 잔골재량 : $631.60 + 18.95 = 650.55\text{kg/m}^3$

□□□ 14②, 16①, 21①, 23③ 【5점】

02 수중 콘크리트의 치기의 원칙 3가지를 쓰시오.

① _____ ② _____ ③ _____

해답 ① 정수중에 타설하여야 한다.
② 콘크리트는 수중에 낙하시키지 않아야 한다.
③ 거푸집의 강도 및 조립에 주의하여야 한다.
④ 콘크리트가 경화될 때까지 물의 유동을 방지하여야 한다.
⑤ 한 구획을 타설 후에는 레이턴스를 모두 제거하고 다시 타설하여야 한다.
⑥ 시멘트가 물로 씻겨서 흘러나오지 않도록 트레미 등을 이용 타설하여야 한다.

□□□ 13②, 14④, 23③ 【5점】
03 다음과 같은 배합설계표일 때 아래의 물음에 답하시오.

> • 잔골재율(S/a) : 40%, 단위수량 : 175kg/m³, 단위 시멘트량 : 350kg/m³
> • 시멘트 밀도 : 3.15kg/m³, 잔골재의 표건밀도 : 2.60kg/m³
> • 굵은 골재의 표건밀도 : 2.65kg/m³, 공기량 : 4.5%

가. 단위 골재량의 절대부피를 구하시오.
계산 과정)   답 : _____

나. 단위 잔골재량의 절대부피를 구하시오.
계산 과정)   답 : _____

다. 단위 잔골재량을 구하시오.
계산 과정)   답 : _____

라. 단위 굵은골재량의 절대부피를 구하시오.
계산 과정)   답 : _____

마. 단위 굵은골재량을 구하시오.
계산 과정)   답 : _____

해답 가. $V_a = 1 - \left(\dfrac{단위수량}{1000} + \dfrac{단위시멘트량}{시멘트밀도 \times 1000} + \dfrac{공기량}{100}\right)$
$= 1 - \left(\dfrac{175}{1000} + \dfrac{350}{3.15 \times 1000} + \dfrac{4.5}{100}\right)$
$= 0.669\,\mathrm{m^3}$

나. $V_s = V_a \times \dfrac{S}{a} = 0.669 \times 0.40 = 0.268\,\mathrm{m^3}$

다. 단위 잔골 재량 = 단위 잔골재의 절대 체적 × 잔골재 밀도 × 1000
$= 0.268 \times 2.60 \times 1000 = 696.80\,\mathrm{kg/m^3}$

라. $V_g = V_a \times \left(1 - \dfrac{S}{a}\right) = 0.699 \times (1 - 0.40) = 0.419\,\mathrm{m^3}$

마. 단위 굵은 골재량 = 단위 굵은골재의 절대체적 × 굵은 골재 밀도 × 1000
$= 0.419 \times 2.65 \times 1000 = 1110.35\,\mathrm{kg/m^3}$

□□□ 19③, 23③ 【5점】
04 콘크리트 양생방법 중 습윤상태로 하는 방법을 3가지만 쓰시오.

① _____ ② _____ ③ _____

해답 ① 수중 양생   ② 담수 양생   ③ 살수 양생   ④ 습사 양생

□□□ 89, 04, 06, 19①, 23③ 【5점】

05 다음 콘크리트의 시공에 대해서 물음에 답하시오.

가. 콘크리트 재료를 1회분씩 비비기하는 기계를 무엇이라 하는가?
  ○

나. 콘크리트의 재료가 고르게 섞이도록 콘크리트의 비비는 장치로서 비비는 방식에 따른 콘크리트 믹서의 종류 2가지를 쓰시오.
  ① _____ ② _____

다. 콘크리트의 현장 내 타설을 위한 운반용 장비 2가지를 쓰시오.
  ① _____ ② _____

해답 가. 배치 믹서
    나. ① 중력식(가경식) 믹서 ② 강제식 믹서
    다. ① 콘크리트 펌프 ② 콘크리트 슈트 ③ 벨트 컨베이어 ④ 콘크리트 플레이서

□□□ 23③ 【5점】

06 다음의 각 조건일 때 물음에 답하시오.

가. 콘크리트 압축강도의 기록이 없는 현장에서 설계기준압축강도(f_{ck})가 18MPa인 경우 배합강도를 구하시오.
  계산 과정)   답 : _____

나. 콘크리트 압축강도의 기록이 없고는 현장에서 설계기준압축강도(f_{ck})가 24MPa인 경우 배합강도를 구하시오.
  계산 과정)   답 : _____

다. 콘크리트의 설계기준압축강도(f_{ck})가 28MPa이고 30회 이상의 콘크리트 압축강도시험 실적으로부터 결정한 표준편차가 3.0MPa인 경우 콘크리트의 배합강도를 구하시오.
  계산 과정)   답 : _____

해답 가. $f_{cr} = f_{ck} + 7 = 18 + 7 = 25 \text{MPa}$
    나. $f_{cr} = f_{ck} + 8.5 = 24 + 8.5 = 32.5 \text{MPa}$
    다. $f_{ck} \leq 35 \text{MPa}$일 때
      • $f_{cr} = f_{ck} + 1.34\,s\,(\text{MPa}) = 28 + 1.34 \times 3.0 = 32.02 \text{MPa}$
      • $f_{cr} = (f_{ck} - 3.5) + 2.33\,s\,(\text{MPa}) = (28 - 3.5) + 2.33 \times 3 = 31.39 \text{MPa}$
        ∴ 배합강도 $f_{cr} = 32.02 \text{MPa}$(두 값 중 큰 값)

□□□ 16①, 17①, 23③ 【5점】

07 아래 그림과 같은 4점 재하법에 따른 경화 콘크리트 공시체의 휨강도시험방법에 대하여 물음에 답하시오.

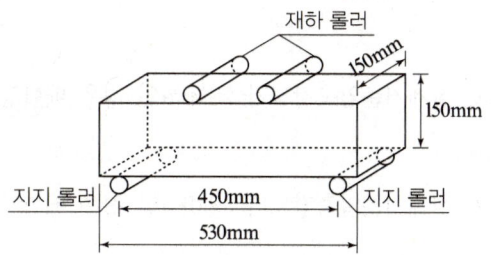

가. 그림을 보고 공시체가 지간의 4점 중앙부에서 파괴되었을 때 휨강도를 구하시오. (단, 파괴하중이 27kN이다.)

계산 과정)   답 : _____

나. 콘크리트의 휨강도 시험에서 공시체에 하중을 가하는 속도는 매초 얼마인가?

계산 과정)   답 : _____

다. 콘크리트 공식체 제작에서 다짐봉을 사용하여 콘크리트를 채우는 경우 2층으로 나누어 채워야 한다. 이때 각 층은 몇 회씩 다져야 하는가?

계산 과정)   답 : _____

해답 가. $f = \dfrac{Pl}{bd^2} = \dfrac{27 \times 10^3 \times 450}{150 \times 150^2} = 3.6 \, \text{N/mm}^2 = 3.6 \, \text{MPa}$

나. $(0.06) \pm (0.04) \, \text{MPa}$

다. $N = \dfrac{150 \times 530}{1000} = 79.5 = 80 \, 회$

□□□ 23③ 【5점】

08 시멘트 모르타르의 강도 시험방법(KS L ISO 679)에 대해 물음에 답하시오.

가. 시멘트 모르타르의 강도시험 시 필요한 공시체의 재료 질량비를 쓰시오. 공시체는 질량으로 표준 시멘트 (①)에 대해서 물-결합재비 (②)및 ISO 표준사 (③)의 비율로 모르타르를 성형한다.

○

나. 공시체를 양생할 때의 양생 수조의 물 온도 범위를 쓰시오.

○

해답 가. ① 1 ② 0.5 ③ 3

나. 19~21℃ 또는 (20±1)℃

∵ 양생 수조의 수온은 (20±1)℃를 유지해야 한다.

□□□ 12②, 23③ 【5점】
09 다음의 각 조건일 때 물음에 답하시오.

가. 압축강도 기록이 없고, 설계기준압축강도가 20MPa인 경우 배합강도를 구하시오.
  ○

나. 압축강도 기록이 없고, 설계기준압축강도가 28MPa인 경우 배합강도를 구하시오.
  ○

다. 압축강도 기록이 없고, 설계기준압축강도가 38MPa인 경우 배합강도를 구하시오.
  ○

라. 30회 이상의 콘크리트 압축강도시험 실적으로부터 구한 압축강도의 표준편차가 3.0MPa이고, 콘크리트의 설계기준압축강도가 28MPa인 경우 배합강도를 구하시오.
  ○

마. 30회 이상의 콘크리트 압축강도시험 실적으로부터 결정한 압축강도의 표준편차가 4.5MPa이고, 설계기준강도가 38MPa일 때 배합강도를 구하시오.
  ○

[해답] 가. $f_{cr} = f_{ck} + 7 = 20 + 7 = 27\,\text{MPa}$
나. $f_{cr} = f_{ck} + 8.5 = 28 + 8.5 = 36.5\,\text{MPa}$
다. $f_{cr} = 1.1 f_{ck} + 5.0 = 1.1 \times 38 + 5 = 46.8\,\text{MPa}$
라. • $f_{ck} \leq 35\,\text{MPa}$일 때
  • $f_{cr} = f_{ck} + 1.34\,s\,(\text{MPa}) = 28 + 1.34 \times 3.0 = 32.02\,\text{MPa}$
  • $f_{cr} = (f_{ck} - 3.5) + 2.33\,s\,(\text{MPa}) = (28 - 3.5) + 2.33 \times 3.0 = 31.49\,\text{MPa}$
    ∴ 배합강도 $f_{cr} = 32.02\,\text{MPa}$(두 값 중 큰 값)
마. • $f_{ck} > 35\,\text{MPa}$일 때
  • $f_{cr} = f_{ck} + 1.34\,s\,(\text{MPa}) = 38 + 1.34 \times 4.5 = 44.03\,\text{MPa}$
  • $f_{cr} = 0.9 f_{ck} + 2.33\,s\,(\text{MPa}) = 0.9 \times 38 + 2.33 \times 4.5 = 44.69\,\text{MPa}$
    ∴ 배합강도 $f_{cr} = 44.69\,\text{MPa}$(두 값 중 큰 값)

□□□ 16①, 21①, 23③ 【5점】
10 포틀랜드 시멘트의 종류를 3가지만 쓰시오.

① _____ ② _____ ③ _____

[해답] ① 보통포틀랜드 시멘트
② 중용열포틀랜드 시멘트
③ 조강포틀랜드 시멘트
④ 저열포틀랜드 시멘트
⑤ 내황산염포틀랜드 시멘트

국가기술자격 실기시험문제

2024년도 기사 제1회 필답형 실기시험(기능사)

종 목	시험시간	형 별	성 명	수험번호
콘크리트기능사	1시간	B		

※ 수험자 인적사항 및 계산식을 포함한 답안 작성은 흑색 필기구만 사용해야 하며, 그 외 연필류, 빨간색, 청색 등 필기구로 작성한 답항은 0점 처리된다.

□□□ 16①, 24① 【5점】

01 다음 주어진 굵은 골재의 체가름 시험결과표를 이용하여 아래 물음에 답하시오.

체번호(mm)	80	40	20	10	5	2.5	1.2	0.6	0.3	0.15	PAN	계
남는량(g)	0	270	480	395	430	636	219	0	0	0	0	2,430

가. 잔류율, 가적잔류율, 가적통과율을 쓰시오. (단, 소수 첫째자리에서 반올림하시오.)

체번호	잔류량(g)	잔류율(%)	가적잔류률(%)	가적통과율(%)
75mm	0			
40mm	270			
20mm	480			
13mm	395			
10mm	430			
5mm	636			
2.5mm	219			
1.2mm	0			
0.6mm	0			
0.3mm	0			
0.15mm	0			
PAN	0			
계				

나. 조립률을 구하시오.(단, 소수 셋째자리에서 반올림하시오.)

계산 과정) 답 : _____

[해답] 가.

체번호	잔류량(g)	잔류율(%)	가적잔류률(%)	가적통과율(%)
80mm	0	0	0	100
40mm	270	11	11	89
20mm	480	20	31	69
13mm	395	16	47	53
10mm	430	18	65	35
5mm	636	26	91	9
2.5mm	219	9	100	0
1.2mm	0	0	100	0
0.6mm	0	0	100	0
0.3mm	0	0	100	0
0.15mm	0	0	100	0
PAN	0	0	100	0
계	2,430	100		

나. • 잔류율 = $\dfrac{\text{어떤 체에 잔유량}}{\text{전체 질량(합계)}} \times 100$

• 가적 잔류율 = 잔류율의 누계

• 가적 통과률 = 100 − 가적 잔류률

$$F.M = \dfrac{\Sigma \text{가적 잔류률}}{100}$$

$$= \dfrac{0+11+31+65+91+100 \times 5}{100} = \dfrac{698}{100} = 6.98 \text{ (단, 13mm체와 PAN은 제외)}$$

□□□ 15①, 24① 【5점】

02 콘크리트 블리딩 시험에 대하여 다음 물음에 답하시오.

가. 블리딩 시험결과가 아래와 같을 때 블리딩량을 구하시오.

규정된 측정시간 동안에 생긴 블리딩물의 양(cm³)	62
시료와 용기의 질량(kg)	42.52
시료의 질량(kg)	28.34
용기 상면의 면적(cm²)	487.2

계산 과정) 답 : _____

나. 처음 60분 동안은 몇분 간격으로 블리딩의 물을 빨아내야 하는가?

계산 과정) 답 : _____

[해답] 가. 블리딩량 = $\dfrac{V}{A} = \dfrac{62}{487.2} = 0.127 \, cm^3/cm^2$

나. 10분

☐☐☐ 15④, 24① 【5점】

03 아래와 같은 조건에서 콘크리트 1m³을 제조하는데 필요한 단위수량, 잔골재량 및 굵은골재량을 구하시오.

【조건】
- 단위 시멘트량 : 200kg/m³
- 잔골재율 35%
- 잔골재의 표건밀도 : 2.65g/cm³
- 공기량 : 2%
- 물-결합재비 55%
- 시멘트 밀도 3.17g/cm³
- 굵은골재의 표건밀도 2.7g/cm³

【답】 단위수량 : _____
잔골재량 : _____ kg, 굵은골재량 : _____ kg

해답
- 단위수량
$$W = C \times \frac{W}{B} = 200 \times \frac{55}{100} = 110\,\text{kg/m}^3$$

- 잔골재량
$$V_a = 1 - \left(\frac{W}{1000} + \frac{C}{G_c} + \frac{A}{100}\right)$$
$$= 1 - \left(\frac{110}{1000} + \frac{200}{1000 \times 3.17} + \frac{2}{100}\right)$$
$$= 0.807\,\text{m}^3$$
$$S = V_a \times S/a \times 1000 \times G_s$$
$$= 0.807 \times \frac{35}{100} \times 1000 \times 2.65$$
$$= 748.49\,\text{kg/m}^3$$

- 굵은골재량
$$G = V_a \times (1 - S/a) \times 1000 \times G_g$$
$$= 0.807 \times \left(1 - \frac{35}{100}\right) \times 1000 \times 2.7$$
$$= 1416.29\,\text{kg/m}^3$$

☐☐☐ 24① 【5점】

04 인력에 의한 포장공사에 있어 총 콘크리트량이 3000m³일 때 1인 1일 타설량이 3.0m³이고 하루에 10인이 콘크리트를 친다면 이 공사의 공정(작업 일수)은 얼마인가?

계산 과정)   답 : _____

해답 공정 = $\dfrac{\text{총콘크리트량}}{\text{1인1일 타설량} \times \text{작업인}}$
= $\dfrac{3000}{3.0 \times 10}$ = 100 일

□□□ 04, 07①, 14①, 24① 【5점】
05 골재의 함수상태에 따라 4가지 상태로 분류하고 이를 간단히 설명하는 아래의 표를 채우시오.

골재의 함수상태에 따른 분류	간단한 설명
절대건조상태	골재알의 내부에 포함되어 있는 자유수가 제거된 상태
①	
②	
③	
④	

해답

절대건조상태	골재알의 내부에 포함되어 있는 자유수가 제거된 상태
공기중건조상태	골재알속의 내부에 일부가 물로 차있는 상태
표면건조포화상태	골재알의 표면수는 없고 골재알속의 빈틈에 물로 차있는 상태
습윤상태	골재알 속의 빈틈이 물로 차있고 표면에 표면수가 있는 상태

□□□ 07⑤, 15①②, 21③, 24① 【5점】
06 한국산업규격(KS)에 규정되어 있는 시멘트의 종류 중 혼합시멘트의 종류를 3가지만 쓰시오.

① _____ ② _____ ③ _____

해답 ① 고로 슬래그 시멘트   ② 포틀랜드포졸란 시멘트   ③ 플라이 애시 시멘트

□□□ 24① 【5점】
07 진동기의 종류 3가지를 쓰시오.

① _____ ② _____ ③ _____

해답 ① 내부 진동기   ② 표면 진동기   ③ 거푸집 진동기

□□□ 02, 92①, 94②, 06①, 19①, 24① 【5점】
08 콘크리트 양생방법의 종류를 3가지만 쓰시오.

① _____ ② _____
③ _____ ④ _____

해답 ① 습윤양생   ② 수중양생   ③ 증기양생
      ④ 전기양생   ⑤ 피막양생

□□□ 10⑤, 15④, 23①, 24① 【5점】
09 레디믹스트콘크리트의 생산 공급방식에 따른 종류를 3가지로 쓰시오.

① _____ ② _____ ③ _____

해답 ① 센트럴 믹스트 콘크리트
② 슈링크 믹스트 콘크리트
③ 트랜싯 믹스트 콘크리트

□□□ 89, 16①, 19③, 22①, 23①, 24① 【5점】
10 콘크리트의 워커빌리티에 영향을 끼치는 요소를 4가지만 쓰시오.

① _____ ② _____
③ _____ ④ _____

해답 ① 시멘트 ② 혼화재료 ③ 골재
④ 단위수량 ⑤ 시간과 온도

국가기술자격 실기시험문제

2024년도 기사 제2회 필답형 실기시험 (기능사)

종 목	시험시간	형별	성 명	수험번호
콘크리트기능사	1시간	B		

※ 수험자 인적사항 및 계산식을 포함한 답안 작성은 흑색 필기구만 사용해야 하며, 그 외 연필류, 빨간색, 청색 등 필기구로 작성한 답항은 0점 처리된다.

□□□ 14①, 24② 【5점】

01 굳은 콘크리트 시험에 대한 아래의 물음에 답하시오.

가. 콘크리트 휨강도 시험에서 폭 150mm, 두께 150mm, 길이 530mm의 시험체가 최대 하중이 42kN이고 4점 재하 장치의 중앙에서 파괴되었을 때 휨강도를 구하시오. (단, 지간은 450mm이다.)

계산 과정)   답 : _____

나. 지름 150mm, 높이 300mm의 원주형 공시체로 쪼갬인장강도시험을 하였더니 최대하중 180kN에서 파괴되었다. 이 콘크리트의 인장강도를 구하시오.

계산 과정)   답 : _____

[해답] 가. $f_b = \dfrac{P \cdot l}{b \cdot d^2}$

$= \dfrac{42 \times 1000 \times 450}{150 \times 150^2} = 5.6 \, \text{N/mm}^2 = 5.6 \, \text{MPa}$

나. $f_t = \dfrac{2P}{\pi d l}$

$= \dfrac{2 \times 180 \times 10^3}{\pi \times 150 \times 300} = 2.55 \, \text{N/mm}^2 = 2.55 \, \text{MPa}$

□□□ 90②, 06②, 22①, 24② 【5점】

02 다음 물음에 답하시오.

가. 블리딩으로 인하여 콘크리트나 모르타르의 표면에 떠올라서 가라앉은 회백색의 물질을 무엇이라 하는가?

○

나. 콘크리트를 친 후 시멘트와 골재가 가라앉으면서 물이 올라와 콘크리트 표면에 떠오른다. 이러한 현상을 무엇이라 하는가?

○

[해답] 가. 블리딩(bleeding)
　　　 나. 레이턴스(Laitance)

☐☐☐ 06③, 09②, 10⑤, 16①, 19③, 24②, 25③ 【5점】
03 시방배합으로 각 재료의 단위량 및 현장골재의 상태가 아래의 표과 같을 때, 현장배합의 각 재료량을 구하시오.

【시방배합】
단위 잔골재량 735kg/m³, 단위 굵은골재량 1040kg/m³, 단위수량 180kg/m³

【현장골재의 상태】
- 잔골재 중 5mm체에 남는 양 5%
- 굵은골재 중 5mm체에 통과하는 양 2%
- 잔골재의 표면수량 3%
- 굵은골재의 표면수량 1%

계산 과정)
【답】 단위수량 : _____, 단위잔골재량 : _____, 단위굵은골재량 : _____

해답
■ 입도에 의한 보정
- $S = 735 \text{kg/m}^3$, $G = 1040 \text{kg/m}^3$, $a = 5\%$, $b = 2\%$
- 잔골재 $X = \dfrac{100S - b(S+G)}{100 - (a+b)}$
  $= \dfrac{100 \times 735 - 2(735 + 1040)}{100 - (5+2)} = 752.15 \text{kg/m}^3$
- 굵은골재 $Y = \dfrac{100G - a(S+G)}{100 - (a+b)}$
  $= \dfrac{100 \times 1040 - 5(735 + 1040)}{100 - (5+2)} = 1022.85 \text{kg/m}^3$

■ 표면수에 의한 보정
- 잔골재의 표면수 : $752.15 \times \dfrac{3}{100} = 22.56 \text{kg/m}^3$
- 굵은골재의 표면수 : $1022.85 \times \dfrac{1}{100} = 10.23 \text{kg/m}^3$

■ 현장배합으로 보정
- 단위수량 : $180 - (22.56 + 10.23) = 147.21 \text{kg/m}^3$
- 단위 잔골재량 : $752.15 + 22.56 = 774.71 \text{kg/m}^3$
- 단위 굵은골재량 : $1022.85 + 10.23 = 1033.08 \text{kg/m}^3$

☐☐☐ 14①, 23①, 24② 【5점】
04 콘크리트의 설계기준 압축강도가 30MPa이고 30회 이상의 압축강도 시험실적으로부터 구한 표준편차가 3.0MPa인 경우 콘크리트의 배합강도를 구하시오.

계산 과정)   답 : _____

해답 $f_{ck} \leq$ 35MPa일 때
- $f_{cr} = f_{ck} + 1.34s = 30 + 1.34 \times 3.0 = 34.02 \text{MPa}$
- $f_{cr} = (f_{ck} - 3.5) + 2.33s = (30 - 3.5) + 2.33 \times 3.0 = 33.49 \text{MPa}$
- ∴ 큰 값인 $f_{cr} = 34.02 \text{MPa}$

□□□ 94, 04, 17①, 19②, 21①, 24② 【5점】
05 콘크리트의 워커빌리티를 측정하는 시험방법을 4가지만 쓰시오.

① _____ ② _____
③ _____ ④ _____

해답 ① 슬럼프 시험
② 비비시험(반죽질기시험)
③ 구관입시험
④ 리몰딩시험
⑤ 다짐계수시험

□□□ 24② 【5점】
06 보통 포틀랜드 시멘트, 조강 시멘트, 고로 슬래그 시멘트를 사용한 경우 일평균 기온 15℃에 따른 습윤상태 보호 기간의 표준 일수를 쓰시오.

사용한 시멘트	보호 기간의 표준 일수
보통 포틀랜드 시멘트	
조강 포틀랜드 시멘트	
고로슬래그시멘트	

해답

사용한 시멘트	보호 기간의 표준 일수
보통 포틀랜드 시멘트	5일
조강 포틀랜드 시멘트	3일
고로슬래그시멘트	7일

□□□ 24② 【5점】
07 콘크리트 펌프에 대한 다음 물음에 답하시오.

가. 콘크리트 펌프의 형식 2가지를 쓰시오.

① _____ ② _____

나. 콘크리트 펌프를 사용하여 시공하는 콘크리트의 요소를 2가지만 쓰시오.

① _____ ② _____

해답 가. ① 피스톤식   ② 스퀴즈식
나. ① 콘크리트는 소요의 워커빌리티를 가질 것
② 시공 및 경화 후에 소정의 품질을 가질 것

□□□ 90②, 24② 【5점】
08 시멘트의 비표면적이란 무엇인가 간단히 설명하시오.

○ _____

해답 시멘트 1g당의 비표면적을 전부 합친 것(1g/cm³)

□□□ 24② 【5점】
09 콘크리트의 구조물의 사용기간 중에 받는 여러 가지의 화학적, 물리적 작용에 대하여 충분한 내구성을 가져야 한다. 이때 내구성 확보를 위한 요구조건 중 최대 물-결합재비를 쓰시오.

항목	최대 물-결합재비
EC1(탄산화)	
ES1(해양환경, 제설염, 염화물)	
EF1(동결융해)	
EA1(황산염)	

해답

항목	최대 물-결합재비
EC1(탄산화)	0.60
ES1(해양환경, 제설염, 염화물)	0.45
EF1(동결융해)	0.55
EA1(황산염)	0.50

□□□ 24② 【5점】
10 시멘트 모르타르의 흐름시험을 실시한 결과 흐름 몰드의 아래 지름 102mm, 시험 후 퍼진 모르타르의 평균지름 112mm이었을 때 흐름값을 구하시오.

계산 과정)   답 : _____

해답 흐름시험 = $\dfrac{\text{퍼진 평균 지름}}{\text{몰드 아래 지름}} \times 100 = \dfrac{112}{102} \times 100 = 109.80\%$

국가기술자격 실기시험문제

2024년도 기사 제3회 필답형 실기시험(기능사)

종 목	시험시간	형 별	성 명	수험번호
콘크리트기능사	1시간	B		

※ 수험자 인적사항 및 계산식을 포함한 답안 작성은 흑색 필기구만 사용해야 하며, 그 외 연필류, 빨간색, 청색 등 필기구로 작성한 답항은 0점 처리된다.

□□□ 14①, 18①, 24③ 【5점】

01 아래의 표와 같은 설계조건으로 배합설계를 하시오.

【설계조건】
- 시멘트의 밀도 : 3.15g/cm^3
- 굵은골재의 표건밀도 : 2.65g/cm^3
- 잔골재율(S/a) : 40%
- 물-결합재비 : 50%
- 잔골재의 표건밀도 : 2.60g/cm^3
- 공기량 : 5%
- 단위수량 : 160kg
- 배합강도 : 28MPa

가. 단위 시멘트량을 구하시오.

    계산 과정)   답 : _____

나. 골재의 절대부피를 구하시오.

    계산 과정)   답 : _____

다. 단위 잔골재량을 구하시오.

    계산 과정)   답 : _____

라. 단위 굵은 골재량을 구하시오.

    계산 과정)   답 : _____

해답

가. $C = \dfrac{W}{W/B} = \dfrac{160}{\dfrac{50}{100}} = 320\,\text{kg/m}^3$

나. $V_a = 1 - \left(\dfrac{W}{1000} + \dfrac{C}{G_c} + \dfrac{A}{100}\right)$

    $= 1 - \left(\dfrac{160}{1000} + \dfrac{320}{1000 \times 3.15} + \dfrac{5}{100}\right)$

    $= 0.688\,\text{m}^3$

다. $S = V_a \times S/a \times 1000 \times G_s$

    $= 0.688 \times \dfrac{40}{100} \times 1000 \times 2.60$

    $= 715.52\,\text{kg/m}^3$

라. $G = V_a \times (1 - S/a) \times 1000 \times G_g$

    $= 0.688 \times \left(1 - \dfrac{40}{100}\right) \times 1000 \times 2.65$

    $= 1093.92\,\text{kg/m}^3$

□□□ 18①, 24③, 25② 【5점】

02 조립률을 구하기 위해 사용하는 체를 모두 쓰시오.

○

[해답] 75mm, 40mm, 20mm, 10mm, 5mm, 2.5mm, 1.2mm, 0.6mm, 0.3mm, 0.15mm

□□□ 15②, 21①, 24③ 【5점】

03 콘크리트는 타설한 후 습윤상태로 노출면이 마르지 않도록 하여야 하며, 수분의 증발에 따라 살수를 하여 습윤상태로 보호하여야 한다. 보통 포틀랜드 시멘트, 조강포틀랜드 시멘트 및 고로슬래그 시멘트를 사용한 경우 일평균 기온에 따른 습윤상태 보호 기간의 표준 일수를 쓰시오.

일평균 기온	15℃ 이상	10℃ 이상	5℃ 이상
보통 포틀랜드 시멘트	( )	7	9
조강 포틀랜드 시멘트	3	4	( )
고로슬래그 시멘트, 플라이애시 시멘트	7	( )	12

[해답] 습윤양생의 표준

일평균 기온	15℃ 이상	10℃ 이상	5℃ 이상
보통 포틀랜드 시멘트	5	7	9
조강 포틀랜드 시멘트	3	4	5
고로 슬래그 시멘트, 플라이애시 시멘트	7	9	12

□□□ 14④, 22③, 24③ 【5점】

04 콘크리트의 배합강도에 대한 아래의 물음에 답하시오.

가. 압축강도 시험의 기록이 없는 현장에서 설계기준 압축강도가 24MPa인 경우 배합강도를 구하시오.

계산 과정) 답 : _____

나. 콘크리트의 설계기준 압축강도가 30MPa이고 30회 이상의 압축강도 시험실적으로부터 구한 표준편차가 3.0MPa인 경우 콘크리트의 배합강도를 구하시오.

계산 과정) 답 : _____

[해답] 가. $f_{cr} = f_{ck} + 8.5 = 24 + 8.5 = 32.5 \text{MPa}$

나. $f_{ck} \leq 35 \text{MPa}$ 일 때
- $f_{cr} = f_{ck} + 1.34s = 30 + 1.34 \times 3.0 = 34.02 \text{MPa}$
- $f_{cr} = (f_{ck} - 3.5) + 2.33s = (30 - 3.5) + 2.33 \times 3.0 = 33.49 \text{MPa}$

∴ $f_{cr} = 34.02 \text{MPa}$ (두 값 중 큰 값)

□□□ 06①③, 09②, 10⑤, 16①, 19③, 23①, 24③, 25③ 【5점】

05 시방배합으로 각 재료의 단위량 및 현장골재의 상태가 아래의 표와 같을 때, 현장배합의 각 재료량을 구하시오.

───────────── 【시방배합】 ─────────────
단위 잔골재량 735kg/m³, 단위 굵은골재량 1040kg/m³, 단위수량 180kg/m³

───────────── 【현장골재의 상태】 ─────────────
• 잔골재 중 5mm체에 남는 양 5%   • 잔골재의 표면수량 3%
• 굵은골재 중 5mm체에 통과하는 양 2%   • 굵은골재의 표면수량 1%

계산 과정)   답 : _____

【답】 단위수량 : _____, 단위 잔골재량 : _____, 단위굵은골재량 : _____

해답 ■ 입도에 의한 보정
- $S = 735\,\text{kg/m}^3$, $G = 1040\,\text{kg/m}^3$, $a = 5\%$, $b = 2\%$
- 잔골재 $X = \dfrac{100S - b(S+G)}{100 - (a+b)}$
  $= \dfrac{100 \times 735 - 2(735+1040)}{100 - (5+2)} = 752.15\,\text{kg/m}^3$
- 굵은골재 $Y = \dfrac{100G - a(S+G)}{100 - (a+b)}$
  $= \dfrac{100 \times 1040 - 5(735+1040)}{100 - (5+2)} = 1022.85\,\text{kg/m}^3$

■ 표면수에 의한 보정
- 잔골재의 표면수 : $752.15 \times \dfrac{3}{100} = 22.56\,\text{kg/m}^3$
- 굵은골재의 표면수 : $1022.85 \times \dfrac{1}{100} = 10.23\,\text{kg/m}^3$

■ 현장배합으로 보정
- 단위수량 : $180 - (22.56 + 10.23) = 147.21\,\text{kg/m}^3$
- 단위 잔골재량 : $752.15 + 22.56 = 774.71\,\text{kg/m}^3$
- 단위 굵은골재량 : $1022.85 + 10.23 = 1033.08\,\text{kg/m}^3$

□□□ 10⑤, 21③, 24③ 【5점】

06 콘크리트를 친 후 시멘트와 골재가 가라앉으면서 물이 올라와 콘크리트 표면에 떠오르는 현상을 블리딩이라 한다. 이 블리딩을 작게 하는 방법 3가지를 쓰시오.

① _____ ② _____ ③ _____

해답 ① 분말도가 높은 시멘트를 사용한다.   ② 단위수량을 적게 한다.
③ AE제를 사용한다.   ④ 포졸란을 사용한다.

□□□ 15①, 19①, 24③ 【5점】

07 콘크리트 블리딩 시험에 대하여 다음 물음에 답하시오.

가. 콘크리트는 용기에 몇 층으로 나누고 각 층을 다짐대로 몇 회 다지는가?
  ○

나. 블리딩 시험에서 시험하는 동안의 온도를 몇 ℃의 범위로 유지하는게 좋은가?
  ○

해답 가. 3층, 25회
     나. (20±3)℃

□□□ 18①, 20②, 24③ 【5점】

08 혼화제 중 응결·경화시간을 조절하는 것을 3가지만 쓰시오.

① _____ ② _____ ③ _____

해답 ① 촉진제 ② 지연제 ③ 급결제 ④ 초지연제

□□□ 14①, 17①, 24③, 25③ 【5점】

09 콘크리트의 휨강도시험에 대하여 다음 물음에 답하시오.

가. 콘크리트 휨강도 시험에서 폭 150mm, 두께 150mm, 길이 530mm의 시험체가 최대하중이 42kN이고 4점 재하장치의 중앙에서 파괴되었을 때 휨강도를 구하시오.(단, 지간은 450mm이다.)
계산 과정)   답 : _____

나. 시험 결과를 무효로 하는 경우에 대해서 간단히 설명하시오.
  ○

해답 가. $f_b = \dfrac{P \cdot l}{b \cdot d^2} = \dfrac{42 \times 10^3 \times 450}{150 \times 150^2} = 5.60 \, \text{N/mm}^2 = 5.60 \, \text{MPa}$

나. 공시체가 인장쪽 표면의 지간 방향 중심선의 4점의 바깥쪽에서 파괴된 경우는 그 시험 결과를 무효로 한다.

□□□ 15②, 21③, 24③ 【5점】

10 공시체의 지름 150mm, 공시체의 길이가 300mm인 콘크리트의 인장강도 시험을 한 결과 최대 파괴하중이 178kN이었다. 인장강도를 구하시오. (단, 소수 둘째자리에서 반올림하시오.)

계산 과정)   답 : _____

해답 $f_{sp} = \dfrac{2P}{\pi d l} = \dfrac{2 \times 178 \times 10^3}{\pi \times 150 \times 300} = 2.5 \, \text{N/mm}^2 = 2.5 \, \text{MPa}$

국가기술자격 실기시험문제

2025년도 기사 제1회 필답형 실기시험(기능사)

종 목	시험시간	형 별	성 명	수험번호
콘크리트기능사	1시간	B		

※ 수험자 인적사항 및 계산식을 포함한 답안 작성은 흑색 필기구만 사용해야 하며, 그 외 연필류, 빨간색, 청색 등 필기구로 작성한 답항은 0점 처리된다.

□□□ 14②, 16①, 25① 【5점】

01 수중 콘크리트의 치기의 원칙 3가지를 쓰시오.

① _____ ② _____ ③ _____

해답 ① 정수 중에 타설하여야 한다.
② 콘크리트는 수중에 낙하시키지 않아야 한다.
③ 콘크리트가 경화될 때까지 물의 유동을 방지하여야 한다.
④ 수면상에 이를 때까지 연속해서 타설하여야 한다.
⑤ 거푸집의 강도 및 조립에 주의하여야 한다.

□□□ 18①, 25① 【5점】

02 콘크리트의 경화나 강도발현을 촉진하기 위해 실시하는 양생을 촉진양생이라고 한다. 이러한 촉진양생의 종류를 3가지만 쓰시오.

① _____ ② _____ ③ _____

해답 ① 증기양생 ② 오토크레이브 양생
③ 전기양생 ④ 온수양생

참고 촉진양생
- 촉진양생 : 보다 빠른 콘크리트의 경화나 강도의 발현을 촉진하기 위해 실시하는 양생방법
- 촉진양생방법 : 증기양생(저압증기양생, 고압증기양생, 고온증기양생), 오토크레이브 양생, 전기양생, 온수양생, 적외선 양생, 고주파양생 등이 있으며 일반적으로 증기양생이 널리 사용되고 있다.

□□□ 25① 【5점】

03 레디믹스트 콘크리트의 배출 지점에서 염화물 함유량 측정기에서 얻은 염소이온농도(Cl^{-1})가 0.15%이고, 단위수량이 175kg/m³일 때 콘크리트의 염화물을 구하시오.

계산 과정) 답 : _____

해답 염화물 $= Cl^{-1} \times \dfrac{1}{100} \times W$

$= 0.15 \times \dfrac{1}{100} \times 175 = 0.263 \, kg/m^3$

□□□ 16①, 25① 【5점】

04 시방배합으로 단위시멘트량이 320kg/m³, 단위수량이 170kg/m³, 단위 잔골재량이 600kg/m³, 단위굵은골재량이 1190kg/m³이고 현장의 골재상태가 아래 표와 같을 때 현장배합으로 보정하시오.

【현장 골재 상태】
- 잔골재가 5mm체에 남는 양 : 6%
- 굵은골재가 5mm체를 통과하는 양 : 3%
- 잔골재의 표면수 : 4%
- 굵은골재의 표면수 : 2%

계산 과정) 답 : _____

【답】단위수량 : _____ , 단위 잔골재량 : _____ , 단위굵은골재량 : _____

> [해답] ■ 입도에 의한 보정
> - $S = 600$kg, $G = 1190$kg, $a = 6\%$, $b = 3\%$
> - 잔골재 $X = \dfrac{100S - b(S+G)}{100 - (a+b)} = \dfrac{100 \times 600 - 3(600+1190)}{100 - (6+3)} = 600.33$ kg/m³
> - 굵은골재 $Y = \dfrac{100G - a(S+G)}{100 - (a+b)} = \dfrac{100 \times 1{,}190 - 6(600+1190)}{100 - (6+3)} = 1189.67$ kg/m³
>
> ■ 표면수에 의한 보정
> - 잔골재의 표면수 : $600.33 \times \dfrac{4}{100} = 24.01$ kg/m³
> - 굵은골재의 표면수 : $1189.67 \times \dfrac{2}{100} = 23.79$ kg/m³
>
> ■ 현장배합으로 보정
> - 단위수량 : $170 - (24.01 + 23.79) = 122.20$ kg/m³
> - 단위 잔골재량 : $600.33 + 24.01 = 624.34$ kg/m³
> - 단위 굵은골재량 : $1189.67 + 23.79 = 1213.46$ kg/m³

□□□ 15④, 25① 【5점】

05 콘크리트 압축강도 시험에 대한 아래의 물음에 답하시오.

가. 된 반죽콘크리트의 압축강도 시험공시체 제작을 할 때 시멘트풀로 캐핑(capping)을 하고자 한다. 이 때 사용하는 시멘트풀의 물-시멘트를 쓰시오.

  ○

나. 지름이 150mm, 높이 300mm인 공시체로 압축강도 시험을 실시한 결과 최대하중이 400kN이었다. 이 공시체의 압축강도는 얼마인가?

계산 과정) 답 : _____

> [해답] 가. 27% ~ 30%
> 나. $f_c = \dfrac{P}{A} = \dfrac{400 \times 1000}{\dfrac{\pi \times 150^2}{4}} = 22.64$ N/mm² $= 22.64$ MPa

□□□ 18①, 25① 【5점】

06 골재의 체가름시험에 대한 아래의 물음에 답하시오.

가. 조립률을 구하기 위해 사용하는 체에서 10mm보다 큰 체를 모두 쓰시오.
  ○

나. 잔골재의 체가름 시험에 대한 아래의 성과표를 완성하고 조립률을 구하시오.

체의 호칭	각 체에 남은 양		각 체에 남은 양의 누계
	g	%	%
10mm	0	0	0
5mm	20	4	4
2.5mm	45	9	13
1.2mm	130	26	39
0.6mm	150	30	69
0.3mm	85	17	86
0.15mm	55	11	97
접시	15	3	100
계	500	100	

계산 과정)   답 :

해답 가. 75mm, 40mm, 20mm

나.

체의 호칭	각 체에 남은 양		각 체에 남은 양의 누계
	g	%	%
10mm	0	0	0
5mm	20	4	4
2.5mm	45	9	13
1.2mm	130	26	39
0.6mm	150	30	69
0.3mm	85	17	86
0.15mm	55	11	97
접시	15	3	100
계	500	100	

나. $F.M = \dfrac{\Sigma \text{각 체에 남는 양의 누계}}{100}$

$= \dfrac{0 \times 4 + 4 + 13 + 39 + 69 + 86 + 97}{100} = \dfrac{308}{100} = 3.08$

□□□ 06③, 08②, 10⑤, 19③, 22①, 25① 【5점】

07 콘크리트의 배합시 각 재료를 계량할 때 1회 계량분에 대한 계량오차의 허용값을 나타내는 아래 표의 빈칸을 채우시오.

재료의 종류	허용오차(%)
물	
시멘트	
골재	
혼화재	
혼화제	

해답

재료의 종류	허용오차(%)
물	$-2\%, +1\%$
시멘트	$-1\%, +2\%$
골재	$\pm 3\%$
혼화재	$\pm 2\%$
혼화제	$\pm 3\%$

□□□ 15①, 25① 【5점】

08 콘크리트의 배합설계에 대한 아래의 물음에 답하시오.

가. 콘크리트의 설계기준 압축강도(f_{ck})가 24MPa이고, 15회의 콘크리트 압축 강도 시험으로 표준편차 2.4MPa을 얻었다. 이 콘크리트 배합 강도를 구하시오.

계산 과정)   답:

나. 콘크리트 압축강도를 40회 측정하였을 때 표준편차가 3.0MPa, 설계기준 압축강도(f_{ck})가 40MPa이였다. 콘크리트의 배합강도를 구하시오.

계산 과정)   답:

해답 가. ■ 표준편차 $s = 2.4$MPa
- 직선 보간 표준편차 = $2.4 \times 1.16 = 2.78$MPa
  (∵ 시험횟수가 29회 이하일 때 표준편차를 보정해준다.)
■ $f_{cn} = 24$MPa ≤ 35MPa일 때 두 값 중 큰 값
- $f_{cr} = f_{ck} + 1.34s = 24 + 1.34 \times 2.78 = 27.73$MPa
- $f_{cr} = (f_{ck} - 3.5) + 2.33s = (24 - 3.5) + 2.33 \times 2.78 = 26.98$MPa
∴ 배합 강도 $f_{cr} = 27.73$MPa

나. $f_{ck} > 35$MPa일 때
① $f_{cr} = f_{ck} + 1.34s = 40 + 1.34 \times 2.4 = 44.02$MPa
② $f_{cr} = 0.9 f_{ck} + 2.33s = 0.9 \times 40 + 2.33 \times 2.4 = 42.99$MPa
∴ 배합강도 $f_{cr} = 44.02$MPa

□□□ 90②,06②,15①, 25① 【5점】

09 굳지 않은 콘크리트의 블리딩 시험에 대한 아래의 물음에 답하시오.

가. 블리딩의 정의를 간단히 설명하시오.
  ○

나. 블리딩을 작게 하기 위한 방법을 3가지만 쓰시오
  ① _____ ② _____ ③ _____

해답 가. 콘크리트를 친 후 시멘트와 골재가 가라앉으면서 물이 올라와 콘크리트 표면에 떠오르는 현상
  나. ① 분말도가 높은 시멘트를 사용한다.
      ② 단위 수량을 적게 한다.
      ③ 포촐라나를 사용한다.
      ④ AE제를 사용한다.

□□□ 25① 【5점】

10 다음 콘크리트의 용어에 대하여 물음에 답하시오.

가. 콘크리트 재료를 1회분씩 비비기하는 기계를 무엇이라 하는가?
  ○

나. 콘크리트 펌프에 의해 굳지 않은 콘크리트 또는 모르타를 압송할 때의 운반성을 무엇이라 하는가?
  ○

나. 시방배합의 콘크리트가 얻어지도록 현장에서 재료의 상태 및 계량방법에 따라 정한 배합을 무엇이라 하는가?
  ○

해답 가. 배치 믹서
  나. 펌퍼빌리티(pumpability)
  다. 현장배합

국가기술자격 실기시험문제

2025년도 기사 제2회 필답형 실기시험(기능사)

종 목	시험시간	형 별	성 명	수험번호
콘크리트기능사	1시간	B		

※ 수험자 인적사항 및 계산식을 포함한 답안 작성은 흑색 필기구만 사용해야 하며, 그 외 연필류, 빨간색, 청색 등 필기구로 작성한 답항은 0점 처리된다.

□□□ 14④, 24③, 25② 【5점】
01 콘크리트의 배합강도에 대한 아래의 물음에 답하시오.

가. 압축강도 기록이 없고, 설계기준압축강도가 20MPa인 경우 배합강도를 구하시오.
  ○

나. 30회 이상의 콘크리트 압축강도시험 실적으로부터 결정한 압축강도의 표준편차가 4.5MPa이고, 설계기준강도가 38MPa일 때 배합강도를 구하시오.
  ○

[해답] 가. $f_{cr} = f_{ck} + 7 = 20 + 7 = 27 \text{MPa}$

나. $f_{ck} > 35\text{MPa}$일 때
  • $f_{cr} = f_{ck} + 1.34s(\text{MPa}) = 38 + 1.34 \times 4.5 = 44.03\text{MPa}$
  • $f_{cr} = 0.9f_{ck} + 2.33s(\text{MPa}) = 0.9 \times 38 + 2.33 \times 4.5 = 44.69\text{MPa}$
  ∴ 배합강도 $f_{cr} = 44.69\text{MPa}$(두 값 중 큰 값)

□□□ 93②, 07②, 08①, 14④, 22②, 25② 【5점】
02 콘크리트 슬럼프 시험에 관련된 사항이다. 다음 물음에 답하시오.

가. 슬럼프 콘의 규격을 쓰시오.
  ① 콘의 밑지름 : _____
  ② 콘의 윗지름 : _____
  ③ 콘의 높이 : _____

나. 콘크리트는 용기에 몇 층으로 나누고 각 층을 다짐대로 몇 회 다지는가?
  ○

[해답] 가. ① 콘의 밑지름 : (200 ± 2)mm
  ② 콘의 윗지름 : (100 ± 2)mm
  ③ 콘의 높이 : (300 ± 2)mm
나. 3층 25회

☐☐☐ 15②, 24③, 25② 【5점】

03 아래의 표를 보고 다음 물음에 답하시오.

- 단위수량 : 179kg
- 잔골재율(S/a) : 40%
- 굵은골재의 표건밀도 : 2.7g/cm^3
- 공기량 : 5%
- 물-결합재비 : 50%
- 잔골재의 표건밀도 : 2.6g/cm^3
- 시멘트의 밀도 : 3.15g/cm^3

가. 단위 시멘트량(C)을 구하시오.

계산 과정)   답 : _____

나. 단위 잔골재량을 구하시오.

계산 과정)   답 : _____

다. 단위 굵은골재량을 구하시오.

계산 과정)   답 : _____

[해답] 가. $C = \dfrac{W}{W/B} = \dfrac{179}{\frac{50}{100}} = 358 \, \text{kg/m}^3$

나. $V_a = 1 - \left(\dfrac{W}{1000} + \dfrac{C}{G_c} + \dfrac{A}{100} \right)$

$= 1 - \left(\dfrac{179}{1000} + \dfrac{358}{1000 \times 3.15} + \dfrac{5}{100} \right)$

$= 0.657 \, \text{m}^3$

∴ $S = V_a \times S/a \times 1000 \times G_s$

$= 0.657 \times \dfrac{40}{100} \times 1000 \times 2.6$

$= 683.28 \, \text{kg/m}^3$

다. $G = V_a \times (1 - S/a) \times 1000 \times G_g$

$= 0.657 \times \left(1 - \dfrac{40}{100} \right) \times 1000 \times 2.7$

$= 1064.34 \, \text{kg/m}^3$

☐☐☐ 04, 06, 20①, 23①, 25② 【5점】

04 잔골재의 조립률(FM)=2.67, 굵은 골재의 조립률(FM)=7.29일 때 잔골재와 굵은 골재를 1 : 2의 무게비로 섞을 때 혼합골재의 조립률을 구하시오.

계산 과정)   답 : _____

[해답] $f_a = \dfrac{m}{m+n} f_s + \dfrac{n}{m+n} f_g$

$= \dfrac{1}{1+2} \times 2.67 + \dfrac{2}{1+2} \times 7.29 = 5.75$

□□□ 11⑤, 19②, 22①, 23②, 25② 【5점】
05 굳지 않은 콘크리트의 성질에 대한 물음에 답하시오.

가. 굳지 않은 콘크리트 또는 모르타르가 엉기기 시작하였을 때 다시 비비는 작업을 무엇이라 하는가?

　○

나. 콘크리트 또는 모르타르가 엉기기 시작하지는 않았으나 비빈 후 상당한 시간이 지났거나 또 재료가 분리된 경우에 다시 비비는 작업을 무엇이라 하는가?

　○

해답　가. 되비비기
　　　나. 거듭비비기

□□□ 10⑤, 15④, 17①, 23①, 25② 【5점】
06 레디믹스트콘크리트의 생산 공급방식에 따른 종류별 설명이 옳은 것을 연결하시오.

① 센트럴 믹스트 콘크리트 :　㉮ 콘크리트 플랜트에서 재료를 계량하여 트럭 믹서에 싣고, 운반 중에 물을 넣어 비비는 방법

② 슈링크 믹스트 콘크리트 :　㉯ 공장에 있는 고정 믹서에서 어느 정도 콘크리트를 비빈 다음 트럭 믹서에 싣고 비비면서 현장에 운반하는 방법

③ 트랜싯 믹스트 콘크리트 :　㉰ 공장에 있는 고정 믹서에서 완전히 비빈 콘크리트를 애지테이터 트럭 또는 트럭 믹서로 운반하는 방법

해답　① - ㉰, ② - ㉯, ③ - ㉮

□□□ 06⑤, 25② 【5점】
07 잔골재의 함수 상태를 계량한 값이 아래표와 같을 때 이 골재의 표면수율을 구하시오.

- 노건조상태 : 1000g　　　　　• 공기 중 건조상태 : 1026g
- 표면건조포화상태 : 1051g　　• 습윤상태 : 1065g

계산 과정)　　　　　　　　　　　　　　　　답 :＿＿＿＿＿＿

해답　표면수율 = $\dfrac{습윤상태 - 표면건조포화상태}{표면건조포화상태} \times 100$

　　　　　　 = $\dfrac{1065 - 1051}{1051} \times 100 = 1.33\%$

□□□ 25② 【5점】
08 콘크리트의 양생에서 유해한 작용의 영향을 받지 않도록 충분히 양생하여야 한다. 양생과정에서 유해한 작용 3가지를 쓰시오.

① _____ ② _____ ③ _____

해답 ① 진동, 충격이나 과대한 하중
② 직사광선이나 바람에 의한 수분증발
③ 양생 중에 물에 씻기는 경우(재령 5일이 될 때까지 물에 씻기지 않도록 보호)

□□□ 18①, 24③, 25② 【5점】
09 조립률을 구하기 위해 사용하는 체를 모두 쓰시오.

○

해답 75mm, 40mm, 20mm, 10mm, 5mm, 2.5mm, 1.2mm, 0.6mm, 0.3mm, 0.15mm

□□□ 92①, 25② 【5점】
10 다음 콘크리트로 시공하여야 하는 적용 온도는 얼마인가?

콘크리트의 종류	조건	적용 온도
한중 콘크리트	타설일의 일평균기온	
서중 콘크리트	하루평균기온	

해답

콘크리트의 종류	조건	적용 온도
한중 콘크리트	타설일의 일평균기온	4℃ 이하
서중 콘크리트	하루평균기온	25℃ 초과

국가기술자격 실기시험문제

2025년도 기사 제3회 필답형 실기시험(기능사)

종 목	시험시간	형 별	성 명	수험번호
콘크리트기능사	1시간	B		

※ 수험자 인적사항 및 계산식을 포함한 답안 작성은 흑색 필기구만 사용해야 하며, 그 외 연필류, 빨간색, 청색 등 필기구로 작성한 답항은 0점 처리된다.

□□□ 14①, 17①, 24③, 25③ 【5점】

01 콘크리트의 휨강도시험에 대하여 다음 물음에 답하시오.

가. 콘크리트 휨강도 시험에서 폭 150mm, 두께 150mm, 길이 530mm의 시험체가 최대하중이 42kN이고 4점 재하장치의 중앙에서 파괴되었을 때 휨강도를 구하시오.

계산 과정) 답 : _____

나. 시험 결과를 무효로 하는 경우에 대해서 간단히 설명하시오.

○

해답 가. $f_b = \dfrac{P \cdot l}{b \cdot d^2} = \dfrac{42 \times 10^3 \times 450}{150 \times 150^2} = 5.60 \, \text{N/mm}^2 = 5.60 \, \text{MPa}$

주의 지간의 길이 450mm로 계산한다.

나. 공시체가 인장쪽 표면의 지간 방향 중심선의 4점의 바깥쪽에서 파괴된 경우는 그 시험 결과를 무효로 한다.

□□□ 08②, 19①, 22②, 25③ 【5점】

02 다음 그림은 골재의 함수상태를 나타낸 그림이다. ( ) 안에 알맞은 말을 적어 넣으시오.

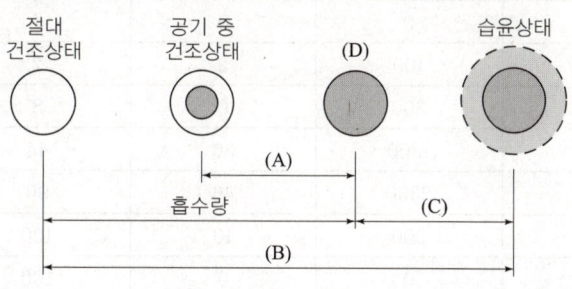

A : _____ , B : _____
C : _____ , D : _____

해답 A : 유효 흡수량
B : 함수량
C : 표면수량
D : 표면건조 포화상태

□□□ 14②, 19①, 22③, 23②, 25③ 【5점】

03 전체 5kg의 굵은골재 시료로 체가름시험을 실시하였다. 다음 물음에 답하시오.

가. 아래의 시험 결과표를 완성하시오.

체의 호칭치수(mm)	잔류량(g)	남는 양(%)	남는 양의 누계(%)
75	0		
40	100		
25	300		
20	1800		
10	2300		
5	500		
2.5	0		

나. 조립률을 구하시오.

계산 과정)   답 : _____

다. 이 골재의 최대치수를 구하시오.

○

해답 가. • 잔류율 = $\dfrac{\text{어떤 체에 잔유량}}{\text{전체 질량(합계)}} \times 100$

• 각 체에 남은 양의 누계 = 잔류율(각 체에 남은 양)의 누계

체의 호칭치수(mm)	잔류량(g)	남는 양(%)	남는 양의 누계(%)	가적통과율(%)
75	0	0	0	100
40	100	2	2	98
25	300	6	8	92
20	1800	36	44	56
10	2300	46	90	10
5	500	10	100	0
2.5	0	0	100	0
계	5000			

나. $F.M = \dfrac{\Sigma \text{각 체에 남은 양의 누계(\%)}}{100}$

$= \dfrac{0+2+44+90+100 \times 6}{100} = \dfrac{736}{100} = 7.36$ (∵ 25mm 호칭치수는 제외)

참고 5mm, 2.5mm, 1.2mm, 0.6mm, 0.3mm, 0.15mm의 6개 체에 남은 양은 0이다.

다. 25mm (∵ 통과율 : 90% ≤ 92%)

□□□ 16①, 19①, 22①, 24③, 25③ 【5점】

04 시방배합으로 단위시멘트량이 320kg/m³, 단위수량이 170kg/m³, 단위 잔골재량이 600kg/m³, 단위굵은골재량이 1190kg/m³이고 현장의 골재상태가 아래 표와 같을 때 현장배합으로 보정하시오.

【현장 골재 상태】
- 잔골재가 5mm체에 남는 양 : 6%
- 굵은골재가 5mm체를 통과하는 양 : 3%
- 잔골재의 표면수 : 4%
- 굵은골재의 표면수 : 2%

계산과정)
【답】 단위수량 : _____, 단위 잔골재량 : _____, 단위굵은골재량 : _____

해답 ■ 입도에 의한 보정
- $S = 600\text{kg}$, $G = 1190\text{kg}$, $a = 6\%$, $b = 3\%$
- 잔골재 $X = \dfrac{100S - b(S+G)}{100 - (a+b)} = \dfrac{100 \times 600 - 3(600+1190)}{100 - (6+3)} = 600.33\text{kg/m}^3$
- 굵은골재 $Y = \dfrac{100G - a(S+G)}{100 - (a+b)} = \dfrac{100 \times 1190 - 6(600+1190)}{100 - (6+3)} = 1189.67\text{kg/m}^3$

■ 표면수에 의한 보정
- 잔골재의 표면수 : $600.33 \times \dfrac{4}{100} = 24.01\,\text{kg/m}^3$
- 굵은골재의 표면수 : $1189.67 \times \dfrac{2}{100} = 23.79\,\text{kg/m}^3$

■ 현장배합으로 보정
- 단위수량 : $170 - (24.01 + 23.79) = 122.2\,\text{kg/m}^3$
- 단위 잔골재량 : $600.33 + 24.01 = 624.34\,\text{kg/m}^3$
- 단위 굵은골재량 : $1189.67 + 23.79 = 1213.46\,\text{kg/m}^3$

□□□ 92②, 09③, 15②, 19②, 25③ 【5점】

05 수중 콘크리트에 대하여 아래 물음에 답하시오.

가. 일반적인 수중 콘크리트의 물-결합재비는 얼마 이하를 표준으로 하는가?
  ○

나. 일반적인 수중 콘크리트의 단위시멘트량은 얼마 이상을 표준으로 하는가?
  ○

다. 수중 콘크리트 타설 시 콘크리트 펌프의 슬럼프값 범위를 쓰시오.
  ○

해답 가. 50%
  나. 370kg/m³ 이상
  다. 130 ~ 180mm

□□□ 21①, 22①, 25③ 【5점】

06 17회의 압축강도시험으로부터 구한 표준편차가 4.5MPa일 때, 설계기준압축강도 30MPa인 콘크리트를 제작하기 위한 배합강도를 구하시오.

• 시험횟수가 29회 이하일 때 표준편차의 보정계수

시험횟수	표준편차의 보정계수
15	1.16
20	1.08
25	1.03
30 이상	1.00

계산 과정)   답 : _____

해답 • 시험횟수 17회일 때 표준편차

$$\text{직선보간 표준편차} = 4.5 \times \left(1.16 - \frac{1.16 - 1.08}{20 - 15} \times (17 - 15)\right) = 5.08\,\text{MPa}$$

• $f_{ck} \leq 35\text{MPa}$일 때
• $f_{cr} = f_{ck} + 1.34s\,(\text{MPa}) = 30 + 1.34 \times 5.08 = 36.81\,\text{MPa}$
• $f_{cr} = (f_{ck} - 3.5) + 2.33s\,(\text{MPa}) = (30 - 3.5) + 2.33 \times 5.08 = 38.34\,\text{MPa}$

∴ 큰 값인 배합강도 $f_{cr} = 38.34\,\text{MPa}$

□□□ 11⑤, 19②, 22①, 23②, 25③ 【5점】

07 굳지 않은 콘크리트의 성질에 대한 물음에 답하시오.

가. 콘크리트를 친 후 시멘트와 골재가 가라앉으면서 물이 올라와 콘크리트 표면에 떠오른다. 이러한 현상을 무엇이라 하는가?

○

나. 반죽질기의 정도에 따르는 작업의 난이성 및 재료의 분리에 저항하는 정도를 나타내는 굳지 않은 콘크리트의 성질을 무엇이라 하는가?

○

해답 가. 블리딩(bleeding)   나. 워커빌리티(workability)

□□□ 92, 94, 20③, 23②, 25③ 【5점】

08 공기량 측정법의 종류 3가지만 쓰시오.

① _____ ② _____ ③ _____

해답 ① 수주 압력법   ② 공기실 압력법   ③ 무게(질량)법

□□□ 88, 93, 06②, 08④, 10①, 13④, 14①, 17④, 25③ [5점]

09 콘크리트 1m³를 만드는데 필요한 단위량을 구하시오. (단, 물-결합재비 : 50%, 잔골재율 (S/a) : 45%, 단위 시멘트량 : 320kg/m³, 시멘트밀도 : 3.15g/cm³, 잔골재의 표건밀도 : 2.65g/cm³, 굵은골재의 표건 밀도 : 2.68g/cm³, 공기량 : 5%, 재료량은 소수첫째자리에서 반올림하시오. 단위 골재의 절대체적은 소수 4째자리에서 반올림하시오.)

단위량(kg/m³)			
물	시멘트	잔골재	굵은골재
	320		

계산 과정)   답 : _____

[해답]
- 물-결합재비에서 $\dfrac{W}{B} = 50\%$ 에서
  단위 수량 $W = 0.50 \times 320 = 160 \text{kg/m}^3$
- 단위 골재의 절대 체적
  $$V = 1 - \left(\dfrac{\text{단위수량}}{1000} + \dfrac{\text{단위 시멘트량}}{\text{시멘트 밀도} \times 100} + \dfrac{\text{공기량}}{100}\right)$$
  $$= 1 - \left(\dfrac{160}{1000} + \dfrac{320}{3.15 \times 1000} + \dfrac{5}{100}\right) = 0.688 \text{m}^3$$
- 단위 잔골재량 = 단위골재의 절대 체적 × 잔골재율 × 잔골재의 밀도 × 1000
  $= 0.688 \times 0.45 \times 2.65 \times 1000 = 820 \text{kg/m}^3$
- 단위 굵은 골재량 = 단위 굵은골재의 절대체적 × 굵은 골재 밀도 × 1000
  $= 0.688 \times (1 - 0.45) \times 2.68 \times 1000 = 1014 \text{kg/m}^3$

단위량(kg/m³)			
물	시멘트	잔골재	굵은골재
160	320	820	1014

□□□ 25③

10 콘크리트의 양생에 대해 물음에 답하시오.

가. 콘크리트나 모르타르 등에 습기 혹은 수분을 가하여 습윤상태에서 실시하는 양생
  ○

나. 양생기간 중 어떤 열원을 이용하여 콘크리트를 가열하는 양생
  ○

다. 콘크리트를 친 후 일정 기간 콘크리트의 온도를 제어하는 양생
  ○

[해답] 가. 습윤양생
      나. 급열양생
      다. 온도제어양생

3 chapter

Pick Remember
작업형 실기문제

00 실기시험문제(공개문제)
01 작업형 실기 시험 방법
02 작업형 실기 작업 순서

수험자 유의사항

— 출처 : 한국산업인력공단 —

※ 다음 유의사항을 고려하여 요구사항을 완성하시오.

❶ 수험자 인적사항 및 답안작성은 반드시 검은색 필기구만 사용하여야 하며, 그 외 연필류, 유색 필기구, 지워지는 펜 등을 사용한 답안은 채점하지 않으며 0점 처리 됩니다.

❷ 답안 정정 시에는 정정하고자 하는 단어에 두 줄(=)을 긋고 다시 작성하거나 수정 테이프(수정액 제외)를 사용하여 정정하시기 바랍니다.

❸ 계산문제는 최종 결과 값(답)에서 소수 셋째자리에서 반올림하여 둘째자리까지 구하여야 하나 개별문제에서 소수 처리에 대한 요구사항이 있을 경우 그 요구사항에 따라야 합니다. (단, 문제의 특수한 성격에 따라 정수로 표기하는 문제도 있으며, 반올림한 값이 0이 되는 경우는 첫 유효숫자까지 기재하되 반올림하여 기재하여야 합니다.) (예, 0.0018 → 0.002)

❹ 주어진 시방배합표를 이용하여 1배치에 필요한 각 재료의 양을 구하고, 시험위원의 확인을 받은 후 지시에 따라 재료량을 배합하도록 합니다.

❺ 주어진 1회용 몰드를 이용하여 강도 시험용 공시체를 제작할 때 파손에 주의하여 제작합니다.

❻ 사용한 시험기구 등의 시험장 장비는 항상 청결이 유지되도록 합니다.

❼ 시험 중 수험자는 반드시 안전수칙을 준수해야하며, 작업 복장상태, 정리정돈 상태, 안전사항 등이 채점대상이 됩니다.(작업에 적합한 복장과 장갑을 항시 착용하여야 합니다.)

❽ 다음 사항은 실격에 해당하여 채점대상에서 제외됩니다.
- 수험자 본인이 수험 도중 시험에 대한 포기 의사를 표현하는 경우
- 전과정(필답형+작업형)에 응시하지 아니한 경우
- 시험의 요구사항(가~ 라) 중 하나라도 수행하지 아니한 경우
- 시험의 요구사항 '가' 항이 0점인 경우
- 시험 중 시설·장비의 조작이 미숙하여 장비의 파손 및 고장을 발생시킨 것으로 시험위원 전원이 합의하여 판단한 경우
- 수험태도가 지극히 불량하여 안전상 부득이 진행이 어렵다고 시험위원 전원이 합의하여 판단한 경우

국가기술자격 실기시험문제

[공개문제]
출처 : 한국산업인력공단

자격종목	콘크리트기능사	과제명	콘크리트관련 작업

※ 시험시간 : 1시간 30분

1 요구사항

※ 지급된 재료 및 시설을 사용하여 아래 작업을 완성하시오.

01 콘크리트 $1m^3$을 제조하기 위한 시방배합표가 아래와 같을 때 콘크리트 1배치에 필요한 각 재료의 양을 구하여 답안지에 기록하시오.
(단, 콘크리트 1배치는 시험위원이 지정하는 값으로 하고, 재료의 양은 소수 둘째자리까지 구한다.)

【시방배합표】

굵은 골재의 최대치수 (mm)	슬럼프 (mm)	공기량 (%)	물-결합재비 W/B (%)	잔골재율 S/a (%)	단위량(kg/m^3)			
					물	시멘트	잔골재	굵은골재
25	100	5.5	50	40	189	378	761	1154

02 1배치에 필요한 각 재료를 계량하여 손비빔으로 콘크리트를 제작하시오. (단, 비비기를 완료한 콘크리트 반죽질기의 상태가 실험하기 곤란한 경우 시험위원에게 각 재료를 추가 지급토록 요구하여 반죽을 다시 실시한다.)

03 주어진 강도 시험용 공시체 몰드를 이용하여 콘크리트 강도 시험용 공시체를 제작하시오. (단, 강도 시험용 공시체를 제작할 때 다짐봉을 사용하여 몰드에 콘크리트를 채우고 바닥을 수평하게 하며, 공시체의 캐핑, 몰드 떼어내기, 양생은 생략한다.)

04 몰드 제작 종료 후 콘크리트를 되비빔하여 제작한 콘크리트로 슬럼프 시험을 1회 실시하여 답안지에 기록하시오.
(단, 슬럼프 시험 방법은 KS F 2402에 준하여 실시하고, KS F 2402의 규정에 의한 재시험 사유에 해당하는 경우 재시험을 실시하여야 한다.)

2. 콘크리트기능사 작업형 실기 답안지

답안지

【1배치 제작시 각 재료량(kg)】

지정한 콘크리트 1배치량				L
구분	물	시멘트	잔골재	굵은골재
1배치				

【슬럼프 측정값(mm)】

회수	1회 측정값
슬럼프값(mm)	

모범 답안지

【1배치 제작시 각 재료량(kg)】

지정한 콘크리트 1배치량				9.6 L
구분	물	시멘트	잔골재	굵은골재
1배치	1.81	3.63	7.31	11.08

【슬럼프 측정값(mm)】

회수	1회 측정값
슬럼프값(mm)	125

CHAPTER 01

콘크리트기능사 작업형 실기 시험 방법

주요 항목	세부 항복	항목 번호	항목별 작업방법	배점
콘크리트 시료 준비	배치량 산출	1	물의 양 산출한다.	
		2	시멘트량 산출한다.	
		3	잔골재량 산출한다.	
		4	굵은골재량 산출한다.	
	배치량 계량	5	물의 양을 계량한다.	
		6	시멘트량을 계량한다.	
		7	잔골재량을 계량한다.	
		8	굵은골재량을 계량한다.	
	재료 혼합	9	모래와 시멘트 혼합, 다음 자갈을 넣고 혼합 그리고 물을 넣고 혼합한다.	
		10	각 재료의 유실없이 혼합한다.	
		11	재료의 분리가 일어나지 않도록 혼합한다.	
공시체 몰드 제작	몰드 준비	12	몰드의 안쪽을 젖은 헝겊으로 닦아 낸다.	
	콘크리트 다짐	12	몰드에 콘크리트를 2층으로 넣고 다짐봉을 이용하여 • $\phi 100\,mm$ 몰드인 경우 각 층당 8회 • $\phi 150\,mm$ 몰드인 경우 각 층당 18회	
	마무리	13	몰드의 상면을 흙손을 이용하여 편평하게 고른다.	
		14	편평하게 고른 후 유리판을 덮는다.	

주요 항목	세부 항목	항목 번호	항목별 작업방법	배점
슬럼프 시험	시료준비	15	시료를 4분법으로 준비한다.	
	슬럼프콘 준비	16	슬럼프 콘의 안쪽을 젖은 수건으로 닦아낸다.	
	시료주입	17	슬럼프콘의 양쪽을 두발로 밟고 시료를 슬럼프콘 부피의 1/3씩 넣고 다짐봉으로 그 앞층에 도달할 정도로 수직으로 25회씩 다진다.	
	슬럼프콘 마무리	18	3층 다짐 후 슬럼프콘의 윗면에 콘크리트가 남아있도록 여분을 채우고 흙손을 사용하여 편평하게 고른다.	
	작업시간	19	슬럼프 콘을 수직방향으로 2~5초간에 들어올린다.	
		20	슬럼프콘에 콘크리트를 채우기 시작부터 슬럼프콘을 들어 올리기를 종료할 때까지의 전작업을 3분 이내에 끝낸다.	
	슬럼프값	21	공시체의 중앙부에서 슬럼프값을 5mm단위로 정확히 측정하여 답안지에 기록한다. 슬럼프값의 단위는 mm이다.	

CHAPTER 02 콘크리트기능사 작업형 실기 작업 순서

01 1배치 각 재료량 산출

1배치 제작시 각 재료량(kg)

지정한 콘크리트 1배치량			9.6L	
구분	물	시멘트	잔골재	굵은골재
1배치				

01 답안지

1배치는 시험위원이 지정하는 값

[시방배합표]

굵은골재의 최대치수 (mm)	슬럼프 (mm)	공기량 (%)	물-결합재비 (%)	잔골재율 (%)
25	100	5.5	50	40

단위량(kg/m³)

물	시멘트	잔골재	굵은골재
189	378	761	1154

* 콘크리트 1배치는 시험위원이 지정하는 값으로 한다.
* 재료의 양은 소수둘째자리까지 구한다.

02 1배치에 필요한 각 재료량 산출

- 물 : $\dfrac{189 \times 9.6}{1000} = 1.81 \text{kg}$
- 시멘트 : $\dfrac{378 \times 9.6}{1000} = 3.63 \text{kg}$
- 잔골재 : $\dfrac{761 \times 9.6}{1000} = 7.31 \text{kg}$
- 굵은골재 : $\dfrac{1154 \times 9.6}{1000} = 11.08 \text{kg}$

03 1배치 제작시 각 재료량(kg) 답안지

지정한 콘크리트 1배치량			9.6 L	
구분	물	시멘트	잔골재	굵은골재
1배치	1.81	3.63	7.31	11.08

02 손비빔으로 콘크리트 시료 제작

01 콘크리트 공시체 제작 및 슬럼프 시험 기구

1-비빔삽   2-슬럼프콘
3-그릇   4-걸레
5-공시체   6-다짐봉
7-물컵   8-슬럼프 측정자
9-작은 삽   10-유리판

시멘트량 3.63kg 측정

02 1배치 재료량 측정

- 1배치에 필요한 각 재료량
- 물 : 1.81kg=1.81L
- 시멘트량 : 3.63kg
- 잔골재량 : 7.31kg
- 굵은 골재량 : 11.08kg

모래 7.31kg 측정   자갈 11.08kg 측정

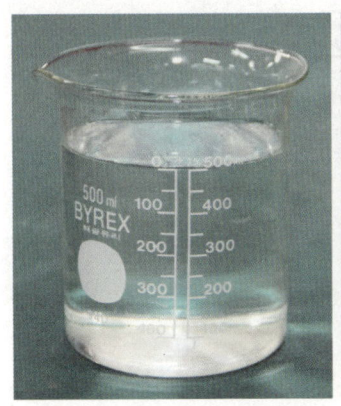

03 수량(물) 측정

1배치에서 산출된 물 1.81kg인 1.81L을 물컵으로 측정한다.

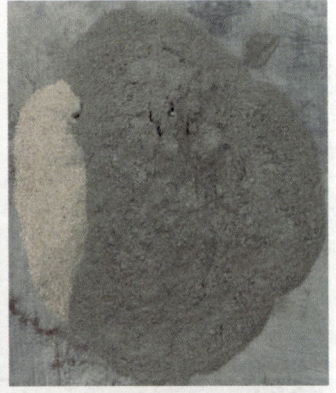

04 1단계 혼합

- 재료의 분리가 일어나지 않도록 충분히 혼합한다.
- 1단계 : 시멘트와 모래를 혼합
- 2단계 : 1단계 혼합 후 굵은 골재를 넣고 혼합
- 3단계 : (시멘트+모래+굵은 골재) 혼합 후 물을 넣고 혼합

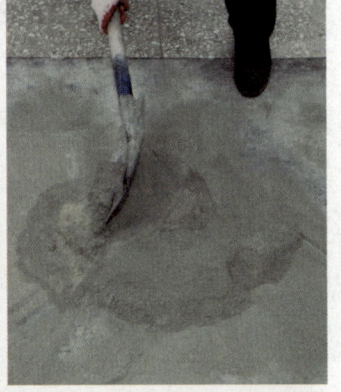

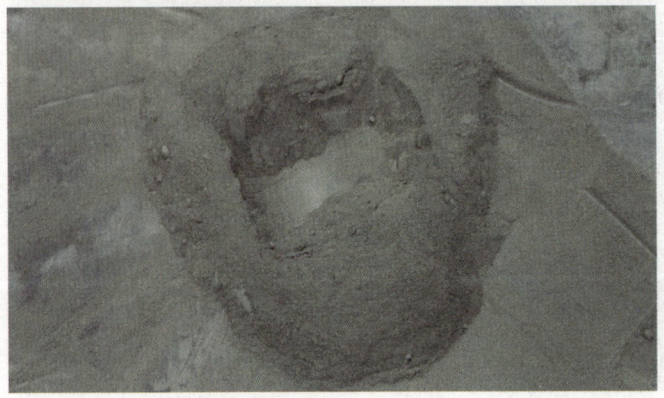

05 2단계 혼합

2단계 : 모래와 시멘트 혼합 후 자갈을 넣고 혼합한다.

06 3단계 혼합

3단계 : (시멘트+모래+굵은 골재) 혼합 후 물을 넣고 혼합
- 물의 유실이 전혀 없이 혼합한다.
- 2~3번으로 나누어 물 주입

07 최종 혼합 후 준비

- 혼합 후 시료를 4분법으로 준비한다.

03 콘크리트 강도 시험용 공시체 제작

01 공시체 몰드 제작 준비

- 몰드, 다짐봉, 작은 삽, 유리판을 준비한다.

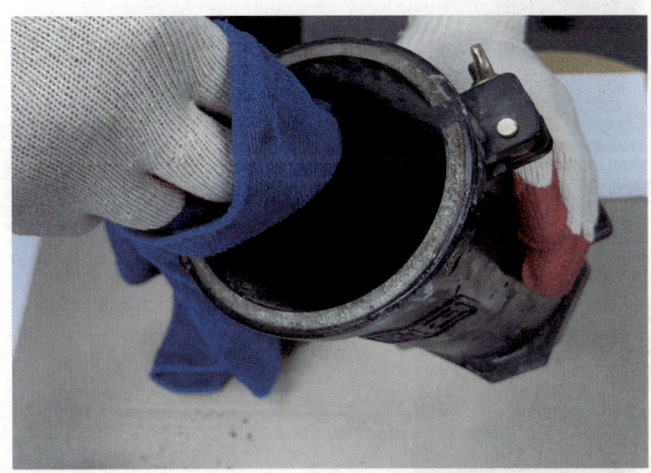

02 몰드를 젖은 수건으로 닦기

- 몰드의 안쪽을 젖은 수건으로 깨끗이 닦는다.

03 몰드에 시료 넣기

몰드에 콘크리트를 2층으로 넣고 다짐봉을 이용하여
- 각 층당 ϕ100mm 몰드인 경우 8회
- 각 층당 ϕ150mm 몰드인 경우 18회

04 시료다짐
- 다짐봉이 그 앞 층에 도달할 정도로 수직으로 다진다.

05 다짐마무리
- 몰드의 상면을 흙손을 이용하여 편평하게 고른다.

06 몰드 최종 마무리
- 유리판을 덮기 위해 상면을 젖은 수건으로 깔끔히 마무리한다.

07 유리판
- 몰드의 상면을 고른 후 유리판을 반드시 덮는다.

04 콘크리트의 슬럼프 시험 작업순서

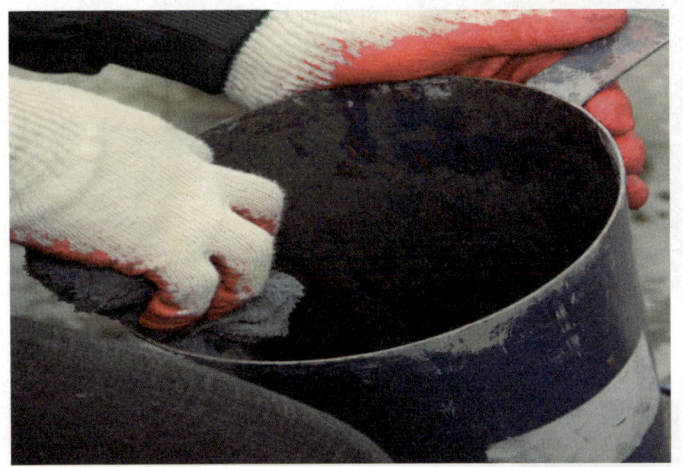

01 슬럼프콘 청소

슬럼프콘을 젖은 수건으로 깨끗이 닦는다.

02 슬럼프콘에 시료 주입

- 시료를 4분법으로 대표적인 것을 채취한다.
- 슬럼프콘 부피의 1/3씩 3층으로 나누어 주입한다.
- 슬럼프콘에 콘크리트를 넣을 때 콘을 발로 단단히 고정시킨다.

03 시료 다짐

- 각 층마다 25회씩 다진다.
- 2층과 3층의 콘크리트를 다질 때 각각의 아래층에 충격이 가해지지 않도록 주의하여 다진다.
- 다짐봉을 수직으로 하여 다짐한다.

04 흙손으로 다듬기

시료를 슬럼프콘에 다 넣은 후 시료의 표면을 흙손을 사용하여 편평하게 마무리한다.

05 슬럼프콘 2~5초 안에 벗기기

- 콘크리트 가로 방향이나 비틀림 운동을 주지 않도록 하며 수직 방향으로 2~5초 사이에 벗긴다.
- 슬럼프콘에 채운 콘크리트의 윗면을 슬럼프콘의 상단에 맞춰 고르게 한 후 즉시 슬럼프콘을 2~5초 만에 가만히 연직으로 들어올린다.

06 전 작업을 3분 이내 마무리

- 슬럼프콘에 콘크리트를 채우고, 콘을 벗기는 전 작업을 3분 이내에 끝낸다.
- 공시체가 다 주저 앉지 않고 전단되지 않은 상태에서 내려앉은 길이를 측정하여 슬럼프값을 측정한다.

07 슬럼프값 mm로 측정

- 눈금이 cm로 되어 있으나 기록은 반드시 mm로 한다.
- 콘크리트의 중앙부에서 공시체 높이와의 차를 5mm 단위로 측정하여 이것을 슬럼프값으로 한다.

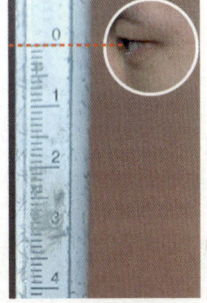
상단이 0으로 된 곳의
슬럼프값 계산

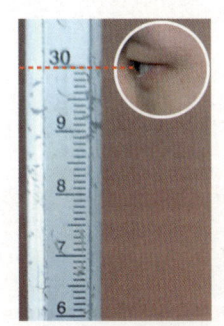
상단이 30cm로 된 곳의
슬럼프값 계산

08 슬럼프값 오류 측정 조심

- 상단이 0으로 된 곳의 슬럼프 값 계산
  - 읽음값이 17.5cm이면 슬럼프값은 175mm가 된다.
- 상단이 30cm로 된 곳의 슬럼프값 계산
  - 읽음값이 12.5cm이면 슬럼프값은 $300-125=175$mm

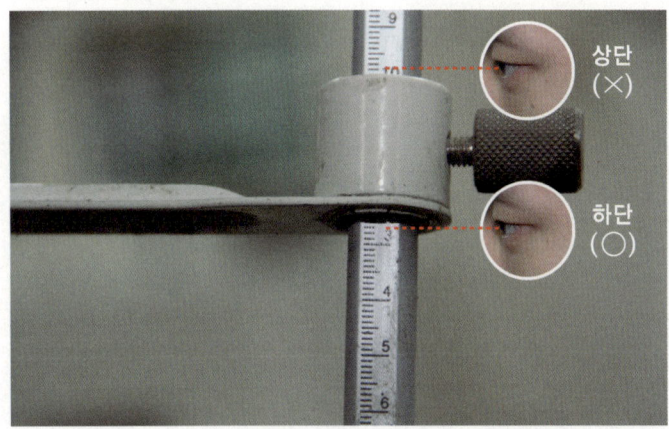
슬럼프 측정값(mm)

회수	1회 측정값
슬럼프값(mm)	125

09 슬럼프 측정값 정확히 읽기

- 상단을 읽지 않도록 조심, 반드시 하단을 읽어야 한다.
- 124mm는 125mm로 기입(○)
- 122mm는 120mm로 기입(○)
- 124mm로 기입하면 틀림(×)
- 122mm로 기입하면 틀림(×)

10 슬럼프 측정값 답안지 작성

2026 CBT 시험대비
콘크리트기능사 3주완성(필기+실기)

定價 28,000원

저 자 고길용 · 염창열
       전지현

발행인 이 종 권

2023年 1月 19日 초 판 발 행
2023年 5月 31日 초판2쇄발행
2024年 1月 24日 1차개정발행
2025年 1月   8日 2차개정1쇄발행
2025年 4月 15日 2차개정2쇄발행
2025年 10月 23日 3차개정발행

發行處 (주) 한솔아카데미

(우)06775 서울시 서초구 마방로10길 25 트윈타워 A동 2002호
TEL : (02)575-6144/5   FAX : (02)529-1130
〈1998. 2. 19 登錄 第16-1608號〉

※ 본 교재의 내용 중에서 오타, 오류 등은 발견되는 대로 한솔아카데미 인터넷 홈페이지를 통해 공지하여 드리며 보다 완벽한 교재를 위해 끊임없이 최선의 노력을 다하겠습니다.
※ 파본은 구입하신 서점에서 교환해 드립니다.
www.inup.co.kr / www.bestbook.co.kr

ISBN 979-11-6654-773-7 13530